U0388974

概率论
与
随机过程

欧智坚　李　刚◎编著

清华大学出版社
北 京

内 容 简 介

本书介绍概率论与随机过程的基本概念、基本方法及其运用. 全书包括事件与概率、随机变量（一元与多元）及其分布、概率论极限理论、随机过程引言、二阶矩过程时域分析、宽平稳过程的谱分析、高斯过程、离散时间马尔可夫过程、泊松过程等内容. 全书共分为10章，含例题147道，习题223题及参考解答.

本书可供高等院校电子信息类专业的本科生作为教材使用，也可以供其他相关专业的学生及科技人员作为参考书使用.

图书在版编目（CIP）数据

概率论与随机过程 / 欧智坚，李刚编著.—北京：清华大学出版社，2022.9（2024.7 重印）
ISBN 978-7-302-61599-6

Ⅰ.①概… Ⅱ.①欧… ②李… Ⅲ.①概率论 ②随机过程 Ⅳ.①O211

中国版本图书馆 CIP 数据核字（2022）第 144350 号

责任编辑：刘　颖
封面设计：傅瑞学
责任校对：王淑云
责任印制：宋　林

出版发行：清华大学出版社
网　　　址：https://www.tup.com.cn，https://www.wqxuetang.com
地　　　址：北京清华大学学研大厦 A 座　　　邮　　编：100084
社 总 机：010-83470000　　　　　　　　邮　　购：010-62786544
投稿与读者服务：010-62776969，c-service@tup.tsinghua.edu.cn
质量反馈：010-62772015，zhiliang@tup.tsinghua.edu.cn
印 装 者：三河市人民印务有限公司
经　　销：全国新华书店
开　　本：185mm×260mm　　　印　　张：26　　字　　数：631 千字
版　　次：2022 年 11 月第 1 版　　印　　次：2024 年 7 月第 2 次印刷
定　　价：79.00 元

产品编号：074182-01

前　言

　　概率论是研究自然界、人类社会及技术过程中随机现象的数量规律的一门数学，随机过程则从研究一个或多个随机变量（随机向量）上升到研究无穷多个变量.

　　本教材分为概率论篇和随机过程篇，同时配备一定数量的例题和习题，习题配有参考解答以有助于同学们学习. 概率论篇主要从电子信息领域的需求出发，介绍概率论的基础知识，包括基本概念、常用方法与技巧；随机过程篇作为概率论篇的延续，介绍随机过程及其在电子信息领域的应用. 本教材两个部分彼此衔接且互为补充，能够给学生提供较为完整、有强烈电子工程背景的随机数学概念体系，帮助其掌握必要的方法和技巧，使其具有应对带有随机特性的专业问题的基本能力. 这对于电子信息科学与技术及其相关专业的学习尤为重要. 正如信息论的奠基人香农（Claude Shannon）所言，没有随机性，信息就无从谈起.

　　我们在编写过程中参考了国内外已有的多部优秀教材（见本书的参考文献），注意吸收这些教材中好的讲法和具体例子. 在介绍理论知识的同时，注重结合应用问题来举例，并根据近年来电子信息及相关领域的发展趋势进行内容的吐故纳新. 在概率论篇，结合基本知识介绍了随机数生成、随机模拟（蒙特卡罗方法）、最小均方误差预测、二元通信、信号估计等，增加了对离散连续混合情形的多元随机变量及其分布的介绍. 在随机过程篇，增加介绍了近年来在机器学习领域得到越来越多研究与应用的部分知识，包括马尔可夫链蒙特卡罗（MCMC）方法、基于高斯过程的回归分析（GPR）等.

　　本教材的编著得到了清华大学本科教学改革项目的支持，诸多同仁和历届同学的鼓励，以及所在课题组的陆大绘老师、张颢老师、沈渊老师有益的讨论. 感谢家庭对我们全力的支持.

　　本书第 6 章、第 7 章、第 10 章由李刚编写，其余各章由欧智坚编写. 由于水平有限，不当之处在所难免，恳请广大教师和学生提出宝贵意见，我们将做进一步改进.

欧智坚　李　刚

2022 年 9 月

作者简介

欧智坚，清华大学电子工程系副教授、博士生导师.1998 年于上海交通大学电子工程系获得学士学位，2003 年于清华大学电子工程系获得博士学位，博士毕业后留校任教至今. 研究方向包括人工智能语音语言技术、概率图模型理论及应用等. 任 IEEE 音频语音语言期刊（TASLP）副主编、IEEE Signal Processing Letters 资深领域编辑、Computer Speech & Language 编委、IEEE 语音语言技术委员会（SLTC）委员、IEEE 言语技术（SLT）2021 大会主席、中国计算机学会（CCF）杰出会员及语音对话与听觉专业委员会常务委员、中国声学学会（ASC）语言声学与听觉分会委员、全国人机语音通讯会议常设机构委员会委员等. 主持完成多项国家自然科学基金、科技部、教育部等科研项目，发表论文近百篇，出版英文专著 *Energy-Based Models with Applications to Speech and Language Processing*, 获省部级科技奖 3 项及多次国内外学术会议优秀论文奖.

李刚，清华大学长聘教授、博士生导师. 国家杰出青年科学基金获得者、英国工程技术学会（IET）会士、教育部"长江学者奖励计划"青年学者、国家"万人计划"青年拔尖人才、英国皇家学会牛顿高级学者. 2002 年、2007 年于清华大学电子工程系获得学士、博士学位，博士毕业后留校任教至今. 研究方向包括雷达信号处理、遥感、信息融合、数字驱动医疗健康等领域. 出版专著两部，发表论文 200 余篇，授权发明专利 40 余项，主持国家重点研发计划项目、国家自然科学基金等科研项目，获教育部自然科学奖一等奖、教育部技术发明奖一等奖、中国青年科技奖、吴文俊人工智能科学技术创新奖一等奖. 任 IEEE Signal Processing Letters 高级领域编辑，IEEE Transactions on Signal Processing、IEEE Journal of Selected Topics in Applied Earth Observations and Remote Sensing、系统工程与电子技术、雷达学报等期刊编委，IEEE Dennis J. Picard Medal for Radar Technologies and Applications 评选委员会成员，IEEE 信号处理协会传感器阵列与多通道技术委员会成员，中国电子学会数字信号处理专家委员会成员、雷达分会委员，中国航空学会信息融合分会青年工作委员会主任，中国人工智能学会智能融合专业委员会常务委员.

目　　录

第1章 概率论基本概念

1.1 随 机 事 件

1.1.1 基本概念

概率论的研究对象是随机现象. 概率论是研究自然界和人类社会中随机现象数量规律的数学分支.

定义 1.1（随机现象） 事先没有确定的把握，只能事后见结果的现象称为随机现象.

值得注意的是，随机现象的随机性在事前.

例 1.1 扔一枚骰子，出现几点是随机现象. 在扔骰子之前不知道出现几点，一旦骰子停了，是几点就是确定的. 概率论研究的是扔之前各点出现的可能性有多大.

例 1.2 买一张彩票，是否中奖是随机现象. 买之前不知道是否中奖，而在买之后，是否中奖是确定的.

随机现象到处可见. 从事先来看，不同结果的出现有不同的可能性，概率论研究的目的就是对其加以研究、描述、掌握它，研究随机现象事先的随机性，做事前诸葛亮. 在概率论中，用概率来度量不同结果出现的可能性.

概率论研究起源于机会游戏（赌博）. 古典概率的概念在赌博活动中形成，是一种集体智慧. 其中 16 世纪的意大利数学家和赌博家卡丹诺（Gerolamo Cardano, 1501—1576，见图 1.1）起了突出的作用. 他在 1564 年写了一本名为《机遇博弈》的著作，是概率论史上最早的一本成书的著作（但到他死后 87 年的 1663 年才发表）.

定义 1.2（确定性现象） 只有一个结果的现象称为确定性现象.

Gerolamo Cardano,
1501—1576

图 1.1 卡丹诺

例 1.3 口袋中有 10 个白球，任取出一个球，颜色必为白色，这是一个确定性现象.

定义 1.3（随机试验） 在相同条件下，可以重复的随机现象称为随机试验.

随机试验是特殊的随机现象，在一定条件下可以重复.

例 1.4 某人生病了，要动手术，手术是否成功是随机现象，但不是随机试验. 不能说让其再生一场病重新动手术.

在掷骰子、投硬币、袋中摸球等简单的随机试验中，随机性体现得最为形象和明确，所以在概率论中，多从此类随机试验出发来介绍概率论的基本概念．本书介绍也多以随机试验为例展开，但所述基本概念同样适用于研究不能重复的随机现象．

前面说了，随机现象一般有多个结果，那么在数学中靠什么来描述多个结果呢？这就需要集合论的知识．

1.1.2　集合论复习

集合是全部现代数学中最基本、最重要的概念之一．

1. 记法

在出版物中一般用大写斜体字母表示集合，如 A, B, C，常见集合有 $\mathbb{Z}$（整数集），$\mathbb{N}$（自然数集），$\mathbb{Z}^+$ 或 $\mathbb{N}^+$ 表示正整数集 $\{1, 2, \cdots\}$，$\mathbb{R}$（实数集）．在出版物中一般用小写斜体字母表示集合中的元素，如 a, b, c．一般用花体大写字母表示集合的集合，如 $\mathscr{A}, \mathscr{B}, \mathscr{C}$．

2. 集合关系

包含关系记为 $A \subset B$（A 是 B 的子集），相等关系记为 $A = B$．本书中为简单起见，$A \subset B$ 包括相等情形．

3. 集合运算

并集记为 $A \cup B$，交集记为 $A \cap B$（可简记为 AB），差集即 $A\bar{B}$，记为 $A \backslash B$ 或 $A - B$，余集（补集）记为 $\bar{A}$ 或 A^c．

在集合论中，常用维恩（Venn）图来形象理解集合关系与运算．例如图 1.2(a) 表示 $A \subset B$，图 1.2(b) 表示 $A \cup B$，图 1.2(c) 表示 $A \cap B$，图 1.2(d) 表示 $A \backslash B$．

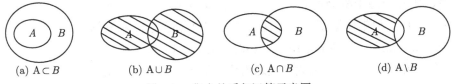

(a) A⊂B　　　(b) A∪B　　　(c) A∩B　　　(d) A\B

图 1.2　集合关系与运算示意图

4. 映射（函数）

定义 1.4（映射）　设 A、B 为两个非空集合，若 $\forall x \in A$，按照某种法则 f，对应于 B 中一个确定的 y，则称 f 为定义在 A 上取值于 B 中的一个映射，记为 $f : A \rightarrow B$，或者 $f : x \rightarrow y = f(x)$，此时称 y 为 x 在 f 下的像（image）或映射值．y 在 f 下的原像（preimage）记为 $f^{-1}(y) = \{x | f(x) = y\}$．不失一般性，在本书中映射与函数是可以互换的等价称谓．

类似地，对集合也可以定义像、原像．对 A 中子集 $C \subset A$，C 中元素的像构成的集合，即 $\{f(c) | c \in C\}$，称为 C 的像，可记为 $f(C)$．对 B 中子集 $D \subset B$，D 中元素的

原像构成的集合, 即 $\{x | f(x) \in D\}$, 称为 D 的原像, 可记为 $f^{-1}(D)$. 注意, 讨论像、原像时, 并不要求映射 f 存在逆映射.

若 $\forall x_1, x_2 \in A$, 对于 $x_1 \neq x_2$, 有 $f(x_1) \neq f(x_2)$, 则称映射 f 为单射. 若 $\forall y \in B$, $\exists x \in A$, 使得 $f(x) = y$, 则称映射 f 为满射. 既是单射又是满射的映射称为双射.

5. 可列集

定义 1.5（可列集） 若一个集合存在与自然数集的双射, 则称此集合为可列集.

6. 集合的笛卡儿乘积（叉积）

定义 1.6（叉积） 集合 A 和 B 的叉积, 定义为集合 $\{(a,b) \mid a \in A, b \in B\}$, 记为 $A \times B$, 即由 A 中元素与 B 中元素形成的有序对集合.

A 和 B 的叉积是二维关系, 多维空间就是由叉积定义而来的. 例如, $\mathbb{R} \times \mathbb{R}$ 表示二维平面,

$$\underbrace{\mathbb{R} \times \mathbb{R} \times \cdots \times \mathbb{R}}_{n\text{个}} \xlongequal{\text{def}} \mathbb{R}^n$$

表示 n 维欧几里得空间, 而 $\{0,1\}^n$ 表示长为 n 的比特串的集合, $\{0,1\}^\infty$ 表示无限长比特串的集合.

7. 集合的运算性质

交换律: $A \cup B = B \cup A$, $A \cap B = B \cap A$.

结合律: $(A \cup B) \cup C = A \cup (B \cup C)$, $(A \cap B) \cap C = A \cap (B \cap C)$.

分配律: $(A \cup B) \cap C = (A \cap C) \cup (B \cap C)$, $(A \cap B) \cup C = (A \cup C) \cap (B \cup C)$.

对偶律（德·摩根公式）: $\overline{A \cup B} = \overline{A} \cap \overline{B}$, $\overline{A \cap B} = \overline{A} \cup \overline{B}$.

对偶律可推广到可列个事件场合: $\overline{\bigcup_{i=1}^{\infty} A_i} = \bigcap_{i=1}^{\infty} \overline{A_i}$, $\overline{\bigcap_{i=1}^{\infty} A_i} = \bigcup_{i=1}^{\infty} \overline{A_i}$.

1.1.3 样本空间

随机现象研究的第一件事就是列出随机现象所有可能的基本结果.

定义 1.7（样本空间） 随机现象所有可能的基本结果组成的集合称为随机现象的样本空间, 记为 Ω. 样本空间中的元素是随机现象的基本结果, 常记为 ω, 又称为样本点.

认识随机现象, 首先要列出它的样本空间.

例 1.5 （1）扔一枚骰子出现的点数, 样本空间 $\Omega = \{1, 2, 3, 4, 5, 6\}$.

（2）无穷次掷一枚硬币的正反面情况, 样本空间 $\Omega = \{0, 1\}^\infty$, 其中 0 表示正面, 1 表示反面.

（3）一天之内进入教学楼的学生数, 样本空间 $\Omega = \{0, 1, 2, \cdots\}$.

（4）一个晶体管的寿命, 样本空间 $\Omega = \{t | t \geqslant 0\}$.

样本点的个数为有限个或可列个的样本空间称为离散样本空间，如例 1.5 中的（1）（2）（3）；样本点的个数为不可列无穷多个的样本空间称为连续样本空间，如例 1.5 中的（4）.

1.1.4 （随机）事件

通俗来讲，随机现象的某种结果称为随机事件，简称事件，常用大写字母 $A, B, C, \cdots$ 表示. 对事件，我们有如下的形式化定义.

定义 1.8（事件） 随机现象的某些样本点组成的集合称为（随机）事件. 可以认为，样本空间的任一子集 $A \subset \Omega$ 为一个事件.

在概率论术语中，随机现象的"基本结果"是特殊称谓，指随机现象的样本点. 通俗说的"结果"一般为随机现象的事件. 比如，投掷一枚骰子，出现的基本结果要么是点数 1，或者是点数 2，3，$\cdots$，6. 而有时我们也通俗说，投掷一枚骰子出现了奇数点的结果，"出现奇数点"的结果其实是指代一个事件，数学上表示为包含了 1，3，5 三个基本结果的集合.

例 1.6 投掷一枚骰子，样本空间 $\Omega = \{1, 2, 3, 4, 5, 6\}$，我们可以

- 用明白无误的语言来描述事件，$A =$ "出现奇数点"是一个事件；
- 或者，把一个事件包含的基本结果罗列出来，用集合来表示，$A = \{1, 3, 5\}$. 显然 $A \subset \Omega$.

注 1 如何来理解事件的集合定义？对事件来说，很重要的是它发生还是不发生. 我们约定，当集合 A 中某个样本点出现了，就说事件 A 发生了，或者说：

事件 A 发生 $\Leftrightarrow$ 集合 A 中的某个样本点出现[①].

这是一条约定，是事件的直观描述与集合表达之间的桥梁. 随机现象出现的一定是某个基本结果，若这个基本结果属于某个集合（事件），则称这个事件发生了.

注 2 由 Ω 的单个元素组成的事件称为**基本事件**，例如投掷骰子点数 $A = \{1\}$ 为一个基本事件. 全集 Ω 称为**必然事件**，因为无论出现的是哪一个基本结果，这个事件都会发生. 空集 $\varnothing$ 称为**不可能事件**，因为不管随机现象出现什么结果，该事件都不会发生.

这里应当注意的是基本结果并不是基本事件，事件是集合，单个基本结果构成的集合才是基本事件.

注 3 因为事件和集合之间的联系，事件可以表示为集合，**事件间的关系**即集合间的关系.

$A \subset B$ 事件 A 包含于事件 B. A 发生 $\Rightarrow \exists \omega \in A$ 且 ω 出现 $\Rightarrow \omega \in B$ 且 ω 出现 $\Rightarrow B$ 发生[②]. 所以 $A \subset B$ 这个包含关系表示，如果 A 发生，则 B 也发生. 例如掷骰子，

---

① $\Leftrightarrow$ 读作"当且仅当".

② $\Rightarrow$ 读作"可推出".

$\{1\} \subset \{1,3,5\}$，意味着"出现点数 1"发生了，则"出现奇数点"也发生了.

$A = B$　事件 A 与 B 等价.

$A \cap B = \varnothing$　事件 A 与 B 互不相容. 例如掷骰子，$\{1,3,5\} \cap \{2,4,6\} = \varnothing$，意味着"出现奇数点"与"出现偶数点"互不相容（不会同时发生）.

注 4　**事件的运算**即集合的运算. 在这里集合不是普通的集合，集合运算具有与事件相关的含义.

$A \cup B$　称为并事件，表示事件 A 与 B 至少一个发生. $A \cup B$ 发生 $\Leftrightarrow \exists \omega \in A \cup B$ 发生 $\Leftrightarrow \omega \in A$ 或 $\omega \in B \Leftrightarrow A$ 发生或 B 发生.

$A \cap B$　简写为 AB，称为交事件，表示事件 A 与 B 都发生.

$A - B = A\bar{B}$　称为差事件，表示 A 发生，而 B 不发生.

$\bar{A}$　表示 A 的对立事件，即非 A.

$\bigcup\limits_{n=1}^{\infty} A_n$　诸 A_n 的并，即 $\{\omega \mid \exists n, \omega \in A_n\}$，表示这些 $A_n(n=1,2,\cdots)$ 至少一个发生. 例如，$\bigcup\limits_{n=1}^{\infty} \left(\dfrac{1}{n}, 1\right) = (0,1)$，木棍长度在 $\left(\dfrac{1}{n}, 1\right)$ 之间这些事件的可列并，其实就是木棍长度在 $(0,1)$ 之间.

$\bigcap\limits_{n=1}^{\infty} A_n$　诸 A_n 的交，即 $\{\omega \mid \forall n, \omega \in A_n\}$，表示这些 $A_n(n=1,2,\cdots)$ 都发生. 例如，$\bigcap\limits_{n=1}^{\infty} \left[0, \dfrac{1}{n}\right) = \{0\}$.

注 5　事件的运算性质即集合的运算性质，包括交换律、结合律、分配律、对偶律.

注 6　学会用简单事件的集合运算来表达复杂事件，例如："A,B,C 至少有两个发生"可表示为 $AB \cup BC \cup AC$.

1.2　古 典 概 型

随机事件发生的可能性大小是可以设法度量的，随机事件的概率就是随机事件发生的可能性的大小. 古典概型，即概率的古典定义，是基于等可能性假设，用比率来定义概率.

例 1.7（盒中抽球）　盒子里放着 10 个大小和质地一样并从 $1 \sim 10$ 编号的球，前 7 个为黑球，后 3 个为白球，充分搅乱后，从中取出一个球，求取出球的颜色是白色的概率.

解　（1）列出 $\Omega = \{1, 2, \cdots, 9, 10\}$，不难看出基本结果的等可能性；

（2）考虑事件 $A =$ "取出球的颜色是白色"，$A = \{8, 9, 10\}$；

（3）$P(A) = \dfrac{|A|}{|\Omega|} = \dfrac{3}{10}$，分子和分母分别为 A 和 Ω 中含有的样本点个数[①]. ■

1.2.1 计数

古典概型的关键是计数，分别计算出样本空间中元素个数以及事件包含的元素个数. 计数的几个重要办法：

（1）排列与组合公式 考虑从 n 个元素中任取 r 个元素的取法总数. 如果讲究取出元素间的次序，则用排列公式 $\mathrm{P}_n^r = \dfrac{n!}{(n-r)!}$；否则用组合公式 $\mathrm{C}_n^r = \dfrac{n!}{r!(n-r)!}$.

（2）计数基本原理 排列与组合公式背后体现的是计数的两个基本原理：

- 乘法原理 分步骤讨论. 如果一个计数需经 k 个步骤依次进行，第一步有 m_1 种可能，$\cdots$，第 k 步有 m_k 种可能，那么总共有 $m_1 m_2 \cdots m_k$ 种可能；
- 加法原理 分情况讨论. 如果一个计数可分 k 类情况分别进行，第一类有 m_1 种可能，$\cdots$，第 k 类有 m_k 种可能，那么总共有 $m_1 + m_2 + \cdots + m_n$ 种可能.

例 1.8（不放回抽样） 一批产品共有 N 个，其中 M 个是不合格品，$N - M$ 个是合格品. 从中随机取出 n 个，试求事件 A＝"取出的 n 个产品中有 m 个不合格品"的概率.

解 先计算样本空间 Ω 中样本点的个数. 从 N 个产品中任取 n 个，不讲次序，所以总可能数，即 $|\Omega| = \mathrm{C}_N^n$.

要使 A 发生，必须从 M 个不合格品中抽 m 个，再从 $N - M$ 个合格品中抽 $n - m$ 个，根据乘法原理，A 包含 $\mathrm{C}_M^m \mathrm{C}_{N-M}^{n-m}$ 个样本点.

所以，$P(A) = \dfrac{|A|}{|\Omega|} = \dfrac{\mathrm{C}_M^m \mathrm{C}_{N-M}^{n-m}}{\mathrm{C}_N^n}$. ■

注 本例计算的概率称为超几何（hypergeometric）分布概率，是从一个有限总体中进行不放回抽样常会碰到的概率分布.

例 1.9（放回抽样） 抽样有两种方式：不放回抽样与放回抽样. 例 1.8 讨论的是不放回抽样. 放回抽样是抽取一个后放回，然后再抽取下一个 $\cdots$ 如此反复直至抽出 n 个为止. 试求有放回抽样情况下，事件 B＝"取出的 n 个产品中有 m 个不合格品"的概率.

解 同样先计算样本空间 Ω 中样本点的个数. 第一次抽取时，可从 N 个中任取一个，有 N 种取法. 因为是放回抽取，所以第二次抽取时，仍有 N 取法 $\cdots$ 如此下去，每一次都有 N 种取法，一共抽取了 n 次，所以有 N^n 个等可能的样本点.

要使 B 发生，必须有放回地从 M 个不合格品中抽 m 个，再有放回地从 $N - M$ 个合格品中抽 $n - m$ 个，根据乘法原理，这样有 $M^m (N-M)^{n-m}$ 种取法. 再考虑到这 m 个不合格品可能在 n 次中的任何 m 次抽取中得到，总共有 C_n^m 类情况. 所以，A 包含 $\mathrm{C}_n^m M^m (N-M)^{n-m}$ 个样本点.

[①] 集合符号外加两条竖线通常表示集合中元素的个数，例如 $|A|$ 表示集合 A 中元素的个数.

所以，$P(A) = \dfrac{|B|}{|\Omega|} = \dfrac{\mathrm{C}_n^m M^m (N-M)^{n-m}}{N^n} = \mathrm{C}_n^m \left(\dfrac{M}{N}\right)^m \left(1 - \dfrac{M}{N}\right)^{n-m}.$ ∎

例 1.10（计数的双射原理） 从装有号码为 $1, 2, \cdots, N$ 的球的箱子中有放回地抽取了 r 次（每次取一个球，记下号码后放回箱子里），求 $A = $ "这些号码按严格增大的次序出现"，$B = $ "这些号码按不减少的次序出现" 的概率.

解 （1）样本空间记为 $\Omega = \{(x_1, x_2, \cdots, x_r) | x_i \in \{1, 2, \cdots, N\}, i = 1, 2, \cdots, r\}$，则 $|\Omega| = N^r$.

（2）事件 $A = \{(x_1, x_2, \cdots, x_r) | x_1 < x_2 < \cdots < x_r\}$. A 中一个元素等价于从编号 $1, 2, \cdots, N$ 的球中任取 r 个球的一个组合，因此 $|A| = \mathrm{C}_N^r$，$P(A) = \dfrac{|A|}{|\Omega|} = \dfrac{\mathrm{C}_N^r}{N^r}$.

（3）事件

$$
\begin{aligned}
B &= \{(x_1, x_2, \cdots, x_r) | x_1 \leqslant x_2 \leqslant \cdots \leqslant x_r\} \\
&= \{(x_1, x_2, \cdots, x_r) | x_1 < x_2 + 1 < x_3 + 2 < \cdots < x_r + r - 1\} \\
&\xrightarrow[y_i = x_i + (i-1), i = 1, 2, \cdots, r]{\text{双射变换}} \{(y_1, y_2, \cdots, y_r) | y_1 < y_2 < \cdots < y_r, y_i \in \{1, 2, \cdots, N + r - 1\}\},
\end{aligned}
$$

因此 $|B| = \mathrm{C}_{N+r-1}^r$，$P(B) = \dfrac{|B|}{|\Omega|} = \dfrac{\mathrm{C}_{N+r-1}^r}{N^r}$. ∎

1.2.2 方程的整数解的数目

把 n 个可分辨的球分到 r 个可分辨的坛子里，一共有 r^n 种方式，这是因为任一个球都有可能放到 r 个坛子中的任一个. 现在假设这 n 个球是不可分辨的，这种情况下一共有多少种可能结果呢？

由于球是不可分辨的，将 n 个球分到 r 个坛子里的结果可以描述为向量 $(x_1, x_2, \cdots, x_r)$，其中 x_i 分别表示分到第 i 个坛子里球的数量，因此，此问题也等同于求出满足 $x_1 + x_2 + \cdots + x_r = n$ 的非负整数向量 $(x_1, x_2, \cdots, x_r)$ 的个数. 为了计算它，先考虑该方程的正整数解的个数：设想有 n 个不可分辨的球排成一排，现把它们分成 r 组，每组都不空，要做到这一点，我们可在 n 个球之间的 $n-1$ 个空隙里选取 $r-1$ 个（如图 1.3 所示）. 不难看出，一共有 C_{n-1}^{r-1} 种选择可能.

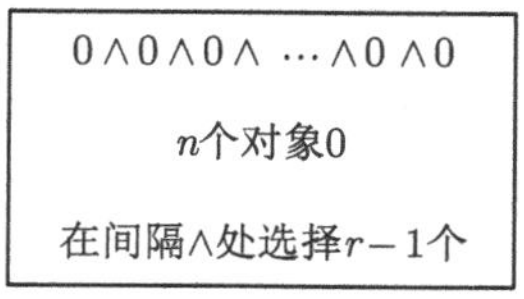

图 1.3 n 个球之间的 $n-1$ 个空隙里选取 $r-1$ 个

例如，$n = 8$，$r = 3$ 时，可以选两个就能隔开：

$$000 \mid 000 \mid 00$$

代表向量 $x_1 = 3$，$x_2 = 3$，$x_3 = 2$.

定理 1.1（方程的正整数解的数目）　共有 C_{n-1}^{r-1} 个不同的正整数向量 $(x_1, x_2, \cdots, x_r)$ 满足

$$x_1 + x_2 + \cdots + x_r = n, \quad x_i > 0, i = 1, 2, \cdots, r.$$

为了得到非负整数解（而不是正整数解的个数），注意，$x_1 + x_2 + \cdots + x_r = n$ 的非负整数解个数与 $y_1 + y_2 + \cdots + y_r = n + r$ 的正整数解个数是相同的（令 $y_i = x_i + 1, i = 1, 2, \cdots, r$）. 因此，利用定理 1.1，可得到如下性质.

定理 1.2（方程的非负整数解的数目）　共有 C_{n+r-1}^{r-1} 个不同的非负整数向量 $(x_1, x_2, \cdots, x_r)$ 满足 $x_1 + x_2 + \cdots + x_r = n$.

例 1.11　方程 $x_1 + x_2 = 3$ 共有多少组不同的非负整数解？

解　一共有 $\mathrm{C}_{3+2-1}^{2-1} = 4$ 组解：$(0,3)$，$(1,2)$，$(2,1)$，$(3,0)$. ∎

1.2.3　等概完备事件组

古典概型的运用，要求有限样本空间以及等可能性. 通过等概完备事件组重新划分样本空间，可以在某些看似无限样本空间问题中运用古典概型.

定义 1.9（等概完备事件组）　若有限个事件 $A_1, A_2, \cdots, A_N$ 满足以下条件，

（1）完备性：$\bigcup\limits_{n=1}^{N} A_n = \Omega$；

（2）不相容性：$\forall i, j \in \{1, 2, \cdots, N\}, i \neq j, A_i \cap A_j = \varnothing$；

（3）等可能性：$A_1, A_2, \cdots, A_N$ 可能性相同.

则称 $A_1, A_2, \cdots, A_N$ 为等概完备事件组.

"基本结果""基本事件"是个相对的概念. 根据分析问题的需要，对随机现象的所有可能基本结果有不同的划分方法，因而给予"基本结果""基本事件"不同的含义.

例 1.12　掷一个骰子，$\{1\}, \{2\}, \{3\}, \{4\}, \{5\}, \{6\}$ 构成一个等概完备事件组，而"出现奇数点"$\{1,3,5\}$ 与"出现偶数点"$\{2,4,6\}$ 也构成一个等概完备事件组.

例 1.13　无穷次掷硬币，求下列事件的概率，$1 \leqslant k < \infty$.

（1）A：第 k 次出现正面；（2）B：第一次正面出现在第 k 次.

解　基本结果为无限长比特串 $(x_1, x_2, \cdots)$，$x_i \in \{0,1\}, i = 1, 2, \cdots$，1 与 0 分别表示正反面.

（1）按照第 k 次投掷的结果来定义等概完备事件组划分 Ω，定义

$$A_0 = \{(x_1, \cdots, x_{k-1}, x_k = 0, x_{k+1}, \cdots) | x_i \in \{0,1\}, i \neq k\}$$

表示第 k 次为 0 的结果, $A_1 = \{(x_1, \cdots, x_{k-1}, x_k = 1, x_{k+1}, \cdots)|x_i \in \{0,1\}, i \neq k\}$ 表示第 k 次为 1 的结果; 不难看出 A_0, A_1 构成等概完备事件组. A 为 A_1, 所以 $P(A) = \dfrac{1}{2}$.

（2）按照前 k 次投掷的结果来定义等概完备事件组划分 Ω. 对于任意 $b_i \in \{0,1\}, 1 \leqslant i \leqslant k$, 令 $B_{b_1,b_2,\cdots,b_k} = \{(x_1 = b_1, x_2 = b_2, \cdots, x_k = b_k, x_{k+1}, \cdots)|x_i \in \{0,1\}, i > k\}$ 表示前 k 次投掷结果为 $b_1, b_2, \cdots, b_k$ 的事件, 不难看出, 诸 $B_{b_1,b_2,\cdots,b_k}$ 构成等概完备事件组, 有 2^k 个事件, B 为 $B_{b_1=0,b_2=0,\cdots,b_{k-1}=0,b_k=1}$, 所以 $P(B) = \dfrac{1}{2^k}$. ■

1.3 概率的公理化定义

在概率论发展的历史上, 曾有过不同的概率的定义. 本节从历史上出现过的这些定义的局限性出发, 阐述概率的公理化定义.

1.3.1 概率的比率定义（古典概型）

前面介绍的古典概型, 是将事件中样本点数与样本空间样本点数的比率定义为概率, 其代表人物是 16 世纪的意大利学者卡丹诺. 这种定义的优点是简单、直观, 然而也存在如下局限性:

（1）古典概型基于等可能性假设, 不具备 "等可能性" 怎么办？例如扔一枚质地不均匀的骰子, 如果靠近 1 点这一边重一些, 那么投掷时 1 点朝下落地的机会较大, 1 点出现的概率较小, 而 1 点对面出现的机会更大一些.

（2）当样本空间样本点个数为无穷多时, 古典概型往往不适用.

（3）不诉诸于实验, "等可能性" 凭人的感觉, 缺乏实证性.

1.3.2 概率的频率定义

在随机试验中, 与事件 A 有关的随机现象可重复进行. 考虑随机试验, 有了频率的定义.

定义 1.10（频率） 在相同条件下, 重复做 n 次随机试验, 设 $n(A)$ 是事件 A 出现的次数, $\dfrac{n(A)}{n}$ 称为事件 A 出现的频率.

人们的长期实践表明, 随着试验重复次数 n 的增加, 频率会稳定在某一常数附近, 我们称这个常数为频率的稳定值, 将其定义为概率. 这一定义面临的问题有:

（1）在等可能性假设的条件下, 当试验次数越来越大时, 频率 $\dfrac{n(A)}{n}$ 会不会越来越接近比率 $\dfrac{|A|}{|\Omega|}$？

17 世纪瑞士数学家雅可比·伯努利（Jacob Bernoulli, 1654—1705）, 在历史上第一个对问题（1）给予严格的意义和数学证明. 在假设基本结果的等可能性时, 伯努利在其著作《猜度术》中证明了这个论断，被称为"伯努利大数定律"，让古典概型下的比率有了实证意义.

伯努利的著作《猜度术》在概率史上的评价很高，标志着概率论脱离其萌芽状态，走向严格数学化发展方向的开端. 在他去世后的第 8 年（1713 年），由他侄子尼古拉斯·伯努利（Nicolaus I Bernoulli）整理出版，参见图 1.4.

Jacob Bernoulli,　　　　　《猜度术（Artis conjectandi）》
1654—1705　　　　　　　　　　1713

图 1.4 伯努利和他的著作

（2）当不具备等可能性时应该如何证明？

对于频率稳定性，根据经验和等可能性假设下的大数定律，我们相信这一点. 然而一般情况下，不进行无限次的条件不变的重复试验，就无法完全肯定频率的稳定性. 例如事件 A 在 10 次重复试验中频率为 0.3，100 次为 0.28，1000 次为 0.295，10000 次为 0.2922，那么什么情况下可以称为稳定？应当以哪个值作为稳定值？这些都有含糊不清的缺陷. 因此，在概率的频率定义中，频率稳定性本身是一个假设，不是一个再需要证明的论断.

1.3.3　概率的公理化定义

在概率定义中，若运用古典概型，就要假设等可能性（此时，比率定义与频率定义是相洽的）. 若不具备等可能性，就要假设频率的稳定性. 那么有没有比等可能性、频率稳定性更基础的，对度量事件发生可能性大小更本质的前提或假设呢？通过还原历史的分析，我们知道概率定义需要前提——假设.

数学中的公理无法证明，源于现实，是人类观察到的经验规律的高度总结，几何学中就有不加证明而接受的公理. 因此，寻找概率定义中本质的前提假设，提炼出概率所应满足的条件，来给出概率的精确定义，是概率论研究的重要基础问题.

20 世纪苏联数学家安德雷·柯尔莫戈洛夫（Andrey Nikolaevich Kolmogorov，1903—1987）（图 1.5）于 1933 年在其《概率论基本概念》一书中用集合论（测度论）和公理化思想，归纳总结了**事件及事件的概率的最基本的性质和关系**，建立了概率的公理体系，使早期概率研究中出现的含糊得以澄清，为近代概率论，如随机过程等复杂问题的研究，奠定了严密的理论基础，得到了举世公认.

Andrey Nikolaevich Kolmogorov, 1903 —1987

图 1.5 柯尔莫戈洛夫

定义 1.11（事件域） 设 Ω 为一样本空间，称 Ω 的某些子集所组成的集合类 $\mathscr{F}$ 为 Ω 上的一个事件域（σ 代数），若满足：

（1）$\Omega \in \mathscr{F}$；

（2）若 $A \in \mathscr{F}$，则 $\bar{A} \in \mathscr{F}$；

（3）若 $A_n \in \mathscr{F}, n = 1, 2, \cdots$，则 $\bigcup_{n=1}^{\infty} A_n \in \mathscr{F}$.

若 $A \in \mathscr{F}$，则称 A 为事件.

注 1 事件域中的元素称为事件，事件域的直观含义为：可以合理地定义概率的事件的全体. 相比定义 1.8，此处我们更严谨地称事件域中的元素为事件，这是概率的公理化定义所需要的.

注 2 对于事件域有以下讨论：

（1）事件域对集合的运算（可列并，可列交，差，对立）有封闭性；

（2）若 Ω 为离散样本空间（即 Ω 为有限集或可列集），则由 Ω 的所有子集构成的集合类 $\mathscr{F}$ 是一个事件域；

（3）若 Ω 为连续样本空间（即 Ω 为不可列无限集），由 Ω 的所有子集不一定组成事件域，没有统一的办法来确定[①].

注 3 若 $\Omega = \mathbb{R}$，可由一个基本集合类逐步扩展成一个事件域.

定义 1.12（博雷尔集）

- 基本集合类取为 $\{$全体左半直线$\}$，即 $\{(-\infty, a] | -\infty < a < +\infty\}$；

- $(a, b] = (-\infty, b] - (-\infty, a]$；

- $[a, b] = \bigcap_{n=1}^{\infty} \left(a - \frac{1}{n}, b\right]$；

[①] 实轴的任意数集构成的集合类，不是 σ 代数. 感兴趣的同学可以看：https://en.wikipedia.org/wiki/Sigma-algebra, https://en.wikipedia.org/wiki/Vitali_set

- $\{a\} = [a, b] - (a, b]$;
- $(a, b] = [a, b] - \{a\}$;
- $(a, b) = (a, b] - \{b\}$;
- 上述集合经过（有限个或可列个）并运算和交运算得到的实数集的全体称为**博雷尔（Borel）事件域**，域中的每个元素（实数集）称为**博雷尔集**，其中左半直线称为**基本博雷尔集**.

定义 1.13（概率的公理化定义）　设 Ω 为一随机现象的样本空间，$\mathscr{F}$ 为 Ω 上的一个事件域，称定义在 $\mathscr{F}$ 上的一个实值函数 $P(\cdot) : \mathscr{F} \to \mathbb{R}$ 为 $\mathscr{F}$ 上的**概率测度**（简称概率），若满足：

（1）非负性：$\forall A \in \mathscr{F}, P(A) \geqslant 0$;

（2）正则性：$P(\Omega) = 1$;

（3）可列可加性：若 $A_n \in \mathscr{F}(n = 1, 2, \cdots)$ 两两互不相容（即 $A_i \cap A_j = \varnothing, i \neq j$），

则 $P\left(\bigcup\limits_{n=1}^{\infty} A_n\right) = \sum\limits_{n=1}^{\infty} P(A_n)$.

称 $P(A)$ 为事件 A 的概率，称三元组 $(\Omega, \mathscr{F}, P)$ 为该随机现象的概率空间.

注 1　概率空间 $(\Omega, \mathscr{F}, P)$ 包含了研究随机现象的三个要素，完整地描述了随机现象的统计性质（即各种事件的可能性）. 一个概率空间就是描写一个随机现象的数学模型，是研究概率的基础和出发点.

注 2　在概率的公理化定义中，把事件概率的存在作为一个不需要证明的事实接受下来，没有直接回答"概率"是什么，而是把概率应具备的几条基本性质（经验事实）概括出来，把具有这几条性质的量叫做概率，在此基础上展开概率论的研究. 在此基础上，可以证明：（1）当 $\dfrac{|A|}{|\Omega|}$ 有意义时是概率；（2）频率稳定于概率（详见 4.4 节大数定律）.

注 3　概率的公理化定义刻画了概率的本质，但没有告诉人们如何去确定概率. 古典概型和频率定义可视为一定场合下，确定概率的实际方法. 例如对样本空间做等可能划分时，可以用古典概型确定概率；样本点不具备等可能性时，可以用频率作为概率的估计值，从随机试验出发得到概率，这涉及统计学.

1.4　概率的性质

利用概率的公理化定义，可以导出概率的一系列性质.

1.4.1　基本性质

定理 1.3　$P(\varnothing) = 0$，即不可能事件的概率为 0.

定理 1.4（有限可加性）　若 $A_i(i = 1, 2, \cdots, n)$ 互不相容，则

$$P\left(\bigcup_{i=1}^{n} A_i\right) = \sum_{i=1}^{n} P(A_i).$$

定理 1.5 $P(\bar{A}) = 1 - P(A)$.

利用此定理考虑对立事件, 在有些问题中求概率会变得比较简单.

例 1.14 抛一枚硬币 5 次, 求 A="既出现正面, 又出现反面" 的概率.

解 样本空间 $\Omega = \{(x_1, x_2, \cdots, x_5) | x_i \in \{正, 反\}, 1 \leqslant i \leqslant 5\}$, $|\Omega| = 2^5$, 对 A 进行计数比较麻烦, 可以这样考虑:

$$P(A) = 1 - P(\bar{A}) = 1 - P(全为正面 \cup 全为反面)$$
$$= 1 - \left(\frac{1}{2^5} + \frac{1}{2^5}\right) = \frac{15}{16}. \qquad \blacksquare$$

注 碰到看上去比较复杂的事件, 利用概率的性质, 将复杂事件转化为简单事件来表达, 进而求解, 是一种重要的概率演算技巧. 概率的性质都足够简单, 综合运用才是难点.

定理 1.6 (单调性) 若 $A \supset B$, 则 $P(A - B) = P(A) - P(B) \geqslant 0$, 表明两个有包含关系的事件的概率存在单调性.

证明 因 $A \supset B$, 故 $A = B \cup (A - B)$ 且 $B \cap (A - B) = \varnothing$, 因此

$$P(A) = P(B) + P(A - B). \qquad \blacksquare$$

定理 1.7 $P(A - B) = P(A) - P(AB)$.

证明 因 $A = (A - B) \cup (AB)$ 且 $(A - B) \cap (AB) = \varnothing$, 故

$$P(A) = P(A - B) + P(AB). \qquad \blacksquare$$

利用上述性质, 我们可以求一些较为复杂的事件的概率.

例 1.15 口袋中有编号为 $1, 2, \cdots, n$ 的 n 个球, 从中有放回地任取 m 次, 求取出的 m 个球的最大号码为 k 的概率.

解 记事件 A_k 为 "取出的 m 个球的最大号码为 k". 如果直接考虑事件 A_k, 则比较复杂, 因为 "最大号码为 k" 可以包括取到 1 次、$\cdots$、取到 m 次 k.

为此, 我们记事件 B_i 为 "取出的 m 个球的最大号码小于等于 i", $i = 1, 2, \cdots, n$. 则 B_i 发生只需每次从 $1, 2, \cdots, i$ 号球中取球即可, 所以由古典概型知

$$P(B_i) = \frac{i^m}{n^m}, \quad i = 1, 2, \cdots, n.$$

又因为 $A_k = B_k - B_{k-1}$, 且 $B_{k-1} \subset B_k$, 由定理 1.6 得

$$P(A_k) = P(B_k - B_{k-1}) = P(B_k) - P(B_{k-1}) = \frac{k^m - (k-1)^m}{n^m}, \quad k = 1, 2, \cdots, n. \qquad \blacksquare$$

譬如，当 $n = 6, m = 3$ 时可算得

$$P(A_4) = \frac{4^3 - 3^3}{6^3} = \frac{37}{216} = 0.1713.$$

其他的 $P(A_k)$ 也都可以算出，现列表如下：

k	1	2	3	4	5	6	和
$P(A_k)$	0.0046	0.0324	0.0880	0.1713	0.2824	0.4213	1.0000

这表明：掷三枚骰子，最大点数 k 是随机变量，k 取 6 的概率是 0.4213，且有

$$P(k \leqslant 3) = 0.0046 + 0.0324 + 0.0880 = 0.1250.$$

这说明，掷三枚骰子，最大点数不超过 3 的概率仅为 0.1250.

1.4.2　加法公式

加法公式用来求多个事件（不一定不相容）的并事件的概率.

定理 1.8　$P(A \cup B) = P(A) + P(B) - P(AB).$

证明　$P(A \cup B) = P(A - B) + P(B) = P(A) - P(AB) + P(B).$　∎

不难看出，可用数学归纳法证明下面的结论.

定理 1.9（加法公式）　$P\left(\bigcup\limits_{i=1}^{n} A_i\right) = \sum\limits_{i=1}^{n} P(A_i) - \sum\limits_{1 \leqslant i < j \leqslant n} P(A_i A_j) +$

$\sum\limits_{1 \leqslant i < j < k \leqslant n} P(A_i A_j A_k) - \cdots + (-1)^{n-1} P\left(\bigcap\limits_{i=1}^{n} A_i\right).$

一般来说，可以利用维恩图来帮助理解概率公式. 概率空间中事件与概率的关系，可以类比于维恩图中图形与面积的关系. $P(\cdot) : \mathscr{F} \to \mathbb{R}$，是一个测度，$P(A)$ 测量了集合 A 的大小，类比于维恩图中 A 所对应图形的面积. 举例来说，从图 1.2（b）来看，定理 1.8 对应说：$A \cup B$ 的面积等于 A 的面积加上 B 的面积，再减去 AB 的面积.

例 1.16（配对问题）　在一次有 n 个人参加的晚会上，每个人带了一件礼物，且假定各人带的礼物都不相同. 晚会期间各人从放在一起的 n 件礼物中随机抽取一件，问至少有一个人自己抽到自己礼物的概率是多少.

解　以 A_i 记事件"第 i 个人自己抽到自己的礼物"，$i = 1, 2, \cdots, n$，那么所求概率为 $P(A_1 \cup A_2 \cup \cdots \cup A_n)$. 因为

$$P(A_1) = P(A_2) = \cdots = P(A_n) = \frac{1}{n},$$

$$P(A_1 A_2) = P(A_1 A_3) = \cdots = P(A_{n-1} A_n) = \frac{1}{n(n-1)},$$

$$P(A_1 A_2 A_3) = P(A_1 A_2 A_4) = \cdots = P(A_{n-2} A_{n-1} A_n) = \frac{1}{n(n-1)(n-2)},$$

$$\vdots$$

$$P(A_1 A_2 \cdots A_n) = \frac{1}{n!}.$$

所以由概率的加法公式（定理 1.9）可得

$$P(A_1 \cup A_2 \cup \cdots \cup A_n) = 1 - \frac{1}{2!} + \frac{1}{3!} - \frac{1}{4!} + \cdots + (-1)^{n-1} \frac{1}{n!}.$$

譬如，当 $n = 5$ 时，此概率为 0.6333；当 $n \to \infty$ 时，此概率的极限为 $1 - \mathrm{e}^{-1} = 0.6321$. 这表明：即使参加晚会的人很多（譬如 100 人以上），事件"至少有一个人自己抽到自己礼物"也不是必然事件. ■

1.4.3 概率的连续性

定义 1.14（极限事件） 对 $\mathscr{F}$ 中的任何一个单调不减的事件列 $E_1 \subset E_2 \subset \cdots$（渐胀列）（图 1.6），称可列并 $\bigcup\limits_{n=1}^{\infty} E_n$ 为 $\{E_n\}$ 的极限事件，记为 $\lim\limits_{n \to \infty} E_n$；对 $\mathscr{F}$ 中的任何一个单调不增的事件列 $E_1 \supset E_2 \supset \cdots$（渐缩列），称可列交 $\bigcap\limits_{n=1}^{\infty} E_n$ 为 $\{E_n\}$ 的极限事件，亦记为 $\lim\limits_{n \to \infty} E_n$.

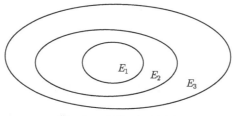

图 1.6 渐胀列示意图

定理 1.10（概率的连续性） （1）概率 $P(\cdot)$ 是渐胀连续（下连续），即对任意渐胀列 $\{E_n\}$，有

$$\lim_{n \to \infty} P(E_n) = P\left(\lim_{n \to \infty} E_n\right); \tag{1.1}$$

（2）概率 $P(\cdot)$ 是渐缩连续（上连续），即对任意渐缩列 $\{E_n\}$，有

$$\lim_{n \to \infty} P(E_n) = P\left(\lim_{n \to \infty} E_n\right). \tag{1.2}$$

证明 （1）设 $\{E_n\}$ 为 $\mathscr{F}$ 中的一个渐胀列，设 $E_0 = \varnothing$，则 $\bigcup\limits_{i=1}^{\infty} E_i = \bigcup\limits_{i=1}^{\infty} (E_i - E_{i-1})$，

诸 $E_i - E_{i-1}$ 互不相容, 故有式 (1.1)

$$右边 = P\left(\bigcup_{i=1}^{\infty} E_i\right) = \sum_{i=1}^{\infty} P(E_i - E_{i-1}) = \lim_{n\to\infty} \sum_{i=1}^{n} P(E_i - E_{i-1}) \quad (可列可加性)$$

$$= \lim_{n\to\infty} \sum_{i=1}^{n} [P(E_i) - P(E_{i-1})] = \lim_{n\to\infty} P(E_n) = 左边$$

(2) 考虑渐缩列 $\{E_n\}$, 则 $\{\overline{E_n}\}$ 为渐胀列, 故有式 (1.2)

$$右边 = P\left(\bigcap_{n=1}^{\infty} E_n\right) = P\left(\overline{\bigcup_{n=1}^{\infty} \overline{E_n}}\right) \quad (对偶律)$$

$$= 1 - \lim_{n\to\infty} P(\overline{E_n}) \quad (根据渐胀连续)$$

$$= \lim_{n\to\infty} P(E_n) = 左边.$$ ■

注 1　定理 1.10 表明, 概率 $P(\cdot)$ 既满足渐胀连续, 又满足渐缩连续, 统称概率的连续性.

注 2　概率的连续性, 将在定理 2.2 中用于证明随机变量的分布函数的右连续性.

例 1.17　无限次连续抛掷一枚均匀硬币, 求事件 $A =$ "正面永不出现" 的概率.

解 1　考虑补集 $\bar{A} =$ "至少出现一次正面".

设 E_n 表示首次正面出现在第 n 次抛掷, $n = 1, 2, \cdots$, 则 $\bar{A} = \bigcup_{n=1}^{\infty} E_n$, $\bar{A}$ 可分解为可列个互不相容事件的并.

故 $P(\bar{A}) = \sum\limits_{n=1}^{\infty} P(E_n) = \sum\limits_{n=1}^{\infty} \dfrac{1}{2^n} = 1$, 从而 $P(A) = 0$. ■

由此可知, 零概率事件并非为不可能事件, 1 概率事件并非为必然事件. 以概率 1 发生的事件, 称为**几乎必然**(almost sure, a.s.) 事件.

对于上面这样由 "至少一次发生" 表述的事件, 依据 "首次发生" 进行事件分解的办法, 称为 **"首次分解法"**, 是求解 "至少一次" 这类事件的概率的重要方法.

解 2　事件 $A =$ "正面永不出现" 即 $A =$ "永远反面".

记 $A_n =$ "前 n 次投掷均出现反面", $n = 1, 2, \cdots$, 则 $P(A_n) = \dfrac{1}{2^n}$.

注意 $A_n \supset A_{n+1}$, 构成渐缩事件列 $A_1 \supset A_2 \supset A_3 \supset \cdots$. 始终出现反面为 $\bigcap_{n=1}^{\infty} A_n$,

由连续性 $P(A) = P\left(\bigcap_{n=1}^{\infty} A_n\right) = \lim\limits_{n\to\infty} P(A_n) = \lim\limits_{n\to\infty} \dfrac{1}{2^n} = 0.$ ■

解 3 接解 2 的记号，$\forall n = 1, 2, \cdots$，$A_n \supset A$，$P(A_n) = \dfrac{1}{2^n} \geqslant P(A)$，两边取极限得 $\lim\limits_{n \to \infty} \dfrac{1}{2^n} = 0 \geqslant P(A) \geqslant 0$，故 $P(A) = 0$. ∎

1.5 条 件 概 率

1.5.1 条件概率的定义

在某事件 A 发生的条件下，另一事件 B 的概率称为条件概率，记为 $P(B|A)$，它与 $P(B)$ 是不同的两类概率. 下面用一个例子说明之.

例 1.18 同时掷两枚骰子，求在已知事件 $A = $ "点数和是奇数" 的条件下，事件 $B = $ "点数和小于 8" 的概率.

解 掷两枚骰子，所有可能的基本结果有 36 种. 据经验这 36 种有相等的机会出现，所以本例中样本空间有限且每个样本点具有等可能性，可以用古典概型来计算概率. 可以通过画格子来表示可能的情况，如图 1.7 所示，每个格子代表一种可能的结果，横坐标是第一次投掷的结果，纵坐标是第二次投掷的结果，事件 A 由画横线的格子组成，事件 B 由画竖线的格子组成.

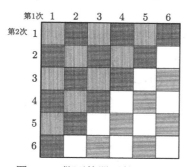

图 1.7　掷两枚骰子的示意图

无条件下 B 包含 21 种情况（竖线格子），因此 $P(B) = \dfrac{|B|}{|\Omega|} = \dfrac{21}{36}$.

在 A 发生的情况下，所有可能的结果有 18 种（横线格子），据经验这 18 种基本结果等可能发生，可能性是 $\dfrac{1}{|A|} = \dfrac{1}{18}$. 在 A 发生的条件下的事件 B 包含其中 $|AB| = 12$ 种基本结果（十字格子），之外的竖线格子被排除，因此 A 发生的条件下事件 B 发生的概率为 $P(B|A) = \dfrac{1}{|A|} |AB| = \dfrac{12}{18} = \dfrac{3}{4}$. ∎

在例 1.18 中，可以发现式 $P(B|A) = \dfrac{|AB|}{|A|}$ 分子分母同除以总的样本数 $|\Omega|$ 有 $P(B|A) = \dfrac{|AB|/|\Omega|}{|A|/|\Omega|} = \dfrac{P(AB)}{P(A)}$，这个结果具有一般性.

定义 1.15（条件概率）　设 A 和 B 是样本空间 Ω 中的两个事件，称 $P(B|A) \xlongequal{\text{def}} \dfrac{P(AB)}{P(A)}(P(A)>0)$ 为在 A 发生条件下 B 的条件概率.

注 1　分子 $P(AB)$ 是 A 与 B 交事件的概率，又称为两事件的联合概率，有时也记为 $P(A,B)$.

注 2　例 1.18 体现了计算条件概率时的 **"样本空间缩减法"**. 如图 1.8 所示，事件 A 发生对应一个新的随机现象，其具有缩减的样本空间 A；计算 B 的条件概率，相当于计算 AB 在这个缩减样本空间下发生的概率（即比率 $\dfrac{|AB|}{|A|}$）.

注 3　$P(\cdot)$ 度量的是无条件的概率，$P(\cdot|A)$ 度量的是有条件 (给定 A 事件) 的概率. 如图 1.8 所示，Ω 表示的是原样本空间，条件概率 $P(\cdot|A)$ 是相对于缩减的样本空间 A 来计算的.

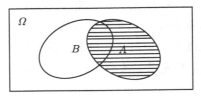

图 1.8　条件概率的样本空间缩减

定理 1.11　条件概率 $P(\cdot|A)$ 是 **概率测度**（见定义 1.13)，满足概率的基本性质：

(1) $P(B|A) \geqslant 0$（非负性）；

(2) $P(\Omega|A) = P(A|A) = 1$（归一性）；

(3) 对于互不相容的事件 B_n，有 $P\left(\bigcup\limits_{n=1}^{\infty} B_n \Big| A\right) = \sum\limits_{n=1}^{\infty} P(B_n|A)$（可列可加性）.

从而，所有有关概率的定理加上条件后仍是成立的.

证明　（1）（2）显然成立，下面证明（3）.

$$P\left(\bigcup_{n=1}^{\infty} B_n \Big| A\right) = \frac{P\left(A \cap \bigcup\limits_{n=1}^{\infty} B_n\right)}{P(A)} = \frac{P\left(\bigcup\limits_{n=1}^{\infty} (AB_n)\right)}{P(A)} = \frac{\sum\limits_{n=1}^{\infty} P(AB_n)}{P(A)}$$

$$= \sum_{n=1}^{\infty} \frac{P(AB_n)}{P(A)} = \sum_{n=1}^{\infty} P(B_n|A).$$ ∎

对于条件概率，既可以按定义 1.15 在原样本空间上计算，计算出分子 $P(AB)$ 与分母 $P(A)$，然后求出 $P(B/A)$，也可以通过样本空间缩减法来计算，即把条件概率视为条件发生下缩减后的样本空间中的概率. 已知事件 A 发生，样本空间 Ω 缩减为 A，在此前提下，计算事件 B 发生的概率等效于在 A 空间计算 AB 发生的概率. 如果用古典概型，条件概率可以认为是相对比率.

例 1.19   一个盒子中有 5 个红球, 5 个白球.

(1) 有放回取球两次, 求第一次取出红球条件下, 第二次取出仍为红球的概率;

(2) 无放回取球两次, 求第一次取出红球条件下, 第二次取出仍为红球的概率.

解 (1) 第一次取出红球条件下, 盒子中仍有 5 个红球, 5 个白球, 所以第二次取出为红球的概率 $P(B|A) = \dfrac{5}{10}$;

(2) 第一次取出红球条件下, 盒中剩下 4 个红球, 5 个白球, 所以第二次取出为红球的概率 $P(B|A) = \dfrac{4}{9}$. ■

例 1.20   一个坛子里有 r 个红球和 b 个蓝球, 随机地从中无放回依次取出 $n(\leqslant r+b)$ 个, 在已知其中有 $k \leqslant \min\{n,b\}$ 个蓝球的条件下, 求第一个球是蓝球的条件概率.

解 1   事件 $A=$ "从 $r+b$ 个球中无放回取出 n 个球含 k 个蓝球", 事件 $B=$ "第一次取的球为蓝球". 在 A 的条件下考虑, A 作为新的样本空间即 n 个球中有 k 个蓝球, 所以该条件概率等效于从含 k 个蓝球的 n 个球中, 进行无放回取球, 第一次取出的球为蓝球的概率, 所以 $P(B|A) = \dfrac{k(n-1)!}{n!} = \dfrac{k}{n}$. ■

解 2   由条件概率定义 $P(B|A) = \dfrac{P(AB)}{P(A)} = \dfrac{P(A|B)P(B)}{P(A)}$.

题意是无放回抽样, 因此 $P(A)$ 是一个超几何分布概率 (见例 1.8). $|\Omega|$ 中包含 C_{r+b}^n 个样本点, $|A|$ 中包含 $C_r^{n-k}C_b^k$ 个样本点, 所以 $P(A) = \dfrac{C_b^k C_r^{n-k}}{C_{b+r}^n}$.

$P(B)$ 表示从 r 个红球和 b 个蓝球中选取 1 个球, 且这个球是蓝球的概率, 因此 $P(B) = \dfrac{b}{r+b}$. $P(A|B)$ 的含义是从 r 个红球,$b-1$ 个蓝球中抽取 $n-1$ 个球, 其中蓝球抽到了 $k-1$ 个, 红球抽到了 $n-k$ 个, 还是一个超几何分布概率, 因此 $P(A|B) = \dfrac{C_{b-1}^{k-1}C_r^{n-k}}{C_{r+b-1}^{n-1}}$. 三项代入可得 $P(B|A) = \dfrac{k}{n}$. ■

解 3   由古典概型 $P(B|A) = \dfrac{|AB|}{|A|}$. 对事件 $AB=$ "n 个球中有 k 个蓝球, 且第一个是蓝球", 计算样本点数时需要考虑排序, $|AB| = bC_{b-1}^{k-1}C_r^{n-k}(n-1)!$, 对 A 计数时也应考虑顺序 $|A| = C_b^k C_r^{n-k}n!$, 故 $P(B|A) = \dfrac{k}{n}$. ■

条件概率是一种概率, 因此在各种概率演算中, 可以利用概率的各种性质. 同时, 作为一类特别的概率, 条件概率也有一些独特的性质, 总结为三条公式: 乘法公式、全概率公式和贝叶斯公式 (又称逆概率公式).

1.5.2 乘法公式

定理 1.12 (乘法公式)   (1) 若 $P(A) > 0$, 则 $P(AB) = P(A)P(B|A)$.

（2）若 $P(A_1A_2 \cdots A_{n-1}) > 0$，则

$$P(A_1A_2 \cdots A_n) = P(A_1)P(A_2|A_1)P(A_3|A_1A_2) \cdots P(A_n|A_1A_2 \cdots A_{n-1}).$$

（3）若 $P(ABC) > 0$，则 $P(ABC) = P(A)P(B|A)P(C|AB)$.

证明　由条件概率的定义，移项即得 (1)．下证 (2) 式，因为

$$P(A_1) \geqslant P(A_1A_2) \geqslant \cdots \geqslant P(A_1A_2 \cdots A_n) > 0,$$

所以 (2) 中的条件概率均有意义，且按照条件概率的定义，(2) 的右边等于

$$P(A_1) \cdot \frac{P(A_1A_2)}{P(A_1)} \frac{P(A_1A_2A_3)}{P(A_1A_2)} \cdots \frac{P(A_1 \cdots A_n)}{P(A_1 \cdots A_{n-1})} = P(A_1 \cdots A_n).$$

从而式 (2) 成立.

式 (3) 是式 (2) 在 $n = 3$ 的情形，自然成立．下面提供另一种证明，展示了条件概率的乘法公式．前面说了，所有有关概率的定理加上条件后仍是成立的，概率有乘法公式，条件概率亦有乘法公式，对 $P(BC|A)$ 用乘法公式可得：

$$P(ABC) = P(A) \cdot P(BC|A) = P(A) \cdot P(B|A)P(C|AB). \qquad \blacksquare$$

注 1　当碰到求交事件的概率时，要想到用乘法公式.

注 2　乘法公式体现了分步骤讨论的思想（乘法原理），特别适用于分步骤的随机现象，以前面的步骤作为条件可以使当前步骤的概率演算变得简单.

例 1.21（罐子模型）　袋中有 $n-1$ 个黑球和 1 个白球，每次从袋中随机取出 1 个球，并换入 1 个黑球，问第 k 次取球时取到黑球的概率是多少.

解　用事件 A_i 来表示第 i 次取出黑球，$i = 1, 2, \cdots, k$，则题目所关心的事件为 A_k，其补事件 $\bar{A}_k$ = "第 k 次取到白球" 可以表示为 $\bar{A}_k = A_1 \cap A_2 \cap \cdots \cap A_{k-1} \cap \bar{A}_k$，即前 $k-1$ 次均取到黑球，第 k 次取到白球．在前 $i-1$ 次取出黑球又放回黑球的情况下，第 i 次 $(i = 1, \cdots, k-1)$ 取出黑球等效于从 $n-1$ 个黑球和 1 个白球中取出黑球，因此

$$P(A_1 \cdots A_{k-1}\bar{A}_k) = P(A_1)P(A_2|A_1)P(A_3|A_1A_2) \cdots P(\bar{A}_k|A_1A_2 \cdots A_{k-1})$$

$$= \left(\frac{n-1}{n}\right)^{k-1} \frac{1}{n}.$$

因此，$P(A_k) = 1 - \left(\dfrac{n-1}{n}\right)^{k-1} \dfrac{1}{n}.$ $\qquad \blacksquare$

1.5.3 全概率公式

定理 1.13（全概率公式） 设一列事件 $B_1, B_2, \cdots, B_n$ 为样本空间 Ω 的一个划分（即 $B_1, B_2, \cdots, B_n$ 互不相容，且 $\bigcup\limits_{i=1}^{n} B_i = \Omega$），则对任一事件 A，有

$$P(A) = \sum_{i=1}^{n} P(B_i)P(A|B_i).$$

证明 如图 1.9 所示，$A = A\Omega = A\left(\bigcup\limits_{i=1}^{n} B_i\right) = \bigcup\limits_{i=1}^{n}(AB_i)$ 且诸 AB_i 互不相容，所以

$$P(A) = \sum_{i=1}^{n} P(AB_i) = \sum_{i=1}^{n} P(B_i)P(A|B_i). \qquad \blacksquare$$

注意，若某个 $1 \leqslant j \leqslant n$，$P(B_j) = 0$，则在上述求和中不包括该项即可.

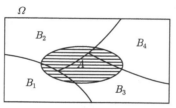

图 1.9　全概率公式示意图

注 1 全概率公式体现了分情况讨论的思想（加法原理），把随机现象按照某种信息分成不同情况，附加信息后每种情况下的讨论变得更简单. 一个事件 A 发生的概率 $P(A)$ 等于各情况 B_i 下 A 发生的条件概率的加权和，权重是各情况 B_i 发生的概率.

注 2 特例：可以依据一个事件 B 及其对立事件 $\bar{B}$ 划分样本空间，从而有

$$P(A) = P(B)P(A|B) + P(\bar{B})P(A|\bar{B}).$$

例 1.22 3 张形状完全相同的卡片，第一张两面全黑，第二张两面全白，第三张一面黑一面白，3 张卡片放在桌子下混合后，从中取出一张放在桌上，求卡片朝上的一面是黑色的概率.

解 题目关心的事件 A 为"取出的卡片朝上一面是黑色"，如果知道取出的是哪张卡片，则 A 的（条件）概率易求. 故考虑对样本空间进行如下划分：B_1 为"取出第 1 张卡片"，B_2 为"取出第 2 张卡片"，B_3 为"取出第 3 张卡片"，则由全概率公式有

$$P(A) = P(B_1)P(A|B_1) + P(B_2)P(A|B_2) + P(B_3)P(A|B_2)$$

$$= \frac{1}{3} \times 1 + \frac{1}{3} \times \frac{1}{2} + \frac{1}{3} \times 0 = \frac{1}{2}. \qquad \blacksquare$$

1.5.4 贝叶斯公式（逆概率公式）

条件概率是概率论学习中的一个重要台阶，稍微复杂一点的随机现象分析，都会碰到条件概率. 以后会碰到随机变量的条件分布，其思想与事件的条件概率相类似，其基础还是事件的条件概率.

在乘法公式和全概率公式的基础上，不难得出有关条件概率的第三个重要公式.

定理 1.14（贝叶斯公式） 设一列事件 $B_1, B_2, \cdots$ 为样本空间 Ω 的一个划分，则对任一事件 A，若 $P(A) > 0$，则有

$$P(B_i|A) = \frac{P(AB_i)}{P(A)} = \begin{cases} 0, & \text{若 } P(B_i) = 0, \\ \dfrac{P(B_i)P(A|B_i)}{\sum\limits_{j:P(B_j)>0} P(B_j)P(A|B_j)}, & \text{若 } P(B_i) > 0. \end{cases}$$

注 1 此公式体现了逆向思维，直接计算 $P(B_i|A)$ 不好算时，可以通过 $P(A|B_i)$ 间接计算，因此此公式又称为逆概率公式.

注 2 托马斯·贝叶斯（Thomas Bayes, 1701—1761）是 18 世纪英国的牧师和学者，参见图 1.10，在他死后（1763 年）发表的论文《论有关机遇问题的求解》里提出了贝叶斯公式.

Thomas Bayes, 1701—1761

图 1.10 贝叶斯

注 3 先验与后验. 在运用贝叶斯公式时，常把 $P(B_i)$ 看作各情况 B_i 发生的先验概率；条件概率 $P(B_i|A)$ 刻画了当观测到 A 发生后，对事件 B_i 发生的概率的重新认识，常称为事件 B_i 的后验概率，$P(A|B_i)$ 常被称为似然值（likelihood）. 贝叶斯公式从数量上刻画了从先验到后验的这种变化.

例 1.23 某疾病的发病率为 0.0004，健康人在体检之后有 0.1% 的概率结果呈阳性（假阳性），患病者在体检之后有 1% 的概率结果呈阴性（假阴性）. 如果一个人体检之后结果显示为阳性，那么该人有多大概率患病？

解 设"化验呈阳性"为事件 A，"患病"为事件 B，则据题意有，$P(A|B) = 0.99$，

$P(\bar{A}|B) = 0.01$, $P(A|\bar{B}) = 0.001$, $P(\bar{A}|\bar{B}) = 0.999$. 运用全概率公式及贝叶斯公式, 有

$$P(A) = P(B)P(A|B) + P(\bar{B})P(A|\bar{B}) = 0.0004 \times 0.99 + (1 - 0.0004) \times 0.001 = 0.13956\%,$$

$$P(B|A) = \frac{P(B)P(A|B)}{P(A)} = \frac{0.0004 \times 0.99}{0.13956\%} = \frac{3.96}{13.956} \approx 28.4\%. \quad \blacksquare$$

在本例中可以看到, 在化验呈阳性的人中, 真患该病的人不足 30%. 稍加分析就可以知道, 由于人群中该病的发病率很低, 绝大部分人没有患病, 所以虽然假阳性出现的概率很低, 但仍然有很多假阳性结果; 而病人很少, 所以真阳性结果也就相对比较少, 而假阳性结果相对并不少. 可以分析在 10000 人中, 9996 人不患病, 如果有 0.1% 假阳性, 就是 9.996 人为假阳性; 4 人患病, 99% 呈阳性, 则有 3.96 人为真阳性; 在这些阳性结果中, 真患病的只有 $\frac{3.96}{3.96 + 9.996} \approx 28.4\%$.

既然在体检的阳性结果中大部分是假阳性, 那么应该如何降低阳性结果中出现假阳性的概率呢? 一个办法是通过对首次检查得到阳性结果的人进行复查. 若这样复查结果仍为阳性, 那么该人真患病的概率又是多少呢?

解 1 重新定义事件 B 表示 "首检为阳性的人真患病", A 表示 "第二次化验呈阳性", 则

$$P(B|A) = \frac{P(B)P(A|B)}{P(B)P(A|B) + P(\bar{B})P(A|\bar{B})}$$

$$= \frac{0.284 \times 0.99}{0.284 \times 0.99 + (1 - 0.284) \times 0.001} \approx 99.7\%. \quad \blacksquare$$

解 2 仍将 "患病" 记为事件 B, 以事件 A_1 表示 "第一次体检呈阳性", A_2 表示 "第二次体检呈阳性", 则

$$P(B|A_1 A_2) = \frac{P(B|A_1)P(A_2|BA_1)}{P(B|A_1)P(A_2|BA_1) + P(\bar{B}|A_1)P(A_2|\bar{B}A_1)}$$

$$= \frac{0.284 \times 0.99}{0.284 \times 0.99 + (1 - 0.284) \times 0.001} \approx 99.7\%. \quad \blacksquare$$

这是贝叶斯公式的递归运用, 揭示了第一次检验与第二次检验的递推关系, 并展示了条件概率的贝叶斯公式. 前面说了, 所有有关概率的定理加上条件后仍是成立的, 概率有贝叶斯公式, 加上条件后的条件概率亦有贝叶斯公式.

另外, 此解法显式地利用了 $P(A_2|BA_1) = P(A_2|B)$, 即给定 B, A_1 与 A_2 条件独立（见 1.6.3 节）. 在实际中这通常成立, 因为检测仪器一般是无记忆的, 不区分是第一次体检还是第二次体检, 仪器机械地以固定的假阳性率和假阴性率进行工作.

解 3 继续使用解 2 中的符号, 也可以直接使用贝叶斯公式

$$P(B|A_1 A_2) = \frac{P(B)P(A_1 A_2|B)}{P(B)P(A_1 A_2|B) + P(\bar{B})P(A_1 A_2|\bar{B})} \approx 99.7\%,$$

其中利用了 $P(A_1 A_2 | B) = P(A_1 | B) P(A_2 | B)$，$P(A_1 A_2 | \bar{B}) = P(A_1 | \bar{B}) P(A_2 | \bar{B})$，即给定 B，A_1 与 A_2 条件独立，以及给定 $\bar{B}$，A_1 与 A_2 条件独立（见 1.6.3 节），这些条件独立性成立的道理同解 2 中的说明. ■

例 1.24（三囚犯问题） 在一次智力答题节目中，主持人亮出一道单选题目以及 A、B、C 三个选项，选手毫无把握，随机选择了 A. 按照节目规则，主持人可以给选手一个提示，但不能直接告诉选手其选择是对还是错，所以主持人随机地划掉了另外两个选项中错误的那个（比如说 B）. 然后，选手需做出最后的选择. 在这种情况下，选手是坚持原来的选择 A，还是应该改变选择，选 C？

解 有一部分人认为，一开始选手选 A 答对的概率为 $\frac{1}{3}$，$P(A\ \text{对}) = P(B\ \text{对}) = P(C\ \text{对}) = \frac{1}{3}$，主持人提示后，剩两个选项，有一个是对的，选 A 或 C 答对的可能性都为 $\frac{1}{2}$. 这样思考就错了.

正确的思考是如下运用贝叶斯公式. 一切讨论都在选手随机选择 A 开始. 这样，有三种情况：A 对、B 对、C 对，因选手随机选择并未为三者哪个是正确答案提供更多信息，三者的概率相等，$P(A\ \text{对}) = P(B\ \text{对}) = P(C\ \text{对}) = \frac{1}{3}$. 将在 B, C 中划掉 B 的事件记为"划掉 B". 在观测到主持人按照节目规则划掉 B 之后，三者的后验概率发生了变化，可如下计算：

$$P(A\ \text{对} \mid \text{划掉 B})$$

$$= \frac{P(A\ \text{对} \cap \text{划掉 B})}{P(\text{划掉 B})}$$

$$= \frac{P(A\ \text{对}) P(\text{划掉 B}|A\ \text{对})}{P(A\ \text{对}) P(\text{划掉 B}|A\ \text{对}) + P(B\ \text{对}) P(\text{划掉 B}|B\ \text{对}) + P(C\ \text{对}) P(\text{划掉 B}|C\ \text{对})}$$

$$= \frac{\frac{1}{3} \times \frac{1}{2}}{\frac{1}{3} \times \frac{1}{2} + \frac{1}{3} \times 0 + \frac{1}{3} \times 1} = \frac{1}{3},$$

$$P(B\ \text{对} \mid \text{划掉 B}) = 0, \qquad P(C\ \text{对} \mid \text{划掉 B}) = 1 - P(A\ \text{对} \mid \text{划掉 B}) = \frac{2}{3}.$$

因此，选手选 C 答对的机会是选 A 答对的机会的两倍，而不是之前错误思考的相等. ■

注 类似的三囚犯问题曾刊登于 1991 年纽约时报（New York Times）封面，读者可自行分析.

三个囚犯 A, B, C 关在死牢中. 国王决定随机赦免其中一个，并把他的决定告诉了狱长，且要求其保密. 第二天，囚犯 A 请求狱长告诉他是谁被赦免，狱长拒绝了囚犯 A 的请求. 囚犯 A 再问狱长，B 或 C 谁将被处死？狱长思考了一会，告诉 A，B 将被处死. 求：这种情况下，A 被赦免的概率.

1.6 事件的独立性

1.6.1 两个事件的独立性

两个事件的独立性, 是指一个事件的发生不影响另一个事件发生的可能性. 例如掷两枚骰子, 第一枚出现的点数不会影响第二枚的点数.

定义 1.16 (独立性) 对于两个事件 A 和 B, 若

$$P(AB) = P(A)P(B), \tag{1.3}$$

则称 A 与 B 相互独立, 记为 $A \perp B$.

从概率角度看, 已知 A 发生的条件下, B 发生的概率 $P(B|A)$, 一般来说不等于 B 发生的无条件概率 $P(B)$. 如果事件 A 对事件 B 有某种影响, A 发生通常会改变 B 发生的概率. 如果 $P(A) > 0$, $P(B|A) = P(B)$, 说明事件 A 发生不影响事件 B 发生的可能性, 这一条件等价于 $P(AB) = P(A)P(B)$, 即式 (1.3). 从式 (1.3) 出发, 若 $P(B) > 0$, 我们还有 $P(A|B) = P(A)$, 即事件 A 发生对 B 也无影响. 可见独立性是相互的. 另外, 若 $P(A) = 0$ 或 $P(B) = 0$, 式 (1.3) 仍然成立, 此时称 A 与 B 相互独立也比较自然[①]. 为此, 统一用式 (1.3) 作为两个事件相互独立的定义.

读者不难自行证明下面结论:

注 1 若 $P(A) > 0$, 则 A 与 B 独立等价于 $P(B|A) = P(B)$.

注 2 概率为 0 的事件与任何事件相互独立; 概率为 1 的事件与任何事件相互独立.

注 3 两事件独立与两事件互不相容, 有什么关系呢? 我们有下面有意思的结论, 即习题 1 第 33 题: 若 $P(A) > 0$, $P(B) > 0$, 如果 A, B 相互独立, 则 A, B 相容.

例 1.25 袋中有 4 个球, 编号分别为 1、2、3、4. 从袋中任取一球, 取出的球为 1 或 2 记为事件 A, 取出的球为 1 或 3 记为事件 B, 则不难看出 $P(A) = P(B) = \frac{1}{2}$, $P(AB) = \frac{1}{4}$, 因此 A, B 独立, 但并不互斥.

定理 1.15 四对事件 $\{A, B; A, \bar{B}; \bar{A}, B; \bar{A}, \bar{B}\}$ 中有一对相互独立, 则另外三对也相互独立.

1.6.2 多个事件的独立性

定义 1.17 如果 3 个事件 A, B, C 满足

$$\begin{cases} P(AB) = P(A)P(B), \\ P(AC) = P(A)P(C), \\ P(BC) = P(B)P(C), \end{cases} \quad \text{则称 } A, B, C$$

两两独立.

[①] 不妨设 $P(A) = 0$, 因为 $AB \subset A$, 有 $P(AB) = 0$, 因而式 (1.3) 成立; 由此可推出在 $P(B) > 0$ 时, $P(A|B) = 0$, 这表明 $P(A|B) = P(A)$, B 的发生不影响 A 发生的可能性.

定义 1.18　如果 3 个事件 A, B, C 满足 $\begin{cases} P(AB) = P(A)P(B), \\ P(AC) = P(A)P(C), \\ P(BC) = P(B)P(C), \\ P(ABC) = P(A)P(B)P(C), \end{cases}$ 则称

A, B, C 相互独立, 或 A, B, C 彼此独立, 或简称 A, B, C 独立.

一组事件两两独立不能保证相互独立.

例 1.26（S.N. **伯恩斯坦**（S.N. Bernstein）, 1917）　一个质地均匀的正四面体, 第一面染红色, 第二面染黄色, 第三面染蓝色, 第四面染红、黄、蓝三色（各占一部分）. 在桌上将此正四面体任意抛掷一次, 考查和桌面接触的那一面上出现什么颜色. 设事件 $A =$ "出现有红色", $B =$ "出现有黄色", $C =$ "出现有蓝色". 我们指出, 这三个事件两两独立但不相互独立. 实际上, 这里有四个基本事件:

$$A_i = \text{"四面体的第 } i \text{ 面接触桌面"}, \quad i = 1, 2, 3, 4.$$

既然是正四面体, 这四个基本事件的概率都是 $1/4$. 显然, $A = A_1 \cup A_4$, $B = A_2 \cup A_4$, $C = A_3 \cup A_4$, 故 $P(A) = P(B) = P(C) = 1/2$. 因为 $AB = AC = BC = A_4$, 故 $P(AB) = P(AC) = P(BC) = P(A_4) = 1/4$. 可见 A, B, C 两两独立. 显然 $P(ABC) = P(A_4) = 1/4$, 但是 $P(A)P(B)P(C) = 1/2^3 = 1/8$, 这表明 A, B, C 不相互独立.

定义 1.19（n **个事件相互独立**）　称 n 个事件相互独立, 如果 $\forall k = 2, \cdots, n, \forall \{i_1, \cdots, i_k\} \subset \{1, \cdots, n\}$, 成立

$$P(A_{i_1} \cdots A_{i_k}) = P(A_{i_1}) \cdots P(A_{i_k}),$$

不难看出, n 个事件相互独立, 等价地可如下递归定义:

定义 1.20　称 n 个事件相互独立, 如果 $\forall \{i_1, \cdots, i_{n-1}\} \subset \{1, \cdots, n\}, A_{i_1}, \cdots, A_{i_{n-1}}$ 相互独立（即任意 $n-1$ 个事件相互独立）, 以及

$$P(A_1 \cdots A_n) = P(A_1) \cdots P(A_n).$$

定义 1.21　称一列事件相互独立, 如果其中任意有限个事件都是相互独立的.

1.6.3　条件独立性

定义 1.22（**条件独立性**）　若 $P(C) > 0$, $P(AB|C) = P(A|C)P(B|C)$, 则称在给定 C 下, A 与 B（条件）独立, 记为 $A \perp B | C$.

不难看出, 若 $P(A|C) > 0$, 条件独立性等价于[①]$P(B|C, A) = P(B|C)$.

---

① $P(B|C, A)$ 亦可写成 $P(B|CA)$, 表示条件是 C 与 A 都发生.

例 1.27 随机从班里抽取一名同学，记事件 $M=$"性别为男"，事件 $H=$"留短发"，事件 $T=$"身高超过 170cm". 考虑:

（1）事件 H 与 T 是否独立?

（2）在给定 M 条件下，H 与 T 是否独立?

解 （1）即判断 $P(H)=P(H|T)$? $P(H)$ 是一般同学中留短发的比例，$P(H|T)$ 是身高超过 170cm 留短发的比例，后者显然大于前者，因此 H 与 T 不独立. 可以这样来分析，身高超过 170cm 的同学大多为男生，而男生中留短发的比例大于女生，所以 $P(H)<P(H|T)$. 事件 T 暗含了某种信息，这种信息能影响事件 H 的发生，所以这两个事件不是相互独立的.

（2）即判断 $P(H|M)=P(H|M,T)$? $P(H|M)$ 是一般男生中留短发的比例，$P(H|M,T)$ 是身高超过 170cm 男生中留短发的比例. 判断两者大小，其实是问相比一般男生留短发，身高超过 170cm 男生有什么特别之处让他们更喜欢留短发或是不留短发? 经验上看没有. 因此，$P(H|M)\approx P(H|M,T)$，从而 $H\perp T|M$. 也可这样来分析，在给定性别男的情况下，身高与头发长短一般没有相互影响，因此相互独立. ∎

1.6.4 试验的独立性

利用事件的独立性，可以定义两个或更多个试验的独立性.

定义 1.23 （1）称两个试验 E_1,E_2 相互独立，若试验 E_1 的任一结果（事件）与试验 E_2 的任一结果（事件）相互独立.

（2）称 n 个试验 $E_1,E_2,\cdots,E_n$ 相互独立，若试验 E_1 的任一结果（事件），E_2 的任一结果 $\cdots\cdots$ 试验 E_n 的任一结果（事件）相互独立. 如果这 n 个独立试验还是相同的，则称其为 n 重独立重复试验，例如，掷 n 次骰子. 如果在 n 重独立重复试验中，每次试验的可能结果只有两个，则称其为 n 重伯努利试验，例如掷 n 次硬币.

（3）称一列试验 $E_1,E_2,\cdots$ 相互独立，若其中任意有限个试验相互独立. 如上类似地，可定义无穷重独立重复试验，无穷重伯努利试验.

例 1.28 连续掷一枚硬币，求首次正面出现在第 k 次的概率.

解 这种情况属于独立重复试验，"首次正面出现在第 k 次" = "第 1 次反面" $\cap$ "第 2 次反面" $\cap\cdots\cap$ "第 k 次正面"，故

$$P (首次正面出现在第 k 次) = P (第 1 次反面)P (第 2 次反面)\cdots P (第 k 次正面)$$
$$=\frac{1}{2^k}. \qquad\blacksquare$$

习 题 1

1. 写出下列随机现象的样本空间（要求样本点等可能）及下列事件:

（1） 在 $1,2,3,4$ 四个数中可重复地取两个数，事件 A: 一个数是另一个数的 2 倍.

（2） 10 件产品中有一件废品，从中任取两件，事件 A: 取出的两件中有一件废品.

2. 小李生产了 n 个零件, 以事件 A_i 表示"小李生产的第 i 个零件是正品"($1 \leqslant i \leqslant n$), 试用 A_i ($1 \leqslant i \leqslant n$) 表示下列事件:
   (1) 没有一个零件是次品.
   (2) 至少有一个零件是次品.
   (3) 仅仅只有一个零件是次品.

3. 设 A, B 为随机事件, 试证明下面两个关系式等价:

$$A \subseteq B, \quad A \cup B = B$$

4. 包括甲、乙、丙在内的 n 个朋友随机地围绕圆桌而坐, 求下列事件的概率:
   (1) 甲乙两人坐在一起, 且乙在甲的左边.
   (2) 甲、乙、丙三人坐在一起.

5. 小李很爱出国旅行, 曾经到过 18 个国家旅游. 在 8 个国家有爬山的行程, 在 10 个国家有玩水的行程, 在 4 个国家有滑雪的行程. 其中有爬山又有玩水行程的有 3 个国家, 有爬山又有滑雪行程的国家有 3 个, 但是没有同时有玩水及滑雪的旅游行程. 请问, 有几个国家小李去旅行但是没有安排任何爬山、玩水、或是滑雪行程的呢?

6. 第一只盒子装有 5 只红球, 4 只白球; 第二只盒子装有 4 只红球, 5 只白球. 先从第一只盒子任取两只球放到第二个盒子中, 然后从第二盒子中任取一只球, 求取到白球的概率.

7. 从 n 双不同鞋子中任选 $2r$ 只 $(2r < n)$, 求没有成对鞋子的概率.

8. 把编号为 $1 \sim 10$ 的十本书任意地放在书架上, 求其中编号为 $1 \sim 4$ 的书放在一起的概率.

9. 掷两枚骰子, 求所得的两个点数中一个恰是另一个的两倍的概率.

10. 任取一个正整数, 求该数的平方的末位数字是 1 的概率.

11. 任取两个正整数, 求它们之和为偶数的概率.

12. 4 个小球被随机地放到 5 个盒子里.
   (1) 小球是可分辨的, 求这 4 个小球被放在不同盒子的概率.
   (2) 小球是不可分辨的, 求这 4 个小球被放在不同盒子的概率.

13. 无限次连续抛掷一枚均匀硬币.
   (1) 求"在前 k 次抛掷中, 恰有两次得到正面"的概率 $(k \geqslant 2)$.
   (2) 求"首次正面出现在 3 的整数倍"的概率.

14. 甲乙两人轮流掷均匀硬币, 先掷出正面者获胜, 由甲先掷. 求甲获胜的概率, 以及乙获胜的概率.

15. 一间宿舍内住有 6 位同学, 求他们之中至少有两个人的生日在同一个月份的概率.

16. 从一副扑克牌中(不含大小王, 四种花色每色 13 张)有返回地一张张抽取牌, 直至抽出的牌包含了全部四种花色为止. 求这时正好抽了 n 张牌的概率.

17. 已知 $P(A) = 0.7$, $P(A - B) = 0.4$, $P(B - A) = 0.2$, 求 $P(\overline{AB})$, $P(\overline{A} \bigcap \overline{B})$, $P(A \bigcup \overline{B})$.

18. 对任意三事件 A, B, C, 证明: $P(AB) + P(AC) - P(BC) \leqslant P(A)$.

19. 对任意的事件 A, B, 证明: $|P(AB) - P(A)P(B)| \leqslant \dfrac{1}{4}$.

20. 国际乒乓球单打比赛采取七局四胜制, 若某场比赛 A 的单局胜率为 60%, 则:
   (1) 求比赛在第六局结束的概率.
   (2) 求 A 的胜率.
   (3) 改变赛制, 比赛打满七局, 得分高的一方获胜, A 的胜率是否改变?

21. 甲乙两人比赛投篮, 由甲先开始投, 如果不进就换乙投, 依次轮流直到谁先投进就算获胜, 如果甲每次的命中率是 40%, 乙每次的命中率是 60%, 求甲获胜的概率.

22. 钥匙掉了，掉在宿舍里、掉在教室里、掉在路上的概率分别是 35%、40%、25%，而掉在上述三个地方被找到的概率分别是 0.7、0.3 和 0.1. 试求找到钥匙的概率.

23. 已知 8 支枪中 3 支未经校正，5 支已校正. 一射手用前者射击，中靶概率为 0.25，而用后者，中靶概率是 0.8. 今该射手从 8 支枪中任取一支射击，结果中靶，求这枪是已校正过的概率.

24. 有甲、乙两袋，甲袋中有 a 个白球 b 个黑球，乙袋中有 b 个白球 a 个黑球. 取球规则如下：（1）先从甲袋中任取一球.（2）每次无论是从甲袋中取球，还是从乙袋中取球，如得白球，则下次在甲袋中任取一球；如得黑球，则下次在乙袋中任取一球.（3）每次取球后放回原袋中. 求第 n 次取到白球的概率.

25. 从有 r 个红球，b 个黑球的袋中随机抽取一个球，记下颜色后放回，同时加入 c 个同色球（与取出的球同色），如此往复一共取出 n 次. 求第 n 次取出红球的概率 p_n，并讨论 $c=0$（无操作）、$c=-1$（取出一个）对应的情形.

26. 小张每天早上上班之前一般都会收听天气预报来决定自己是否要带雨伞. 如果预报有雨，则当天实际有雨的概率为 80%；如果预报无雨，则实际有雨的概率为 10%. 另外，在秋季和冬季两个季节里，预报有雨的概率为 20%；在春季和夏季两个季节预报有雨的概率为 70%. 某一天，小张错过了天气预报，当天下雨了. 请问：

   （1） 如果当时是在冬季，则天气预报预报有雨的概率是多少？

   （2） 如果当时是在夏季，则天气预报预报有雨的概率是多少？

27. 小李同学没有备份文件的经验，将自己辛苦撰写的毕业论文仅保存在了一张旧光盘中，不幸的是光盘被损坏了. 更糟糕的是，他还有另外 3 张类似的损坏光盘，他已经记不得论文存放在了哪一张光盘中. 假设小李的毕业论文保存在这 4 张光盘中的可能性相同，且任何一张光盘中他能够找到论文的概率均为 p. 如果小李搜索了光盘 1，没有找到论文，请问，在这种情况下，小李的论文存放在光盘 1,2,3,4 中的概率分别为多少呢？

28. 设 n 件产品中有 m 件不合格品，从中任取两件，已知两件中有一件是不合格品，求另一件也是不合格品的概率.

29. 一学生接连参加同一门课程的两次考试. 第一次及格的概率为 p，若第一次及格则第二次及格的概率也为 p；若第一次不及格则第二次及格的概率为 $\dfrac{p}{2}$. 两次考试中及格一次即可通过，求：

   （1） 它通过的概率；

   （2） 已知他第二次考试及格，求他第一次也及格的概率.

30. 三张形状完全相同的卡片，第一张两面全黑，第二张一面黑一面白，第三张两面全白. 三张卡片放在桌下混合后，随机取出一张放在桌上，朝上的一面是黑色，若再取一张放在桌上，求朝上一面也是黑色的概率.

31. 已知 $P(A)<1$，若 $P(A|B)=1$，证明：$P(\overline{B}|\overline{A})=1$，其中 $\overline{A}$ 表示集合 A 的补集.

32. 证明：

   （1） 零概率的事件与任何事件相互独立.

   （2） 概率为 1 的事件与任何事件相互独立.

33. 若 $P(A)>0$，$P(B)>0$，如果 A,B 相互独立，试证：A,B 相容（即 $A\cap B\neq\varnothing$）

34. 袋中有黑、白球各一个. 一次次地从袋中摸球，每次摸球后不把此球放回，而是放回一个白球. 求第 n 次摸球时摸到白球的概率.

35. 试举出这样的随机现象例子，对其中事件 A,B,C，有 A 与 B 相互独立，但是给定 C 下 A 与 B 不独立.

36. 已知 $P(\overline{A})=0.3$，$P(B)=0.4$，$P(A\overline{B})=0.5$.

（1）试求 $P\left(B\middle|A\bigcup\overline{B}\right)$；（2）判断 A 和 B 是否独立.

37. 设定事件 A 的概率为 $P(A)=0.7$，事件 B 的概率为 $P(B)=0.5$，求条件概率 $P(B|A)$ 的最大值和最小值，并给出达到最值时的条件.

38. 设有四张卡片分别标以 1，2，3，4. 任取一张，设事件 A 为取到 1 或 2，事件 B 为取到 1 或 3，事件 C 为取到 1 或 4，判断：

（1）A，B 是否独立；（2）B，C 是否独立；（3）A，B 和 C 是否独立.

39. 设 A，B 是两个事件，且 $0<P(A)<1$，$P(B\mid A)=P(B|\overline{A})$，问 A，B 是否独立？

40. 根据以往记录的数据分析，某船只运输某种物品时的损坏情况共有三种：2% 的物品损坏（事件 A），10% 的物品损坏（事件 B），90% 的物品损坏（事件 C），且三种情况发生的概率依次为 0.8，0.15，0.05. 现从已经运输的物品中随机抽取 3 件，发现全部都是好的（事件 D），试求 $P(A|D)$，$P(B|D)$，$P(C|D)$. （船内物品足够多，抽取不影响物品是否损坏的概率）.

41. 据调查，在 50 个耳聋人中有 4 人色盲，在 9950 个非耳聋人中有 796 人色盲，试分析这两种疾病是否独立.

42. 某电器商店店主统计在进入该店的顾客中，45% 的顾客会购买一台普通电视机，15% 的顾客会购买一台等离子电视机，剩下的 40% 的顾客只是看看，不会购买. 如果某天有 5 名顾客进入该店，问该店将要卖出 2 台普通电视机和 1 台等离子电视机的概率是多大？

43. 袋中装有 m 枚正品硬币，n 枚次品硬币（次品硬币两面都有国徽）. 在袋中任取一枚，将它掷 r 次. 已知每次都得到国徽，求取得的硬币是正品的概率.

第2章 一元随机变量

为了进一步研究随机现象，我们常需要把随机现象的结果数量化. 随机变量的引入使得对随机现象数量化结果的处理更简单与直接.

2.1 随机变量及其分布

定义 2.1（随机变量直观定义） 用来记录随机现象结果的变量称为随机变量.

例 2.1 随机变量举例:

- 投掷一枚骰子, 出现的点数 X 为随机变量, 取值为 $X = 1, 2, 3, 4, 5, 6$;
- 晶体管的寿命 X 为随机变量, 取值为 $X \in [0, +\infty)$;
- 抛一枚硬币, 可以用 0 表示数字一面朝上, 1 表示有图案的一面朝上, 则结果 X 是随机变量, $X = 0, 1$, 这样是将随机现象的结果数量化;
- 随机取一个清华学生进行调查, 体重 X 为随机变量, 取值为 $X \in (0, +\infty)$.

可以从以下两个方面来思考随机变量的更深刻的含义.

首先, 思考随机变量与一般变量的区别. 变量是一个符号, 可取不同的数值. 一般变量不关心变量取不同值的可能性, 而随机变量有一个伴随的概率空间 $(\Omega, \mathscr{F}, P(\cdot))$, 它刻画了随机变量取不同值的可能性. 言及随机变量, 前提是有概率空间.

其次, 思考在数学上怎么表示"记录", 进而可引出随机变量的严谨定义.

例 2.2 从人群中抽取一名同学, 记录他的体重. 人群构成随机现象的样本空间 Ω, 抽到同学的体重是一个实数. 记录体重的随机变量 X 构成了从样本空间到实轴的一个映射, 即 $X(\cdot) : \Omega \to \mathbb{R}$. 对样本空间的每个样本点 ω, 其体重为 $X(\omega)$.

定义 2.2（随机变量严谨定义） 设 $(\Omega, \mathscr{F}, P)$ 是一个随机现象的概率空间, 从样本空间到实轴 $\mathbb{R}$ 的函数 $X(\omega)$, 称为是 $(\Omega, \mathscr{F}, P)$ 上的随机变量, 如果对任何实数 x, 集合 $\{\omega : X(\omega) \leqslant x\}$ 属于 $\mathscr{F}$. 今后常省略符号 ω, 把 $X(\omega)$ 记为 X, 简称 X 是随机变量.

这样定义更好地体现了随机变量的本质——随机变量是定义在样本空间上的函数, 随机变量是随机会 (ω) 而变的量. 当然, 考虑的函数最好具有实际意义. 例如

$$X(\omega) = \begin{cases} 0, \omega \text{ 为男}, \\ 1, \omega \text{ 为女}. \end{cases}$$

这个函数是对随机现象结果的一个记录, 样本点包含的信息很多, 可以用随机变量来记录感兴趣的量.

在定义了随机变量后, 可以用随机变量来表示随机事件. 设 $B \subset \mathbb{R}$, X 为随机变量, 约定随机变量的取值 $\{X \in B\}$ 表示随机事件 $\{\omega : X(\omega) \in B\}$, 从而

$$P(X \in B) = P(\{\omega : X(\omega) \in B\}).$$

例如用 $X(\omega)$ 表示样本点 ω 的身高, 则 $\{X < 1.7\text{m}\}$ 即表示事件 "身高低于 1.7m", $P(X < 1.7\text{m})$ 表示这一事件的概率.

严格意义上, 应该**要求**B 的原像, $\{\omega : X(\omega) \in B\}$ 作为 Ω 的子集, 应称得上是事件, 即属于事件域. 在离散样本空间时, 可将样本空间的所有子集定义成一个事件域, 这个要求自然成立. 在连续样本空间时, 我们需对 $X(\cdot)$ 及数集 B 有一些约束. 一般地, 下面定理告诉我们在随机变量的定义 2.2 中, 要求 "对任何实数 x, 集合 $\{\omega : X(\omega) \leqslant x\}$ 属于 $\mathscr{F}$" 以及约束 B 为博雷尔集①, 即可实现上述**要求**.

定理 2.1 设 $X = X(\omega)$ 是定义 2.2 所述 $(\Omega, \mathscr{F}, P)$ 上的随机变量, 则对直线上的任何博雷尔集 B, 有 $\{\omega : X(\omega) \in B\} \in \mathscr{F}$.

证明 见参考文献 [4] 的定理 4.1. ∎

值得指出的是, 博雷尔域包含了非常广泛的数集, 基本囊括了在计算随机变量取值于数集的概率时, 人们感兴趣的数集. 本书中所出现的随机变量的取值所表达的事件, 基本都是 X 取值于博雷尔集的事件. 而为了计算随机变量取值于任意博雷尔集的概率, 从接下来的讨论可以看到, 我们只需知道随机变量取值于基本博雷尔集的事件概率, 即随机变量取值于半直线的概率.

定义 2.3 (分布函数) 设 X 是一个随机变量, 对任意实数 x, 称 $F_X(x) = P(X \leqslant x) = P(\{\omega : X(\omega) \leqslant x\})$ 为 X 的 (累积) 分布函数 (cumulative distribution function, CDF), 记为 $X \sim F_X(x)$. 这里用下标表示是 X 的分布函数, 有时可省略下标 X, 记为 $F(x)$, 指代函数本身②.

定理 2.2 分布函数满足:

(1) 单调性, 若 $a < b$, 则 $F(a) \leqslant F(b)$;

(2) 有界性, $\lim\limits_{x \to -\infty} F(x) = 0$, $\lim\limits_{x \to +\infty} F(x) = 1$;

(3) 右连续性, $F(a) = F(a+0) \overset{\text{def}}{=\!=} \lim\limits_{\delta \to 0^+} F(a+\delta)$.

证明 (1) 是显然的, 下证 (2). 利用概率的连续性可知

$$\lim_{x \to -\infty} F_X(x) = \lim_{n \to -\infty} F(n) = \lim_{n \to -\infty} P(X \leqslant n) = P\left(\bigcap_{n=-1,-2,\cdots} \{X \leqslant n\}\right) = P(\varnothing) = 0.$$

---

① 回顾在 1.3 节所述, 一根左半直线 $(-\infty, a]$, $-\infty < a < +\infty$, 称为一个基本博雷尔集. 从所有基本博雷尔集出发, 经过可列次交并差补得到的数集, 这些数集之全体, 称为博雷尔域. 博雷尔域中的数集称为博雷尔集.

② 不难看出, 不同的随机变量可以有相同的分布函数.

类似可证

$$\lim_{x \to +\infty} F(x) = \lim_{n \to \infty} F(n) = \lim_{n \to \infty} P(X \leqslant n) = P\left(\bigcup_{n=1,2,\cdots} \{X \leqslant n\}\right) = P(\Omega) = 1.$$

(3) 的证明: 考虑 $C_n = \left\{X \leqslant a + \dfrac{1}{n}\right\}, n \in \mathbb{N}^+$，则 $C_1 \supset C_2 \supset \cdots$ 且 $\bigcap_{n=1}^{\infty} C_n = \{X \leqslant a\}$，故

$$\lim_{\delta \to 0^+} F(a + \delta) = \lim_{n \to \infty} F\left(a + \frac{1}{n}\right) = \lim_{n \to \infty} P(C_n)$$
$$= P\left(\lim_{n \to \infty} C_n\right) = P(X \leqslant a) = F(a).$$

至此，分布函数的三条基本性质全部证得.   ■

注 1 以上三条基本性质是分布函数必须具备的性质，还可以证明：满足这三个基本性质的函数一定是某个随机变量的分布函数. 从而这三个基本性质是判别某个函数是否能成为分布函数的充要条件.

对"分布函数"一词还要补充几句话. 前面讲过随机变量的分布函数具有性质：单调不减、右连续且 $\lim\limits_{x \to -\infty} F(x) = 0$，$\lim\limits_{x \to +\infty} F(x) = 1$. 在数学上常把具有这三条性质的函数称为分布函数（不与任何随机变量联系起来）. 一个重要问题是，是否每个具有这三条性质的函数一定是某个随机变量的分布函数呢？答案是肯定的，论证见例 2.18. 这个结论在理论上及应用上都有重要意义.

注 2 有了随机变量的分布函数 $F(x)$，那么有关 X 的各种事件的概率可以完全确定，都能方便地通过分布函数计算出来. 这就是常说的，分布函数完全刻画了随机变量的概率特性. 不难证明，对任意的实数 a 与 b，有

$$P(X < a) = F(a - 0) = \lim_{\delta \to 0^+} F(a - \delta),$$

$$P(X = a) = F(a) - F(a - 0),$$

$$P(X > b) = 1 - F(b),$$

$$P(X \geqslant b) = 1 - F(b - 0),$$

$$P(x \in (a, b]) = F(b) - F(a),$$

$$P(x \in (a, b)) = F(b - 0) - F(a),$$

$$P(x \in [a, b]) = F(b) - F(a - 0),$$

$$P(x \in [a, b)) = F(b - 0) - F(a - 0),$$

其中，第一个关系式的证明如下：考虑 $D_n = \left\{ X \leqslant a - \dfrac{1}{n} \right\}, n \in \mathbb{N}^+$，则 $D_1 \subset D_2 \subset \cdots$

且 $\bigcup\limits_{n=1}^{\infty} D_n = \{X < a\}$，则

$$F(a-0) = \lim_{\delta \to 0^+} F(a-\delta) = \lim_{n \to \infty} F\left(a - \frac{1}{n} \right)$$

$$= \lim_{n \to \infty} P(D_n) = P\left(\lim_{n \to \infty} D_n \right) = P(X < a).$$

注 3 有没有分布是区分一般变量和随机变量的主要标志. 有了分布函数后，随机变量的取值的概率就可以通过分布函数来表示了.

定义 2.4（离散随机变量） 若随机变量 X 的取值为有限或可列个，则称为离散随机变量；可能取值分别记为 $x_1, x_2, \cdots$，称一列数 $P(X = x_k) \xlongequal{\text{def}} f_X(x_k)$ 为 X 的概率分布列或简称为分布列（probability mass function, PMF），记为 $X \sim f_X(x_k)$，也统称为概率分布（probability distribution）. 这里用下标表示是 X 的分布函数，有时可省略下标 X，记为 $f(x_k)$，指代分布列本身.

定理 2.3 分布列的基本性质：

（1）非负性，$f(x_k) \geqslant 0, k = 1, 2, \cdots$；

（2）正则性，$\sum\limits_{k=1}^{\infty} f(x_k) = 1$.

以上两条基本性质是分布列必须具有的性质，也是判别某个数列是否能成为分布列的充要条件.

由离散随机变量 X 的分布列很容易写出 X 的分布函数

$$F(x) = \sum_{x_k \leqslant x} f(x_k)$$

它的函数曲线是有限级（或无穷级）的阶梯函数，具体见下面例子. 不过在离散场合，常用来描述其分布的是分布列，很少用到分布函数. 因为求离散随机变量 X 的有关事件的概率时，用分布列比用分布函数更方便.

例 2.3（单点分布） 常数 c 可视为仅取一个值的随机变量 X，即

$$P(X = c) = 1.$$

这个分布常称为单点分布.

例 2.4（伯努利分布） 如果随机变量 X 的可能值是 0 和 1，且概率分布为

$$P(X = 1) = p, P(X = 0) = 1 - p, \quad 0 \leqslant p \leqslant 1,$$

则称 X 服从参数为 p 的两点分布（也称伯努利分布），常记为 $X \sim \text{Bernoulli}(p)$ 或 $X \sim Be(p)$，它的分布函数如下：

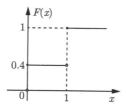

图 2.1   伯努利分布的分布函数，$p = 0.6$

定义 2.5（连续随机变量）   如果随机变量的可能取值充满实轴的一个区间，若存在实轴上的一个非负可积函数 $f_X(x)$，使得对任意函数 x，有

$$F_X(x) = \int_{-\infty}^{x} f_X(u)\mathrm{d}u, \tag{2.1}$$

则称 X 为连续随机变量，称 $f_X(x)$ 为 X 的概率密度函数，简称密度函数或分布密度（probability density function, PDF），记为 $X \sim f_X(x)$，也统称为概率分布[①]. 这里用下标表示是 X 的分布函数，有时可省略下标 X，记为 $f(x)$，指代概率密度函数本身.

定理 2.4   概率密度函数的基本性质：

（1）非负性，$f(x) \geqslant 0$；

（2）正则性，$\displaystyle\int_{-\infty}^{+\infty} f(x)\mathrm{d}x = 1$.

以上两条基本性质是概率密度函数必须具有的性质，也是判别某个函数是否能成为概率密度函数的充要条件.

    注 1   由式 (2.1)，$F(x)$ 是积分函数，可知 $F(x)$ 为实轴上的连续函数，并且 $\forall x \in \mathbb{R}, P(X = x) = F(x) - F(x - 0) = 0$，即连续随机变量在实轴上任意点取值的概率恒为 0.

    在例 1.17 我们曾认识到，不可能事件的概率为 0，但概率为 0 的事件不一定是不可能事件；类似地，必然事件的概率为 1，但概率为 1 的事件不一定是必然事件. 连续随机变量给了此认识的又一个例子.

    注 2   在 $F(x)$ 的导数存在的点上，有 $F'(x) = f(x)$.

    注 3   由于连续随机变量 X 取单点的概率恒为 0，从而事件 "$a \leqslant X \leqslant b$" 中减去左端点或右端点，不影响其概率，即

$$P(a \leqslant X \leqslant b) = P(a < X \leqslant b) = P(a \leqslant X < b) = P(a < X < b)$$

---

    ① 离散随机变量场合下概率分布指分布列，连续随机变量场合下概率分布指概率密度函数.

$$= F(b) - F(a) = \int_a^b f(x)\mathrm{d}x.$$

这给连续场合下概率计算带来很大方便，参见图 2.2. 而这个性质在离散场合下是不存在的，在离散随机变量场合计算概率要"点点计较".

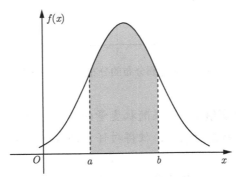

图 2.2　连续随机变量取值于区间 $[a,b]$ 的概率，为概率密度函数在此区间上的积分

注 4　考虑随机变量 X 取值位于 a 附近一个微元的概率

$$P(a < X \leqslant a + \Delta) = \int_a^{a+\Delta} f(x)\mathrm{d}x \approx f(a)\Delta, \Delta \to 0.$$

因此可见，$f(a) \approx \dfrac{1}{\Delta} P(a < X \leqslant a + \Delta)$，即在 a 点的概率密度约等于 X 取值于 a 点附近微元区间的概率除以区间长度，由此可理解 $f(a)$ 是概率密度的含义. 事实上，令 $\Delta \to 0$，有

$$f(a) = \lim_{\Delta \to 0} \frac{P(a < X \leqslant a + \Delta)}{\Delta}.$$

这个公式就是我们以后要在"第 10 章泊松过程"中介绍的"微元法"计算概率密度的依据.

注 5　由式 (2.1)，在若干点上改变概率密度函数 $f(x)$ 的值，并不影响其积分的值，从而不影响其分布函数的值，这意味着一个连续随机变量的概率密度函数不唯一.

在连续随机变量场合下，光有概率密度函数，我们并不知道该变量的可能取值范围. 在概率论中，把一个随机变量的可能取值范围称为这个变量的**支集**（support）或这个变量的概率分布的支集，常记为 $\mathcal{X}$. 实际中，一个连续变量的支集常定义为 $\mathcal{X} = \{x \in \mathbb{R} : f_X(x) > 0\}$. 也就是说，尽管我们可以比较随意地更改概率密度函数若干点处的值，但为方便讨论，一般应让概率密度函数大于 0 的区域对应随机变量的可能取值区域，即支集.

不难看出在满足 $P(X \in \mathcal{X}) = 1$ 的条件下，重新定义 X 的可能取值范围，则新定义的随机变量与原随机变量的分布函数没有差别，在宽松意义下可以认为两者是**随机等**

价的. 两个随机变量 X 与 Y 随机等价, 是指 $P(X = Y) = 1$. 运用例 1.17 提到的几乎必然的概念, X 与 Y 随机等价也就是说 X 与 Y 几乎必然相等.

注 6 有关随机变量及其分布, 在离散和连续场合下的比较总结, 见表 2.1.

表 2.1 离散随机变量与连续随机变量的比较

离散随机变量	连续随机变量
$F(x)$ 是右连续的阶梯函数	$F(x)$ 是实轴上的连续函数
在可能取值的点上的概率一般不为 0	在实轴上任意点的取值概率恒为 0
计算概率需要点点计较	个别点密度值改变不影响概率计算, 例如 $P(a \leqslant x \leqslant b) = P(a < x \leqslant b)$

例 2.5 (连续均匀分布) 考虑蒲丰投针实验 (见例 3.7) 中, 向平面任意投掷的一枚针与水平线的夹角记为 X. X 取值在 $[0, \pi]$, 考虑到 X 落到长度相同的微元区间的概率是相等的, 假设 X 在 $[0, \pi]$ 具有均匀的概率密度是比较合理的, 即

$$f(x) = \begin{cases} \dfrac{1}{\pi}, & 0 \leqslant x \leqslant \pi, \\ 0, & \text{其他.} \end{cases}$$

不难看出, 这时 X 的概率密度函数和分布函数分别如图 2.3 所示.

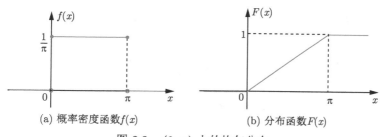

(a) 概率密度函数 $f(x)$ (b) 分布函数 $F(x)$

图 2.3 $(0, \pi)$ 上的均匀分布

例 2.6 不同的随机变量可以有不同的分布, 也可以有相同的分布. 例如同时抛掷两枚均匀硬币, 用随机变量 X 和 Y 分别代表两枚硬币的抛掷结果, 出现正面记为 1, 出现反面记为 0. 不难看出, X 和 Y 的分布函数相等, 均为参数为 0.5 的伯努利分布 $Be(0.5)$, 但 X 和 Y 是两个完全不同的随机变量.

值得注意的是, 除了离散分布和连续分布之外, 还有既非离散又非连续的分布, 见例 2.7. 一个现实生活中的例子见在 "第 10 章泊松过程" 中讨论的 "年龄" 变量.

例 2.7 函数

$$F(x) = \begin{cases} 0, & x < 0, \\ \dfrac{1+x}{2}, & 0 \leqslant x < 1, \\ 1, & x \geqslant 1 \end{cases}$$

确是一个分布函数，它的图形如图 2.4 所示. 从图上可以看出，它既不是阶梯函数，又不是连续函数，所以它既非离散的又非连续的分布.

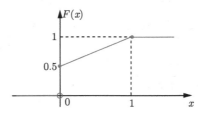

图 2.4   既非离散，又非连续的分布函数示例

例 2.8   某种型号电子元件的寿命 X（以小时计）具有概率密度函数

$$f(x) = \begin{cases} \dfrac{1000}{x^2}, & x > 1000, \\ 0, & \text{其他}. \end{cases}$$

现有一大批此种元件（设各元件工作相互独立）. 问：

(1) 任取 1 只，其寿命大于 1500h 的概率是多少？

(2) 任取 4 只，4 只寿命都大于 1500h 的概率是多少？

(3) 任取 4 只，4 只中至少有 1 只寿命大于 1500h 的概率是多少？

(4) 若 1 只元件的寿命大于 1500h，则该元件的寿命大于 2000h 的概率是多少？

解   (1)

$$P(X > 1500) = \int_{1500}^{+\infty} \frac{1000}{x^2} \mathrm{d}x = -\frac{1000}{x} \Big|_{1500}^{+\infty} = \frac{2}{3}.$$

(2) 各元件工作独立，因此所求概率为

$$P\left\{4 \text{ 只元件寿命都大于 } 1500\right\} = [P(X > 1500)]^4 = \left(\frac{2}{3}\right)^4 = \frac{16}{81}.$$

(3) 所求概率为

$$P\{4 \text{ 只中至少有一只寿命大于 } 1500\} = 1 - P\{4 \text{ 只元件寿命都小于等于 } 1500\}$$

$$= 1 - \left(1 - \frac{2}{3}\right)^4 = \frac{80}{81}.$$

(4) 这是求条件概率 $P(X > 2000 | X > 1500)$，记

$$A = \{X > 1500\}, B = \{X > 2000\}.$$

因为 $P(A) = 2/3, P(B) = 1/2$，且 $B \subset A$，所以

$$P(B|A) = \frac{P(AB)}{P(A)} = \frac{P(B)}{P(A)} = \frac{3}{4}.$$

我们已经知道, 每个随机变量都有一个分布 (分布函数、分布列或概率密度函数). 分布全面地描述了随机变量取值的统计规律性, 而均值和方差是随机变量的两个重要的特征数, 各从一个侧面描述了分布的特征. 下面先给出均值和方差的定义, 方便我们先来认识常用连续分布和离散分布. 然后, 将在 2.5 节对随机变量的数学期望进行更全面的介绍.

定义 2.6 (离散随机变量的数学期望) 设离散随机变量 X 的分布列为

$$f(x_i) = P(X = x_i), i = 1, 2, \cdots, n, \cdots.$$

如果

$$\sum_{i=1}^{\infty} |x_i| f(x_i) < +\infty,$$

则称

$$E(X) = \sum_{i=1}^{\infty} x_i f(x_i) \tag{2.2}$$

为随机变量 X 的**数学期望**, 或称为该分布的数学期望, 简称**期望**或**均值**, 有时记为 EX 或 μ_X. 若级数 $\sum_{k=1}^{\infty} |x_k| p(x_k)$ 不收敛, 则称 X 的数学期望不存在.

以上定义中, 要求级数绝对收敛的目的在于使数学期望唯一. 因为随机变量的取值可正可负, 取值次序可先可后, 由无穷级数的理论知道, 如果此无穷级数绝对收敛, 则可保证其和不受次序变动的影响. 由于有限项的和不受次序变动的影响, 故其数学期望总是存在的.

连续随机变量数学期望的定义和含义完全类似于离散随机变量场合, 只要将分布列 $f(x_i)$ 改为概率密度函数、将求和改为求积分即可.

定义 2.7 (连续随机变量的数学期望) 设连续随机变量 X 的概率密度函数为 $f(x)$. 如果

$$\int_{-\infty}^{+\infty} |x| f(x) \mathrm{d}x < +\infty,$$

则称

$$E(X) = \int_{-\infty}^{+\infty} x f(x) \mathrm{d}x \tag{2.3}$$

为 X 的**数学期望**, 或称为该分布 $f(x)$ 的数学期望, 简称**期望**或**均值**, 有时记为 EX 或 μ_X. 若 $\int_{-\infty}^{+\infty} |x| f(x) \mathrm{d}x$ 不收敛, 则称 X 的数学期望不存在.

定义 2.8 (方差、标准差) 若随机变量 X^2 的数学期望 $E(X^2)$ 存在, 则称偏差平方 $(X - EX)^2$ 的数学期望 $E(X - EX)^2$ 为随机变量 X (或相应分布) 的**方差**, 记为

$$\mathrm{Var}(X) = E(X - E(X))^2 = \begin{cases} \sum_i (x_i - E(X))^2 f(x_i), & \text{在离散场合}; \\ \int_{-\infty}^{+\infty} (x - E(X))^2 f(x)\mathrm{d}x, & \text{在连续场合}. \end{cases} \quad (2.4)$$

称方差的正平方根 $\sqrt{\mathrm{Var}(X)}$ 为随机变量 X（或相应分布）的标准差, 记为 $\sigma(X)$ 或 σ_X.

方差与标准差的功能相似, 它们都是用来描述随机变量取值的集中与分散程度（即散布大小）的两个特征数. 方差与标准差越小, 随机变量的取值越集中；方差与标准差越大, 随机变量的取值越分散.

方差计算的一个常用公式是 $\mathrm{Var}(X) = E(X^2) - (E(X))^2$, 其证明见定理 2.11.

另外要指出的是：如果随机变量 X 的数学期望存在, 其均方值 $E(X^2)$ 不一定存在；而当 X 的均方值 $E(X^2)$ 存在时, 则 $E(X)$ 必定存在, 其原因在于 $|x| \leqslant x^2 + 1$ 总是成立的.

2.2 常用离散分布

一个随机现象中可定义的随机变量很多, 每个随机变量都有一个分布, 不同的随机变量可以有不同的分布, 也可以有相同的分布. 甚至不同的随机现象中定义的不同随机变量, 也可以有相同的分布. 下面介绍常用的几类分布. 每类分布具有相同的分布函数的形式, 或者说, 具有相同的分布列（对离散变量）或概率密度函数（对连续随机变量）的形式.

本节介绍常用离散分布, 下节介绍常用连续分布.

2.2.1 二项分布

定义 2.9（二项分布） 考虑 n 重伯努利试验, 每次试验的结果只有对立的两个——成功（记为事件 A）或失败. 记 p 为每次试验中 A 发生的概率, 即 $P(A) = p, 0 < p < 1$, 则 $P(\bar{A}) = 1 - p \stackrel{\text{def}}{=\!=} q$. 记 X 为 n 重伯努利试验中成功发生的次数, 则 X 的可能取值为 $0, 1, \cdots, n$, X 的分布列为

$$P(X = k) = \mathrm{C}_n^k p^k q^{n-k}, k = 0, 1, \cdots, n, \quad (2.5)$$

称 X 服从二项分布, 记作 $X \sim \mathrm{Binomial}(n, p)$ 或 $X \sim B(n, p)$, 其中 n, p 为参数. 形如式 (2.5) 的概率分布称为二项分布, 其分布列和分布函数如图 2.5 所示. 式 (2.5) 所示二项分布的支集为 $\{0, 1, \cdots, n\}$.

下面证明式 (2.5). n 重伯努利试验的基本结果可记作

$$\boldsymbol{\omega} = (\omega_1, \omega_2, \cdots, \omega_n),$$

其中 ω_i 或者为 A，或者为 $\bar{A}$. 这样的 ω 共有 2^n 个，这 2^n 个样本点 ω 组成了样本空间 Ω. 下面求 X 的分布列，即求事件 $\{X = k\}$ 的概率. 若某个样本点

$$\omega = (\omega_1, \omega_2, \cdots, \omega_n) \in \{X = k\},$$

意味着 $\omega_1, \omega_2, \cdots, \omega_n$ 中有 k 个 A，$n - k$ 个 $\bar{A}$，所以由独立性知

$$P(\omega) = p^k q^{n-k}.$$

而事件 $\{X = k\}$ 中的 ω 有 C_n^k 个，且互不相交，所以 $P(X = k) = C_n^k p^k q^{n-k}$，$k = 0, 1, \cdots, n$.

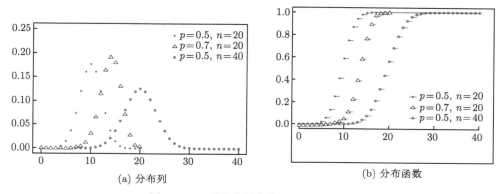

(a) 分布列   (b) 分布函数

图 2.5   二项分布的分布列与分布函数

注 1   容易验证二项分布列的正则性，即 $\sum\limits_{k=0}^{n} C_n^k p^k (1-p)^{n-k} = [p + (1-p)]^n = 1$.

注 2   二项分布的均值与方差可计算如下：设 $X \sim B(n, p)$，则有

$$E(X) = \sum_{k=0}^{n} k C_n^k p^k (1-p)^{n-k} = np \sum_{k=1}^{n} C_{n-1}^{k-1} p^{k-1} (1-p)^{(n-1)-(k-1)}$$

$$= np[p + (1-p)]^{n-1} = np.$$

又因为

$$E(X^2) = \sum_{k=0}^{n} k^2 C_n^k p^k (1-p)^{n-k} = \sum_{k=1}^{n} (k - 1 + 1) k C_n^k p^k (1-p)^{n-k}$$

$$= \sum_{k=1}^{n} k(k-1) C_n^k p^k (1-p)^{n-k} + \sum_{k=1}^{n} k C_n^k p^k (1-p)^{n-k}$$

$$= \sum_{k=2}^{n} k(k-1) C_n^k p^k (1-p)^{n-k} + np$$

$$= n(n-1) p^2 \sum_{k=2}^{n} C_{n-2}^{k-2} p^{k-2} (1-p)^{(n-2)-(k-2)} + np$$

$$= n(n-1)p^2 + np,$$

由此可得 X 的方差为

$$\mathrm{Var}(X) = E(X^2) - E(X)^2 = n(n-1)p^2 + np - (np)^2 = np(1-p).$$

2.2.2 泊松分布

定义 2.10（泊松分布）   若随机变量 X 的分布列为

$$P(X = k) = \frac{\lambda^k}{k!}\mathrm{e}^{-\lambda}, k = 0, 1, 2, \cdots, \tag{2.6}$$

则称 X 服从泊松分布，记作 $X \sim \mathrm{Poisson}(\lambda)$ 或 $X \sim Po(\lambda)$，其中 $\lambda > 0$ 为参数．形
如式 (2.6) 的概率分布称为泊松分布，其分布列和分布函数如图 2.7 所示．式 (2.6) 所
示泊松分布的支集为 $\{0, 1, 2, \cdots\}$.

Siméon Poisson，1781—1840

图 2.6   泊松

泊松分布是一种常用的离散分布，由法国数学家泊松（Poisson，1781—1840，见图
2.6）首次提出，它常用来描述单位时间（或单位面积、单位产品等）上的计数，比如：

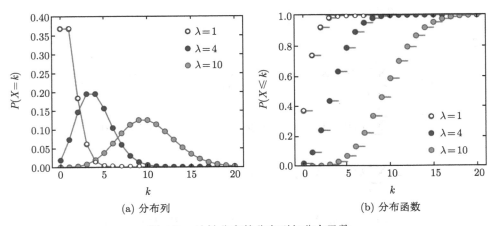

(a) 分布列   (b) 分布函数

图 2.7   泊松分布的分布列与分布函数

- 在一天内，电话总机接到用户呼叫的次数；
- 在一天内，来到某商城的顾客数；
- 一平方米内，玻璃上的气泡数；
- 在一定时期内，某种放射性物质放射出来的 α 粒子数，等等.

注 1 容易验证泊松分布列的正则性，即 $\sum_{k=0}^{\infty} \dfrac{\lambda^k}{k!} \mathrm{e}^{-\lambda} = 1$.

注 2 二项分布的泊松近似. 泊松分布还有一个非常实用的特性，即可以用泊松分布作为二项分布的一种近似. 在二项分布 $B(n,p)$ 中，当 n 较大时，计算各种统计量的复杂度很高. 而在 p 较小时使用以下的泊松定理，可以减少二项分布下的计算量.

定理 2.5（泊松定理） 在 n 重伯努利试验中，记事件 A 在一次试验中发生的概率为 p_n（与试验次数有关），如果当 $n \to \infty$ 时，有 $np_n \to \lambda$，则有

$$\lim_{n \to \infty} \mathrm{C}_n^k p_n^k (1-p_n)^{n-k} = \frac{\lambda^k}{k!} \mathrm{e}^{-\lambda}.$$

证明 记 $np_n = \lambda_n$，即 $p_n = \lambda_n/n$，则得

$$\mathrm{C}_n^k p_n^k (1-p_n)^{n-k} = \frac{n(n-1)\cdots(n-k+1)}{k!} \left(\frac{\lambda_n}{n}\right)^k \left(1 - \frac{\lambda_n}{n}\right)^{n-k}$$

$$= \frac{\lambda_n^k}{k!} \left(1 - \frac{1}{n}\right) \left(1 - \frac{2}{n}\right) \cdots \left(1 - \frac{k-1}{n}\right) \left(1 - \frac{\lambda_n}{n}\right)^{n-k}$$

对固定的 k，有

$$\lim_{n \to \infty} \lambda_n = \lambda, \quad \lim_{n \to \infty} \left(1 - \frac{\lambda_n}{n}\right)^{n-k} = \mathrm{e}^{-\lambda}, \quad \lim_{n \to \infty} \left(1 - \frac{1}{n}\right) \left(1 - \frac{2}{n}\right) \cdots \left(1 - \frac{k-1}{n}\right) = 1.$$

从而

$$\lim_{n \to \infty} \mathrm{C}_n^k p_n^k (1-p_n)^{n-k} = \frac{\lambda^k}{k!} \mathrm{e}^{-\lambda}$$

对任意的 $k(k = 0, 1, 2, \cdots)$ 成立. ■

由于泊松定理是在 $np \to \lambda$ 条件下获得的，故在计算二项分布 $B(n,p)$ 时，当 n 很大，p 很小，而乘积 $\lambda = np$ 大小适中时，可以用泊松分布做近似，即

$$\mathrm{C}_n^k p^k (1-p)^{n-k} \approx \frac{(np)^k}{k!} \mathrm{e}^{-np}, \ k = 0, 1, 2, \cdots$$

以下给出一个利用泊松分布作近似计算的例子.

例 2.9 已知某种疾病的发病率为 0.001，某公司共有 5000 人，问该公司患有这种疾病的人数不超过 5 人的概率是多少.

解　设该公司患有该疾病的人数为 X, 则有 $X \sim B(5000, 0.001)$, 而我们所求的为

$$P(X \leqslant 5) = \sum_{k=0}^{5} \mathrm{C}_{5000}^{k} 0.001^{k} 0.999^{5000-k}.$$

可见这个概率的计算量很大, 由于 n 很大, p 很小, 且 $\lambda = np = 5$, 所以用泊松分布近似得

$$P(X \leqslant 5) \approx \sum_{k=0}^{5} \frac{5^{k}}{k!} \mathrm{e}^{-5} = 0.616.$$

注 3　泊松分布的均值与方差可计算如下: 设随机变量 $X \sim Po(\lambda)$, 则有

$$E(X) = \sum_{k=0}^{\infty} k \frac{\lambda^{k}}{k!} \mathrm{e}^{-\lambda} = \lambda \mathrm{e}^{-\lambda} \sum_{k=1}^{\infty} \frac{\lambda^{k-1}}{(k-1)!} = \lambda \mathrm{e}^{-\lambda} \mathrm{e}^{\lambda} = \lambda.$$

这表明泊松分布 $Po(\lambda)$ 的数学期望就是参数 λ. 又因为

$$E(X^2) = \sum_{k=0}^{\infty} k^2 \frac{\lambda^{k}}{k!} \mathrm{e}^{-\lambda} = \sum_{k=1}^{\infty} k \frac{\lambda^{k}}{(k-1)!} \mathrm{e}^{-\lambda} = \sum_{k=1}^{\infty} [(k-1)+1] \frac{\lambda^{k}}{(k-1)!} \mathrm{e}^{-\lambda}$$

$$= \lambda^2 \mathrm{e}^{-\lambda} \sum_{k=2}^{\infty} \frac{\lambda^{k-2}}{(k-2)!} + \lambda \mathrm{e}^{-\lambda} \sum_{k=1}^{\infty} \frac{\lambda^{k-1}}{(k-1)!} = \lambda^2 + \lambda,$$

由此可得 X 的方差为

$$\mathrm{Var}(X) = E(X^2) - E(X)^2 = \lambda^2 + \lambda - \lambda^2 = \lambda.$$

2.2.3　几何分布

定义 2.11（几何分布）　考虑无限重伯努利试验, 每次试验的结果只有对立的两个——成功（记为事件 A）或失败. 记 p 为每次试验中 A 发生的概率, 即 $P(A) = p, 0 < p < 1$, 则 $P(\bar{A}) = 1 - p \xlongequal{\text{def}} q$. 记 X 为首次出现成功（首次出现 A）时的试验次数, 则 X 的可能取值为 $1, 2, \cdots$, X 的分布列为

$$P(X = k) = q^{k-1} p, \qquad k = 1, 2, \cdots, \tag{2.7}$$

称 X 服从几何分布, 记作 $X \sim \mathrm{Geometric}(p)$ 或 $X \sim Ge(p)$, 其中 p 为参数. 形如式 (2.7) 的概率分布称为二项分布, 其分布列和分布函数如图 2.8 所示. 式 (2.7) 所示几何分布的支集为 $\{1, 2, \cdots\}$.

下面证明式 (2.7). 事件 $\{X = k\}$ 表示 "首次成功在第 k 次", 即 "第 1 次失败" $\bigcap$ "第 2 次失败" $\bigcap \cdots$ "第 $(k-1)$ 次失败" $\bigcap$ "第 k 次成功", 所以 $P(X = k) = q^{k-1} p, k = 1, 2, \cdots$.

注 1　容易验证几何分布列的正则性, 即 $\sum\limits_{k=1}^{\infty} (1-p)^{k-1} p = 1$.

注 2 几何分布的均值与方差可计算如下：设随机变量 X 服从几何分布 $Ge(p)$，利用逐项微分可得 X 的数学期望为

$$E(X) = \sum_{k=1}^{\infty} kpq^{k-1} = p\sum_{k=1}^{\infty} kq^{k-1} = p\sum_{k=1}^{\infty} \frac{\mathrm{d}q^k}{\mathrm{d}q}$$

$$= p\frac{\mathrm{d}}{\mathrm{d}q}\left(\sum_{k=0}^{\infty} q^k\right) = p\frac{\mathrm{d}}{\mathrm{d}q}\left(\frac{1}{1-q}\right) = \frac{p}{(1-q)^2} = \frac{1}{p}.$$

又因为

$$E(X^2) = \sum_{k=1}^{\infty} k^2 pq^{k-1} = p\left[\sum_{k=1}^{\infty} k(k-1)q^{k-1} + \sum_{k=1}^{\infty} kq^{k-1}\right]$$

$$= pq\sum_{k=1}^{\infty} k(k-1)q^{k-2} + \frac{1}{p} = pq\sum_{k=1}^{\infty} \frac{\mathrm{d}^2}{\mathrm{d}q^2}q^k + \frac{1}{p}$$

$$= pq\frac{\mathrm{d}^2}{\mathrm{d}q^2}\left(\sum_{k=0}^{\infty} q^k\right) + \frac{1}{p} = pq\frac{\mathrm{d}^2}{\mathrm{d}q^2}\left(\frac{1}{1-q}\right) + \frac{1}{p}$$

$$= pq\frac{2}{(1-q)^3} + \frac{1}{p} = \frac{2q}{p^2} + \frac{1}{p},$$

由此可得 X 的方差为

$$\mathrm{Var}(X) = E(X^2) - E(X)^2 = \frac{2q}{p^2} + \frac{1}{p} - \frac{1}{p^2} = \frac{1-p}{p^2}.$$

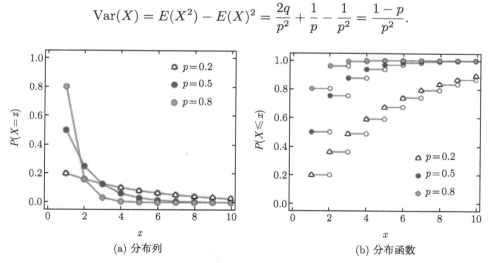

(a) 分布列　　　　　　　　　(b) 分布函数

图 2.8　几何分布的分布列与分布函数

注 3　几何分布的无记忆性. 几何分布是离散分布中唯一具有无记忆性的.

定理 2.6 设 $X \sim Ge(p)$，对任意的正整数 m 与 n，有

$$P(X - m > n | X > m) = P(X > n)$$

证明　因为 $P(X > n) = \sum\limits_{k=n+1}^{\infty} (1-p)^{k-1} p = (1-p)^n$，故

$$P(X - m > n | X > m) = \frac{P(X > m + n, X > m)}{P(X > m)} = \frac{P(X > m + n)}{P(X > m)}$$

$$= \frac{(1-p)^{m+n}}{(1-p)^m} = (1-p)^n.$$ ∎

我们来理解一下，$P(X - m > n | X > m)$ 表示前 m 次试验失败的条件下，在接下来的 n 次试验中仍然失败的概率，只与 n 有关，而与之前失败的 m 次试验无关，系统似乎忘记了均失败的前 m 次试验结果，这就是无记忆性.

2.3　常用连续分布

2.3.1　均匀分布

定义 2.12（均匀分布）　若随机变量 X 的概率密度函数为

$$f(x) = \begin{cases} \dfrac{1}{b-a}, & a \leqslant x \leqslant b, \\ 0, & \text{其他}, \end{cases} \tag{2.8}$$

则称 X 服从区间 $[a, b]$ 上的均匀分布，记作 $X \sim \mathrm{Uniform}(a, b)$ 或 $X \sim U(a, b)$，其中 a, b 为参数. 形如式 (2.8) 的概率分布称为均匀分布，其概率密度函数和分布函数如图 2.9 所示. 式 (2.8) 所示均匀分布的支集为 $[a, b]$.

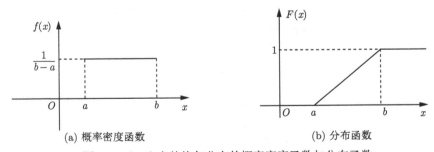

(a) 概率密度函数　　　　　　　　　　　　(b) 分布函数

图 2.9 $[a, b]$ 上的均匀分布的概率密度函数与分布函数

不难求出，均匀分布的均值和方差可计算如下：设随机变量 $X \sim U(a, b)$，则

$$E(X) = \int_a^b \frac{x}{b-a} \mathrm{d}x = \frac{1}{b-a} \frac{b^2 - a^2}{2} = \frac{a+b}{2},$$

这正是区间 $[a, b]$ 的中点. 又因为

$$E(X^2) = \int_a^b \frac{x^2}{b-a} \mathrm{d}x = \frac{1}{b-a} \frac{b^3 - a^3}{3} = \frac{a^2 + ab + b^2}{3},$$

由此得 X 的方差为

$$\mathrm{Var}(X) = E(X^2) - E(X)^2 = \frac{a^2 + ab + b^2}{3} - \frac{(a+b)^2}{4} = \frac{(b-a)^2}{12}.$$

2.3.2 指数分布

定义 2.13（指数分布） 若随机变量 X 的概率密度函数为

$$f(x) = \begin{cases} \lambda \mathrm{e}^{-\lambda x}, & x \geqslant 0, \\ 0, & x < 0, \end{cases} \tag{2.9}$$

则称 X 服从指数分布，记作 $X \sim \mathrm{Exponential}(\lambda)$ 或 $X \sim Exp(\lambda)$，其中 $\lambda > 0$ 为参数. 形如式 (2.9) 的概率分布称为指数分布，其概率密度函数和分布函数如图 2.10 所示. 式 (2.9) 所示指数分布的支集为非负实轴.

注 1 指数分布的分布函数如下：

$$F_X(x) = P(X \leqslant x) = \int_{-\infty}^{x} f_X(u)\mathrm{d}u = \begin{cases} \int_0^x \lambda \mathrm{e}^{-\lambda u}\mathrm{d}u, & x \geqslant 0 \\ 0, & x < 0 \end{cases} = \begin{cases} 1 - \mathrm{e}^{-\lambda x}, & x \geqslant 0, \\ 0, & x < 0, \end{cases}$$

从而可知

$$P(X > x) = \mathrm{e}^{-\lambda x}, x \geqslant 0. \tag{2.10}$$

这是指数分布非常常用的一条性质. 反过来，如果我们知道一个非负随机变量 X 满足式 (2.10)，则可判定 X 服从参数为 λ 的指数分布.

注 2 指数分布的均值和方差可如下计算：设随机变量 $X \sim Exp(\lambda)$，则

$$E(X) = \int_0^{+\infty} x\lambda \mathrm{e}^{-\lambda x}\mathrm{d}x = \int_0^{+\infty} x\mathrm{d}(-\mathrm{e}^{-\lambda x})$$

$$= -x\mathrm{e}^{-\lambda x}\Big|_0^{+\infty} + \int_0^{+\infty} \mathrm{e}^{-\lambda x}\mathrm{d}x = -\frac{1}{\lambda}\mathrm{e}^{-\lambda x}\Big|_0^{+\infty} = \frac{1}{\lambda}.$$

又因为

$$E(X^2) = \int_0^{+\infty} x^2\lambda \mathrm{e}^{-\lambda x}\mathrm{d}x = \int_0^{+\infty} x^2\mathrm{d}(-\mathrm{e}^{-\lambda x})$$

$$= -x^2\mathrm{e}^{-\lambda x}\Big|_0^{+\infty} + 2\int_0^{+\infty} x\mathrm{e}^{-\lambda x}\mathrm{d}x = \frac{2}{\lambda^2},$$

由此可得 X 的方差为

$$\mathrm{Var}(X) = E(X^2) - (EX)^2 = \frac{2}{\lambda^2} - \frac{1}{\lambda^2} = \frac{1}{\lambda^2}.$$

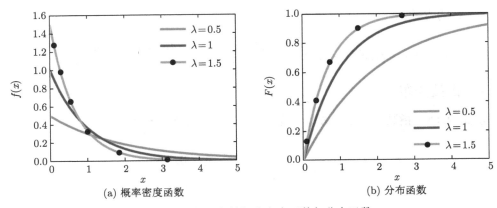

图 2.10　指数分布的概率密度函数与分布函数

注 3　指数分布的无记忆性. 在实践中，指数分布经常作为寿命、等待时长、或者间隔时长的分布而出现. 指数分布是连续分布中唯一具有无记忆性的，无记忆性是指数分布特有的一个性质.

例 2.10　考虑从时间零点开始，你在学校大门口等你的朋友，假设你朋友的到达时间 X 服从参数为 λ 的指数分布. 过了 $s \geqslant 0$h，你朋友没出现，那么你再等 $t \geqslant 0$h，你朋友仍没出现的概率只与时间 t 有关，与你已经等了 s 小时无关，系统似乎忘记了你已经等待过的 s 小时. 这就是指数分布的无记忆性.

不难证明，$\forall s, t \geqslant 0$，$P(X - s > t | X > s) = P(X > t)$，因为

$$P(X - s > t | X > s) = \frac{P(X > s + t, X > s)}{P(X > s)} = \frac{P(X > s + t)}{P(X > s)} = \frac{e^{-\lambda(s+t)}}{e^{-\lambda s}} = e^{-\lambda t}$$
$$= P(X > t).$$

我们来理解一下，$P(X - s > t | X > s)$ 表示过了 s 小时你朋友没出现的情形下，你朋友在接下来的 t 小时仍没出现的概率. $P(X > t)$ 表示从时间零点开始，你朋友在接下来的 t 小时没出现的概率. 两者相等，意味着如果过去了 s 小时你朋友没出现，那么相当于时间归零，你朋友的出现时间所服从的分布，与你从头开始等一样. 也可以简单地说，$X - s | X > s$ 与 X 同分布，即 $X > s$ 条件下，$X - s$ 的条件分布与 X 的（无条件）分布相同.

前面我们介绍了随机变量的分布，在给定条件下，我们可考虑变量的条件分布. 前面介绍的有关随机变量的分布的性质，在加上条件后，可以类推适用到变量的条件分布.

例 2.11　某邮局有两个柜台，假设当顾客 C 走进邮局时，发现另两个顾客 A 和 B 正分别在两个柜台接受服务. C 被告知，一旦柜台处理完 A 或者 B 的事情，就立即接待 C. 如果每位顾客的服务时长均服从参数为 λ 的指数分布且相互独立，那么 C 是最后一个办完事情的概率有多大？

解 1 将 C 开始接受服务的时刻设为时间零点. 此时, A 和 B 有一个已经离开, 另一个仍在继续接受服务. 考虑指数分布具有无记忆性, 仍在接受服务的顾客 (A 或者 B) 的 (剩余) 办事时长仍然服从参数为 λ 的指数分布, 与此时刚开始接受服务的顾客 C 的办事时长是同分布的. 由两人对称性可知, C 是最后一个办完事情的概率为 0.5. ■

解 2 将 C 走进邮局的时刻设为时间零点, 设三人的办事时长分别是随机变量 X_A, X_B, X_C, 三者独立同分布, 均服从参数为 λ 的指数分布, 则 C 是最后一个办完事情的概率为

$$P(\min\{X_A, X_B\} + X_C > \max\{X_A, X_B\}). \tag{2.11}$$

在例 3.23 中我们将能计算出该概率等于 0.5. ■

2.3.3 正态分布

定义 2.14 (正态分布) 如果随机变量 X 的概率密度函数 $f(x)$ 为

$$f(x) = \frac{1}{\sqrt{2\pi\sigma^2}} e^{-\frac{(x-\mu)^2}{2\sigma^2}}, -\infty < x < +\infty, \tag{2.12}$$

则称 X 服从正态分布, 称 X 为正态变量, 记为 $X \sim \text{Normal}(\mu, \sigma^2)$ 或 $X \sim N(\mu, \sigma^2)$, 其中 $-\infty < \mu < +\infty, \sigma > 0$ 为参数. 形如式 (2.12) 的概率分布称为正态分布, 其概率密度函数和分布函数如图 2.11 所示. 式 (2.12) 所示正态分布的支集为实轴. 式 (2.12) 常简记为 $N(x|\mu, \sigma^2)$.

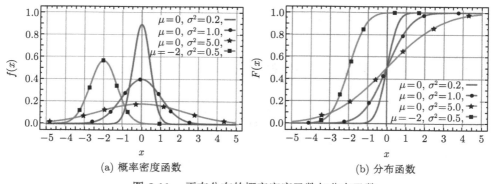

图 2.11 正态分布的概率密度函数与分布函数

注 1 正态分布是法国数学家棣莫弗 (Abraham de Moivre) 在 1733 年引入的, 当时称为指数钟形曲线. 1809 年, 德国数学家高斯 (Gauss) (图 2.12) 在研究天文学误差理论时用正态分布来刻画误差的分布, 展示了正态分布的应用价值. 此后, 正态分布又常称高斯分布, 正态变量又称为高斯变量. 在 19 世纪后半叶, 大部分统计学家认为大部分数据的直方图都具有钟形曲线的形状. 事实上, 大家认为正常的数据集合的直方图应该具有这种形状. 由英国统计学家皮尔逊 (Karl Pearson) 开始, 将高斯曲线简称为

正态曲线. 中心极限定理为许多数据具有正态分布的事实提供了合理的解释，我们将在 4.5 节讲述这一定理.

Carl Friedrich Gauss, 1777—1855

图 2.12 高斯

注 2 正态分布的均值与方差可如下计算：设 $X \sim N(\mu, \sigma^2)$，则有

$$E(X) = \frac{1}{\sqrt{2\pi\sigma^2}} \int_{-\infty}^{+\infty} x\mathrm{e}^{-\frac{(x-\mu)^2}{2\sigma^2}} \mathrm{d}x.$$

对上式做变量代换，令 $t = \dfrac{x-\mu}{\sigma}$，则有

$$E(X) = \frac{1}{\sqrt{2\pi\sigma^2}} \int_{-\infty}^{+\infty} (\sigma t + \mu)\mathrm{e}^{-\frac{t^2}{2}} \sigma \mathrm{d}t.$$

由于 $t\mathrm{e}^{-t^2}$ 为奇函数，在全空间积分为 0，上式可化简为

$$E(X) = \frac{\mu}{\sqrt{2\pi}} \int_{-\infty}^{+\infty} \mathrm{e}^{-\frac{t^2}{2}} \mathrm{d}t.$$

再利用 $\displaystyle\int_{-\infty}^{+\infty} \mathrm{e}^{-\frac{t^2}{2}} \mathrm{d}t = \sqrt{2\pi}$ 这一结论可得 $E(X) = \mu$. 类似可求出

$$E(X^2) = \frac{1}{\sqrt{2\pi\sigma^2}} \int_{-\infty}^{+\infty} x^2 \mathrm{e}^{-\frac{(x-\mu)^2}{2\sigma^2}} \mathrm{d}x = \frac{1}{\sqrt{2\pi\sigma^2}} \int_{-\infty}^{+\infty} (\sigma t + \mu)^2 \mathrm{e}^{-\frac{t^2}{2}} \sigma \mathrm{d}t$$

$$= \frac{1}{\sqrt{2\pi}} \int_{-\infty}^{+\infty} (\sigma^2 t^2 + 2\mu\sigma t + \mu^2) \mathrm{e}^{-\frac{t^2}{2}} \mathrm{d}t.$$

又由于

$$\int_{-\infty}^{+\infty} t^2 \mathrm{e}^{-\frac{t^2}{2}} \mathrm{d}t = -\int_{-\infty}^{+\infty} t\mathrm{d}\mathrm{e}^{-\frac{t^2}{2}} = -\left(t\mathrm{e}^{-\frac{t^2}{2}} \Big|_{-\infty}^{+\infty} - \int_{-\infty}^{+\infty} \mathrm{e}^{-\frac{t^2}{2}} \mathrm{d}t \right) = \sqrt{2\pi}.$$

同样利用 $t\mathrm{e}^{-t^2}$ 为奇函数这一性质，可得

$$E(X^2) = \frac{1}{\sqrt{2\pi}} (\sigma^2 \sqrt{2\pi} + \sqrt{2\pi}\mu^2) = \sigma^2 + \mu^2.$$

继续可得 $\mathrm{Var}(X) = E(X^2) - (EX)^2 = \sigma^2$. 由上可知, 正态分布中参数 μ, σ 的含义分别是均值和标准差.

注 3 当 $\mu = 0, \sigma = 1$, 即 $X \sim N(0,1)$ 时, 称 X 服从标准正态分布, 其密度函数为 $f(x) = \dfrac{1}{\sqrt{2\pi}}\mathrm{e}^{-\frac{x^2}{2}}, -\infty < x < +\infty$.

标准正态的分布函数常记为

$$\Phi(x) = \frac{1}{\sqrt{2\pi}} \int_{-\infty}^{x} \mathrm{e}^{-\frac{t^2}{2}} \mathrm{d}t, -\infty < x < +\infty.$$

注 4 正态分布的标准化. 对一般正态变量 $X \sim N(\mu, \sigma^2)$, 令 $Y = \dfrac{X - \mu}{\sigma}$, 则有

$$\forall y, P(Y \leqslant y) = P(X \leqslant \mu + \sigma y) = \int_{-\infty}^{\mu + \sigma y} \frac{1}{\sqrt{2\pi\sigma^2}}\mathrm{e}^{-\frac{(x-\mu)^2}{2\sigma^2}} \mathrm{d}x = \int_{-\infty}^{y} \frac{1}{\sqrt{2\pi}}\mathrm{e}^{-\frac{t^2}{2}}\mathrm{d}t,$$

其中运用积分变量变换 $t = \dfrac{x - \mu}{\sigma}$. 上式给出了 Y 的分布函数[1], 且表明 Y 服从标准正态分布. 进一步, 我们有

$$\forall x, P(X \leqslant x) = P\left(Y \leqslant \frac{x - \mu}{\sigma}\right)$$

可知任意正态变量 X 的分布函数值均可以通过标准正态变量 Y 的分布函数值来计算! 对一般正态变量都可以通过一个线性变换 (标准化) 化成标准正态分布[2]. 因此, 与正态变量有关的一切事件的概率都可通过查标准正态分布函数表 (参见图 2.13) 获得. 例如, 0.2 所在行与 0.01 所在列的交点处的值对应于 $\Phi(0.21) = 0.5832$.

注 5 正态分布的 3σ 原则. 设随机变量 $X \sim N(\mu, \sigma^2)$, 则

$$P(|X - \mu| < k\sigma) = \Phi(k) - \Phi(-k) = 2\Phi(k) - 1 = \begin{cases} 0.6826, & k = 1, \\ 0.9545, & k = 2, \\ 0.9973, & k = 3. \end{cases}$$

从上式中可以看出: 尽管正态变量的取值范围是 $(-\infty, +\infty)$, 但它 99.73 % 的值落在 $(\mu - 3\sigma, \mu + 3\sigma)$ 内, 参见图 2.14, 这个性质被工程师称为 "3σ 原则". 正态分布的 3σ 原则在实际工程中很有用, 工业生产中的控制图和一些产品质量指数都是根据 3σ 原则制定的.

以下我们将常用分布的期望和方差以表格形式放在一起, 见表 2.2.

---

[1] 由 2.4 节可知, Y 是一个由 X 的变换定义出的新随机变量.

[2] 在例 2.13 中, 我们会用另一种方法再次证明该结论.

$$\Phi(x)=\int_{-\infty}^{x}\frac{1}{\sqrt{2\pi}}\mathrm{e}^{-\frac{u^2}{2}}\mathrm{d}u=P(X\leqslant x)$$

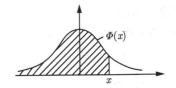

x	0.00	0.01	0.02	0.03	0.04	0.05	0.06	0.07	0.08	0.09
0.0	0.5000	0.5040	0.5080	0.5120	0.5160	0.5199	0.5239	0.5279	0.5319	0.5359
0.1	0.5398	0.5438	0.5478	0.5517	0.5557	0.5596	0.5636	0.5675	0.5714	0.5753
0.2	0.5793	0.5832	0.5871	0.5910	0.5948	0.5987	0.6026	0.6064	0.6103	0.6141
0.3	0.6179	0.6217	0.6255	0.6293	0.6331	0.6368	0.6406	0.6443	0.6480	0.6517
0.4	0.6554	0.6591	0.6628	0.6664	0.6700	0.6736	0.6772	0.6808	0.6844	0.6879
0.5	0.6915	0.6950	0.6985	0.7019	0.7054	0.7088	0.7123	0.7157	0.7190	0.7224
0.6	0.7257	0.7291	0.7324	0.7357	0.7389	0.7422	0.7454	0.7486	0.7517	0.7549
0.7	0.7580	0.7611	0.7642	0.7673	0.7995	0.8023	0.8051	0.8078	0.8106	0.8133
0.8	0.7881	0.7910	0.7939	0.7967	0.7995	0.8023	0.8051	0.8078	0.8106	0.8133
0.9	0.8159	0.8186	0.8212	0.8238	0.8264	0.8289	0.8315	0.8340	0.8365	0.8389
1.0	0.8413	0.8438	0.8461	0.8485	0.8508	0.8531	0.8554	0.8577	0.8599	0.8521
1.1	0.8643	0.8665	0.8586	0.8708	0.8729	0.8749	0.8770	0.8790	0.8810	0.8830
1.2	0.8849	0.8869	0.8888	0.8907	0.8925	0.8944	0.8962	0.8980	0.8997	0.9015
1.3	0.9032	0.9019	0.9066	0.9082	0.9099	0.9115	0.9131	0.9147	0.9162	0.9177
1.4	0.9192	0.9207	0.9222	0.9236	0.9251	0.9265	0.9278	0.9292	0.9306	0.9319
1.5	0.9332	0.9345	0.9357	0.9370	0.9382	0.9394	0.9406	0.9418	0.9430	0.9441
1.6	0.9452	0.9463	0.9474	0.9484	0.9495	0.9505	0.9515	0.9525	0.9535	0.9545
1.7	0.9554	0.9564	0.9573	0.9582	0.9591	0.9599	0.9608	0.9616	0.9625	0.9633
1.8	0.9641	0.9648	0.9556	0.9664	0.9671	0.9678	0.9686	0.9693	0.9700	0.9706
1.9	0.9713	0.9719	0.9726	0.9732	0.9738	0.9744	0.9750	0.9756	0.9762	0.9767
2.0	0.9772	0.9778	0.9783	0.9788	0.9793	0.9798	0.9803	0.9808	0.9812	0.9817
2.1	0.9821	0.9826	0.9830	0.9834	0.9838	0.9842	0.9846	0.9850	0.9854	0.9857
2.2	0.9861	0.9864	0.9868	0.9871	0.9874	0.9878	0.9881	0.9984	0.9887	0.9890
2.3	0.9893	0.9896	0.9898	0.9901	0.9904	0.9906	0.9909	0.9911	0.9913	0.9916
2.4	0.9918	0.9920	0.9922	0.9925	0.9927	0.9929	0.9931	0.9932	0.9934	0.9936
2.5	0.9938	0.9940	0.9941	0.9943	0.9945	0.9946	0.9948	0.9942	0.9951	0.9952
2.6	0.9953	0.9955	0.9956	0.9957	0.9959	0.9960	0.9961	0.9962	0.9963	0.9964
2.7	0.9965	0.9966	0.9967	0.9968	0.9969	0.9970	0.9971	0.9972	0.9973	0.9974
2.8	0.9974	0.9975	0.9976	0.9977	0.9977	0.9978	0.9979	0.9979	0.9980	0.9981
2.9	0.9981	0.9982	0.9982	0.9983	0.9984	0.9984	0.9985	0.9985	0.9986	0.9986
3.0	0.9987	0.9987	0.9987	0.9988	0.9988	0.9989	0.9989	0.9989	0.9990	0.9990

图 2.13　标准正态分布函数表

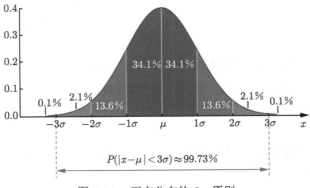

图 2.14　正态分布的 3σ 原则

表 2.2   常用概率分布及其数学期望和方差

分布	分布列 $f(x_k)$ 或概率密度函数 $f(x)$	期望	方差
二项分布 $B(n,p)$	$f(x_k) = C_n^k p^k (1-p)^{n-k}, k = 0, 1, \cdots, n$	np	$np(1-p)$
泊松分布 $Po(\lambda)$	$f(x_k) = \dfrac{\lambda^k}{k!} e^{-\lambda}, k = 0, 1, \cdots$	λ	λ
几何分布 $Ge(p)$	$f(x_k) = (1-p)^{k-1} p, k = 1, 2, \cdots$	$\dfrac{1}{p}$	$\dfrac{1-p}{p^2}$
均匀分布 $U(a,b)$	$f(x) = \dfrac{1}{b-a}, a \leqslant x \leqslant b; f(x) = 0, x \notin [a,b]$	$\dfrac{a+b}{2}$	$\dfrac{(b-a)^2}{12}$
指数分布 $Exp(\lambda)$	$f(x) = \lambda e^{-\lambda x}, x \geqslant 0; f(x) = 0, x < 0$	$\dfrac{1}{\lambda}$	$\dfrac{1}{\lambda^2}$
正态分布 $N(\mu, \sigma^2)$	$f(x) = \dfrac{1}{\sqrt{2\pi}\sigma} \exp\left[-\dfrac{(x-\mu)^2}{2\sigma^2}\right], -\infty < x < +\infty$	μ	σ^2

2.4   随机变量的函数

当知道一个随机变量的概率分布以后，经常会求它的一些函数的分布. 寻求随机变量函数的分布，是概率论的基本技巧.

已知随机变量 $X = X(\omega)$ 的概率分布（分布函数 CDF，分布列 PMF 或概率密度函数 PDF），设 $g(\cdot): \mathbb{R} \to \mathbb{R}$ 是一个普通函数[①]：

$$g(\cdot): x \to y = g(x).$$

从数学上看，随机变量的函数 $g(X) = g(X(\omega))$ 是复合函数，仍是一个随机变量[②]，记为 $Y = g(X)$，当 X 取值 x 时，它取值 $y = g(x)$. 随机变量的函数 Y 将用于各种概率问题定义中，就像一剂催化剂，让概率论的世界变得丰富多彩.

本节要讨论的核心问题是如何求出 Y 的概率分布.

2.4.1   离散随机变量函数的分布

若 X 为离散随机变量，则 $Y = g(X)$ 也是离散随机变量. 我们可以如下直接求 Y 的分布列（称为直接法）. 首先，求出随机变量 Y 的支集 $\mathcal{Y}$；然后，对任意 $y_k \in \mathcal{Y}$，求分布列

$$P(Y = y_k) = P(\{\omega | Y(\omega) = y_k\}) = P(\{\omega | g(X(\omega)) = y_k\}).$$

例 2.12   已知 X 的分布列如表 2.3 所示，求 $Y = X^2$ 的分布列.

---

① 一个函数也可形象地理解为是一种变换.

② 当然，为了 Y 是数学上严格定义的随机变量（见定义 2.2），必须对函数 $g(x)$ 有所假定才能保证对任意实数 $c, \{Y \leqslant c\}$ 是有概率的事件. 通常假定 $g(x)$ 是博雷尔函数，即对任意实数 c，$\{x : g(x) \leqslant c\}$ 是博雷尔集，便可保证这点. 由于通常遇到的函数 $g(x)$ 一般都是博雷尔函数，故 $Y = g(X)$ 一般都是随机变量.

表 2.3　X 的分布列

X	-2	-1	0	1	2
P	0.2	0.1	0.1	0.3	0.3

解　首先，可求出 Y 的支集为 $\mathcal{Y}=\{0,1,4\}$；进一步，可求出 $P(Y=4)=P\{X^2=4\}=P(X=2)+P(X=-2)=0.5$, $P(Y=1)=P(X=-1)+P(X=1)=0.4$, $P(Y=0)=0.1$. 故 Y 的分布列如表 2.4 所示.　∎

表 2.4　Y 的分布列

Y	0	1	4
P	0.1	0.4	0.5

2.4.2　连续随机变量函数的分布

求连续随机变量函数的分布的基本方法还是 "直接法"，分两步.
- 第一步，求出随机变量 Y 的取值范围（支集）$\mathcal{Y}$；
- 第二步，求分布函数 $F_Y(y)$[①]，然后看情况，能写出概率密度函数就写出概率密度函数. 在求分布函数 $F_Y(y)$ 时，对于支集外的 y，$F_Y(y)$ 一般有平凡值（0 或者 1）；重点是对于 $y\in\mathcal{Y}$，求出 $F_Y(y)$.

例 2.13（正态分布的标准化）　设 $X\sim N(\mu,\sigma^2)$, $Y=\dfrac{X-\mu}{\sigma}\,(\sigma>0)$，求 Y 的概率分布.

解　首先，易知 Y 的支集 $\mathcal{Y}=\mathbb{R}$. 然后，求 Y 的分布函数. 对于任何实数 y，由于 $\{Y\leqslant y\}=\left\{\dfrac{X-\mu}{\sigma}\leqslant y\right\}=\{X\leqslant\mu+y\sigma\}$，因此

$$F_Y(y)=P(Y\leqslant y)=P\left(\frac{X-\mu}{\sigma}\leqslant y\right)=P(X\leqslant\mu+y\sigma)=\int_{-\infty}^{\mu+y\sigma}\frac{1}{\sqrt{2\pi}\sigma}\mathrm{e}^{-\frac{(x-\mu)^2}{2\sigma^2}}\mathrm{d}x.$$

做变量替换 $t=\dfrac{x-\mu}{\sigma}$，则

$$P(Y\leqslant y)=\int_{-\infty}^{y}\frac{1}{\sqrt{2\pi}}\mathrm{e}^{-\frac{t^2}{2}}\mathrm{d}t.$$

这表明 $Y\sim N(0,1)$. 事实上，对分布函数求导可得概率密度函数为

$$f_Y(y)=\frac{1}{\sqrt{2\pi}}\mathrm{e}^{-\frac{y^2}{2}}.$$

∎

---

① 离散情形下，直接求分布列.

例 2.14 设连续随机变量 X 的概率密度函数为

$$f_X(x) = \begin{cases} \dfrac{2}{9}(x+1), & -1 \leqslant x \leqslant 2, \\ 0, & \text{其他}. \end{cases}$$

设 $Y = X^2$, 求 Y 的概率分布.

解 (1) 首先, 求出 Y 的支集 $\mathcal{Y} = [0,4]$.

(2) 求 Y 的分布函数. 对任何 $y < 0$ 知 $P(Y \leqslant y) = 0$; 对任何 $y > 4$ 有 $P(Y \leqslant y) = 1$; $\forall y \in [0,4]$, 有

$$F_Y(y) = P(Y \leqslant y) = P(X^2 \leqslant y) = P(-\sqrt{y} \leqslant X \leqslant \sqrt{y})$$
$$= \int_{-\sqrt{y}}^{\sqrt{y}} f_X(x)\mathrm{d}x.$$

注意 X 的支集为 $[-1,2]$, 仅在 $-1 \leqslant x \leqslant 2$ 时, $f_X(x) = \dfrac{2}{9}(x+1)$, 在区间 $[-1,2]$ 之外, $f_X(x) = 0$. 因此如下的代入计算是错误的.

$$P(Y \leqslant y) \neq \int_{-\sqrt{y}}^{\sqrt{y}} \frac{2}{9}(x+1)\mathrm{d}x.$$

我们需要对支集 $[0,4]$ 中的 y 分情况讨论, 如下考虑区间 $[-\sqrt{y}, \sqrt{y}]$ 与 $[-1,2]$ 的不同相交情况.

- 若 $y \in [0,1]$, 则 $P(Y \leqslant y) = \displaystyle\int_{-\sqrt{y}}^{\sqrt{y}} \frac{2}{9}(x+1)\mathrm{d}x = \frac{4}{9}\sqrt{y}$;

- 若 $y \in [1,4]$, 则 $P(Y \leqslant y) = \displaystyle\int_{-1}^{\sqrt{y}} \frac{2}{9}(x+1)\mathrm{d}x = \frac{1}{9}y + \frac{2}{9}\sqrt{y} + \frac{1}{9}$.

进一步, Y 的概率密度函数为

$$f_Y(y) = \begin{cases} \dfrac{2}{9}y^{-\frac{1}{2}}, & 0 < y \leqslant 1, \\ \dfrac{1}{9} + \dfrac{1}{9}y^{-\frac{1}{2}}, & 1 < y \leqslant 4, \\ 0, & \text{其他}. \end{cases}$$ ∎

例 2.15 (变量变换法) 设连续随机变量 $X \sim F_X(x)$, 概率密度函数为 $f_X(x)$, 支集为 $\mathcal{X}$. 设 $g(x)$ 为 $\mathcal{X}$ 上的严格单调函数, 其反函数 $g^{-1}(y)$ 有连续导函数, 求 $Y = g(X)$ 的概率分布.

解 (1) 首先, 求出 Y 的支集, $\mathcal{Y} = \{y | \exists x \in \mathcal{X}, g(x) = y\}$, 即 $\mathcal{Y}$ 是 $\mathcal{X}$ 在映射 $g(\cdot)$ 下的像.

(2) 求 Y 的分布函数. 若 $g(\cdot)$ 严格单调增, 则 $\forall y \in \mathcal{Y}$, 有

$$F_Y(y) = P(Y \leqslant y) = P(g(X) \leqslant y) = P(X \leqslant g^{-1}(y)) = F_X(g^{-1}(y)).$$

由题意, $g^{-1}(y)$ 在 $\mathcal{Y}$ 上可导, 则

$$f_Y(y) = f_X(g^{-1}(y))\frac{\mathrm{d}g^{-1}(y)}{\mathrm{d}y}, y \in \mathcal{Y}.$$

若 $g(\cdot)$ 严格单调减, 则 $\forall y \in \mathcal{Y}$,

$$F_Y(y) = P(Y \leqslant y) = P(X \geqslant g^{-1}(y)) = 1 - F_X(g^{-1}(y)).$$

进一步求导可得

$$f_Y(y) = -f_X(g^{-1}(y))\frac{\mathrm{d}g^{-1}(y)}{\mathrm{d}y}, y \in \mathcal{Y}.$$

两种情形可以统一写成

$$f_Y(y) = \begin{cases} f_X(g^{-1}(y))\left|\dfrac{\mathrm{d}g^{-1}(y)}{\mathrm{d}y}\right|, & y \in \mathcal{Y}, \\ 0, & y \notin \mathcal{Y}. \end{cases} \tag{2.13}$$

注 1　式 (2.13) 称为 "变量变换法", 当变换函数 $g(\cdot)$ 是严格单调时适用.

注 2　式 (2.13) 看上去复杂, 可以如下直观理解. 严格单调的函数 $g(\cdot)$ 建立了 $\mathcal{X}$ 与 $\mathcal{Y}$ 之间如下的一一映射关系:

$$\begin{cases} y = g(x), \\ x = g^{-1}(y). \end{cases}$$

上述符号表示代入式 (2.13), 则有

$$f_Y(y) = f_X(x)\left|\frac{\mathrm{d}x}{\mathrm{d}y}\right|, x \in \mathcal{X}, y \in \mathcal{Y}. \tag{2.14}$$

或者不严谨地可写为

$$f_Y(y)\mathrm{d}y = f_X(x)\mathrm{d}x, x \in \mathcal{X}, y \in \mathcal{Y}.$$

即微元概率在变换前后不变. $f_X(x)\mathrm{d}x$ 表示 X 落在 x 附近微元区间 $(x, x+\mathrm{d}x]$ 上的概率, $f_Y(y)\mathrm{d}y$ 表示 Y 落在 y 附近微元区间 $(y, y+\mathrm{d}y]$ 上的概率, 两者相等.

例 2.16　设 $X \sim N(\mu, \sigma^2)$, $a \neq 0, b$ 为常数, 试求 $Y = aX + b$ 的概率分布.

解　因 $a \neq 0$, 所以题意中的线性变换是严格单调函数, 变换前后随机变量 X 与 Y 的支集均为 $\mathbb{R}$, 建立了如下的一一映射关系:

$$\begin{cases} y = ax + b, \\ x = \dfrac{y-b}{a}. \end{cases}$$

根据式 (2.14)，有

$$f_Y(y) = f_X(x) \left| \frac{\mathrm{d}x}{\mathrm{d}y} \right| = f_X\left(\frac{y-b}{a} \right) \left| \frac{1}{a} \right| = \frac{1}{|a|} \frac{1}{\sqrt{2\pi\sigma^2}} \exp\left(-\frac{(\frac{y-b}{a} - \mu)^2}{2\sigma^2} \right)$$

$$= \frac{1}{\sqrt{2\pi(a\sigma)^2}} \exp\left(-\frac{y - (a\mu + b)}{2(a\sigma)^2} \right).$$

这表明 $Y \sim N(a\mu + b, a^2\sigma^2)$. ∎

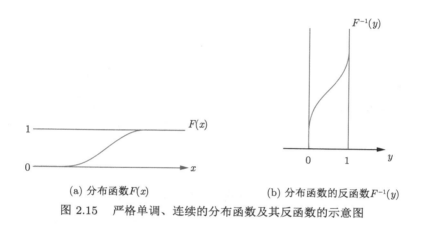

(a) 分布函数 $F(x)$　　　　(b) 分布函数的反函数 $F^{-1}(y)$

图 2.15　严格单调、连续的分布函数及其反函数的示意图

注 1　例 2.16 表明了一个重要性质，正态变量的线性变换仍服从正态分布，其均值和方差可以由线性变换方便求得.

注 2　特别地，若 $X \sim N(\mu, \sigma^2)$，则 $Y = \dfrac{X - \mu}{\sigma} \sim N(0,1)$，这是我们在例 2.13 所见的正态分布的标准化.

注 3　若 $X \sim N(0, \sigma^2)$，则 $Y = -X \sim N(0, \sigma^2)$，这表明 X 和 $-X$ 有相同的分布，但这两个随机变量并不相等. 值得再次强调，分布相同与随机变量相等是两个完全不同的概念.

例 2.17　设随机变量 X 的分布函数 $F_X(x)$ 连续且严格单调，定义随机变量 $Y = F_X(X)$，求 Y 的概率分布.

解　易知 Y 的支集为 $[0,1]$. 题意中的变换是严格单调函数，变换建立了如下的一一映射关系：

$$\begin{cases} y = F_X(x), \\ x = F_X^{-1}(y). \end{cases}$$

根据式 (2.14)，可得

$$f_Y(y) = f_X(x) \frac{1}{\dfrac{\mathrm{d}y}{\mathrm{d}x}} = f_X(x) \frac{1}{f_X(x)} = 1, y \in [0,1]$$

可知 Y 服从 $[0,1]$ 上的均匀分布. ∎

上述结论可以放松到只要求 X 的分布函数 $F_X(x)$ 是连续函数. 若 X 的分布函数 $F_X(x)$ 不是连续函数, 则 $Y = F_X(X)$ 一定不服从均匀分布. 这一点留给读者自己证明.

例 2.18　设函数 $g(\cdot)$ 为连续、严格单调的分布函数. 设随机变量 $U \sim U[0,1]$（即 $\forall a \in [0,1]$, 有 $P(U \leqslant a) = a$）. 定义随机变量 $X = g^{-1}(U)$，试证明: X 的分布函数恰为 $g(\cdot)$.

解　可直接求出 X 的分布函数为

$$F_X(x) = P(X \leqslant x) = P(g^{-1}(U) \leqslant x) = P(U \leqslant g(x)) = g(x).$$ ∎

例 2.18 考虑连续、严格单调的分布函数, 更一般的结论见参考文献 [4] 中的定理 5.4. 在定义广义函数后, 可以证明例 2.18 的结论对任何分布函数, 即满足定理 2.2 三条性质的任何函数均成立. 从而具有这三条性质的函数一定是某个随机变量的分布函数. 可通过 $[0,1]$ 上均匀分布的随机变量的观测值得到以给定的分布函数为分布函数的随机变量的观测值. 这对于随机模拟有重要价值.

2.5　随机变量的数字特征

我们知道, 对于一般的随机变量 X, 不能问它一定等于多少, 只能问它取各种值的概率（或概率密度）有多大, 也就是问它的概率分布怎样. 知道了概率分布后, X 的概率特性就全掌握了. 然而有时在实际问题中概率分布较难确定, 而它的某些数字特征却比较容易求出来, 并且在不少问题中只知道它的某些数字特征也就够了, 无需知道详细的概率分布.

在随机变量的数字特征中, 最重要的是数学期望和方差. 前者刻画随机变量取值的"平均水平", 后者刻画取值的"分散程度". 还有其他的数字特征, 如高阶矩和分位数. 在 2.1 节末尾, 我们曾简单认识了随机变量的均值和方差. 本节将做更全面的介绍, 特别是在 2.4 节认识了随机变量的函数后, 可以让我们更准确地来认识它们.

2.5.1　数学期望

很多特征数都涉及到求随机变量或者随机变量函数的数学期望, 数学期望成为概率论的非常重要的概念. 把前面的定义 2.6, 定义 2.7 再次整理如下.

定义 2.15（数学期望）　数学期望是随机变量取值依据概率分布的加权平均, 可表示为

$$E(X) = \begin{cases} \displaystyle\sum_i x_i f_X(x_i), & X \text{ 为离散型,} \\[2mm] \displaystyle\int_{-\infty}^{+\infty} x f_X(x) \mathrm{d}x, & X \text{ 为连续型.} \end{cases} \tag{2.15}$$

也简称为期望. $E(X)$ 有时常简记为 EX. 对连续随机变量 X, 基于 $F_X(x)$ 与 $f_X(x)$ 的关系, 式 (2.15) 的积分也常写为 $E(X) = \int_{-\infty}^{+\infty} x \mathrm{d}F_X(x)$.

定理 2.7（随机变量函数的数学期望） 设 $g(x) : \mathbb{R} \to \mathbb{R}$ 为一般实值函数, 则

$$E(g(X)) = \begin{cases} \sum_i g(x_i) f_X(x_i), & X \text{ 为离散型}, \\ \int_{-\infty}^{+\infty} g(x) f_X(x) \mathrm{d}x, & X \text{ 为连续型}. \end{cases} \tag{2.16}$$

离散情形的证明较易, 连续情形的证明较长, 故略去. 对于求随机变量函数 $Y = g(X)$ 的期望, 一条基本途径是先求出 Y 的概率分布, 然后按期望的定义进行计算. 利用式 (2.16), 上述性质极大地简化了随机变量函数的期望的计算. 随机变量函数的期望是函数取值依据概率分布的加权平均.

例 2.19 已知 $X \sim Exp(\lambda)$, 求 $E(X^2)$.

解 设 $Y = X^2$, 则 $E(Y) = \int_{-\infty}^{+\infty} x^2 f_X(x) \mathrm{d}x = \dfrac{2}{\lambda^2}$. ■

事实上, 在 2.3 节计算常用连续分布的方差, 2.2 节计算常用离散分布的方差时, 已经默认使用了该性质.

定理 2.8（期望的线性） 设 a, b 为实数, $g_1(\cdot), g_2(\cdot)$ 为两个实值函数, 则

$$E(ag_1(X) + bg_2(X)) = aE(g_1(X)) + bE(g_2(X)).$$

证明 在式 (2.16) 中令 $g(X) = ag_1(X) + bg_2(X)$, 然后把和式分解成两个和式, 或把积分分解成两个积分即得. ■

定理 2.9 若 c 是常数, 则有 $E(c) = c$.

证明 将常数 c 看作仅取一个值的随机变量 X, 则有 $P(X = c) = 1$. 从而其数学期望 $E(c) = E(X) = c \cdot 1 = c$. ■

数学期望代表随机变量取值的平均水平, 有什么道理? 设随机变量 X 用一个实值 a 来代表, 由此带来的误差用 $E((X - a)^2)$ 来度量（称为均方误差）. 下面性质表明, 数学期望 EX 是最小均方误差意义下对 X 的最好代表.

定理 2.10 对随机变量 X, 有

$$\min_a E((X - a)^2) = \mathrm{Var}(X),$$

最小值在 a 取 EX 时达到, 即

$$\operatorname*{argmin}_a E((X - a)^2) = E(X).$$

证明　不难看出

$$f(a) = E[(X-a)^2] = E[(X-EX) + (EX-a)]^2$$
$$= E[(X-EX)^2] + 2E[(X-EX)(EX-a)] + (EX-a)^2$$
$$= E[(X-EX)^2] + 0 + (EX-a)^2.$$

显然，$f(a)$ 在 $a = E(X)$ 时达到最小值，且最小值为 $E[(X-EX)^2]$，即 $\mathrm{Var}(X)$.　∎

2.5.2　方差

方差刻画了随机变量取值的分散或者波动的程度，其定义见定义 2.8，常用性质如下.

定理 2.11　$\mathrm{Var}(X) = E(X^2) - (EX)^2$.

证明　$\mathrm{Var}(X) = E(X-E(X))^2 = E(X^2 - 2X \cdot EX + (EX)^2)$. 由期望的线性性质，可得 $\mathrm{Var}(X) = E(X^2) - 2EX \cdot EX + (EX)^2 = E(X^2) - (EX)^2$.　∎

定理 2.12　常数的方差为 0，即 $\mathrm{Var}(c) = 0$，其中 c 时常数.

证明　$\mathrm{Var}(c) = E(X - E(c))^2 = E(c-c)^2 = 0$.　∎

定理 2.13　若 a,b 是常数，则 $\mathrm{Var}(aX+b) = a^2\mathrm{Var}(X)$.

证明　$\mathrm{Var}(aX+b) = E(aX+b-E(aX+b))^2 = E(a(X-EX))^2 = a^2\mathrm{Var}(X)$.　∎

定理 2.14（切比雪夫不等式）　设 X 的均值和方差都存在，则对于任意常数 $\varepsilon>0$，有

$$P(|X-EX| \geqslant \varepsilon) \leqslant \frac{1}{\varepsilon^2}\mathrm{Var}(X).$$

证明　设 X 是一个连续随机变量，其概率密度函数为 $f_X(x)$. 由于在 $|X-EX| \geqslant \varepsilon$ 时，有 $1 \leqslant \dfrac{(X-EX)^2}{\varepsilon^2}$，可知

$$P(|X-EX| \geqslant \varepsilon) = \int_{|X-EX|\geqslant\varepsilon} 1 \cdot f_X(x)\mathrm{d}x \leqslant \int_{|X-EX|\geqslant\varepsilon} \frac{(X-EX)^2}{\varepsilon^2} f_X(x)\mathrm{d}x$$
$$\leqslant \int_{-\infty}^{+\infty} \frac{(X-EX)^2}{\varepsilon^2} f_X(x)\mathrm{d}x = \frac{1}{\varepsilon^2}\mathrm{Var}(X).$$

由此可知切比雪夫（Chebyshev）不等式对连续随机变量成立. 对于离散随机变量亦可类似进行证明.　∎

注 1　切比雪夫不等式用途广泛，一个经典应用是用来证明（弱）大数定律（见 4.4.1 节）. 切比雪夫（1821—1894）被誉为俄罗斯数学之父（图 2.16），是系统地思考随机变量及其期望的第一人，在概率论、统计学、力学、数论上做出了基础贡献.

Pafnuty Chebyshev, 1821—1894

图 2.16 切比雪夫

注 2 令 $\varepsilon = a\sigma$, 其中 σ 是标准差, 利用切比雪夫不等式可得 $P(|X-EX| \geqslant a\sigma) \leqslant \dfrac{1}{a^2}$, 或 $P(|X-EX| < a\sigma) \geqslant 1 - \dfrac{1}{a^2}$. 比如 $a = 2$ 时, 有 $P(|X-EX| < 2\sigma) \geqslant 1 - \dfrac{1}{2^2} = 75\%$, 这表明任意随机变量落在其均值附近 2 倍标准差的概率大于或等于 75%.

注 3 给定 $\varepsilon > 0$, 切比雪夫不等式给出了随机变量 X 离其中心位置波动超过 ε 的概率的一个上界, 一个由变量方差决定的上界. 方差 $\mathrm{Var}(X)$ 越小, X 离其中心位置波动超过 ε 的概率 (的上界) 越小. 在这个意义上, 可以理解随机变量的方差制约了变量围绕其均值的波动程度.

定理 2.15 若随机变量的方差存在, 则 $\mathrm{Var}(X) = 0$ 的充要条件是 X 几乎处处为某个常数 a, 即 $P(X = a) = 1$.

证明 充分性是显然的, 下面证必要性. 设 $\mathrm{Var}(X) = 0$, 这时 $E(X)$ 存在. 注意有

$$\{|X - E(X)| > 0\} = \bigcup_{n=1}^{\infty} \left\{ |X - E(X)| \geqslant \frac{1}{n} \right\},$$

所以有

$$P(|X - E(X)| > 0) = P\left(\bigcup_{n=1}^{\infty} \left\{ |X - E(X)| \geqslant \frac{1}{n} \right\} \right)$$

$$\leqslant \sum_{n=1}^{\infty} P\left(|X - E(X)| \geqslant \frac{1}{n} \right) \leqslant \sum_{n=1}^{\infty} \frac{1}{\left(\frac{1}{n}\right)^2} \mathrm{Var}(X) = 0,$$

其中最后一个不等式用到了切比雪夫不等式. 由此可知

$$P(|X - E(X)| > 0) = 0,$$

因而有

$$P(|X - E(X)| = 0) = 1, \quad 即 P(X = E(X)) = 1,$$

这就证明了结论, 且其中的常数 a 就是 $E(X)$. ∎

2.5.3　其他数字特征

数学期望和方差是随机变量最重要的两个特征数. 此外, 随机变量还有一些其他的特征数, 下面主要介绍一下高阶矩、分位数、中位数.

定义 2.16（k 阶矩）　设 X 为随机变量, k 为正整数, 如果以下数学期望都存在, 则称

$$\mu_k = E(X^k)$$

为 X 的 k 阶原点矩, 称

$$\nu_k = E(X - E(X))^k$$

为 X 的 k 阶中心矩.

显然, 一阶原点矩就是数学期望, 二阶中心矩就是方差. 由于 $|X|^{k-1} \leqslant |X|^k + 1$, 故 k 阶矩存在时, $k-1$ 阶矩也存在, 从而低于 k 的各阶矩都存在.

中心矩和原点矩之间有一个简单的关系, 事实上

$$\nu_k = E(X - E(X))^k = E(X - \mu_1)^k = \sum_{i=0}^{k} C_k^i \mu_i (-\mu_1)^{k-i},$$

故前四阶中心矩可分别用原点矩表示如下:

$$\nu_1 = 0,$$
$$\nu_2 = \mu_2 - \mu_1^2,$$
$$\nu_3 = \mu_3 - 3\mu_2\mu_1 + 2\mu_1^3,$$
$$\nu_4 = \mu_4 - 4\mu_3\mu_1 + 6\mu_2\mu_1^2 - 3\mu_1^4.$$

定义 2.17（分位数）　设连续随机变量 X 的分布函数为 $F(x)$, 概率密度函数为 $f(x)$. 对任意 $p \in (0,1)$, 称满足条件

$$F(x_p) = \int_{-\infty}^{x_p} f(x)\mathrm{d}x = p$$

的 x_p 为此分布的 p 分位数, 又称下侧 p 分位数.

很多概率统计问题最后都归结为求解概率不等式 $F(x) \leqslant p$. 由于分布函数的单调性, 其解可用分位数 x_p 表示: $x \leqslant x_p$. 为此人们对常用分布 (如正态分布) 编制了各种分位数表（见文献 [3] 附表）供实际使用.

分位数 x_p 把概率密度函数下的面积分为两块, 左侧面积恰好为 p（见图 2.17(a)）. 同理我们称满足条件

$$1 - F(x_p') = \int_{x_p'}^{+\infty} f(x)\mathrm{d}x = p$$

的 x_p' 为此分布的上侧 p 分位数. 上侧分位数 x_p' 也把概率密度函数下的面积分为两块,
但右侧面积恰好为 p（见图 2.17(b)）.

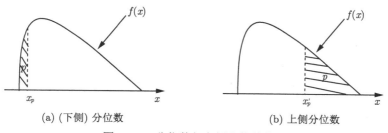

(a)（下侧）分位数   (b) 上侧分位数

图 2.17   分位数与上侧分位数的区别

要善于区分分位数 (即下侧分位数) 与上侧分位数的差别, 本书指定用分位数表 (即
下侧分位数表), 而有一些书使用的是上侧分位数表, 无论用什么表, 书中都有说明.

不难看出, 分位数与上侧分位数是可以相互转换的, 其转换公式为

$$x_p' = x_{1-p}, x_p = x_{1-p}'.$$

定义 2.18（中位数） 设连续随机变量 X 的分布函数为 $F(x)$, 概率密度函数为
$f(x)$. 称 $p = 0.5$ 时的 p 分位数 $x_{0.5}$, 也常记为 $\mathrm{median}(X)$, 为此分布的中位数, 即 $x_{0.5}$
满足

$$F(x_{0.5}) = \int_{-\infty}^{x_{0.5}} f(x)\mathrm{d}x = 0.5.$$

中位数的位置常在分布中部, 见图 2.18.

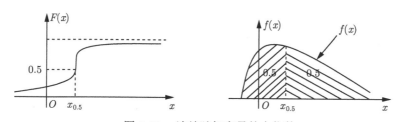

图 2.18   连续随机变量的中位数

中位数与均值一样都是有关随机变量位置的特征数, 但在某些场合可能中位数比均
值更能说明问题. 例如, 某班级的学生的考试成绩的中位数为 80 分, 则表明班级中的有
一半同学的成绩低于 80 分, 另一半同学的成绩高于 80 分. 而如果考试成绩的均值是 80
分, 则无法得出如此明确的结论. 又譬如, 记 X 为 A 国人的年龄, Y 为 B 国人的年
龄, $x_{0.5}$ 和 $y_{0.5}$ 分别为 X 和 Y 的中位数, 则 $x_{0.5} = 40$(岁) 说明 A 国人约有一半的人
年龄小于等于 40 岁、一半的人年龄大于等于 40 岁. 而 $y_{0.5} = 50$(岁) 则说明 B 国更趋
于老龄化.

习　题　2

1. 袋 A 中装有 3 个白球和 3 个黑球, 从中任取 3 个放入一个空袋 B 中, 接着从袋 B 中任取一球, 结果为白球, 求第一次取出的 3 个球全是白球的概率.

2. 将一个骰子连掷两次, 以 X 表示两次所得点数之和, 求 X 的分布函数 $F(x)$, 并绘出该函数的曲线图.

3. 甲乙两名篮球队员练习投篮, 甲每次投中的概率为 0.3, 乙每次投中的概率为 0.6, 两者相互独立. 考虑下面两种情况:
   (1)　甲乙两名队员轮流投篮, 由甲先投, 直到某人投中为止. 求每名队员投篮次数的分布列.
   (2)　经过一段时间练习之后, 乙累了后休息, 而甲仍然坚持练习, 于是独自一个人投篮 n 次. 假设第 n 次投中了, 且这 n 次投篮中总共投中了 X 次, 求 X 的分布列.

4. 一个射手射击了 n 次, 每次射中的概率为 p, 设第 n 次射击是射中的, 且为第 X 次射中, 求 X 的分布列.

5. 设随机变量 X 的概率密度函数为

$$f(x) = \begin{cases} x, & 0 \leqslant x < 1, \\ 2-x, & 1 \leqslant x \leqslant 2, \\ 0, & \text{其他.} \end{cases}$$

   (1) 试求 X 的分布函数, 并作出其曲线图.
   (2) 求 $P(X < 0.5), P(X > 1.3), P(0.2 < X < 1.2)$.

6. 设连续随机变量 X 的分布函数为

$$F(x) = \begin{cases} 0, & x < 0, \\ Ax^2, & 0 \leqslant x < 1, \\ 1, & x \geqslant 1. \end{cases}$$

   (1) 求系数 A.
   (2) 求 X 落在区间 $(0.3, 0.7)$ 内的概率.
   (3) 求 X 的概率密度函数, 请作出其曲线图.

7. 设随机变量 X 的概率密度函数为

$$f(x) = A\, x^2 \mathrm{e}^{-|x|}, \qquad -\infty < x < +\infty.$$

   求:（1）系数 A;（2）X 的分布函数.

8. 设随机变量 X 和 Y 同分布, X 的概率密度函数为

$$f(x) = \begin{cases} \dfrac{3}{8}x^2, & 0 < x < 2, \\ 0, & \text{其他.} \end{cases}$$

   已知事件 $A = \{X > a\}$ 和 $B = \{Y > a\}$ 独立, 且 $P(A \cup B) = 3/4$, 求常数 a.

9. 设随机变量 X 的概率密度函数为

$$f(x) = \begin{cases} x+1, & -1 \leqslant x < 0, \\ -x+1, & 0 \leqslant x \leqslant A, \\ 0, & \text{其他.} \end{cases}$$

（1）　试求 A 的取值以及 X 的分布函数，并作出其曲线图；

（2）　求 $P(X < 0.5)$，$P(X > -0.25)$，$P(0.2 < X < 0.8)$；

（3）　求 $P(X > 0 \mid |X| < 0.5)$.

10. 从一副 52 张的扑克牌中任取 5 张，求其中黑桃张数的概率分布.

11. 设 X 服从泊松分布，且已知 $P(X = 1) = P(X = 2)$，求 $P(X = 5)$.

12. 设连续随机变量 X 服从参数为 λ 的指数分布，即 $X \sim Exp(\lambda)$. 设离散随机变量 Y 的可能取值为全体正整数，其分布列为

$$P(Y = k) = P((k - 1)\Delta \leqslant X \leqslant k\Delta), \quad k = 1, 2, \cdots,$$

其中 $\Delta > 0$ 为常数. 试证明，Y 服从几何分布，即 $Y \sim Ge(p)$，并求出参数 p 与 λ，Δ 的关系式. 通过此题，请大家进一步认识指数分布和几何分布的关系.

13. 随机产生一个序列，序列长度服从参数为 λ 的泊松分布. 序列中每一项的内容以 0.5 概率取 "A"、0.5 概率取 "B"，且各项之间相互独立. 求：

（1）　序列中每项都是 "A" 的概率；

（2）　在已知序列每项都是 "A" 的前提下，求序列长度为 2 的概率.

14. 甲乙两人轮流射击，从甲开始，各次射击之间相互独立，且每次命中的概率均为 p. 射击直至命中两次为止，求命中的两枪为同一人射击的概率.

15. 高斯变量 X 的概率密度函数为

$$f(x) = A\mathrm{e}^{-\frac{x^2}{2} - x}, \quad -\infty < x < +\infty.$$

（1）　求系数 A.

（2）　已知 $P(X < 0) = a$，$P(X > 1) = b$，求 $P(-3 < X < -2)$（用 a, b 表示）.

16. 某电子元件厂商每天生产出的次品数符合参数为 10 的泊松分布. 假设该厂采用新工艺，有 0.75 的概率使该泊松分布的参数变为 5，还有 0.25 的概率没有效果. 为了测试新工艺的性能，第一天检查发现次品数为 3. 那么新工艺奏效的概率是多少？

17. 设顾客在某银行的窗口等待服务的时间 X（以分钟计）服从指数分布，且 $X \sim Exp\left(\dfrac{1}{5}\right)$. 某顾客在窗口等待服务，若超过 10 分钟他就离开. 他一个月要到银行 5 次，以 Y 表示一个月内他未等到服务而离开窗口的次数，试写出 Y 的分布列，并求 $P(Y \geqslant 1)$.

18. 设 X 的分布函数为

$$F(x) = \begin{cases} 0, & x \leqslant 0, \\ \dfrac{1}{9}x^2, & 0 < x \leqslant 3, \\ 1, & x > 3. \end{cases}$$

试求出 X 的数学期望、方差、0.25 分位数、中位数.

19. 试证明：$\mathrm{median}(X) = \underset{a}{\arg\min} E(|X - a|)$，即中位数是使得平均绝对值误差最小的那个实数.

20. 设随机变量 X 服从 $[0, 1]$ 上的均匀分布，求 $Y = 3\ln X$ 的概率密度函数.

21. 设随机变量 X 服从 $N(\mu, \sigma^2)$，求 $Y = |X|$ 的概率密度函数.

22. 已知 $E(X) = -1$，$E(X^2) = 5$，求 $E(1 - 2X)$，$\mathrm{Var}(1 - 2X)$.

23. 设 X 的概率密度函数为

$$f(x) = \begin{cases} \dfrac{2x}{\pi^2}, & 0 < x < \pi, \\ 0, & 其他. \end{cases}$$

试求 $Y = \cos X$ 的分布函数和概率密度函数.

24. 设 X 是 n 重伯努利试验中事件 A 出现的次数, $P(A) = p$, 令

$$Y = \begin{cases} 0, & X \text{ 为奇数}, \\ 1, & X \text{ 为偶数}. \end{cases}$$

求 $E(Y)$.

25. 重复抛掷一枚均匀硬币, 如果出现正面得 1 分, 出现反面扣 1 分, 以 X 表示抛掷硬币 5 次后的得分, 求 X 的分布列.

26. 设 X 服从 $[0, 1]$ 上的均匀分布, 求一单调增函数 $h(x)$, 使得 $Y = h(X)$ 服从参数为 λ 的指数分布.

27. 设随机变量 X 服从 $[0, 1]$ 上的均匀分布, 求 $Y = 2X^2 + 1$ 的概率密度函数.

28. 设随机变量 X 服从参数为 2 的指数分布, 试证明 $Y_1 = e^{-2X}$ 和 $Y_2 = 1 - e^{-2X}$ 都服从区间 $[0, 1]$ 上的均匀分布.

第 3 章　多元随机变量

由第 2 章可知，随机变量是对随机现象结果的记录. 对一个样本点 ω 只用一个实数去描述往往是不够的. 很多随机现象往往涉及多个随机变量，对随机现象的多个侧面进行描述，要把这些随机变量当作一个整体来看待，就形成了多元随机变量.

3.1　多元随机变量及其联合分布

例 3.1　打靶时，用 (X, Y) 表示/记录弹着点，其中 X 记录该点的横坐标，Y 记录该点的纵坐标. 由于射击的随机性，X, Y 都各是一元随机变量. 对弹着点的研究，仅研究 X 或仅研究 Y 都是片面的，应该把 X 和 Y 作为一个整体来考虑，讨论它们整体变化的概率特性，进一步可以讨论 X 与 Y 之间的关系. 在有些随机现象中，甚至要同时考虑两个以上的随机变量.

直观来看，设 $X_1 = X_1(\omega), X_2 = X_2(\omega), \cdots, X_n = X_n(\omega)$ 是一个随机现象中的 n 个随机变量，则它们的整体，$(X_1(\omega), X_2(\omega), \cdots, X_n(\omega))^{\mathrm{T}}$，称为 n 维/元随机向量（n 维/元随机变量），有时也简称为随机变量. 更严谨的定义如下.

定义 3.1（多元随机变量）　设 $(\Omega, \mathscr{F}, P)$ 是一个随机现象的概率空间，从样本空间 Ω 到 $\mathbb{R}^n$ 的函数 $X(\omega): \Omega \to \mathbb{R}^n$，称为 n 维随机变量（n 维随机向量）[①]，$\boldsymbol{X}(\omega) \overset{\text{def}}{=\!=} (X_1(\omega), X_2(\omega), \cdots, X_n(\omega))^{\mathrm{T}}$. 今后常省略符号 ω，把 $\boldsymbol{X}(\omega)$ 记为 $\boldsymbol{X} = (X_1, X_2, \cdots, X_n)^{\mathrm{T}}$，默认是列向量. 另外，只要标识清楚，也可以把随机向量记成行向量，$\boldsymbol{X}(\omega) \overset{\text{def}}{=\!=} (X_1(\omega), X_2(\omega), \cdots, X_n(\omega))$.

例 3.2　从某大学随机抽取一个同学 ω，其性别记为

$$X_1(\omega) = \begin{cases} 0, & \omega \text{是男生}, \\ 1, & \omega \text{是女生}, \end{cases}$$

身高记为 $X_2(\omega)$，体重记为 $X_3(\omega)$，肺活量记为 $X_4(\omega)$，则 $X_1(\omega), X_2(\omega), X_3(\omega), X_4(\omega)$ 是对 ω（同学）的不同侧面的描述，应视为一个整体，这个整体构成一个 4 元随机变量 (X_1, X_2, X_3, X_4).

注意，多维随机变量 $(X_1(\omega), X_2(\omega), \cdots, X_n(\omega))^{\mathrm{T}}$ 的关键是定义在同一样本空间上，各分量 $X_i(\omega)$（$i = 1, \cdots, n$）依共同的自变量 ω 而变，各分量一般说来有某种联系，因

[①] 当然，为了 X 是数学上严格定义的 n 维随机变量，必须对函数 $X(\omega)$ 有所假定. 类似一维随机变量，假定对任何 $\boldsymbol{x} \in \mathbb{R}^n$，集合 $\{\omega : \boldsymbol{X}(\omega) \leqslant \boldsymbol{x}\}$ 属于 $\mathscr{F}$.

而需要把它们作为一个整体（向量）来进行研究. 从几何图像来看, 二维随机向量可以看成是平面上的 "随机点", 三维随机向量可以看成是空间（三维空间）中的 "随机点". 当 $n \geqslant 4$ 时, n 维随机向量可以想象为 n 维空间中的 "随机点".

在引入多维随机变量后, 可以用多维随机变量来表示随机事件. 比如, 我们在例 2.10 中, 已经使用了一个三维随机变量 (X_A, X_B, X_C) 来表示邮局中三个顾客 A, B, C 的办事时长, 用 $\{\min(X_A, X_B) + X_C > \max(X_A, X_B)\}$ 表示 C 是最后一个办完事情. 一般地, 设有 n 维随机变量 $\boldsymbol{X} \in \mathbb{R}^n$, 考虑数集 $B \subset \mathbb{R}^n$, 则 $\boldsymbol{X}$ 取值于 B 表示随机事件

$$\{\boldsymbol{X} \in B\} = \{\omega \,|\, \boldsymbol{X}(\omega) \in B\}.$$

这与我们在一元随机变量中的做法是完全类似的. 从认识一元随机变量上升到认识多元随机变量, 是概率论学习的一个重要台阶. 迈这个台阶, 很关键的一点就是向量思维. 有了向量观点, 很多概念从一元到多元是一个很自然的推广, 读者要多加体会.

与一元随机变量中的结论类似, 人们一般关心的多元随机变量 $\boldsymbol{X}$ 取值所表达的事件, 均可以通过多元随机变量 $\boldsymbol{X}$ 取值于**基本博雷尔集**所表达的事件经集合运算（有限或可列个交、并运算）来表示. 类比实轴（一维实数空间）上基本博雷尔集的定义 1.12, n 维实数空间的基本博雷尔集如下定义: 对任意 $\boldsymbol{x} \stackrel{\text{def}}{=} (x_1, x_2, \cdots x_n)^{\mathrm{T}} \in \mathbb{R}^n$,

$$\{\boldsymbol{c} \stackrel{\text{def}}{=} (c_1, c_2, \cdots c_n)^{\mathrm{T}} \,|\, c_1 \in (-\infty, x_1], c_2 \in (-\infty, x_2], \cdots, c_n \in (-\infty, x_n]\}$$

称为以 $\boldsymbol{x}$ 为端点的（n 维）基本博雷尔集, 即各维分别小于或等于 $x_1, x_2, \cdots, x_n$ 的 n 维实数向量构成的集合. $n = 2$ 的一个例子见图 3.1. 如果将在 n 维实数空间的大小比较关系, "$x_1 \leqslant c_1, x_2 \leqslant c_2, \cdots, x_n \leqslant c_n$" 简写为 "$\boldsymbol{x} \leqslant \boldsymbol{c}$", 则以 $\boldsymbol{x}$ 为端点的（n 维）基本博雷尔集可简写为

$$\{\boldsymbol{c} \,|\, \boldsymbol{c} \leqslant \boldsymbol{x}, \boldsymbol{c} \in \mathbb{R}^n\} \stackrel{\text{def}}{=} B_{\boldsymbol{x}}.$$

这显然是（一维）基本博雷尔集的自然推广.

定义 3.2（联合分布函数）　考虑 n 元随机变量 $\boldsymbol{X} \stackrel{\text{def}}{=} (X_1, X_2, \cdots, X_n)^{\mathrm{T}}$ 落在以 $\boldsymbol{x} \stackrel{\text{def}}{=} (x_1, x_2, \cdots, x_n)^{\mathrm{T}}$ 为端点的基本博雷尔集的概率, 让 $\boldsymbol{x} \in \mathbb{R}^n$ 变动起来得到一个 n 元函数, 称为 $\boldsymbol{X}$ 的联合（累积）分布函数（joint CDF, JCDF）,

$$F_{X_1 X_2 \cdots X_n}(x_1, x_2, \cdots, x_n) \stackrel{\text{def}}{=} P(X_1 \leqslant x_1, X_2 \leqslant x_2, \cdots, X_n \leqslant x_n), \forall x_1, x_2, \cdots, x_n \in \mathbb{R}$$

$$\text{或简写为} F_{\boldsymbol{X}}(\boldsymbol{x}) \stackrel{\text{def}}{=} P(\boldsymbol{X} \leqslant \boldsymbol{x}),$$

记为 $\boldsymbol{X} \sim F_{\boldsymbol{X}}(\boldsymbol{x})$. 这里用下标表示是 $\boldsymbol{X}$ 的分布函数, 有时可省略下标 $\boldsymbol{X}$, 记为 $F(\boldsymbol{x})$, 指代函数本身, 即为 $\boldsymbol{X}$ 的分布函数.

注 1　随机向量 $\boldsymbol{X}$ 取值于基本博雷尔集 $B_{\boldsymbol{x}}$ 是一个随机事件,

$$\{\boldsymbol{X} \in B_{\boldsymbol{x}}\} = \{\boldsymbol{X} \leqslant \boldsymbol{x}\} = \{X_1 \leqslant x_1, X_2 \leqslant x_2, \cdots, X_n \leqslant x_n\}$$

表示 n 个事件 $\{X_1 \leqslant x_1\}, \{X_2 \leqslant x_2\}, \cdots, \{X_n \leqslant x_n\}$ 同时发生（交）.

注 2 由以上定义可知，与一维情形完全类似，随机向量 $\boldsymbol{X}$ 取值于基本博雷尔集 $B_{\boldsymbol{x}}$ 的概率 $P(\boldsymbol{X} \leqslant \boldsymbol{x})$ 随基本博雷尔集的端点 ($\boldsymbol{x}$) 变动而形成的函数，称为分布函数.

注 3 简单起见，本章举例多为二维随机变量，二维以上的情况可类似进行. 在二维随机变量 (X,Y) 场合，联合分布函数

$$F(x,y) = P(X \leqslant x, Y \leqslant y)$$

表示事件 $\{X \leqslant x\}$ 与 $\{Y \leqslant y\}$ 同时发生（交）的概率. 如果将二维随机变量 (X,Y) 看成是平面上的随机点的坐标，那么联合分布函数 $F(x,y)$ 在 (x,y) 处的函数值就是随机点 (X,Y) 落在以 (x,y) 为端点的无穷直角区域（参见图 3.1）的概率.

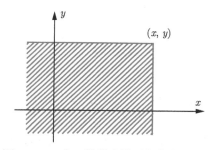

图 3.1 一个二维基本博雷尔集的示意图

定理 3.1 任一二维联合分布函数 $F(x,y)$ 必具有以下 4 点性质：

(1) **单调性** $F(x,y)$ 分别对 x 或 y 是单调非减的，即当 $x_1 < x_2$ 时，有 $F(x_1,y) \leqslant F(x_2,y)$，当 $y_1 < y_2$ 时，有 $F(x,y_1) \leqslant F(x,y_2)$.

(2) **有界性** 对任意的 x 和 y，有 $0 \leqslant F(x,y) \leqslant 1$，且

$$F(-\infty,y) = \lim_{x \to -\infty} F(x,y) = 0,$$

$$F(x,-\infty) = \lim_{y \to -\infty} F(x,y) = 0,$$

$$F(+\infty,+\infty) = \lim_{x,y \to +\infty} F(x,y) = 1.$$

(3) **右连续性** 对每个变量都是右连续的，即

$$F(x+0,y) = F(x,y), \qquad F(x,y+0) = F(x,y).$$

(4) **非负性** 对任意的 $a < b$，$c < d$ 有

$$P(a < X \leqslant b, c < Y \leqslant d)$$

$$= F(b,d) - F(a,d) - F(b,c) + F(a,c) \geqslant 0.$$

证明 (1) 因为当 $x_1 < x_2$ 时，有 $\{X \leqslant x_1\} \subset \{X \leqslant x_2\}$，所以对于任意给定的 y 有

$$\{X \leqslant x_1, Y \leqslant y\} \subset \{X \leqslant x_2, Y \leqslant y\},$$

由此可得

$$F(x_1, y) = P(X \leqslant x_1, Y \leqslant y) \leqslant P(X \leqslant x_2, Y \leqslant y) = F(x_2, y),$$

即 $F(x, y)$ 关于 x 是单调非减的. 同理可证 $F(x, y)$ 关于 y 是单调非减的.

(2) 由概率的性质可知 $0 \leqslant F(x, y) \leqslant 1$. 又因为对任意的正整数 n 有

$$\lim_{n \to \infty} \{X \leqslant -n\} = \bigcap_{n=1}^{\infty} \{X \leqslant -n\} = \varnothing,$$

$$\lim_{n \to \infty} \{X \leqslant n\} = \bigcup_{n=1}^{\infty} \{X \leqslant n\} = \Omega,$$

对 $\{Y \leqslant y\}$ 也类似可得, 再由概率的连续性, 就可得

$$F(-\infty, y) = F(x, -\infty) = 0, F(+\infty, +\infty) = 1.$$

(3) 固定 y, 仿一维分布函数右连续的证明, 就可得知 $F(x, y)$ 关于 x 是右连续的. 同样固定 x, 可证得 $F(x, y)$ 关于 y 是右连续的.

(4) 只需证

$$P(a < X \leqslant b, c < Y \leqslant d) = F(b, d) - F(a, d) - F(b, c) + F(a, c).$$

为此记

$$A = \{X \leqslant a\}, B = \{X \leqslant b\}, C = \{Y \leqslant c\}, D = \{Y \leqslant d\}.$$

考虑到

$$\{a < X \leqslant b\} = B - A = B \cap \overline{A}, \{c < Y \leqslant d\} = D - C = D \cap \overline{C},$$

且 $A \subset B, C \subset D$, 由此可得

$$0 \leqslant P(a < X \leqslant b, c < Y \leqslant d)$$
$$= P(B \cap \overline{A} \cap D \cap \overline{C})$$
$$= P(BD - (A \cup C))$$
$$= P(BD) - P(ABD \cup BCD)$$
$$= P(BD) - P(AD \cup BC)$$
$$= P(BD) - P(AD) - P(BC) + P(ABCD)$$
$$= P(BD) - P(AD) - P(BC) + P(AC)$$
$$= F(b, d) - F(a, d) - F(b, c) + F(a, c). \blacksquare$$

还可证明, 具有上述 4 条性质的二元函数 $F(x, y)$ 一定是某个二维随机变量的分布函数.

任一二维分布函数 $F(x, y)$ 必具有上述 4 条性质, 其中性质 (4) 是二维场合特有的, 也是合理的. 但性质 (4) 不能由前三条性质推出, 必须单独列出, 因为存在这样的二元函数, 满足以上性质 (1)(2)(3), 但它不满足性质 (4).

怎么研究 n 维随机向量呢？在本节我们先介绍离散型随机向量、连续型随机向量，然后在 3.5.4 节讨论混合型随机向量. 有的地方为简单起见，常以二维随机向量为例，读者可类比将二维情形的结论推广到 n 维情形.

3.1.1 离散型多元随机变量

定义 3.3（离散型多元随机变量） 若 n 维随机变量 $\boldsymbol{X} \stackrel{\text{def}}{=} (X_1, X_2, \cdots, X_n)^{\mathrm{T}} \in \mathbb{R}^n$ 的取值为有限或可列个（注意，每个值是一个 n 维实数向量），则称为 n 维/元离散随机变量；可能取值分别记为 $\boldsymbol{x}_1, \boldsymbol{x}_2, \cdots \in \mathbb{R}^n$，称一列数 $P(\boldsymbol{X} = \boldsymbol{x}_k) \stackrel{\text{def}}{=} f_{\boldsymbol{X}}(\boldsymbol{x}_k)$ 为 $\boldsymbol{X}$ 的概率分布列或简称为分布列（PMF），记为 $\boldsymbol{X} \sim f_{\boldsymbol{X}}(\boldsymbol{x}_k)$，也统称为概率分布. 这里用下标表示是 $\boldsymbol{X}$ 的分布函数，有时可省略下标 $\boldsymbol{X}$，记为 $f(\boldsymbol{x}_k)$，指代分布列本身.

注 读者不难发现，离散型多元随机变量及其分布的定义，与前面离散型一元随机变量及其分布的定义完全类似，只是换成向量表达. 为强调是多元情形，$\boldsymbol{X}$ 的概率分布 $f_{\boldsymbol{X}}(\cdot)$ 也叫作 $(X_1, X_2, \cdots, X_n)$ 的联合分布列（Joint PMF，JPMF）.

定理 3.2（联合分布列的基本性质） （1）非负性，$f(\boldsymbol{x}_k) \geqslant 0, k = 1, 2, \cdots$；
（2）正则性，$\sum_k f(\boldsymbol{x}_k) = 1$.

如果二维随机变量 (X, Y) 只取有限个或可列个数对 (x_i, y_j)，则 (X, Y) 为二维离散随机变量，其联合分布列 $f_{XY}(x_i, y_j), i, j = 1, 2, \cdots$，可以用一张二维表格来表示，或者更形象地，用二维平面上的柱状图来表示，参见图 3.2.

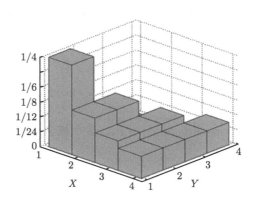

X \ Y	1	2	3	4
1	1/4	0	0	0
2	1/8	1/8	0	0
3	1/12	1/12	1/12	0
4	1/16	1/16	1/16	1/16

(a) 联合分布列 (表格形式)　　　　　　　(b) 联合分布列(柱状图)

图 3.2　一个二维离散随机变量（例 3.3）的联合分布列（JPMF）

例 3.3 从 1,2,3,4 中任取一个数记为 X，再从 $1, 2, \cdots, X$ 中任取一数记为 Y，求 (X, Y) 的联合分布列.

解 不难看出 (X, Y) 构成一个二维随机变量，求出联合分布列如图 3.2 所示，用表格或者柱状图来表示. 我们还画出了 (X, Y) 的联合分布函数，见图 3.3，供读者形象理解.

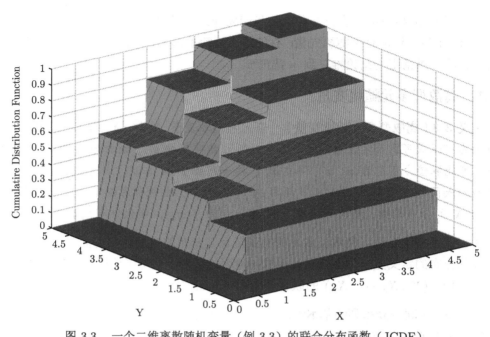

图 3.3　一个二维离散随机变量（例 3.3）的联合分布函数（JCDF）

例 3.4(多项分布)　多项分布是重要的多维离散分布, 它是二项分布的推广, 其定义如下: 进行 n 次独立重复试验, 如果每次试验有 r 个互不相容的结果: $A_1, A_2, \cdots, A_r$ 之一发生, 每次试验中 A_i 发生的概率为 $p_i = P(A_i), i = 1, 2, \cdots, r$, 且 $p_1 + p_2 + \cdots + p_r = 1$. 记 X_i 为 n 次独立重复试验中 A_i 出现的次数, $i = 1, 2, \cdots, r$, 则 $(X_1, X_2, \cdots, X_r)$ 取值 $(n_1, n_2, \cdots, n_r)$ 的概率, 即 A_1 出现 n_1 次, A_2 出现 n_2 次, $\cdots\cdots$, A_r 出现 n_r 次的概率为

$$P(X_1 = n_1, X_2 = n_2, \cdots, X_r = n_r) = \frac{n!}{n_1! n_2! \cdots n_r!} p_1^{n_1} p_2^{n_2} \cdots p_r^{n_r},$$

其中 $n = n_1 + n_2 + \cdots + n_r$. 这个概率是多项式 $(p_1 + p_2 + \cdots + p_r)^n$ 展开式中的一项, 故其和为 1.

这个联合分布列称为 r 项分布, 又称多项分布, 记为 $M(n, p_1, p_2, \cdots, p_r)$. 当 $r = 2$ 时, 即为二项分布.

注意, 一个 r 项分布也可用 $r-1$ 维随机向量的分布来表示. 以三项分布为例, 设 $\boldsymbol{X} = (X_1, X_2)$ 取值于集合 $\mathcal{X} = \{(i, j); i$ 和 j 都是自然数且 $i + j \leqslant n\}$, $\boldsymbol{X}$ 的如下概率分布表示了一个三项分布 $M(n, p_1, p_2, 1 - p_1 - p_2)$

$$P(X_1 = i, X_2 = j) = \frac{n!}{i! j! (n - i - j)!} p_1^i p_2^j (1 - p_1 - p_2)^{n-i-j},$$

其中 $n \geqslant 1, 0 < p_1, p_2 < 1, p_1 + p_2 < 1, (i, j) \in \mathcal{X}$.

例 3.5（三项分布的例子） 今有一大批量粉笔，其中 60% 是白的，25% 是黄的，15% 是红的．先从中随机地、依次取出 6 支．问：这 6 支中恰有 3 支白、1 支黄、2 支红的概率是多少？

解 设 $X=$ "6 支中白粉笔的支数"，$Y=$ "6 支中黄粉笔的支数"，$Z=$ "6 支中红粉笔的支数"，则 (X,Y,Z) 构成一个三维离散随机变量，不难看出其服从三项分布．则事件 "6 支中恰有 3 支白、1 支黄、2 支红" 就是事件 $\{X=3,Y=1,Z=2\}$，即 $\{(X,Y,Z)=(3,1,2)\}$．该事件的概率为

$$P((X,Y,Z)=(3,1,2))=\frac{6!}{3!1!2!}(0.6)^3(0.25)(0.15)^2=0.0729.$$

更详细的推导如下．用 "白白黄白红红" 表示第一支是白的，第二支是白的，第三支是黄的，第四支是白的，第五支是红的，第六支是红的．由于是大批量，我们可以认为各次抽取是独立的且抽取到黄、红、白的概率不变，有

$$P("白白黄白红红")=P(白)P(白)P(黄)P(白)P(红)P(红)=(0.6)^2(0.25)(0.6)(0.15)^2.$$

于是

$$P("6 支中恰有 3 支白、1 支黄、2 支红")=m\cdot(0.6)^3(0.25)(0.15)^2,$$

其中 m 是由三白、一黄、二红组成的六维向量的个数．据排列组合知识得 $m=\dfrac{6!}{3!1!2!}=60$．因此所求得概率为

$$60\cdot(0.6)^3(0.25)(0.15)^2=0.0729. \qquad\blacksquare$$

3.1.2 连续型多元随机向量

定义 3.4（连续型多元随机向量） 如果存在二元非负函数 $f_{XY}(x,y)$，使得二维随机向量 (X,Y) 的分布函数可表示为

$$F_{XY}(x,y)=\int_{-\infty}^{x}\int_{-\infty}^{y}f_{XY}(u,v)\mathrm{d}u\mathrm{d}v,$$

则称 (X,Y) 为二维连续随机向量，称 $f_{XY}(\cdot,\cdot)$ 为 (X,Y) 的联合概率密度函数（joint PDF，JPDF），简称密度函数或分布密度，记为 $(X,Y)\sim f_{XY}(x,y)$，也统称为概率分布．这里用下标表示是 XY 的分布函数，有时可省略下标 XY，记为 $f(x,y)$，指代联合概率密度函数本身．

推广到 n 维随机向量 $\boldsymbol{X}\in\mathbb{R}^n$，若存在 n 元非负函数 $f_{\boldsymbol{X}}(\boldsymbol{x}),\boldsymbol{x}\in\mathbb{R}^n$，使得 $\boldsymbol{X}$ 的分布函数可表示为

$$F_{\boldsymbol{X}}(\boldsymbol{x})=\int_{\boldsymbol{u}\leqslant\boldsymbol{x}}f_{\boldsymbol{X}}(\boldsymbol{u})\mathrm{d}\boldsymbol{u},$$

则称 $\boldsymbol{X}$ 为 n 维/元连续随机向量，记为 $\boldsymbol{X}\sim f_{\boldsymbol{X}}(\boldsymbol{x})$．上式中积分表示在以 $\boldsymbol{x}$ 为端点的基本博雷尔集 $B_{\boldsymbol{x}}$ 上的 n 重积分．

定理 3.3（联合概率密度函数的基本性质） （1）非负性，$f_{XY}(x,y)\geqslant 0$；

（2）正则性，$\displaystyle\int_{-\infty}^{+\infty}\int_{-\infty}^{+\infty}f_{XY}(u,v)\mathrm{d}u\mathrm{d}v=1.$

注 1　不难看出，与一维连续变量类似，对二维连续随机向量 (X,Y)，我们有：

- 其分布函数 $F_{XY}(x,y)$ 是 (x,y) 的连续函数；
- 在 $F(x,y)$ 偏导数存在的点上，$f_{XY}(x,y)=\dfrac{\partial^2}{\partial x \partial y}F_{XY}(x,y)$；
- 连续随机向量在单点上的取值概率等于 0，即 $P(X=x,Y=y)=0, \forall (x,y)\in\mathbb{R}^2$；
- (X,Y) 取值位于 (u,v) 附近一个微元区域的概率 $P(u<X\leqslant u+\mathrm{d}u,v<Y\leqslant v+\mathrm{d}v)\approx f_{XY}(u,v)\mathrm{d}u\mathrm{d}v$.

注 2　对连续型的随机向量 (X,Y)，可以证明对于平面上相当任意①的点集 $B\subset\mathbb{R}^2$ 均成立

$$P((X,Y)\in B)=\iint_{(x,y)\in B}f_{XY}(x,y)\mathrm{d}x\mathrm{d}y. \tag{3.1}$$

更一般地，对 n 维随机向量 $\boldsymbol{X}\in\mathbb{R}^n$ 以及 n 维实数空间中相当任意的点集 $B\subset\mathbb{R}^n$ 均成立

$$P(\boldsymbol{X}\in B)=\int_{\boldsymbol{x}\in B}f_{\boldsymbol{X}}(\boldsymbol{x})\mathrm{d}\boldsymbol{x}. \tag{3.2}$$

式 (3.1)，式 (3.2) 是本章的基本公式之一．它的证明要用到较深的数学知识，超出了本书的范围，证明从略．读者要理解这个公式的意义和用法．

从式 (3.1) 知道，随机向量 (X,Y) 落入平面上任一区域 B 的概率等于联合密度 $f_{XY}(x,y)$ 在 B 上的二重积分．这就把概率的计算化为二重积分的计算．由此可知，事件 $\{(X,Y)\in B\}$ 的概率等于以曲面 $z=f_{XY}(x,y)$ 为顶，以平面区域 B 为底的曲顶柱体的体积．更一般地，从式 (3.1) 知道，n 维随机向量 $\boldsymbol{X}$ 落入 n 维实数空间中任一区域 B 的概率等于概率密度函数 $f_{\boldsymbol{X}}(\boldsymbol{x})$ 在 B 上的 n 重积分．

以二维为例，在具体使用式 (3.1) 时，要注意积分范围是联合密度 $f_{XY}(x,y)$ 的非零区域（支集）与 B 的交集部分，然后设法化成累次积分，最后计算出结果．

例 3.6　设两个灯管的寿命为二元随机向量 (X,Y)，其联合概率密度函数为

$$f(x,y)=\begin{cases}2\mathrm{e}^{-x}\mathrm{e}^{-2y}, & 0<x<+\infty,0<y<+\infty,\\ 0, & \text{其他}.\end{cases}$$

求 $P(X<Y)$.

解　$P(X<Y)=\iint_{x<y}f(x,y)\mathrm{d}x\mathrm{d}y=\int_{0<x<+\infty}\int_{x<y<+\infty}2\mathrm{e}^{-x}\mathrm{e}^{-2y}\mathrm{d}x\mathrm{d}y$

$$=\int_0^{+\infty}\mathrm{e}^{-x}\left(\int_x^{+\infty}2\mathrm{e}^{-2y}\mathrm{d}y\right)\mathrm{d}x=\int_0^{+\infty}\mathrm{e}^{-x}\mathrm{e}^{-2x}\mathrm{d}x=\frac{1}{3}.$$

定义 3.5（二维正态分布）　若二元随机向量 (X,Y) 的联合概率密度函数为

$$f(x,y)=\frac{1}{2\pi\sigma_1\sigma_2\sqrt{1-\rho^2}}.$$

---

① "相当任意" 的集合 B 是指：B 为平面上的博雷尔集.

$$\exp\left\{-\frac{1}{2(1-\rho^2)}\left[\frac{(x-\mu_1)^2}{\sigma_1^2}-2\rho\frac{(x-\mu_1)(y-\mu_2)}{\sigma_1\sigma_2}+\frac{(y-\mu_2)^2}{\sigma_2^2}\right]\right\},\quad(3.3)$$

$-\infty < x, y < +\infty$，则称 (X,Y) 服从**二维正态分布**，称 (X,Y) 为（二维）正态变量，记为 $(X,Y)\sim N(\mu_1,\mu_2,\sigma_1^2,\sigma_2^2,\rho)$，其中 $-\infty < \mu_1, \mu_2 < +\infty, \sigma_1, \sigma_2 > 0, |\rho| < 1$ 为参数. 形如式 (3.3) 的概率分布称为二维正态分布，其概率密度函数和分布函数如图 3.4 所示. 式 (3.3) 所示正态分布的支集为二维平面 $\mathbb{R}^2$. 式 (3.3) 常简写为 $N(x|\mu_1,\mu_2,\sigma_1^2,\sigma_2^2,\rho)$. 同一维情形，正态分布可称为高斯分布，正态变量称为高斯变量.

以后将指出：μ_1, μ_2 分别是 X 与 Y 的均值，σ_1^2, σ_2^2 分别是 X 与 Y 的方差，ρ 是 X 与 Y 的相关系数.

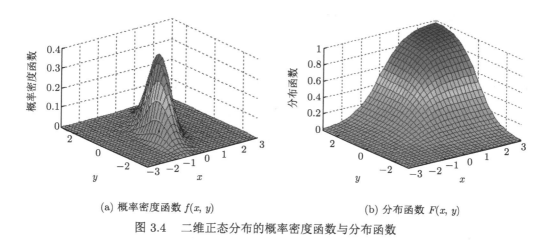

(a) 概率密度函数 $f(x,y)$　　　　　　(b) 分布函数 $F(x,y)$

图 3.4　二维正态分布的概率密度函数与分布函数

定义 3.6（n 维正态分布）　若 n 维随机向量 $(X_1, X_2, \cdots, X_n) \overset{\text{def}}{=\!=} \boldsymbol{X} \in \mathbb{R}^n$ 的联合概率密度函数为

$$f_{\boldsymbol{X}}(\boldsymbol{x}) = \frac{1}{(2\pi)^{\frac{n}{2}}|\boldsymbol{\Sigma}|^{\frac{1}{2}}}\mathrm{e}^{-\frac{1}{2}(\boldsymbol{x}-\boldsymbol{\mu})^{\mathrm{T}}\boldsymbol{\Sigma}^{-1}(\boldsymbol{x}-\boldsymbol{\mu})}, \boldsymbol{x} \in \mathbb{R}^n, \quad (3.4)$$

则称 $\boldsymbol{X}$ 服从 n 维正态分布，称 $\boldsymbol{X}$ 为（n 维）正态变量，记为 $\boldsymbol{X} \sim N(\boldsymbol{\mu}, \boldsymbol{\Sigma})$，其中 $\boldsymbol{\mu} \in \mathbb{R}^n$ 是 n 维实向量，$\boldsymbol{\Sigma}$ 为 $n\times n$ 正定矩阵，是 n 元正态分布的表征参数. 式 (3.4) 所示正态分布的支集为 n 维实数空间 $\mathbb{R}^n$. 式 (3.4) 常简写为 $N(\boldsymbol{x}|\boldsymbol{\mu}, \boldsymbol{\Sigma})$.

以后将指出：$\boldsymbol{\mu}$ 是 $\boldsymbol{X}$ 的均值向量，$\boldsymbol{\Sigma}$ 是 $\boldsymbol{X}$ 的协方差矩阵.

不难看出，二维正态分布（式 (3.3)）是 n 元正态分布（式 (3.4)）在 $n=2$ 的特例. 由二维正态分布的参数 $\mu_1, \mu_2, \sigma_1^2, \sigma_2^2, \rho$ 可定义

$$\boldsymbol{\mu} = \begin{pmatrix} \mu_1 \\ \mu_2 \end{pmatrix}, \boldsymbol{\Sigma} = \begin{pmatrix} \sigma_1^2 & \rho\sigma_1\sigma_2 \\ \rho\sigma_1\sigma_2 & \sigma_2^2 \end{pmatrix}.$$

那么式 (3.4) 变为

$$f_{XY}(x,y) = \cfrac{1}{2\pi \begin{vmatrix} \sigma_1^2 & \rho\sigma_1\sigma_2 \\ \rho\sigma_1\sigma_2 & \sigma_2^2 \end{vmatrix}^{\frac{1}{2}}} \cdot$$

$$\exp\left\{ -\frac{1}{2} \begin{pmatrix} x - \mu_1 \\ y - \mu_2 \end{pmatrix}^{\mathrm{T}} \begin{pmatrix} \sigma_1^2 & \rho\sigma_1\sigma_2 \\ \rho\sigma_1\sigma_2 & \sigma_2^2 \end{pmatrix}^{-1} \begin{pmatrix} x - \mu_1 \\ y - \mu_2 \end{pmatrix} \right\},$$

稍加整理可知，这与二维正态分布（式 (3.3)）代表相同的概率密度函数.

例 3.7（蒲丰投针问题）　平面上画有间隔为 d（$d > 0$）的等距平行线，向平面任意投掷一枚长为 l（$l < d$）的针，求针与任一平行线相交的概率.

解　以 X 表示针的中点与最近一条平行线的距离，以 Θ 表示针与此直线间的交角，见图 3.5（a），易知

$$0 \leqslant X \leqslant \frac{d}{2}, \quad 0 \leqslant \Theta \leqslant \pi.$$

由这两式可以确定 x-θ 平面上的一个矩形 Ω 是随机变量 (X, Θ) 的支集，其面积为 $S_\Omega = \dfrac{d}{2}\pi$. 针与平行线相交（记为事件 A），可以等价表示为

$$X \leqslant \frac{l}{2}\sin\Theta.$$

由这个不等式表示的区域是图 3.5（b）中的阴影部分，记为区域 B.

由于针是向平面任意投掷的，可以认为 (X, Θ) 在矩形区域（支集）内服从二维均匀分布，密度为 $1/(d\pi/2)$，由此得

$$P(A) = P\left(X \leqslant \frac{l}{2}\sin\Theta \right) = \iint_{x \leqslant \frac{l}{2}\sin\theta} f(x,\theta)\mathrm{d}x\mathrm{d}\theta$$

$$= \int_0^\pi \int_0^{\frac{l}{2}\sin\theta} \frac{1}{\frac{d}{2}\pi}\mathrm{d}x\mathrm{d}\theta = \frac{1}{\frac{d}{2}\pi} \int_0^\pi \frac{l}{2}\sin\theta\mathrm{d}\theta = \frac{2l}{d\pi}. \tag{3.5}$$

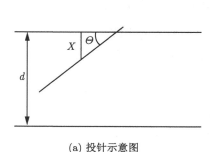

(a) 投针示意图

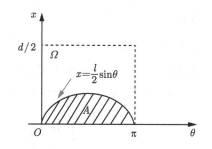

(b) 针与平行线相交时，(X, Θ) 的取值区域

图 3.5　蒲丰投针问题

注 1 不难看出，更一般地，在平面区域 Ω 上均匀分布随机变量 (X, Θ) 取值于区域 B 的概率等于

$$P((X, \Theta) \in B) = \iint_{(x,\theta) \in B} f(x, \theta) \mathrm{d}x \mathrm{d}\theta = \iint_{(x,\theta) \in B} \frac{1}{S_\Omega} \mathrm{d}x \mathrm{d}\theta = \frac{B\text{的面积}}{\Omega\text{的面积}}.$$

这正是几何概率的计算公式.

注 2 如果 l, d 为已知，则以 π 的值代入式 (3.5) 即可计算得 $P(A)$ 之值. 反之，如果已知 $P(A)$ 的值，则也可以利用式 (3.5) 去求 π，而关于 $P(A)$ 的值，可用从试验中获得的频率去近似它：即投针 N 次，其中针与平行线相交 n 次，则频率 n/N 可作为 $P(A)$ 的估计值，于是由

$$\frac{n}{N} \approx P(A) = \frac{2l}{d\pi},$$

可得

$$\pi \approx \frac{2lN}{dn}.$$

法国科学家蒲丰（1707—1788）最早提出此试验，历史上后来有多位学者亲自做过这个试验，表 3.1 记录了他们的试验结果 [3].

表 3.1　历史上的蒲丰投针试验结果

试验者	年份	l/d	投掷次数	相交次数	π 的近似值
Wolf	1850	0.8	5000	2532	3.1596
Fox	1884	0.75	1030	489	3.1595
Lazzerini	1901	0.83	3408	1808	3.1415
Reina	1925	0.54	2520	859	3.1795

这是一个颇为奇妙的方法：只要设计一个随机试验，使一个事件的概率与某个未知数有关，然后通过重复试验，以频率估计概率，即可求得未知数的近似解. 一般来说，试验次数越多，则求得的近似解就越精确. 随着计算机的出现，人们便可以利用计算机来大量重复地模拟所设计的随机试验. 这种方法得到了迅速的发展和广泛的应用. 人们称这种方法为**随机模拟法**，也称为**蒙特卡罗 (Monte Carlo) 法**.

3.2　边缘分布与独立性

相比一元情形，在多元随机变量情形中，涌现出一些新概念，让人们从不同角度更好地认识多元随机变量及其分布，主要包括：

- 每个分量的分布，即边缘分布.
- 分量之间的关系，包括独立性、协方差和相关系数等.
- 给定一个分量时，另一个分量的分布，即条件分布.

本节先讨论边缘分布与独立性.

3.2.1　边缘分布

定义 3.7（边缘分布）　设二元随机变量 $(X, Y) \in \mathbb{R}^2$，则分量 X 是一元随机变量，X 的分布函数相对于 (X, Y) 的联合分布函数来讲，称为 X 的边缘分布函数. 不难证明联合分布函数如下蕴含了边缘分布函数：

$$F_X(x) = F_{XY}(x, +\infty). \tag{3.6}$$

基于对称性，可知 Y 的边缘分布函数为

$$F_Y(y) = F_{XY}(+\infty, y).$$

注 1　下面来证明关系式 (3.6). 在二元随机变量 (X, Y) 的联合分布函数 $F_{XY}(x, y)$ 中令 $y \to +\infty$，则有

$$\begin{aligned}
F_{XY}(x, +\infty) &= \lim_{y \to +\infty} F_{XY}(x, y) = \lim_{n \to \infty} F_{XY}(x, n) \\
&= \lim_{n \to \infty} P(X \leqslant x, Y \leqslant n) \\
&= P\left(\bigcup_{n=1}^{\infty} \{X \leqslant x, Y \leqslant n\}\right) = P(\{X \leqslant x\}) = F_X(x).
\end{aligned}$$

同理，可推出：$F_{XY}(+\infty, y) = F_Y(y)$.

注 2　由定义 3.7 可知，**边缘分布就是分量的分布**. 直观来看，在二元分布函数中，将一个变量的约束放松掉，将得到剩下变量的边缘分布函数.

我们知道，（累积）分布函数全面地描述了随机变量取值的统计规律. 在实际分析中，为方便起见，对离散型随机变量、连续型随机变量，我们相应地更多采用分布列、概率密度函数来描述分布. 下面针对联合变量是离散型还是连续型，分别讨论.

1. 边缘分布列

对二元离散随机变量 (X, Y)，则 X, Y 分别为一元离散随机变量. 设联合分布列为 $f_{XY}(x_i, y_j)$，对 j 求和可知：

$$\sum_j f_{XY}(x_i, y_j) = P\left(\bigcup_j \{X = x_i, Y = y_j\}\right) = P(X = x_i) = f_X(x_i), i = 1, 2, \cdots$$

即得到 X 的分布列，称为 X 的边缘分布列. 因此，联合分布列如下蕴含了边缘分布列：

$$f_X(x_i) = \sum_j f_{XY}(x_i, y_j), i = 1, 2, \cdots. \tag{3.7}$$

同理，可知

$$f_Y(y_j) = \sum_i f_{XY}(x_i, y_j), j = 1, 2, \cdots.$$

2. 边缘概率密度函数

对二元连续随机变量 (X, Y)，则 X, Y 分别为一元连续随机变量. 设联合概率密度函数为 $f_{XY}(x, y)$，由式 (3.6) 可知，

$$\int_{-\infty}^{x} f_X(u) \mathrm{d}u = \int_{-\infty}^{x} \int_{-\infty}^{+\infty} f_{XY}(u, y) \mathrm{d}u \mathrm{d}y.$$

上式两边对 x 求导可得

$$f_X(x) = \int_{-\infty}^{+\infty} f_{XY}(x, y) \mathrm{d}y. \tag{3.8}$$

由此可知，联合概率密度函数 $f_{XY}(x, y)$ 蕴含了 X 的边缘概率密度函数 $f_X(x)$，称为 X 的边缘概率密度函数. 同理可知

$$f_Y(y) = \int_{-\infty}^{+\infty} f_{XY}(x, y) \mathrm{d}x.$$

观察离散情形下联合分布列与边缘分布列的关系式 (3.7)、连续情形下联合概率密度函数与边缘概率密度函数的关系式 (3.8)，不难看出两者的一个共通之处就是，**求边缘概率分布**[①]**就是进行变量消除**，离散情形下是求和消除变量，连续情形下是求积分消除变量. 欲求 X 的边缘概率分布 $f_X(x)$，就对 (X, Y) 的联合概率分布 $f_{XY}(x, y)$ 求和或求积分消除掉 y 即得 $f_X(x)$. 从联合分布出发，求分量的分布的过程称为**边缘化**（marginalization）.

3. n 维随机变量情形下边缘分布的一般讨论

以上有关边缘分布的讨论是对二元随机变量 (X, Y) 展开的. 对于 n 维随机变量情形下边缘分布，我们有类似结论.

为方便起见，引入一个重要的符号记法，即用下标集标识变量集. 将 n 元随机向量 $(X_1, X_2, \cdots, X_n)^{\mathrm{T}}$ 记为 $\boldsymbol{X}_{1:n}$，这里下标集 $1:n$ 是 $\{1, 2, \cdots, n\}$ 的简写. 当不强调下标集时，$\boldsymbol{X}_{1:n}$ 亦可简写为 $\boldsymbol{X}$. 设 $A \subset \{1, 2, \cdots, n\}$，比如 $n = 5, A = \{1, 3\}$，则 $\boldsymbol{X}_A \stackrel{\text{def}}{=} (X_1, X_3)^{\mathrm{T}}, \boldsymbol{X}_{\bar{A}} \stackrel{\text{def}}{=} (X_2, X_4', X_5)^{\mathrm{T}}$. 对于变量取值也做类似记法，例如 $(x_1, x_2, \cdots, x_n)^{\mathrm{T}}$ 记为 $\boldsymbol{x}_{1:n}$；在 $n = 5, A = \{1, 3\}$ 时，$\boldsymbol{x}_A \stackrel{\text{def}}{=} (x_1, x_3)^{\mathrm{T}}, \boldsymbol{x}_{\bar{A}} \stackrel{\text{def}}{=} (x_2, x_4, x_5)^{\mathrm{T}}$.

除了如上利用下标集去表示向量的子向量，还可以**利用下标集去表示矩阵的子矩阵**. 考虑 $n \times n$ 矩阵 $\boldsymbol{\Sigma} \in \mathbb{R}^{n \times n}$，设 $A, B \subset \{1, 2, \cdots, n\}$，则 $\boldsymbol{\Sigma}_{A, B}$ 表示由 A 标识的行和 B 标识的列交叉组成的子矩阵. 例如 $n = 5, A = \{1, 3\}, B = \{2\}$，则

$$\boldsymbol{\Sigma} = \begin{pmatrix} \boldsymbol{\Sigma}_{11} & \boldsymbol{\Sigma}_{12} & \cdots & \boldsymbol{\Sigma}_{15} \\ \vdots & \vdots & & \vdots \\ \boldsymbol{\Sigma}_{51} & \boldsymbol{\Sigma}_{52} & \cdots & \boldsymbol{\Sigma}_{55} \end{pmatrix}, \boldsymbol{\Sigma}_{AB} \stackrel{\text{def}}{=} \begin{pmatrix} \boldsymbol{\Sigma}_{12} \\ \boldsymbol{\Sigma}_{32} \end{pmatrix}, \boldsymbol{\Sigma}_{AA} \stackrel{\text{def}}{=} \begin{pmatrix} \boldsymbol{\Sigma}_{11} & \boldsymbol{\Sigma}_{13} \\ \boldsymbol{\Sigma}_{31} & \boldsymbol{\Sigma}_{33} \end{pmatrix}$$

在这样的记法下，$n \times n$ 矩阵 $\boldsymbol{\Sigma}$ 也可表示为 $\boldsymbol{\Sigma}_{1:n,1:n}$，但还是常简记为 $\boldsymbol{\Sigma}$；$\boldsymbol{\Sigma}_{AA}$ 常简记为 $\boldsymbol{\Sigma}_A$.

---

① 分布列和概率密度函数统称为概率分布.

回忆一下，n 元随机向量 $\boldsymbol{X}_{1:n} = (X_1, X_2, \cdots, X_n)^{\mathrm{T}}$ 的联合概率密度函数，记为 $f_{\boldsymbol{X}_{1:n}}(\boldsymbol{x}_{1:n})$. 则 $\boldsymbol{X}_{1:n}$ 的任何一个子向量 $\boldsymbol{X}_A, A \subset \{1, 2, \cdots, n\}$ 是一个低维随机变量，其概率分布 $f_{\boldsymbol{X}_A}(\boldsymbol{x}_A)$ 称为边缘分布. 不难看出（证明从略），边缘分布与联合分布的关系如下（碰到分量为连续型时，把求和换成积分）：

$$f_{\boldsymbol{X}_A}(\boldsymbol{x}_A) = \sum_{\boldsymbol{x}_{\bar{A}}} f_{\boldsymbol{X}_{1:n}}(\boldsymbol{x}_{1:n}).$$

注 前面我们说，边缘分布是分量的分布. 值得注意的是，分量不一定是一维的，可以是高维向量的子向量. 例如，设 $\boldsymbol{X}_{1:5} = (X_1, X_2, \cdots, X_5)^{\mathrm{T}} \in \mathbb{R}^5, A = \{1, 3\}$，则 $\boldsymbol{X}_A = (X_1, X_3)^{\mathrm{T}}$ 是二元随机变量，$\boldsymbol{X}_{\bar{A}} = (X_2, X_4, X_5)^{\mathrm{T}}$ 是三元随机变量.

例 3.8 多项分布的一维边缘分布为二项分布.

下面先证三项分布的边缘分布为二项分布. 设二维随机变量 (X, Y) 服从三项分布 $M(n, p_1, p_2, p_3)$，其联合分布列为

$$P(x = i, Y = j) = \frac{n!}{i!j!(n-i-j)!} p_1^i p_2^j (1-p_1-p_2)^{n-i-j}, i, j = 1, 2, \cdots, i+j \leqslant n.$$

对上式分别乘以和除以 $(1-p_1)^{n-i}/(n-i)!$，再对 j 从 0 到 $n-i$ 求和，并记 $p_2' = p_2/(1-p_1)$，则可得

$$\sum_{j=0}^{n-i} P(X=i, Y=j) = \frac{n!}{i!(n-i)!} p_1^i (1-p_1)^{n-i} \sum_{j=0}^{n-i} \mathrm{C}_{n-i}^j \left(\frac{p_2}{1-p_1}\right)^j \left(1 - \frac{p_2}{1-p_1}\right)^{n-i-j}$$

$$= \frac{n!}{i!(n-i)!} p_1^i (1-p_1)^{n-i} [p_2' + (1-p_2')]^{n-i}$$

$$= \frac{n!}{i!(n-i)!} p_1^i (1-p_1)^{n-i}.$$

所以 $X \sim B(n, p_1)$. 同理可证 $Y \sim B(n, p_2)$.

用类似的方法可以证明：若多维随机变量 $(X_1, X_2, \cdots, X_r) \sim M(n, p_1, p_2, \cdots, p_r)$，则 $X_i \sim B(n, p_i), i = 1, 2, \cdots, r$.

例 3.9 二维正态分布的边缘分布为一维正态分布.

设二维随机变量 $(X, Y) \sim N(\mu_1, \mu_2, \sigma_1^2, \sigma_2^2, \rho)$，先把二维正态分布的概率密度函数 $f(x, y)$ 的指数部分

$$-\frac{1}{2(1-\rho^2)} \left[\frac{(x-\mu_1)^2}{\sigma_1^2} - 2\rho \frac{(x-\mu_1)(y-\mu_2)}{\sigma_1\sigma_2} + \frac{(y-\mu_2)^2}{\sigma_2^2} \right]$$

改写成

$$-\frac{1}{2} \left[\rho \frac{x-\mu_1}{\sigma_1\sqrt{1-\rho^2}} - \frac{y-\mu_2}{\sigma_2\sqrt{1-\rho^2}} \right]^2 - \frac{(x-\mu_1)^2}{2\sigma_1^2},$$

再对积分

$$\int_{-\infty}^{+\infty} \exp\left\{-\frac{1}{2}\left[\rho\frac{x-\mu_1}{\sigma_1\sqrt{1-\rho^2}} - \frac{y-\mu_2}{\sigma_2\sqrt{1-\rho^2}}\right]^2\right\}\mathrm{d}y$$

作变换（注意把 x 看作常量）

$$t = \rho\frac{x-\mu_1}{\sigma_1\sqrt{1-\rho^2}} - \frac{y-\mu_2}{\sigma_2\sqrt{1-\rho^2}},$$

则

$$f_X(x) = \int_{-\infty}^{+\infty} f(x,y)\mathrm{d}y$$

$$= \frac{1}{2\pi\sigma_1\sigma_2\sqrt{1-\rho^2}}\exp\left(-\frac{(x-\mu_1)^2}{2\sigma_1^2}\right)\sigma_2\sqrt{1-\rho^2}\int_{-\infty}^{+\infty}\exp\left(-\frac{t^2}{2}\right)\mathrm{d}t.$$

注意到上式中的积分恰好等于 $\sqrt{2\pi}$，所以有

$$f_X(x) = \frac{1}{\sqrt{2\pi}\sigma_1}\exp\left(-\frac{(x-\mu_1)^2}{2\sigma_1^2}\right).$$

这正是一维正态分布 $N(\mu_1,\sigma_1^2)$ 的概率密度函数，即 $X \sim N(\mu_1,\sigma_1^2)$. 同理可证 $Y \sim N(\mu_2,\sigma_2^2)$.

由此可见：

- 二维正态分布的边缘分布中不含参数 ρ.
- 二维正态分布 $N(\mu_1,\mu_2,\sigma_1^2,\sigma_2^2,\rho=0.1)$ 与 $N(\mu_1,\mu_2,\sigma_1^2,\sigma_2^2,\rho=0.2)$ 的边缘分布是相同的.
- 不同的联合分布可能有相同的边缘分布；具有相同边缘分布的联合分布可以是不同的；一般情形下由全部的边缘分布不能确定联合分布.
- **在满足独立性的特殊条件下，可以由边缘分布确定联合分布.**

3.2.2 随机变量间的独立性

在多维随机变量中，各分量的取值有时会相互影响，有时相互毫无影响. 各分量间关系的一个极端就是取值互不影响，称它们是相互独立的.

例 3.10 从某校随机抽取一个同学，身高记为 X_1，体重记为 X_2，英语成绩记为 X_3. 身高 X_1 和体重 X_2 会相互影响，但是无论是身高还是体重，对英语成绩 X_3 一般无影响.

设 n 维随机变量 $(X_1,X_2,\cdots,X_n)\in\mathbb{R}^n$，联合分布函数为 $F_{X_1,X_2,\cdots,X_n}(x_1,x_2,\cdots,x_n)$，概率分布为 $f_{X_1,X_2,\cdots,X_n}(x_1,x_2,\cdots,x_n)$，$X_i$ 边缘概率分布为 $f_{X_i}(x_i),i=1,2,\cdots,n$. $X_1,X_2,\cdots,X_n$ 相互独立的几个等价定义如下.

定义 3.8 若对于相当任意实数集[①]$A_1,A_2,\cdots,A_n$，均有

① "相当任意集合" 指博雷尔集.

$$P(X_1 \in A_1, X_2 \in A_2, \cdots, X_n \in A_n) = \prod_{i=1}^{n} P(X_i \in A_i), \tag{3.9}$$

则称 $X_1, X_2, \cdots, X_n$ 相互独立.

定义 3.9 若联合分布函数可以表示为边缘分布函数的连乘积, 即

$$F_{X_1, X_2, \cdots, X_n}(x_1, x_2, \cdots, x_n) = \prod_{i=1}^{n} F_{X_i}(x_i), \tag{3.10}$$

则称 $X_1, X_2, \cdots, X_n$ 相互独立.

定义 3.10 若联合概率分布（分布列或概率密度函数）可以表示为边缘概率分布的连乘积, 即

$$f_{X_1, X_2, \cdots, X_n}(x_1, x_2, \cdots, x_n) = \prod_{i=1}^{n} f_{X_i}(x_i), \tag{3.11}$$

则称 $X_1, X_2, \cdots, X_n$ 相互独立.

注 1 下面证明式 (3.9)、式 (3.10)、式 (3.11) 的等价性.

首先, 式 (3.9)⇒ 式 (3.10) 显然. 对任意 $(x_1, x_2, \cdots, x_n) \in \mathbb{R}^n$, 取 $A_i = (-\infty, x_i], i = 1, 2, \cdots, n$, 由式 (3.9) 即可推出式 (3.10).

其次, 在式 (3.10) 两边分别对 $x_1, x_2, \cdots, x_n$ 求导, 即可得到式 (3.11).

最后, 若式 (3.11) 成立, 对于相当任意实数集 $A_1, A_2, \cdots, A_n$, 两边分别对 $x_1, x_2, \cdots, x_n$ 求如下积分:

$$\int_{x_1 \in A_1, x_2 \in A_2, \cdots, x_n \in A_n} f_{X_1, X_2, \cdots, X_n}(x_1, x_2, \cdots, x_n) \mathrm{d}x_1 \mathrm{d}x_2 \cdots \mathrm{d}x_n$$

$$= \int_{x_1 \in A_1, x_2 \in A_2, \cdots, x_n \in A_n} \prod_{i=1}^{n} f_{X_i}(x_i) \mathrm{d}x_1 \mathrm{d}x_2 \cdots \mathrm{d}x_n$$

$$= \int_{x_1 \in A_1} f_{X_1}(x_1) \mathrm{d}x_1 \int_{x_2 \in A_2} f_{X_2}(x_2) \mathrm{d}x_2 \cdots \int_{x_n \in A_n} f_{X_n}(x_n) \mathrm{d}x_n$$

即得到式 (3.9). 综上可知, 式 (3.9)、式 (3.10)、式 (3.11) 三者相互等价.

注 2 独立性表示的是联合分布和边缘分布之间的一种特殊极端关系. 从公式上看是说, 联合分布可以分解为边缘分布的连乘积. 因此我们常说, **变量独立性对应着联合分布的分解性**.

注 3 不难看出, 若 $X_1, X_2, \cdots, X_n$ 相互独立, 则其一部分 $X_{i_1}, X_{i_2}, \cdots, X_{i_k}(1 \leqslant i_1 < i_2 < \cdots < i_k \leqslant n, k \geqslant 2)$ 也相互独立.

注 4 分量不一定是一维的, 可以是高维向量的子向量. 对于例 3.10, 可以认为 (X_1, X_2)（身高、体重）与 X_3（英语成绩）是相互独立的, 这时联合分布可分解为

$$f_{X_1, X_2, X_3}(x_1, x_2, x_3) = f_{X_1, X_2}(x_1, x_2) f_{X_3}(x_3)$$

定理 3.4 若 $X_1, X_2, \cdots, X_n$ 相互独立, 对于相当任意 n 个实值函数[①]$g_i(\cdot) : \mathbb{R} \to \mathbb{R}, i = 1, 2, \cdots, n$, 则 $Y_1 = g_1(X_1), Y_2 = g_2(X_2), \cdots, Y_n = g_n(X_n)$ 相互独立.

证明 考虑相当任意实数集 $A_1, A_2, \cdots, A_n$, 我们有

$$P(Y_1 \in A_1, Y_2 \in A_2, \cdots, Y_n \in A_n)$$

$$= P(g_1(X_1) \in A_1, g_2(X_2) \in A_2, \cdots, g_n(X_n) \in A_n)$$

$$= P(X_1 \in \{x_1 | g_1(x_1) \in A_1\}, X_2 \in \{x_2 | g_2(x_2) \in A_2\}, \cdots, X_n \in \{x_n | g_n(x_n) \in A_n\})$$

$$= \prod_{i=1}^{n} P(X_i \in \{x_i | g_i(x_i) \in A_i\}) (\text{因 } X_1, X_2, \cdots, X_n \text{ 相互独立})$$

$$= \prod_{i=1}^{n} P(Y_i \in A_i).$$

故 $Y_1, Y_2, \cdots, Y_n$ 相互独立. ■

定理 3.5 设二元正态分布 $(X, Y) \sim (\mu_1, \mu_2, \sigma_1^2, \sigma_2^2, \rho)$, 若 $\rho = 0$, 则 X, Y 相互独立; 反之, 若 X, Y 相互独立, 则 $\rho = 0$.

证明 首先注意到二元正态分布下, 边缘密度的连乘积为

$$f_X(x) f_Y(y) = \frac{1}{\sqrt{2\pi\sigma_1^2}} e^{-\frac{(x-\mu_1)^2}{2\sigma_1^2}} \frac{1}{\sqrt{2\pi\sigma_2^2}} e^{-\frac{(x-\mu_2)^2}{2\sigma_2^2}}. \tag{3.12}$$

若 $\rho = 0$, 则在二元正态分布的概率密度函数 (3.3) 中令 $\rho = 0$, 得到联合概率密度函数为

$$f_{XY}(x, y) = \frac{1}{2\pi\sigma_1\sigma_2} \exp\left[-\frac{1}{2}\left(\frac{(x-\mu_1)^2}{\sigma_1^2} + \frac{(y-\mu_2)^2}{\sigma_2^2}\right)\right]. \tag{3.13}$$

比较式 (3.12) 与式 (3.13), 显然此时成立 $f_{XY}(x, y) = f_X(x) f_Y(y)$, 故 X, Y 相互独立.

若 X, Y 相互独立, 则 $f_{XY}(x, y) = f_X(x) f_Y(y)$, 比较式 (3.3) 与式 (3.12), 由两者相等, 不难推出 $\rho = 0$. ■

3.3 随机向量的函数的分布

在 2.4 节, 我们介绍了一元随机变量的函数. 一个函数也可形象地理解为是一种变换. 在实际中, 我们经常需要考虑一些随机变量的变换, 得到另外一些随机变量. 2.4 节介绍的是一维变量到一维变量的变换. 本节关心的是多维变量到多维变量的变换.

设 $\boldsymbol{X} = (X_1, X_2, \cdots, X_n)^{\mathrm{T}}$ 为 n 维随机变量, 考虑一个普通函数 $\boldsymbol{g}(\cdot) : \mathbb{R}^n \to \mathbb{R}^m$:

$$\boldsymbol{g}(\cdot) : \boldsymbol{x} \to \boldsymbol{y} = \boldsymbol{g}(\boldsymbol{x}).$$

---

① "相当任意函数" 指可测函数.

从数学上看，n 维随机向量的函数 $g(X) = g(X(\omega))$ 乃是复合函数，是一个 m 维随机向量[①]，记为 $Y = g(X)$，当 X 取值 x 时，它取值 $y = g(x)$.

本节要讨论的核心问题是，如何求出 Y 的概率分布？求变换后的随机变量的分布，基本来讲有两种方法：直接法（最根本）和变换变量法（可视为直接法在存在反函数情形下的应用）.

直接法的第一步仍然是先确定变换后变量的支集；第二步，在离散情形下直接求分布列，在连续情形下求分布函数，进而可求概率密度函数. 我们先来看离散随机变量的一个例子.

3.3.1   离散情形

例 3.11（泊松分布的可加性）   设随机变量 $X \sim Po(\lambda_1)$，$Y \sim Po(\lambda_2)$，且 X 与 Y 独立，证明 $Z = X + Y \sim Po(\lambda_1 + \lambda_2)$.

证明   首先，确定 $Z = X + Y$ 的支集 $\mathcal{Z}$，易知 Z 可取 $0, 1, 2, \cdots$ 所有非负整数. 而事件 $\{Z = k\}$ 是如下诸互不相容事件

$$\{X = i, Y = k - i\}, i = 0, 1, 2, \cdots, k$$

的并，再考虑到独立性，则对任意非负整数 k，有

$$P(Z = k) = \sum_{i=0}^{k} P(X = i) P(Y = k - i). \tag{3.14}$$

把 X, Y 的分布列视为离散时间信号，则式 (3.14) 右边正好表示了这两个信号的卷积运算 [7]. 这个等式被称为离散场合下的**卷积公式**. 利用此公式可得

$$
\begin{aligned}
P(Z = k) &= \sum_{i=0}^{k} \left(\frac{\lambda_1^i}{i!} e^{-\lambda_1} \right) \left(\frac{\lambda_2^{k-i}}{(k-i)!} e^{-\lambda_2} \right) \\
&= \frac{(\lambda_1 + \lambda_2)^k}{k!} e^{-(\lambda_1 + \lambda_2)} \sum_{i=0}^{k} \frac{k!}{i!(k-i)!} \left(\frac{\lambda_1}{\lambda_1 + \lambda_2} \right)^i \left(\frac{\lambda_2}{\lambda_1 + \lambda_2} \right)^{k-i} \\
&= \frac{(\lambda_1 + \lambda_2)^k}{k!} e^{-(\lambda_1 + \lambda_2)} \left(\frac{\lambda_1}{\lambda_1 + \lambda_2} + \frac{\lambda_2}{\lambda_1 + \lambda_2} \right)^k \\
&= \frac{(\lambda_1 + \lambda_2)^k}{k!} e^{-(\lambda_1 + \lambda_2)}, k = 0, 1, 2, \cdots.
\end{aligned}
$$

这表明 $X + Y \sim Po(\lambda_1 + \lambda_2)$，结论得证. 注意 $X - Y$ 不服从泊松分布.   ∎

泊松分布的这个性质可以叙述为：泊松分布的卷积仍是泊松分布，并记为

$$Po(\lambda_1) * Po(\lambda_2) = Po(\lambda_1 + \lambda_2). \tag{3.15}$$

---

① 当然，为了 Y 是数学上严格定义的随机变量，必须对函数 $g(x)$ 有所假定才能保证 $\forall y \in \mathbb{R}^m$，$\{Y \leqslant y\}$ 是有概率的事件.

卷积正好表示了求两个独立随机变量和的分布的运算. 显然这个性质可以推广到有限个独立泊松变量之和的分布上去, 即

$$Po(\lambda_1) * Po(\lambda_2) * \cdots * Po(\lambda_n) = Po(\lambda_1 + \lambda_2 + \cdots + \lambda_n). \tag{3.16}$$

特别地, 当 $\lambda_1 = \lambda_2 = \cdots = \lambda_n = \lambda$ 时, 有

$$Po(\lambda) * Po(\lambda) * \cdots * Po(\lambda) = Po(n\lambda). \tag{3.17}$$

这些结论在理论上和应用上都是重要的.

以后我们称性质 "同一类分布的独立随机变量和的分布仍属于此类分布" 为此类分布具有**可加性**. 上例说明泊松分布具有可加性.

3.3.2 连续情形

例 3.12(连续变量和的分布) 设二元连续随机变量 (X, Y) 有联合概率密度函数 $f_{XY}(x, y)$, 求 $Z = X + Y$ 的概率密度函数 $f_Z(z)$.

解 求 Z 的分布函数

$$
\begin{aligned}
F_Z(z) &= P(Z \leqslant z), \forall z \in \mathbb{R} \\
&= P(X + Y \leqslant z) \\
&= \iint_{x+y \leqslant z} f_{XY}(x, y) \mathrm{d}x \mathrm{d}y \\
&= \int_{-\infty}^{+\infty} \left[\int_{-\infty}^{z-x} f_{XY}(x, y) \mathrm{d}y \right] \mathrm{d}x.
\end{aligned}
$$

进一步可求出 Z 的概率密度函数为

$$f_Z(z) = \frac{\mathrm{d}}{\mathrm{d}z} F_Z(z) = \int_{-\infty}^{+\infty} f_{XY}(x, z-x) \mathrm{d}x. \tag{3.18}$$

■

注 若 X, Y 独立, 则式 (3.18) 变为

$$f_Z(z) = \int_{-\infty}^{+\infty} f_X(x) f_Y(z-x) \mathrm{d}x. \tag{3.19}$$

把 X, Y 的概率密度函数视为连续时间信号, 则式 (3.19) 右边正好表示了这两个信号的卷积运算 [7]. 式 (3.19) 表明, 两个独立随机变量和的概率密度函数是各变量概率密度函数的卷积.

例 3.13(正态分布的可加性) 设随机变量 $X \sim N(\mu_1, \sigma_1^2)$, $Y \sim N(\mu_2, \sigma_2^2)$, 且 X 与 Y 独立, 证明 $Z = X + Y \sim N(\mu_1 + \mu_2, \sigma_1^2 + \sigma_2^2)$.

证明 首先确定 $Z = X + Y$ 仍在 $(-\infty, +\infty)$ 上取值, 利用卷积公式 (3.19) 可得

$$f_Z(z) = \frac{1}{2\pi\sigma_1\sigma_2} \int_{-\infty}^{+\infty} \exp\left[-\frac{1}{2}\left(\frac{(z-y-\mu_1)^2}{\sigma_1^2} + \frac{(y-\mu_2)^2}{\sigma_2^2} \right) \right] \mathrm{d}y.$$

对上式被积函数中的指数部分按 y 的幂次展开, 再合并同类项, 不难得到

$$\frac{(z-y-\mu_1)^2}{\sigma_1^2} + \frac{(y-\mu_2)^2}{\sigma_2^2} = A\left(y - \frac{B}{A}\right)^2 + \frac{(z-\mu_1-\mu_2)^2}{\sigma_1^2+\sigma_2^2},$$

其中

$$A = \frac{1}{\sigma_1^2} + \frac{1}{\sigma_2^2}, \quad B = \frac{z-\mu_1}{\sigma_1^2} + \frac{\mu_2}{\sigma_2^2}.$$

代回原式, 可得

$$f_Z(z) = \frac{1}{2\pi\sigma_1\sigma_2} \exp\left[-\frac{1}{2}\frac{(z-\mu_1-\mu_2)^2}{\sigma_1^2+\sigma_2^2}\right] \int_{-\infty}^{+\infty} \exp\left[-\frac{A}{2}\left(y-\frac{B}{A}\right)^2\right] \mathrm{d}y.$$

利用正态分布概率密度函数的正则性, 上式中的积分应为 $\sqrt{2\pi}/\sqrt{A}$, 于是

$$f_Z(z) = \frac{1}{\sqrt{2\pi(\sigma_1^2+\sigma_2^2)}} \exp\left(-\frac{1}{2}\frac{(z-\mu_1-\mu_2)^2}{\sigma_1^2+\sigma_2^2}\right).$$

这正是均值为 $\mu_1+\mu_2$, 方差为 $\sigma_1^2+\sigma_2^2$ 的正态分布的概率密度函数. ■

上述结论表明: 两个独立的正态变量之和仍为正态变量, 其分布中的两个参数分别对应相加. 从卷积公式 (3.19) 可得, 正态分布的卷积仍是正态分布, 可记为

$$N(\mu_1,\sigma_1^2) * N(\mu_2,\sigma_2^2) = N(\mu_1+\mu_2, \sigma_1^2+\sigma_2^2). \tag{3.20}$$

显然, 这个结论可以推广到有限个独立正态变量之和的场合.

另外我们知道, 若随机变量 $X \sim N(\mu,\sigma^2)$, 则对任意非零实数 a 有 $aX \sim N(a\mu, a^2\sigma^2)$. 由此我们可得另一个重要结论: 任意 n 个相互独立的正态变量的线性组合仍是正态变量, 即

$$a_1X_1 + a_2X_2 + \cdots + a_nX_n \sim N(\mu_0,\sigma_0^2)$$

若记 $X_i \sim N(\mu_i,\sigma_i^2), i = 1,2,\cdots,n$, 则参数 μ_0 与 σ_0^2 分别为

$$\mu_0 = \sum_{i=1}^n a_i\mu_i, \quad \sigma_0^2 = \sum_{i=1}^n a_i^2\sigma_i^2.$$

例如, 已知 $X \sim N(-3,1)$, $Y \sim N(2,1)$, 且 X 与 Y 独立, 则

$$Z = X - 2Y + 7 \sim N(0,5).$$

例 3.14 设 (X,Y) 服从二维正态分布, 其概率密度函数 $f(x,y)$ 为

$$f(x,y) = \frac{1}{2\pi\sigma_1\sigma_2\sqrt{1-\rho^2}} \cdot$$

$$\exp\left\{-\frac{1}{2(1-\rho^2)}\left[\left(\frac{x-\mu_1}{\sigma_1}\right)^2 - 2\rho\frac{(x-\mu_1)(y-\mu_2)}{\sigma_1\sigma_2} + \left(\frac{y-\mu_2}{\sigma_2}\right)^2\right]\right\},$$

试求出 $Z = X + Y$ 的概率密度函数.

解 由式 (3.18) 可知 Z 的概率密度函数为

$$f_Z(z) = \int_{-\infty}^{+\infty} f(x, z-x)\mathrm{d}x,$$

其中

$$f(x, z-x) = \frac{1}{2\pi\sigma_1\sigma_2\sqrt{1-\rho^2}} \exp\left\{-\frac{1}{2(1-\rho^2)}\left[\left(\frac{x-\mu_1}{\sigma_1}\right)^2 - \right.\right.$$

$$\left.\left. 2\rho\frac{(x-\mu_1)(z-x-\mu_2)}{\sigma_1\sigma_2} + \left(\frac{z-x-\mu_2}{\sigma_2}\right)^2\right]\right\}.$$

令 $\dfrac{x-\mu_1}{\sigma_1} = u$, 则

$$\left(\frac{x-\mu_1}{\sigma_1}\right)^2 - 2\rho\frac{(x-\mu_1)(z-x-\mu_2)}{\sigma_1\sigma_2} + \left(\frac{z-x-\mu_2}{\sigma_2}\right)^2$$

$$= u^2 - 2\rho u\frac{z-\sigma_1 u - \mu_1 - \mu_2}{\sigma_2} + \left(\frac{z-\sigma_1 u - \mu_1 - \mu_2}{\sigma_2}\right)^2$$

$$= \left(1 + 2\rho\frac{\sigma_1}{\sigma_2} + \left(\frac{\sigma_1}{\sigma_2}\right)^2\right)u^2 - 2u\left(\frac{z-\mu_1-\mu_2}{\sigma_2}\right)\left(\rho + \frac{\sigma_1}{\sigma_2}\right) + \left(\frac{z-\mu_1-\mu_2}{\sigma_2}\right)^2$$

$$= Au^2 - 2Bu + C^2,$$

其中

$$A = 1 + 2\rho\frac{\sigma_1}{\sigma_2} + \left(\frac{\sigma_1}{\sigma_2}\right)^2, \ B = \left(\rho + \frac{\sigma_1}{\sigma_2}\right)C, \ C = \frac{z-\mu_1-\mu_2}{\sigma_2}.$$

于是

$$f_Z(z) = \frac{\sigma_1}{2\pi\sigma_1\sigma_2\sqrt{1-\rho^2}} \int_{-\infty}^{+\infty} \exp\left\{-\frac{1}{2(1-\rho^2)}(Au^2 - 2Bu + C^2)\right\}\mathrm{d}u$$

$$= \frac{1}{2\pi\sigma_2\sqrt{1-\rho^2}} \int_{-\infty}^{+\infty} \exp\left\{-\frac{A}{2(1-\rho^2)}\left(u - \frac{B}{A}\right)^2 + \frac{1}{2(1-\rho^2)}\left(\frac{B^2}{A} - C^2\right)\right\}\mathrm{d}u$$

$$= \frac{1}{2\pi\sigma_2\sqrt{1-\rho^2}}\mathrm{e}^{\frac{1}{2(1-\rho^2)}\left(\frac{B^2}{A}-C^2\right)} \int_{-\infty}^{+\infty} \mathrm{e}^{-\frac{A}{2(1-\rho^2)}u^2}\mathrm{d}u$$

$$= \frac{1}{2\pi\sigma_2\sqrt{1-\rho^2}}\mathrm{e}^{\frac{1}{2(1-\rho^2)}\left(\frac{B^2}{A}-C^2\right)} \sqrt{\frac{2\pi}{A/(1-\rho^2)}}.$$

由于

$$B^2 - AC^2 = \left(\left(\rho + \frac{\sigma_1}{\sigma_2}\right)^2 - A\right)C^2 = (\rho^2 - 1)C^2 = (\rho^2 - 1)\left(\frac{z-\mu_1-\mu_2}{\sigma_2}\right)^2,$$

所以

$$f_Z(z) = \frac{1}{\sqrt{2\pi(\sigma_1^2 + 2\rho\sigma_1\sigma_2 + \sigma_2^2)}} \exp\left(-\frac{(z - \mu_1 - \mu_2)^2}{2(\sigma_1^2 + 2\rho\sigma_1\sigma_2 + \sigma_2^2)}\right).$$

这表明 $Z \sim N(\mu_1 + \mu_2, \sigma^2)$，其中 $\sigma^2 = \sigma_1^2 + 2\rho\sigma_1\sigma_2 + \sigma_2^2$.

在后面的例 3.21 中，将看到一种利用正态分布性质的简洁做法.

定理 3.6   设 (X, Y) 有联合概率密度函数 $f(x, y), Z = X/Y$，则 Z 有概率密度函数

$$f_Z(z) = \int_{-\infty}^{+\infty} |y| f(zy, y) \mathrm{d}y. \tag{3.21}$$

注意，当 $Y = 0$ 时，规定 $Z = 0$.

    证明   先求出 Z 的分布函数，给定 z，令

$$A = \{(x, y) : y \neq 0 \text{且} x/y \leqslant z\},$$

则

$$P(Z \leqslant z) = P((X, Y) \in A) = \iint\limits_{A} f(x, y) \mathrm{d}x \mathrm{d}y$$

$$= \iint\limits_{y > 0, x \leqslant yz} f(x, y) \mathrm{d}x \mathrm{d}y + \iint\limits_{y < 0, x \geqslant yz} f(x, y) \mathrm{d}x \mathrm{d}y$$

$$= \int_0^{+\infty} \left[\int_{-\infty}^{yz} f(x, y) \mathrm{d}x\right] \mathrm{d}y + \int_{-\infty}^0 \left[\int_{yz}^{+\infty} f(x, y) \mathrm{d}x\right] \mathrm{d}y.$$

对固定的 $y \neq 0$，作变量替换 $t = \dfrac{x}{y}$，知

$$P(Z \leqslant z) = \int_0^{+\infty} \left[\int_{-\infty}^z y f(ty, y) \mathrm{d}t\right] \mathrm{d}y + \int_{-\infty}^0 \left[\int_{-\infty}^z f(ty, y) |y| \mathrm{d}t\right] \mathrm{d}y$$

$$= \int_{-\infty}^z \left[\int_{-\infty}^{+\infty} |y| f(ty, y) \mathrm{d}y\right] \mathrm{d}t.$$

可见，Z 的概率密度函数由式 (3.21) 给出.   ■

    类似地，可求出 $Z = XY$ 的概率密度函数为

$$f_Z(z) = \int_{-\infty}^{+\infty} \frac{1}{|y|} f\left(\frac{z}{y}, y\right) \mathrm{d}y. \tag{3.22}$$

    例 3.15（柯西分布）   设 X 与 Y 相互独立，共同分布是 $N(0, 1)$，试求 $Z = X/Y$ 的概率分布.

    解   对任何实数 z，从式 (3.21) 可知 Z 的概率密度函数为

$$f_Z(z) = \int_{-\infty}^{+\infty} |y| \frac{1}{2\pi} \mathrm{e}^{-\frac{1}{2}(z^2 y^2 + y^2)} \mathrm{d}y$$

$$= 2\int_0^{+\infty} y\frac{1}{2\pi}e^{-\frac{1}{2}(1+z^2)y^2}\mathrm{d}y$$

$$= \frac{1}{2\pi}\int_0^{+\infty} e^{-\frac{1}{2}(1+z^2)u}\mathrm{d}u = \frac{1}{\pi(1+z^2)}.$$

这种形式的分布称为柯西分布. ∎

3.3.3 不可微变换的情形

例 3.16（最大值分布） 设 $X_1, X_2, \cdots, X_n$ 是相互独立的 n 个变量，$X_i \sim F_{X_i}(x)$，$i = 1, 2, \cdots, n$，$Y = \max\{X_1, X_2, \cdots, X_n\}$，求 Y 的分布.

解 先确定 Y 的支集 $\mathcal{Y}$，然后，求 Y 的分布函数.

$$F_Y(y) = P(\max\{X_1, X_2, \cdots, X_n\} \leqslant y)$$
$$= P(X_1 \leqslant y, X_2 \leqslant y, \cdots, X_n \leqslant y)$$
$$= P(X_1 \leqslant y)P(X_2 \leqslant y)\cdots P(X_n \leqslant y)$$
$$= \prod_{i=1}^n F_{X_i}(y).$$

特别地，若诸 X_i 同分布，$X_i \sim F(x)$，$i = 1, 2, \cdots, n$，则

$$F_Y(y) = [F(y)]^n.$$

进一步，若诸 X_i 同分布，且为连续随机变量，概率密度函数为 $f(x)$，则可求出 Y 的概率密度函数为

$$f_Y(y) = \frac{\mathrm{d}}{\mathrm{d}y}F_Y(y) = n[F(y)]^{n-1}f(y).$$ ∎

例 3.17（最小值分布） 设 $X_1, X_2, \cdots, X_n$ 是相互独立的 n 个变量，$X_i \sim F_{X_i}(x)$，$i = 1, \cdots, n$，$Y = \min\{X_1, X_2, \cdots, X_n\}$，求 Y 的分布.

解 先确定 Y 的支集 $\mathcal{Y}$，然后，求 Y 的分布函数.

$$F_Y(y) = P(\min\{X_1, X_2, \cdots, X_n\} \leqslant y)$$
$$= 1 - P(\min\{X_1, X_2, \cdots, X_n\} > y)$$
$$= 1 - P(X_1 > y, X_2 > y, \cdots, X_n > y)$$
$$= 1 - P(X_1 > y)P(X_2 > y)\cdots P(X_n > y)$$
$$= 1 - \prod_{i=1}^n [1 - F_{X_i}(y)].$$

特别地, 若诸 X_i 同分布, $X_i \sim F(x)$, $i = 1, 2, \cdots, n$, 则

$$F_Y(y) = 1 - [1 - F(y)]^n. \tag{3.23}$$

进一步, 若诸 X_i 同分布, 且为连续随机变量, 概率密度函数为 $f(x)$, 则可求出 Y 的概率密度函数为

$$f_Y(y) = \frac{\mathrm{d}}{\mathrm{d}y} F_Y(y) = n[1 - F(y)]^{n-1} f(y). \tag{3.24}$$

■

注 若 $X_1, X_2, \cdots, X_n$ 独立同分布, 且均服从参数为 λ 的指数分布, 即 $X_i \sim Exp(\lambda)$, 则根据式 (3.23) 和式 (3.24), 分别有

$$F_Y(y) = \begin{cases} 0, & y < 0, \\ 1 - \mathrm{e}^{-n\lambda y}, & y \geqslant 0; \end{cases} \qquad f_Y(y) = \begin{cases} 0, & y < 0, \\ n\lambda \mathrm{e}^{-n\lambda y}, & y \geqslant 0. \end{cases}$$

可知, n 个独立同分布、参数为 λ 的指数随机变量的最小值仍服从指数分布, 参数为 $n\lambda$.

例 3.18 设 X 与 Y 相互独立, 且有相同的概率密度函数

$$f(x) = \begin{cases} \lambda \mathrm{e}^{-\lambda x}, & x > 0, \\ 0, & x \leqslant 0 \end{cases} \quad (\lambda > 0),$$

定义

$$U = \max\{X, Y\}, \ V = \min\{X, Y\}.$$

试求 (U, V) 的联合概率密度函数.

解 易知 (X, Y) 的联合概率密度函数为

$$f(x, y) = \begin{cases} \lambda^2 \mathrm{e}^{-\lambda(x+y)}, & x > 0 \text{且} y > 0, \\ 0, & \text{其他} \end{cases} \quad (\lambda > 0),$$

设 $F(z_1, z_2) = P(U \leqslant z_1, V \leqslant z_2)$. 由于 $P(X = Y) = 0$, 知

$$F(z_1, z_2) = P(X > Y, X \leqslant z_1, Y \leqslant z_2) + P(X < Y, Y \leqslant z_1, X \leqslant z_2)$$

$$= 2P(X > Y, X \leqslant z_1, Y \leqslant z_2).$$

易知 $z_2 \leqslant 0$ 或 $z_1 \leqslant z_2$ 时 $f(z_1, z_2) = 0$. 设 $z_1 > z_2 > 0$, 则

$$F(z_1, z_2) = 2 \iint_{x > y, x \leqslant z_1, y \leqslant z_2} f(x, y) \mathrm{d}x \mathrm{d}y = 2 \iint_{z_1 \geqslant x > y > 0, y \leqslant z_2} \lambda^2 \mathrm{e}^{-\lambda(x+y)} \mathrm{d}x \mathrm{d}y$$

$$= 2 \int_0^{z_2} \left[\int_y^{z_1} \lambda^2 \mathrm{e}^{-\lambda(x+y)} \mathrm{d}x \right] \mathrm{d}y$$

$$= 2 \int_0^{z_2} \lambda \mathrm{e}^{-\lambda y} (\mathrm{e}^{-\lambda y} - \mathrm{e}^{-\lambda z_1}) \mathrm{d}y$$

$$= \int_0^{z_2} 2\lambda e^{-2\lambda y}\mathrm{d}y - 2e^{-\lambda z_1}\int_0^{z_2}\lambda e^{-\lambda y}\mathrm{d}y$$

$$= 1 - e^{-2\lambda z_2} - 2e^{-\lambda z_1}(1 - e^{-\lambda z_2})$$

$$= 1 - e^{-2\lambda z_2} - 2e^{-\lambda z_1} + 2e^{-\lambda(z_1+z_2)}.$$

求出二阶偏导数 $\dfrac{\partial^2 F(z_1,z_2)}{\partial z_1\partial z_2}$ 后，可得 (U,V) 的概率密度函数为

$$f(z_1,z_2) = \begin{cases} 2\lambda^2 e^{-\lambda(z_1+z_2)}, & z_1 > z_2 > 0, \\ 0, & \text{其他.} \end{cases}$$

3.3.4 变量变换法

定理 3.7（变量变换法） 设 $\boldsymbol{X} = (X_1,X_2,\cdots,X_n)^{\mathrm{T}}$ 为 n 维随机变量，其支集为 $\mathcal{X}$（可以是全空间 $\mathbb{R}^n$）。设函数 $\boldsymbol{g}(\cdot):\mathbb{R}^n\to\mathbb{R}^n$：

$$\boldsymbol{g}(\cdot):\boldsymbol{x}\to\boldsymbol{y}=\boldsymbol{g}(\boldsymbol{x})$$

定义了 $\boldsymbol{Y}=\boldsymbol{g}(\boldsymbol{X})$，其支集为 $\mathcal{Y}$（$\mathcal{Y}$ 为 $\mathcal{X}$ 在映射 $\boldsymbol{g}(\cdot)$ 下的像）。若函数 $\boldsymbol{y}=\boldsymbol{g}(\boldsymbol{x})$ 在 $\mathcal{X}$ 上有连续偏导数，且存在唯一的反函数[①]

$$\boldsymbol{h}(\cdot):\boldsymbol{y}\to\boldsymbol{x}=\boldsymbol{h}(\boldsymbol{y}),$$

其雅可比矩阵的行列式 $\left|\dfrac{\partial\boldsymbol{x}}{\partial\boldsymbol{y}}\right|$ 在 $\mathcal{Y}$ 中处处不等于 0[②]，则 $\boldsymbol{Y}=(Y_1,Y_2,\cdots,Y_n)^{\mathrm{T}}$ 的联合概率密度函数为

$$f_{\boldsymbol{Y}}(\boldsymbol{y}) = \begin{cases} f_{\boldsymbol{X}}(\boldsymbol{x})\left\|\dfrac{\partial\boldsymbol{x}}{\partial\boldsymbol{y}}\right\|, & \boldsymbol{y}\in\mathcal{Y}; \\ 0, & \boldsymbol{y}\notin\mathcal{Y}. \end{cases} \tag{3.25}$$

其中 $\left\|\dfrac{\partial\boldsymbol{x}}{\partial\boldsymbol{y}}\right\|$ 表示雅可比矩阵的行列式的绝对值。

证明 证明较复杂，从略。需要说明的是，在满足 $P(\boldsymbol{X}\in\mathcal{X})=1$ 的条件下，我们可以重新定义 $\mathcal{X}$ 以满足一一映射，见下面的例 3.19。

注 1 类似一维情形的变量变换法，式 (3.25) 的直观含义是，随机变量取值于微元的概率在变换前后不变，即 $f_{\boldsymbol{Y}}(\boldsymbol{y})\partial\boldsymbol{y}=f_{\boldsymbol{X}}(\boldsymbol{x})\partial\boldsymbol{x}$。

注 2 变换 $\boldsymbol{y}=\boldsymbol{g}(\boldsymbol{x})$ 及其逆变换 $\boldsymbol{x}=\boldsymbol{h}(\boldsymbol{y})$ 可以完整地展开为

[①] 即函数 $\boldsymbol{g}(\cdot)$ 与 $\boldsymbol{h}(\cdot)$ 建立了 $\mathcal{X}$ 与 $\mathcal{Y}$ 之间的一一映射。

[②] $\left|\dfrac{\partial\boldsymbol{x}}{\partial\boldsymbol{y}}\right|$ 在 $\mathcal{Y}$ 中处处不等于 0，等价于说 $\left|\dfrac{\partial\boldsymbol{y}}{\partial\boldsymbol{x}}\right|^{-1}$ 在 $\mathcal{X}$ 中处处不等于 0。

$$\boldsymbol{y} = \boldsymbol{g}(\boldsymbol{x}), \text{即} \begin{cases} y_1 = g_1(x_1, x_2, \cdots, x_n), \\ \qquad\qquad \vdots \\ y_n = g_n(x_1, x_2, \cdots, x_n); \end{cases}$$

$$\boldsymbol{x} = \boldsymbol{h}(\boldsymbol{y}), \text{即} \begin{cases} x_1 = h_1(y_1, y_2, \cdots, y_n), \\ \qquad\qquad \vdots \\ x_n = h_n(y_1, y_2, \cdots, y_n). \end{cases}$$

雅可比矩阵的具体计算是

$$\frac{\partial \boldsymbol{x}}{\partial \boldsymbol{y}} = \left(\frac{\partial x_1}{\partial \boldsymbol{y}}, \cdots, \frac{\partial x_n}{\partial \boldsymbol{y}} \right)^{\mathrm{T}} = \left(\frac{\partial x_i}{\partial y_j} \right)_{i,j=1,2,\cdots,n},$$

其中 $\dfrac{\partial x_i}{\partial \boldsymbol{y}}$ 组成列向量,$\left(\dfrac{\partial x_i}{\partial \boldsymbol{y}} \right)^{\mathrm{T}}$ 为行向量,$\dfrac{\partial x_i}{\partial y_j} = \dfrac{\partial h_i(y_1, y_2, \cdots, y_n)}{\partial y_j}, i, j = 1, 2, \cdots, n.$
不难看出 $\dfrac{\partial \boldsymbol{x}}{\partial \boldsymbol{y}} = \left(\dfrac{\partial \boldsymbol{y}}{\partial \boldsymbol{x}} \right)^{-1}$.

例 3.19 设 X 与 Y 相互独立,都服从 $[0,1]$ 上的均匀分布,令

$$U = \sqrt{-2\ln X}\cos(2\pi Y), \quad V = \sqrt{-2\ln X}\sin(2\pi Y),$$

试求 (U, V) 的联合概率密度函数.

解 利用变量变换法,令

$$\begin{cases} g_1(x, y) = \sqrt{-2\ln x}\cos(2\pi y), \\ g_2(x, y) = \sqrt{-2\ln x}\sin(2\pi y). \end{cases}$$

在随机等价的意义下,不妨设 (X, Y) 的支集为 $\mathcal{X} = \Big\{ (x, y) : 0 < x < 1, 0 < y < 1, y \neq \dfrac{1}{4}, \dfrac{1}{2}, \dfrac{3}{4} \Big\}$,易知相应的 (U, V) 的支集为 $\mathcal{Y} = \{ (u, v), u \neq 0, v \neq 0 \}$. 逆变换 $x = h_1(u, v) = \mathrm{e}^{-\frac{1}{2}(u^2+v^2)}$,$y = h_2(u, v)$ 的表达式较复杂,为

$$h_2(u, v) = \begin{cases} \dfrac{1}{2\pi}\arctan\dfrac{v}{u}, & u > 0, v > 0, \\[2mm] 1 + \dfrac{1}{2\pi}\arctan\dfrac{v}{u}, & u > 0, v < 0, \\[2mm] \dfrac{1}{2} + \dfrac{1}{2\pi}\arctan\dfrac{v}{u}, & u < 0. \end{cases}$$

经过计算知

$$\left| \frac{\partial(x, y)}{\partial(u, v)} \right| = \frac{1}{2\pi}\mathrm{e}^{-\frac{1}{2}(u^2+v^2)},$$

而 (X, Y) 的联合概率密度函数是

$$f_{XY}(x,y) = \begin{cases} 1, & 0 < x < 1, 0 < y < 1, y \neq \frac{1}{4}, \frac{1}{2}, \frac{3}{4}, \\ 0, & \text{其他}. \end{cases}$$

故 (U, V) 的联合概率密度函数为

$$f_{UV}(u,v) = \begin{cases} \dfrac{1}{2\pi} \exp\left[-\dfrac{1}{2}(u^2 + v^2) \right], & u \neq 0 \text{且} v \neq 0, \\ 0, & \text{其他}. \end{cases}$$

由此知函数 $f_{UV}(u,v) = \dfrac{1}{2\pi} \exp\left[-\dfrac{1}{2}(u^2 + v^2) \right]$ 是 (U, V) 的联合概率密度函数. 由于 $f_{UV}(u,v) = \dfrac{1}{\sqrt{2\pi}} \mathrm{e}^{-\frac{1}{2}u^2} \cdot \dfrac{1}{\sqrt{2\pi}} \mathrm{e}^{-\frac{1}{2}v^2}$,知 U 与 V 相互独立,且都服从 $N(0,1)$. ■

例 3.20(多元高斯分布的线性变换) 设 $\boldsymbol{X} \sim N(\boldsymbol{\mu}, \boldsymbol{\Sigma})$ 为服从正态分布的 n 维随机向量,对满秩矩阵 $\boldsymbol{A} \in \mathbb{R}^{n \times n}, \boldsymbol{b} \in \mathbb{R}^n$,定义 $\boldsymbol{Y} = \boldsymbol{AX} + \boldsymbol{b}$,求 $\boldsymbol{Y}$ 的联合概率密度函数 $f_{\boldsymbol{Y}}(\boldsymbol{y})$.

解 不难看出,本例是例 2.16 所示一维情形在多维时的推广. 当矩阵 $\boldsymbol{A}$ 满秩时,题意中的线性变换建立了如下的一一映射关系:

$$\begin{cases} \boldsymbol{y} = \boldsymbol{Ax} + \boldsymbol{b}, \\ \boldsymbol{x} = \boldsymbol{A}^{-1}(\boldsymbol{y} - \boldsymbol{b}). \end{cases}$$

根据式 (3.25),有

$$\begin{aligned} f_{\boldsymbol{Y}}(\boldsymbol{y}) &= f_{\boldsymbol{X}}(\boldsymbol{x}) \left\| \frac{\partial \boldsymbol{x}}{\partial \boldsymbol{y}} \right\| \\ &= \frac{1}{\left\| \dfrac{\partial \boldsymbol{y}}{\partial \boldsymbol{x}} \right\|} \frac{1}{(2\pi)^{n/2} |\boldsymbol{\Sigma}|^{1/2}} \exp\left\{ -\frac{1}{2}(\boldsymbol{x} - \boldsymbol{\mu})^{\mathrm{T}} \boldsymbol{\Sigma}^{-1} (\boldsymbol{x} - \boldsymbol{\mu}) \right\}. \end{aligned}$$

代入 $\boldsymbol{x} - \boldsymbol{\mu} = \boldsymbol{A}^{-1}(\boldsymbol{y} - \boldsymbol{A\mu} - \boldsymbol{b})$,则有

$$f_{\boldsymbol{Y}}(\boldsymbol{y}) = \frac{1}{\|\boldsymbol{A}\|} \frac{1}{(2\pi)^{n/2} |\boldsymbol{\Sigma}|^{1/2}} \exp\left\{ -\frac{1}{2}[\boldsymbol{y} - (\boldsymbol{A\mu} + \boldsymbol{b})]^{\mathrm{T}} (\boldsymbol{A}^{-1})^{\mathrm{T}} \boldsymbol{\Sigma}^{-1} \boldsymbol{A}^{-1} [\boldsymbol{y} - (\boldsymbol{A\mu} + \boldsymbol{b})] \right\}.$$

这表明 $\boldsymbol{Y} \sim N(\boldsymbol{A\mu} + \boldsymbol{b}, \boldsymbol{A\Sigma A}^{\mathrm{T}})$. 在多维情形下,正态变量的线性变换仍服从正态分布,其均值向量和协方差矩阵可以由线性变换方便求得. ■

例 3.21(增补变量法) 设 (X, Y) 服从二维正态分布,$(X, Y) \sim N(\mu_1, \mu_2, \sigma_1^2, \sigma_2^2, \rho)$,试求 $U = X + Y$ 的概率密度函数.

解 增补变量法实质上是变换法的一种应用. 为了求出二维连续随机变量 (X, Y) 的函数 $U = g(X, Y)$ 的概率密度函数,增补一个新的随机变量 $V = h(X, Y)$(一般可令 $V = X$ 或 $V = Y$),在 (X, Y) 与 (U, V) 之间建立一一映射,然后方便用变换法求出 (U, V) 的联合概率密度函数,进而求出 U 的边缘概率密度函数.

在本题中，我们增补一个新的随机变量 $V = X$，则有线性变换

$$\begin{pmatrix} U \\ V \end{pmatrix} = \begin{pmatrix} 1 & 1 \\ 1 & 0 \end{pmatrix} \begin{pmatrix} X \\ Y \end{pmatrix}.$$

由题意，$(X, Y) \sim N(\boldsymbol{\mu}, \boldsymbol{\Sigma})$ 服从二维正态分布，其中由 $\mu_1, \mu_2, \sigma_1^2, \sigma_2^2, \rho$ 定义了

$$\boldsymbol{\mu} = \begin{pmatrix} \mu_1 \\ \mu_2 \end{pmatrix}, \boldsymbol{\Sigma} = \begin{pmatrix} \sigma_1^2 & \rho\sigma_1\sigma_2 \\ \rho\sigma_1\sigma_2 & \sigma_2^2 \end{pmatrix}$$

利用例 3.20 的结论，可知 (U, V) 亦服从二维正态分布 $(U, V) \sim N(\tilde{\boldsymbol{\mu}}, \tilde{\boldsymbol{\Sigma}})$，其中

$$\tilde{\boldsymbol{\mu}} = \begin{pmatrix} 1 & 1 \\ 1 & 0 \end{pmatrix} \begin{pmatrix} \mu_1 \\ \mu_2 \end{pmatrix} = \begin{pmatrix} \mu_1 + \mu_2 \\ \mu_2 \end{pmatrix},$$

$$\tilde{\boldsymbol{\Sigma}} = \begin{pmatrix} 1 & 1 \\ 1 & 0 \end{pmatrix} \begin{pmatrix} \sigma_1^2 & \rho\sigma_1\sigma_2 \\ \rho\sigma_1\sigma_2 & \sigma_2^2 \end{pmatrix} \begin{pmatrix} 1 & 1 \\ 1 & 0 \end{pmatrix}^{\mathrm{T}}$$

$$= \begin{pmatrix} \sigma_1^2 + 2\rho\sigma_1\sigma_2 + \sigma_2^2 & \sigma_1^2 + \rho\sigma_1\sigma_2 \\ \sigma_1^2 + \rho\sigma_1\sigma_2 & \sigma_1^2 \end{pmatrix}.$$

再利用例 3.9 的结论，二维正态分布的边缘分布为一维正态分布，可知 $U = X + Y$ 服从正态分布，$U \sim N(\mu_1 + \mu_2, \sigma_1^2 + 2\rho\sigma_1\sigma_2 + \sigma_2^2)$. ∎

值得指出，在这里我们通过利用增补变量法及正态分布的性质，不用求积分，得到了例 3.14 的第二种解法.

例 3.22（积的分布）　设随机变量 (X, Y) 有联合概率密度函数 $f(x, y)$，试证明 $U = XY$ 的概率密度函数为

$$f_U(u) = \int_{-\infty}^{+\infty} f\left(\frac{u}{v}, v\right) \frac{1}{|v|} \mathrm{d}v. \tag{3.26}$$

解　记 $V = Y$，则 $\begin{cases} u = xy, \\ v = y, \end{cases}$ 有反函数 $\begin{cases} x = \dfrac{u}{v}, \\ y = v, \end{cases}$ 其雅可比行列式为

$$J = \begin{vmatrix} \dfrac{1}{v} & -\dfrac{u}{v^2} \\ 0 & 1 \end{vmatrix} = \frac{1}{v},$$

所以 (U, V) 的联合概率密度函数为

$$f(u, v) = f\left(\frac{u}{v}, v\right) |J| = f\left(\frac{u}{v}, v\right) \frac{1}{|v|}.$$

对 $f(u, v)$ 关于 v 积分，就可得 $U = XY$ 的概率密度函数为式 (3.26). 读者不难看到，由两种不同解法得到的结果式 (3.26) 与式 (3.22) 的特例. ∎

3.3.5 随机变量的函数用于事件描述

有的问题并不是直接求随机变量的函数的分布, 而是将随机变量的函数用于各种概率问题描述中, 比如用于描述事件并求事件的概率.

例 3.23 继续例 2.10, 求 C 是最后一个办完事情的概率有多大.

解 设三人的办事时长分别是随机变量 X_A, X_B, X_C, 三者独立同分布, 均服从参数为 λ 的指数分布, 则 C 是最后一个办完事情的概率为

$$P(\min\{X_A, X_B\} + X_C > \max\{X_A, X_B\}) = P(|X_A - X_B| < X_C).$$

设随机变量 $Y = |X_A - X_B|$, 求其分布函数. 当 $y \geqslant 0$ 时, 有

$$F_Y(y) = P(|X_A - X_B| \leqslant y) = 2P(0 \leqslant X_A - X_B \leqslant y)$$

$$= 2\int_0^{+\infty} \int_{x_B}^{x_B+y} f_{X_A X_B}(x_A, x_B) \mathrm{d}x_A \mathrm{d}x_B = 2\int_0^{+\infty} \int_{x_B}^{x_B+y} \lambda^2 \mathrm{e}^{-\lambda(x_A+x_B)} \mathrm{d}x_A \mathrm{d}x_B$$

$$= 1 - \mathrm{e}^{-\lambda y}.$$

由此可见, 随机变量 Y 服从参数为 λ 的指数分布, 与随机变量 X_C 独立同分布, 故

$$P(|X_A - X_B| \leqslant X_C) = P(Y \leqslant X_C) = P(Y \geqslant X_C) = \frac{1}{2}.$$

3.4 多维随机变量的特征数

随机变量的分布全面刻画了随机变量取值的统计规律, 而有时我们只需要对随机变量有一个简洁的认识, 不求全面, 而是从一个角度描述分布的特征, 称为**特征数**. 类似于一维随机变量的特征数, 多维随机变量也有特征数. 除了各个分量的均值、方差之外, 还有反映多个变量之间关联程度的特征数 (如协方差、相关系数). 这些特征数大都基于求随机变量或随机变量函数的数学期望. 下面假设所涉及的数学期望都存在.

3.4.1 数学期望

定义 3.11 (随机向量的数学期望) 设 $\boldsymbol{X} \overset{\text{def}}{=} (X_1, X_2, \cdots, X_n)^{\mathrm{T}}$ 为 n 维随机变量, 若各分量的数学期望均存在, 则称

$$E(\boldsymbol{X}) \overset{\text{def}}{=} (E(X_1), E(X_2), \cdots, E(X_n))^{\mathrm{T}}$$

为 $\boldsymbol{X}$ 的数学期望, 或 $\boldsymbol{X}$ 的均值 (向量). 直观上可以把 $E(\cdot)$ 理解为一个算符.

不难看出, 多元随机向量的数学期望还是随机向量取值依据概率分布的加权平均, 以连续随机变量为例, 有

$$E(\boldsymbol{X}) = \int_{\boldsymbol{x} \in \mathbb{R}^n} \boldsymbol{x} f_{\boldsymbol{X}}(\boldsymbol{x}) \mathrm{d}\boldsymbol{x} = \begin{pmatrix} \int_{\boldsymbol{x} \in \mathbb{R}^n} x_1 f_{\boldsymbol{X}}(\boldsymbol{x}) \mathrm{d}\boldsymbol{x} \\ \vdots \\ \int_{\boldsymbol{x} \in \mathbb{R}^n} x_n f_{\boldsymbol{X}}(\boldsymbol{x}) \mathrm{d}\boldsymbol{x} \end{pmatrix}$$

其中每个分量为

$$\int_{-\infty}^{+\infty} \cdots \int_{-\infty}^{+\infty} x_i f_{X_1 X_2 \cdots X_n}(x_1, x_2, \cdots, x_n) \mathrm{d}x_1 \mathrm{d}x_2 \cdots \mathrm{d}x_n = \int_{-\infty}^{+\infty} x_i f_{X_i}(x_i) \mathrm{d}x_i$$

$$= E(X_i), i = 1, 2, \cdots, n.$$

正好是定义 3.11 所表达的.

性质 1（随机变量函数的数学期望）　设 $\boldsymbol{g}(\boldsymbol{x}): \mathbb{R}^n \to \mathbb{R}^m$，则

$$E[\boldsymbol{g}(\boldsymbol{X})] = \begin{cases} \sum_i \boldsymbol{g}(\boldsymbol{x}_i) f_{\boldsymbol{X}}(\boldsymbol{x}_i), & \boldsymbol{X} \text{为离散型}, \\ \int_{\boldsymbol{x} \in \mathbb{R}^n} \boldsymbol{g}(\boldsymbol{x}) f_{\boldsymbol{X}}(\boldsymbol{x}) \mathrm{d}\boldsymbol{x}, & \boldsymbol{X} \text{为连续型}. \end{cases} \quad (3.27)$$

类似于公式 (2.16)，上述有关随机向量的函数的数学期望的性质在数学期望计算中发挥了重要的作用. 利用该性质，可以省略求随机向量 $\boldsymbol{X}$ 的函数 $\boldsymbol{Y} = \boldsymbol{g}(\boldsymbol{X})$ 的分布. 此定理的证明涉及较多的数学知识，在此省略了.

例 3.24　在长为 a 的线段上任取两点 X 与 Y，求此两点间的平均长度.

解　因为 X 与 Y 都服从 $[0, a]$ 上的均匀分布，且 X 与 Y 相互独立，所以 (X, Y) 的联合概率密度函数为

$$f(x, y) = \begin{cases} \dfrac{1}{a^2}, & 0 \leqslant x \leqslant a, 0 \leqslant y \leqslant a, \\ 0, & \text{其他}. \end{cases}$$

利用式 (3.27)，得两点间的平均长度为

$$\begin{aligned} E(|X - Y|) &= \int_0^a \int_0^a |x - y| \frac{1}{a^2} \mathrm{d}x \mathrm{d}y \\ &= \frac{1}{a^2} \left(\int_0^a \int_0^x (x - y) \mathrm{d}y \mathrm{d}x + \int_0^a \int_x^a (y - x) \mathrm{d}y \mathrm{d}x \right) \\ &= \frac{1}{a^2} \left(\int_0^a \left(x^2 - ax + \frac{a^2}{2} \right) \mathrm{d}x \right) = \frac{a}{3}. \end{aligned}$$

性质 2（线性）　设 a, b 为实数，(X, Y) 是二维随机变量，则

$$E(aX + bY) = aE(X) + bE(Y).$$

证明　不妨设 (X, Y) 为连续随机变量（对离散随机变量可类似证明），其联合概率密度函数为 $f(x, y)$，若令 $g(X, Y) = aX + bY$，则由式 (3.27) 可得

$$E(aX + bY) = \int_{-\infty}^{+\infty} \int_{-\infty}^{+\infty} (ax + by) f(x, y) \mathrm{d}x \mathrm{d}y$$

$$= a \int_{-\infty}^{+\infty} x \left(\int_{-\infty}^{+\infty} f(x, y) \mathrm{d}y \right) \mathrm{d}x + b \int_{-\infty}^{+\infty} y \left(\int_{-\infty}^{+\infty} f(x, y) \mathrm{d}x \right) \mathrm{d}y$$

$$= a \int_{-\infty}^{+\infty} x f_X(x) \mathrm{d}x + b \int_{-\infty}^{+\infty} y f_Y(y) \mathrm{d}y$$

$$= aE(X) + bE(Y). \qquad \blacksquare$$

这个性质可简单叙述为"和的期望等于期望的和",这个性质还可推广到 n 维随机变量的情形,即

$$E(X_1 + X_2 + \cdots + X_n) = E(X_1) + E(X_2) + \cdots + E(X_n). \tag{3.28}$$

性质 3 若随机变量 X 与 Y 独立,则

$$E(XY) = E(X) E(Y), \tag{3.29}$$

$$\mathrm{Var}(aX \pm bY) = a^2 \mathrm{Var}(X) + b^2 \mathrm{Var}(Y). \tag{3.30}$$

证明 不妨设 (X, Y) 为连续随机变量(对离散随机变量可类似证明),其联合概率密度函数为 $f(x, y)$,由 X 与 Y 独立可知 $f(x, y) = f_X(x) f_Y(y)$. 若令 $g(X, Y) = XY$,则由式 (3.27) 可得

$$E(XY) = \int_{-\infty}^{+\infty} \int_{-\infty}^{+\infty} xy f_X(x) f_Y(y) \mathrm{d}x \mathrm{d}y$$

$$= \int_{-\infty}^{+\infty} x f_X(x) \mathrm{d}x \int_{-\infty}^{+\infty} y f_Y(y) \mathrm{d}y$$

$$= E(X) E(Y).$$

这个性质可简单叙述为:在独立场合,随机变量乘积的数学期望等于数学期望的乘积,这个性质还可推广到 n 维随机变量的情形,即若 $X_1, X_2, \cdots, X_n$ 相互独立,则有

$$E(X_1 X_2 \cdots X_n) = E(X_1) E(X_2) \cdots E(X_n). \tag{3.31}$$

由性质 2 和式 (3.29) 可得

$$\mathrm{Var}(aX \pm bY) = E(aX \pm bY - E(aX \pm bY))^2$$

$$= E(a(X - E(X)) \pm b(Y - E(Y)))^2$$

$$= a^2 \mathrm{Var}(X) + b^2 \mathrm{Var}(Y) \pm 2ab E[(X - E(X))(Y - E(Y))].$$

最后一项因独立性而为 0,故可证得式 (3.30). $\qquad \blacksquare$

这个性质表明：独立变量代数和的方差等于各方差之和. 但要注意到此性质对标准差不成立，即 $\sigma(X + Y) \neq \sigma(X) + \sigma(Y)$. 独立变量代数和的标准差只能通过"先方差，后标准差"求得，即

$$\sigma(X \pm Y) = \sqrt{\mathrm{Var}(X) + \mathrm{Var}(Y)}.$$

这个性质可推广到 n 维随机变量的情形，即若 $X_1, X_2, \cdots, X_n$ 相互独立，则有

$$\mathrm{Var}(X_1 \pm X_2 \pm \cdots \pm X_n) = \mathrm{Var}(X_1) + \mathrm{Var}(X_2) + \cdots + \mathrm{Var}(X_n). \tag{3.32}$$

这表明：对独立随机变量来说，它们之间无论是相加或相减，其方差总是逐个累积起来，只会增加，不会减少.

特别地，n 个相互独立同分布（方差为 σ^2）的随机变量 $X_1, X_2, \cdots, X_n$ 的算术平均的方差为

$$\mathrm{Var}\left(\frac{1}{n}\sum_{i=1}^{n} X_i\right) = \frac{\sigma^2}{n}.$$

这说明，若对某物理量进行测量（如称重）时，可用 n 次独立重复测量的平均数来提高测量的精度.

性质 4 类似于一维情形，下面性质表明，数学期望 $E(\boldsymbol{X})$ 是最小均方误差意义下对 $\boldsymbol{X}$ 的最好代表.

定理 3.8 对 n 维随机变量 $\boldsymbol{X} \in \mathbb{R}^n$，有

$$E(\boldsymbol{X}) = \arg\min_{\boldsymbol{a} \in \mathbb{R}^n} E\|\boldsymbol{X} - \boldsymbol{a}\|^2.$$

证明 $\forall \boldsymbol{a} \in \mathbb{R}^n$，均有

$$\begin{aligned}
\|\boldsymbol{X} - \boldsymbol{a}\|^2 &= (\boldsymbol{X} - \boldsymbol{a})^{\mathrm{T}}(\boldsymbol{X} - \boldsymbol{a}) \\
&= (\boldsymbol{X} - E\boldsymbol{X} + E\boldsymbol{X} - \boldsymbol{a})^{\mathrm{T}}(\boldsymbol{X} - E\boldsymbol{X} + E\boldsymbol{X} - \boldsymbol{a}) \\
&= \|\boldsymbol{X} - E\boldsymbol{X}\|^2 + 2(\boldsymbol{X} - E\boldsymbol{X})^{\mathrm{T}}(E\boldsymbol{X} - \boldsymbol{a}) + \|E\boldsymbol{X} - \boldsymbol{a}\|^2,
\end{aligned}$$

因此
$$E\|\boldsymbol{X} - \boldsymbol{a}\|^2 = E\|\boldsymbol{X} - E\boldsymbol{X}\|^2 + E\|E\boldsymbol{X} - \boldsymbol{a}\|^2 \geqslant E\|\boldsymbol{X} - E\boldsymbol{X}\|^2.$$

显然，不等式在 $\boldsymbol{a} = E\boldsymbol{X}$ 时达到最小值，且最小值为 $E\|\boldsymbol{X} - E\boldsymbol{X}\|^2$. ∎

性质 5（期望与概率的关系） 对事件 A，令随机变量

$$I_A = \begin{cases} 1, & \text{如果出现的 } \omega \in A, \text{ 即如果} A \text{ 发生}, \\ 0, & \text{其他}, \end{cases} \tag{3.33}$$

则 $E(I_A) = P(A)$，称 I_A 为事件 A 的示性变量.

证明 由 I_A 的定义可知, I_A 服从两点分布, 即

$$P(I_A = 1) = P(A), P(I_A = 0) = 1 - P(A).$$

因此, $E(I_A) = 1 \cdot P(I_A = 1) + 0 \cdot P(I_A = 0) = P(A).$ ∎

与性质 5 经常一起使用的一个求随机变量的数学期望的技巧, 就是将这个随机变量写成几个随机变量的和, 分开的每个随机变量的期望容易计算, 然后利用数学期望的线性性质去进行计算, 可以使复杂的计算变得简单. 下例说明了这一点.

例 3.25 (配对数的均值和方差) N 个人参加宴会, 把帽子放在衣帽间后这些帽子经过了充分的混合, 宴会结束每个人随机地取一顶帽子. 求拿到自己帽子的人数的期望和方差.

解 设随机变量

$$X_i = \begin{cases} 1, & \text{第 } i \text{ 个人恰好拿到自己的帽子}, \\ 0, & \text{其他}, \end{cases} \quad i = 1, 2, \cdots, N.$$

设 X 表示拿到自己帽子的人数, 则

$$X = X_1 + X_2 + \cdots + X_N.$$

对于每一个人来说, 根据古典概型, 拿到自己帽子的可能性是

$$P(X_i = 1) = \frac{(N-1)!}{N!} = \frac{1}{N}, \text{也即} E(X_i), i = 1, 2, \cdots, N.$$

因此, $E(X) = E(X_1) + E(X_2) + \cdots + E(X_N) = P(X_1 = 1) + P(X_2 = 1) + \cdots + P(X_N = 1) = 1.$

对于 X 的方差, $\text{Var}(X) = E(X^2) - (EX)^2$. 注意到

$$E(X^2) = E\left[\left(\sum_{i=1}^{N} X_i\right)\left(\sum_{j=1}^{N} X_j\right)\right] = E\left(\sum_{i=1}^{N} X_i^2 + 2\sum_{1 \leqslant i < j \leqslant N} X_i X_j\right)$$

$$= \sum_{i=1}^{N} E(X_i^2) + 2\sum_{1 \leqslant i < j \leqslant N} E(X_i X_j),$$

其中 $E(X_i^2) = E(X_i) = \frac{1}{N}, i = 1, 2, \cdots, N.$ 对于 $1 \leqslant i < j \leqslant N$, 有

$$E(X_i X_j) = P(X_i = 1, X_j = 1) = P(X_i = 1)P(X_j = 1 | X_i = 1) = \frac{1}{N}\frac{1}{N-1},$$

其中 $P(X_j = 1 | X_i = 1)$ 表示第 i 个人拿到自己帽子的条件下, 第 j 个人拿到自己帽子的概率. 因此

$$\text{Var}(X) = E(X^2) - (EX)^2 = \left(N\frac{1}{N} + 2C_N^2 \frac{1}{N(N-1)}\right) - 1 = 1.$$

因此，拿到自己帽子的人数的期望和方差均为 1.

　　注　对于求**数目**的期望、方差，转化为求示性变量和的均值、方差是一个重要思路. 下面再介绍几个例子.

　　例 3.26（不同颜色的数目）　设一袋中装有 m 个颜色各不相同的球，每次从中任取一个，有放回地摸取 n 次，以 X 表示在 n 次摸球中摸到球的不同颜色的数目，求 $E(X)$.

　　解　直接写出 X 的分布列比较困难，其原因在于：若第 i 种颜色的球被取到过，则此种颜色的球又可被取到过一次、两次、$\cdots$、n 次. 情况较多，而其对立事件"第 i 种颜色的球没被取到过"的概率容易写出为

$$P(\text{第 } i \text{ 种颜色的球在 } n \text{ 次摸球中一次也没被摸到}) = \left(1 - \frac{1}{m}\right)^n.$$

为此令

$$X_i = \begin{cases} 1, & \text{第 } i \text{ 种颜色的球在 } n \text{ 次摸球中至少被摸到一次,} \\ 0, & \text{第 } i \text{ 种颜色的球在 } n \text{ 次摸球中一次也没被摸到,} \end{cases} \quad i = 1, 2, \cdots, m.$$

这些 X_i 相当于计数器，分别记录下第 i 种颜色的球是否被取到过，而 X 是取到过的不同颜色的总数，所以 $X = \sum\limits_{i=1}^{m} X_i$. 由

$$P(X_i = 0) = \left(1 - \frac{1}{m}\right)^n,$$

可得

$$E(X_i) = P(X_i = 1) = 1 - P(X_i = 0) = 1 - \left(1 - \frac{1}{m}\right)^n.$$

所以

$$E(X) = mE(X_i) = m\left[1 - \left(1 - \frac{1}{m}\right)^n\right].$$

譬如，在 $m = n = 6$ 时，

$$E(X) = 6\left[1 - \left(\frac{5}{6}\right)^6\right] = 3.99 \approx 4.$$

这表明袋中有 6 个不同颜色的球，从中有放回地摸取 6 次，平均只能摸到 4 种颜色的球. ∎

　　例 3.27（优惠券的收集问题）　设一共有 N 种不同的优惠券，假定有一人在收集优惠券，每次得到一张优惠券，而得到的优惠券在这 N 种优惠券中均匀地分布. 求出当这人收集到全套 N 张优惠券的时候，他收集到的优惠券张数的期望值.

解 记 X 表示这人收集到全套优惠券时所收集的优惠券的总数, 记 X_i 表示第 i 种优惠券已经收集到, 为收集到第 $i+1$ 种优惠券所需要的附加次数. 注意 X 具有如下表达式:

$$X = X_0 + X_1 + \cdots + X_{N-1}.$$

设有 i 种优惠券已经收集到, 则下一次收集到一张新的优惠券的概率为 $(N-i)/N$. 这样, X_i 的分布为几何分布, 即

$$P(X_i = k) = \frac{N-i}{N} \left(\frac{i}{N}\right)^{k-1}, k \geqslant 1.$$

因此, $E(X_i) = N/(N-i)$, 由此可得

$$E(X) = 1 + \frac{N}{N-1} + \frac{N}{N-2} + \cdots + \frac{N}{1} = N\left(1 + \frac{1}{2} + \cdots + \frac{1}{N-1} + \frac{1}{N}\right). \quad\blacksquare$$

例 3.28 10 个猎人等待一批野鸭飞过, 当一群 10 只野鸭飞过猎人头顶时, 10 个猎人随机地瞄准一只野鸭并同时射击. 设每位猎人击中野鸭的概率为 p, 求逃过这一劫的野鸭数的期望值.

解 记

$$X_i = \begin{cases} 1, & \text{第 } i \text{ 只野鸭逃过这一劫}, \\ 0, & \text{其他}, \end{cases} \quad i = 1, 2, \cdots, 10,$$

于是

$$E(X) = E(X_1 + X_2 + \cdots + X_{10}) = E(X_1) + E(X_2) + \cdots + E(X_{10}) = 10E(X_1),$$

其中, X 表示逃过这一劫的野鸭数, $E(X_1) = P(X_1 = 1)$ 表示 1 号野鸭未被击中的概率. 每位猎手是否击中 1 号野鸭是相互独立的, 且概率为 $p/10$, 因此, $P(X_1 = 1) = (1 - p/10)^{10}$, 从而 $E(X) = 10(1 - p/10)^{10}$. $\quad\blacksquare$

3.4.2 协方差

在多维随机变量中, 讨论各分量之间关系, 各分量间一般会相互影响, 但有时会毫无影响. 前面在 3.2.2 节介绍了各分量间关系的一个极端情况, 就是各分量取值互不影响, 相互独立. 下面, 我们希望用一个特征数对两个变量间相互关联的程度做一个简洁的描述.

定义 3.12 (协方差) 设 (X, Y) 是一个二维随机变量, 称

$$\text{Cov}(X, Y) \overset{\text{def}}{=\!=} E[(X - EX)(Y - EY)] \tag{3.34}$$

为 X 与 Y 的协方差 (covariance), 它是 X 的偏差 "$X - EX$" 与 Y 的偏差 "$Y - EY$" 乘积的数学期望.

特别有 $\text{Cov}(X, X) = \text{Var}(X) \overset{\text{def}}{=\!=} \sigma_X^2$.

性质 1　对任意二维随机变量 (X, Y)，有

$$\mathrm{Cov}\,(X, Y) = E(XY) - E(X)E(Y). \tag{3.35}$$

证明　根据协方差的定义和数学期望的性质可知

$$\mathrm{Cov}(X, Y) = E[XY - XE(Y) - YE(X) + E(X)E(Y)]$$

$$= E(XY) - E(X)E(Y). \qquad\blacksquare$$

$E(XY)$ 常称为 X 与 Y 的**相关（矩）**或**相关值**，本性质表明了两个随机变量的协方差与他们之间相关值的关系．相比协方差的定义式 (3.34)，用式 (3.35) 计算协方差更方便．

性质 2　不难证明：

（1）$\mathrm{Cov}(X, Y) = \mathrm{Cov}(Y, X)$，即对称性；

（2）$\mathrm{Cov}(X, a) = 0$，即随机变量与任意常数 a 的协方差为零；

（3）$\mathrm{Cov}(aX + bY, Z) = a\mathrm{Cov}(X, Z) + b\mathrm{Cov}(Y, Z)$，即固定一个变元，协方差对另一个变元具有线性性质．

性质 3　对任意二维随机变量 (X, Y)，有

$$\mathrm{Var}\,(X \pm Y) = \mathrm{Var}\,(X) + \mathrm{Var}\,(Y) \pm 2\mathrm{Cov}\,(X, Y). \tag{3.36}$$

证明　由方差的定义知

$$\mathrm{Var}(X \pm Y) = E[(X \pm Y) - E(X \pm Y)]^2$$

$$= E[(X - EX) \pm (Y - EY)]^2$$

$$= E[(X - EX)^2 + (Y - EY)^2 \pm 2(X - EX)(Y - EY)]$$

$$= \mathrm{Var}(X) + \mathrm{Var}(Y) \pm 2\mathrm{Cov}(X, Y). \qquad\blacksquare$$

性质 4　对任意二维随机变量 (X, Y)，其协方差可正可负，也可为零，具有不同的含义，具体表现如下：

- 当 $\mathrm{Cov}(X, Y) > 0$ 时，称为 X 与 Y **正相关**．这时统计来看，两个偏差 "$X - EX$" 与 "$Y - EY$" 同符号，同为正或同为负．由于 $E(X)$ 与 $E(Y)$ 都是常数，故等价于 X 与 Y 同时增大或同时减少，这就是正相关的含义．随机抽样的一个同学的身高与体重是正相关的一个例子．

- 当 $\mathrm{Cov}(X, Y) < 0$ 时，称为 X 与 Y **负相关**．这时 X 增大而 Y 减少，或 X 减少而 Y 增大，这就是负相关的含义．随机抽样的一个同学的学分绩与其打游戏的时间是负相关的一个例子．

- 当 $\mathrm{Cov}(X, Y) = 0$ 时，称为 X 与 Y **不相关**．这时，X 增大，Y 可增可减；X 减少，Y 可增可减．根据式 (3.35)，X 与 Y 不相关的等价定义为

$$E(XY) = E(X)E(Y).$$

注 在上面有关正相关、负相关、不相关的讨论中，在言及增大或减小时，是相对谁来说的呢？一种认识是，**相对均值来说的**，X 相对 $E(X)$ 来说，Y 相对 $E(Y)$ 来说．比如对正相关，X 与 Y 相对各自均值来说同时增大或同时减少．

还有一种认识，言及增大或减小时，**是相对前一次抽样来说的**，这种认识在实际中更有用．考查随机抽样的同学的身高与体重，身高记为 X，体重记为 Y，X 与 Y 的联合密度为 $f(x,y)$．由 $f(x,y)$ 计算出 X 与 Y 的均值分别为 μ_X 与 μ_Y，协方差为 $\text{Cov}(X,Y)$．现进行两次独立的抽样，前一个抽出的同学的身高体重记为 (X_1,Y_1)，后一个的记为 (X_2,Y_2)，则 (X_1,Y_1) 与 (X_2,Y_2) 相互独立且同分布，联合密度均为 $f(x,y)$．因此，X_i 与 Y_i 的均值亦分别为 μ_X 与 μ_Y，$i=1,2$，两者协方差都是 $\text{Cov}(X,Y)$．现计算：

$$
\begin{aligned}
E[(X_2-X_1)(Y_2-Y_1)] &= E\left[((X_2-\mu_X)-(X_1-\mu_X))((Y_2-\mu_Y)-(Y_1-\mu_Y))\right] \\
&= E\left[(X_2-\mu_X)(Y_2-\mu_Y)+(X_1-\mu_X)(Y_1-\mu_Y)\right] \\
&= \text{Cov}(X_2,Y_2)+\text{Cov}(X_1,Y_1) \\
&= 2\text{Cov}(X,Y),
\end{aligned}
$$

其中因为 (X_1,Y_1) 与 (X_2,Y_2) 相互独立，所以交叉项 $E[(X_2-\mu_X)(Y_1-\mu_Y)]$，$E[(X_1-\mu_X)(Y_2-\mu_Y)]$ 均等于零．

若 $\text{Cov}(X,Y)>0$，则 $E[(X_2-X_1)(Y_2-Y_1)]>0$．这时统计来看，两个变化"X_2-X_1"与"Y_2-Y_1"同符号，同为正或同为负，即后一个抽样的身高和体重相对于前一个抽样的身高和体重说，同时增大或同时减少，这就是正相关的含义．读者可以类似理解负相关、不相关的情形．

性质 5（独立与不相关） 若 X 与 Y 相互独立，根据式 (3.29)，有 $E(XY)=E(X)E(Y)$，可知 X 与 Y 不相关．反之不然，可见下面的反例．"独立"蕴含"不相关"，而"不相关"时不一定"独立"．独立要求更严，不相关要求宽．独立性是用分布来定义的，而不相关只是用矩来定义的．

例 3.29 设随机变量 $X \sim N(0,\sigma^2)$，令 $Y=X^2$，则 X 与 Y 不独立，显然两者有极密切的依存关系（X 完全确定了 Y）．由两者的协方差为

$$
\text{Cov}(X,Y)=\text{Cov}(X,X^2)=E(X\cdot X^2)-E(X)E(X^2)=0.
$$

可知两者不相关．

3.4.3 相关系数

协方差 $\text{Cov}(X,Y)$ 是有量纲的量，比如 X 表示人的身高，单位是米（m），Y 表示人的体重，单位是千克（kg），则 $\text{Cov}(X,Y)$ 带有量纲（m·kg）．为了消除量纲的影响，现对协方差除以相同量纲的量，就得到一个新的概念——相关系数（correlation coefficient）．

定义 3.13（相关系数）　设 (X, Y) 是一个二维随机变量，且 $\mathrm{Var}(X) > 0$，$\mathrm{Var}(Y) > 0$，则称

$$\mathrm{Corr}\,(X, Y) \stackrel{\text{def}}{=} \frac{\mathrm{Cov}\,(X, Y)}{\sqrt{\mathrm{Var}\,(X)}\sqrt{\mathrm{Var}\,(Y)}}$$

为 X 与 Y 的（线性）相关系数，有时记为 ρ_{XY}.

注 1　从上面定义易知，相关系数 $\mathrm{Corr}(X, Y)$ 与协方差 $\mathrm{Cov}(X, Y)$ 是同符号的，即同为正，或同为负，或同为零. 这说明，从相关系数的取值也可反映出 X 与 Y 的正相关、负相关和不相关.

注 2　用协方差衡量两个变量间相互关联的程度时，会受到两个变量各自方差的影响，而相关系数则消除了这一影响. 相关系数可视为是相应标准化变量的协方差. 具体来说，X 与 Y 的标准化变量分别为

$$X^* = \frac{X - \mu_X}{\sigma_X}, \qquad Y^* = \frac{Y - \mu_Y}{\sigma_Y}.$$

不难验证

$$E(X^*) = E(Y^*) = 0, \quad \mathrm{Var}(X^*) = \mathrm{Var}(Y^*) = 1,$$

$$\mathrm{Cov}(X^*, Y^*) = \mathrm{Cov}\left(\frac{X - \mu_X}{\sigma_X}, \frac{Y - \mu_Y}{\sigma_Y}\right) = \frac{\mathrm{Cov}(X, Y)}{\sigma_X \sigma_Y} = \mathrm{Corr}(X, Y).$$

定理 3.9（柯西-施瓦茨（Cauchy-Schwarz）不等式）　设 X 和 Y 的方差都存在，则

$$|\mathrm{Cov}(X, Y)|^2 \leqslant \mathrm{Var}(X) \cdot \mathrm{Var}(Y). \tag{3.37}$$

证明　当 $\mathrm{Var}(X) = 0$ 时，有唯一的 c 满足 $P(X = c) = 1$. 由此知

$$P((X - E(X))(Y - E(Y)) = 0) = 1.$$

于是 $\mathrm{Cov}(X, Y) = 0$，由此式 (3.37) 成立.

以下设 $\mathrm{Var}(X) > 0$，令

$$g(t) = E[t(X - E(X)) + (Y - E(Y))]^2.$$

易知

$$g(t) = t^2 \mathrm{Var}(X) + 2t\mathrm{Cov}(X, Y) + \mathrm{Var}(Y) \tag{3.38}$$

这对一切实数 t 均非负，故这个二次三项式的判别式非正，即有

$$(\mathrm{Cov}(X, Y))^2 \leqslant \mathrm{Var}(X) \cdot \mathrm{Var}(Y). \qquad\blacksquare$$

利用柯西-施瓦茨不等式，立即可得相关系数的一个重要性质.

性质（相关系数的有界性）　$-1 \leqslant \mathrm{Corr}(X, Y) \leqslant 1$.

例 3.30（二维正态分布的相关系数） 二维正态分布 $N(\mu_1, \mu_2, \sigma_1^2, \sigma_2^2, \rho)$ 的相关系数就是 ρ.

解 下面先求 $\mathrm{Cov}(X, Y)$.

$$
\begin{aligned}
\mathrm{Cov}(X, Y) &= E\left[(X - E(X))(Y - E(Y))\right] \\
&= \frac{1}{2\pi\sigma_1\sigma_2\sqrt{1-\rho^2}} \int_{-\infty}^{+\infty} \int_{-\infty}^{+\infty} (x - \mu_1)(y - \mu_2) \cdot \\
&\quad \exp\left\{-\frac{1}{2(1-\rho^2)}\left[\frac{(x-\mu_1)^2}{\sigma_1^2} - 2\rho\frac{(x-\mu_1)(y-\mu_2)}{\sigma_1\sigma_2} + \frac{(y-\mu_2)^2}{\sigma_2^2}\right]\right\} \mathrm{d}x\mathrm{d}y.
\end{aligned}
$$

先将上式中方括号内化成

$$
\left(\frac{x-\mu_1}{\sigma_1} - \rho\frac{y-\mu_2}{\sigma_2}\right)^2 + \left(\sqrt{1-\rho^2}\frac{y-\mu_2}{\sigma_2}\right)^2,
$$

再做变量变换

$$
\begin{cases}
u = \dfrac{1}{\sqrt{1-\rho^2}}\left(\dfrac{x-\mu_1}{\sigma_1} - \rho\dfrac{y-\mu_2}{\sigma_2}\right), \\
v = \dfrac{y-\mu_2}{\sigma_2},
\end{cases}
$$

则

$$
\begin{cases}
x - \mu_1 = \sigma_1\left(u\sqrt{1-\rho^2} + \rho v\right), \\
y - \mu_2 = \sigma_2 v,
\end{cases}
$$

$$
\mathrm{d}x\mathrm{d}y = |J|\mathrm{d}u\mathrm{d}v = \sigma_1\sigma_2\sqrt{1-\rho^2}\mathrm{d}u\mathrm{d}v.
$$

由此得

$$
\mathrm{Cov}(X, Y) = \frac{\sigma_1\sigma_2}{2\pi} \int_{-\infty}^{+\infty} \int_{-\infty}^{+\infty} (uv\sqrt{1-\rho^2} + \rho v^2) \exp\left[-\frac{1}{2}(u^2 + v^2)\right] \mathrm{d}u\mathrm{d}v.
$$

上式右端积分可以分为两个积分之和，其中

$$
\int_{-\infty}^{+\infty} \int_{-\infty}^{+\infty} uv \exp\left[-\frac{1}{2}(u^2 + v^2)\right] \mathrm{d}u\mathrm{d}v = 0,
$$

$$
\int_{-\infty}^{+\infty} \int_{-\infty}^{+\infty} v^2 \exp\left[-\frac{1}{2}(u^2 + v^2)\right] \mathrm{d}u\mathrm{d}v = 2\pi.
$$

从而

$$
\mathrm{Cov}(X, Y) = \frac{\sigma_1\sigma_2}{2\pi} \cdot \rho \cdot 2\pi = \rho\sigma_1\sigma_2,
$$

$$
\mathrm{Corr}(X, Y) = \frac{\mathrm{Cov}(X, Y)}{\sigma_1\sigma_2} = \rho.
$$

注　前面我们说了，在一般场合，"独立"蕴含"不相关"，而"不相关"时不一定"独立"．**在二元正态分布的情形下，"独立"与"不相关"是等价的．**根据二元正态分布的定理 3.5，二维正态分布的两个分量相互独立，等价于 $\rho = 0$．而上例表明 ρ 正是两个分量的相关系数，$\rho = 0$ 即两个分量不相关．

定理 3.10（相关系数的边界情况）　$\mathrm{Corr}\,(X, Y) = \pm 1$ 的充分必要条件是 X 与 Y 之间几乎处处有线性关系，即存在 $a(\neq 0), b$，使得

$$P(Y = aX + b) = 1,$$

其中当 $\mathrm{Corr}\,(X, Y) = 1$ 时，有 $a > 0$；当 $\mathrm{Corr}\,(X, Y) = -1$ 时，有 $a < 0$．

证明　（充分性）若 $Y = aX + b$（$X = cY + d$ 也一样），则将

$$\mathrm{Var}(Y) = a^2 \mathrm{Var}(X), \mathrm{Cov}(X, Y) = a\mathrm{Cov}(X, X) = a\mathrm{Var}(X)$$

代入相关系数的定义中得

$$\mathrm{Corr}(X, Y) = \frac{\mathrm{Cov}(X, Y)}{\sigma_X \sigma_Y} = \frac{a\mathrm{Var}(X)}{|a|\mathrm{Var}(X)} = \frac{a}{|a|} = \begin{cases} 1, a > 0, \\ -1, a < 0. \end{cases}$$

（**必要性**）因为

$$\mathrm{Var}\left(\frac{X}{\sigma_X} \pm \frac{Y}{\sigma_Y}\right) = 2\left[1 \pm \mathrm{Corr}(X, Y)\right], \tag{3.39}$$

所以当 $\mathrm{Corr}(X, Y) = 1$ 时，有

$$\mathrm{Var}\left(\frac{X}{\sigma_X} - \frac{Y}{\sigma_Y}\right) = 0,$$

由此得

$$P\left(\frac{X}{\sigma_X} - \frac{Y}{\sigma_Y} = c\right) = 1,$$

或

$$P\left(Y = \frac{\sigma_Y}{\sigma_X}X - c\sigma_Y\right) = 1.$$

这就证明了：当 $\mathrm{Corr}(X, Y) = 1$ 时，Y 与 X 几乎处处为线性正相关．

当 $\mathrm{Corr}(X, Y) = -1$ 时，由式 (3.39) 得

$$\mathrm{Var}\left(\frac{X}{\sigma_X} + \frac{Y}{\sigma_Y}\right) = 0,$$

由此得

$$P\left(\frac{X}{\sigma_X} + \frac{Y}{\sigma_Y} = c\right) = 1,$$

或

$$P\left(Y = -\frac{\sigma_Y}{\sigma_X}X + c\sigma_Y\right) = 1.$$

这也证明了：当 $\text{Corr}(X,Y) = -1$ 时，Y 与 X 几乎处处为线性负相关. ■

对于这个性质可作以下几点说明：

- 相关系数 $\text{Corr}(X,Y)$ 刻画了 X 与 Y 之间的线性关系强弱，因此也常称其为"线性相关系数".

- 若 $\text{Corr}(X,Y) = 0$，则称 X 与 Y 不相关. 不相关是指 X 与 Y 之间没有线性关系，但 X 与 Y 之间可能有其他的函数关系，譬如平方关系、对数关系等.

- 若 $\text{Corr}(X,Y) = 1$，则称 X 与 Y 完全正相关；若 $\text{Corr}(X,Y) = -1$，则称 X 与 Y 完全负相关.

- 若 $0 < |\text{Corr}(X,Y)| < 1$，则称 X 与 Y 有"一定程度"的线性关系. $|\text{Corr}(X,Y)|$ 越接近于 1，则线性相关程度越高；$|\text{Corr}(X,Y)|$ 越接近于 0，则线性相关程度越低. 而从协方差则看不出这一点，若协方差很小，而其两个标准差 σ_X 和 σ_Y 也很小，则其比值就不一定很小.

定理 3.11（相关系数与线性拟合） 设 X 和 Y 的方差都是正数，二者的相关系数是 ρ，则

$$\min_{a,b} E(Y - (aX + b))^2 = \text{Var}(Y) \cdot (1 - \rho^2)$$

且达到最小值时 a,b 的取值分别是 $a^* = \dfrac{\text{Cov}(X,Y)}{\text{Var}(X)}$，$b^* = E(Y) - a^*E(X)$.

本定理表明，相关系数 ρ 的绝对值越大，则用 X 的最好线性函数近似 Y 时的均方误差越小.

证明 令 $Q(a,b) = E(Y - (aX + b))^2$，则

$$Q(a,b) = E[Y - E(Y) - a(X - E(X)) + (E(Y) - aE(X)) - b]^2$$

$$= E[Y - E(Y)]^2 + a^2 E[X - E(X)]^2 - 2a\text{Cov}(X,Y) + [E(Y) - bE(X) - b]^2$$

$$= \text{Var}(X)\left(a - \frac{\text{Cov}(X,Y)}{\text{Var}(X)}\right)^2 + \text{Var}(Y) - \frac{(\text{Cov}(X,Y))^2}{\text{Var}(X)} +$$

$$[E(Y) - aE(X) - b]^2.$$

若取 $a = a^* \stackrel{\text{def}}{=} \text{Cov}(X,Y)/\text{Var}(X), b = b^* \stackrel{\text{def}}{=} E(Y) - a^*E(X)$，则 Q 达到最小值，即

$$Q_{\min} = \text{Var}(Y) - \frac{(\text{Cov}(X,Y))^2}{\text{Var}(X)} = \text{Var}(Y)(1 - \rho^2).$$

注 这里，我们考虑用 X 的线性函数去近似（预测）Y，不同的线性函数有不同的均方误差. 上述定理告诉我们，穷尽所有可能的 X 的线性函数，最小均方误差为 $(1-\rho_{XY}^2)\mathrm{Var}(Y)$. 因此，$|\rho_{XY}|$ 越大，用 X 的线性函数近似 Y 的程度就越好，意味着 X 与 Y 之间的线性相关程度就越强；$|\rho_{XY}|$ 越小，X 与 Y 之间的线性相关程度就越弱. 因此，相关系数刻画了 X 与 Y 间的线性相关程度.

下面通过两个极端情况，再来理解这一点.

- 当 $|\rho_{XY}|=1$ 时，X 与 Y 之间的线性相关程度最强，用 X 线性近似 Y 的均方误差为零，X 与 Y 间几乎处处有线性关系.
- 当 $\rho_{XY}=0$ 时，X 与 Y 之间的线性相关程度最弱，用 X 线性近似 Y 的均方误差等于 Y 的方差，X 对线性预测 Y 没起作用，X 与 Y（线性）不相关.

3.4.4 协方差阵

协方差和相关系数是对两个变量间相互关联的程度的描述. 对一个 n 维随机向量的分量两两之间相互关联程度的描述用协方差阵.

定义 3.14（协方差阵） 设 $\boldsymbol{X} \stackrel{\text{def}}{=} (X_1, X_2, \cdots, X_n)^{\mathrm{T}}$ 为 n 维随机向量，称

$$
E\left[(\boldsymbol{X}-E\boldsymbol{X})(\boldsymbol{X}-E\boldsymbol{X})^{\mathrm{T}}\right]
$$
$$
= \begin{pmatrix}
\mathrm{Var}(X_1) & \mathrm{Cov}(X_1, X_2) & \cdots & \mathrm{Cov}(X_1, X_n) \\
\mathrm{Cov}(X_2, X_1) & \mathrm{Var}(X_2) & \cdots & \mathrm{Cov}(X_2, X_n) \\
\vdots & \vdots & & \vdots \\
\mathrm{Cov}(X_n, X_1) & \mathrm{Cov}(X_n, X_2) & \cdots & \mathrm{Var}(X_n)
\end{pmatrix}
$$
$$
\stackrel{\text{def}}{=} \left(\mathrm{Cov}(X_i, X_j)\right)_{i,j=1,2,\cdots,n}
$$

为 $\boldsymbol{X}$ 的协方差阵，记为 $\mathrm{Cov}(\boldsymbol{X})$.

注 1 n 维随机向量的协方差阵，是由各分量的方差与分量间的协方差组成的矩阵，其对角线上的元素是各分量的方差，非对角线元素是分量间的协方差.

注 2 直观上可将 $E(\cdot)$ 理解为一个算符. $E(\cdot)$ 作用于一个向量，等于 $E(\cdot)$ 作用于向量的各分量，即求各分量的数学期望并组成向量形式. $E(\cdot)$ 作用于一个矩阵，等于 $E(\cdot)$ 作用于矩阵各元素，即求各元素的数学期望并组成矩阵形式.

$$
E\begin{pmatrix} \cdot \\ \cdot \\ \cdot \end{pmatrix} = \begin{pmatrix} E\cdot \\ E\cdot \\ E\cdot \end{pmatrix}, \quad
E\begin{pmatrix} \cdot & \cdot & \cdot \\ \cdot & \cdot & \cdot \\ \cdot & \cdot & \cdot \end{pmatrix} = \begin{pmatrix} E\cdot & E\cdot & E\cdot \\ E\cdot & E\cdot & E\cdot \\ E\cdot & E\cdot & E\cdot \end{pmatrix}.
$$

性质（非负定性） n 维随机向量 $\boldsymbol{X}$ 的协方差阵 $\mathrm{Cov}(\boldsymbol{X})$ 为非负定矩阵.

证明 对任意 n 维非零向量 $\boldsymbol{a} \in \mathbb{R}^n$，有

$$a^{\mathrm{T}}\mathrm{Cov}(\boldsymbol{X})\boldsymbol{a}$$

$$=a^{\mathrm{T}}E[(\boldsymbol{X}-E\boldsymbol{X})(\boldsymbol{X}-E\boldsymbol{X})^{\mathrm{T}}])\boldsymbol{a}$$

$$=E[a^{\mathrm{T}}(\boldsymbol{X}-E\boldsymbol{X})(\boldsymbol{X}-E\boldsymbol{X})^{\mathrm{T}}\boldsymbol{a}]=E[a^{\mathrm{T}}(\boldsymbol{X}-E\boldsymbol{X})]^2\geqslant 0. \quad\blacksquare$$

例 3.31 设 n 维随机向量 $\boldsymbol{X}\in\mathbb{R}^n$ 服从 n 维正态分布,$\boldsymbol{X}\sim N(\boldsymbol{\mu},\boldsymbol{\Sigma})$,其概率密度函数如式 (3.4),可以证明:

$$E(\boldsymbol{X})=\boldsymbol{\mu},\quad \mathrm{Cov}(\boldsymbol{X})=\boldsymbol{\Sigma}.$$

即 n 元正态分布的概率密度函数的参数 $\boldsymbol{\mu}$ 和 $\boldsymbol{\Sigma}$ 的含义是均值向量和协方差阵.

同时可以验证:二元正态分布 $N(\mu_1,\mu_2,\sigma_1^2,\sigma_1^2,\rho)$ 的均值向量和协方差阵分别为

$$\begin{pmatrix}\mu_1\\\mu_2\end{pmatrix},\quad \begin{pmatrix}\sigma_1^2 & \rho\sigma_1\sigma_2\\\rho\sigma_1\sigma_2 & \sigma_2^2\end{pmatrix}.$$

定义 3.15(互协方差阵) 对 n 维随机向量 $\boldsymbol{X}\in\mathbb{R}^n$,$m$ 维随机向量 $\boldsymbol{Y}\in\mathbb{R}^m$,称

$$\mathrm{Cov}(X,Y)=E[(\boldsymbol{X}-E(\boldsymbol{X}))(\boldsymbol{Y}-E(\boldsymbol{Y}))^{\mathrm{T}}]$$

$$\stackrel{\mathrm{def}}{=\!=}(\mathrm{Cov}(X_i,X_j))_{i=1,2,\cdots,n,j=1,2,\cdots,m}\in\mathbb{R}^{n\times m}$$

为 X 和 Y 的互协方差(阵).

3.5 条 件 分 布

在许多问题中,两个随机变量取值往往是彼此有影响的,条件分布是研究变量之间依存关系的一个有力工具. 设 X 和 Y 是一个随机现象中的两个随机变量,X 和 Y 可以是两个一元随机变量,更一般地,可以是两个不同维数的随机向量. 下面为简单起见,我们用两个一元随机变量来讨论,对于两个多维的随机向量的情形的讨论是类似的.

对于二维随机变量 $(X,Y)\in\mathbb{R}^2$ 而言,所谓随机变量 X 的条件分布,就是在给定 Y 取某个值 y 的条件下 X 的分布,一般地由**条件分布函数** $F_{X|Y}(x|y)$ 来刻画,常写作 $X|Y=y\sim F_{X|Y}(x|y)$,并常称 X 为目标变量,Y 为条件变量,以区分两个变量的不同角色.

注 1 首先应注意的是,条件分布涉及联合分布,由联合分布所确定.

注 2 学会动静结合来看待条件分布. 当给定条件变量 Y 取值 y 时,$F_{X|Y}(x|y)$ 表示了一个关于 X 的条件分布;Y 取不同的值 y,条件分布函数 $F_{X|Y}(x|y)$ 一般不同. 当 Y 的取值 y 变动起来,$F_{X|Y}(x|y)$ 表示了一族关于 X 的条件分布.

注 3 在 1.5 节中,我们曾经认识了 "事件的条件概率",看到了所有有关概率的性质加上条件后仍是成立的. 本节我们将要介绍的 "变量的条件分布",也有类似结论——所有有关分布的性质加上条件后仍然成立.

注 4 根据两个变量 X 和 Y 分别是离散型还是连续型，条件分布有四种不同情形，以下举例说明.

例 3.32 从某校随机抽取一个同学 ω，其性别和专业类别分别记为

$$U(\omega) = \begin{cases} 0, & \omega \text{是男生,} \\ 1, & \omega \text{是女生,} \end{cases} \qquad V(\omega) = \begin{cases} 0, & \omega \text{是理工科,} \\ 1, & \omega \text{是非理工科.} \end{cases}$$

体重记为 $X(\omega)$，身高记为 $Y(\omega)$，则 U, V 为离散型，X, Y 为连续型. 不难看出，根据目标变量与条件变量是离散还是连续，条件分布可分为四种情形. 表 3.2 展示了条件分布的四种情形的例子.

- $U|V = 0$，表示给定同学是理工科（$V = 0$）的条件下，性别 U 的分布；
- $X|V = 0$，表示给定同学是理工科（$V = 0$）的条件下，体重 X 的分布；
- $U|Y = 1.7\mathrm{m}$，表示给定同学身高是 1.7m（$Y = 1.7\mathrm{m}$）的条件下，性别 U 的分布；
- $X|Y = 1.7\mathrm{m}$，表示给定同学身高是 1.7m（$Y = 1.7\mathrm{m}$）的条件下，体重 X 的分布.

表 3.2   条件分布的四种情形

目标变量	条件变量	
	离散	连续
离散	$U|V = 0$	$U|Y = 1.7\mathrm{m}$
连续	$X|V = 0$	$X|Y = 1.7\mathrm{m}$

3.5.1 一般定义

设 X 和 Y 是两个随机变量. 给定实数 y，如果 $P(Y = y) > 0$，则称 x 的函数 $P(X \leqslant x|Y = y)$ 为 $Y = y$ 的条件下 X 的**条件分布函数**，记作 $F_{X|Y}(x|y)$. 根据条件概率的定义，显然有

$$F_{X|Y}(x|y) = \frac{P(X \leqslant x, Y = y)}{P(Y = y)}. \tag{3.40}$$

如果 $P(Y = y) = 0$（例如 Y 是连续型随机变量），怎么定义 X 的条件分布函数呢？这时不能从条件概率的初等定义（见 1.5 节）出发，我们采用下列很自然的处理方法，将 $P(X \leqslant x|Y = y)$ 看成是 $\varepsilon \to 0^+$ 时 $P(X \leqslant x|y \leqslant Y \leqslant y + \varepsilon)$ 的极限，由此引出下面的定义.

定义 3.16（条件分布函数） 设 $\exists \delta > 0, \forall 0 < \varepsilon < \delta, P(y \leqslant Y \leqslant y + \varepsilon) > 0$，若极限

$$\lim_{\varepsilon \to 0^+} P(X \leqslant x|y \leqslant Y \leqslant y + \varepsilon) \tag{3.41}$$

存在，则称此极限为 $Y = y$ 的条件下 X 的**条件分布函数**，记作

$$P(X \leqslant x|Y = y) \text{ 或 } F_{X|Y}(x|y).$$

注 1 不难看出，当 $P(Y = y) > 0$ 时，式 (3.40) 与式 (3.41) 有相同的结果.

注 2 上述定义在一元和多元情形下是统一的，也就是说随机变量扩展到多维空间，$\boldsymbol{X}, \boldsymbol{x} \in \mathbb{R}^n, \boldsymbol{Y}, \boldsymbol{y} \in \mathbb{R}^m$ 时上述定义仍然成立.

下面，我们分情形讨论条件分布.

3.5.2 离散情形

考虑二维随机变量 (X, Y)，支集为 $\mathcal{J} \subset \mathbb{R}^2$ 只含有限个或可列个元素，则 X, Y 均为离散型随机变量，$\mathcal{J}$ 在第一维的投影即为 X 的支集 $\mathcal{X} = \{x_1, x_2, \cdots\} \subset \mathbb{R}$，在第二维的投影即为 Y 的支集 $\mathcal{Y} = \{y_1, y_2, \cdots\} \subset \mathbb{R}$. 仿照条件概率的定义，我们很容易地给出如下离散随机变量的条件分布列.

定义 3.17 设离散二维随机变量 (X, Y) 的联合分布列与边缘分布列分别为 $f_{XY}(x, y), f_X(x), f_Y(y)$，则称

$$P(X = x | Y = y) = \frac{P(X = x, Y = y)}{P(Y = y)} = \frac{f_{XY}(x, y)}{f_Y(y)} \stackrel{\text{def}}{=} f_{X|Y}(x|y), y \in \mathcal{Y}, x \in \mathcal{X} \quad (3.42)$$

为给定 $Y = y \in \mathcal{Y}$ 条件下 X 的条件分布列（注意，当 $y \notin \mathcal{Y}$ 时，$P(X = x | Y = y)$ 无从定义；当 $y \in \mathcal{Y}, x \notin \mathcal{X}$ 时，$P(X = x | Y = y) = 0$）. 同理称

$$P(Y = y | X = x) = \frac{P(X = x, Y = y)}{P(X = x)} = \frac{f_{XY}(x, y)}{f_X(x)} \stackrel{\text{def}}{=} f_{Y|X}(y|x), x \in \mathcal{X}, y \in \mathcal{Y} \quad (3.43)$$

为给定 $X = x \in \mathcal{X}$ 条件下 Y 的条件分布列（注意，当 $x \notin \mathcal{X}$ 时，$P(Y = y | X = x)$ 无从定义；当 $x \in \mathcal{X}, y \notin \mathcal{Y}$ 时，$P(Y = y | X = x) = 0$）.

有了条件分布列，我们就可以给出离散随机变量的条件分布函数.

$$F_{X|Y}(x|y) \stackrel{\text{def}}{=} P(X \leqslant x | Y = y) = \sum_{u \leqslant x} f_{X|Y}(u|y), y \in \mathcal{Y},$$

$$F_{Y|X}(y|x) \stackrel{\text{def}}{=} P(Y \leqslant y | X = x) = \sum_{v \leqslant y} f_{Y|X}(v|x), x \in \mathcal{X}.$$

基于式 (3.42) 和式 (3.43)，并仿照条件概率的三大公式（见 1.5 节），不难得出**离散情形下条件分布的三大公式**，举例如下：

乘法公式

$$f_{XY}(x, y) = f_Y(y) f_{X|Y}(x|y). \quad (3.44)$$

全概率公式

$$f_X(x) = \sum_y f_{XY}(x, y) = \sum_y f_Y(y) f_{X|Y}(x|y). \quad (3.45)$$

贝叶斯公式

$$f_{Y|X}(y|x) = \frac{f_{XY}(x, y)}{f_X(x)} = \frac{f_Y(y) f_{X|Y}(x|y)}{\sum_v f_Y(v) f_{X|Y}(x|v)}. \quad (3.46)$$

例 3.33　设随机变量 X 与 Y 相互独立，且 $X \sim Po(\lambda_1)$，$Y \sim Po(\lambda_2)$．在已知 $X+Y=n$ 的条件下，求 X 的条件分布．

解　因为独立泊松变量的和仍为泊松变量，即 $X+Y \sim Po(\lambda_1+\lambda_2)$，所以

$$
\begin{aligned}
P(X=k|X+Y=n) &= \frac{P(X=k, X+Y=n)}{P(X+Y=n)} \\
&= \frac{P(X=k)P(Y=n-k)}{P(X+Y=n)} \\
&= \frac{\dfrac{\lambda_1^k}{k!}\mathrm{e}^{-\lambda_1} \cdot \dfrac{\lambda_2^{n-k}}{(n-k)!}\mathrm{e}^{-\lambda_2}}{\dfrac{(\lambda_1+\lambda_2)^n}{n!}\mathrm{e}^{-(\lambda_1+\lambda_2)}} \\
&= \frac{n!}{k!(n-k)!}\frac{\lambda_1^k\lambda_2^{(n-k)}}{(\lambda_1+\lambda_2)^n} \\
&= \mathrm{C}_n^k\left(\frac{\lambda_1}{\lambda_1+\lambda_2}\right)^k\left(\frac{\lambda_2}{\lambda_1+\lambda_2}\right)^{n-k}, k=0,1,\cdots,n,
\end{aligned}
$$

即在 $X+Y=n$ 的条件下，X 服从二项分布 $B(n,p)$，其中 $p=\lambda_1/(\lambda_1+\lambda_2)$．■

3.5.3　连续情形

考虑二维随机变量 (X,Y)，支集为 $\mathcal{J} \subset \mathbb{R}^2$ 充满二维平面的某区域，则 X,Y 均为连续型随机变量，$\mathcal{J}$ 在第一维的投影即为 X 的支集 $\mathcal{X} \subset \mathbb{R}$，在第二维的投影即为 Y 的支集 $\mathcal{Y} \subset \mathbb{R}$．

考虑给定 Y 取某个可能值 $y \in \mathcal{Y}$ 的条件下 X 的分布．这时即使 y 是 Y 的可能取值，但连续随机变量取 y 的概率为零，这时我们从条件分布函数的一般定义式 (3.41) 出发，有

$$
\begin{aligned}
\forall y \in \mathcal{Y}, F_{X|Y}(x|y) &= \lim_{\varepsilon \to 0^+} \frac{P(X \leqslant x, y \leqslant Y \leqslant y+\varepsilon)}{P(y \leqslant Y \leqslant y+\varepsilon)} \\
&= \lim_{\varepsilon \to 0^+} \frac{\displaystyle\int_{-\infty}^x \int_y^{y+\varepsilon} f_{XY}(u,v)\mathrm{d}v\mathrm{d}u}{\displaystyle\int_y^{y+\varepsilon} f_Y(v)\mathrm{d}v} \\
&= \lim_{\varepsilon \to 0^+} \frac{\displaystyle\int_{-\infty}^x \left[\frac{1}{\varepsilon}\int_y^{y+\varepsilon} f_{XY}(u,v)\mathrm{d}v\right]\mathrm{d}u}{\dfrac{1}{\varepsilon}\displaystyle\int_y^{y+\varepsilon} f_Y(v)\mathrm{d}v}.
\end{aligned}
$$

由积分中值定理，我们有

$$
\lim_{\varepsilon \to 0^+} \frac{1}{\varepsilon}\int_y^{y+\varepsilon} f_{XY}(u,v)\mathrm{d}v = f_{XY}(u,y),
$$

$$\lim_{\varepsilon \to 0^+} \frac{1}{\varepsilon} \int_y^{y+\varepsilon} f_Y(v)\mathrm{d}v = f_Y(y),$$

因此

$$F_{X|Y}(x|y) = \frac{\int_{-\infty}^x f_{XY}(u,y)\mathrm{d}u}{f_Y(y)} = \int_{-\infty}^x \frac{f_{XY}(u,y)}{f_Y(y)}\mathrm{d}u, y \in \mathcal{Y}, \tag{3.47}$$

这就求出了从 (X,Y) 的联合分布出发，在 $y \in \mathcal{Y}$ 的条件下 X 的条件分布函数. 从式 (3.47) 来看，自然有如下定义.

定义 3.18 设连续二维随机变量 (X,Y) 的联合概率密度函数与边缘概率密度函数分别为 $f_{XY}(x,y), f_X(x), f_Y(y)$，则称

$$f_{X|Y}(x|y) = \frac{f_{XY}(x,y)}{f_Y(y)}, y \in \mathcal{Y} \tag{3.48}$$

为给定 $Y = y \in \mathcal{Y}$ 条件下 X 的条件概率密度函数（注意，当 $y \notin \mathcal{Y}$ 时，$f_{X|Y}(x|y)$ 无从定义；式 (3.48) 可用的前提是 $y \in \mathcal{Y}$，即 $f_Y(y) > 0$）. 同理称

$$f_{Y|X}(y|x) = \frac{f_{XY}(x,y)}{f_X(x)}, x \in \mathcal{X} \tag{3.49}$$

为给定 $X = x \in \mathcal{X}$ 条件下 Y 的条件概率密度函数（注意，当 $x \notin \mathcal{X}$ 时，$f_{Y|X}(y|x)$ 无从定义；式 (3.49) 可用的前提是 $x \in \mathcal{X}$，即 $f_X(x) > 0$）.

不难看出，连续情形下的条件概率密度函数（式 (3.48)、式 (3.49)）与离散情形下的条件分布列（式 (3.42)、式 (3.43)）形式上很相似！进一步，利用式 (3.48)、式 (3.49)，可以类似得出**连续情形下条件分布的三大公式**，其形式与离散情形下条件分布的三大公式也很相似，只是求和换成了积分！

乘法公式
$$f_{XY}(x,y) = f_Y(y) f_{X|Y}(x|y). \tag{3.50}$$

全概率公式
$$f_X(x) = \int_y f_{XY}(x,y)\,\mathrm{d}y = \int_y f_Y(y)f_{X|Y}(x|y)\mathrm{d}y. \tag{3.51}$$

贝叶斯公式
$$f_{Y|X}(y|x) = \frac{f_{XY}(x,y)}{f_X(x)} = \frac{f_Y(y)f_{X|Y}(x|y)}{\int_v f_Y(v)f_{X|Y}(x|v)\,\mathrm{d}v}. \tag{3.52}$$

前面我们提到，所有有关分布的性质加上条件后仍是成立的. 下面我们从两点来具体认识.

• 给定条件变量取某个值（比如 $Z = z$），成立类似的三大公式，举例如下：

乘法公式
$$f_{XY|Z}(x,y|z) = f_{Y|Z}(y|z) f_{X|YZ}(x|y,z). \tag{3.53}$$

全概率公式

$$f_{X|Z}(x|z) = \int_y f_{XY|Z}(x,y|z)\, \mathrm{d}y = \int_y f_{Y|Z}(y|z) f_{X|YZ}(x|y,z)\mathrm{d}y. \tag{3.54}$$

贝叶斯公式

$$f_{Y|XZ}(y|x,z) = \frac{f_{XY|Z}(x,y|z)}{f_{X|Z}(x|z)} = \frac{f_{Y|Z}(y|z) f_{X|YZ}(x|y,z)}{\int_v f_{Y|Z}(v|z) f_{X|YZ}(x|v,z)\, \mathrm{d}v}. \tag{3.55}$$

- 在无条件时, 随机变量 $\boldsymbol{X}$ 取值于一个区域 B 的概率等于概率密度函数 $f_{\boldsymbol{X}}(\boldsymbol{x})$ 在该区域的积分, 这是第 3 章的基本公式之一 (见式 (3.2)). 现考虑给定一个变量 Y 取值 y 条件下, n 维随机变量 $\boldsymbol{X}$ 取值于 $B \subset \mathbb{R}^n$ 的条件概率 $P(\boldsymbol{X} \in B|Y = y)$, 仍有如下基本计算公式[①]:

$$P(\boldsymbol{X} \in B|Y = y) = \int_{\boldsymbol{x} \in B} f_{\boldsymbol{X}|Y}(\boldsymbol{x}|y)\mathrm{d}\boldsymbol{x}, \boldsymbol{x} \in \mathbb{R}^n. \tag{3.56}$$

需要注意的是, 当 Y 为连续变量时, 作为条件的 $Y = y$ 的概率等于 0, 不能用条件概率的初等定义 (定义 1.15), 应该使用连续情形下的条件概率密度函数.

- 在后面的例 3.39, 我们将进一步看到在有条件时, 对随机变量的函数运用变量变换法.

例 3.34 设二维随机变量的联合概率密度函数如下:

$$f(x,y) = \begin{cases} \dfrac{21}{4}x^2 y, & x^2 \leqslant y \leqslant 1, \\ 0, & \text{其他} \end{cases}$$

求: $(1)P\left(Y \leqslant \dfrac{3}{4}|X = 0.5\right)$; $(2)\ P\left(Y \leqslant \dfrac{3}{4}|X \leqslant 0.5\right)$.

解 **(1)** 作为条件的 $X = 0.5$ 的概率等于 0, 不能用条件概率的初等定义. 首先, 计算 X 的边缘概率密度函数, 得

$$f(x) = \int_{-\infty}^{+\infty} f(x,y)\, \mathrm{d}y = \int_{x^2}^{1} \frac{21}{4}x^2 y\mathrm{d}y = \frac{21}{8}x^2 \left(1 - x^4\right), -1 \leqslant x \leqslant 1.$$

进而, 计算出 X 的条件概率密度函数, 当 $-1 \leqslant x \leqslant 1, x^2 \leqslant y \leqslant 1$ 时 (参见图 3.6) 有

$$f(y|x) = \frac{f(x,y)}{f(x)} = \frac{\dfrac{21}{4}x^2 y}{\dfrac{21}{8}x^2 \left(1 - x^4\right)} = \frac{2y}{1 - x^4}.$$

注意 $x = \dfrac{1}{2}$, 则 $x^2 = \dfrac{1}{4}$, 故

$$P\left(Y \leqslant \frac{3}{4}|X = 0.5\right) = \int_{\frac{1}{4}}^{\frac{3}{4}} \frac{2y}{1 - 0.5^4}\mathrm{d}y = \frac{8}{15}.$$

---

① 一般地, 区域 $B \subset \mathbb{R}^n$ 可以依赖于 y.

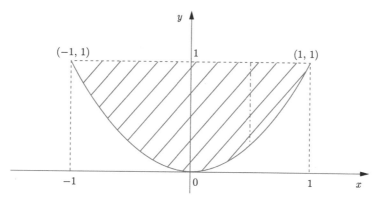

图 3.6   例 3.34 中联合概率密度函数的支集 $\mathcal{J}$ 是图中的阴影区域

(2) 作为条件的事件 "$X \leqslant 0.5$" 的概率大于 0, 用条件概率的初等定义, 注意 $x^2 \leqslant y$, 即 $-\sqrt{y} \leqslant x \leqslant \sqrt{y}$, 则如下计算即可

$$
\begin{aligned}
P\left(Y \leqslant \frac{3}{4} \,\middle|\, X \leqslant 0.5\right) &= \frac{P\left(Y \leqslant \dfrac{3}{4}, X \leqslant 0.5\right)}{P\left(X \leqslant 0.5\right)} \\
&= \frac{\displaystyle\int_{-\frac{\sqrt{3}}{2}}^{\frac{1}{2}} \left(\int_{x^2}^{\frac{3}{4}} \frac{21}{4} x^2 y \mathrm{d}y\right) \mathrm{d}x}{\displaystyle\int_{-1}^{\frac{1}{2}} \frac{21}{8} x^2 \left(1 - x^4\right) \mathrm{d}x} = \frac{0.355}{0.606} = 0.586. \quad\blacksquare
\end{aligned}
$$

例 3.35   在区间 $[0,1]$ 上随机取一点, 记为 X, 再从 X 的左边取一点, 记为 Y, 求 (X,Y) 的联合概率密度函数 $f_{XY}(x,y)$.

解   由题意可知 $X \sim U[0,1]$, $Y|X = x \sim U[0,x]$, 因此

$$
f_{XY}(x,y) = f_X(x) f_{Y|X}(y|x) = \frac{1}{x}, \quad 0 \leqslant x \leqslant 1, 0 \leqslant y \leqslant x. \quad\blacksquare
$$

如上由题意写出联合分布是概率论分析的一个基本功.

例 3.36（正态分布的条件分布）   设 (X,Y) 服从二维正态分布 $N\left(\mu_1, \mu_2, \sigma_1^2, \sigma_2^2, \rho\right)$, 由二维正态分布的边缘分布的性质（例 3.9）知 X 服从正态分布 $N(\mu_1, \sigma_1^2)$, Y 服从正态分布 $N(\mu_2, \sigma_2^2)$, 现在来求条件概率密度函数 $f_{X|Y}(x|y), f_{Y|X}(y|x)$.

解   令 $\boldsymbol{\Sigma} = \begin{pmatrix} \sigma_1^2, & \rho\sigma_1\sigma_2 \\ \rho\sigma_1\sigma_2, & \sigma_2^2 \end{pmatrix}$, 根据条件概率密度函数的定义有

$$
f_{X|Y}(x|y) = \frac{f_{XY}(x,y)}{f_Y(y)}
$$

$$= \frac{\frac{1}{2\pi|\boldsymbol{\Sigma}|^{1/2}} \exp\left[-\frac{1}{2}\begin{pmatrix} x-\mu_1 \\ y-\mu_2 \end{pmatrix}^{\mathrm{T}} \boldsymbol{\Sigma}^{-1} \begin{pmatrix} x-\mu_1 \\ y-\mu_2 \end{pmatrix}\right]}{\frac{1}{\sqrt{2\pi\sigma_2^2}} \exp\left[-\frac{(y-\mu_2)^2}{2\sigma_2^2}\right]}$$

$$= \frac{1}{\sqrt{2\pi\sigma_3^2}} \exp\left(-\frac{(x-\mu_3)^2}{2\sigma_3^2}\right),$$

其中

$$\mu_3 = E(X) + \text{Cov}(X,Y)\text{Var}(Y)^{-1}[y - E(Y)] = \mu_1 + \rho\frac{\sigma_1}{\sigma_2}(y-\mu_2), \tag{3.57}$$

$$\sigma_3^2 = \text{Var}(X) - \text{Cov}(X,Y)\text{Var}(Y)^{-1}\text{Cov}(Y,X) = \sigma_1^2(1-\rho^2). \tag{3.58}$$

这正是均值为 μ_3、方差为 σ_3^2 的正态分布的概率密度函数. 类似可得 $f_{Y|X}(y|x)$ 亦为一维正态分布, 在此不赘述. ■

注 1 二维正态分布的条件分布是一维正态分布.

注 2 一般来说, 条件分布 $X|Y=y$ 的均值常记为 $E(X|Y=y)$ 或 $\mu_{X|Y=y}$ (称为**条件均值**), 方差常记为 $\text{Var}(X|Y=y)$ 或 $\sigma_{X|Y=y}^2$ (称为**条件方差**). Y 取不同值 y, $X|Y=y$ 有不同的分布, 一般来说有不同的条件均值 $\mu_{X|Y=y}$ 和条件方差 $\sigma_{X|Y=y}^2$.

对于二维正态分布下的条件分布 $X|Y=y$ 有一定特别之处. 其条件均值 (式 (3.57)) 是 y 的线性函数, 而条件方差 (式 (3.58)) 不随 y 而变化.

例 3.37 在前面我们认识到, 联合分布蕴含了边缘分布, 也蕴含了条件分布; 单独由边缘分布无法得到联合分布. 由乘法公式 (3.53), 可以由边缘分布和条件分布组装出联合分布, 举例如下.

设随机变量 $X \sim N(\mu, \sigma_1^2)$, 在 $X=x$ 的条件下 Y 的条件分布为 $N(x, \sigma_2^2)$. 试求出 Y 的 (无条件) 概率密度函数 $f_Y(y)$.

解 由题意知

$$f_X(x) = \frac{1}{\sqrt{2\pi}\sigma_1} \exp\left(-\frac{(x-\mu)^2}{2\sigma_1^2}\right), \qquad f(y|x) = \frac{1}{\sqrt{2\pi}\sigma_2} \exp\left(-\frac{(y-x)^2}{2\sigma_2^2}\right),$$

所以由全概率公式可得

$$f_Y(y) = \int_{-\infty}^{+\infty} f_X(x)f(y|x)\mathrm{d}x$$

$$= \frac{1}{2\pi\sigma_1\sigma_2} \int_{-\infty}^{+\infty} \exp\left\{-\frac{(x-\mu)^2}{2\sigma_1^2} - \frac{(y-x)^2}{2\sigma_2^2}\right\} \mathrm{d}x$$

$$= \frac{1}{2\pi\sigma_1\sigma_2} \int_{-\infty}^{+\infty} \exp\left\{-\frac{1}{2}\left[\left(\frac{1}{\sigma_1^2} + \frac{1}{\sigma_2^2}\right)x^2 - 2\left(\frac{y}{\sigma_2^2} + \frac{\mu}{\sigma_1^2}\right)x + \frac{y^2}{\sigma_2^2} + \frac{\mu^2}{\sigma_1^2}\right]\right\} \mathrm{d}x.$$

记 $c = \dfrac{\sigma_1^2\sigma_2^2}{\sigma_1^2+\sigma_2^2}$, 则上式化成

$$f_Y(y) = \frac{1}{2\pi\sigma_1\sigma_2}\int_{-\infty}^{+\infty}\exp\left\{-\frac{1}{2}c^{-1}\left[x-c\left(\frac{\mu}{\sigma_1^2}+\frac{y}{\sigma_2^2}\right)\right]^2 - \frac{1}{2}\frac{(y-\mu)^2}{\sigma_1^2+\sigma_2^2}\right\}\mathrm{d}x$$

$$= \frac{1}{2\pi\sigma_1\sigma_2}\sqrt{2\pi c}\exp\left\{-\frac{(y-\mu)^2}{2(\sigma_1^2+\sigma_2^2)}\right\} = \frac{1}{\sqrt{2\pi}\sqrt{\sigma_1^2+\sigma_2^2}}\exp\left\{-\frac{(y-\mu)^2}{2(\sigma_1^2+\sigma_2^2)}\right\}.$$

这表明 Y 仍服从正态分布 $N(\mu,\sigma_1^2+\sigma_2^2)$. ■

3.5.4 离散连续混合情形

多元随机变量的各分量可能不全为离散, 也不全为连续, 那么这种混合型多元随机变量中各分量间的条件分布如何定义呢? 我们还是从分布函数开始来介绍.

定义 3.19 考虑二维随机变量 (X,Y), 支集为 $\mathcal{J}\subset\mathbb{R}^2$, 分布函数为 $F_{XY}(x,y)\stackrel{\text{def}}{=}P(X\leqslant x,Y\leqslant y)$. 若 $\mathcal{J}$ 在第一维的投影即 X 的支集 $\mathcal{X}=\{x_1,x_2,\cdots\}\subset\mathbb{R}$ 只含有限个或可列个元素, 即 X 为离散型, $\mathcal{J}$ 在第二维的投影即 Y 的支集 $\mathcal{Y}\subset\mathbb{R}$ 充满实轴的某区域, 即 Y 为连续型, 则称 (X,Y) 为二维 (混合型) 随机变量.

首先, 可计算出

$$P(X=x,Y\leqslant y)=F(x,y)-F(x-0,y).$$

不难看出当 $x\notin\mathcal{X}$ 时, $P(X=x,Y\leqslant y)=0$, 因此下面仅考虑 $x\in\mathcal{X}$ 时的 $P(X=x,Y\leqslant y)$.

若存在二元非负函数

$$f_{XY}(x,y)\begin{cases}\geqslant 0, & (x,y)\in\mathcal{X}\times\mathbb{R},\\ =0, & \text{其他},\end{cases}$$

使得下式成立

$$P(X=x,Y\leqslant y)=\int_{-\infty}^y f_{XY}(x,v)\mathrm{d}v,\quad x\in\mathcal{X}, \tag{3.59}$$

则称 $f_{XY}(\cdot,\cdot)$ 为 (混合型) 联合概率密度函数或密度函数, 记为 $(X,Y)\sim f_{XY}(x,y)$, 也统称为概率分布. 注意, 上述二元非负函数 $f_{XY}(x,y)$ 在 $\mathcal{X}\times\mathbb{R}$ 上非负, 在其他区域恒为零. 不难看出, 概率密度函数与分布函数存在如下关系:

$$F_{XY}(x,y)=\sum_{u\leqslant x,u\in\mathcal{X}}\int_{-\infty}^y f_{XY}(u,v)\mathrm{d}v.$$

读者不难将上述定义推广到多维混合型, 比如 $\boldsymbol{X}$ 为 n 维离散型和 $\boldsymbol{Y}$ 为 m 维连续型组成的 $n+m$ 维混合型随机变量.

定理 3.12（混合型概率密度函数的基本性质）　　（1）非负性，$f_{XY}(x,y) \geqslant 0$；

（2）正则性，$\sum_u \int_{-\infty}^{+\infty} f_{XY}(u,v)\mathrm{d}v = 1$.

例 3.38　考虑二维随机变量 (X,Y)，支集为 $\mathcal{J} = \{1,2\} \times \mathbb{R}$，则 X 为离散型，支集为 $\mathcal{X} = \{1,2\}$，Y 为连续型，支集为 $\mathcal{Y} = \mathbb{R}$. 设 (X,Y) 的联合概率密度函数为（见图 3.7(b)）

$$f_{XY}(x,y) = \begin{cases} 0.4 \cdot N(y|1,1.5^2), & x = 1, \\ 0.6 \cdot N(y|4,1), & x = 2, \\ 0, & \text{其他}, \end{cases} \tag{3.60}$$

其中，$N(y|1,1.5^2)$ 表示均值为 1，方差为 1.5^2 的正态分布的概率密度函数，见定义 2.14. 不难验证，式 (3.60) 满足混合型概率密度函数的基本性质. 相应的联合分布函数如图 3.7 (a) 所示.

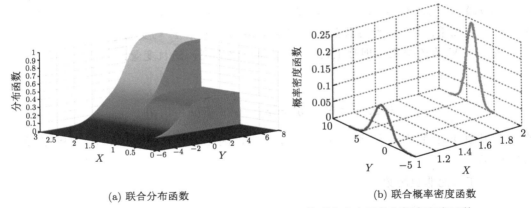

(a) 联合分布函数　　　　　　　　　　　　　(b) 联合概率密度函数

图 3.7　一个二维混合型随机变量（例 3.38）的联合分布函数和概率密度函数

下面我们将从联合概率密度函数出发，首先确定边缘分布. 在式 (3.59) 两端令 $y \to +\infty$，可得 X 的边缘分布列

$$f_X(x) \stackrel{\text{def}}{=\!=} P(X = x) = \int_{-\infty}^{+\infty} f_{XY}(x,v)\mathrm{d}v, \quad x \in \mathcal{X}. \tag{3.61}$$

注意，X 的边缘分布列 $f_X(x)$ 可视为只在 $x \in \mathcal{X}$ 上定义，在 $\mathcal{X}$ 之外取值为零.

在式 (3.59) 两端对所有 $x \in \mathcal{X}$ 求和，可得 Y 的边缘分布函数

$$F_Y(y) \stackrel{\text{def}}{=\!=} P(Y \leqslant y) = \int_{-\infty}^y \sum_{x \in \mathcal{X}} f_{XY}(x,v)\mathrm{d}v.$$

Y 的边缘分布函数对 y 求导可得 Y 的边缘概率密度函数

$$f_Y(y) = \sum_{x \in \mathcal{X}} f_{XY}(x,y). \tag{3.62}$$

接下来，确定条件概率密度函数. 先来看给定离散型的 X 取值 $x \in \mathcal{X}$ 条件下，连续型的 Y 的条件分布函数

$$\forall x \in \mathcal{X}, F_{Y|X}(y|x) = P(Y \leqslant y|X = x) = \frac{P(Y \leqslant y, X = x)}{P(X = x)}$$

$$= \frac{\int_{-\infty}^{y} f_{XY}(x, v)\mathrm{d}v}{f_X(x)} = \int_{-\infty}^{y} \frac{f_{XY}(x, v)}{f_X(x)}\mathrm{d}v.$$

Y 的条件分布函数对 y 求导可得 Y 的条件概率密度函数

$$f_{Y|X}(y|x) = \frac{f_{XY}(x, y)}{f_X(x)}, x \in \mathcal{X}. \tag{3.63}$$

注意，当 $x \notin \mathcal{X}$ 时，$f_{Y|X}(y|x)$ 无从定义.

再来看给定连续型的 Y 取值 $y \in \mathcal{Y}$ 条件下，离散型的 X 的条件分布列 $f_{X|Y}(x|y)$. 这时，连续随机变量取 y 的概率为零，这时我们从条件概率的一般定义式 (3.41) 出发，类似于式 (3.47) 的推导，有

$$\forall y \in \mathcal{Y}, f_{X|Y}(x|y) = \lim_{\varepsilon \to 0^+} P(X = x|y \leqslant Y \leqslant y + \varepsilon)$$

$$= \lim_{\varepsilon \to 0^+} \frac{P(X = x, y \leqslant Y \leqslant y + \varepsilon)}{P(y \leqslant Y \leqslant y + \varepsilon)}$$

$$= \lim_{\varepsilon \to 0^+} \frac{\int_{y}^{y+\varepsilon} f_{XY}(x, v)\mathrm{d}v}{\int_{y}^{y+\varepsilon} f_Y(v)\mathrm{d}v}$$

$$= \lim_{\varepsilon \to 0^+} \frac{\dfrac{1}{\varepsilon}\int_{y}^{y+\varepsilon} f_{XY}(x, v)\mathrm{d}v}{\dfrac{1}{\varepsilon}\int_{y}^{y+\varepsilon} f_Y(v)\mathrm{d}v}$$

$$= \frac{f_{XY}(x, y)}{f_Y(y)}. \tag{3.64}$$

由式 (3.63)、式 (3.64)，可得

$$f_{XY}(x, y) = f_X(x)f_{Y|X}(y|x), \tag{3.65}$$

$$f_{XY}(x, y) = f_Y(y)f_{X|Y}(x|y). \tag{3.66}$$

我们看到对于由离散型 X 和连续型 Y 组成的二维混合型随机变量 (X, Y) 同样存在**乘法公式**. 注意，只在 $x \in \mathcal{X}$ 时，才出现 $f_{Y|X}(y|x)$，因为当 $x \notin \mathcal{X}$ 时，$f_{Y|X}(y|x)$ 无从定义. 类似地，只在 $y \in \mathcal{Y}$ 时，才出现 $f_{X|Y}(x|y)$，因为当 $y \notin \mathcal{Y}$ 时，$f_{X|Y}(x|y)$ 无从定义. 为简单起见，公式中常略去这些约束，读者不难根据上下文进行判断.

由式 (3.61)、式 (3.62)，并结合乘法公式，不难得到下列**全概率公式**：

$$f_X(x) = \int_y f_{XY}(x,y)\,\mathrm{d}y = \int_y f_Y(y) f_{X|Y}(x|y)\mathrm{d}y, \tag{3.67}$$

$$f_Y(y) = \sum_x f_{XY}(x,y) = \sum_x f_X(x) f_{Y|X}(y|x). \tag{3.68}$$

由式 (3.63)、式 (3.64)，并结合乘法公式、加法公式，不难得到下列**贝叶斯公式**：

$$f_{Y|X}(y|x) = \frac{f_{XY}(x,y)}{f_X(x)} = \frac{f_Y(y) f_{X|Y}(x|y)}{\int_v f_Y(v) f_{X|Y}(x|v)\,\mathrm{d}v} \tag{3.69}$$

$$f_{X|Y}(x|y) = \frac{f_{YX}(y,x)}{f_Y(y)} = \frac{f_X(x) f_{Y|X}(y|x)}{\sum_u f_X(u) f_{Y|X}(y|u)}. \tag{3.70}$$

这样，我们得到了混合情形下条件分布的三大公式. 不难看出，离散情形、连续情形、混合情形下条件分布的三大公式都很相似，只是视变量为离散型还是连续型，相应进行求和或积分. 因此，读者不难理解条件分布的**三大公式在处理离散与连续时的统一性**. 另外，上面为简单起见，我们用两个一元变量来讨论. 事实上，X, Y 可为一元变量，也可为多元变量，读者不难理解**三大公式在处理一元变量与多元变量时的统一性**. 进一步，条件分布满足无条件分布的一切性质，给定条件变量取某个值（比如 $Z = z$），成立类似的三大公式，比如见式 (3.53)、式 (3.54)、式 (3.55)，读者不难理解**三大公式在处理无条件与有条件时的统一性**. 对三大公式的充分理解与运用，是概率论学习的一个重点.

下面我们先来看在有条件时，对随机变量的函数运用变量变换法，其结论会用于我们对混合型随机变量的应用举例.

例 3.39 设二维随机变量 (X, Z) 的联合概率密度函数为 $f_{XZ}(x, z)$，设 Z 为连续型，X 可以是离散型也可以是连续型，令

$$Y = X + Z,$$

求给定 $X = x \in \mathcal{X}$ 时，Y 的条件概率密度函数 $f_{Y|X}(y|x)$.

解 1 因 Z 为连续型，故无论 X 的类型，Y 均为连续型. 给定 $X = x \in \mathcal{X}$ 时，有 $Y = x + Z$，Y 是 Z 的一个平移，运用变量变换法，可得

$$f_Y(y) = \left[f_Z(z) \left| \frac{\mathrm{d}z}{\mathrm{d}y} \right| \right]_{z=y-x} = f_Z(z)|_{z=y-x}.$$

特别值得注意的是，上述分析都应带着条件 $(X = x)$ 才对，因此正确的结果应为

$$f_{Y|X}(y|x) = \left[f_{Z|X}(z|x) \left| \frac{\mathrm{d}z}{\mathrm{d}y} \right| \right]_{z=y-x} = f_{Z|X}(z|x)|_{z=y-x} \tag{3.71}$$

$$= \frac{f_{XZ}(x,z)}{f_X(x)}\bigg|_{z=y-x} = \frac{1}{\displaystyle\int_{-\infty}^{+\infty} f_{XZ}(x,z)\mathrm{d}z} [f_{XZ}(x,z)]_{z=y-x}.$$

特别地, 如果 X 与 Z 独立, 结果可化简为

$$f_{Y|X}(y|x) = f_Z(z)|_{z=y-x}.\quad\blacksquare$$

解 2　在 $X = x \in \mathcal{X}$ 时, Y 的条件概率密度函数 $f_{Y|X}(y|x)$ 有效. 从条件概率密度函数的定义出发, 我们可以有更清晰的认识. 若 X 为离散型, 则

$$F_{Y|X}(y|x) = P(Y \leqslant y | X = x)$$

$$= \frac{P(X+Z \leqslant y, X = x)}{P(X = x)} = \frac{P(Z \leqslant y-x, X = x)}{P(X = x)}$$

$$= P(Z \leqslant y-x | X = x) = F_{Z|X}(z|x)|_{z=y-x}.$$

对 y 求导可得概率密度函数, 可得与式 (3.71) 一样的结果

$$f_{Y|X}(y|x) = f_{Z|X}(z|x)|_{z=y-x}.$$

若 X 为连续型, 则有

$$F_{Y|X}(y|x) \stackrel{\text{def}}{=} \lim_{\varepsilon \to 0^+} \frac{P(Y \leqslant y, x \leqslant X \leqslant x+\varepsilon)}{P(x \leqslant X \leqslant x+\varepsilon)} = \lim_{\varepsilon \to 0^+} \frac{P(X+Z \leqslant y, x \leqslant X \leqslant x+\varepsilon)}{P(x \leqslant X \leqslant x+\varepsilon)}$$

$$= \lim_{\varepsilon \to 0^+} \frac{\dfrac{1}{\varepsilon} \displaystyle\int_x^{x+\varepsilon} \int_{-\infty}^{y-u} f_{XZ}(u,z)\,\mathrm{d}z\mathrm{d}u}{\dfrac{1}{\varepsilon} \displaystyle\int_x^{x+\varepsilon} f_X(u)\,\mathrm{d}u}$$

$$= \frac{\displaystyle\int_{-\infty}^{y-x} f_{XZ}(x,z)\,\mathrm{d}z}{f_X(x)} = \int_{-\infty}^{y-x} f_{Z|X}(z|x)\mathrm{d}z.$$

对 y 求导可得概率密度函数, 同样可得

$$f_{Y|X}(y|x) = f_{Z|X}(z|x)|_{z=y-x}.\quad\blacksquare$$

例 3.40 (二元通信问题)　如图 3.8 所示, 设发送端发送二进制信元 X, 等概率地随机取值 0 或者 1. 传输过程中受到加性噪声的干扰, 噪声 Z 服从正态分布 $N(0, \sigma^2)$. 设噪声 Z 与发送的信元 X 相互独立. 接收端接收信号记为 $Y = X + Z$, 求接收端收到 $Y = y$ 时, X 的条件分布列 $f_{X|Y}(x|y)$.

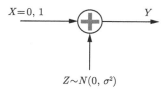

图 3.8　二元通信模型示意图

解　噪声 Z 服从正态分布，其支集为 $\mathbb{R}$，因而 Y 的支集亦为整个实轴 $\mathcal{Y} = \mathbb{R}$. 对任意 $y \in \mathbb{R}$，可计算 $f_{X|Y}(x|y), x = 0, 1$，它代表了接收到 $Y = y$ 后，对 X 取 0 还是 1 的后验判断. X 的先验分布是等概率地取 0 或 1.

由题意可知，X 的边缘分布列 $f_X(x) = 0.5, x = 0, 1$. 根据例 3.39 的结论，可知给定 $X = 0, 1$ 时，Y 的条件概率密度函数为

$$f_{Y|X}(y|x) = f_Z(z)|_{z=y-x} \qquad (x = 0, 1)$$

$$= \frac{1}{\sqrt{2\pi\sigma^2}} \exp\left(-\frac{(y-x)^2}{2\sigma^2}\right),$$

即 $Y|X = x \sim N(x, \sigma^2), x = 0, 1$.

根据贝叶斯公式 (3.70)，有

$$f_{X|Y}(x|y) = \frac{f_X(x) f_{Y|X}(y|x)}{\sum\limits_u f_X(u) f_{Y|X}(y|u)}, \quad x = 0, 1.$$

因此

$$f_{X|Y}(x = 0|y) = \frac{0.5 \cdot \dfrac{1}{\sqrt{2\pi\sigma^2}} \exp\left(-\dfrac{y^2}{2\sigma^2}\right)}{0.5 \cdot \dfrac{1}{\sqrt{2\pi\sigma^2}} \exp\left(-\dfrac{y^2}{2\sigma^2}\right) + 0.5 \cdot \dfrac{1}{\sqrt{2\pi\sigma^2}} \exp\left(-\dfrac{(y-1)^2}{2\sigma^2}\right)}$$

$$= \frac{1}{1 + \exp\left(\dfrac{2y-1}{2\sigma^2}\right)}$$

$$f_{X|Y}(x = 1|y) = 1 - f_{X|Y}(x = 0|y) = \frac{\exp\left(\dfrac{2y-1}{2\sigma^2}\right)}{1 + \exp\left(\dfrac{2y-1}{2\sigma^2}\right)}.$$

例 3.41（信号估计问题）　如图 3.9 所示，设人体血液中血红蛋白的含量 X 服从正态分布 $N(\mu, \sigma^2)$，仪器测量带来的误差记为 $Z \sim N(0, c^2)$，测量结果记为 $Y = X + Z$. 设 X 与 Z 相互独立，求测量到 $Y = y$ 时，X 的条件概率密度函数 $f_{X|Y}(x|y)$.

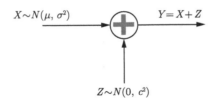

图 3.9　信号估计模型示意图

解 1 首先指出, Y 的支集为整个实轴 $\mathcal{Y} = \mathbb{R}$. 对任意 $y \in \mathbb{R}$, 可计算 $f_{X|Y}(x|y)$, 它代表测量到 $Y = y$ 后, 对 X 的后验估计. $f_X(x) \sim N(\mu, \sigma^2)$ 是 X 的先验分布.

根据正态分布的性质（见例 3.13）, $Y \sim N(\mu, \sigma^2 + c^2)$. 根据例 3.39 的结论, 可知给定 $X = x$ 时, Y 的条件概率密度函数为

$$f_{Y|X}(y|x) = f_Z(z)|_{z=y-x} = \frac{1}{\sqrt{2\pi c^2}} \exp\left(-\frac{(y-x)^2}{2c^2}\right),$$

即 $Y|X = x \sim N(x, c^2)$. 进而利用条件概率密度函数的定义以及乘法公式可得

$$
\begin{aligned}
f_{X|Y}(x|y) &= \frac{f_{XY}(x,y)}{f_Y(y)} = \frac{f_X(x)\, f_{Y|X}(y|x)}{f_Y(y)} \\
&= \frac{\dfrac{1}{\sqrt{2\pi\sigma^2}} \exp\left(-\dfrac{(x-\mu)^2}{2\sigma^2}\right) \cdot \dfrac{1}{\sqrt{2\pi c^2}} \exp\left(-\dfrac{(y-x)^2}{2c^2}\right)}{\dfrac{1}{\sqrt{2\pi(\sigma^2+c^2)}} \exp\left(-\dfrac{(y-\mu)^2}{2(\sigma^2+c^2)}\right)} \\
&= \frac{1}{\sqrt{2\pi\hat{\sigma}^2}} \exp\left(-\frac{(x-\hat{\mu})^2}{2\hat{\sigma}^2}\right),
\end{aligned}
$$

其中

$$\hat{\mu} = \frac{c^2}{\sigma^2+c^2}\mu + \frac{\sigma^2}{\sigma^2+c^2}y, \tag{3.72}$$

$$\hat{\sigma}^2 = \frac{\sigma^2 c^2}{\sigma^2+c^2}. \tag{3.73}$$

这正是均值为 $\hat{\mu}$、方差为 $\hat{\sigma}^2$ 的正态分布的概率密度函数. 从 X 的后验估计的均值式 (3.72) 来看, 后验均值是先验均值与观测值的加权平均, 权重由先验分布的方差和误差的方差决定; 如果误差方差 c^2 很小, 则测量值 y 决定了估计; 如果 c^2 越大, 则先验的作用越大. ■

解 2 运用向量表达及正态分布的性质, 可以更方便的求解. 首先, 由题意可知 (X, Z) 服从二维正态分布, 均值向量和协方差阵分别为

$$E\begin{pmatrix} X \\ Z \end{pmatrix} = \begin{pmatrix} \mu \\ 0 \end{pmatrix}, \quad \mathrm{Cov}\begin{pmatrix} X \\ Z \end{pmatrix} = \begin{pmatrix} \sigma^2 & 0 \\ 0 & c^2 \end{pmatrix}.$$

注意到

$$\begin{pmatrix} X \\ Y \end{pmatrix} = \begin{pmatrix} 1 & 0 \\ 1 & 1 \end{pmatrix}\begin{pmatrix} X \\ Z \end{pmatrix},$$

因此, (X, Y) 作为正态变量 (X, Z) 的线性变换, 亦服从二维正态分布, 其均值向量和协方差矩阵分别为

$$E\begin{pmatrix} X \\ Y \end{pmatrix} = \begin{pmatrix} 1 & 0 \\ 1 & 1 \end{pmatrix}\begin{pmatrix} \mu \\ 0 \end{pmatrix} = \begin{pmatrix} \mu \\ \mu \end{pmatrix},$$

$$\operatorname{Cov}\begin{pmatrix} X \\ Y \end{pmatrix} = \begin{pmatrix} 1 & 0 \\ 1 & 1 \end{pmatrix} \begin{pmatrix} \sigma^2 & 0 \\ 0 & c^2 \end{pmatrix} \begin{pmatrix} 1 & 1 \\ 0 & 1 \end{pmatrix} = \begin{pmatrix} \sigma^2 & \sigma^2 \\ \sigma^2 & \sigma^2 + c^2 \end{pmatrix}.$$

再利用例 3.36 的结论, 二维正态分布的条件分布是一维正态分布, 根据式 (3.57)、式 (3.58) 可得 $X|Y = y \sim N(\mu_{X|Y=y}, \sigma^2_{X|Y=y})$, 其中

$$\mu_{X|Y=y} = E(X) + \operatorname{Cov}(X,Y)\operatorname{Var}(Y)^{-1}[y - E(Y)]$$

$$= \mu + \frac{\sigma^2}{\sigma^2 + c^2}(y - \mu) = \frac{c^2}{\sigma^2 + c^2}\mu + \frac{\sigma^2}{\sigma^2 + c^2}y,$$

$$\sigma^2_{X|Y=y} = \operatorname{Var}(X) - \operatorname{Cov}(X,Y)\operatorname{Var}(Y)^{-1}\operatorname{Cov}(Y,X) = \sigma^2_1(1 - \rho^2)$$

$$= \sigma^2 - \sigma^2 \frac{1}{\sigma^2 + c^2}\sigma^2 = \frac{\sigma^2 c^2}{\sigma^2 + c^2}. \qquad \blacksquare$$

3.5.5 条件分布与独立性

在 3.2.2 节, 我们介绍了变量间关系的一个极端情况, 即 n 个变量 $X_1, X_2, \cdots, X_n$ 相互独立, 对应着 n 个变量的联合分布的分解性——联合分布可以表示为边缘分布的连乘积, 见式 (3.10)、式 (3.11). 下面通过条件分布对独立性的物理含义做进一步解释.

先考虑两个变量的独立性, 我们有如下定理.

定理 3.13 两个随机变量 X 和 Y 独立 (常记作 $X \perp Y$), 等价于

$$f_{X|Y}(x|y) = f_X(x), \qquad y \in \mathcal{Y}, \tag{3.74}$$

即 X 的条件分布 $X|Y = y$ 与 y 无关 (不依赖于 y), 等于 X 的无条件分布, 也就是说 Y 的取值不影响 X 的分布.

证明 由 3.2.2 节独立性的定义, 两个随机变量 X 和 Y 独立, 等价于

$$f_{XY}(x,y) = f_X(x)f_Y(y) \tag{3.75}$$

下面证明式 (3.75) 与式 (3.74) 等价. 先证明式 (3.75)$\Rightarrow$ 式 (3.74). 若式 (3.75) 成立, 则对 $y \in \mathcal{Y}$, $f_Y(y) > 0$, 式 (3.75) 两边同除以 $f_Y(y)$, 则得到式 (3.74).

若式 (3.74) 成立, 对 $y \in \mathcal{Y}$, 式 (3.74) 两边同乘上 $f_Y(y)$, 则得到式 (3.75). 对于 $y \notin \mathcal{Y}$, 此时 $f_Y(y), f_{XY}(x,y)$ 均等于 0, 式 (3.75) 也自然成立. $\blacksquare$

注 1 基于对称性, 不难证明两个随机变量 X 和 Y 独立, 亦等价于

$$f_{Y|X}(y|x) = f_Y(y), x \in \mathcal{X}. \tag{3.76}$$

注 2 独立性是一个对称关系. X 独立于 Y、Y 独立于 X、X 和 Y 相互独立是同一个意思. 以上我们考查 X 是否独立于 Y, 就是看 Y 的值的改变, 是否会改变 X 的条件分布. 有时可以对称地考查, 若考查 X 是否独立于 Y 不容易判断, 则可以考查 Y 是否独立于 X, 有时问题变得十分明显.

例 3.42 令 $X_1, X_2, \cdots$ 为一系列独立同分布随机变量，假设我们按照顺序观测这些随机变量，如果 $X_n > X_i$，对任意 $i = 1, 2, \cdots, n-1$ 成立，那么我们称 X_n 为记录值 (record value). 也即，在序列中任何一个值，若它比其前面的值都大则称这个值为一个记录值. 令 A_n 表示事件 "X_n 为一个记录值"，那么 A_{n+1} 是否独立于 A_n? 也即，知道了第 n 个随机变量为前 n 个随机变量的最大值是否会改变第 $n+1$ 个随机变量为前 $n+1$ 个随机变量最大值的概率? 尽管 A_{n+1} 与 A_n 独立，但是却不是凭直观显而易见的. 然而，如果我们换个方式，问 A_n 是否独立于 A_{n+1}，那么结论是非常容易理解的. 因为知道了第 $n+1$ 个随机变量比 $X_1, X_2, \cdots, X_n$ 都大，这个事实显然没有提供关于任何 X_n 在前 n 个随机变量之间的顺序的信息. 事实上，利用对称性可得，这 n 个随机变量里，任何一个为最大值的可能性都是一样的，因此 $P(A_n|A_{n+1}) = P(A_n) = \dfrac{1}{n}$. 总而言之 A_n 和 A_{n+1} 是相互独立事件.

如何用条件分布判断 n 个变量相互独立呢? 可以通过序贯的方式加以证明. 也即，我们要证明 n 个变量 $X_1, X_2, \cdots, X_n$ 相互独立，不难看出只需证明以下一系列的二元独立性:

$$X_2 独立于 X_1,$$
$$X_3 独立于 (X_1, X_2),$$
$$X_4 独立于 (X_1, X_2, X_3),$$
$$\vdots$$
$$X_n 独立于 (X_1, X_2, \cdots, X_{n-1}).$$

3.6 条件期望

条件分布的数学期望称为条件数学期望，简称条件期望.

3.6.1 条件期望的定义及性质

定义 3.20（条件期望） 设二元随机变量 (X, Y)（无论离散、连续还是混合型），对 $y \in \mathcal{Y}$，称

$$E(X|Y=y) = \begin{cases} \displaystyle\sum_i x_i f_{X|Y}(x_i|y), & X 为离散随机变量, \mathcal{X} = \{x_1, x_2, \cdots\}, \\ \displaystyle\int_{-\infty}^{+\infty} x f_{X|Y}(x|y)\,\mathrm{d}x, & X 为连续随机变量 \end{cases}$$

为在 $Y = y$ 的条件下 X 的**条件期望**. 条件期望 $E(X|Y=y)$ 的含义是: 在 $Y = y$ 的条件下 X 取值的平均大小.

注 1　条件数学期望是数学期望，也就是说，之前认识的所有有关普通（无条件）数学期望的性质加上条件后仍是成立的，举例如下.

- 随机变量 X 的函数 $g(X)$ 的数学期望，仍然可以如下直接用函数值在 X 的条件分布下加权平均来计算：

$$E(g(X)|Y=y) = \begin{cases} \sum\limits_i g(x_i)f_{X|Y}(x_i|y), & X\text{为离散型}, \\ \int_{-\infty}^{+\infty} g(x)f_{X|Y}(x|y)\mathrm{d}x, & X\text{为连续型}. \end{cases}$$

- 条件期望具有线性性. 对随机变量 Y,U,V 及常数 a,b，成立

$$E[aU+bV|Y=y] = aE[U|Y=y] + bE[V|Y=y].$$

注 2　条件期望又是一种特殊的数学期望，因而具有一些不同于普通期望的性质，举例如下.

- $E(Y|Y=y) = y, y \in \mathcal{Y}$.
- 对随机变量 X,Y 及其函数 $\xi(X), h(X,Y), \eta(Y)$，成立

$$E(\xi(X)h(X,Y)\eta(Y)|Y=y) = E(\xi(X)h(X,y)|Y=y)\eta(y).$$

- 随着条件变量 Y 的取值 y 的变动，$E(X|Y=y)$ 定义了 y 的一个函数，记为

$$g(\cdot): y \in \mathcal{Y} \to E(X|Y=y) \in \mathbb{R},$$

即 $g(y) \overset{\text{def}}{=\!=} E(X|Y=y), y \in \mathcal{Y}$. 由此，我们可定义随机变量 Y 的函数 $g(Y)$[①]，并记为 $E(X|Y)$，即

$$E(X|Y) = g(Y),$$

并将 $E(X|Y=y)$ 看成是 $Y=y$ 时 $E(X|Y)$ 的一个取值. 因此，$E(X|Y)$ 本身是 Y 的函数，也是一个随机变量，我们可以计算其期望值，便得到下列重要的结果——重期望公式.

定理 3.14（重期望公式）　对二元随机变量 (X,Y)，成立

$$E(E(X|Y)) = E(X). \tag{3.77}$$

证明　在此仅对 Y 是连续的情形进行证明，而离散的情形可类似证明. 记 $g(y) \overset{\text{def}}{=\!=} E(X|Y=y), y \in \mathcal{Y}$，则 $g(Y) = E(X|Y)$. 因此

$$E(E(X|Y)) = E(g(Y)) = \int_{y\in\mathcal{Y}} g(y)f_Y(y)\mathrm{d}y$$

$$= \int_{y\in\mathcal{Y}} E(X|Y=y)f_Y(y)\,\mathrm{d}y$$

---

① 函数 $Y(\omega): \Omega \to \mathcal{Y}$ 与函数 $g(y): \mathcal{Y} \to \mathbb{R}$ 的复合得到 $g(Y(\omega)): \Omega \to \mathbb{R}$.

$$= \int_{y\in\mathcal{Y}}\left(\int_{-\infty}^{+\infty}xf_{X|Y}(x|y)\mathrm{d}x\right)f_Y(y)\mathrm{d}y \quad (\text{利用定义3.20})$$

$$= \int_{-\infty}^{+\infty}x\left(\int_{y\in\mathcal{Y}}f_{X|Y}(x|y)f_Y(y)\mathrm{d}y\right)\mathrm{d}x$$

$$= \int_{-\infty}^{+\infty}x\left(\int_{-\infty}^{+\infty}f_{XY}(x,y)\mathrm{d}y\right)\mathrm{d}x \quad (\text{因对}y\notin\mathcal{Y}, f_{XY}(x,y)=0)$$

$$= \int_{-\infty}^{+\infty}xf_X(x)\mathrm{d}x$$

$$= E(X).\qquad\blacksquare$$

注 1　重期望公式是概率论中较为深刻的一个结论，它在实际中很有用，它的基本思想是**分情况讨论**. 为求 $E(X)$，有时 $E(X)$ 不易直接求得，我们换一种思路，去找一个与 X 有关的量 Y 作为条件，用 Y 取不同值 y 来分情况讨论. 如果固定条件变量 Y 取具体值 y 之下，$E(X|Y=y)$ 易于求出（即各种情况下的条件均值易于求出），则可考虑利用重期望公式求 $E(X)$——各种情况下的条件均值 $E(X|Y=y)$，被各情况出现的可能性 $f_Y(y)$ 加权平均就可求出 $E(X)$.

注 2　重期望公式的具体使用如下：

- 如果 Y 是一个离散随机变量，则式 (3.77) 成为

$$E(X) = \sum_{y\in\mathcal{Y}}E(X|Y=y)f_Y(y). \tag{3.78}$$

- 如果 Y 是一个连续随机变量，则式 (3.77) 成为

$$E(X) = \int_{y\in\mathcal{Y}}E(X|Y=y)f_Y(y)\mathrm{d}y. \tag{3.79}$$

例 3.43　一矿工被困在有三个门的矿井里. 第一个门通一坑道，沿此坑道走 3h 可到达安全区；第二个门通一坑道，沿此坑道走 5h 又回到原处；第三个门通一坑道，沿此坑道走 7h 也回到原处. 假定此矿工总是等可能地在三个门中选择一个，试求他平均要用多少时间才能到达安全区.

解　设该矿工需要 X 小时到达安全区，则 X 的可能取值为

$$3, 5+3, 7+3, 5+5+3, 5+7+3, 7+7+3, \cdots,$$

要写出 X 的分布列是困难的，所以无法直接求 $E(X)$. 为此记 Y 表示第一次所选的门，$\{Y=i\}$ 就是选择第 i 个门. 由题设知

$$P(Y=1) = P(Y=2) = P(Y=3) = \frac{1}{3}.$$

因为选第一个门后 3h 可到达安全区，所以 $E(X|Y=1)=3$. 又因为选第二个门后 5h 回到原处，所以 $E(X|Y=2)=5+E(X)$. 同样，因为选第三个门后 7h 也回到原处，所以 $E(X|Y=3)=7+E(X)$.

综上所述, 由离散的重期望公式得到

$$E(X) = \frac{1}{3}\left[3 + 5 + E(X) + 7 + E(X)\right] = 5 + \frac{2}{3}E(X),$$

解得 $E(X) = 15$, 即该矿工平均要 15h 才能到达安全区. ∎

例 3.44 口袋中有编号为 $1, 2, \cdots, n$ 的 n 个球, 从中任取 1 球. 若取到 1 号球, 则得 1 分, 且停止摸球; 若取到 i 号球 $(i \geqslant 2)$, 则得 i 分, 且将此球放回, 重新摸球. 如此下去, 试求得到的平均总分数.

解 记 X 为得到的总分数, Y 为第一次取到的球的号码, 则

$$P(Y = 1) = P(Y = 2) = \cdots = P(Y = n) = \frac{1}{n}.$$

又因为 $E(X|Y = 1) = 1$, 而当 $i \geqslant 2$ 时, $E(X|Y = i) = i + E(X)$. 所以

$$E(X) = \sum_{i=1}^{n} E(X|Y = i)P(Y = i) = \frac{1}{n}\left[1 + 2 + \cdots + n + (n-1)E(X)\right],$$

由此解得

$$E(X) = \frac{n(n+1)}{2}.$$ ∎

例 3.45 设电力公司每月可以供应某工厂的电力 X 服从 $[10, 30]$ (单位:10^4kW) 上的均匀分布, 而该工厂每月实际需要的电力 Y 服从 $[10, 20]$ (单位:10^4kW) 上的均匀分布. 如果工厂能从电力公司得到足够的电力, 则每 10^4kW 电可以创造 30 万元的利润. 若工厂从电力公司得不到足够的电力, 则不足部分由工厂通过其他途径解决, 由其他途径得到的电力每 10^4kW 电只有 10 万元的利润. 试求该厂每个月的平均利润.

解 从题意知, 每月的供应电力 $X \sim U(10, 30)$, 而工厂实际需要的电力 $Y \sim U(10, 20)$. 若设工厂每个月的利润为 Z 万元, 则按题意可得

$$Z = \begin{cases} 30Y, & \text{当 } Y \leqslant X, \\ 30X + 10(Y - X), & \text{当 } Y > X. \end{cases}$$

在 $X = x$ 给定时, Z 仅是 Y 的函数, 于是当 $10 \leqslant x < 20$ 时, Z 的条件期望为

$$\begin{aligned}
E(Z|X = x) &= \int_{10}^{x} 30y f_Y(y)\mathrm{d}y + \int_{x}^{20} (10y + 20x) f_Y(y)\mathrm{d}y \\
&= \int_{10}^{x} 30y \frac{1}{10}\mathrm{d}y + \int_{x}^{20} (10y + 20x)\frac{1}{10}\mathrm{d}y \\
&= \frac{3}{2}(x^2 - 100) + \frac{1}{2}(20^2 - x^2) + 2x(20 - x) \\
&= 50 + 40x - x^2.
\end{aligned}$$

当 $20 \leqslant x \leqslant 30$ 时, Z 的条件期望为

$$E(Z \mid X = x) = \int_{10}^{20} 30y f_Y(y)\mathrm{d}y = \int_{10}^{20} 30y \frac{1}{10}\mathrm{d}y = 450.$$

然后用 X 的分布对条件期望 $E(Z \mid X = x)$ 再做一次平均, 即得

$$E(Z) = E(E(Z|X)) = \int_{10}^{20} E(Z|X=x)f_X(x)\mathrm{d}x + \int_{20}^{30} E(Z|X=x)f_X(x)\mathrm{d}x$$

$$= \frac{1}{20}\int_{10}^{20}(50 + 40x - x^2)\mathrm{d}x + \frac{1}{20}\int_{20}^{30} 450\mathrm{d}x$$

$$= 25 + 300 - \frac{700}{6} + 225 \approx 433.$$

所以该厂每月的平均利润为 433 万元.

例 3.46 (货船问题) 设码头一天到达的船数 $N \sim Po(\lambda)$, 这些船上所装的货物量 $X_1, X_2, \cdots$ 为独立同分布随机变量, 均服从均匀分布 $U[50, 100]$ (单位: 吨), 货物量 $X_1, X_2, \cdots$ 与船数 N 相互独立. 求一天内到达码头的货物总量的均值.

解 不难看出, 货物总量为 $Y = X_1 + X_2 + \cdots + X_N$. 形式上为随机个随机变量的和.

如果固定船数 $N = n$, 则里层期望 $E(Y|N = n)$ 易于求出:

$$E(Y|N = n) = E(X_1 + X_2 + \cdots + X_N|N = n)$$
$$= E(X_1 + X_2 + \cdots + X_n|N = n)$$
$$= E(X_1 + X_2 + \cdots + X_n) \quad (因 X_1, X_2, \cdots 与 N 独立)$$
$$= nE(X_1) = n\frac{150}{2}(因 X_1, X_2, \cdots 独立同分布), \tag{3.80}$$

故 $E(Y|N) = 75N$. 进一步求外层期望, 可得

$$E(Y) = E(E(Y|N)) = E(75N) = 75\lambda. \tag{3.81}$$ ∎

重期望的嵌套 从重期望公式 (3.77) 出发, 我们考虑再引入一个随机变量 Z 的取值作为条件, 则有

$$E[E(X|Y, Z = z)|Z = z] = E(X|Z = z).$$

上式左右两边各定义了一个 z 的函数, 由此左右两边可各定义出随机变量 Z 的函数

$$E[E(X|Y, Z)|Z] = E(X|Z). \tag{3.82}$$

$E[E(X|Y, Z = z)|Z = z]$ 看成是 $Z = z$ 时 $E[E(X|Y, Z)|Z]$ 的一个取值, $E(X|Z = z)$ 看成是 $Z = z$ 时 $E(X|Z)$ 的一个取值. 为了清晰起见, 式 (3.82) 也可完整写成下式:

$$E_{Y|Z}[E_{X|Y,Z}(X|Y, Z)|Z] = E_{X|Z}(X|Z).$$

其中用下标明确了计算每步期望时所用的分布. 在式 (3.82) 两边对 Z 取期望, 可得

$$E\{E[E(X|Y,Z)|Z]\} = E[E(X|Z)],$$

或者更完整地写为

$$E_Z\{E_{Y|Z}[E_{X|Y,Z}(X|Y,Z)|Z]\} = E_Z[E_{X|Z}(X|Z)].$$

注意到上式右边 $E[E(X|Z)] = E(X)$, 因此成立

$$E\{E[E(X|Y,Z)|Z]\} = E[E(X|Z)] = E(X).$$

具体使用时, 由里而外逐层计算:

- 先固定 $Y = y, Z = z$, 在分布 $X|Y = y, Z = z$ 下对 X 求期望得到 $E(X|Y = y, Z = z)$, 由此可得 $E(X|Y, Z = z)$;
- 然后, 在分布 $Y|Z = z$ 下, 接着求期望得到 $E(X|Z = z)$, 由此可得 $E(X|Z)$;
- 最后, 在 Z 的分布下, 接着求期望得到 $E(X)$.

例 3.47 接着例 3.46 的货船问题. 设码头所在地区晴天与阴天的概率分别为 0.8 和 0.2, 晴天时 $N \sim Po(\lambda_1)$, 阴天时 $N \sim Po(\lambda_2)$. 设货物量 $X_1, X_2, \cdots$ 独立于船数 N 及天气情况, 求一天内到达码头的货物总量的均值.

解 设 Z 表示码头天气状况, 晴天记为 $Z = 1$, 发生概率为 0.8, 阴天记为 $Z = 2$, 发生概率为 0.2. 我们由里而外逐层计算,

- 首先固定 $N = n, Z = i$, 类似计算式 (3.80), 有

$$E(Y|N = n, Z = i) = 75n, i = 1, 2.$$

因此

$$E(Y|N, Z = i) = 75N, i = 1, 2.$$

- 然后, 在分布 $N|Z = i$ 下, 接着求期望得到

$$E(Y|Z = 1) = 75\lambda_1 \text{（晴天）}, \qquad E(Y|Z = 2) = 75\lambda_2 \text{（阴天）}.$$

- 最后, 在 Z 的分布下, 接着求期望可得

$$E(Y) = P(Z = 1)E(Y|Z = 1) + P(Z = 2)E(Y|Z = 2)$$

$$= 0.8 \times 75\lambda_1 + 0.2 \times 75\lambda_2 = 60\lambda_1 + 15\lambda_2. \quad \blacksquare$$

利用重期望公式求事件概率 我们知道对任意事件 A, 可定义事件 A 的示性变量 I_A (见式 (3.33)). 将 I_A 作为 X 代入式 (3.78)、式 (3.79), 并利用 $E(I_A) = P(A)$, $E(I_A|Y = y) = P(A|Y = y)$, 可得:

- 如果 Y 是一个离散随机变量, 则成立

$$P(A) = \sum_{y \in \mathcal{Y}} P(A|Y = y) f_Y(y). \tag{3.83}$$

这时对 $y \in \mathcal{Y}$，事件 "$Y = y$" 的概率 $P(Y = y) > 0$，$P(A|Y = y)$ 是普通的条件概率，式 (3.83) 即是在 1.5 节中介绍的事件的全概率公式.

- 如果 Y 是一个连续随机变量，则成立

$$P(A) = \int_{y \in \mathcal{Y}} P(A|Y = y) f_Y(y) \mathrm{d}y. \tag{3.84}$$

这时对 $y \in \mathcal{Y}$，事件 "$Y = y$" 的概率 $P(Y = y) = 0$，$P(A|Y = y)$ 按照极限

$$\lim_{\varepsilon \to 0^+} P(A | y \leqslant Y \leqslant y + \varepsilon)$$

来定义（参考定义 3.16）. 式 (3.84) 常称为连续形式的全概率公式.

式 (3.83)、式 (3.84)，体现了分情况讨论的思想，在实际中很有用. 为求 $P(A)$，有时 $P(A)$ 不易直接求得，我们换一种思路，去找一个与 A 有关的量 Y 作为条件，用 Y 取不同值 y 来分情况讨论，如果固定条件变量 Y 取具体值 y 之下，$P(A|Y = y)$ 易于求出（即各种情况下的条件概率易于求出），则各种情况下的条件概率 $P(A|Y = y)$，被各情况出现的可能性 $f_Y(y)$ 加权平均就可求出 $P(A)$.

例 3.48 设连续随机变量 $X_1, X_2, \cdots, X_6$ 独立同分布，分布函数和概率密度函数分别为 $F(x)$ 和 $f(x)$，求 $P(X_6 > X_1 | X_1 = \max\{X_1, X_2, \cdots, X_5\})$.

解 1 首先，由对称性不难求得（见习题 3 第 21 题）

$$P(X_1 = \max\{X_1, X_2, \cdots, X_5\}) = \frac{1}{5}.$$

因此，按普通的条件概率的定义，有

$$P(X_6 > X_1 | X_1 = \max\{X_1, X_2, \cdots, X_5\}) = \frac{P(X_6 > X_1, X_1 = \max\{X_1, X_2, \cdots, X_5\})}{P(X_1 = \max\{X_1, X_2, \cdots, X_5\})},$$

其中，分子可利用式 (3.84)，将 X_1 作为条件，有

$$P(X_6 > X_1, X_1 = \max\{X_1, X_2, \cdots, X_5\})$$

$$= \int P(X_6 > X_1, X_1 = \max\{X_1, X_2, \cdots, X_5\} | X_1 = x) f(x) \mathrm{d}x$$

$$= \int P(X_6 > x, X_2 < x, \cdots, X_5 < x | X_1 = x) f(x) \mathrm{d}x$$

$$= \int P(X_6 > x) P(X_2 < x) \cdots P(X_5 < x) f(x) \mathrm{d}x \quad (\text{因 } X_1, X_2, \cdots, X_6 \text{ 相互独立})$$

$$= \int [1 - F(x)] [F(x)]^4 \mathrm{d}F(x)$$

$$= \int_0^1 (1 - y) y^4 \mathrm{d}y = \frac{1}{30}.$$

故 $P\left(X_6 > X_1 | X_1 = \max\left\{X_1, X_2, \cdots, X_5\right\}\right) = \dfrac{1}{30} \Big/ \dfrac{1}{5} = \dfrac{1}{6}$. ∎

解 2　分子也可以直接按 6 维随机变量 $(X_1, X_2, \cdots, X_6)$ 取值于事件 "$X_6 > X_1, X_1 = \max\left\{X_1, X_2, \cdots, X_5\right\}$" 对应区域的概率来计算, 表示为概率密度函数的 6 重积分. 这时通过适当地选择积分顺序, 可得

$$P\left(X_6 > X_1, X_1 = \max\left\{X_1, X_2, \cdots, X_5\right\}\right)$$

$$= \int\limits_{x_6 > x_1, x_2 < x_1, \cdots, x_5 < x_1} f_{X_1}(x_1) f_{X_2}(x_2) \cdots f_{X_6}(x_6)\, \mathrm{d}x_1 \mathrm{d}x_2 \cdots \mathrm{d}x_6$$

$$= \int_{x_1} f(x_1)\left[\int_{x_1}^{+\infty} f(x)\, \mathrm{d}x\right]\left[\int_{-\infty}^{x_1} f(x)\, \mathrm{d}x\right]^4 \mathrm{d}x_1 = \frac{1}{30}.$$

可以看出, 两种解法殊途同归, 但解 1 的思路可能更简单些. ∎

3.6.2　条件方差

对二元随机变量 (X, Y), 固定 $Y = y$, X 有一个特定的条件分布 $f_{X|Y}(x|y)$. 我们可以定义这个特定条件分布的均值, 称为条件期望或条件均值, 记为 $E(X|Y = y)$, 也可以定义这个特定条件分布的方差, 记为 $\mathrm{Var}(X|Y = y)$, 称为条件方差.

定义 3.21 (条件方差)　设二元随机变量 (X, Y) (无论离散、连续还是混合型), 对 $y \in \mathcal{Y}$, 称

$$\mathrm{Var}(X|Y = y) \overset{\text{def}}{=\!=} E\left\{[X - E(X|Y = y)]^2 | Y = y\right\}$$

$$= \begin{cases} \sum\limits_{x_i} [x_i - E(X|Y = y)]^2 f_{X|Y}(x_i|y), \\ \qquad X \text{为离散随机变量}, \mathcal{X} = \{x_1, x_2, \cdots\}, \\ \int\limits_x [x - E(X|Y = y)]^2 f_{X|Y}(x|y)\, \mathrm{d}x, \quad X \text{为连续随机变量} \end{cases}$$

为在 $Y = y$ 的条件下 X 的**条件方差**.

类似条件期望 $E(X|Y)$ 的定义, 随着条件变量 Y 的取值 y 的变动, $\mathrm{Var}(X|Y = y)$ 定义了 y 的一个函数 $h(y) \overset{\text{def}}{=\!=} \mathrm{Var}(X|Y = y), y \in \mathcal{Y}$. 由此, 我们可定义随机变量 Y 的函数 $h(Y)$, 记为 $\mathrm{Var}(X|Y)$, 并将 $\mathrm{Var}(X|Y = y)$ 看成是 $Y = y$ 时 $\mathrm{Var}(X|Y)$ 的一个取值. 因此, $\mathrm{Var}(X|Y)$ 本身是 Y 的函数, 也是一个随机变量, 我们可以计算其期望和方差, 便得到下列重要的结果——全方差公式.

注　条件方差是方差, 也就是说, 之前认识的所有有关普通 (无条件) 方差的性质加上条件后仍是成立的. 鉴于 $\mathrm{Var}(X) = E(X^2) - [E(X)]^2$, 我们可得

$$\mathrm{Var}(X|Y = y) = E(X^2|Y = y) - [E(X|Y = y)]^2.$$

上式左右两边各定义了一个 y 的函数，由此左右两边可各定义出随机变量 Y 的函数，得到

$$\text{Var}\,(X|Y) = E\left(X^2|Y\right) - [E\,(X|Y)]^2. \tag{3.85}$$

定理 3.15（全方差公式） 对二元随机变量 (X,Y)，成立全方差公式

$$\text{Var}\,(X) = E\left[\text{Var}\,(X|Y)\right] + \text{Var}\left[E\,(X|Y)\right]. \tag{3.86}$$

证明 在式 (3.85) 两边取期望，则有

$$E\left[\text{Var}\,(X|Y)\right] = E\left[E\left(X^2|Y\right)\right] - E\left[E^2\,(X|Y)\right], \tag{3.87}$$

即是待证的式 (3.86) 右边的第一项. 对式 (3.86) 右边的第二项，利用方差的性质（定理 2.11）有

$$\text{Var}\left[E\,(X|Y)\right] = E\left[E^2\,(X|Y)\right] - \{E\left[E\,(X|Y)\right]\}^2. \tag{3.88}$$

式 (3.87) 和式 (3.88) 相加，可得

$$E\left[\text{Var}\,(X|Y)\right] + \text{Var}\left[E\,(X|Y)\right] = E\left[E\left(X^2|Y\right)\right] - \{E\left[E\,(X|Y)\right]\}^2$$
$$= E\left(X^2\right) - E^2\,(X) = \text{Var}\,(X). \quad\blacksquare$$

例 3.49 接着例 3.46 的货船问题，求一天内到达码头的货物总量的方差.
解 根据全方差公式，我们有

$$\text{Var}\,(Y) = E\left[\text{Var}\,(Y|N)\right] + \text{Var}\left[E\,(Y|N)\right]. \tag{3.89}$$

之前求出了 $E(Y|N) = N\dfrac{150}{2}$. 现固定船数 $N = n$，继续求

$$\text{Var}(Y|N=n) = \text{Var}(X_1 + X_2 + \cdots + X_N|N=n)$$
$$= \text{Var}(X_1 + X_2 + \cdots + X_n|N=n)$$
$$= \text{Var}(X_1 + X_2 + \cdots + X_n) \ (\text{因 } X_1, X_2, \cdots \text{ 与 } N \text{ 独立})$$
$$= n\text{Var}(X_1) = n\dfrac{50^2}{12}. \quad (\text{因 } X_1, X_2, \cdots \text{ 独立同分布})$$

因此，$\text{Var}(Y|N) = N\dfrac{50^2}{12}$，代入式 (3.89)，可得

$$\text{Var}\,(Y) = E\left(N\dfrac{50^2}{12}\right) + \text{Var}\left(N\dfrac{150}{2}\right) = \dfrac{50^2}{12}\lambda + \left(\dfrac{150}{2}\right)^2\lambda.$$

3.6.3　条件期望与最佳预测

设 X 和 Y 是两个随机变量，一个重要问题是根据 Y 的观测值去预测 X 的值，这时常称 X 为目标量，Y 为观测量. 例如，根据成年人的足长（脚趾到脚跟的长度）推测该人的身高，这在刑侦工作中相当重要.

设用函数 $g(Y)$ 表示预测值，即当观测到 Y 取值 y 以后，用 $g(y)$ 作为 X 的预测值. 如何选择预测函数 $g(y)$，使得 $g(Y)$ 最接近 X？一个准则是最小化 $E[(X - g(Y))^2]$，即最小化预测的均方误差（mean square error）. 下面定理告诉我们在这个准则下，$g(y) = E(X|Y = y)$ 是最佳预测函数.

定理 3.16　对二元随机变量 (X, Y)，用 $g(y)$ 表示基于 $Y = y$ 对 X 进行预测的函数，则

$$\min_{g(\cdot)} E[(X - g(Y))^2]$$

的最优解是 $\hat{g}(y) = E(X|Y = y)$，即成立

$$E[(X - g(Y))^2] \geqslant E[(X - E(X|Y))^2].$$

证明　记 $\hat{g}(y) = E(X|Y = y)$，则有

$$
\begin{aligned}
E[(X - g(Y))^2|Y] &= E\left\{[(X - \hat{g}(Y)) + (\hat{g}(Y) - g(Y))]^2|Y\right\} \\
&= E[(X - \hat{g}(Y))^2|Y] + 2E[(X - \hat{g}(Y))(\hat{g}(Y) - g(Y))|Y] + \\
&\quad E[(\hat{g}(Y) - g(Y))^2|Y],
\end{aligned}
$$

其中等号右边第三项可化简为

$$E[(\hat{g}(Y) - g(Y))^2|Y] = (\hat{g}(Y) - g(Y))^2.$$

等号右边第二项（交叉项）为

$$
\begin{aligned}
2E[(X - \hat{g}(Y))(\hat{g}(Y) - g(Y))|Y] &= 2E[(X - \hat{g}(Y))|Y] \cdot (\hat{g}(Y) - g(Y)) \\
&= 2[E(X|Y) - \hat{g}(Y)] \cdot (\hat{g}(Y) - g(Y)) \\
&= 0 \quad (\text{因 } E(X|Y) - \hat{g}(Y) = 0).
\end{aligned}
$$

因此

$$
\begin{aligned}
E[(X - g(Y))^2|Y] &= E[(X - \hat{g}(Y))^2|Y] + (\hat{g}(Y) - g(Y))^2 \\
&\geqslant E[(X - \hat{g}(Y))^2|Y].
\end{aligned}
$$

上式两边再求期望即可得定理的结论.　■

注　此处可以给出一个更加直观的证明，当然，在证明的严格性上要差一点．由定理 2.10 可知，在没有任何额外信息可用时，在均方误差最小的意义下，X 的最优预测是 $E(X)$．现在设有了 Y 的观测值 y，此时预测问题与没有观测时的预测问题类似，只是原来 X 的期望值改为事件 "$Y = y$" 之下的条件期望．因此，X 的最佳预测是 X 在 $Y = y$ 之下的条件期望．

习　题　3

1. 掷均匀的硬币三次，以 X 表示正面出现的次数，以 Y 表示正面出现次数与反面出现次数之差的绝对值，求 (X, Y) 的联合分布列，X 的边缘分布列，以及 Y 的边缘分布列．

2. 设随机向量 (X, Y) 的概率密度函数为

$$f(x, y) = \begin{cases} 4xy, & 0 < x < 1, 0 < y < 1, \\ 0, & 其他. \end{cases}$$

　　求：(1) $P\left(0 < X < \dfrac{1}{2}, \dfrac{1}{4} < Y < 1\right)$．(2) $P(X = Y)$．(3) $P(X < Y)$．(4) $P(X \leqslant Y)$．

3. 设随机向量 (X, Y, Z) 的概率密度函数为

$$f(x, y, z) = \begin{cases} \mathrm{e}^{-(x+y+z)}, & x > 0, y > 0, z > 0, \\ 0, & 其他. \end{cases}$$

　　求：(1) $P(X < Y < Z)$．(2) $P(X = Y < Z)$．(3) X 的边缘概率密度函数．

4. 设随机向量 (X, Y) 的分布函数为 $F(x, y)$，试用它来表示 (X, Y) 落在区域 D（如图 3.10 所示）内的概率．注意 D 的边界有实线和虚线之分．实线表示包含边界，虚线表示不包含边界．

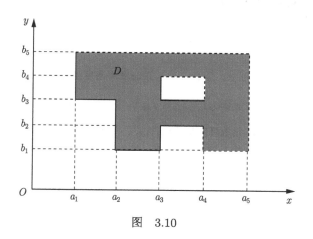

图　3.10

5. 设随机向量 (X, Y) 的分布函数为 $F(x, y)$，试用它来表示下列概率：
(1) $P(a \leqslant X < b, Y < y)$．(2) $P(X = a, Y < y)$．
(3) $P(X < x, Y < +\infty)$．(4) $P(X < -\infty, Y < +\infty)$．

6. 已知随机变量 X_1 和 X_2 的概率密度函数分别为

$$f_{X_1}(x) = \begin{cases} 2\mathrm{e}^{-2x}, & x > 0, \\ 0, & x \leqslant 0; \end{cases} \qquad f_{X_2}(x) = \begin{cases} 4\mathrm{e}^{-4x}, & x > 0, \\ 0, & x \leqslant 0. \end{cases}$$

试求 $E(X_1 + X_2)$, $E(2X_1 - 3X_2{}^2)$.

7. 设随机变量 X 的概率密度函数为

$$f(x) = \begin{cases} ax, & 0 < x < 2, \\ cx + b, & 2 \leqslant x \leqslant 4, \\ 0, & \text{其他}. \end{cases}$$

已知 $E(X) = 2$, $P(1 < X < 3) = 0.75$, 求:

(1) a,b,c 的值. (2) 求 $Y = \mathrm{e}^X$ 的期望和方差.

8. 试证明, 若一个 2×2 矩阵 $\boldsymbol{\Sigma}$ 是正定的, 则它一定可以写成如下形式:

$$\boldsymbol{\Sigma} = \begin{pmatrix} \sigma_1^2 & \rho\sigma_1\sigma_2 \\ \rho\sigma_1\sigma_2 & \sigma_2^2 \end{pmatrix},$$

其中 $\sigma_1 > 0, \sigma_2 > 0, |\rho| < 1$.

9. 两名射手各向自己的靶独立射击, 直到有一次命中时该停止射击. 如第 i 个射手每次命中的概率为 p_i ($0 < p_i < 1, i = 1, 2$). 求两射手均停止射击时各自脱靶数 X_1 和 X_2 的联合分布列.

10. 甲乙两人约定 5 点到 6 点之间在某处集合, 他们到达的时间相互独立, 均服从均匀分布. 甲乙两人都耐心不足, 等待 15 分钟就会离开. 求两人到达时刻的联合分布函数, 并求他们成功碰头的概率. (记甲 5 点 X 分到达, 乙 5 点 Y 分到达)

11. 设二维随机变量 (X, Y) 的概率密度函数为

$$f(x, y) = \begin{cases} A\sin(x + y), 0 < x < \dfrac{\pi}{2}, 0 < y < \dfrac{\pi}{2}, \\ 0, \quad \text{其他}. \end{cases}$$

(1) 求随机变量 (X, Y) 的分布函数; (2) X 和 Y 的边缘概率密度函数.

12. 设二维随机变量 (X, Y) 在区域 $D\{(x, y) | |x| + |y| \leqslant 1\}$ 上服从均匀分布, 求:

(1) 随机变量 (X, Y) 的联合概率密度函数.

(2) X 和 Y 是否相互独立, 为什么?

13. 试证明下述判断二元随机变量独立性的定理:

连续型随机变量 X, Y 相互独立, 当且仅当其联合概率密度函数可以写成

$$f_{X,Y}(x, y) = h(x)g(y), \quad -\infty < x, y < +\infty,$$

并试将该性质推广到判断 n 元随机向量 $(X_1, X_2, \cdots, X_n)$ 相互独立.

14. (1) 设随机变量 X_1, X_2, X_3 相互独立, 则 (X_1, X_2) 与 X_3 相互独立吗? 若是请证明, 否则请举一个反例.

(2) 若随机变量 X_1 与 X_2 独立, X_2 与 X_3 独立, 则 X_1 与 X_3 相互独立吗? 若是请证明, 否则请举一个反例.

15. 随机变量 X 与 Y 的联合概率密度函数为

$$f(x, y) = \begin{cases} \mathrm{e}^{-(x+y)}, & x > 0, y > 0, \\ 0, & \text{其他}. \end{cases}$$

试求以下随机变量的概率密度函数: (1) $Z = (X + Y)/2$; (2) $Z = Y - X$.

16. 设 $X_1, X_2, \cdots, X_n$ 是独立同分布的正值随机变量, 试证明:

$$E\left(\frac{X_1 + X_2 + \cdots + X_k}{X_1 + X_2 + \cdots + X_n}\right) = \frac{k}{n}, k \leqslant n.$$

17. 随机变量 X 与 Y 独立同分布，均服从参数为 1 的指数分布，求二维随机向量 $(U,V) \overset{\text{def}}{=} (X+Y, X-Y)$ 的联合概率密度函数与边缘概率密度函数.

18. 随机变量 $X_1, X_2, \cdots, X_N$ 相互独立，且每个变量的分布函数均为 $F(x)$. 令

$$U = \max\{X_1, X_2, \cdots, X_N\}, V = \min\{X_1, X_2, \cdots, X_N\}$$

试求 (U,V) 的联合分布函数 $F(u,v)$. （用 $F(x)$，N 表示）.

19. 设 X,Y 独立同分布，均服从标准正态分布 $N(0,1)$，试求 $Z = \sqrt{X^2 + Y^2}$ 的概率密度函数.

20. 设随机变量 $X_1, X_2, \cdots, X_n$ 相互独立，且 $X_i \sim Exp(\lambda_i), i = 1, 2, \cdots, n$. 试证：

$$P(X_i = \min\{X_1, X_2, \cdots, X_n\}) = \frac{\lambda_i}{\lambda_1 + \lambda_2 + \cdots + \lambda_n}.$$

21. 设连续随机变量 $X_1, X_2, \cdots, X_n$ 独立同分布，试证：

$$P(X_n > \max\{X_1, X_2, \cdots, X_{n-1}\}) = \frac{1}{n}.$$

22. （差的公式）设 (X,Y) 有联合概率密度函数 $f_{XY}(x,y)$，$Z = X - Y$，试证 Z 有概率密度函数

$$f_Z(z) = \int_{-\infty}^{+\infty} f_{XY}(z+y, y)\, \mathrm{d}y.$$

23. 设 X 和 Y 分别表示两个不同电子器件的寿命（单位：小时），并设 X,Y 相互独立，且服从同一分布，其概率密度函数为

$$f(x) = \begin{cases} \dfrac{1000}{x^2}, & x > 1000, \\ 0, & \text{其他}. \end{cases}$$

求 $Z = X/Y$ 的概率密度函数.

24. 随机变量 X 与 Y 的联合概率密度函数为

$$f(x,y) = \begin{cases} Cy, & 0 < x < 1,\ 0 < y < x, \\ 0, & \text{其他}. \end{cases}$$

求：（1）常数 C. （2）$Z = X - Y$ 的概率密度函数. （3）$Z = X + Y$ 的概率密度函数.

25. 设随机变量 X,Y 的概率密度函数为

$$f(x,y) = \begin{cases} x\mathrm{e}^{-x(1+y)}, & x > 0, y \geqslant 0, \\ 0, & \text{其他}. \end{cases}$$

求 $Z = XY$ 的概率密度函数.

26. 随机变量 X, Y 相互独立，均服从 $[0,1]$ 上的均匀分布，求 $Z = |X - Y|$ 的概率密度函数.

27. 设随机变量 X 与 Y 独立，均服从正态分布 $N(0, \sigma^2)$，试证：

（1）$E(\max\{|X|, |Y|\}) = \dfrac{2\sigma}{\sqrt{\pi}}$. （2）$E(\max\{|X|, |Y|\})^2 = \left(1 + \dfrac{2}{\pi}\right)\sigma^2$.

28. 随机变量 X 与 Y 的联合概率密度函数在图 3.11 中阴影区域的取值为一个常数，其余地方取值为 0. 阴影区域边界为一个平行四边形，顶点坐标分别为 $(0,0)$，$(1,1)$，$(1,2)$，$(0,1)$.
试求解：（1）随机变量 X 与 Y 相互独立吗？（2）X 与 Y 的边缘概率密度函数. （3）$X + Y$ 的期望与方差. （4）X 与 Y 的相关系数 ρ_{XY}.

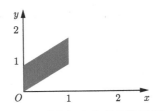

图 3.11 联合概率密度函数示意图

29. 设随机变量 X 与 Y 具有联合概率密度函数

$$f(x,y) = \frac{1}{y}\mathrm{e}^{-\left(y+\frac{x}{y}\right)}, x > 0, y > 0.$$

求 $E(X), E(Y), \mathrm{Cov}(X,Y)$.

30. 设随机变量 X 服从柯西分布，即具有概率密度函数

$$f(x) = \frac{1}{\pi\left(1+x^2\right)}.$$

求 $E\left(\min\{|X|,1\}\right)$.

31. 设二维随机变量 (X,Y) 具有概率密度函数

$$f(x,y) = \begin{cases} 2-x-y, & 0 < x < 1, 0 < y < 1, \\ 0, & \text{其他}. \end{cases}$$

求相关系数 ρ_{XY}.

32. 设 $R > 0$，二维随机变量 (X,Y) 具有概率密度函数，

$$f(x,y) = \begin{cases} \dfrac{1}{\pi R^2}, & x^2 + y^2 \leqslant R^2, \\ 0, & x^2 + y^2 > R^2. \end{cases}$$

试证：X 与 Y 不相关，但不独立.

33. 设随机变量 X 与 Y 的相关系数为 ρ，求 $U = aX + b$ 与 $V = cY + d$ 的相关系数，其中 a,b,c,d 均为常数，$ac \neq 0$.

34. 考虑 m 次独立实验，每个实验有 r 个可能的实验结果，相应出现的概率分别为 $p_1, p_2, \cdots p_r$，$\sum\limits_{i=1}^{r} p_i = 1$. 令 N_i 表示 m 次独立实验中结果 i 出现的次数，则 $N_1, N_2, \cdots, N_r$ 服从多项分布

$$P\left(N_1 = n_1, N_2 = n_2, \cdots, N_r = n_r\right) = \frac{m!}{n_1! n_2! \cdots n_r!} p_1^{n_1} p_2^{n_2} \cdots p_r^{n_r},$$

其中，$\sum\limits_{i=1}^{r} n_i = m$. 试求解 N_i 与 N_j $(i \neq j)$ 的协方差.

35. 令 $X = Y - Z$，其中 Y, Z 为非负随机变量且 $YZ = 0$，试证明：

（1）$\mathrm{Cov}(Y,Z) \leqslant 0$.

（2）$\mathrm{Var}(X) \geqslant \mathrm{Var}(Y) + \mathrm{Var}(Z)$.

（3）$\mathrm{Var}(X) \geqslant \mathrm{Var}(\max\{0,X\}) + \mathrm{Var}(\max\{0,-X\})$.

36. 设 X 与 Y 为离散随机变量，试举出这样的联合分布列的例子，满足 X 与 Y 不独立，但是存在 X 的某个取值 x_i，Y 的某个取值 y_j，随机事件 $\{X = x_i\}$ 与随机事件 $\{Y = y_j\}$ 独立.

37. 设随机变量 X 与 Y 的混合概率密度函数为

$$f(x,y) = \begin{cases} 0.4 \cdot N\left(y|1, 1.5^2\right), & x = 1, \\ 0.6 \cdot N\left(y|4, 1\right), & x = 2, \\ 0, & \text{其他}, \end{cases}$$

其中 $N\left(y|\mu, \sigma^2\right)$ 表示均值为 μ，方差为 σ^2 的正态分布的概率密度函数. 试求：

（1）X 的边缘分布列. （2）$E(Y)$.

38. 50 个人排队做肺部透视，假设他们中有 5 个阳性患者，问：在出现第一个阳性患者之前，阴性反应者的人数平均是多少？

39. 设随机变量 X, Y 独立同分布，都服从参数为 λ 的指数分布. 另

$$Z = \begin{cases} 4X + 1, & X \geqslant Y, \\ 5Y, & X < Y, \end{cases}$$

求：$E(Z)$.

40. 求随机相位正弦波 $X = A \sin(\omega_0 + \theta)$，其中 ω_0 为常数，随机变量 $\theta \sim U[-\pi, \pi]$，

$$A \sim \begin{bmatrix} -1 & 0 & 1 \\ q & r & p \end{bmatrix}$$

为随机变量 A 的分布列，其中 $p, q, r > 0$，$p + r + q = 1$，且 A 和 θ 两者独立，求 $E(X)$ 和 $\mathrm{Var}(X)$.

41. 设 (X, Y) 是二维随机变量. 试证：给定实数 y，如果 $P(Y = y) > 0$，则

$$\lim_{\varepsilon \to 0} P(X \leqslant x | y \leqslant Y \leqslant y + \varepsilon) = P(X \leqslant x | Y = y).$$

42. 设 $X \sim N(x | \mu, \sigma^2)$，条件分布 $Y | X = x \sim N(y | ax + b, c^2)$，试求：$(X, Y)$ 的联合密度，以及 Y 的边缘密度.

43. 设二维随机向量 (X, Y) 有联合概率密度函数

$$f(x, y) = \begin{cases} 3x, & 0 < x < 1, 0 < y < x, \\ 0, & \text{其他}. \end{cases}$$

试求：条件概率密度函数 $f_{X|Y}(x|y)$ 和 $f_{Y|X}(y|x)$.

44. 100 个球随机地放在 100 个箱子里，求最后空箱子的数量的平均值.

45. 令 $X_1, X_2, \cdots$ 为一列独立同分布连续随机变量，求 $P(X_6 > X_2 | X_1 = \max\{X_1, X_2, \cdots, X_5\})$.

46. 设随机变量 X 服从区间 $[0, 1]$ 上的均匀分布，当 $0 < x < 1$ 时，随机变量 Y 在 $X = x$ 的条件下服从区间 $[x, 1]$ 上的均匀分布. 求随机变量 Y 的概率密度函数.

47. 设 X, Y 独立同分布，均服从参数为 λ 的指数分布. 求：
(1) $f_{XY|X>Y}(x, y | X > Y)$，即 $X > Y$ 条件下的 (X, Y) 联合概率密度函数. (2) $f_{X|X>Y}(x | X > Y)$，即 $X > Y$ 条件下的 X 边缘概率密度函数.

48. 设二维连续随机变量 (X, Y) 的联合概率密度函数为

$$f(x, y) = \begin{cases} 24(1 - x)y, & 0 < y < x < 1, \\ 0, & \text{其他}. \end{cases}$$

试求条件密度 $f_{X|Y}(x|y)$ 和 $f_{Y|X}(y|x)$.

49. 设随机变量 X, Y 的联合概率密度函数 $f_{XY}(x, y)$ 如图 3.12 所示，求：
(1) 条件概率密度函数 $f_{Y|X}(y|x)$ 和 $f_{X|Y}(x|y)$；
(2) $E(X|Y = y)$，$E(X)$，$\mathrm{Var}(X|Y = y)$，$\mathrm{Var}(X)$；
(3) $E(Y|X = x)$，$E(Y)$，$\mathrm{Var}(Y|X = x)$，$\mathrm{Var}(Y)$.

50. 设二维随机变量 (X, Y) 的联合概率密度函数为

$$f(x, y) = \begin{cases} 120y(x - y)(1 - x), & 0 < x < 1, 0 < y < x, \\ 0, \text{其他}. \end{cases}$$

求：（1）给定 $X = x$ 条件下 Y 的条件概率密度函数 $f_{Y|X}(y|x)$. （2）给定 $X = x$ 条件下 $T = Y/\sqrt{X}$ 的条件概率密度函数 $f_{T|X}(t|x)$. （3）$T = Y/\sqrt{X}$ 的（无条件）概率密度函数 $f_T(t)$.

51. 一辆交通车送 25 名乘客到 7 个站，假设每一个乘客等可能地在任一站下车，且他们行动独立，交通车只在有人下车时才停站，问：该交通车停站的平均次数是多少？

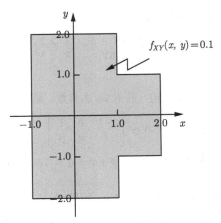

图 3.12　联合概率密度函数示意图

52. 假设一囚犯在有三个门的密室中，每个门通向一个地道. 沿第一个门的地道行走两天后，结果又转回到原地；沿第二个门的地道行走四天后转回原地；沿第三个门的地道行走一天能得到自由. 设该囚犯始终以概率 0.5, 0.3, 0.2 分别选择第一、第二、第三个门. 试问该囚犯走出地道获得自由时平均需要多少天.

53. 在一根长为 1 的木棍上随机选一个点，将其截为两段，取其中较长的一段，在其上再随机选一个点，将其截为两段. 计算其中一段长度的方差.

54. 令 $X_1, X_2, \cdots, X_n, X_{n+1}, \cdots, X_{2n}$ 为独立同分布的随机变量.
   (1) 求条件期望 $E(X_1 | X_1 + X_2 + \cdots + X_n = c)$，其中 c 为常数.
   (2) 定义 $S_k = X_1 + X_2 + \cdots + X_k, 1 \leqslant k \leqslant 2n$，求解

$$E(X_1 | S_n = s_n, S_{n+1} = s_{n+1}, \cdots, S_{2n} = s_{2n}),$$

其中，$s_n, s_{n+1}, \cdots, s_{2n}$ 为常数.

55. 设保险公司在一段时间内收到的客户理赔数 N 服从泊松分布，$N \sim Po(\lambda), N = 0, 1, \cdots$. 每个顾客理赔合理的概率为 0.4. 每个顾客理赔是否合理，以及客户理赔数之间相互独立. 若理赔合理，保险公司需支付 100 元赔偿金. 求保险公司在该时间段内支付的赔偿金总额的平均值.

56. 从一副 52 张牌内（无大王、小王）抽取 3 张牌（无放回），记 X 表示抽中的 A 的张数，求 $E(X | \text{黑桃 A 被选中})$.

57. 令 X_1, X_2, X_3, X_4, X_5 为独立同分布的连续随机变量，其共同的分布函数和概率密度函数分别为 $F(x)$ 和 $f(x)$，求 $P(X_1 < X_2 < X_3 < X_4 < X_5)$.

58. 设 $X \sim N(\mu_1, \sigma_1^2)$，$Z \sim N(\mu_2, \sigma_2^2)$，$X$ 与 Z 统计独立. 设 $Y = X + Z$，试求：$E(X | Y = y)$.

59. 考虑 n 个独立同分布的随机变量 $X_1, X_2, \cdots, X_n$，其算术平均为 $\bar{X} = \frac{1}{n} \sum_{i=1}^{n} X_i$，试证明：$X_i - \bar{X}$ 与 $X_j - \bar{X}$（$i \neq j$）的相关系数为 $-\frac{1}{n-1}$.

60. 甲、乙两个赌徒在每一局获胜的概率都是 1/2. 两人约定谁先赢得一定的局数就能获得全部赌本，但赌博在中途被打断了. 请问在以下各种情况下，应如何合理分配赌本.
   (1) 甲、乙两个赌徒都还需各赢 k 局才能获胜.
   (2) 甲赌徒还需赢 2 局才能赢，乙赌徒还需赢 3 局才能获胜.
   (3) 甲赌徒还需赢 m 局才能赢，乙赌徒还需赢 n 局才能获胜.

61. 实验室需要培养某种细菌以供科学研究. 在实验皿中可以产生甲、乙两种细菌, 长期实践经验告诉我们产生的细菌总数 X 服从参数为 λ 的泊松分布, 并且产生两种细菌的概率相等, 试求:

(1) 产生了甲类细菌而没有产生乙类细菌的概率.

(2) 在已知产生了细菌且没有甲类细菌的条件之下, 产生两个乙类细菌的概率.

62. (1) 设两个人随机地分布在长为 L 的公路上, 求两个人的距离不小于 D 的概率 $(0 \leqslant D \leqslant L)$.

(2) 设 n 个人随机地分布在长为 L 的公路上, 当 $D \leqslant \dfrac{L}{n-1}$ 时, 求没有两个人彼此相距小于

D 的概率, 又若 $D > \dfrac{L}{n-1}$, 此概率为何?

(提示:实际上, 在 n 个人的情况下, 设 X_i 表示第 i 个人的位置, $i = 1, 2, \cdots, n$, 则 $X_1, X_2, \cdots, X_n$ 独立同分布, 且均匀分布于 $[0, L]$. 如果令 $X_{(1)} \leqslant X_{(2)} \leqslant \cdots \leqslant X_{(n)}$ 表示 $X_1, X_2, \cdots, X_n$ 的次序统计量, 则其联合概率密度函数为

$$f_{X_{(1)}X_{(2)}\cdots X_{(n)}}(x_1, x_2, \cdots, x_n) = \begin{cases} \dfrac{n!}{L^n}, & 0 \leqslant x_1 \leqslant x_2 \leqslant \cdots \leqslant x_n \leqslant L, \\ 0, & \text{其他}. \end{cases}$$

可作为已知结论使用)

63. 设某飞禽产蛋个数服从参数为 λ 的泊松分布, 而每个蛋孵化为幼禽的概率等于 p. 假设蛋的孵化是相互独立的, 求此飞禽的后代个数的分布律.

第 4 章　概率论极限理论

4.1　随机变量序列的收敛性

设 $X_1, X_2, \cdots$ 是一列随机变量, 研究这种随机变量列的收敛性无论在理论上或应用上都有十分重要的意义. 所谓收敛性, 从直观上说, 就是指 n 很大时 X_n 近似地是什么样的随机变量. 例如, 我们知道在一组条件可以重复实现的情形下任何事件 A 的概率 $P(A)$ 的直观意义: $P(A)$ 是 A 发生频率的稳定值. 但从数学理论的角度看, 概率 $P(A)$ 要用公理方法加以定义. 按照柯尔莫戈洛夫的公理系统, 概率乃是事件的一种具有三条性质的函数 (函数值非负, 必然事件对应的值是 1, 一列互不相容的事件之并对应的值等于各事件对应的值之和). 现在问: 这种用公理方法对概率下的定义是否真的具有直观上的 "频率的稳定值" 的含义呢? 换句话说, 设 A 是随机事件, $P(A)$ 的值按公理方法给定出来了, 若 A 在 n 次独立实验中发生了 Y_n 次, 问: 当 n 很大时, $\dfrac{Y_n}{n}$ 是否与 $P(A)$ 很接近?

这个问题可化为讨论随机序列的收敛性. 令

$$X_i = \begin{cases} 1, & \text{当第 } i \text{ 次试验时 } A \text{ 发生}, \\ 0, & \text{当第 } i \text{ 次试验时 } A \text{ 不发生}, \end{cases} \quad i = 1, 2, \cdots,$$

则 $X_1, X_2, \cdots$ 是随机变量序列. 所谓 n 次独立试验, 就是指随机变量 $X_1, X_2, \cdots, X_n$ 相互独立. 显然 A 发生的次数 $Y_n = \sum\limits_{i=1}^{n} X_i$, 记 A 发生的频率 $\xi_n = \dfrac{1}{n} \sum\limits_{i=1}^{n} X_i (n \geqslant 1)$. 问题是: 当 n 很大时, 频率 ξ_n 是否与常数 $P(A)$ 很接近?

又如一个射手向一个目标连续射击 6000 次, 每次射中的概率是 1/6, 问: 射中次数在 900~1100 之间的概率是多少? 这个问题从理论上不难回答, 从第 1 章知这个概率等于 $\sum\limits_{k=900}^{1100} C_{6000}^{k} \left(\dfrac{1}{6}\right)^k \left(\dfrac{5}{6}\right)^{6000-k}$. 但具体数值如何算出, 这就不容易了. 用 μ_{6000} 表示 6000 次射击中射中的次数, 能否找到比较简单的随机变量 η, 其分布函数比较好算 (或其数值可从造好的表中查出), 使得 μ_{6000} 与 η 很接近或者说

$$P(900 \leqslant \mu_{6000} \leqslant 1100) \approx P(900 \leqslant \eta \leqslant 1100).$$

总之, 这种随机变量的逼近 (或近似) 问题是很重要的. 很明显, 这就涉及随机变量列 (例如上面的 ξ_n 或 μ_n) 的收敛性问题.

首先要对随机变量列的收敛性给出明确的定义. 按照实际需要, 收敛性有几种定义, 最重要的是下列四种定义.

以下恒设 η 和 $\xi_1, \xi_2, \cdots$ 都是随机变量. 注意, $\eta = \eta(w), \xi_1 = \xi_1(w), \xi_2 = \xi_2(w), \cdots$, $\xi_n = \xi_n(w), \cdots$, 这些都是概率空间 $(\Omega, \mathcal{F}, P)$ 上的实值函数!

定义 4.1（依概率收敛）　称 $\xi_1, \xi_2, \cdots$ **依概率收敛**于 η, 若对任何 $\epsilon > 0$ 成立

$$\lim_{n \to \infty} P(|\xi_n - \eta| \geqslant \epsilon) = 0.$$

此时记作 $\xi_n \xrightarrow{P} \eta$, 或 $\lim\limits_{n \to \infty} \xi_n \overset{P}{=\!=} \eta$.

定义 4.2（几乎必然收敛）　称 $\xi_1, \xi_2, \cdots$ **概率为 1**（或**几乎必然**）地收敛于 η, 若

$$P(\lim_{n \to \infty} \xi_n = \eta) = 1.$$

此时记作 $\xi_n \xrightarrow{a.s.} \eta$ 或 $\lim\limits_{n \to \infty} \xi_n \overset{a.s.}{=\!=\!=} \eta$, 其中 a.s. 是 almost surely 的缩写.

定义 4.3（弱收敛）　称 $\xi_1, \xi_2, \cdots$ **弱收敛**于 η, 若对 η 的分布函数 $F(x)$ 的任何连续点 x, 都成立

$$\lim_{n \to \infty} P(\xi_n \leqslant x) = P(\eta \leqslant x).$$

此时记做 $\xi_n \xrightarrow{w} \eta$, 或 $\lim\limits_{n \to \infty} \xi_n \overset{w}{=\!=} \eta$.

弱收敛也叫做**依分布收敛**, 记作 $\xi_n \xrightarrow{d} \eta$, 或 $\lim\limits_{n \to \infty} \xi_n \overset{d}{=\!=} \eta$. 当 $\xi_n \xrightarrow{w} \eta$ 且 η 服从某分布, 如 $N(\mu, \sigma^2)$ 时常记为 $\xi_n \xrightarrow{w} N(\mu, \sigma^2)$.

在弱收敛的定义中为何只对"连续点"提要求? 在定义 $\xi_n \xrightarrow{w} \eta$ 时, 对 η 的分布函数 $F(x)$ 似应对一切 x 均成立 $\lim\limits_{n \to \infty} P(\xi_n \leqslant x) = F(x)$. 但这种"对一切 x 均成立"的要求是过于严格的, 不适当的. 例如, 设 X 是服从 $[-1, 1]$ 上均匀分布的随机变量, $\xi_n = \dfrac{1}{n} X$ （$n \geqslant 1$）, 则当 $n \to \infty$ 时, $\xi_n \xrightarrow{w} \eta = 0$（处处）. 易知 $P(\xi_n \leqslant 0) = P(X \leqslant 0) = \dfrac{1}{2}$, 而 $P(\eta \leqslant 0) = 1$. 于是 $\lim\limits_{n \to \infty} P(\xi_n \leqslant 0) \neq P(\eta \leqslant 0)$.

定义 4.4（均方收敛）　称 $\xi_1, \xi_2, \cdots$ 均方收敛于 η, 若 $\lim\limits_{n \to \infty} E(|\xi_n - \eta|^2) = 0$, 记为 $\xi_n \xrightarrow{m.s.} \eta$, 或 $\lim\limits_{n \to \infty} \xi_n \overset{m.s.}{=\!=\!=} \eta$, 其中 m.s. 是 mean square 的缩写.

最后, 要注意的是, 我们在事件的表述上常常省去了 w, 实际上

$$\{|\xi_n - \eta| \geqslant \epsilon\} = \{w : |\xi_n(w) - \eta(w)| \geqslant \epsilon\},$$

$$\{\lim_{n \to \infty} \xi_n = \eta\} = \{w : \lim_{n \to \infty} \xi_n(w) = \eta(w)\},$$

$$\{\xi_n \leqslant x\} = \{w : \xi_n(w) \leqslant x\}, \{\eta \leqslant x\} = \{w : \eta(w) \leqslant x\}.$$

我们在下面的论述中, 常常省略 ω.

上述四种收敛性有密切的关系.

定理 4.1　设 $\xi_n \xrightarrow{a.s.} \eta$, 则 $\xi_n \xrightarrow{P} \eta$.

证明 研究集合 $A = \{w : \xi_1(w), \xi_2(w), \cdots\}$ 不收敛于 $\eta(w)$，从假设知 $P(A) = 0$. 对任何 $\epsilon > 0$，令

$$B = \{w : \text{有无穷多个} n \text{使得} |\xi_n(w) - \eta(w)| \geqslant \epsilon\},$$

$$B_n = \{w : \text{有} n \geqslant m \text{使得} |\xi_n(w) - \eta(w)| \geqslant \epsilon\},$$

则 $B_m \supset B_{m+1}, B = \bigcap_{m=1}^{\infty} B_m$. 于是 $\lim_{m \to \infty} P(B_m) = P(B) \leqslant P(A) = 0$. 因为 $P(|\xi_m - \eta| \geqslant \epsilon) \leqslant P(B_m)$. 所以 $\lim_{m \to \infty} P(|\xi_m - \eta| \geqslant \epsilon) = 0$. 这就证明了 $\xi_n \xrightarrow{P} \eta$.

上述定理说明，**几乎必然收敛蕴含依概率收敛**. 应注意的是，定理 4.1 的逆不成立，见参考文献 [4] 第四章例 1.1.

定理 4.2 设 $\xi_n \xrightarrow{P} \eta$，则 $\xi_n \xrightarrow{w} \eta$.

证明 设随机变量 $\eta, \xi_1, \xi_2, \cdots$ 的分布函数分别为 $F_\eta(x), F_1(x), F_2(x), \cdots$. 只需证明对所有的 x，有

$$F_\eta(x - 0) \leqslant \varliminf_{n \to \infty} F_n(x) \leqslant \varlimsup_{n \to \infty} F_n(x) \leqslant F_\eta(x + 0).$$

因为若上式成立，则当 x 是 $F_\eta(x)$ 的连续点时，有 $F_\eta(x - 0) = F_\eta(x + 0)$，由此即可得 $F_n(x) \xrightarrow{w} F_\eta(x)$.

为证明上式成立，先令 $x' < x$，则

$$\{\xi \leqslant x'\} = \{\xi_n \leqslant x, \xi \leqslant x'\} \cup \{\xi_n > x, \xi \leqslant x'\}$$

$$\subset \{\xi_n \leqslant x\} \cup \{|\xi_n - \xi| \geqslant x - x'\},$$

从而有

$$F_\eta(x') \leqslant F_n(x) + P(|\xi_n - \xi| \geqslant x - x').$$

由 $\xi_n \xrightarrow{P} \eta$，可得 $P(|\xi_n - \xi| \geqslant x - x') \to 0(n \to \infty)$. 所以有

$$F_\eta(x') \leqslant \varliminf_{n \to \infty} F_n(x).$$

再令 $x' \to x$，即得

$$F_\eta(x - 0) \leqslant \varliminf_{n \to \infty} F_n(x).$$

同理可证，当 $x'' > x$ 时，有

$$\varlimsup_{n \to \infty} F_n(x) \leqslant F_\eta(x'').$$

令 $x'' \to x$，即得

$$\varlimsup_{n \to \infty} F_n(x) \leqslant F_\eta(x + 0).$$

注意，以上定理说明**依概率收敛蕴含弱收敛**，但它的逆命题不成立，即由弱收敛无法推出依概率收敛，见下例.

例 4.1 设随机变量 X 的分布列为

$$P(X = -1) = \frac{1}{2}, \qquad F(X = 1) = \frac{1}{2}.$$

令 $X_n = -X$，则 X_n 与 X 同分布，即 X_n 与 X 有相同的分布函数，故有 $X_n \overset{w}{\to} X$.

但对任意 $0 < \epsilon < 2$，有

$$P(|X_n - X| \geqslant \epsilon) = P(2|X| \geqslant \epsilon) = 1 \nrightarrow 0,$$

即 X_n 不依概率收敛到 X.

例 4.1 说明：**弱收敛和依概率收敛是不等价的**. 而下面的定理则说明：当极限随机变量为常数 (服从退化分布) 时，弱收敛和依概率收敛是等价的.

定理 4.3 若 c 为常数，则 $X_n \overset{P}{\longrightarrow} c$ 的充要条件是 $X_n \overset{w}{\longrightarrow} c$.

证明 必要性已由定理 4.2 给出，下面证明充分性. 记 X_n 的分布函数为 $F_n(x), n = 1, 2, \cdots$，因为常数 c 的分布函数 (退化分布) 为

$$F(x) = \begin{cases} 0, & x < c, \\ 1, & x \geqslant c. \end{cases}$$

所以对任意的 $\epsilon > 0$，有

$$P(|X_n - c| \geqslant \epsilon) = P(X_n \geqslant c + \epsilon) + P(X_n \leqslant c - \epsilon)$$

$$\leqslant P(X_n > c + \epsilon/2) + P(X_n \leqslant c - \epsilon)$$

$$= 1 - F_n(c + \epsilon/2) + F_n(c - \epsilon).$$

由于 $x = c + \epsilon/2$ 和 $x = c - \epsilon$ 均为 $F(x)$ 的连续点，且 $F_n(x) \overset{w}{\longrightarrow} F(x)$，所以当 $n \to \infty$ 时，有

$$F_n(c + \epsilon/2) \to F(c + \epsilon/2) = 1, \ F_n(c - \epsilon) \to F(c - \epsilon) = 0.$$

由此得

$$P(|X_n - c| \geqslant \epsilon) \to 0.$$

即 $X_n \overset{P}{\longrightarrow} c$. ■

定理 4.4 随机变量序列的均方收敛 $\Rightarrow$ 依概率收敛.

证明 根据切比雪夫不等式，如果 X_n 均方收敛于 X，则 $\forall \epsilon > 0$，有

$$P(|X_n - X| \geqslant \epsilon) \leqslant \frac{E(|X_n - X|^2)}{\epsilon^2} \to 0,$$

即

$$X_n \overset{m.s.}{\longrightarrow} X \Rightarrow X_n \overset{P}{\longrightarrow} X. ■$$

反之在一般情况下，从依概率收敛无法导出均方收敛. 下面给出例子.

例 4.2　设样本空间 $\Omega = (0,1)$，定义随机变量 $X(w) = 0$，并设

$$X_n(w) = \begin{cases} n^{1/2}, & 0 < w < \dfrac{1}{n}, \\ 0, & \dfrac{1}{n} \leqslant w < 1. \end{cases}$$

很明显，$\forall \epsilon > 0, X_n(w) \to X(w)$，且有

$$P(|X_n - X| \geqslant \epsilon) \leqslant \frac{1}{n}, n \to \infty,$$

即 X_n 依概率收敛于 X. 同时

$$E|X_n - X|^2 = (n^{1/2})^2 \frac{1}{n} = 1,$$

可见 X_n 不满足均方收敛.

综合上述定理，随机变量序列的各种收敛间的关系可以用图 4.1给以描述

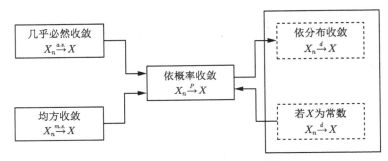

图 4.1　随机变量序列各种收敛间的关系

4.2　特征函数

设 $f(x)$ 是随机变量 X 的概率密度函数，则 $f(x)$ 的傅里叶变换是

$$\phi(t) = \int_{-\infty}^{+\infty} \mathrm{e}^{\mathrm{j}tx} f(x) \mathrm{d}x,$$

其中 $\mathrm{j} = \sqrt{-1}$ 是虚数单位. 由数学期望的概念知，$\phi(t)$ 恰好是 $E(\mathrm{e}^{\mathrm{j}tX})$. 这就是本节要讨论的特征函数，它是处理许多概率论问题的有力工具. 它能把寻求独立随机变量和的分布的卷积运算 (积分运算) 转换成乘法运算，还能把求分布的各阶原点矩 (积分运算) 转换成微分运算，特别地，它能把寻求随机变量序列的极限分布转换成一般的函数极限问题. 下面从特征函数的定义开始介绍它们.

4.2.1　复随机变量

先介绍一下复随机变量的概念. 特征函数除考虑取实数值的随机变量以外，还考虑取复数值的随机变量，后者简称为复随机变量. 复随机变量的定义为 $Z = Z(w) = X(w) +$

$jY(w)$，其中 $X(w)$ 与 $Y(w)$ 是定义在 Ω 上的实随机变量. 而 $\overline{Z}(w) = X(w) - jY(w)$ 称为 $Z(w)$ 的复共轭随机变量，有时亦写作 $Z^*(w)$. 复随机变量 $Z = X + jY$ 的模 $|Z|$ 定义为 $\sqrt{X^2 + Y^2}$，或 $|Z|^2 = X^2 + Y^2$，且 $Z\overline{Z} = X^2 + Y^2 = |Z|^2$.

与随机变量有关的一些概念和定义，一般都可类似地移到复随机变量的场合. 例如，若随机变量 X 与 Y 的数学期望 $E(X)$ 与 $E(Y)$ 都存在，则复随机变量 $Z = X + jY$ 的数学期望定义为 $E(Z) = E(X) + jE(Y)$. 又如复随机变量 $Z_1 = X_1 + jY_1$ 与 $Z_2 = X_2 + jY_2$ 相互独立当且仅当 (X_1, Y_1) 与 (X_2, Y_2) 相互独立. 在欧拉公式 $e^{jX} = \cos(X) + j\sin(X)$ 中若 X 是实随机变量，则 $E(e^{jX}) = E(\cos(X)) + jE(\sin(X))$，其模 $|e^{jX}| = \sqrt{\cos^2 X + \sin^2 X} = 1$. 若 X 与 Y 独立，则 e^{jX} 与 e^{jY} 也独立.

4.2.2 特征函数的定义

下面我们给出特征函数的定义.

定义 4.5（特征函数） 设 X 是一个随机变量，称

$$\phi(t) = E(e^{jtX}), \ -\infty < t < +\infty \tag{4.1}$$

为 X 的**特征函数**.

因为 $|e^{jtX}| = 1$，所以 $E(e^{jtX})$ 总是存在的，即任一随机变量的特征函数总是存在的. 若离散随机变量 X 的分布列为 $p_k = P(X = x_k), k = 1, 2, \cdots$，则 X 的特征函数为

$$\phi(t) = \sum_{k=1}^{\infty} e^{jtx_k} p_k, \ -\infty < t < +\infty. \tag{4.2}$$

若连续随机变量 X 的概率密度函数为 $f(x)$，则 X 的特征函数为

$$\phi(t) = \int_{-\infty}^{+\infty} e^{jtx} f(x)\mathrm{d}x, \ -\infty < t < +\infty. \tag{4.3}$$

与随机变量的数学期望、方差及各阶矩一样，特征函数只依赖于随机变量的分布，分布相同则特征函数也相同，所以我们也常称为某**分布的特征函数**.

例 4.3（常用分布的特征函数（一））

（1）**单点分布**：$P(X = a) = 1$，其特征函数为

$$\phi(t) = e^{jta}.$$

（2）**伯努利分布**：$P(X = x) = p^x(1-p)^{1-x}, x = 0, 1$，其特征函数为

$$\phi(t) = pe^{jt} + q, \text{其中} q = 1 - p.$$

（3）**泊松分布** $Po(\lambda)$：$P(X = k) = \dfrac{\lambda^k}{k!}e^{-\lambda}, k = 0, 1, \cdots$，其特征函数为

$$\phi(t) = \sum_{k=0}^{\infty} e^{jkt} \frac{\lambda^k}{k!} e^{-\lambda} = e^{-\lambda} e^{\lambda e^{jt}} = e^{\lambda(e^{jt} - 1)}.$$

（4）**均匀分布** $U(a,b)$：因为概率密度函数为

$$f(x) = \begin{cases} \dfrac{1}{b-a}, & a \leqslant x \leqslant b, \\ 0, & \text{其他}, \end{cases}$$

所以其特征函数为

$$\phi(t) = \int_a^b \frac{\mathrm{e}^{\mathrm{j}tx}}{b-a} \mathrm{d}x = \frac{\mathrm{e}^{\mathrm{j}bt} - \mathrm{e}^{\mathrm{j}at}}{\mathrm{j}t(b-a)}.$$

（5）**标准正态分布** $N(0,1)$：因为概率密度函数为

$$f(x) = \frac{1}{\sqrt{2\pi}} \mathrm{e}^{-\frac{x^2}{2}}, \ -\infty < x < +\infty,$$

所以其特征函数为

$$\phi(t) = \frac{1}{\sqrt{2\pi}} \int_{-\infty}^{+\infty} \mathrm{e}^{\mathrm{j}tx} \mathrm{e}^{-\frac{x^2}{2}} \mathrm{d}x = \frac{1}{\sqrt{2\pi}} \int_{-\infty}^{+\infty} \sum_{n=0}^{\infty} \frac{(\mathrm{j}tx)^n}{n!} \mathrm{e}^{-\frac{x^2}{2}} \mathrm{d}x$$

$$= \sum_{n=0}^{\infty} \frac{(\mathrm{j}t)^n}{n!} \left[\frac{1}{\sqrt{2\pi}} \int_{-\infty}^{+\infty} x^n \mathrm{e}^{-\frac{x^2}{2}} \mathrm{d}x \right].$$

上式中方括号内正是标准正态分布的 n 阶矩 $E(X^n)$. 当 n 为奇数时 $E(X^n)=0$；当 n 为偶数时，如 $n=2m$ 时，

$$E(X^n) = E(X^2m) = (2m-1)(2m-3)\cdots 3 \cdot 1 = \frac{(2m)!}{2^m m!},$$

代回原式，可得标准正态分布的特征函数

$$\phi(t) = \sum_{m=0}^{\infty} \frac{(\mathrm{j}t)^{2m}}{(2m)!} \cdot \frac{(2m)!}{2^m \cdot m!} = \sum_{m=0}^{\infty} \left(-\frac{t^2}{2} \frac{1}{m!} \right) = \mathrm{e}^{-\frac{t^2}{2}}.$$

有了标准正态分布的特征函数，再利用下节给出的特征函数的性质，就很容易得到一般正态分布 $N(\mu, \sigma^2)$ 的特征函数，见例 4.4.

（6）**指数分布** $Exp(\lambda)$：因为概率密度函数为

$$f(x) = \begin{cases} \lambda \mathrm{e}^{-\lambda x}, & x > 0, \\ 0, & x \leqslant 0, \end{cases}$$

所以其特征函数为

$$\phi(t) = \int_0^{+\infty} \mathrm{e}^{\mathrm{j}tx} \lambda \mathrm{e}^{-\lambda x} \mathrm{d}x$$

$$= \lambda \left(\int_0^{+\infty} \cos(tx) \mathrm{e}^{-\lambda x} \mathrm{d}x + \mathrm{j} \int_0^{+\infty} \sin(tx) \mathrm{e}^{-\lambda x} \mathrm{d}x \right)$$

$$= \lambda \left(\frac{\lambda}{\lambda^2 + t^2} + \mathrm{j} \frac{t}{\lambda^2 + t^2} \right) = \left(1 - \frac{\mathrm{j}t}{\lambda} \right)^{-1}.$$

以上积分中用到了复变函数的欧拉公式 $\mathrm{e}^{\mathrm{j}tx} = \cos(tx) + \mathrm{j}\sin(tx)$.

4.2.3 特征函数的性质

现在我们来研究特征函数的一些性质，其中 $\phi_X(t)$ 表示 X 的特征函数，其他类似.

定理 4.5（特征函数的性质）   （1）$|\phi(t)| \leqslant \phi(0) = 1$.

（2）$\phi(-t) = \overline{\phi(t)}$，其中 $\overline{\phi(t)}$ 表示 $\phi(t)$ 的共轭.

（3）若 $Y = aX + b$，其中 a, b 是常数，则

$$\phi_Y(t) = \mathrm{e}^{\mathrm{j}bt}\phi_X(at).$$

（4）独立随机变量和的特征函数为每个随机变量的特征函数的积，即设 X 与 Y 相互独立，则

$$\phi_{X+Y}(t) = \phi_X(t)\phi_Y(t).$$

（5）若 $E(X^l)$ 存在，则 X 的特征函数 $\phi(t)$ 可 l 次求导，且对 $1 \leqslant k \leqslant l$，有

$$E(X^k) = \frac{1}{\mathrm{j}^k}\frac{\mathrm{d}^k}{\mathrm{d}t^k}\phi_X(t)\bigg|_{t=0} = \frac{1}{\mathrm{j}^k}\phi^{(k)}(0).$$

上式提供了一条求随机变量的各阶矩的途径，特别可用下式去求数学期望和方差

$$E(X) = \frac{\phi'(0)}{\mathrm{j}}, \quad \mathrm{Var}(X) = -\phi''(0) + (\phi'(0))^2.$$

证明   在此我们仅对连续函数的情形进行证明，而在离散情形的证明是类似的.

（1）

$$|\phi(t)| = \left|\int_{-\infty}^{+\infty}\mathrm{e}^{\mathrm{j}tx}f(x)\mathrm{d}x\right| \leqslant \int_{-\infty}^{+\infty}|\mathrm{e}^{\mathrm{j}tx}|f(x)\mathrm{d}x = \int_{-\infty}^{+\infty}f(x)\mathrm{d}x = \phi(0) = 1.$$

（2）

$$\phi(-t) = \int_{-\infty}^{+\infty}\mathrm{e}^{-\mathrm{j}tx}f(x)\mathrm{d}x = \overline{\int_{-\infty}^{+\infty}\mathrm{e}^{\mathrm{j}tx}f(x)\mathrm{d}x} = \overline{\phi(t)}.$$

（3）

$$\phi_Y(t) = E(\mathrm{e}^{\mathrm{j}t(aX+b)}) = \mathrm{e}^{\mathrm{j}bt}E(\mathrm{e}^{\mathrm{j}atX}) = \mathrm{e}^{\mathrm{j}bt}\phi_X(at).$$

（4）因为 X 与 Y 相互独立，所以 $\mathrm{e}^{\mathrm{j}tX}$ 与 $\mathrm{e}^{\mathrm{j}tY}$ 也是独立的，从而有

$$E(\mathrm{e}^{\mathrm{j}t(X+Y)}) = E(\mathrm{e}^{\mathrm{j}tX}\mathrm{e}^{\mathrm{j}tY}) = E(\mathrm{e}^{\mathrm{j}tX})E(\mathrm{e}^{\mathrm{j}tY}) = \phi_X(t)\phi_Y(t).$$

（5）因为 $E(X^l)$ 存在，也就是

$$\int_{-\infty}^{+\infty}|x|^l f(x)\mathrm{d}x < +\infty,$$

于是含参变量 t 的广义积分 $\int_{-\infty}^{+\infty}\mathrm{e}^{\mathrm{j}tx}f(x)\mathrm{d}x$ 可以对 t 求导 l 次，于是对 $0 \leqslant k \leqslant l$，有

$$\phi^{(k)}(t) = \int_{-\infty}^{+\infty}\mathrm{j}^k x^k \mathrm{e}^{\mathrm{j}tx}f(x)\mathrm{d}x = \mathrm{j}^k E(X^k \mathrm{e}^{\mathrm{j}tX}).$$

令 $t = 0$ 即得

$$\phi^{(k)}(0) = \mathrm{j}^k E(X^k).$$

至此上述 5 条性质全部得证. ■

下例利用了上述性质来求另一些常用分布的特征函数.

例 4.4（常用分布的特征函数（二））

（1）**二项分布** $B(n, p)$：设随机变量 $Y \sim B(n, p)$，则 $Y = X_1 + X_2 + \cdots + X_n$，其中诸 X_i 是相互独立同分布的随机变量，且 $X_i \sim B(1, p)$. 由例 4.3(2) 可知

$$\phi_{X_i}(t) = p\mathrm{e}^{\mathrm{j}t} + q.$$

所以由独立随机变量和的特征函数为特征函数的积，得

$$\phi_Y(t) = (p\mathrm{e}^{\mathrm{j}t} + q)^n.$$

（2）**正态分布** $N(\mu, \sigma^2)$：设随机变量 $Y \sim N(\mu, \sigma^2)$，则 $X = (Y - \mu)/\sigma \sim N(0, 1)$. 由例 4.3(5)，知

$$\phi_X(t) = \mathrm{e}^{-\frac{t^2}{2}}.$$

所以由 $Y = \sigma X + \mu$ 和定理 4.5 得

$$\phi_Y(t) = \phi_{\sigma X + \mu}(t) = \mathrm{e}^{\mathrm{j}\mu t}\phi_X(\sigma t) = \exp\left(\mathrm{j}\mu t - \frac{\sigma^2 t^2}{2}\right).$$

上述常用分布的特征函数汇总在表 4.1 中.

表 4.1　常用分布的特征函数

分布	分布列 p_k 或概率密度函数 $f(x)$	特征函数 $\phi(t)$
单点分布	$P(X = a) = 1$	$\mathrm{e}^{\mathrm{j}ta}$
伯努利分布	$p_k = p^k q^{1-k}, q = 1 - p, k = 0, 1$	$p\mathrm{e}^{\mathrm{j}t} + q$
二项分布 $B(n, p)$	$p_k = \mathrm{C}_n^k p^k q^{n-k}, k = 0, 1, \cdots, n$	$(p\mathrm{e}^{\mathrm{j}t} + q)^n$
泊松分布 $Po(\lambda)$	$p_k = \dfrac{\lambda^k}{k!}\mathrm{e}^{-\lambda}, k = 0, 1, \cdots$	$\mathrm{e}^{\lambda(\mathrm{e}^{\mathrm{j}t}-1)}$
几何分布 $Ge(p)$	$p_k = pq^{k-1}, k = 1, 2, \cdots$	$p/(1 - q\mathrm{e}^{\mathrm{j}t})$
均匀分布 $U(a, b)$	$f(x) = \dfrac{1}{b-a}, a \leqslant x \leqslant b$	$\dfrac{\mathrm{e}^{\mathrm{j}bt} - \mathrm{e}^{\mathrm{j}at}}{\mathrm{j}t(b-a)}$
正态分布 $N(\mu, \sigma^2)$	$f(x) = \dfrac{1}{\sqrt{2\pi}\sigma}\exp\left(-\dfrac{(x-\mu)^2}{2\sigma^2}\right)$	$\exp\left(\mathrm{j}\mu t - \dfrac{\sigma^2 t^2}{2}\right)$
指数分布 $Exp(\lambda)$	$f(x) = \lambda\mathrm{e}^{-\lambda x}, x > 0$	$\left(1 - \dfrac{\mathrm{j}t}{\lambda}\right)^{-1}$

特征函数还有以下一些优良性质.

定理 4.6（特征函数的一致连续性）　随机变量 X 的特征函数 $\phi(t)$ 在 $(-\infty, +\infty)$ 内一致连续.

证明　设 X 是连续随机变量（离散随机变量的证明是类似的），其概率密度函数为 $f(x)$，则对任意实数 t, h 和正数 $a > 0$，有

$$|\phi(t+h)-\phi(t)| = \left|\int_{-\infty}^{+\infty}(\mathrm{e}^{\mathrm{j}hx}-1)\mathrm{e}^{\mathrm{j}tx}f(x)\mathrm{d}x\right|$$

$$\leqslant \int_{-\infty}^{+\infty}|\mathrm{e}^{\mathrm{j}hx}-1|f(x)\mathrm{d}x$$

$$\leqslant \int_{-a}^{a}|\mathrm{e}^{\mathrm{j}hx}-1|f(x)\mathrm{d}x + 2\int_{|x|\geqslant a}f(x)\mathrm{d}x.$$

对任意的 $\epsilon > 0$，先取定一个充分大的 a，使得

$$2\int_{|x|\geqslant a}f(x)\mathrm{d}x < \frac{\epsilon}{2},$$

然后对任意的 $x\in[-a,a]$，只要取 $\delta = \dfrac{\epsilon}{2a}$，则当 $|h| < \delta$ 时，便有

$$|\mathrm{e}^{\mathrm{j}hx}-1| = |\mathrm{e}^{\mathrm{j}\frac{h}{2}x}(\mathrm{e}^{\mathrm{j}\frac{h}{2}x}-\mathrm{e}^{-\mathrm{j}\frac{h}{2}x})| = 2\left|\sin\frac{hx}{2}\right| \leqslant 2\left|\frac{hx}{2}\right| < ha < \frac{\epsilon}{2}.$$

从而对所有的 $t\in(-\infty,+\infty)$，有

$$|\phi(t+h)-\phi(t)| < \int_{-a}^{a}\frac{\epsilon}{2}f(x)\mathrm{d}x + \frac{\epsilon}{2} \leqslant \epsilon,$$

即 $\phi(t)$ 在 $(-\infty,+\infty)$ 内一致连续. ∎

定理 4.7（特征函数的非负定性） 随机变量 X 的特征函数 $\phi(t)$ 是非负定的，即对任意正整数 n 及 n 个实数 $t_1, t_2, \cdots, t_n$ 和 n 个复数 $z_1, z_2, \cdots, z_n$，有

$$\sum_{k=1}^{n}\sum_{i=1}^{n}\phi(t_k-t_i)z_k\overline{z}_i \geqslant 0.$$

证明 仍设 X 是连续随机变量（离散随机变量的证明是类似的），其概率密度函数为 $f(x)$，则有

$$\sum_{k=1}^{n}\sum_{i=1}^{n}\phi(t_k-t_i)z_k\overline{z}_i = \sum_{k=1}^{n}\sum_{i=1}^{n}z_k\overline{z}_i\int_{-\infty}^{+\infty}\mathrm{e}^{\mathrm{j}(t_k-t_i)x}f(x)\mathrm{d}x$$

$$= \int_{-\infty}^{+\infty}\sum_{k=1}^{n}\sum_{i=1}^{n}z_k\overline{z}_i\mathrm{e}^{\mathrm{j}(t_k-t_i)x}f(x)\mathrm{d}x$$

$$= \int_{-\infty}^{+\infty}\left(\sum_{k=1}^{n}z_k\mathrm{e}^{\mathrm{j}t_kx}\right)\left(\sum_{i=1}^{n}\overline{z}_i\mathrm{e}^{-\mathrm{j}t_ix}\right)f(x)\mathrm{d}x$$

$$= \int_{-\infty}^{+\infty}\left|\sum_{k=1}^{n}z_k\mathrm{e}^{\mathrm{j}t_kx}\right|^2 f(x)\mathrm{d}x \geqslant 0. \quad ∎$$

由特征函数的定义可知，随机变量的分布唯一地确定了它的特征函数. 前面的讨论实际上都是从随机变量的分布出发，讨论特征函数及其性质. 要注意的是：如果两个分

布的数学期望、方差及各阶矩都相等，也无法证明此两个分布相等. 但特征函数却不同，它有着比数学期望、方差以及各阶矩更优良的性质：即特征函数完全决定了分布，也就是说，两个分布函数相等当且仅当它们对应的特征函数相等. 下面来讨论这个问题.

定理 4.8（特征函数的唯一性定理） 随机变量的分布函数由其特征函数唯一决定.

证明略.

特别地，当 X 为连续随机变量，有下述更强的结果.

定理 4.9 若 X 为连续随机变量，其概率密度函数为 $f(x)$，特征函数为 $\phi(t)$. 如果 $\int_{-\infty}^{+\infty} |\phi(t)| \mathrm{d}t < +\infty$，则

$$f(x) = \frac{1}{2\pi} \int_{-\infty}^{+\infty} \mathrm{e}^{-\mathrm{j}tx} \phi(t) \mathrm{d}t. \tag{4.4}$$

证明略.

从上述定理可看出，式 (4.3) 与式 (4.4) 构成一对互逆的变换：

$$\phi(t) = \int_{-\infty}^{+\infty} \mathrm{e}^{\mathrm{j}tx} f(x) \mathrm{d}x, \qquad f(x) = \frac{1}{2\pi} \int_{-\infty}^{+\infty} \mathrm{e}^{-\mathrm{j}tx} \phi(t) \mathrm{d}t,$$

即**特征函数是概率密度函数的傅里叶逆变换，概率密度函数是特征函数的傅里叶变换**，特征函数的变元 t 是时间角色，概率密度函数的变元 x 是频率角色[7].

在此着重指出：在概率论中，独立随机变量和的问题占有"中心"地位，用卷积公式去处理独立随机变量和的问题是相当复杂的，而引入了特征函数可以很方便地用特征函数相乘求得独立随机变量和的特征函数，再由唯一性定理，从独立随机变量和的特征函数来识别独立随机变量和的分布. 由此大大简化了处理独立随机变量和的难度. 读者可从下例中体会出这一点.

例 4.5 用特征函数方法可以很方便地证明正态分布的可加性.

证明 设随机变量 $X \sim N(\mu_1, \sigma_1^2)$，$Y \sim N(\mu_2, \sigma_2^2)$，且 X 与 Y 独立，其特征函数分别为

$$\phi_X(t) = \mathrm{e}^{\mathrm{j}t\mu_1 - \frac{\sigma_1^2 t^2}{2}}, \qquad \phi_Y(t) = \mathrm{e}^{\mathrm{j}t\mu_2 - \frac{\sigma_2^2 t^2}{2}}.$$

所以由定理 4.5 中的 (4) 得

$$\phi_{X+Y}(t) = \phi_X(t)\phi_Y(t) = \mathrm{e}^{\mathrm{j}t(\mu_1+\mu_2) - \frac{(\sigma_1^2+\sigma_2^2)t^2}{2}}.$$

这正是 $N(\mu_1 + \mu_2, \sigma_1^2 + \sigma_2^2)$ 的特征函数，再由特征函数的唯一性定理，即知

$$X + Y \sim N(\mu_1 + \mu_2, \sigma_1^2 + \sigma_2^2).$$

同理可证：若 X_i 相互独立，且 $X_i \sim N(\mu_i, \sigma_i^2)$，$i = 1, 2, \cdots, n$，则

$$\sum_{i=1}^{n} X_i \sim N\left(\sum_{i=1}^{n} \mu_i, \sum_{i=1}^{n} \sigma_i^2\right).$$

例 4.6 已知连续随机变量的特征函数如下, 求其分布.

$$(1)\ \phi_1(t) = \mathrm{e}^{-|t|};\quad (2)\ \phi_2(t) = \frac{\sin(at)}{at}.$$

解 (1) 由逆转公式 (4.4) 可知其概率密度函数为

$$
\begin{aligned}
f(x) &= \frac{1}{2\pi} \int_{-\infty}^{+\infty} \mathrm{e}^{-\mathrm{j}xt} \cdot \mathrm{e}^{-|t|} \mathrm{d}t \\
&= \frac{1}{2\pi} \int_0^{+\infty} \mathrm{e}^{-(1+\mathrm{j}x)t} \mathrm{d}t + \frac{1}{2\pi} \int_{-\infty}^0 \mathrm{e}^{(1-\mathrm{j}x)t} \mathrm{d}t \\
&= \frac{1}{2\pi} \left(\frac{1}{1+\mathrm{j}x} + \frac{1}{1-\mathrm{j}x} \right) = \frac{1}{\pi(1+x^2)}.
\end{aligned}
$$

这是柯西分布, 即特征函数 $\phi_1(t) = \mathrm{e}^{-|t|}$ 对应的是柯西分布.

(2) $\phi_2(t) = \dfrac{\sin(at)}{at}$ 是均匀分布 $U(-a,a)$ 的特征函数, 由唯一性定理知, 该特征函数对应的分布只能是均匀分布 $U(-a,a)$. ∎

下面的定理指出: **分布函数序列的弱收敛性与相应的特征函数序列的点点收敛性是等价的.**

定理 4.10 分布函数序列 $\{F_n(x)\}$ 弱收敛于分布函数 $F(x)$ 的充要条件是 $\{F_n(x)\}$ 的特征函数序列 $\{\phi_n(t)\}$ 收敛于 $F(x)$ 的特征函数 $\phi(t)$.

这个定理的证明只涉及数学分析的一些结果, 且证明比较冗长, 在此就不介绍了. 通常把以上定理称为**特征函数的连续性定理**, 因为它表明分布函数与特征函数的一一对应关系有连续性.

例 4.7 若 X_λ 服从参数为 λ 的泊松分布, 证明:

$$\lim_{\lambda \to +\infty} P\left(\frac{X_\lambda - \lambda}{\sqrt{\lambda}} \leqslant x \right) = \frac{1}{\sqrt{2\pi}} \int_{-\infty}^x \mathrm{e}^{-\frac{t^2}{2}} \mathrm{d}t.$$

证明 已知 X_λ 的特征函数为 $\phi_\lambda(t) = \exp\{\lambda(\mathrm{e}^{\mathrm{j}t} - 1)\}$, 故 $Y_\lambda = \dfrac{X_\lambda - \lambda}{\sqrt{\lambda}}$ 的特征函数为

$$g_\lambda(t) = \phi_\lambda\left(\frac{t}{\sqrt{\lambda}} \right) \exp(-\mathrm{j}\sqrt{\lambda}t) = \exp\{\lambda(\mathrm{e}^{\mathrm{j}\frac{t}{\sqrt{\lambda}}} - 1) - \mathrm{j}\sqrt{\lambda}t\}.$$

对任意的 t, 有

$$\exp\left(\mathrm{j}\frac{t}{\sqrt{\lambda}} \right) = 1 + \frac{\mathrm{j}t}{\sqrt{\lambda}} - \frac{t^2}{2!\lambda} + o\left(\frac{1}{\lambda} \right),$$

于是

$$\lambda\left(\mathrm{e}^{\mathrm{j}\frac{t}{\sqrt{\lambda}}} - 1 \right) - \mathrm{j}\sqrt{\lambda}t = -\frac{t^2}{2} + \lambda \cdot o\left(\frac{1}{\lambda} \right) \to -\frac{t^2}{2}, \ \lambda \to +\infty.$$

从而有

$$\lim_{\lambda \to +\infty} g_\lambda(t) = e^{-t^2/2},$$

而 $e^{-t^2/2}$ 正是标准正态分布 $N(0,1)$ 的特征函数, 由定理 4.10 即知结论成立. ∎

4.3 矩 母 函 数

矩母函数与特征函数有许多类似的性质, 也是研究随机变量, 特别是研究随机变量的各阶原点矩、独立随机变量和的工具.

4.3.1 矩母函数的定义

下面我们给出矩母函数的定义.

定义 4.6 (矩母函数) 设 X 是一个随机变量, 若对某个 $\delta > 0$ 和一切 $t \in (-\delta, \delta)$, 数学期望 $E(e^{tX})$ 存在 (是有限数!), 则称

$$M(t) = E(e^{tX}) \tag{4.5}$$

为 X 的**矩母函数** (moment-generating function).

若离散随机变量 X 的分布列为 $p_k = P(X = x_k), k = 1, 2, \cdots$, 则 X 的矩母函数为

$$M(t) = \sum_{k=1}^{\infty} e^{tx_k} p_k; \tag{4.6}$$

若连续随机变量 X 的概率密度函数为 $f(x)$, 则 X 的矩母函数为

$$M(t) = \int_{-\infty}^{+\infty} e^{tx} f(x) \mathrm{d}x. \tag{4.7}$$

与随机变量的数学期望、方差及各阶矩一样, 矩母函数只依赖于随机变量的分布, 分布相同则矩母函数也相同, 所以我们也常称为某**分布的矩母函数**.

显然, 若 X 的 n 阶矩存在, 则

$$E(X^n) = M^{(n)}(0), \quad n \geqslant 1.$$

矩母 (生成) 函数由此得名. 值得注意的是, 每个随机变量都有特征函数, 而有些随机变量不存在矩母函数, 本书不对矩母函数做过多的介绍.

对于取值非负整数的随机变量 X, 即 $P(X = k) = p_k \geqslant 0 \ (k \geqslant 0)$, $\sum\limits_{k=0}^{\infty} p_k = 1$, 我们也常称下式为 X 的 (矩) 母函数, 其对取值非负整数的随机变量有着特殊的意义:

$$G(z) = E(z^X) = \sum_{k=0}^{\infty} z^k p_k, 0 \leqslant |z| < 1 \tag{4.8}$$

不难看出 $G(z)$ 是数列 $\{p_k, k \geqslant 0\}$ 的 Z 变换,式 (4.8) 的幂级数至少在单位圆 $0 \leqslant |z| < 1$ 内绝对收敛.

例 4.8 (1) 二项分布: $p_k = C_n^k p^k q^{n-k}, k = 0, 1, \cdots, n$, 其母函数为

$$G(z) = \sum_{k=0}^{n} z^k C_n^k p^k q^{n-k} = \sum_{k=0}^{n} C_n^k (pz)^k q^{n-k} = (pz + q)^n, \text{其中} q = 1 - p.$$

(2) 泊松分布: $p_k = \dfrac{\lambda^k}{k!} e^{-\lambda}, k = 0, 1, \cdots$, 其母函数为

$$G(z) = \sum_{k=0}^{\infty} z^k \frac{\lambda^k}{k!} e^{-\lambda} = e^{-\lambda} \sum_{k=0}^{\infty} \frac{(\lambda z)^k}{k!} = e^{-\lambda} e^{\lambda z} = e^{\lambda(z-1)}.$$

4.3.2 矩母函数的性质

定理 4.11(独立随机变量的和) 设 X 和 Y 为独立的取值非负整数的随机变量,母函数分别为 $G_X(z)$ 和 $G_Y(z)$, 设 $V = X + Y$, 则 V 的母函数为 $G_V(z) = G_X(z)G_Y(z)$.

定理 4.12(随机变量的矩) 设 X 为取值非负整数的随机变量,各阶矩均存在,母函数为 $G_X(z)$, 则

(1) $E(X) = \left(\dfrac{\mathrm{d}}{\mathrm{d}z} G_X(z) \right)\Big|_{z=1} = G_X'(1) = \sum\limits_{k=1}^{\infty} k p_k$;

(2) $E(X^2) = \left(\dfrac{\mathrm{d}^2}{\mathrm{d}z^2} G_X(z) \right)\Big|_{z=1} + \left(\dfrac{\mathrm{d}}{\mathrm{d}z} G_X(z) \right)\Big|_{z=1} = G_X''(1) + G_X'(1)$;

(3) $\mathrm{Var}(X) = E(X^2) - (EX)^2 = G_X''(1) + G_X'(1) - [G_X'(1)]^2$.

4.4 大 数 定 律

4.4.1 (弱) 大数律

历史上第一个大数律是伯努利得到的, 见于他去世后 8 年（1713 年）发表的著作《猜度术》中, 它就伯努利分布（两点分布）情形给出了明确的叙述和严格的论证. 150 年后, 俄罗斯数学家切比雪夫于 1866 年前后提出了随机变量的一般概念及更一般的大数律.

定理 4.13(切比雪夫大数律) 设 $X_1, X_2, \cdots$ 是两两不相关的随机变量序列, $E(X_i) = \mu_i$, $\mathrm{Var}(X_i) = \sigma_i^2 (i \geqslant 1)$, 且 $\{\sigma_i^2, i \geqslant 1\}$ 有界, 设 $S_n = \sum\limits_{i=1}^{n} X_i (n \geqslant 1)$, 则

$$\frac{S_n - E(S_n)}{n} \xrightarrow{P} 0 \quad (n \to \infty). \tag{4.9}$$

证明 设 $\sigma_i^2 \leqslant M$ （一切 $i \geqslant 1$）. 利用切比雪夫不等式可知, 对于一切 $\epsilon > 0$, 有

$$P\left(\left| \frac{S_n - E(S_n)}{n} \right| \geqslant \epsilon \right) = P(|S_n - E(S_n)| \geqslant n\epsilon) \leqslant \frac{1}{n^2 \epsilon^2} \mathrm{Var}(S_n).$$

由于 $X_1, X_2, \cdots, X_n$ 两两不相关，$\mathrm{Var}(S_n) = \sum\limits_{i=1}^{n} \mathrm{Var}(X_i) \leqslant nM$. 于是

$$P\left(\left|\frac{S_n - E(S_n)}{n}\right| \geqslant \epsilon\right) \leqslant \frac{M}{n\epsilon^2}$$

由此知式 (4.9) 成立. ■

推论 4.1　设 $X_1, X_2, \cdots$ 是相互独立同分布的随机变量序列，$\mu = E(X_1)$ 和 $\sigma_2 = \mathrm{Var}(X_1)$ 都存在，$S_n = \sum\limits_{i=1}^{n} X_i(n \geqslant 1)$，则

$$\frac{S_n}{n} \xrightarrow{P} \mu(n \to \infty). \tag{4.10}$$

证明　从式 (4.9) 直接推知式 (4.10) 成立. ■

推论 4.2（伯努利大数律）　设单次试验中事件 A 发生的概率是 p，在 n 次独立试验 $n \geqslant 2$ 中 A 发生了 Y_n 次，则

$$\frac{Y_n}{n} \xrightarrow{P} p \quad (n \to \infty). \tag{4.11}$$

证明　令

$$X_i = \begin{cases} 1, & \text{第 } i \text{ 次试验中 } A \text{ 发生,} \\ 0, & \text{第 } i \text{ 次试验中 } A \text{ 不发生,} \end{cases} \quad i = 1, 2, \cdots, \tag{4.12}$$

则 $\dfrac{Y_n}{n} = \dfrac{1}{n}\sum\limits_{i=1}^{n} X_i$，由于 $X_1, X_2, \cdots$ 是相互独立同分布的随机变量序列，且 $E(X_i) = p$，$\mathrm{Var}(X_i) = p(1-p)(i \geqslant 1)$. 故由推论 4.1 的式 (4.10) 推知式 (4.11) 成立. ■

推论 4.3（马尔可夫大数律）　注意到在切比雪夫大数律的证明中，只要有

$$\frac{1}{n^2}\mathrm{Var}\left(\sum\limits_{i=1}^{n} X_i\right) \to 0, \tag{4.13}$$

则大数定律就能成立.

式 (4.13) 被称为马尔可夫条件.

推论 4.1是最常用到的大数律，其中方差存在的条件可以去掉，而且可以证明更强的结论，见下面的定理 4.17，但证明较长，我们不证了. 下面先讨论对方差存在不加约束的辛钦大数定律，然后讨论不假定期望存在会如何.

讨论 1　我们已经知道，一个随机变量的方差存在，则其数学期望必定存在；但反之不成立，即一个随机变量的数学期望存在，则其方差不一定存在. 以上几个大数定律均假设随机变量序列 $\{X_n\}$ 的方差存在，以下的辛钦大数定律去掉了这一假设，仅设每个 X_i 的数学期望存在，但同时要求 $\{X_n\}$ 为独立同分布的随机变量序列. 伯努利大数定律也是辛钦大数定律的特例.

定理 4.14（辛钦大数定律） 设 $\{X_n\}$ 为一独立同分布的随机变量序列，若 X_i 的数学期望存在，则 $\{X_n\}$ 服从大数定律，即对任意的 $\epsilon > 0$，成立

$$\lim_{n\to\infty} P\left(\left|\frac{1}{n}\sum_{i=1}^{n}X_i - \frac{1}{n}\sum_{i=1}^{n}E(X_i)\right| < \epsilon\right) = 1. \tag{4.14}$$

证明 设 $\{X_n\}$ 独立同分布，且 $E(X_i) = a, i = 1, 2, \cdots$. 现在要证明

$$\frac{1}{n}\sum_{i=1}^{n}X_k \xrightarrow{P} a, n \to \infty.$$

为此记

$$Y_n = \frac{1}{n}\sum_{k=1}^{n}X_k.$$

由定理 4.3 知，只需证 $Y_n \xrightarrow{w} a$. 又由定理 4.10 知，只需证 Y_n 的特征函数 $\phi_{Y_n}(t) \to \mathrm{e}^{\mathrm{j}at}$.

因为 $\{X_n\}$ 同分布，所以它们有相同的特征函数，这个特征函数记为 $\phi(t)$. 又因为 $\phi'(0)/\mathrm{j} = E(X_i) = a$，从而 $\phi(t)$ 在 0 点展开式为

$$\phi(t) = \phi(0) + \phi'(0)t + o(t) = 1 + \mathrm{j}at + o(t).$$

再由 $\{X_n\}$ 的独立性知 Y_n 的特征函数为

$$\phi_{Y_n}(t) = \left[\phi\left(\frac{t}{n}\right)\right]^n = \left[1 + \mathrm{j}a\frac{t}{n} + o\left(\frac{1}{n}\right)\right]^n.$$

对任意的 t 有

$$\lim_{n\to\infty}\left[\phi\left(\frac{t}{n}\right)\right]^n = \lim_{n\to\infty}\left[1 + \mathrm{j}a\frac{t}{n} + o\left(\frac{1}{n}\right)\right]^n = \mathrm{e}^{\mathrm{j}at}.$$

而 $\mathrm{e}^{\mathrm{j}at}$ 正是退化分布的特征函数，由此证得了 $Y_n \xrightarrow{P} a$. ■

辛钦大数定律提供了求随机变量数学期望 $E(X)$ 的近似值的方法. 设想对随机变量 X 独立重复地观察 n 次，第 k 次观察值为 X_k，则 $X_1, X_2, \cdots, X_n$ 应该是相互独立的，且它们的分布应该与 X 的分布相同. 所以，在 $E(X)$ 存在的条件下，按照辛钦大数律，当 n 足够大时，可以把平均观察值

$$\frac{1}{n}\sum_{i=1}^{n}X_i$$

作为 $E(X)$ 的近似值，这类方法称为蒙特卡罗方法. 这样做法的一个优点是我们可以不必去管 X 的分布究竟是怎样的，我们的目的只是去寻求数学期望的近似值. 事实上，用观察值的平均去近似随机变量的均值在实际生活中是常用的方法. 譬如，用观察到的某地区 5000 个人的平均寿命作为该地区的人均寿命的近似值是合适的，这样做法的依据就是辛钦大数定律.

讨论 2 自然会问：若不假定期望 $E(X_1)$ 存在，是否存在常数 a 使得

$$\frac{S_n}{n} \xrightarrow{P} a,$$

这里 $S_n = \sum\limits_{i=1}^{n} X_i (n \geqslant 1)$. 我们指出，这时 a 可能不存在.

例 4.9 设 $X_1, X_2, \cdots$ 是相互独立同分布的随机变量序列，共同分布是柯西分布，即概率密度函数是

$$f(x) = \frac{1}{\pi(1+x^2)}.$$

记 $S_n = \sum\limits_{i=1}^{n} X_i (n \geqslant 1)$，可以证明对任何 $n \geqslant 1$，$\frac{1}{n}S_n$ 与 X_1 有相同的分布函数，因此对任何实数 a 和 $\epsilon > 0$，有

$$P\left(\left|\frac{S_n}{n} - a\right| \geqslant \epsilon\right) = P(|X_1 - a| \geqslant \epsilon) > 0,$$

故 $\frac{S_n}{n}$ 不能以概率收敛于 a. ∎

4.4.2 强大数律

现在问：什么条件下强大数律成立？我们先叙述并证明下列定理.

定理 4.15（坎泰利强大数律） 设 $X_1, X_2, \cdots$ 是相互独立的随机变量序列，$E(X_i) = \mu_i, E(X_i - \mu_i)^4 \leqslant M$（一切 $i \geqslant 1$；M 是一个常数），$S_n = \sum\limits_{i=1}^{n} X_i (n \geqslant 1)$，则当 $n \to \infty$ 时，有

$$\frac{S_n - E(S_n)}{n} \xrightarrow{a.s.} 0. \tag{4.15}$$

为证坎泰利（Cantelli）强大数律，先证下面的一个引理.

引理 4.1 设 $X_1, X_2, \cdots, X_n$ 相互独立 $(n \geqslant 2)$，且 $E(X_i) = 0, E(X_i^4) \leqslant M(i = 1, 2, \cdots, n)$，则

$$E\left(\sum_{i=1}^{n} X_i\right)^4 \leqslant 3n^2 M. \tag{4.16}$$

证明 用数学归纳法，显然式 (4.16) 对 $n = 1$ 成立. 设 $n = k$ 时式 (4.16) 成立，则

$$\left(\sum_{i=1}^{k+1} X_i\right)^4 = \left(\sum_{i=1}^{k} X_i + X_{k+1}\right)^4$$

$$= \left(\sum_{i=1}^{k} X_i\right)^4 + 4\left(\sum_{i=1}^{k} X_i\right)^3 X_{k+1} + 6\left(\sum_{i=1}^{k} X_i\right)^2 X_{k+1}^2 +$$

$$4\left(\sum_{i=1}^{k} X_i\right) X_{k+1}^3 + X_{k+1}^4,$$

于是

$$E\left(\sum_{i=1}^{k+1} X_i\right)^4 = E\left(\sum_{i=1}^{k} X_i\right)^4 + 4E\left(\sum_{i=1}^{k} X_i\right)^3 \cdot E(X_{k+1}) +$$

$$6E\left(\sum_{i=1}^{k} X_i\right)^2 \cdot E(X_{k+1}^2) + 4E\left(\sum_{i=1}^{k} X_i\right) \cdot E(X_{k+1}^3) + E(X_{k+1}^4).$$

由于 $E(X_i^2) \leqslant (E(X_i^4))^{\frac{1}{2}}$, $E(X_i) = 0$, 且 $E\left(\sum_{i=1}^{k} X_i\right)^2 = E(X_1^2) + \cdots + E(X_k^2) \leqslant k\sqrt{M}$, 故

$$E\left(\sum_{i=1}^{k+1} X_i\right)^4 \leqslant 3k^2M + 0 + 6kM + 0 + M \leqslant 3(k+1)^2 M,$$

从而 $n = k+1$ 时式 (4.16) 也成立, 故对一切 n, 式 (4.16) 成立. ∎

定理 4.15的证明 注意定理中的条件 $X_i = X_i(\omega)(i \geqslant 1)$, $S_n = S_n(\omega) = \sum_{i=1}^{N} X_i(\omega)$. 令

$$D = \left\{\omega : \sum_{n=1}^{\infty} \left(\frac{S_n(\omega) - E(S_n)}{n}\right)^4 \text{ 发散}\right\},$$

我们来证明 $P(D) = 0$.

任意给定 $A > 0$, 令

$$D_N = \left\{\omega : \sum_{n=1}^{N} \left(\frac{S_n(\omega) - E(S_n)}{n}\right)^4 > A\right\} (N \geqslant 1),$$

则 $D \subset \bigcup_{N=1}^{\infty} D_N$, 由此有

$$P(D) \leqslant P\left(\bigcup_{N=1}^{\infty} D_N\right) = \lim_{N \to \infty} P(D_N). \tag{4.17}$$

另一方面

$$AI_{D_N}(\omega) \leqslant \sum_{n=1}^{N} \left(\frac{S_n(\omega) - E(S_n)}{n}\right)^4,$$

于是

$$E(AI_{D_N}(\omega)) \leqslant E\left(\sum_{n=1}^{N} \left(\frac{S_n(\omega) - E(S_n)}{n}\right)^4\right)$$

$$= \sum_{i=1}^{N} E\left(\frac{S_n(\omega) - E(S_n)}{n}\right)^4$$

$$\leqslant \sum_{i=1}^{N} \frac{1}{n^4} 3n^2 M (\text{引理 4.1})$$

$$\leqslant 3M \sum_{n=1}^{\infty} \frac{1}{n^2}.$$

由于 $E(AI_{D_N}(\omega)) = AE(I_{D_N}(\omega)) = AP(D_N)$，因此

$$P(D_N) \leqslant \frac{3M}{A} \sum_{n=1}^{\infty} \frac{1}{n^2}.$$

令 $N \to \infty$，由式 (4.17) 得 $P(D) \leqslant \dfrac{3M}{A} \sum\limits_{n=1}^{\infty} \dfrac{1}{n^2}$. 令 $A \to +\infty$，知 $P(D) = 0$，故 $P(D^c) = 1$，当 $\omega \in D^c$ 时级数 $\sum\limits_{n=1}^{\infty} \left(\dfrac{S_n(\omega) - E(S_n)}{n}\right)^4$ 收敛，从而

$$\lim_{n\to\infty} \frac{S_n(\omega) - E(S_n)}{n} = 0.$$

这表明式 (4.15) 成立. ∎

推论 4.4　设 $X_1, X_2, \cdots$ 是相互独立同分布的随机变量序列，$\mu = E(X_1)$ 和 $E(X_1^4)$ 存在，$S_n = \sum\limits_{i=1}^{n} X_i (n \geqslant 1)$，则当 $n \to \infty$ 时

$$\frac{S_n}{n} \xrightarrow{a.s.} \mu.$$

证明　这是定理 4.15 的直接推论. ∎

推论 4.5（博雷尔强大数律）　设单次试验中事件 A 发生的概率是 p，在 n 次独立试验 $(n \geqslant 2)$ 中 A 发生了 Y_n 次，则

$$P\left(\lim_{n\to\infty} \frac{Y_n}{n} = p\right) = 1. \tag{4.18}$$

证明　这是推论 4.4 的直接推论. ∎

经过较复杂的推理，可以证明下列两个定理.

定理 4.16（柯尔莫戈洛夫强大数律）　设 $X_1, X_2, \cdots$ 是相互独立的随机变量序列，X_n 的期望和方差都存在（一切 $n \geqslant 1$）且 $\sum\limits_{n=1}^{\infty} \dfrac{\mathrm{Var}(X_n)}{n^2}$ 收敛，则当 $n \to \infty$ 时，有

$$\frac{S_n - E(S_n)}{n} \xrightarrow{a.s.} 0. \tag{4.19}$$

这里 $S_n = \sum\limits_{i=1}^{n} X_i (n \geqslant 1)$.

显然定理 4.13 (切比雪夫大数律) 或定理 4.15 (坎泰利强大数律) 的条件满足时, 定理 4.16 的条件一定满足, 故后者是更一般的定理.

定理 4.17 (柯尔莫戈洛夫强大数律) 设 $X_1, X_2, \cdots$ 是相互独立同分布的随机变量序列, $\mu = E(X_1)$ 存在, $S_n = \sum\limits_{i=1}^{n} X_i (n \geqslant 1)$, 则当 $n \to \infty$ 时, 有

$$\frac{S_n}{n} \xrightarrow{a.s.} \mu. \tag{4.20}$$

注 定理 4.16、定理 4.17 的条件都可以减弱, 可以证明下列两个定理.

定理 4.18 设 $X_1, X_2, \cdots$ 是两两不相关的随机变量序列, $S_n = \sum\limits_{i=1}^{n} X_i (n \geqslant 1)$, X_n 的期望和方差都存在 $(n \geqslant 1)$, 则有下列结论:

(1) 若级数 $\sum\limits_{n=1}^{\infty} \mathrm{Var}(X_n)/n^2$ 收敛, 则当 $n \to \infty$ 时, $(S_n - E(S_n))/n \xrightarrow{P} 0$ (此即切比雪夫大数律之推论 4.3);

(2) 若级数 $\sum\limits_{n=1}^{\infty} \mathrm{Var}(X_n)/n^{\frac{3}{2}}$ 收敛, 则当 $n \to \infty$ 时, $(S_n - E(S_n))/n \xrightarrow{a.s.} 0$.

定理 4.19 设 $X_1, X_2, \cdots$ 是两两独立的随机变量序列, 它们服从相同的分布且 $\mu = E(X_1)$ 存在, 记 $S_n = \sum\limits_{i=1}^{n} X_i (n \geqslant 1)$, 则当 $n \to \infty$ 时, $S_n/n \xrightarrow{a.s.} \mu$.

定理 4.19 是埃特马迪 (N.Etemadi) 在 1981 年首次证明的. 这个定理对定理 4.17 的改进之处是: 将 "相互独立" 的条件减弱为 "两两独立".

强大数律是博雷尔于 1909 年首次就一类特殊的随机变量序列提出并给予证明的 (见推论 4.5). 此后经过学者们的研究, 形成了一致性的结论 (见上述定理 4.15 至定理 4.19). 强大数律是对大数律的明显加强. 现以式 (4.18) 与式 (4.11) 的差别为例说明这一点. 单次试验中事件 A 发生的概率是 p, 在 n 次独立试验中 A 发生的次数是 Y_n, 给定 $\epsilon = 0.1$, $\eta = 0.025$, 式 (4.11) 只是说 $n \geqslant n_0$ 时 (例如 $n_0 = 1000$), 有

$$P\left(\left|\frac{Y_n}{n} - p\right| \leqslant 0.1\right) \geqslant 1 - \eta = 0.975. \tag{4.21}$$

式 (4.18) 则表明只要 n_1 充分大就有

$$P\left(\max_{n \geqslant n_1} \left|\frac{Y_n}{n} - p\right| \leqslant 0.1\right) \geqslant 1 - \eta. \tag{4.22}$$

换句话说, 以 $1 - \eta$ 的把握保证对一切 $n \geqslant n_1$, $\dfrac{Y_n}{n}$ 与 p 相差都不超过 0.1, 不等式 (4.22) 不能由式 (4.21) 推出.

式 (4.22) 的成立是基于下列引理.

引理 4.2 设 $n \to \infty$ 时, $\xi_n \xrightarrow{a.s.} 0$, 则对任何 $\epsilon > 0$, 有

$$\lim_{n \to \infty} P(\sup_{k \geqslant n} |\xi_k| > \epsilon) = 0. \tag{4.23}$$

证明 对任给 $\epsilon > 0$, 令 $A_n = \bigcup_{k \geqslant n} \{|\xi_k| > \epsilon\} (n = 1, 2, \cdots)$, 则 $A_1 \supset A_2 \supset \cdots$ 且

$\bigcap_{n=1}^{\infty} A_n \subset \{\xi_n \not\to 0\}$, 于是

$$\lim_{n \to \infty} P(A_n) = P\left(\bigcap_{n=1}^{\infty} A_n\right) \leqslant P(\xi_n \not\to 0) = 0.$$

易知 $A_n = \left\{\sup_{k \geqslant n} |\xi_k| > \epsilon\right\}$, 故式 (4.23) 成立. ∎

4.4.3 大数律和强大数律的广泛应用

（1）大数律和强大数律是很多统计方法的理论依据.

例如, 为了估计随机变量 X 的期望, 若 $X_1, X_2, \cdots, X_n$ 是 X 的 n 次观测值, 人们常用平均值 $\overline{X} = \frac{1}{n} \sum_{i=1}^{n} X_i$ 作为 $E(X)$ 的估计量（近似值）. 由于强大数律: 当 $n \to \infty$ 时 $\frac{1}{n} \sum_{i=1}^{n} X_i \xrightarrow{a.s.} E(X)$, 故 n 较大时用 $\overline{X}$ 估计 $E(X)$ 是合理的. 对于 X 的方差, 人们常用 $\frac{1}{n} \sum_{i=1}^{n} (X_i - \overline{X})^2$ 作为 $\mathrm{Var}(X)$ 的估计量. 利用强大数律知

$$\lim_{n \to \infty} \frac{1}{n} \sum_{i=1}^{n} (X_i - \overline{X})^2 = \lim_{n \to \infty} \left[\frac{1}{n} \sum_{i=1}^{n} X_i^2 - \left(\frac{1}{n} \sum_{i=1}^{n} X_i\right)^2\right]$$
$$= E(X_1^2) - (E(X_1))^2 = \mathrm{Var}(X)(a.s.)$$

这表明, 当 n 较大时用 $\frac{1}{n} \sum_{i=1}^{n} (X_i - \overline{X})^2$ 估计 X 的方差是合理的. 这类方法称为蒙特卡罗方法, 其理论依据是大数律.

（2）大数律和强大数律是用随机模拟法计算数学期望和概率的理论依据.

为了计算随机变量 X 的期望 $E(X)$, 若能够产生与 X 有相同概率分布的相互独立的随机变量序列 $X_1, X_2, \cdots$, 则据强大数律, $X = \frac{1}{n} \sum_{i=1}^{n} X_i$ 就是 $E(X)$ 的近似值（当 n 很大时）.

怎样得到与 X 具有相同分布的相互独立的随机变量序列 $X_1, X_2, \cdots$ 呢? 设 X 的分布函数是 $F(x)$, $U_1, U_2, \cdots$ 是服从 $[0,1]$ 上均匀分布的相互独立的随机变量序列. 令 $X_i = F^{-1}(U_i)(i \geqslant 1)$, 这里

$$F^{-1}(u) = \min\{x : F(x) \geqslant u\} (0 < u < 1)$$

是 $F(x)$ 的广义反函数，正好是随机变量 X 的 u 分位数. 可知 $X_1, X_2, \cdots$ 是相互独立同分布的随机变量序列，共同分布恰好是 $F(x)$.

怎样得到服从 $[0,1]$ 上均匀分布的相互独立的随机变量序列 $U_1, U_2, \cdots$ 的观测值（所谓均匀分布随机数组成的序列）呢？现代的方法有许多种，许多统计软件包都有现成的程序生成这种观测值（随机数）.

计算概率可化为计算期望. 设 A 是随机事件，I_A 是 A 的示性函数，即

$$I_A = \begin{cases} 1, & \text{当 } A \text{ 发生时,} \\ 0, & \text{否则,} \end{cases}$$

则 $P(A) = E(I_A)$.

（3）计算积分 $\displaystyle\int_a^b f(x)\mathrm{d}x.$

这个计算问题表面上看与概率论无关，但可用概率论方法（随机模拟法）进行计算.

不失一般性，假定被积函数是非负的，（对于一般情形，设 $g(x)$ 有下界 A，令 $g^*(x) = g(x) - A$，则 $g^*(x) \geqslant 0$ 且

$$\int_a^b g(x)\mathrm{d}x = \int_a^b g^*(x)\mathrm{d}x + A(b-a).$$

故只需考虑非负函数的积分）. 设 $u_1, u_2, \cdots$ 是服从 $[0,1]$ 上均匀分布的相互独立的随机变量序列，令 $\xi_i = a + (b-a)u_i$，则 ξ_i 服从 $[a,b]$ 上的均匀分布. 依强大数律，当 $n \to \infty$ 时

$$\frac{1}{n}\sum_{i=1}^n g(\xi_i) \xrightarrow{a.s} Eg(\xi_1).$$

由于 $Eg(\xi_1) = \displaystyle\int_a^b g(x)\frac{1}{b-a}\mathrm{d}x$，故 n 很大时，有

$$\int_a^b g(x)\mathrm{d}x \approx (b-a)\frac{1}{n}\sum_{i=1}^n g(\xi_i).$$

由此可见，只要得到服从 $[0,1]$ 上均匀分布的随机数 $u_1, u_2, \cdots$，就可得到 $\displaystyle\int_a^b g(x)\mathrm{d}x$ 的近似值.

我们还指出，这个方法可推广用于计算高维的数值积分

$$\int_D \cdots \int g(x_1, x_2, \cdots, x_n)\mathrm{d}x_1\mathrm{d}x_2\cdots\mathrm{d}x_n.$$

具体叙述从略.

4.5　中心极限定理

4.5.1　独立随机变量和

大数定律讨论的是在什么条件下, 随机变量序列的算术平均 $\frac{1}{n}\sum\limits_{i=1}^{n}X_i$ 依概率收敛到其均值的算术平均. 现在我们来讨论独立随机变量和

$$Y_n = \sum_{i=1}^{n} X_i$$

的极限分布. 这里 n 是很大的, 人们关心的是当 $n \to \infty$ 时, "Y_n 的分布是什么?" 当然, 我们可以用卷积公式去计算 Y_n 的分布. 但是这样的计算是相当复杂的、不易实现的. 从下面例子可以看出这一点.

例 4.10　设 $\{X_n\}$ 为独立同分布的随机变量序列, 其共同分布为区间 $[0,1]$ 上的均匀分布. 记 $Y_n = \sum\limits_{i=1}^{n} X_i$, $f_n(y)$ 为 Y_n 的概率密度函数, 用卷积公式可以分别求出

$$f_1(y) = \begin{cases} 1, & 0 < y < 1, \\ 0, & \text{其他}; \end{cases}$$

$$f_2(y) = \begin{cases} y, & 0 < y < 1, \\ 2 - y, & 1 \leqslant y < 2, \\ 0, & \text{其他}; \end{cases}$$

$$f_3(y) = \begin{cases} y^2/2, & 0 < y < 1, \\ -(y-3/2)^2 + 3/4, & 1 \leqslant y < 2, \\ (3-y)^2/2, & 2 \leqslant y < 3, \\ 0, & \text{其他}; \end{cases}$$

$$f_4(y) = \begin{cases} y^3/6, & 0 < y < 1, \\ [y^3 - 4(y-1)^3]/6, & 1 \leqslant y < 2, \\ [(4-y)^3 - 4(3-y)^3]/6, & 2 \leqslant y < 3, \\ (4-y)^3/6, & 3 \leqslant y < 4, \\ 0, & \text{其他}. \end{cases}$$

将 $f_1(y), f_2(y), f_3(y), f_4(y)$ 表示在图 4.2 上, 从图中我们可以看出: 随着 n 的增加, $f_n(y)$ 的图形越来越光滑, 且越来越接近正态曲线.

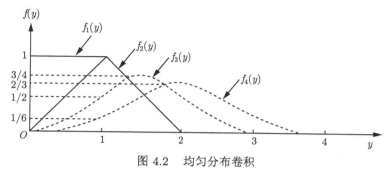

图 4.2 均匀分布卷积

可以设想，当 $n = 100$ 时，$f_{100}(x)$ 的非零区域为 $(0, 100)$，若用卷积公式可以分 100 段求出 $f_{100}(x)$ 的表达式，它们分别是 99 次多项式. 如此复杂的形式即使求出（当然没有人去求），也无法使用. 这就迫使人们去寻求近似分布. 若记 Y_n 的分布函数为 $F_n(x)$，在弱收敛的含义下，求出其极限分布 $F(x)$，那么当 n 很大时，就可用 $F(x)$ 作为 $F_n(x)$ 的近似分布.

为了使寻求 Y_n 的极限分布有意义，有必要先研究一下问题的提法. 在图 4.2 上可以看出：当 n 增大时，$f_n(y)$ 的中心右移，且 $f_n(y)$ 的方差增大. 这意味着 $n \to \infty$ 时，Y_n 的分布中心会趋向 $+\infty$，其方差也趋向 $+\infty$，分布极不稳定. 为了克服这个缺点，在中心极限定理的研究中均对 Y_n 进行标准化，即取

$$Y_n^* = \frac{Y_n - E(Y_n)}{\sqrt{\mathrm{Var}(Y_n)}}.$$

由于 $E(Y_n^*) = 0, \mathrm{Var}(Y_n^*) = 1$，这就有可能看出 Y_n^* 的极限分布是否为标准正态分布 $N(0, 1)$.

中心极限定理就是研究随机变量和的极限分布在什么条件下为正态分布的问题.

4.5.2 独立同分布下的中心极限定理

定理 4.20（林德伯格-莱维 (Lindeberg-Levy) 中心极限定理） 设 $\{X_n\}$ 是独立同分布的随机变量序列，且 $E(X_i) = \mu, \mathrm{Var}(X_i) = \sigma^2 > 0$ 存在. 若记

$$Y_n^* = \frac{X_1 + X_2 + \cdots + X_n - n\mu}{\sigma\sqrt{n}},$$

则对任意实数 y，有

$$\lim_{n \to \infty} P(Y_n^* \leqslant y) = \Phi(y) = \frac{1}{\sqrt{2\pi}} \int_{-\infty}^{y} \mathrm{e}^{-\frac{t^2}{2}} \mathrm{d}t. \tag{4.24}$$

证明 为证式 (4.24)，只需证 $\{Y_n^*\}$ 的分布函数列弱收敛于标准正态分布. 又由定理 4.10，只需证 $\{Y_n^*\}$ 的特征函数序列收敛于标准正态分布的特征函数. 为此设 $X_n - \mu$ 的特征函数为 $\phi(t)$，则 Y_n^* 的特征函数为

$$\phi_{Y_n^*}(t) = \left(\phi\left(\frac{t}{\sigma\sqrt{n}} \right) \right)^n.$$

又因为 $E(X_n - \mu) = 0, \mathrm{Var}(X_n - \mu) = \sigma^2$，所以有

$$\phi^{'}(0) = 0, \qquad \phi^{''}(0) = -\sigma^2.$$

于是特征函数 $\phi(t)$ 有展开式

$$\phi(t) = \phi(0) + \phi(0)^{'} t + \phi^{''}(0)\frac{t^2}{2} + o(t^2) = 1 - \frac{1}{2}\sigma^2 t^2 + o(t^2).$$

从而有

$$\lim_{n\to\infty} \phi_{Y_n^*}(t) = \lim_{n\to\infty}\left[1 - \frac{t^2}{2n} + o\left(\frac{t^2}{n}\right)\right]^n = \mathrm{e}^{-t^2/2},$$

而 $\mathrm{e}^{-t^2/2}$ 正是 $N(0,1)$ 分布的特征函数，定理得证. ■

定理 4.20 只假设 $\{X_n\}$ 独立同分布、方差存在，不管原来的分布是什么，只要 n 充分大，就可以用正态分布去逼近随机变量和的分布，所以这个定理有着广泛的应用.

例 4.11（数值计算中的误差分析） 在数值计算中，任何实数 x 都只能用一定位数的小数 x' 来近似. 譬如在计算中取 5 位小数，第 6 位以后的小数都用四舍五入的方法舍去，如 $\pi = 3.141592654\cdots$ 和 $\mathrm{e} = 2.718281828\cdots$ 的近似数 $\pi' = 3.14159$ 和 $\mathrm{e}' = 2.71828$.

现在如果要求 n 个实数 $x_i(i = 1, 2, \cdots, n)$ 的和 S，在数值计算中，只能用 x_i 的近似数 x_i' 来得到 S 的近似数 S'，记个别误差为 $\epsilon_i = x_i - x_i'$，则总误差为

$$S - S' = \sum_{i=1}^n x_i - \sum_{i=1}^n x_i' = \sum_{i=1}^n \epsilon_i.$$

若在数值计算中，取 k 位小数，则可认为 ϵ_i 服从区间 $[-0.5\times10^{-k}, 0.5\times10^{-k}]$ 上的均匀分布，且相互独立. 下面我们来估计总误差. 一种粗略的估计方法是：由于 $|\epsilon_i| \leqslant 0.5\times10^{-k}$，所以

$$\left|\sum_{i=1}^n \epsilon_i\right| \leqslant \frac{n}{2}\cdot 10^{-k}. \tag{4.25}$$

现在用中心极限定理来估计：因为 $\{\epsilon_i\}$ 独立同分布，且

$$E(\epsilon_i) = 0, \qquad \mathrm{Var}(\epsilon_i) = \frac{10^{-2k}}{12}.$$

因此对总误差有

$$E\left(\sum_{i=1}^n \epsilon_i\right) = 0, \qquad \mathrm{Var}\left(\sum_{i=1}^n \epsilon_i\right) = \frac{n10^{-2k}}{12}.$$

由林德伯格-莱维中心极限定理知，对任意的 $z > 0$，有

$$P\left(\left|\sum_{i=1}^n \epsilon_i\right| \leqslant z\right) \approx \Phi\left(\frac{z\sqrt{12}}{\sqrt{n10^{-2k}}}\right) - \Phi\left(-\frac{z\sqrt{12}}{\sqrt{n10^{-2k}}}\right) = 2\Phi\left(\frac{z\sqrt{12}}{\sqrt{n10^{-2k}}}\right) - 1.$$

要从上式中求出总误差的上限 z，可令上式右边的概率为 0.99，由此得

$$\Phi\left(\frac{z\sqrt{12}}{\sqrt{n10^{-2k}}}\right) = 0.995,$$

再查标准正态分布函数的 0.995 分位数得

$$\frac{z\sqrt{12}}{\sqrt{n10^{-2k}}} = 2.576,$$

由此解得

$$z = \frac{2.576\sqrt{n\cdot10^{-2k}}}{\sqrt{12}} = 0.7436\sqrt{n\cdot10^{-2k}} = 0.7436\sqrt{n}\cdot10^{-k}.$$

也就是说我们有 99% 的把握程度，可以说

$$\left|\sum_{i=1}^{n}\epsilon_i\right| \leqslant 0.7436\sqrt{n}\cdot10^{-k}. \tag{4.26}$$

譬如在数值计算中保留 5 位小数，求 10000 个近似数之和的总误差，用式 (4.25) 估计为 0.05，而用式 (4.26) 估计，可以概率 0.99 保证为 0.0007436，即万分之七左右. ∎

　　从上例可以看出，利用中心极限定理不但可以求出总误差的上线，还可以给出一定的置信水平.

4.5.3　二项分布的正态近似

　　在多重伯努利实验中，如式 (4.12) 可定义服从伯努利分布的独立同分布的随机变量序列 $\{X_i\}$，$X_i \sim Be(p)$，$E(X_i) = p$，$\mathrm{Var}(X_i) = p(1-p)$.

　　由林德伯格-莱维中心极限定理，马上就可以得到下面的棣莫弗-拉普拉斯（De Moivre-Laplace）中心极限定理.

　　定理 4.21（棣莫弗-拉普拉斯中心极限定理）　设 $\{S_n\}$ 是服从二项分布 $B(n,p)(0 < p < 1, q = 1-p)$ 的随机变量序列，且记

$$Y_n^* = \frac{S_n - np}{\sqrt{npq}},$$

则对任意实数 y，有

$$\lim_{n\to\infty} P(Y_n^* \leqslant y) = \Phi(y) = \frac{1}{\sqrt{2\pi}}\int_{-\infty}^{y} \mathrm{e}^{-\frac{t^2}{2}}\mathrm{d}t.$$

　　棣莫弗-拉普拉斯中心极限定理是概率论历史上的第一个中心极限定理，它是专门针对二项分布的，因此称为"二项分布的正态近似". 泊松定理 (定理 2.5) 给出了"二项分布的泊松近似". 两者相比，一般在 p 较小时，用泊松分布近似较好；而在 $np > 5$ 和 $n(1-p) > 5$ 时，用正态分布近似较好.

4.5.4　独立不同分布下的中心极限定理

前面我们已经在独立同分布的条件下，解决了随机变量和的极限分布问题. 在实际问题中说诸 X_i 具有独立性是常见的，但很难说诸 X_i 是"同分布"的随机变量. 正如前面所提到的测量误差 Y_n 的产生是由大量"微小的"相互独立的随机因素叠加而成的，即 $Y_n = \sum\limits_{i=1}^{n} X_i$，诸 X_i 间具有独立性，但不一定同分布. 本节研究独立不同分布随机变量和的极限分布问题，目的是给出极限分布为正态分布的条件.

为使极限分布是正态分布，必须对 $Y_n = \sum\limits_{i=1}^{n} X_i$ 的各项有一定的要求. 譬如若允许从第二项起都等于 0，则极限分布显然由 X_1 的分布完全确定，这时就很难得到什么有意思的结果. 这就告诉我们，要使中心极限定理成立，在和的各项中不应有起突出作用的项，或者说，要求各项在概率意义下"均匀地小". 下面我们来分析如何用数学式子来明确表达这个要求.

设 $\{X_n\}$ 是一个相互独立的随机变量序列，它们具有有限的数学期望和方差，即

$$E(X_i) = \mu_i, \quad \mathrm{Var}(X_i) = \sigma_i^2, \quad i = 1, 2, \cdots.$$

要讨论随机变量的和 $Y_n = \sum\limits_{i=1}^{n} X_i$，我们先将其标准化，即将它减去均值，除以标准差. 由于

$$E(Y_n) = \mu_1 + \mu_2 + \cdots + \mu_n,$$

$$\sigma(Y_n) = \sqrt{\mathrm{Var}(Y_n)} = \sqrt{\sigma_1^2 + \sigma_2^2 + \cdots + \sigma_n^2},$$

且记 $\sigma(Y_n) = B_n$，则 Y_n 的标准化为

$$Y_n^* = \frac{Y_n - (\mu_1 + \mu_2 + \cdots + \mu_n)}{B_n} = \sum\limits_{i=1}^{n} \frac{X_i - \mu_i}{B_n}.$$

如果要求 Y_n^* 中各项 $\dfrac{X_i - \mu_i}{B_n}$ "均匀地小"，即对任意的 $\tau > 0$，要求事件

$$A_{ni} = \left\{ \frac{|X_i - \mu_i|}{B_n} > \tau \right\} = \{|X_i - \mu_i| > \tau B_n\}$$

发生的可能性小，或直接要求其概率趋于 0. 为了达到这个目的，我们要求

$$\lim_{n \to \infty} P(\max_{1 \leqslant i \leqslant n} |X_i - \mu_i| > \tau B_n) = 0.$$

因为

$$P(\max_{1 \leqslant i \leqslant n} |X_i - \mu_i| > \tau B_n) = P\left(\bigcup_{i=1}^{n} (|X_i - \mu_i| > \tau B_n) \right) \leqslant \sum_{i=1}^{P} n P(|X_i - \mu_i| > \tau B_n).$$

若设诸 X_i 为连续随机变量，其概率密度函数为 $f_i(x)$，则

$$\text{上式右边} = \sum_{i=1}^{n} \int_{|x-\mu_i|>\tau B_n} f_i(x)\mathrm{d}x \leqslant \frac{1}{\tau^2 B_n^2} \sum_{i=1}^{n} \int_{|x-\mu_i|>\tau B_n} (x-\mu_i)^2 f_i(x)\mathrm{d}x.$$

因此，只要对任意的 $\tau>0$，有

$$\lim_{n\to\infty} \frac{1}{\tau^2 B_n^2} \sum_{i=1}^{n} \int_{|x-\mu_i|>\tau B_n} (x-\mu_i)^2 f_i(x)\mathrm{d}x = 0, \tag{4.27}$$

就可保证 Y_n^* 中各加项"均匀地小".

式 (4.27) 称为**林德伯格条件**. 林德伯格证明了满足式 (4.27) 的和 Y_n^* 的极限分布是正态分布，这就是下面给出的**林德伯格中心极限定理**，由于这个定理的证明需要更多的数学工具，所以以下仅叙述定理，略去其证明.

定理 4.22（林德伯格中心极限定理） 设独立随机变量序列 $\{X_n\}$ 满足林德伯格条件，则对任意的 x，有

$$\lim_{n\to\infty} P\left(\frac{1}{B_n} \sum_{i=1}^{n}(X_i-\mu_i) \leqslant x\right) = \frac{1}{\sqrt{2\pi}} \int_{-\infty}^{x} \mathrm{e}^{-\frac{t^2}{2}}\mathrm{d}t.$$

假如独立随机变量序列 $\{X_n\}$ 具有同分布和方差有限的条件，则必定满足式 (4.27) 所给的林德伯格条件，也就是说定理 4.20 是定理 4.22 的特例. 这一点是很容易证明的.

设 $\{X_n\}$ 是独立同分布的随机变量序列，为确定起见，设诸 X_i 是连续随机变量，其共同的概率密度函数为 $f(x), \mu_i=\mu, \sigma_i=\sigma$. 这时 $B_n=\sigma\sqrt{n}$，由此得

$$\frac{1}{B_n^2} \sum_{i=1}^{n} \int_{|x-\mu_i|>\tau B_n} (x-\mu_i)^2 f(x)\mathrm{d}x = \frac{n}{n\sigma^2} \int_{|x-\mu|>\tau\sigma\sqrt{n}} (x-\mu)^2 f(x)\mathrm{d}x.$$

因为方差存在，即

$$\text{Var}(X_i) = \int_{-\infty}^{+\infty} (x-\mu)^2 f(x)\mathrm{d}x < +\infty,$$

所以其尾部积分一定有

$$\lim_{n\to\infty} \int_{|x-\mu|>\tau\sigma\sqrt{n}} (x-\mu)^2 f(x)\mathrm{d}x = 0,$$

故林德伯格条件满足.

林德伯格条件虽然比较一般，但该条件较难验证，下面的李雅普诺夫（Lyapunov）条件则比较容易验证，因为它只对矩提出要求，因而便于应用. 下面我们仅叙述其结论，证明从略.

定理 4.23（李雅普诺夫中心极限定理） 设 $\{X_n\}$ 为独立的随机变量序列，若存在 $\delta>0$，满足

$$\lim_{n\to\infty} \frac{1}{B_n^{2+\delta}} \sum_{i=1}^{n} E(|X_i-\mu_i|^{2+\delta}) = 0, \tag{4.28}$$

则对任意的 x, 有

$$\lim_{n \to \infty} P\left(\frac{1}{B_n} \sum_{i=1}^{n} (X_i - \mu_i) \leqslant x \right) = \frac{1}{\sqrt{2\pi}} \int_{-\infty}^{x} e^{-\frac{t^2}{2}} \, dt,$$

其中 μ_i 与 B_n 如前所述.

例 4.12　一份考卷由 99 个题目组成, 并按由易到难顺序排列. 某学生答对第 1 题的概率为 0.99, 答对第 2 题的概率为 0.98. 一般地, 他答对第 i 题的概率为 $1 - i/100, i = 1, 2, \cdots$. 假如该学生回答各题目是相互独立的, 并且要正确回答其中 60 个以上 (包括 60 个) 才算通过考试. 试计算该学生通过考试的可能性有多大.

解　设

$$X_i = \begin{cases} 1, & \text{若学生答对第 } i \text{ 题}, \\ 0, & \text{若学生答错第 } i \text{ 题}. \end{cases}$$

于是诸 X_i 相互独立, 且服从不同的伯努利分布:

$$P(X_i = 1) = p_i = 1 - \frac{i}{100}, P(X_i = 0) = 1 - p_i = \frac{i}{100}, i = 1, 2, \cdots, 99.$$

而我们要求的是

$$P\left(\sum_{i=1}^{99} X_i \geqslant 60 \right).$$

为使用中心极限定理, 我们可以设想从 X_{100} 开始的随机变量都与 X_{99} 同分布, 且相互独立. 下面我们使用 $\delta = 1$ 来验证随机变量序列 $\{X_n\}$ 满足李雅普诺夫条件, 即式 (4.28), 因为

$$B_n = \sqrt{\sum_{i=1}^{n} \text{Var}(X_i)} = \sqrt{\sum_{i=1}^{n} p_i(1 - p_i)} \to +\infty \quad (n \to \infty),$$

$$E(|X_i - p_i|^3) = (1 - p_i)^3 p_i + p_i^3 (1 - p_i) \leqslant p_i(1 - p_i),$$

于是

$$\frac{1}{B_n^3} \sum_{i=1}^{n} E(|X_i - p_i|^3) \leqslant \frac{1}{\left[\sum\limits_{i=1}^{n} p_i(1 - p_i) \right]^{\frac{1}{2}}} \to 0 \quad (n \to \infty),$$

即 $\{X_n\}$ 满足李雅普诺夫条件, 所以可以使用中心极限定理.

又因为在 $n = 99$ 时, 有

$$E\left(\sum_{i=1}^{99} X_i \right) = \sum_{i=1}^{99} p_i = \sum_{i=1}^{99} \left(1 - \frac{i}{100} \right) = 49.5,$$

$$B_{99}^2 = \sum_{i=1}^{99} \text{Var}(X_i) = \sum_{i=1}^{99} \left(1 - \frac{i}{100} \right) \left(\frac{i}{100} \right) = 16.665,$$

所以该学生通过考试的可能性为

$$P\left(\sum_{i=1}^{99} X_i \geqslant 60\right) = P\left(\frac{\sum\limits_{i=1}^{99} X_i - 49.5}{\sqrt{16.665}} \geqslant \frac{60 - 49.5}{\sqrt{16.995}}\right) \approx 1 - \Phi(2.57) = 0.005.$$

由此看出：此学生通过考试的可能性很小，大约只有千分之五. ■

习　题　4

1. 设 $\xi_1, \xi_2, \cdots$ 是随机变量序列，若对任何 $\epsilon > 0$，级数 $\sum\limits_{n=1}^{\infty} P(|\xi_n| \geqslant \epsilon)$ 收敛，求证：当 $n \to \infty$ 时，$\xi_n \xrightarrow{a.s.} 0$.

2. 设 $X_1, X_2, \cdots$ 是相互独立的随机变量序列，且

$$P(X_n = n^\alpha) = P(X_n = -n^\alpha) = 1/2, (n \geqslant 1), \quad 0 < \alpha < 1.$$

试证明：当 $\alpha < \dfrac{1}{2}$ 时，序列 $\{X_n, n \geqslant 1\}$ 服从大数律.

3. 设 $X_1, X_2, \cdots$ 是相互独立的随机变量序列，共同分布是 $[0, a]$ 上的均匀分布 $(a > 0)$，$\xi_n = \max\{X_1, X_2, \cdots, X_n\}$ $(n \geqslant 1)$，试证明 $\xi_n \xrightarrow{P} a \ (n \to \infty)$.

4. 设 $g(x)$ 是 $[0, 1]$ 上定义的连续函数，且 $0 \leqslant g(x) \leqslant 1$，若 $\xi_1, \eta_1, \xi_2, \eta_2, \cdots$ 是一列服从 $[0, 1]$ 上均匀分布的相互独立的随机变量序列，令

$$\rho_i = \begin{cases} 1, & g(\xi_i) \geqslant \eta_i, \\ 0, & g(\xi_i) < \eta_i, \end{cases} \quad i \geqslant 1.$$

试证明：当 $n \to \infty$ 时，有

$$\frac{1}{n}\sum_{i=1}^{n} \rho_i \xrightarrow{a.s.} \int_0^1 g(x)\mathrm{d}x.$$

5. 设 $\{X_k, k \geqslant 1\}$ 是相互独立同分布的随机变量序列，共同概率密度函数是

$$f(x) = \begin{cases} \mathrm{e}^{-(x-a)}, & x > a, \\ 0, & x \leqslant a. \end{cases}$$

令 $\xi_n = \min\{X_1, X_2, \cdots, X_n\}$ $(n \geqslant 1)$，试证：$\xi_n \xrightarrow{P} a$ 且 $\xi_n \xrightarrow{a.s.} a(n \to \infty)$.

6. 设有 30 个同类型的电子器件 $D_1, D_2, \cdots, D_{30}$，它们的使用情况如下：D_1 损坏，D_2 立即使用，D_2 损坏，D_3 立即使用，$\cdots\cdots$，等等. 设它们的使用寿命（单位：h）都服从参数为 0.1 的指数分布，T 是这 30 个器件的总使用寿命，问：T 超过 350h 的概率是多少？

7. 某产品的合格率为 99%，问包装箱中应该装多少个此种产品，才能以 95% 的把握保证每箱中至少有 100 件合格产品.

第 5 章 随机过程引言

5.1 随机过程的定义及分布

随机过程是概率论知识的一个自然延续. 概率论研究的对象是随机现象, 随机过程的研究对象则是随某参数（如时间、空间、频率等）而变的随机现象, 比如无穷次抛硬币、通信系统发送的信号、股票价格、超市顾客到达数、无人车摄像头采集到的视频等. 通俗来说, 随机过程是对随某参数而变的随机现象的数学描述. 抽象来说, 随机过程是随机变量从有限维到无限维的一个自然延伸, 是一组无穷多个、（一般来说）相互有关的随机变量.

定义 5.1（随机过程的定义） *随机过程是一组依赖于参数 t 的随机变量 $\{X(t), t \in T\}$. T 称为参数集或指标集；参数 t, 又称为指标, 是这些变量的索引, 通常具有时间、空间、频率等含义. 为了简便, 常用 $\{X(t)\}$ 或者 $\{X_t\}$ 来表示随机过程.*

- 当时间集 T 为可列无穷集, 如 $T = \{0, 1, 2, \cdots\}$（自然数集, 记为 $\mathbb{N}$）、$T = \{\cdots - 1, 0, 1, \cdots\}$（整数集, 记为 $\mathbb{Z}$）, 称为离散时间随机过程, 也常记为 $\{X(n)\}$ 或 $\{X_n\}$, 称为随机变量序列.
- 当时间集 T 为实轴 $\mathbb{R}$ 的一个区间, 如 $(-\infty, +\infty)$(实轴本身)、$[0, +\infty)$(半实轴)、$[a, b]$ 时, 称为连续时间随机过程, 亦可记为 $\{X_t\}$.

定义 5.2（随机过程的二元函数观） *随机过程是二元函数[①] $X(\omega, t): \Omega \times T \longrightarrow \mathbb{R}$. Ω 为样本空间, T 为指标集.*

不难看出, 定义 5.2是定义 5.1的等价描述. 从二元函数描述来看, 随机过程不仅依赖于时间 t, 还依赖于样本空间中的样本点 ω.

- 固定 ω, $X(\omega, t)$ 随 $t \in T$ 变化, 表示随机过程的一次实现, 称为一条**样本轨道**；
- 固定一个时刻 t 来看, 有一元随机变量 $X(t)$. 任取 n 个时刻 $t_1, \cdots, t_n \in T$, 则 $(X(t_1), \cdots, X(t_n))$ 为 n 元随机变量.

读者可通过如下随机过程的举例来直观理解这些概念.

- 无穷次抛硬币实验. 令 $X_n \in \{0, 1\}$, $n = 1, 2, \cdots$, 记录第 n 次抛硬币的结果（0 表示正面, 1 表示反面）, 则 $\{X_n, n = 1, 2, \cdots\}$ 是一个离散时间随机过程.
- 进入超市的顾客数. 令在连续时间区间 $[0, t]$ 内进入超市的顾客数记为 $N(t), t \geqslant$

---

① 这个二元函数的取值也可以是复数, $\mathbb{R}^d$ 或更一般的抽象空间. 见定义 5.9, 定义 5.13.

0，则 $\{N(t), t \geqslant 0\}$ 是一个连续时间随机过程. 这一过程的典型样本轨道如图 5.1所示.

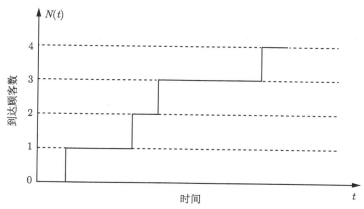

图 5.1　超市顾客数的典型样本轨道图

定义 5.3（状态空间、状态）　所有时刻的 $\{X(t), t \in T\}$ 的可能取值的全体称为状态空间，记作 $\mathcal{S}$. $\mathcal{S}$ 中的元素称为状态. $X(t) = x \in \mathcal{S}$，则说随机过程在时刻 t 处于状态 x.

根据时间是离散还是连续、状态是离散还是连续，随机过程有 4 种类型，分别举例如下.

（1）连续时间连续状态，例如连续时间随相正弦波

$$X(t) = A\cos(\omega t + \Theta), t \in \mathbb{R},$$

其中，A 为常数，$\Theta \in [-\pi, +\pi]$ 服从均匀分布.

（2）连续时间离散状态，例如进入超市的顾客数 $\{N(t), t \geqslant 0\}$.

（3）离散时间连续状态，例如离散时间随相正弦波

$$X(t) = A\cos(\omega n + \Theta), n \in \mathbb{Z},$$

其中，A 为常数，$\Theta \in [-\pi, +\pi]$ 服从均匀分布.

（4）离散时间离散状态，例如无穷次抛硬币实验 $\{X_n, n = 1, 2, \cdots\}$.

那么如何描述一个随机过程 $\{X(t), t \in T\}$ 的统计规律呢？下面的定义回答了这个问题.

定义 5.4（随机过程的有限维分布族）　$\forall$ 正整数 n 及 $\forall t_1, t_2, \cdots, t_n \in T$，联合分布

$$F_{X(t_1), X(t_2), \cdots, X(t_n)}(x_1, x_2, \cdots, x_n)$$

$$\stackrel{\text{def}}{=} P(X(t_1) \leqslant x_1, X(t_2) \leqslant x_2, \cdots, X(t_n) \leqslant x_n), x_1, x_2, \cdots, x_n \in \mathbb{R}$$

的全体称为随机过程的有限维分布族，其完整地描述了一个随机过程的统计规律，不妨可称其为随机过程的分布. 对有限维分布族，除了像上面用累积分布函数 F 来描述外，亦可使用概率密度函数 f 来描述.

例 5.1（伯努利过程） 对无穷次抛硬币实验描述得到的离散时间离散状态过程，是一个伯努利过程，

$$X_n \in \{0,1\}, n \in T = \{1,2,3,\cdots\},$$

$\forall m \neq n, X_m, X_n$ 独立同分布，服从 $P(X_n = 0) = p, P(X_n = 1) = 1 - p, 0 < p < 1$.

不难写出，$\forall n \geqslant 1, \forall t_1, t_2, \cdots, t_n \in T$，伯努利过程的一个 n 维分布为

$$f_{X(t_1), X(t_2), \cdots, X(t_n)}(x_1, x_2, \cdots, x_n) = \frac{1}{2^n}, \forall x_i \in \{0,1\}, i = 1, 2, \cdots, n.$$

注意，这里使用分布列 f 来描述有限维分布族.

定义 5.5（独立随机过程） $\forall n \geqslant 1$ 及 $\forall t_1, \cdots, t_n \in T$，$X(t_1), \cdots, X(t_n)$ 诸变量统计独立. 这等价于分布函数可分解，即

$$F_{X(t_1), \cdots, X(t_n)}(x_1, \cdots, x_n) = F_{X(t_1)}(x_1) \cdots F_{X(t_n)}(x_n)$$

或者

$$f_{X(t_1), \cdots, X(t_n)}(x_1, \cdots, x_n) = f_{X(t_1)}(x_1) \cdots f_{X(t_n)}(x_n).$$

通过概率论的学习我们知道，若两个随机变量随机等价 $P(X = Y) = 1$，则分布相同 $F_X(a) = F_Y(a), \forall a \in \mathbb{R}$. 进一步，可知随机变量 X 与 Y 相等 ($X = Y$)、X 与 Y 随机等价 ($P(X = Y) = 1$，亦称 X 与 Y 几乎必然相等)、X 与 Y 的分布相同，三者的关系如图 5.2 所示. 下面我们看到，对随机过程存在类似的关系，以此加深对随机过程及其分布的理解.

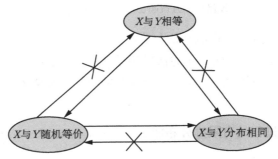

图 5.2　随机变量的相等、随机等价、分布相同

定义 5.6（随机过程的随机等价） 若 $\forall t \in T$，$P(X(t) = Y(t)) = 1$，则称过程 $\{X(t)\}$ 与过程 $\{Y(t)\}$ 随机等价.

不难看出，若过程 $\{X(t)\}$ 与过程 $\{Y(t)\}$ 的一维变量随机等价，则任意有限维变量随机等价，即 $\forall n \geqslant 1$ 及 $\forall t_1, \cdots, t_n \in T$，$P(X(t_1) = Y(t_1), \cdots, X(t_n) = Y(t_n)) = 1$. [1] 进一步，由两变量随机等价可推出两变量分布相同，易知若两过程随机等价，则两过程分布相同.

另外，应注意区分两过程随机等价与两过程相等，是不同的概念. 过程 $\{X(t)\}$ 与过程 $\{Y(t)\}$ 相等，意味着两过程的样本轨道均相同. 不难举例看出，等价的随机过程可能有不同的样本轨道，因而等价的过程不一定相等.

过程 $\{X(t)\}$ 与过程 $\{Y(t)\}$ 相等、过程 $\{X(t)\}$ 与过程 $\{Y(t)\}$ 随机等价、过程 $\{X(t)\}$ 与过程 $\{Y(t)\}$ 的分布相同，三者的关系如图 5.3所示. 读者应体会图 5.2与图 5.3的类似.

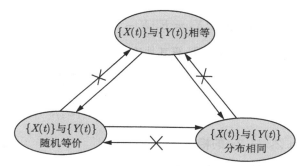

图 5.3 随机过程的相等、随机等价、分布相同

5.2 随机过程的数字特征

"概率分布"全面刻画了随机变量取值的统计规律性. 实际中，有时需要对随机变量有一个简洁的刻画，不求全，但求能从一个侧面描述分布的特征. 这促使人们提出并研究随机变量的各种数字特征（如均值、方差、协方差、矩等）. 类似地，诞生了随机过程的数字特征，用以描述随机过程的主要特性，易于观测和参与计算.

定义 5.7(均值函数、方差函数、相关函数、协方差函数) 对随机过程 $\{X(t), t \in T\}$，可定义

- 均值函数（一阶原点矩）——随时间考虑一维变量的均值：$\mu_X(t) \overset{\text{def}}{=} E[X(t)]$;
- 方差函数（二阶中心矩）：$\text{Var}_X(t) \overset{\text{def}}{=} E[(X(t) - \mu_X(t))^2] = E[X^2(t)] - \mu_X^2(t)$，亦常记为 $\sigma_X^2(t)$;
- （自）相关函数（二阶混合原点矩）：$R_X(t_1, t_2) \overset{\text{def}}{=} E[X(t_1)X(t_2)]$;
- （自）协方差函数（二阶混合中心矩）：

$$C_X(t_1, t_2) = E[(X(t_1) - \mu_X(t_1))(X(t_2) - \mu_X(t_2))] = R_X(t_1, t_2) - \mu_X(t_1)\mu_X(t_2).$$

---

[1] 这背后的道理是，对两个事件 A, B，若 $P(A) = 1, P(B) = 1$，则 $P(A \cap B) = 1$. 因为 $P(A) = P(A \cap B) + P(A \cap \overline{B})$，而 $P(A \cap \overline{B}) \leqslant P(\overline{B}) = 0$，故有 $P(A \cap B) = P(A) - P(A \cap \overline{B}) = 1$.

5.3　复随机过程、多个随机过程、向量随机过程

下面我们先复习在 4.2.1 节介绍过的复随机变量.

定义 5.8（复随机变量）　设有一对实随机变量 $(X, Y): \Omega \longrightarrow \mathbb{R}^2$，则 $Z = X + \mathrm{j}Y$ 称为复随机变量. $Z(\omega)$ 是从样本空间 Ω 到复平面 $\mathbb{C}$ 的函数，其分布函数可如下定义：

$$\forall z \in \mathbb{C}, F_Z(z) = P(\mathrm{Re}[Z] \leqslant \mathrm{Re}[z], \mathrm{Im}[Z] \leqslant \mathrm{Im}[z]) \stackrel{\text{def}}{=} P(Z \leqslant z).$$

Z 的均值和方差定义如下：

- $E[Z] \stackrel{\text{def}}{=} E(X) + \mathrm{j}E(Y)$,
- $\mathrm{Var}[Z] \stackrel{\text{def}}{=} E[|Z - E(Z)|^2] = E[(X - E(X))^2] + E[(Y - E(Y))^2]$.

定理 5.1（方差非负性）　$\mathrm{Var}[X] = E[|X - E(X)|^2] = E|X|^2 - |EX|^2 \geqslant 0$.

对两个复随机变量 Z_1, Z_2，亦可计算其协方差

$$\mathrm{Cov}(Z_1, Z_2) = E[(Z_1 - E(Z_1))\overline{(Z_2 - E(Z_2))}]$$

$$= E(Z_1\overline{Z_2}) - E(Z_1)\overline{E(Z_2)},$$

其中 $E(Z_1\overline{Z_2})$ 常称为 Z_1 与 Z_2 的**相关（值）**.

定义 5.9（复随机过程及其数字特征）　一组依赖于参数 t 的复随机变量 $\{X(t), t \in T\}$，称为复随机过程，也是二元函数 $X(\omega, t): \Omega \times T \longrightarrow \mathbb{C}$. 复随机过程的常用数字特征有：

- 均值函数 $\mu_X(t) = E[X(t)]$;
- 方差函数 $\mathrm{Var}_X(t) = E[|X(t) - EX(t)|^2]$;
- （自）相关函数 $R_X(t_1, t_2) = E[X(t_1)\overline{X(t_2)}]$;
- （自）协方差函数

$$C_X(t_1, t_2) = E[(X(t_1) - EX(t_1))\overline{(X(t_2) - EX(t_2))}]$$

$$= E[X(t_1)\overline{X(t_2)}] - EX(t_1)\overline{EX(t_2)}.$$

定义 5.10（多个随机过程的联合有限维分布和数字特征）　在实际问题，我们经常需要同时考虑同一参数集 T 上的多个随机过程.

- 设两个复随机过程 $\{X(t), t \in T\}$ 和 $\{Y(t), t \in T\}$，$\forall$ 正整数 n, m 及 $t_1, \cdots, t_n \in T, t'_1, \cdots, t'_m \in T$, 称

$$F_{X(t_1), \cdots, X(t_n); Y(t'_1), \cdots, Y(t'_m)}(x_1, \cdots, x_n; y_1, \cdots, y_m)$$

$$\stackrel{\text{def}}{=} P\left(X(t_1) \leqslant x_1, \cdots, X(t_n) \leqslant x_n; Y(t'_1) \leqslant y_1, \cdots Y(t'_m) \leqslant y_m\right)$$

为随机过程 $X(t)$ 与 $Y(t)$ 的 $n + m$ 维联合分布函数.

- **互相关函数（二阶混合原点矩）** $R_{XY}(t_1, t_2) = E[X(t_1)\overline{Y(t_2)}]$.
- **互协方差函数（二阶混合中心矩）** $C_{XY}(t_1, t_2) = R_{XY}(t_1, t_2) - \mu_X(t_1)\overline{\mu_Y(t_2)}$.

定义 5.11 称两个随机过程 $\{X(t)\}$ 和 $\{Y(t)\}$ 相互独立, 若分布函数可分解

$$F_{X(t_1),\cdots,X(t_n);Y(t_1'),\cdots,Y(t_m')}(x_1,\cdots,x_n;y_1,\cdots,y_m)$$

$$=F_{X(t_1),\cdots,X(t_n)}(x_1,\cdots,x_n) \cdot F_{Y(t_1'),\cdots,Y(t_m')}(y_1,\cdots,y_m).$$

定义 5.12 称两个随机过程 $\{X(t)\}$ 和 $\{Y(t)\}$ 不相关, 若

$$C_{XY}(t_1, t_2) = 0, \forall t_1, t_2 \in T.$$

定义 5.13（向量随机过程及其数字特征） 同一参数集 T 上的多个随机过程, 可以方便地记为向量随机过程, 其亦是二元函数 $\boldsymbol{X}(\omega, t) : \Omega \times T \longrightarrow \mathbb{R}^d$, 即 $\boldsymbol{X}(t) \in \mathbb{R}^d$. 向量随机过程的常用数字特征有:

- 均值函数 $\boldsymbol{\mu}_{\boldsymbol{X}}(t) = E[\boldsymbol{X}(t)]$
- （自）相关函数 $\boldsymbol{R}_{\boldsymbol{X}}(t_1, t_2) = E[\boldsymbol{X}(t_1)\boldsymbol{X}(t_2)^{\mathrm{T}}]$;
- （自）协方差函数

$$C_{\boldsymbol{X}}(t_1, t_2) = E[(\boldsymbol{X}(t_1) - E\boldsymbol{X}(t_1))(\boldsymbol{X}(t_2) - E\boldsymbol{X}(t_2))^{\mathrm{T}}]$$

$$= E[\boldsymbol{X}(t_1)\boldsymbol{X}(t_2)^{\mathrm{T}}] - E\boldsymbol{X}(t_1)[E\boldsymbol{X}(t_2)]^{\mathrm{T}}.$$

5.4 随机过程研究的概貌

随机过程的理论从何而来? 在各种领域中, 涌现了形形色色的随时间而变的随机现象, 对它们的数学描述诞生了随机过程的理论. 这些随机现象各具特点, 来自不同的物理背景, 但具有共性的随机现象的数学描述, 可以抽象成一类随机过程, 得到一致的描述和分析. 例如: 物种的**繁殖**, 网民浏览网页的行为, 看似风马牛不相及, 但两者均可抽象建模成马尔可夫链.

注意到, 依时间、状态对随机过程的分类, 只是一种笼统的分类, 很难在此分类基础上进一步得到有意义的具体结果. 因此, 随机过程的研究, 就是各类有代表性的随机过程的研究. 何谓有代表性? 就是指随机过程的分布或数字特征有不一般的特点. 例如,

- 宽平稳过程: 一阶、二阶矩函数具有时移不变性.
- 高斯过程: 有限维分布是高斯分布.
- 马尔可夫过程: 具有马尔可夫性（已知现在, 将来与过去无关）.
- 泊松过程: 增量分布是泊松分布.

这几类过程并不互相排斥.

本书选取了几类有代表性的随机过程加以介绍. 这基本上也是其他随机过程教材内容组织的指导思路.

习 题 5

1. 考虑一个如下定义的离散时间随机过程 $\{X(n), n = 1, 2, \cdots\}$. 无限次抛掷一枚硬币, 对 $n = 1, 2, \cdots$, 如果第 n 次抛掷结果为正面, 则 $X(n) = (-1)^n$; 如果第 n 次抛掷结果为反面, 则 $X(n) = (-1)^{n+1}$.

   (1) 试画出随机过程 $\{X(n)\}$ 的典型样本轨道.

   (2) 求随机过程 $\{X(n)\}$ 的一维概率分布列.

   (3) 对两时刻 $n, n+k$, 求 $X(n)$ 和 $X(n+k)$ 的两维联合分布列, $n = 1, 2, \cdots, k = 1, 2, \cdots$.

2. 质点在直线上做随机运动, 即在 $t = 1, 2, \cdots$ 时质点可以在 x 轴上往右或往左做一个单位距离的随机游动. 若往右移动一个单位距离的概率为 p, 往左移动一个单位距离的概率为 q, 即 $P\{\xi(i) = +1\} = p$, $P\{\xi(i) = -1\} = q$, $p + q = 1$, 且各次游动是相互统计独立的. 经过 n 次游走, 质点所处的位置为 $\eta_n = \eta(n) = \sum_{i=1}^{n} \xi(i)$.

   (1) 求 $\{\eta(n)\}$ 的均值函数.

   (2) 求 $\{\eta(n)\}$ 的自相关函数 $R_{\eta\eta}(n_1, n_2)$.

   (3) 给定时刻 n_1, n_2, 求随机过程 $\{\xi(n)\}$ 的二维概率密度函数及相关函数.

3. 设有随机过程 $\{\xi(t), -\infty < t < +\infty\}, \xi(t) = \eta\cos(t)$, 其中 η 为均匀分布于 $(0, 1)$ 上的随机变量, 求 $\{\xi(t)\}$ 的自相关函数 $R_\xi(t_1, t_2)$, 自协方差函数 $C_\xi(t_1, t_2)$.

4. 设有一随机过程 $\xi(t)$, 它的样本函数为周期性的锯齿波. 图 5.4 画出了两个样本函数图. 各样本函数具有同一形式的波形, 其区别仅在于锯齿波的起点位置不同. 设在 $t = 0$ 后的第一个零值点位于 τ_0, τ_0 是一个随机变量, 它在 $[0, T]$ 上均匀分布, 即

$$f_{\tau_0}(t) = \begin{cases} 1/T, & 0 \leqslant t \leqslant T, \\ 0, & \text{其他}. \end{cases}$$

若锯齿波的幅度为 A, 求随机过程 $\xi(t)$ 的一维概率密度函数.

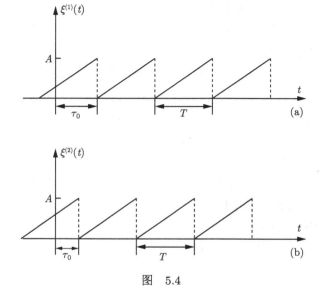

图 5.4

5. 设有随机过程 $\xi(t) = A\cos(\omega t + \Theta)$，其中相位 Θ 是一个均匀分布于 $[-\pi, \pi]$ 上的随机变量，判断 $\xi(t)$ 是否为严平稳过程.

6. 定义随机过程 $\xi(t) = X - Yt$，其中，$X \sim N(0, \sigma)$ 和 $Y \sim N(0, \sigma)$ 为独立的高斯随机变量，证明其样本轨道与 t 轴的交点位于区间 $(0, T)$ 的概率为 $(\arctan T)/\pi$.

7. 设随机过程 $\xi(t) = V\sin\omega t$，其中 ω 为常数，V 为服从 $[0, a]$ 上均匀分布的随机变量.

（1）　画出 $\xi(t)$ 的某一条样本轨道.

（2）　求 $\xi(0)$，$\xi(\pi/4\omega)$，$\xi(\pi/2\omega)$，$\xi(5\pi/4\omega)$ 的概率密度函数.

第6章 二阶矩过程时域分析

6.1 二阶矩过程概述

第 5 章曾经介绍过, 能够完整描述随机过程 $\{X(t), t \in T\}$ 统计规律的有效工具是它的有限维分布族, 即 $\forall$ 正整数 n 及 $\forall t_1, t_2, \cdots, t_n \in T$ 时的联合分布函数 $F_X(x_1, x_2, \cdots, x_N; t_1, t_2, \cdots, t_N)$. 然而, 这样的联合分布函数往往难以获得. 退而求其次、用相对容易获得的数字特征作为描述随机过程统计规律的工具, 在工程实践中更为常见. 对本章介绍的二阶矩过程而言, 往往用均值、方差、相关、协方差等数字特征来描述其统计规律.

定义 6.1（二阶矩随机过程） 随机过程 $\{X(t), t \in T\}$[①], 如果 $\forall t \in T$ 随机变量 $X(t)$ 的均值 $E(X(t))$ 和方差 $\mathrm{Var}(X(t))$ 都存在（这一条件也可写成 $E(|X(t)|^2) < +\infty$）, 则称 $\{X(t)\}$ 为二阶矩过程.

尽管二阶矩过程的定义中只提到了均值和方差的存在性, 实际上可以推出, 二阶矩过程的自相关函数、自协方差函数、互相关函数、互协方差函数等其他数字特征也是存在的. 要证明这一点, 需要用到内积空间和柯西-施瓦茨（Cauchy-Schwarz）不等式的概念.

定义 6.2（内积空间） 内积空间: 定义在复数域 $\mathbb{C}$ 上的线性空间 Q, 存在二元函数 $F: Q \times Q \to \mathbb{C}$ 满足以下性质:

$\forall x, y, z \in Q, \forall k \in \mathbb{C}$ 有

（1）非负性: $F(x, x) \geqslant 0$ 当且仅当 $x = 0$ 时取等号;

（2）分配率:

$$F(x, y + z) = F(x, y) + F(x, z);$$

（3）齐次性:

$$F(kx, y) = kF(x, y);$$

（4）交换律:

$$F(x, y) = F^*(y, x).$$

则称 Q 为内积空间, F 为内积运算.

[①] 在第 6 章及第 7 章中, 若无特别声明, 所言随机过程均默认为是复随机过程.

定理 6.1 在内积空间中，柯西-施瓦茨不等式成立：

$$|F(x,y)|^2 \leqslant F(x,x)F(y,y). \tag{6.1}$$

证明 由内积性质，$\forall k \in \mathbb{C}$，有

$$F(x-ky, x-ky) \geqslant 0, \tag{6.2}$$

而

$$\begin{aligned}
F(x-ky, x-ky) &= F(x,x) + |k|^2 F(y,y) - kF(y,x) - k^* F(x,y) \\
&= F(x,x) + |k|^2 F(y,y) - kF^*(x,y) - k^* F(x,y)
\end{aligned} \tag{6.3}$$

当 $y=0$ 时，式 (6.1) 显然成立.

当 $y \neq 0$ 时，令 $k = \dfrac{F(x,y)}{F(y,y)}$，代入式 (6.2) 和式 (6.3) 得到

$$F(x,x) - \frac{|F(x,y)|^2}{F(y,y)} \geqslant 0,$$

于是式 (6.1) 得证. ■

柯西-施瓦茨不等式在一些典型内积空间中的表现形式包括：

（1）在实向量空间中，$\boldsymbol{u}, \boldsymbol{v}$ 为向量，则

$$\left| \boldsymbol{u}^{\mathrm{T}} \boldsymbol{v} \right|^2 \leqslant (\boldsymbol{u}^{\mathrm{T}} \boldsymbol{u})(\boldsymbol{v}^{\mathrm{T}} \boldsymbol{v});$$

（2）在 $L^2([a,b])$ 空间中，$f(t), g(t)$ 为平方可积的确定实函数，则

$$\left| \int_a^b f(t)g(t)\mathrm{d}t \right|^2 \leqslant \int_a^b f^2(t)\mathrm{d}t \int_a^b g^2(t)\mathrm{d}t;$$

（3）在二阶矩有限的随机变量构成的空间中，X、Y 为随机变量，则

$$|E(XY^*)|^2 \leqslant E(|X|^2)E(|Y|^2). \tag{6.4}$$

随机过程 $\{X(t)\}$ 的自相关函数被定义为

$$R_X(t_1, t_2) = E\left(X(t_1)X^*(t_2)\right).$$

根据柯西-施瓦茨不等式 (6.4) 有

$$\begin{aligned}
|R_X(t_1, t_2)|^2 &= |E\left(X(t_1)X^*(t_2)\right)|^2 \\
&\leqslant E\left(|X(t_1)|^2\right) E\left(|X(t_2)|^2\right)
\end{aligned}$$

$$= \left[\mathrm{Var}\left(X(t_1)\right) + \left|E\left(X(t_1)\right)\right|^2\right]\left[\mathrm{Var}\left(X(t_2)\right) + \left|E\left(X(t_2)\right)\right|^2\right].$$

由二阶矩过程的定义可知，二阶矩过程 $\{X(t)\}$ 的自相关函数 $R_X(t_1, t_2)$ 总是存在的.

随机过程 $\{X(t)\}$ 的自协方差函数被定义为

$$C_X(t_1, t_2) = E\left([X(t_1) - E\left(X(t_1)\right)]\overline{[X(t_2) - E\left(X(t_2)\right)]}\right)$$

$$= R_X(t_1, t_2) - E\left(X(t_1)\right)E\left(X^*(t_2)\right),$$

则二阶矩过程 $\{X(t)\}$ 的自协方差函数 $C_X(t_1, t_2)$ 总是存在的.

当只讨论一个随机过程时，其自相关函数、自协方差函数也经常分别被简称为相关函数、协方差函数.

两个随机过程 $\{X(t)\}$ 和 $\{Y(t)\}$ 的互相关函数、互协方差函数分别被定义为

$$R_{XY}(t_1, t_2) = E\left(X(t_1)Y^*(t_2)\right),$$

$$C_{XY}(t_1, t_2) = R_{XY}(t_1, t_2) - E\left(X(t_1)\right)E\left(Y^*(t_2)\right).$$

同理可知，二阶矩过程 $\{X(t)\}$、$\{Y(t)\}$ 的互相关函数 $R_{XY}(t_1, t_2)$、互协方差函数 $C_{XY}(t_1, t_2)$ 总是存在的.

二阶矩过程 $\{X(t)\}$ 的自相关函数具有以下特性：

（1）共轭对称性：

$$R_X(t_1, t_2) = E\left(X(t_1)X^*(t_2)\right) = \overline{E\left(X^*(t_1)X(t_2)\right)} = R_X^*(t_2, t_1).$$

这一结论也可推广到离散形式. 对随机过程 $\{X(t)\}$ 采样得到随机变量序列 $\boldsymbol{X} = [X(t_1), X(t_2), \cdots, X(t_n)]^{\mathrm{T}}$，则 $\boldsymbol{X}$ 的自相关矩阵 $\boldsymbol{R_X} = E\left(\boldsymbol{X}\boldsymbol{X}^{\mathrm{H}}\right)$ 是共轭对称矩阵.

（2）非负定性：

对任意 N 元确定性向量 $\boldsymbol{\beta} = [\beta_1, \beta_2, \cdots, \beta_N]^{\mathrm{T}}$ 及随机变量序列 $\boldsymbol{X} = [X(t_1), X(t_2), \cdots, X(t_N)]^{\mathrm{T}}$ 有

$$\boldsymbol{\beta}^{\mathrm{H}}\boldsymbol{R_X}\boldsymbol{\beta} = E\left\{\boldsymbol{\beta}^{\mathrm{H}}\boldsymbol{X}\boldsymbol{X}^{\mathrm{H}}\boldsymbol{\beta}\right\} = E\left[\left(\sum_{i=1}^{N}\beta_i^*X(t_i)\right)\left(\sum_{i=1}^{N}\beta_i^*X(t_i)\right)^*\right] \geqslant 0.$$

由此可知 $\boldsymbol{X}$ 的自相关矩阵 $\boldsymbol{R_X} = E(\boldsymbol{X}\boldsymbol{X}^{\mathrm{H}})$ 具有非负定性.

6.2　平　稳　过　程

如果随机过程的统计特性不随时间参数的平移而改变，则称该随机过程具有平稳性. 随机过程的平稳性一般分为严平稳和宽平稳两类，分别定义如下.

定义 6.3(严平稳过程) 随机过程 $\{X(t), t \in T\}$, $\forall N \geqslant 1$ 及 $\forall t_1, t_2, \cdots, t_N, \tau \in \mathbb{R}$, 如果多维随机变量 $(X(t_1), X(t_2), \cdots, X(t_N))$ 与 $(X(t_1 + \tau), X(t_2 + \tau), \cdots, X(t_N + \tau))$ 有相同的联合分布函数, 即

$$F_{X(t_1), X(t_2), \cdots, X(t_N)}(x_1, x_2, \cdots, x_N) = F_{X(t_1 + \tau), X(t_2 + \tau), \cdots, X(t_N + \tau)}(x_1, x_2, \cdots, x_N),$$

则称 $\{X(t)\}$ 为严平稳 (strictly-sense stationary) 过程. 换言之, 严平稳过程的任意有限维分布函数沿时间轴平移而不发生变化.

特别地, (1) 严平稳过程的一维分布函数满足

$$F_X(x; t) = F_X(x; t + \tau) = F_X(x; 0),$$

即严平稳过程的一维分布函数与时间无关.

(2) 严平稳过程的二维分布函数满足

$$F_X(x_1, x_2; t_1, t_2) = F_X(x_1, x_2; t_1 + \tau, t_2 + \tau) = F_X(x_1, x_2; t_1 - t_2, 0),$$

即严平稳过程的二维分布函数仅与时间差 $t_1 - t_2$ 有关.

(3) 对严平稳的二阶矩过程, 计算其均值

$$E(X(t)) = \int_{-\infty}^{+\infty} x \mathrm{d} F_X(x; t) = \int_{-\infty}^{+\infty} x \mathrm{d} F_X(x; 0) = \mu_X,$$

可见其均值为常数; 计算其自相关函数

$$\begin{aligned}
R_X(t_1, t_2) &= E(X(t_1) X^*(t_2)) \\
&= \int_{-\infty}^{+\infty} \int_{-\infty}^{+\infty} x_1 x_2^* \mathrm{d} F_X(x_1, x_2; t_1, t_2) \\
&= \int_{-\infty}^{+\infty} \int_{-\infty}^{+\infty} x_1 x_2^* \mathrm{d} F_X(x_1, x_2; t_1 - t_2, 0) \\
&= R_X(t_1 - t_2, 0).
\end{aligned}$$

可见其自相关函数仅为时间差 $t_1 - t_2$ 的函数. 另外, 对严平稳二阶矩过程而言, 其协方差函数

$$C_X(t_1, t_2) = R_X(t_1, t_2) - |\mu_X|^2 = R_X(t_1 - t_2, 0) - |\mu_X|^2$$

也仅为时间差 $t_1 - t_2$ 的函数, 其方差

$$\mathrm{Var}(X(t)) = C_X(t, t) = R_X(0, 0) - |\mu_X|^2$$

也为常数.

定义 6.4（宽平稳过程）　如果二阶矩过程 $\{X(t)\}$ 的均值为常数、自相关函数仅为时间差 $\tau = t_1 - t_2$ 的函数，即

$$E(X(t)) = \mu_X,$$

且

$$R_X(t_1, t_2) = E(X(t_1)X^*(t_2)) = R_X(t_1 - t_2) = R_X(\tau),$$

则称 $\{X(t)\}$ 为宽平稳（wide-sense stationary）过程.

从宽平稳过程的定义容易得到：宽平稳过程的协方差函数

$$C_X(\tau) = R_X(\tau) - |\mu_X|^2$$

也仅为时间差 $\tau = t_1 - t_2$ 的函数，宽平稳过程的方差

$$\text{Var}(X(t)) = C_X(0)$$

也为常数.

两个随机过程的互相关函数有时也存在时移不变性，这给出了联合宽平稳的概念.

定义 6.5（联合宽平稳）　如果两宽平稳过程 $\{X(t)\}$ 与 $\{Y(t)\}$ 的互相关函数满足

$$R_{XY}(t, s) = R_{XY}(t + \tau, s + \tau), \forall t, s, \tau \in T,$$

则称 $\{X(t)\}$ 与 $\{Y(t)\}$ 具有联合宽平稳性.

从严平稳和宽平稳的定义可知：严平稳的二阶矩过程必然具有宽平稳性，而宽平稳过程未必具有严平稳性. 下面给出一个"宽平稳过程不具有严平稳性"的例子.

例 6.1　随机变量 X 与 Y 独立同分布，且有 $\begin{cases} P(X = -1) = \dfrac{2}{3}, \\ P(X = 2) = \dfrac{1}{3}. \end{cases}$　令 $Z(t) = X\cos t + Y\sin t$，讨论随机过程 $\{Z(t)\}$ 的平稳性.

解　由题设得 $E(X) = \dfrac{2}{3} \times (-1) + \dfrac{1}{3} \times 2 = 0, E(X^2) = \dfrac{2}{3} \times (-1)^2 + \dfrac{1}{3} \times 2^2 = 2$，于是 $E(Y) = 0, E(Y^2) = 2$，且 $E(XY) = E(YX) = 0$. $\{Z(t)\}$ 的均值为

$$E(Z(t)) = E(X)\cos t + E(Y)\sin t = 0;$$

$\{Z(t)\}$ 的自相关函数为

$$\begin{aligned} R_Z(t_1, t_2) &= E(Z(t_1)Z(t_2)) \\ &= E(X^2 \cos t_1 \cos t_2 + XY \cos t_1 \sin t_2 + YX \sin t_1 \cos t_2 + Y^2 \sin t_1 \sin t_2) \\ &= 2\cos(t_1 - t_2). \end{aligned}$$

可见 $\{Z(t)\}$ 是宽平稳过程. 然而

$$E\left(Z^3(t)\right) = E\left(X^3(\cos t)^3 + 3X^2Y(\cos t)^2\sin t + 3XY^2(\sin t)^2\cos t + Y^3(\sin t)^3\right)$$
$$= 2(\cos t)^3 + 2(\sin t)^3.$$

此数值随时间 t 而变化. 假设 $\{Z(t)\}$ 是严平稳过程, 则 $E\left(Z^3(t)\right) = \int_{-\infty}^{+\infty} x^3 \mathrm{d}F_Z(x;t) = \int_{-\infty}^{+\infty} x^3 \mathrm{d}F_Z(x;0)$ 应为常数. 因此 $\{Z(t)\}$ 不是严平稳过程. ∎

类似于例 6.1 的分析, 多数宽平稳过程都不具备严平稳性, 因为利用随机过程的均值、方差、自相关函数、协方差函数等数字特征通常难以推断其多维联合分布函数的特性. 值得注意的是, 第 8 章介绍的高斯过程是个例外: 宽平稳的高斯过程具有严平稳性. 原因在于, 高斯过程的任意有限维分布函数仅由其均值和协方差函数决定.

宽平稳过程具有以下性质:

（1）宽平稳过程 $\{X(t)\}$ 的自相关函数 $R_X(\tau)$ 具有共轭对称性

$$R_X(\tau) = E\left(X(t+\tau)X^*(t)\right) = \overline{E\left(X^*(t+\tau)X(t)\right)} = R_X^*(-\tau).$$

该性质可从二阶矩过程自相关函数的共轭对称性直接得到. 类似地, 宽平稳过程 $\{X(t)\}$ 的协方差函数 $C_X(\tau)$ 也具有共轭对称性

$$C_X(\tau) = C_X^*(-\tau).$$

（2）宽平稳过程 $\{X(t)\}$ 的自相关函数 $R_X(\tau)$ 在 $\tau = 0$ 处取得最大值

$$|R_X(\tau)| = |E\left(X(t+\tau)X^*(t)\right)| \leqslant \sqrt{E\left(|X(t+\tau)|^2\right)E\left(|X(t)|^2\right)} = R_X(0).$$

该不等式由柯西-施瓦茨不等式 (6.4) 得到. 类似地, 宽平稳过程 $\{X(t)\}$ 的协方差函数 $C_X(\tau)$ 也在 $\tau = 0$ 处取得最大值

$$|C_X(\tau)| \leqslant C_X(0) = \mathrm{Var}(X(t)).$$

例 6.2 随机相位信号 $X(t) = A\cos(\omega t + \theta)$, 其中幅度 $A > 0$ 与初相位 θ 为相互独立的随机变量, ω 为常数, 试找到使得 $\{X(t)\}$ 具备宽平稳性的初相位分布函数.

解 $\{X(t)\}$ 的均值为

$$E\left(X(t)\right) = E(A)E\left(\cos(\omega t + \theta)\right) = E(A)\left(\cos(\omega t)E(\cos\theta) - \sin(\omega t)E(\sin\theta)\right).$$

宽平稳性要求 $E\left(X(t)\right)$ 不随 t 而变化, 则需要

$$E\left(\cos\theta\right) = E\left(\sin\theta\right) = 0. \tag{6.5}$$

$\{X(t)\}$ 的自相关函数为

$$
\begin{aligned}
R_X(t,s) &= E\left(A^2\cos(\omega t+\theta)\cdot\cos(\omega s+\theta)\right) \\
&= \frac{1}{2}E\left(A^2\right)E\left(\cos\left(\omega(t+s)+2\theta\right)+\cos\left(\omega(t-s)\right)\right) \\
&= \frac{1}{2}E\left(A^2\right)\left[\cos\left(\omega(t+s)\right)E\left(\cos(2\theta)\right)-\right. \\
&\quad\left.\sin\left(\omega(t+s)\right)E\left(\sin(2\theta)\right)+\cos\left(\omega(t-s)\right)\right].
\end{aligned}
$$

宽平稳性要求 $R_X(t,s)$ 仅为 $t-s$ 的函数, 则需要

$$
E\left(\cos2\theta\right)=E\left(\sin2\theta\right)=0, \tag{6.6}
$$

此时有

$$
R_X(\tau)=\frac{1}{2}E\left(A^2\right)\cos\left(\omega\tau\right), \tag{6.7}
$$

其中 $\tau=t-s$. 满足式 (6.5) 和式 (6.6) 的常见初相位分布函数包括: θ 均匀分布于区间 $[0,2\pi)$、θ 以等概率在集合 $\left\{0,\dfrac{\pi}{2},\pi,\dfrac{3}{2}\pi\right\}$ 中取值等. ∎

例 6.3　分析谐波过程 $X(t)=\sum_{k=1}^{M}\left[A_k\cos\left(\omega_k t\right)+B_k\sin\left(\omega_k t\right)\right]$ 是否具备宽平稳性. 其中, M 为确定的正整数, $\{A_1,A_2,\cdots,A_M\}$ 与 $\{B_1,B_2,\cdots,B_M\}$ 是相互独立的随机变量; $E(A_k)=E(B_k)=0$, $\mathrm{Var}(A_k)=\mathrm{Var}(B_k)=\sigma_k^2$,$\{\omega_1,\omega_2,\cdots,\omega_M\}$ 是实数; 当 $i\neq j$ 时, $\omega_i\neq\omega_j$, A_i 与 A_j 不相关, B_i 与 B_j 不相关.

解　$\{X(t)\}$ 的均值为

$$
E\left(X(t)\right)=\sum_{k=1}^{M}[E(A_k)\cos\left(\omega_k t\right)+E\left(B_k\right)\sin\left(\omega_k t\right)]=0,
$$

$\{X(t)\}$ 的自相关函数为

$$
\begin{aligned}
R_X(t,s) &= E\left(X(t)X(s)\right) \\
&= E\left[\left(\sum_{k=1}^{M}\left(A_k\cos\left(\omega_k t\right)+B_k\sin\left(\omega_k t\right)\right)\right)\cdot\right. \\
&\quad\left.\left(\sum_{k=1}^{M}\left(A_k\cos\left(\omega_k s\right)+B_k\sin\left(\omega_k s\right)\right)\right)\right] \\
&= \sum_{k=1}^{M}\sigma_k^2\left(\cos\left(\omega_k t\right)\cos\left(\omega_k s\right)+\sin\left(\omega_k t\right)\sin\left(\omega_k s\right)\right) \\
&= \sum_{k=1}^{M}\sigma_k^2\cos\left(\omega_k(t-s)\right). \tag{6.8}
\end{aligned}
$$

可见谐波过程具备宽平稳性.

注意到，在上面的例 6.2 和例 6.3 中，宽平稳过程的自相关函数是周期函数. 具有这种特点的宽平稳过程被称为周期性宽平稳过程，在 6.7 节和 7.2 节中还将对这类随机过程做进一步分析.

例 6.4 随机脉冲串信号 $\{X(t), t \geqslant \theta_0\}$ 由一串连续的脉冲拼接组成，每个脉冲宽度为 1，幅度以等概率取 1 或 -1，不同脉冲的取值是独立的，信号的起始时刻 θ_0 是均匀分布于 $[0,1]$ 区间的随机变量. 分析 $\{X(t)\}$ 是否具备宽平稳性.

解 $\{X(t)\}$ 的均值为

$$E\left(X(t)\right) = \frac{1}{2} \times 1 - \frac{1}{2} \times 1 = 0.$$

$\{X(t)\}$ 的自相关函数为

$$R_X(t_1, t_2) = E\left(X\left(t_1\right) X\left(t_2\right)\right)$$
$$= P\left(X\left(t_1\right) = 1, X\left(t_2\right) = 1\right) - P\left(X\left(t_1\right) = 1, X\left(t_2\right) = -1\right) -$$
$$P\left(X\left(t_1\right) = -1, X\left(t_2\right) = 1\right) + P\left(X\left(t_1\right) = -1, X\left(t_2\right) = -1\right). \tag{6.9}$$

下面分别计算式 (6.9) 等号右边的 4 个概率. 不妨设 $t_2 > t_1$，令 t_1 所在的脉冲起始时刻为 θ_1，则 θ_1 为均匀分布于 $[t_1 - 1, t_1]$ 区间的随机变量.

首先计算 $P\left(X\left(t_1\right) = 1, X\left(t_2\right) = 1\right)$，有

$$P\left(X\left(t_1\right) = 1, X\left(t_2\right) = 1\right) = P\left(X\left(t_1\right) = 1\right) P\left(X\left(t_2\right) = 1 \mid X\left(t_1\right) = 1\right)$$
$$= \frac{1}{2} P\left(X\left(t_2\right) = 1 \mid X\left(t_1\right) = 1\right).$$

当 $t_2 - t_1 > 1$ 时，t_1 和 t_2 一定属于不同的脉冲，则 $P\left(X\left(t_2\right) = 1 \mid X\left(t_1\right) = 1\right) = P\left(X\left(t_2\right) = 1\right) = \frac{1}{2}$；当 $t_2 - t_1 \leqslant 1$ 时，有

$$P\left(X\left(t_2\right) = 1 \mid X\left(t_1\right) = 1\right) = P\left(X\left(t_2\right) = 1, t_1 和 t_2 属于同一脉冲 \mid X\left(t_1\right) = 1\right) +$$
$$P\left(X\left(t_2\right) = 1, t_1 和 t_2 不属于同一脉冲 \mid X\left(t_1\right) = 1\right)$$
$$= P\left(t_2 - 1 \leqslant \theta_1 \leqslant t_1\right) + \frac{1}{2} P\left(t_1 - 1 < \theta_1 < t_2 - 1\right)$$
$$= 1 - \frac{1}{2}\left(t_2 - t_1\right),$$

所以

$$P\left(X\left(t_1\right) = 1, X\left(t_2\right) = 1\right) = \begin{cases} \frac{1}{2}\left(1 - \frac{1}{2}\left(t_2 - t_1\right)\right), & t_2 - t_1 \leqslant 1, \\ \frac{1}{4}, & t_2 - t_1 > 1. \end{cases} \tag{6.10}$$

同理可以计算 $P\left(X\left(t_1\right)=-1, X\left(t_2\right)=-1\right)$, 其结果与式 (6.10) 相同.

接下来计算 $P\left(X\left(t_1\right)=1, X\left(t_2\right)=-1\right)$, 有

$$P\left(X\left(t_1\right)=1, X\left(t_2\right)=-1\right)=P\left(X\left(t_1\right)=1\right) P\left(X\left(t_2\right)=-1 \mid X\left(t_1\right)=1\right)$$

$$=\frac{1}{2} P\left(X\left(t_2\right)=-1 \mid X\left(t_1\right)=1\right).$$

当 $t_2-t_1>1$ 时, t_1 和 t_2 一定属于不同的脉冲, 则 $P\left(X\left(t_2\right)=-1 \mid X\left(t_1\right)=1\right)=$ $P\left(X\left(t_2\right)=-1\right)=\frac{1}{2}$; 当 $t_2-t_1 \leqslant 1$ 时, 有

$$P\left(X\left(t_2\right)=-1 \mid X\left(t_1\right)=1\right)$$

$$=P\left(X\left(t_2\right)=-1, t_1 和 t_2 属于同一脉冲 \mid X\left(t_1\right)=1\right)+$$

$$P\left(X\left(t_2\right)=-1, t_1 和 t_2 不属于同一脉冲 \mid X\left(t_1\right)=1\right)$$

$$=0+\frac{1}{2} P\left(t_1-1<\theta_1<t_2-1\right)$$

$$=\frac{1}{2}\left(t_2-t_1\right),$$

所以

$$P\left(X\left(t_1\right)=1, X\left(t_2\right)=-1\right)=\begin{cases} \dfrac{1}{4}\left(t_2-t_1\right), & t_2-t_1 \leqslant 1, \\ \dfrac{1}{4}, & t_2-t_1>1. \end{cases} \tag{6.11}$$

同理可以计算 $P\left(X\left(t_1\right)=-1, X\left(t_2\right)=1\right)$ 的概率, 其结果与式 (6.11) 相同.

将上述概率计算结果代入式 (6.9) 得到

$$R_X\left(t_1, t_2\right)=\begin{cases} 1-\left(t_2-t_1\right), & t_2-t_1 \leqslant 1, \\ 0, & t_2-t_1>1. \end{cases}$$

同理可分析 $t_2 \leqslant t_1$ 时的情况. 综上可得

$$R_X(\tau)=\begin{cases} 1-|\tau|, & |\tau| \leqslant 1, \\ 0, & |\tau|>1, \end{cases} \tag{6.12}$$

其中 $\tau=t_1-t_2$. 由此可知随机脉冲串信号具有宽平稳性. ■

注意到, 在例 6.4 中, 宽平稳过程的自相关函数 $R_X(\tau)$ 不是周期函数, 随着 $|\tau|$ 增大 $R_X(\tau)$ 有变小的趋势. 这在工程实践中很常见, 其直观的物理含义是, 相隔时间差 τ 很大的两个随机变量 $X(t+\tau)$ 和 $X(t)$ 彼此相关程度不大.

6.3 宽平稳过程的相关系数与相关时间

从自相关函数和协方差函数的定义来看，它们能够在一定程度上描述宽平稳过程 $\{X(t)\}$ 在不同时刻得到的随机变量 $X(t+\tau)$ 与 $X(t)$ 之间的线性相关性。下面分析如何利用自相关函数 $R_X(\tau)$、协方差函数 $C_X(\tau)$ 来定量化评估相隔时间 τ 的两个随机变量 $X(t+\tau)$ 与 $X(t)$ 的线性相关程度。

如果直接用自相关函数 $R_X(\tau) = E(X(t+\tau)X^*(t))$ 来表示 $X(t+\tau)$ 与 $X(t)$ 的相关程度，则相关程度的评估容易受到均值 $E(X(t)) = \mu_X$ 的影响，即：如果 $|\mu_X|$ 较大，即使 $X(t+\tau)$ 与 $X(t)$ 的真实相关程度很小，$R_X(\tau)$ 的结果也可能很大。如果直接用协方差函数 $C_X(\tau) = E\left((X(t+\tau) - \mu_X)\overline{(X(t) - \mu_X)}\right)$ 来表示 $X(t+\tau)$ 与 $X(t)$ 的相关程度，则相关程度的评估容易受到随机过程偏离均值的起伏强度的影响，即：如果 $|X(t+\tau) - \mu_X|$ 或者 $|X(t) - \mu_X|$ 以大概率取值较小，即使 $X(t+\tau)$ 与 $X(t)$ 的真实相关程度很大，$C_X(\tau)$ 的结果也可能很小。为了去除上述因素对定量化评估 $X(t+\tau)$ 与 $X(t)$ 相关程度的负面影响，下面引入相关系数的概念。

宽平稳过程 $\{X(t)\}$ 的相关系数被定义为

$$r_X(\tau) = \frac{C_X(\tau)}{C_X(0)}. \tag{6.13}$$

它也被称为归一化协方差函数或者标准协方差函数，用来描述 $X(t+\tau)$ 与 $X(t)$ 的线性相关程度。由于 $|C_X(\tau)| \leqslant C_X(0)$，可知 $|r_X(\tau)| \leqslant 1$。如果 $r_X(\tau) = 1$ 或 $r_X(\tau) = -1$，则认为 $X(t+\tau)$ 与 $X(t)$ 完全线性相关；如果 $r_X(\tau) = 0$，则认为 $X(t+\tau)$ 与 $X(t)$ 线性不相关。这里对相关系数的定义和定义 3.13 对两个随机变量相关系数的定义是一致的，只需令定义 3.13 中的随机变量 $X = X(t+\tau), Y = X(t)$，则可直接得到式 (6.13)。

为了进一步衡量时间差 τ 达到多大时 $X(t+\tau)$ 与 $X(t)$ 的相关程度可以忽略，人们在工程实践中还给出了相关时间的概念。宽平稳过程 $\{X(t)\}$ 的相关时间 τ_0 被定义为

$$\tau_0 = \int_0^{+\infty} r_X(\tau)\,\mathrm{d}\tau \tag{6.14}$$

图 6.1 以 $r_X(\tau) = \dfrac{\sin(\lambda\tau)}{\lambda\tau}$ 为例给出了相关时间定义的示意图。显然 $r_X(0) = 1$，而图 6.1 中阴影部分的面积即为式 (6.14) 等号右边的计算结果，令图 6.1 中长方形的面积等于阴影部分的面积，则 τ_0 代表图 6.1 中长方形在横轴方向的边长。如果 τ_0 比较小，说明 $r_X(\tau)$ 随 τ 增大而迅速衰减，可认为该过程随时间起伏变化剧烈；反之，说明 $r_X(\tau)$ 的随 τ 增大而缓慢衰减，可认为该过程随时间起伏变化缓慢。在工程实践中，为了处理简便，有时会设置一个门限 α，当 $|r_X(\tau)| \leqslant \alpha$ 时，近似地认为 $X(t+\tau)$ 与 $X(t)$ 的相关程度可以忽略。

例 6.5 已知随机过程 $\{X(t)\}$ 与 $\{Y(t)\}$ 的协方差函数分别为 $C_X(\tau) = \mathrm{e}^{-2\lambda|\tau|}$ 和 $C_Y(\tau) = \dfrac{\sin(\lambda\tau)}{2\lambda\tau}$，$\lambda > 0$，比较两个过程随时间起伏变化的剧烈程度。

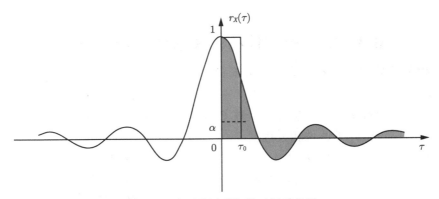

图 6.1 宽平稳过程相关时间示意图

解 由式 (6.13) 可得 $\{X(t)\}$ 与 $\{Y(t)\}$ 的相关系数分别为 $r_X(\tau) = \mathrm{e}^{-2\lambda|\tau|}$, $r_Y(\tau) = \dfrac{\sin(\lambda\tau)}{\lambda\tau}$. 可见：$X(t+\tau)$ 与 $X(t)$ 的线性相关程度随 τ 增大而单调递减；$Y(t+\tau)$ 与 $Y(t)$ 的线性相关程度随 τ 增大呈现减小的趋势、但存在一定震荡，特别地，当 $\tau = \dfrac{n\pi}{\lambda}$ 时，其中 n 为非零整数，$Y(t+\tau)$ 与 $Y(t)$ 线性不相关.

由式 (6.14) 可得 $\{X(t)\}$ 与 $\{Y(t)\}$ 的相关时间分别为 $\tau_{0,X} = \displaystyle\int_0^{+\infty} \mathrm{e}^{-2\lambda\tau}\mathrm{d}\tau = \dfrac{1}{2\lambda}$, $\tau_{0,Y} = \displaystyle\int_0^{+\infty} \dfrac{\sin(\lambda\tau)}{\lambda\tau}\mathrm{d}\tau = \dfrac{\pi}{2\lambda}$, 可见 $\{X(t)\}$ 随时间变化更为剧烈. ∎

6.4 增 量 过 程

应该指出，并非所有的二阶矩过程都具有平稳性. 增量过程就是一种典型的非平稳二阶矩过程，本节介绍增量过程时域分析的常用方法.

定义 6.6（正交增量过程） 如果 $\forall t_1 < t_2 \leqslant t_3 < t_4$，二阶矩过程 $\{X(t)\}$ 满足 $E\left((X(t_2) - X(t_1))(X(t_4) - X(t_3))^*\right) = 0$，则称该过程为正交增量过程.

定理 6.2 设 $\{X(t)\}$ 在起始时刻归零，即 $X(0) = 0$，则 $\{X(t)\}$ 为正交增量过程的充分必要条件是其自相关函数 $R_X(t,s) = F(\min\{t,s\})$，其中 $F(\cdot)$ 为单调不减函数.

证明 首先证明必要性.

当 $t > s$ 时，有

$$R_X(t,s) = E(X(t)X^*(s)) = E\left((X(t) - X(s) + X(s)) \cdot \overline{(X(s) - X(0))}\right)$$
$$= E(X(s)X^*(s)).$$

令 $F(s) \overset{\text{def}}{=} E(X(s)X^*(s))$，则 $R_X(t,s) = F(s)$. 同理，当 $t \leqslant s$ 时，有 $R_X(t,s) = F(t)$. 综上，$R_X(t,s) = F(\min\{t,s\})$.

当 $s \leqslant t$ 时，有

$$
\begin{aligned}
F(t) - F(s) &= E\left(X(t)X^*(t)\right) - E\left(X(s)X^*(s)\right) \\
&= E\left((X(s) + X(t) - X(s))(X(s) + X(t) - X(s))^*\right) - E\left(X(s)X^*(s)\right) \\
&= E\left(|X(t) - X(s)|^2\right) \geqslant 0,
\end{aligned}
$$

则可知 $F(\cdot)$ 为单调不减函数.

其次证明充分性.

对于 $t_1 < t_2 \leqslant t_3 < t_4$，有

$$
E\left((X(t_2) - X(t_1))(X(t_4) - X(t_3))^*\right)
$$

$$
= E\left(X(t_4)X^*(t_2)\right) - E\left(X(t_3)X^*(t_2)\right) - E\left(X(t_4)X^*(t_1)\right) + E\left(X(t_3)X^*(t_1)\right)
$$

$$
= F(t_2) - F(t_2) - F(t_1) + F(t_1) = 0.
$$

则可知 $\{X(t)\}$ 为正交增量过程. ∎

定义 6.7（独立增量过程） 如果 $\forall t_1 < t_2 < \cdots < t_n$，$\{X(t)\}$ 满足 $X(t_2) - X(t_1)$，$X(t_3) - X(t_2)$，$\cdots$，$X(t_n) - X(t_{n-1})$ 是相互统计独立的，则称该过程为独立增量过程.

定义 6.8（平稳增量过程） 如果 $\forall t_1, t_2$，二阶矩过程 $\{X(t)\}$ 满足 $X(t_2) - X(t_1)$ 的概率分布仅取决于 $t_2 - t_1$，则称该过程为平稳增量过程.

增量过程的典型例子是随机游动. 考虑一维随机游动：0 时刻小粒子的位移为 $S_0 = 0$，第 k 步游动步幅为随机变量 X_k，其分布为 $\begin{cases} P(X_k = 1) = p, \\ P(X_k = -1) = 1 - p; \end{cases}$ 当 $i \neq j$ 时 X_i 与 X_j 相互独立；n 步游动后小粒子的位移为 $S_n = X_1 + X_2 + \cdots + X_n$. 则 $\{S_n\}$ 有如下性质：

（1）$\{S_n\}$ 是独立增量过程：

$\forall n < m \leqslant k < l$，有

$$
S_m - S_n = X_{n+1} + X_{n+2} + \cdots + X_m, S_l - S_k
$$

$$
= X_{k+1} + X_{k+2} + \cdots + X_l,
$$

由于当 $i \neq j$ 时 X_i 与 X_j 独立，则 $S_m - S_n$ 与 $S_l - S_k$ 独立.

（2）$\{S_n\}$ 是平稳增量过程：

$\forall n, m, k$，有

$$
S_{n+k} - S_n = X_{n+1} + X_{n+2} + \cdots + X_{n+k}, S_{m+k} - S_m = X_{m+1} + X_{m+2} + \cdots + X_{m+k},
$$

它们都是 k 个独立同分布的随机变量的加和，显然 $S_{n+k} - S_n$ 与 $S_{m+k} - S_m$ 具有相同的概率分布.

（3）当 $p = 0.5$ 时，$\{S_n\}$ 是正交增量过程.

$\forall n < m \leqslant k < l$，有

$$S_m - S_n = X_{n+1} + X_{n+2} + \ldots + X_m, S_l - S_k = X_{k+1} + X_{k+2} + \ldots + X_l.$$

当 $p = 0.5$ 时，有 $E(X_k) = 0$，则

$$
\begin{aligned}
E\left((S_m - S_n)(S_l - S_k)\right) &= E\left((S_m - S_n)\right) E\left((S_l - S_k)\right) \\
&= E(X_{n+1} + X_{n+2} + \cdots + X_m) E(X_{k+1} + X_{k+2} + \cdots + X_l) \\
&= 0,
\end{aligned}
$$

则 $\{S_n\}$ 是正交增量过程.

第 10 章介绍的泊松过程是典型的增量过程. 本节仅讨论了增量过程的自相关函数及简单性质，对增量过程相关的更多分析将以泊松过程为例在第 10 章给出.

6.5　二阶矩过程的连续、导数和积分

微积分课程曾介绍过确定性信号的连续、导数、积分等概念. 从确定性信号推广到随机过程，自然而然的问题是：随机过程的连续、导数、积分是否存在、如何分析？本节将介绍二阶矩过程的连续、导数和积分等概念.

如果对随机过程的每一次样本函数采用确定性信号连续、导数、积分的计算方式，分析将变得非常困难，甚至难以进行下去. 例如：第 10 章介绍的泊松过程是一个计数过程，它的每一个样本函数都在某些时刻不连续，这些不连续点出现的时间是随机的，不同的样本函数不连续点出现的时间很可能不同，因此很难把确定性信号的连续、导数、积分等计算方法直接照搬到随机过程的分析中.

在第 4 章中曾介绍过随机变量序列的多种收敛方式，包括依概率收敛、概率为 1 收敛、均方收敛、弱收敛等. 本节从均方收敛的角度出发来讨论二阶矩过程的连续、导数、积分.

均方收敛的定义由定义 4.4 给出. 设随机变量序列 $\{X_n, n \in \mathbb{N}\}$ 满足 $E(|X_n|^2) < +\infty$、随机变量 X 满足 $E(|X|^2) < +\infty$，$\{X_n, n \in \mathbb{N}\}$ 均方收敛于 X 记为 $X_n \xrightarrow{m.s.} X$.

定理 6.3　随机变量序列均方极限的性质：

（1）唯一性：若 $X_n \xrightarrow{m.s.} X$，$X_n \xrightarrow{m.s.} Y$，则 $X = Y$，其中等号代表均方相等；

（2）可加性：若 $X_n \xrightarrow{m.s.} X$，$Y_n \xrightarrow{m.s.} Y$，则 $aX_n + bY_n \xrightarrow{m.s.} aX + bY$，$a, b$ 为常数；

（3）利普希茨（Lipschitz）性：若 $X_n \xrightarrow{m.s.} X$，$F(x)$ 为利普希茨函数，则 $F(X_n) \xrightarrow{m.s.} F(X)$；

（4）数字特征的收敛性：若 $X_n \xrightarrow{m.s.} X$，$Y_m \xrightarrow{m.s.} Y$，则：（a）$E(X_n) \to E(X)$，（b）$\mathrm{Var}(X_n) \to \mathrm{Var}(X)$，（c）$E(X_n Y_m^*) \to E(XY^*)$.

证明 （1）由三角不等式，有

$$\sqrt{E\left(|X-Y|^2\right)} = \sqrt{E\left(|X-X_n+X_n-Y|^2\right)}$$

$$\leqslant \sqrt{E\left(|X-X_n|^2\right)} + \sqrt{E\left(|X_n-Y|^2\right)} \to 0.$$

值得注意的是：内积空间中三角不等式的一般形式是 $\|u+v\| \leqslant \|u\| + \|v\|$，其推广形式是 $\left\|\sum_{n=1}^{N} u_n\right\| \leqslant \sum_{n=1}^{N} \|u_n\|$，其中 u, v, u_n 是内积空间中的元素，N 为正整数，$\|\cdot\|$ 表示对长度的度量。在随机变量组成的内积空间中，对长度的度量是"均方长度"，即 $\|X\| = \sqrt{E\left(|X|^2\right)}$。本章与三角不等式有关的推导都基于上述认识。

（2）由三角不等式，有

$$\sqrt{E\left(|(aX_n+bY_n)-(aX+bY)|^2\right)} \leqslant |a|\sqrt{E\left(|X_n-X|^2\right)} + |b|\sqrt{E\left(|Y_n-Y|^2\right)} \to 0.$$

（3）由利普希茨条件，有 $\sqrt{E\left(|F(X_n)-F(X)|^2\right)} \leqslant L\sqrt{E\left(|X_n-X|^2\right)} \to 0$，其中 L 为利普希茨常数。

（4）（a）$|E(X_n)-E(X)| \leqslant E|X_n-X| \leqslant \sqrt{E\left(|X_n-X|^2\right)} \to 0.$

（b）由三角不等式，有 $\left|\sqrt{E\left(|X_n|^2\right)} - \sqrt{E\left(|X|^2\right)}\right| \leqslant \sqrt{E\left(|X_n-X|^2\right)} \to 0$，因此有 $E\left(|X_n|^2\right) \to E\left(|X|^2\right)$，再利用 (a) 的结论直接得到 $\mathrm{Var}(X_n) = E\left(|X_n|^2\right) - |E(X_n)|^2 \to E\left(|X|^2\right) - |E(X)|^2 = \mathrm{Var}(X).$

（c）

$$|E(X_nY_m^*)-E(XY^*)| = |E(X_nY_m^*)-E(X_nY^*)+E(X_nY^*)-E(XY^*)|$$

$$\leqslant \left|E\left(X_n\overline{(Y_m-Y)}\right)\right| + |E((X_n-X)Y^*)|$$

$$\leqslant \sqrt{E\left(|X_n|^2\right)E\left(|Y_m-Y|^2\right)} + \sqrt{E\left(|X_n-X|^2\right)E\left(|Y|^2\right)}$$

$$\to 0.$$

这里用到了柯西-施瓦茨不等式。 ∎

当随机变量序列的极限无法获知的情况下，从随机变量序列自身也能判断其是否均方收敛，所利用的工具是下面介绍的柯西（Cauchy）准则和洛伊夫（Loève）准则。

定理 6.4（柯西准则） 设随机变量序列 $\{X_n, n \in \mathbb{N}\}$ 满足 $E(|X_n|^2) < +\infty$、随机变量 X 满足 $E(|X|^2) < +\infty$，则 $X_n \xrightarrow{m.s.} X$ 的充分必要条件是 $E(|X_n-X_m|^2) \to 0$, $n, m \to \infty$。

证明 充分性的证明需要用到实变函数的一些知识, 可参考文献 [13]. 这里仅证明必要性.

由三角不等式, 有

$$\sqrt{E(|X_n - X_m|^2)} = \sqrt{E(|X_n - X + X - X_m|^2)}$$
$$\leqslant \sqrt{E(|X_n - X|^2)} + \sqrt{E(|X_m - X|^2)} \to 0. \quad \blacksquare$$

定理 6.5 (洛伊夫准则) 设随机变量序列 $\{X_n, n \in \mathbb{N}\}$ 满足 $E(|X_n|^2) < +\infty$、随机变量 X 满足 $E(|X|^2) < +\infty$, 则 $X_n \xrightarrow{m.s.} X$ 的充分必要条件是 $E(X_n X_m^*) \to C$, $n, m \to \infty$, 其中 C 为常数.

证明 首先证明必要性. 由定理 6.3 中均方极限的性质直接得到 $E(X_n X_m^*) \to E(|X|^2) = C$. 其次证明充分性. $E(|X_n - X_m|^2) = E(|X_n|^2) + E(|X_m|^2) - E(X_n X_m^*) - E(X_n^* X_m) \to C + C - 2C = 0$, 由柯西准则可知 $X_n \xrightarrow{m.s.} X$. $\blacksquare$

定义 6.9 (均方连续) 对于二阶矩过程 $\{X(t)\}$, 若 $t \to t_0$ 时 $X(t) \xrightarrow{m.s.} X(t_0)$ 即 $E\left(|X(t) - X(t_0)|^2\right) \to 0$, 则称 $\{X(t)\}$ 在 t_0 点均方连续.

定理 6.6 $R_X(t, s)$ 是二阶矩过程 $\{X(t)\}$ 的自相关函数, 则以下命题等价:
(1) $R_X(t, s)$ 在 (t_0, t_0) 上连续, $\forall t_0 \in T$;
(2) $\{X(t)\}$ 在 T 上均方连续;
(3) $R_X(t, s)$ 在 $T \times T$ 上连续.

证明 $(1) \Rightarrow (2)$

$$E\left(|X(t) - X(t_0)|^2\right) = R_X(t, t) + R_X(t_0, t_0) - R_X(t_0, t) - R_X(t, t_0).$$

由于 $R_X(t, s)$ 在 (t_0, t_0) 点连续, 所以当 $t \to t_0$ 时 $E\left(|X(t) - X(t_0)|^2\right) \to 0$, 即 $\{X(t)\}$ 在 T 上均方连续.

$(2) \Rightarrow (3)$ 当 $t \to t_0, s \to s_0$ 时, 有

$$R_X(t, s) = E(X(t)X^*(s)) \to E(X(t_0)X^*(s_0)) = R_X(t_0, s_0).$$

由于 t_0, s_0 可在 T 上任意取值, 则 $R_X(t, s)$ 在 $T \times T$ 上连续.
$(3) \Rightarrow (1)$ 显然成立. $\blacksquare$

推论 6.1 设 $\{X(t)\}$ 为宽平稳过程, $R_X(\tau) = E(X(t+\tau)X^*(t))$ 为其自相关函数, 则以下命题等价:
(1) $R_X(\tau)$ 在 $\tau = 0$ 处连续;
(2) $\{X(t)\}$ 在 T 上均方连续;
(3) $R_X(\tau)$ 在 T 上连续.

定义 6.10（均方导数） 若 $\dfrac{X(t_0+h)-X(t_0)}{h}\xrightarrow{m.s.}Y(t_0), t_0\in T, h\to 0$，则称 $\{X(t)\}$ 在均方意义下的导数为 $Y(t)$.

从随机过程 $\{X(t)\}$ 自身也可判断其均方导数是否存在. 即利用柯西准则

$$E\left(\left|\frac{X(t_0+h)-X(t_0)}{h}-\frac{X(t_0+g)-X(t_0)}{g}\right|^2\right)\to 0, h,g\to 0, \tag{6.15}$$

或用洛伊夫准则

$$E\left[\left(\frac{X(t_0+h)-X(t_0)}{h}\right)\left(\frac{X(t_0+g)-X(t_0)}{g}\right)^*\right]\to 常数, h,g\to 0. \tag{6.16}$$

如果式 (6.15) 或式 (6.16) 成立，可知 $\{X(t)\}$ 在 t_0 处存在均方导数.

定理 6.7（均方导数判定定理） 二阶矩过程 $\{X(t)\}$ 在 t_0 处存在均方导数 $\Leftrightarrow$ 其自相关函数满足 $\dfrac{\partial^2 R_X(t,s)}{\partial t\partial s}$ 在 (t_0,t_0) 处存在且连续.

证明

$$E\left[\left(\frac{X(t_0+h)-X(t_0)}{h}\right)\left(\frac{X(t_0+k)-X(t_0)}{k}\right)^*\right]$$

$$=\frac{1}{hk}\left(R_X(t_0+h,t_0+k)-R_X(t_0,t_0+k)-R_X(t_0+h,t_0)+R_X(t_0,t_0)\right)$$

$$\overset{(\#)}{=}\frac{1}{k}\left(\frac{\partial R_X(t_0+\alpha h,t_0+k)}{\partial t}-\frac{\partial R_X(t_0+\alpha h,t_0)}{\partial t}\right)$$

$$\overset{(\#)}{=}\frac{\partial^2 R_X(t_0+\alpha h,t_0+\beta k)}{\partial t\partial s}.$$

上式中标有 $(\#)$ 的等号由中值定理得到，其中 $0\leqslant\alpha,\beta\leqslant 1$. 由于 $\dfrac{\partial^2 R_X(t,s)}{\partial t\partial s}$ 在 (t_0,t_0) 处连续，则 $h\to 0, k\to 0$ 时，有

$$E\left[\left(\frac{X(t_0+h)-X(t_0)}{h}\right)\left(\frac{X(t_0+k)-X(t_0)}{k}\right)^*\right]\to\left.\frac{\partial^2 R_X(t,s)}{\partial t\partial s}\right|_{(t_0,t_0)}=常数.$$

由洛伊夫准则可知，$\{X(t)\}$ 在 t_0 处存在均方导数. ∎

均方导数有以下性质，其证明可以从均方极限的性质得到，这里略去证明过程：

（1）$E(X'(t))=\dfrac{\mathrm{d}}{\mathrm{d}t}E(X(t))$；

（2）$E\left(X'(t)\overline{X(s)}\right)=\dfrac{\partial}{\partial t}R_X(t,s)$；

（3）$E\left(X(t)\overline{X'(s)}\right)=\dfrac{\partial}{\partial s}R_X(t,s)$；

（4）$E\left(X'(t)\overline{X'(s)}\right)=\dfrac{\partial^2}{\partial t\partial s}R_X(t,s)$；

（5）$f(t)$ 为确定函数，则 $\dfrac{\mathrm{d}}{\mathrm{d}t}(f(t)X(t))=\dfrac{\mathrm{d}f(t)}{\mathrm{d}t}X(t)+f(t)\dfrac{\mathrm{d}X(t)}{\mathrm{d}t}$ ，其中等号代表均方相等.

定义 6.11（均方积分） 设 $\{X(t)\}$ 是定义在 $[a,b]$ 上的二阶矩过程，把 $[a,b]$ 划分为多个小区间 $a=t_0\leqslant v_1\leqslant t_1\leqslant v_2\leqslant t_2\leqslant\cdots\leqslant t_{n-1}\leqslant v_n\leqslant t_n=b$，若 $\sum\limits_{k=1}^{n}X(v_k)h(v_k)(t_k-t_{k-1})$ 在 $n\to\infty,\max\{t_k-t_{k-1}\}\to0$ 时均方收敛，其中 $h(t)$ 为确定的可积函数，则称 $\{X(t)h(t)\}$ 均方可积，积分结果记为 $\displaystyle\int_a^b X(t)h(t)\mathrm{d}t$.

定理 6.8 设 $h(t)$ 为确定的可积函数，$\{X(t)\}$ 是定义在 $[a,b]$ 上的二阶矩过程，则 $\{X(t)h(t)\}$ 均方可积 $\Leftrightarrow\displaystyle\int_a^b\int_a^b R_X(t,s)h(t)h^*(s)\mathrm{d}t\mathrm{d}s$ 存在.

证明 由洛伊夫准则可证，略. ∎

均方积分有以下性质：

（1）$E\left(\displaystyle\int_a^b X(t)h(t)\mathrm{d}t\right)=\int_a^b E(X(t))h(t)\mathrm{d}t$；

（2）$E\left[\displaystyle\int_a^b X(t)h(t)\mathrm{d}t\left(\int_a^b Y(s)g(s)\mathrm{d}s\right)^*\right]=\int_a^b\int_a^b E(X(t)Y^*(s))h(t)g^*(s)\mathrm{d}t\mathrm{d}s$；

上述两个性质的证明可由"积分是黎曼和的极限"直接得到；

（3）$\sqrt{E\left(\left|\displaystyle\int_a^b X(t)h(t)\mathrm{d}t\right|^2\right)}\leqslant\int_a^b\sqrt{E\left(|X(t)h(t)|^2\right)}\mathrm{d}t$；

该性质的证明可由"积分是黎曼和的极限"和三角不等式得到；

（4）均方积分与均方导数的联系：若二阶矩过程 $\{X(t)\}$ 在 $[a,b]$ 上均方连续，$Y(t)=\displaystyle\int_a^t X(s)\mathrm{d}s$，其中等号代表均方相等，则 $\{Y(t)\}$ 在 $[a,b]$ 上可导，并称在均方意义下 $\{Y(t)\}$ 的导数为 $\{X(t)\}$.

证明

$$E\left[\left|\frac{Y(t+h)-Y(t)}{h}-X(t)\right|^2\right]$$

$$=E\left[\left|\frac{1}{h}\int_t^{t+h}X(s)\mathrm{d}s-X(t)\right|^2\right]=E\left[\left|\frac{1}{h}\int_t^{t+h}(X(s)-X(t))\mathrm{d}s\right|^2\right]$$

$$\leqslant\left[\frac{1}{h}\int_t^{t+h}\sqrt{E|X(s)-X(t)|^2}\mathrm{d}s\right]^2\leqslant\left(\max_{t\leqslant s\leqslant t+h}\sqrt{E|X(s)-X(t)|^2}\right)^2.$$

当 $h \to 0$ 时，由 $\{X(t)\}$ 在 $[a,b]$ 上均方连续可知上式 $\to 0$，即 $Y'(t) = X(t)$，其中等号代表均方相等. ∎

6.6 随机过程的遍历性

如果希望从实际数据中统计获得随机过程的数字特征，则需要以大量的实验观察数据为基础，即需要对随机过程相当充足的一族样本函数做统计分析. 然而，获得随机过程足够大量样本函数在实际中并不容易实现. 这引发了下面的思考：是否能从随机过程的一个样本函数中获得它的各种数字特征？遍历性（也称为"各态历经性"）的定义正是由此而来.

定义 6.12 （遍历性） 如果宽平稳过程 $\{X(t)\}$ 的"时间平均值"$\langle X(t) \rangle \overset{m.s.}{=} \lim\limits_{T \to +\infty} \dfrac{1}{2T} \int_{-T}^{T} X(t)\mathrm{d}t$ 与其均值 $E(X(t)) = \int_{-\infty}^{+\infty} x\mathrm{d}F_X(x;t) = \mu$ 依概率 1 相等，则称该过程的均值具有遍历性.

该定义提到了统计随机过程平均值的两种途径：一是沿着一次样本函数求得"时间平均值"$\langle X(t) \rangle \overset{m.s.}{=} \lim\limits_{T \to +\infty} \dfrac{1}{2T} \int_{-T}^{T} X(t)\mathrm{d}t$；二是在任一时刻 t 求得宽平稳过程的集平均，即均值 $E(X(t)) = \int_{-\infty}^{+\infty} x\mathrm{d}F_X(x;t) = \mu$. 严格说来，前者是一个随机变量，而后者是一个确定值，要求二者相等则引出了下面的定理.

定理 6.9 宽平稳过程 $\{X(t)\}$ 满足均值遍历性的充分必要条件是 $\mathrm{Var}(\langle X(t) \rangle) = \lim\limits_{T \to +\infty} \dfrac{1}{2T} \int_{-2T}^{2T} \left(1 - \dfrac{|\tau|}{2T}\right)\left(R_X(\tau) - |\mu|^2\right)\mathrm{d}\tau = 0$.

证明 首先计算随机变量 $\langle X(t) \rangle$ 的期望

$$E(\langle X(t) \rangle) = E\left(\lim_{T \to +\infty} \frac{1}{2T} \int_{-T}^{T} X(t)\mathrm{d}t\right) = \lim_{T \to +\infty} \frac{1}{2T} \int_{-T}^{T} \mu\mathrm{d}t = \mu.$$

因此随机变量 $\langle X(t) \rangle$ 与常数 μ 相等的充要条件是方差 $\mathrm{Var}(\langle X(t) \rangle) = 0$. 下面推导 $\mathrm{Var}(\langle X(t) \rangle)$ 的具体表达式.

$$\mathrm{Var}(\langle X(t) \rangle) = E\left(|\langle X(t) \rangle|^2\right) - |\mu|^2$$

$$= \lim_{T \to +\infty} E\left(\frac{1}{4T^2} \int_{-T}^{T} X(t_1)\mathrm{d}t_1 \int_{-T}^{T} X^*(t_2)\mathrm{d}t_2\right) - |\mu|^2$$

$$= \lim_{T \to +\infty} \frac{1}{4T^2} \int_{-T}^{T} \int_{-T}^{T} \left(R_X(t_1 - t_2) - |\mu|^2\right)\mathrm{d}t_1\mathrm{d}t_2. \tag{6.17}$$

令 $\tau = t_1 - t_2$，$u = t_1 + t_2$，则

$$\begin{pmatrix} \tau \\ u \end{pmatrix} = \sqrt{2}\begin{pmatrix} \cos\dfrac{\pi}{4} & -\sin\dfrac{\pi}{4} \\ \sin\dfrac{\pi}{4} & \cos\dfrac{\pi}{4} \end{pmatrix}\begin{pmatrix} t_1 \\ t_2 \end{pmatrix}. \tag{6.18}$$

把式 (6.18) 代入式 (6.17), 得到

$$\operatorname{Var}\left(\langle X\left(t\right)\rangle\right) = \lim_{T \to +\infty} \frac{1}{4T^2} \int_{-2T}^{2T} \int_{-2T+|\tau|}^{2T-|\tau|} \frac{1}{2}\left(R_X\left(\tau\right) - |\mu|^2\right) \mathrm{d}u\mathrm{d}\tau$$

$$= \lim_{T \to +\infty} \frac{1}{2T} \int_{-2T}^{2T} \left(1 - \frac{|\tau|}{2T}\right)\left(R_X\left(\tau\right) - |\mu|^2\right)\mathrm{d}\tau = 0. \qquad \blacksquare$$

定理 6.10 实数宽平稳过程 $\{X\left(t\right)\}$ 具有均值遍历性的充分必要条件是

$$\lim_{T \to +\infty} \frac{1}{2T} \int_{-T}^{T} C_X\left(\tau\right) \mathrm{d}\tau = 0 \text{或者} \lim_{T \to +\infty} \frac{1}{T} \int_{0}^{T} C_X\left(\tau\right) \mathrm{d}\tau = 0.$$

证明 首先证明必要性. 若已知 $\{X\left(t\right)\}$ 具有均值遍历性, 其充分必要条件为

$$\begin{cases} \operatorname{Var}\left(\langle X\left(t\right)\rangle\right) = 0, \\ E\left(\langle X\left(t\right)\rangle\right) = \mu, \end{cases} \text{则}$$

$$\left|\frac{1}{2T} \int_{-T}^{T} C_X\left(\tau\right) \mathrm{d}\tau\right| = \left|\frac{1}{2T} \int_{-T}^{T} E\left(\left(X\left(\tau\right) - \mu\right)\left(X\left(0\right) - \mu\right)\right) \mathrm{d}\tau\right|$$

$$= \left|E\left(\frac{1}{2T} \int_{-T}^{T} \left(X\left(\tau\right) - \mu\right) \mathrm{d}\tau \left(X\left(0\right) - \mu\right)\right)\right|$$

$$\xrightarrow{T \to +\infty} \left|E\left(\left(\langle X\left(\tau\right)\rangle - \mu\right)\left(X\left(0\right) - \mu\right)\right)\right|$$

$$\leqslant \sqrt{\operatorname{Var}\left(\langle X\left(\tau\right)\rangle\right) \operatorname{Var}\left(X\left(0\right)\right)} = 0.$$

其次证明充分性. 若已知 $\lim_{T \to +\infty} \frac{1}{T} \int_{0}^{T} C_X\left(\tau\right) \mathrm{d}\tau = 0$, 则 $\forall \varepsilon > 0, \exists T_0$, 对 $t > s > T_0$, 有

$$\left|\frac{1}{t} \int_{0}^{t} C_X\left(\tau\right) \mathrm{d}\tau\right| < \varepsilon. \qquad (6.19)$$

式 (6.19) 可改写成

$$\left|\frac{s}{t} \cdot \frac{1}{s} \int_{0}^{s} C_X\left(\tau\right) \mathrm{d}\tau + \frac{1}{t} \int_{s}^{t} C_X\left(\tau\right) \mathrm{d}\tau\right| < \varepsilon,$$

可知 $\left|\frac{1}{t} \int_{s}^{t} C_X\left(\tau\right) \mathrm{d}\tau\right| < 2\varepsilon$, 这一结果将在公式 (6.21) 中用到. 由定理 6.9 可知, 要证明 $\{X\left(t\right)\}$ 具有均值遍历性只需证明 $\operatorname{Var}\left(\langle X\left(t\right)\rangle\right) = 0$. 考查 $\operatorname{Var}\left(\langle X\left(t\right)\rangle\right)$ 在区间 $[0, 2T]$ 上的截断, 即

$$\operatorname{Var}_T\left(\langle X\left(t\right)\rangle\right) = \frac{1}{T} \int_{0}^{2T_0} C_X\left(\tau\right)\left(1 - \frac{\tau}{2T}\right) \mathrm{d}\tau + \frac{1}{T} \int_{2T_0}^{2T} C_X\left(\tau\right)\left(1 - \frac{\tau}{2T}\right) \mathrm{d}\tau, \quad (6.20)$$

其中 $T > T_0$. 分别观察式 (6.20) 右侧的两项. 当 $T \to +\infty$ 时, 由于 $|C_X(\tau)| \leqslant C_X(0)$ 为有限值, 可知式 (6.20) 右侧的第一项 $\frac{1}{T}\int_0^{2T_0} C_X(\tau)\left(1 - \frac{\tau}{2T}\right)\mathrm{d}\tau \to 0$. 而式 (6.20) 右侧的第二项为

$$\frac{1}{T}\int_{2T_0}^{2T} C_X(\tau)\left(1 - \frac{\tau}{2T}\right)\mathrm{d}\tau = \frac{1}{2T^2}\int_{2T_0}^{2T} C_X(\tau)\int_\tau^{2T}\mathrm{d}\omega\mathrm{d}\tau = \frac{1}{2T^2}\int_{2T_0}^{2T}\int_{2T_0}^\omega C(\tau)\mathrm{d}\tau\mathrm{d}\omega$$

$$< \frac{1}{2T^2}\int_{2T_0}^{2T} 2\varepsilon\cdot\omega\mathrm{d}\omega = \varepsilon\frac{1}{2T^2}\left(4T^2 - 4T_0^2\right)$$

$$\to 2\varepsilon. \tag{6.21}$$

可知当 $T \to +\infty, \varepsilon \to 0$ 时, 式 (6.20) 右侧的第二项 $\to 0$. 综上, 定理得证. ∎

推论 6.2 如果实数宽平稳过程的协方差函数满足 $\int_0^{+\infty} C_X(\tau)\mathrm{d}\tau < +\infty$, 则该过程具有均值遍历性.

推论 6.3 如果 $\tau \to +\infty$ 时, 实数宽平稳过程的协方差函数 $C_X(\tau) \to 0$, 则该过程具有均值遍历性.

定义 6.13 如果宽平稳过程的 "时间相关函数平均值" $\langle X(t+\tau)X^*(t)\rangle = \lim_{T\to+\infty}\frac{1}{2T}\int_{-T}^T X(t+\tau)X^*(t)\mathrm{d}t$ 与其自相关函数 $R_X(\tau) = E(X(t+\tau)X^*(t))$ 依概率 1 相等, 则称该过程的自相关函数具有遍历性.

例 6.6 分析随机相位正弦波过程 $s(t) = A\cos(\omega t + \theta)$ 的均值和自相关函数是否具有遍历性, 其中 A, ω 为常数, θ 为 $[0, 2\pi)$ 上均匀分布的随机变量.

解 首先分析均值遍历性. 该随机过程一次样本函数的时间平均值为

$$\langle s(t)\rangle = \lim_{T\to+\infty}\frac{1}{2T}\int_{-T}^T A\cos(\omega t + \theta)\mathrm{d}t = 0,$$

而该过程的集平均为 $E(s(t)) = AE(\cos(\omega t + \theta)) = 0$. 因此该过程具有均值遍历性.

其次分析自相关函数遍历性. 该随机过程一次样本函数的时间相关函数平均值为

$$\langle s(t+\tau)s^*(t)\rangle = \lim_{T\to+\infty}\frac{1}{2T}\int_{-T}^T A^2\cos(\omega(t+\tau)+\theta)\cos(\omega t + \theta)\mathrm{d}t$$

$$= \lim_{T\to+\infty}\frac{1}{2T}\int_{-T}^T \frac{A^2}{2}\left(\cos(2\omega t + \omega\tau + 2\theta) + \cos(\omega\tau)\right)\mathrm{d}t$$

$$= \frac{A^2}{2}\cos(\omega\tau).$$

由例 6.2 可知, 该过程的自相关函数为 $R_X(\tau) = \frac{A^2}{2}\cos(\omega\tau)$. 因此该过程具有自相关函数遍历性. ∎

需要说明的是, 实际应用中遇到的许多随机过程是具备遍历性的, 但是要严格验证充分必要条件往往是比较困难的. 在实际应用中, 通常预先假定所研究的随机过程具备遍历性, 进而从其一次样本函数中统计计算数字特征. 如果分析结果与实际不符合或不具备说服力, 则放弃遍历性假定, 改用其他方式对随机过程进行分析.

6.7 随机过程的线性展开

在由 L^2 范数有限的函数构成的 $L^2(a, b)$ 线性空间中, 对一个函数做线性展开的基本思想是: 把该函数表示为一族标准正交基函数的加权和 (或称为级数), 其中加权系数 (或称为展开系数) 是该函数与各标准正交基函数的内积. 确定性周期信号的傅里叶 (Fourier) 级数就是线性展开的一个典型例子.

本节介绍宽平稳过程线性展开的两种典型方法: 傅里叶级数和卡胡曼-洛伊夫 (Karhunen-Loève, 简记为 K-L) 展开.

6.7.1 傅里叶级数

定义 6.14 (周期性宽平稳过程) 当宽平稳过程 $\{X(t)\}$ 的自相关函数 $R_X(\tau)$ 为周期函数时, 称该随机过程为周期性宽平稳过程. 该定义的等价表达为: 若 $\forall t$ 有 $E\left(|X(t+T) - X(t)|^2\right) = 0$, 则称 $\{X(t)\}$ 是均方周期的, 周期为 T.

定理 6.11 设宽平稳过程 $\{X(t)\}$ 是均方周期的, 其周期为 T, 则 $\{X(t)\}$ 可在均方相等的意义下展开为傅里叶级数 $X(t) = \sum\limits_{n=-\infty}^{+\infty} c_n \mathrm{e}^{\mathrm{j}n\omega_0 t}$, 即

$$E\left(\left|X(t) - \sum_{n=-\infty}^{+\infty} c_n \mathrm{e}^{\mathrm{j}n\omega_0 t}\right|^2\right) = 0 \tag{6.22}$$

其中 $\omega_0 = 2\pi/T$, $c_n = \dfrac{1}{T} \displaystyle\int_0^T X(t) \mathrm{e}^{-\mathrm{j}n\omega_0 t} \mathrm{d}t$, 且展开系数序列 $\{c_n\}$ 满足 $E(c_n c_m^*) = 0, n \neq m$.

证明 由于 $R_X(\tau)$ 的周期为 T, 则可展开为傅里叶级数 $R_X(\tau) = \sum\limits_{n=-\infty}^{+\infty} b_n \mathrm{e}^{\mathrm{j}n\omega_0 \tau}$, 其中 $b_n = \dfrac{1}{T} \displaystyle\int_0^T R_X(\tau) \mathrm{e}^{-\mathrm{j}n\omega_0 \tau} \mathrm{d}\tau$.

展开系数序列 c_n 为随机变量, 可计算得到 c_n 与 c_m 的相关为

$$E(c_n c_m^*) = \frac{1}{T^2} \int_0^T \int_0^T R(t-s) \mathrm{e}^{-\mathrm{j}n\omega_0 t} \mathrm{e}^{\mathrm{j}m\omega_0 s} \mathrm{d}t \mathrm{d}s = \begin{cases} b_n, & n = m, \\ 0, & n \neq m. \end{cases}$$

则式 (6.22) 可推导计算如下:

$$E\left(\left|X(t) - \sum_{n=-\infty}^{+\infty} c_n \mathrm{e}^{\mathrm{j}n\omega_0 t}\right|^2\right)$$

$$= R_X(0) - \sum_{n=-\infty}^{+\infty} E\left(X(t)c_n^*\right)\mathrm{e}^{-\mathrm{j}n\omega_0 t} - \overline{\sum_{n=-\infty}^{+\infty} E\left(X(t)c_n^*\right)\mathrm{e}^{-\mathrm{j}n\omega_0 t}} +$$

$$\sum_{n=-\infty}^{+\infty}\sum_{n=-\infty}^{+\infty} E(c_n c_m^*)\mathrm{e}^{\mathrm{j}(n-m)\omega_0 t}$$

$$= R_X(0) - \sum_{n=-\infty}^{+\infty} b_n - \sum_{n=-\infty}^{+\infty} b_n + \sum_{n=-\infty}^{+\infty} b_n$$

$$= 0.$$ ∎

6.7.2 卡胡曼-洛伊夫展开

对一般的随机过程 $\{X(t)\}$ 而言, 如果也想展开成为一族标准正交基函数的级数和,
即 $X(t) = \sum_{k=1}^{\infty} X_k\phi_k(t)$, 其中展开系数 $X_k = \int_a^b X(t)\phi_k^*(t)\mathrm{d}t$, 则有

$$E(X_k X_n^*) = \int_a^b \int_a^b R_X(t,s)\phi_k^*(t)\phi_n(s)\mathrm{d}t\mathrm{d}s.$$

若要实现不同正交基函数上的展开系数彼此不相关, 即 $E(X_k X_n^*) = 0, k \neq n$, 则正交基
函数不能任意选择, 例如: 像傅里叶级数展开那样选择三角函数作为正交基函数是未必
有效的, 而需要设计与 $\{X(t)\}$ 的自相关函数 $R_X(t,s)$ 有关的正交基函数. 卡胡曼-洛伊
夫展开给出了实现这一目标的有效方法.

在区间 $[a,b]$ 上零均值、均方连续的复随机过程 $\{X(t), t \in [a,b]\}$ 可如下展开:

$$X(t) = \sum_{k=1}^{\infty} X_k\phi_k(t).$$

（1）展开所用基函数 $\phi_k(t)$ 是 $\{X(t)\}$ 的协方差函数的特征函数（注意与 4.2.2 节中
的特征函数区分开来.）

$$\int_a^b C_X(t,s)\phi_k(s)\mathrm{d}s = \lambda_k\phi_k(t), t \in [a,b]$$

满足正交性

$$\int_a^b \phi_k(t)\overline{\phi_j(t)}\mathrm{d}t = \delta_{ij} = \begin{cases} 1, & i = j, \\ 0, & i \neq j, \end{cases}$$

以及 $C_X(t,s) = \sum_k \lambda_k\phi_k(t)\overline{\phi_k(s)}$. 这部分结论是对协方差函数而言的解析性质, 称为默
塞尔（Mercer）定理.

（2）展开的系数 $X_k = \int_a^b X(t)\overline{\phi_k(t)}\mathrm{d}t$，亦满足正交性 $E[X_i\overline{X_j}] = \lambda_i\delta_{ij}$.

对一般有限维随机向量，我们存在类似的默塞尔定理以及双正交分解.

定理 6.12（随机向量的双正交展开）   零均值的 n 元实随机向量 $\boldsymbol{X} \in \mathbb{R}^n$ 可如下展开：

$$\boldsymbol{X} = \sum_{k=1}^n \xi_k \boldsymbol{e}_k.$$

（1）展开所用基向量 $\boldsymbol{e}_k$ 是 $\boldsymbol{X}$ 的协方差矩阵 $\mathrm{Cov}(\boldsymbol{X}) \overset{\mathrm{def}}{=} \boldsymbol{\Sigma}$ 的特征向量（不妨设 $\|\boldsymbol{e}_k\|^2 = 1$），$\boldsymbol{\Sigma}\boldsymbol{e}_k = \lambda_k\boldsymbol{e}_k, k = 1, 2, \cdots, n$, 满足正交性 $\boldsymbol{e}_i^{\mathrm{T}}\boldsymbol{e}_j = \delta_{ij}$，$\lambda_k$ 为特征值且非负，以及 $\boldsymbol{\Sigma} = \sum_{k=1}^n \lambda_k \boldsymbol{e}_k \boldsymbol{e}_k^{\mathrm{T}}$. 这部分结论是对协方差矩阵而言的解析性质，可通称为默塞尔定理.

（2）展开的系数 $\xi_k = \boldsymbol{e}_k^{\mathrm{T}}\boldsymbol{X}$，亦满足正交性 $E[\xi_i\xi_j] = \lambda_i\delta_{ij}$.

证明   （1）根据线性代数的知识，实对称矩阵的特征值是实的，且不同特征值的特征向量是正交的；非负定矩阵的特征值是非负的. 协方差矩阵是非负定矩阵，因而满足本定理所述性质. 进一步，把特征方程写成矩阵形式

$$\boldsymbol{\Sigma}(\boldsymbol{e}_1, \boldsymbol{e}_2, \cdots, \boldsymbol{e}_n) = (\boldsymbol{e}_1, \boldsymbol{e}_2, \cdots, \boldsymbol{e}_n)\begin{pmatrix} \lambda_1 & 0 & \cdots & 0 \\ 0 & \lambda_2 & \cdots & 0 \\ \vdots & \vdots & \ddots & \vdots \\ 0 & 0 & \cdots & \lambda_n \end{pmatrix},$$

因此有

$$\boldsymbol{\Sigma} = (\boldsymbol{e}_1, \boldsymbol{e}_2, \cdots, \boldsymbol{e}_n)\begin{pmatrix} \lambda_1 & 0 & \cdots & 0 \\ 0 & \lambda_2 & \cdots & 0 \\ \vdots & \vdots & \ddots & \vdots \\ 0 & 0 & \cdots & \lambda_n \end{pmatrix}\begin{pmatrix} \boldsymbol{e}_1^{\mathrm{T}} \\ \boldsymbol{e}_2^{\mathrm{T}} \\ \vdots \\ \boldsymbol{e}_n^{\mathrm{T}} \end{pmatrix} = \sum_{k=1}^n \lambda_k \boldsymbol{e}_k \boldsymbol{e}_k^{\mathrm{T}}.$$

（2）$E[\xi_i\xi_j] = E[\boldsymbol{e}_i^{\mathrm{T}}\boldsymbol{X}\boldsymbol{X}^{\mathrm{T}}\boldsymbol{e}_j] = \boldsymbol{e}_i^{\mathrm{T}}E[\boldsymbol{X}\boldsymbol{X}^{\mathrm{T}}]\boldsymbol{e}_j = \boldsymbol{e}_i^{\mathrm{T}}\boldsymbol{\Sigma}\boldsymbol{e}_j = \boldsymbol{e}_i^{\mathrm{T}}\lambda_j\boldsymbol{e}_j = \lambda_i\delta_{ij}$，满足正交性. ∎

综上，可得

$$\sum_{k=1}^n \xi_k\boldsymbol{e}_k = (\boldsymbol{e}_1, \cdots, \boldsymbol{e}_n)\begin{pmatrix} \xi_1 \\ \vdots \\ \xi_n \end{pmatrix} = (\boldsymbol{e}_1, \cdots, \boldsymbol{e}_n)\begin{pmatrix} \boldsymbol{e}_1^{\mathrm{T}} \\ \vdots \\ \boldsymbol{e}_n^{\mathrm{T}} \end{pmatrix}\boldsymbol{X} = \boldsymbol{X}.$$

注   （1）不难对这些性质做一个形象的理解. $\boldsymbol{e}_1, \boldsymbol{e}_2, \cdots, \boldsymbol{e}_n$ 可视为一组新的坐标轴，ξ_k 可看作新的坐标系中的"系数"，且各维"系数"不相关.

（2）$\boldsymbol{\xi} = (\xi_1, \xi_2, \cdots, \xi_n)^{\mathrm{T}}$ 是 $\boldsymbol{X}$ 的一个线性变换

$$\begin{pmatrix} \xi_1 \\ \xi_2 \\ \vdots \\ \xi_n \end{pmatrix} = \begin{pmatrix} \boldsymbol{e}_1^{\mathrm{T}} \\ \boldsymbol{e}_2^{\mathrm{T}} \\ \vdots \\ \boldsymbol{e}_n^{\mathrm{T}} \end{pmatrix} \boldsymbol{X}.$$

这个线性变换得到的 n 元随机向量 $\boldsymbol{\xi}$ 的各维不相关, 即 $\boldsymbol{\xi}$ 的协方差矩阵为对角矩阵:

$$\mathrm{Cov}(\boldsymbol{\xi}) = \begin{pmatrix} \lambda_1 & 0 & \cdots & 0 \\ 0 & \lambda_2 & \cdots & 0 \\ \vdots & \vdots & \ddots & \vdots \\ 0 & 0 & \cdots & \lambda_n \end{pmatrix}.$$

我们把这个线性变换称为 "去相关".

(3) 特别地, 若 $\boldsymbol{X}$ 服从多元高斯分布, 则由 8.3.1 节的知识可知, $\boldsymbol{\xi} = (\xi_1, \xi_2, \cdots, \xi_n)^{\mathrm{T}}$ 服从多元高斯分布, 各维不相关等价于各维相互独立.

利用本性质可实现对多元高斯分布 $N(\boldsymbol{\mu}, \boldsymbol{\Sigma})$ 进行采样. 设 $\boldsymbol{\Sigma}$ 的特征向量和特征值分别为 $\boldsymbol{e}_1, \boldsymbol{e}_2, \cdots, \boldsymbol{e}_n$ 和 $\lambda_1, \lambda_2, \cdots, \lambda_n$, 考虑彼此独立的 $\xi_k \sim N(0, \lambda_k), k = 1, 2, \cdots, n$, 则 $\boldsymbol{\mu} + \sum\limits_{k=1}^{n} \xi_k \boldsymbol{e}_k$ 服从 $N(\boldsymbol{\mu}, \boldsymbol{\Sigma})$. 因此, 若计算机能生成服从 $N(0, 1)$ 的独立样本 $\epsilon_1, \epsilon_2, \cdots, \epsilon_n$, 则 $\boldsymbol{\mu} + \sum\limits_{k=1}^{n} \sqrt{\lambda_k} \epsilon_k \boldsymbol{e}_k$ 服从 $N(\boldsymbol{\mu}, \boldsymbol{\Sigma})$.

定理 6.13 (主成分分析) 设有 n 维零均值实数随机向量 $\boldsymbol{X}$, 拟寻找方向向量 $\boldsymbol{u} \in \mathbb{R}^n$, 使得 $\boldsymbol{X}$ 在这个方向上的投影 $\boldsymbol{u}^{\mathrm{T}} \boldsymbol{X} \cdot \boldsymbol{u}$ 可以最好地逼近 $\boldsymbol{X}$, 即求解下列优化问题

$$\min_{\|\boldsymbol{u}\|^2 = 1} E \|\boldsymbol{X} - \eta \boldsymbol{u}\|^2, \tag{6.23}$$

其中 $\eta = \boldsymbol{u}^{\mathrm{T}} \boldsymbol{X}$ 为投影系数, $\eta \boldsymbol{u}$ 为 $\boldsymbol{X}$ 在 $\boldsymbol{u}$ 上的投影. 可证得最优投影方向 $\boldsymbol{u}^*$ 为第一主成分方向.

证明 目标函数是 $\boldsymbol{X}$ 与其近似值 $\eta \boldsymbol{u}$ 之间均方误差, 式 (6.23) 所示优化常称为最小均方误差. 因此, 题意所言 "最好逼近" 的含义即指 "最小均方误差".

式 (6.23) 所示优化目标函数可重写为

$$E\|\boldsymbol{X} - \eta \boldsymbol{u}\|^2 = E((\boldsymbol{X} - \eta \boldsymbol{u})^{\mathrm{T}}(\boldsymbol{X} - \eta \boldsymbol{u}))$$

$$= E(\boldsymbol{X}^{\mathrm{T}} \boldsymbol{X} - \eta \boldsymbol{u}^{\mathrm{T}} \boldsymbol{X} - \eta \boldsymbol{X}^{\mathrm{T}} \boldsymbol{u} + \eta^2) = E(\boldsymbol{X}^{\mathrm{T}} \boldsymbol{X}) - E(\eta^2)$$

$$= E(\boldsymbol{X}^{\mathrm{T}} \boldsymbol{X}) - \boldsymbol{u}^{\mathrm{T}} E(\boldsymbol{X} \boldsymbol{X}^{\mathrm{T}}) \boldsymbol{u} = E(\boldsymbol{X}^{\mathrm{T}} \boldsymbol{X}) - \boldsymbol{u}^{\mathrm{T}} \boldsymbol{\Sigma}_{\boldsymbol{X}} \boldsymbol{u}.$$

即原优化问题 (6.23) 可转化为

$$\max_{\boldsymbol{u}^{\mathrm{T}} \boldsymbol{u} = 1} \boldsymbol{u}^{\mathrm{T}} \boldsymbol{\Sigma}_{\boldsymbol{X}} \boldsymbol{u}. \tag{6.24}$$

由此可知, 目标函数是投影系数 η 的方差 $\mathrm{Var}(\eta) = \boldsymbol{u}^{\mathrm{T}}\boldsymbol{\Sigma_X}\boldsymbol{u}$, 即我们希望寻求的最优方向是投影系数变化最大的方向.

利用拉格朗日 (Lagrangian) 乘子法, 可写出拉格朗日函数为

$$L(\boldsymbol{u},\alpha) = \boldsymbol{u}^{\mathrm{T}}\boldsymbol{\Sigma_X}\boldsymbol{u} - \alpha(\boldsymbol{u}^{\mathrm{T}}\boldsymbol{u} - 1).$$

目标函数取最大值的一个必要条件是拉格朗日函数的偏导数为 0, 即

$$\frac{\partial L(\boldsymbol{u},\alpha)}{\partial \boldsymbol{u}} = 2\boldsymbol{\Sigma_X}\boldsymbol{u} - 2\alpha\boldsymbol{u} = \boldsymbol{0},$$

由此可见最优投影方向 $\hat{\boldsymbol{u}}$ 应为 $\boldsymbol{\Sigma_X}$ 的特征向量, 拉格朗日乘子为相应的特征值, 这时目标函数取值为该特征值

$$\hat{\boldsymbol{u}}^{\mathrm{T}}\boldsymbol{\Sigma_X}\hat{\boldsymbol{u}} = \hat{\boldsymbol{u}}^{\mathrm{T}}\alpha\hat{\boldsymbol{u}} = \alpha.$$

对 $\boldsymbol{\Sigma_X}$ 的特征值进行排序, 不妨设 $\lambda_1 \geqslant \lambda_2 \geqslant \cdots \geqslant \lambda_n$, 相应的特征向量记为 $e_1, e_2, \ldots, e_n$, 称为第一主方向, 第二主方向, $\cdots\cdots$ 则 $\hat{\boldsymbol{u}}$ 应选取 $\boldsymbol{\Sigma_X}$ 最大特征值对应的特征向量的方向 e_1, 特征值为 λ_1, 这时 $\boldsymbol{X}$ 在该方向上的投影系数 $\hat\eta$ 的方差等于

$$\mathrm{Var}(\hat\eta) = E(\hat\eta)^2 = \hat{\boldsymbol{u}}^{\mathrm{T}}\boldsymbol{\Sigma_X}\hat{\boldsymbol{u}} = \lambda_1.$$

综上, 我们求得最优投影方向 $\hat{\boldsymbol{u}}$ 是第一主成分方向, $\hat\eta\hat{\boldsymbol{u}}$ 称为 $\boldsymbol{X}$ 的第一主成分, 是对 $\boldsymbol{X}$ 的最小均方误差的一维近似.

对此的一个直观理解是: 在诸多特征向量表示的方向上, $\boldsymbol{X}$ 往第一主方向上投影长度的方差最大, 也就是 $\boldsymbol{X}$ 往第一主方向上投影系数的变化最大; 当这个方向上的投影确定后, $\boldsymbol{X}$ 的变化也就最大限度地被保留了.

注意, 在定理 6.13 中一个方向向量代了一维子空间. 更一般地, 我们希望寻求一个 $k < n$ 维子空间——由 k 个彼此正交的方向 $\boldsymbol{u}_1, \boldsymbol{u}_2, \cdots, \boldsymbol{u}_k$ 展开的 k 维子空间, 使得 $\boldsymbol{X}$ 在这个 k 维子空间上的投影可以最好地逼近 $\boldsymbol{X}$, 即求解下列优化问题

$$\min_{\boldsymbol{u}_1,\boldsymbol{u}_2,\cdots,\boldsymbol{u}_k \text{归一化且彼此正交}} E\left\| \boldsymbol{X} - \sum_{i=1}^{k}\boldsymbol{u}_i^{\mathrm{T}}\boldsymbol{X}\boldsymbol{u}_i \right\|^2. \tag{6.25}$$

参考定理 6.13 的证明, 不难求出最优 k 维子空间是第一主成分方向 e_1, $\cdots\cdots$, 第 k 主成分方向 e_k 展开的 k 维子空间. 若记投影系数 $\hat\eta_i \stackrel{\text{def}}{=} e_i^{\mathrm{T}}\boldsymbol{X}, i = 1, 2, \cdots, k$, 则 $\boldsymbol{X}$ 可近似为 $\hat\eta_1 e_1 + \hat\eta_2 e_2 + \cdots + \hat\eta_k e_k$ (最小均方误差 k 维近似).

主成分分析 (principle component analysis, PCA) 在数据降维问题上得到了极为广泛的应用.

例 6.7 (人脸图像的降维) 以人脸图像为例, 说明如何用 PCA 方法对高维随机变量进行降维表示.

考虑 50×50 像素点阵表示的人脸灰度图像, 每个像素取值区间为 $[0,1]$, 0 为黑像素, 1 为白像素. 这样的人脸灰度图像可以建模为 2500 维的随机变量, 各维分别对应 50×50

点阵中各像素（比如按逐行顺序对应）. 采集到的一幅幅人脸图像, 例如图 6.2 中的原始人脸（original faces）, 可视为一个个独立同分布样本, $\boldsymbol{X}_1, \boldsymbol{X}_2, \cdots, \boldsymbol{X}_N$, 均值为 $\boldsymbol{\mu}$, 协方差矩阵为 $\boldsymbol{\Sigma}$. 对人脸数据集求样本平均, 可得对 $\boldsymbol{\mu}$ 的估计 $\hat{\boldsymbol{\mu}} = \dfrac{1}{N} \sum\limits_{n=1}^{N} \boldsymbol{X}_n$, 见图 6.2 中的均值人脸（mean face）; 求样本协方差, 可得对 $\boldsymbol{\Sigma}$ 的估计 $\hat{\boldsymbol{\Sigma}} = \dfrac{1}{N} \sum\limits_{n=1}^{N} (\boldsymbol{X}_n - \hat{\boldsymbol{\mu}})^{\mathrm{T}} (\boldsymbol{X}_n - \hat{\boldsymbol{\mu}})$.

对 $\hat{\boldsymbol{\Sigma}}$ 进行特征值分解, 可得按特征值从大到小排序的特征向量 $\boldsymbol{e}_1, \boldsymbol{e}_2, \cdots, \boldsymbol{e}_{2500}$. 取前 25 个特征值, 即得到第一主成分方向, $\cdots\cdots$, 第 25 主成分方向, 每个主成分方向都是一个 2500 维向量, 可恢复成 50×50 的点阵表示, 见图 6.2 中的本征人脸（eigenfaces）.

这样当存储了 25 张本征脸（$\boldsymbol{e}_1, \boldsymbol{e}_2 \cdots, \boldsymbol{e}_{25}$）后, 一幅人脸图像可以用在这 25 个主成分方向上的投影系数来进行降维表示, 实现对人脸图像的压缩.

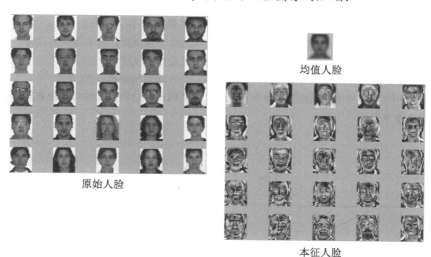

均值人脸

原始人脸

本征人脸

图 6.2　人脸图像的 PCA 分析

例 6.8　求白噪声序列 $\boldsymbol{X} = [X(t_0), X(t_1), \cdots, X(t_{N-1})]^{\mathrm{T}}$ 的 K-L 展开.

解　关于白噪声模型, 可参见例 7.1, $\boldsymbol{X}$ 的协方差矩阵 $\boldsymbol{C_X}$ 为对角矩阵, 主对角线上所有元素均为白噪声方差 σ^2, 即全部特征值都等于 σ^2, 则任何一组标准正交基向量都可作为 $\boldsymbol{C_X}$ 的特征向量. 因此, 白噪声序列 K-L 展开的标准正交基函数可以随意选择. 这说明, 白噪声在任何标准正交基函数上投影强度均相等, 无法区分"主要成分"和"次要成分", 这也是称其为"白"噪声的另一种解释.　■

习　题　6

1. 设 ξ_1, ξ_2 为独立同分布的随机变量, 且均匀分布于 $[0,1]$. 设有随机过程

$$\eta(t) = \xi_1 \sin(\xi_2 t), \, t \geqslant 0.$$

求: $\{\eta(t), t \geqslant 0\}$ 的均值、相关函数.

2. 设有随机过程 $\xi(t) = Z\sin(t+\theta)$，$-\infty < t < +\infty$，设 Z 和 θ 是相互独立的随机变量，Z 均匀分布于 $[-1,1]$ 之间，$P\left(\theta = \dfrac{\pi}{4}\right) = P\left(\theta = -\dfrac{\pi}{4}\right) = \dfrac{1}{2}$，试证明 $\xi(t)$ 是宽平稳随机过程，但是不满足严平稳的条件.

3. 设有宽平稳随机过程 $\xi(t)$，其相关函数为 $R_\xi(\tau)$，且 $R_\xi(T) = R_\xi(0)$，其中 T 为一个正常数. 证明：(1) $\xi(t+T) = \xi(t)$ 以概率 1 成立；(2) $R_\xi(t+T) = R_\xi(t)$，即相关函数具有周期性，其周期为 T.

4. 设随机过程 $X(t) = a\cos(\omega t) + b\sin(\omega t)$，其中，$\omega$ 为正常数，a,b 是独立同分布的随机变量，服从标准正态分布，求 $X(t)$ 的均值和自相关函数，问此过程是否为宽平稳过程？

5. 设 $\{\xi_n, n \in \mathbb{Z}\}$ 为白噪声，即 $E(\xi_n) = 0, E(\xi_n\xi_m) = \delta_{nm}\sigma^2$，其中，$\delta_{nm} = \begin{cases} 1, & n = m, \\ 0, & n \neq m. \end{cases}$ 定义 $X_n - aX_{n-1} = \xi_n$，$|a| < 1$，试讨论序列 $\{X_n\}$ 的宽平稳性（提示：可根据序列的初始状态分类讨论，例如，分两种情况 $X_0 = 0$ 或 $X_{-\infty} = 0$）.

6. 考虑一个随机三角脉冲串 $X(t)$，$-\infty < t < +\infty$，其脉宽为 T_0，定义如下：
  （1） 在一个周期内，脉冲可为正三角脉冲，也可为负三角脉冲，两者等概率出现.
  （2） 各周期内出现正三角脉冲或负三角脉冲是相互统计独立的.
  （3） 设原点后出现的第一个完整的三角脉冲的开始时间均匀分布于 $[0, T_0]$.
  此过程的一个典型样本轨道如图 6.3 所示. 求：此随机过程的均值函数和自协方差函数，试问该过程是否宽平稳？

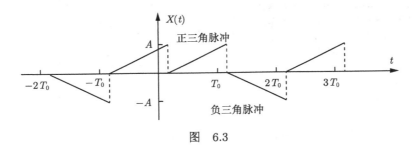

图 6.3

7. 设 $\{X_n, n \in \mathbb{N}\}$ 是相互独立的随机变量序列，其分布律为

$$P(X_n = n) = \frac{1}{n^2}, P(X_n = 0) = 1 - \frac{1}{n^2}, n = 1, 2, \cdots,$$

试问：序列 $\{X_n, n \in \mathbb{N}\}$ 是否均方收敛.

8. 信息论将信源建模成随机过程. 下面讨论信源编码. 考虑独立随机序列 $\{X(n), n \in \mathbb{N}\}$，各个离散时刻的 $X(n)$ 等概率取值于符号集 $\{a, b, c\}$. 考虑将 a, b, c 分别编码成 00, 01, 10. $\{X(n)\}$ 的编码结果为 0/1 随机序列 $\{B(n)\}$.
  （1） 求 $\{B(n)\}$ 的均值函数和自相关函数.
  （2） 试判断 $\{B(n)\}$ 是否为宽平稳？

9. 设有随机过程 $\zeta(t) = \eta\cos t + \xi\sin t$，$-\infty < t < +\infty$，其中 ξ, η 为统计独立的随机变量，ξ, η 均可取 -1 和 $+2$ 两个值，取 -1 的概率为 $2/3$，取 $+2$ 的概率为 $1/3$.
  （1） 试计算 $E(\zeta(t)), R_\zeta(t_1, t_2)$.
  （2） 试问 $\zeta(t)$ 是否为宽平稳，是否为严平稳？

10. 设有平稳随机过程 $\xi(t)$，其相关函数为

$$R_\xi(\tau) = \sigma^2 \mathrm{e}^{-\alpha|\tau|} \left(1 + \alpha|\tau| + \frac{1}{3}\alpha^2\tau^2\right).$$

若有随机过程 $\eta(t)$，$\eta(t) = \xi(t) + \xi''(t)$，求 $\eta(t)$ 的相关函数.

11. 随机过程 $X(t)$ 如果满足 $E(|X(t+T) - X(t)|^2) = 0$，则称此过程是均方周期的，且周期为 T. 证明：当且仅当 $X(t)$ 的自相关函数是双周期的，即对任意整数 m、n，有 $R(t_1 + mT, t_2 + nT) = R(t_1, t_2)$ 时，$X(t)$ 是以 T 为周期的均方周期过程.

12. 设 $\{X(t)\}$ 为平稳随机过程，试证：$E(X(t)X'(t)) = 0$.

13. 设有宽平稳随机过程 $\xi(t)$，其相关函数为

$$R_\xi(\tau) = A\mathrm{e}^{-\alpha|\tau|}(1 + \alpha|\tau|),$$

其中 A, α 为常数，$\alpha > 0$，求 $\eta(t) = \dfrac{\mathrm{d}\xi(t)}{\mathrm{d}t}$ 的相关函数.

14. 设 $X(t) = A\cos(\alpha t) + B\sin(\alpha t), t \geqslant 0, \alpha$ 为常数，A, B 独立同分布，均服从 $N(0, \sigma^2)$，判断积分

$$Y(t) = \int_0^t X(\tau)\,\mathrm{d}\tau$$

是否存在？若可积，求 $\{Y(t), t \geqslant 0\}$ 的均值函数、协方差函数和方差函数.

15. 设有随机过程 $\xi(t)$，它的相关函数为 $R_{\xi\xi}(t_1, t_2)$；若另有随机过程 $\eta(t)$，$\zeta(t)$ 定义如下：

$$\eta(t) = a\xi(t) + b\frac{\mathrm{d}\xi(t)}{\mathrm{d}t}, \qquad \zeta(t) = c\frac{\mathrm{d}\xi(t)}{\mathrm{d}t} + f\frac{\mathrm{d}^2\xi(t)}{\mathrm{d}t^2},$$

其中 a, b, c, f 为常数，试求 $\eta(t)$ 和 $\zeta(t)$ 的相关函数 $R_{\eta\zeta}(t_1, t_2)$.

16. 设有平稳随机过程 $\xi(t)$，它的均值为 0，相关函数为 $R_\xi(\tau)$；若 $\eta(t) = \displaystyle\int_0^t \xi(u)\,\mathrm{d}u$，求 $\eta(t)$ 的方差和自协方差函数.

17. 设有实随机过程 $\{\xi(t), -\infty < t < +\infty\}$ 加入到一短时间的时间平均器上作为它的输入，如图 6.4 所示，它的输出为

$$\eta(t) = \frac{1}{T}\int_{t-T}^t \xi(u)\,\mathrm{d}u,$$

其中 t 为输出信号的观测时刻，T 为平均器采用的积分时间间隔. 若 $\xi(t) = \zeta\cos t$，其中 ζ 为 $[0, 1]$ 上均匀分布的随机变量.

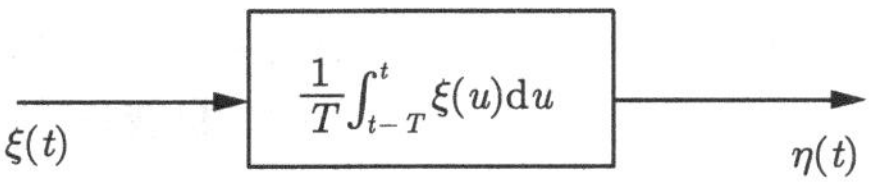

图　6.4

（1）　求输入过程的均值和相关函数，问输入过程是否平稳？

（2）　证明输出过程 $\eta(t)$ 的表达式为 $\eta(t) = \zeta\left(\dfrac{\sin T/2}{T/2}\right)\cos(t - T/2)$.

（3）　证明输出的均值为 $E(\eta(t)) = \dfrac{1}{2}\left(\dfrac{\sin T/2}{T/2}\right)\cos(t - T/2)$, 输出相关函数为

$$R_{\eta\eta}(t_1, t_2) = \frac{1}{3}\left(\frac{\sin T/2}{T/2}\right)^2 \cos(t_1 - T/2)\cos(t_2 - T/2);$$

问输出是否为平稳过程?

18. 如果短时间平均器 $\left(y(t) = \dfrac{1}{T}\displaystyle\int_{t-T}^{t} x(\tau)\mathrm{d}\tau\right)$ 的输入信号为

$$\xi(t) = \sin(\omega t + \theta), \quad -\infty < t < +\infty,$$

其中 $\omega > 0$ 为常数, θ 为随机相角, 是 $[0, 2\pi]$ 上均匀分布的随机变量, 试证明:
（1）　它的输出信号表达式为

$$\eta(t) = \frac{\sin\dfrac{\omega T}{2}}{\dfrac{\omega T}{2}}\sin\left(\omega t - \frac{\omega T}{2} + \theta\right).$$

（2）　输出信号 $\eta(t)$ 的均值 $E(\eta(t)) = 0$, 输出信号相关函数为

$$R_{\eta\eta}(t_1, t_2) = \frac{1}{2}\left(\frac{\sin\dfrac{\omega T}{2}}{\dfrac{\omega T}{2}}\right)^2 \cos(\omega(t_1 - t_2)).$$

19. 本题研究信号输入线性时不变 (LTI) 系统的性质. 假设输入信号为 $X(t)$, LTI 系统的冲激响应为 $h(t)$, 输出信号为 $Y(t)$.
（1）　证明:

$$R_{XY}(t_1, t_2) = \int_{-\infty}^{+\infty} R_{XX}(t_1, t_2 - \tau)h(\tau)\mathrm{d}\tau,$$

$$R_{YY}(t_1, t_2) = \int_{-\infty}^{+\infty} R_{XY}(t_1 - \tau, t_2)h(\tau)\mathrm{d}\tau.$$

（2）　自相关函数为 $R_{vv}(\tau) = q\delta(\tau)$ 的随机过程 $v(t)$, 在 $t = 0$ 时输入冲激响应为 $h(t) = \mathrm{e}^{-ct}\varepsilon(t)$ 的 LTI 系统, $\varepsilon(t)$ 为阶跃函数. 证明输出 $Y(t)$ 的自相关函数为

$$R_{YY}(t_1, t_2) = \frac{q}{2c}(\mathrm{e}^{-c|t_1 - t_2|} - \mathrm{e}^{-c(t_1 + t_2)}),$$

其中 $t_1 > 0, t_2 > 0$.

20. 设 $\xi(t)$ 为一随机起始时间的周期过程, 它的样本函数见图 6.5. 图中 A 为幅度, T 为周期, A, T 均为常数, t_0 为起始时间, 它是 $[0, T]$ 上均匀分布的随机变量. 求:
（1）　$\xi(t)$ 的均值 $E(\xi(t))$、均方值 $E(\xi^2(t))$ 和方差 $D(\xi(t))$;
（2）　$\xi(t)$ 的时间平均值 $\langle\xi(t)\rangle$ 和 $\langle\xi^2(t)\rangle$, 问 $\xi(t)$ 是否具有均值遍历性、自相关函数遍历性?

21. 设实宽平稳随机过程为 $\{\xi(t)\}$, 则相关函数为 $R_\xi(\tau)$, 试证明:

$$R_\xi(0) - R_\xi(\tau) \geqslant \frac{1}{4^n}(R_\xi(0) - R_\xi(2^n\tau)).$$

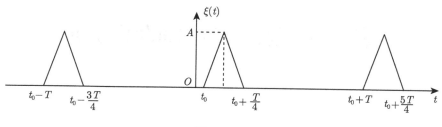

图　　6.5

22. 设有滑动平均过程 $X_n = \sum\limits_{k=0}^{\infty} \alpha^k Y_{n-k}$, 其中, $\{Y_n; n = \cdots, -2, -1, 0, 1, 2, \cdots\}$ 为独立同分布的随机序列, 均值为 0, 方差为 σ^2; α 为常数, 且 $|\alpha| < 1$. 试求 X_n 的均值函数、自相关函数, 判断序列 $\{X_n\}$ 是否满足宽平稳条件? 序列 $\{X_n\}$ 是否具有均值遍历性?

第 7 章　宽平稳过程的谱分析

7.1　确定性信号频域分析的回顾

首先回顾一下确定性信号频谱分析的相关内容.

若周期为 T 的确定性信号 $x(t)$ 满足狄利克雷（Dirichlet）条件：

（1）在一个周期内的间断点的数目为有限个；

（2）在一个周期内的极大值和极小值的数目为有限个；

（3）在一个周期内绝对可积，即 $\int_0^T |x(t)|\, \mathrm{d}t < +\infty$.

则 $x(t)$ 可表示为如下的级数展开：

$$x(t) = \sum_{n=-\infty}^{+\infty} a_n \mathrm{e}^{\mathrm{j}n\omega_0 t}, \quad t \in [0, T), \quad \text{其中} \quad a_n = \frac{1}{T} \int_0^T x(t) \mathrm{e}^{-\mathrm{j}n\omega_0 t} \mathrm{d}t,$$

而 $\omega_0 = \dfrac{2\pi}{T}$ 为基频. 这种展开方式被称为傅里叶（Fourier）级数展开，a_n 为傅里叶系数，代表了角频率为 $n\omega_0$ 的信号强度. 这说明确定性周期信号 $x(t)$ 可以分解为角频率为 ω_0 整数倍的一系列单频信号之和. 帕塞瓦尔（Parseval）方程揭示了确定性周期信号在时域和频域功率守恒的性质，即

$$\frac{1}{T} \int_0^T |x(t)|^2 \mathrm{d}t = \sum_{n=-\infty}^{+\infty} |a_n|^2.$$

若确定性非周期信号 $x(t)$ 绝对可积，即 $\int_{-\infty}^{+\infty} |x(t)|\, \mathrm{d}t < +\infty$，则可把它看作周期趋于无穷大的周期信号，此时基频趋于无穷小，于是上述傅里叶级数展开的极限形式变为

$$x(t) = \frac{1}{2\pi} \int_{-\infty}^{+\infty} F(\omega) \mathrm{e}^{\mathrm{j}\omega t} \mathrm{d}\omega, \tag{7.1}$$

其中

$$F(\omega) = \int_{-\infty}^{+\infty} x(t) \mathrm{e}^{-\mathrm{j}\omega t} \mathrm{d}t \tag{7.2}$$

被称为信号的频谱密度函数，简称频谱函数，式 (7.2) 被称为傅里叶变换，记为 $F(x(t)) = F(\omega)$，式 (7.1) 被称为傅里叶逆变换，记为 $F^{-1}(F(\omega)) = x(t)$. 这说明确定性非周期信

号 $x(t)$ 可分解为无穷个单频信号的加和. 帕塞瓦尔方程揭示了确定性非周期信号在时域和频域能量守恒的性质，即

$$\int_{-\infty}^{+\infty}|x(t)|^2\mathrm{d}t = \frac{1}{2\pi}\int_{-\infty}^{+\infty}|F(\omega)|^2\mathrm{d}\omega.$$

为了凸显"频率"的概念以及"时间–频率"的对应关系，傅里叶变换和傅里叶逆变换还经常被表示为

$$F(f) = \int_{-\infty}^{+\infty}x(t)\mathrm{e}^{-\mathrm{j}2\pi ft}\mathrm{d}t, \qquad x(t) = \int_{-\infty}^{+\infty}F(f)\mathrm{e}^{\mathrm{j}2\pi ft}\mathrm{d}f.$$

其中频率与角频率的关系为 $f = \dfrac{\omega}{2\pi}$.

7.2 宽平稳过程的谱分析

对随机过程而言，人们也希望得到其在不同频率上的能量或功率分布. 如果直接对随机过程 $\{x(t), t \in T\}$ 做傅里叶变换 $X(\omega) = \int_{-\infty}^{+\infty}X(t)\mathrm{e}^{-\mathrm{j}\omega t}\mathrm{d}t$，得到的"频谱"$\{X(\omega)\}$ 也是一个随机过程，而且在某些频点上可能出现积分发散，即 $|X(\omega)| = +\infty$，这给工程实践带来了困难. 在工程实践中，人们更希望用确定性函数描述随机过程在不同频率上的能量或功率分布，这引出了宽平稳过程功率谱密度的定义.

定义 7.1 宽平稳过程 $\{X(t)\}$ 的功率谱密度 $S_X(\omega)$ 被定义为其自相关函数 $R_X(\tau)$ 的傅里叶变换，即 $S_X(\omega) = \int_{-\infty}^{+\infty}R_X(\tau)\mathrm{e}^{-\mathrm{j}\omega\tau}\mathrm{d}\tau$.

该定义是由下面的维纳—辛钦（Wiener- Khinchine）定理给出的. 为了方便证明维纳—辛钦定理，先介绍控制收敛定理.

定理7.1(控制收敛定理) 设非负函数 $f(x)$ 和函数序列 $\{f_n(x)\}$ 在定义域 $\{x \in \Omega\}$ 上可积，若

$$\lim_{n\to\infty}f_n(x) = f(x), \ |f_n(x)| \leqslant f(x), \forall n,$$

则

$$\lim_{n\to\infty}\int_{x\in\Omega}f_n(x)\,\mathrm{d}x = \int_{x\in\Omega}f(x)\,\mathrm{d}x.$$

该定理的详细证明可参见实分析或实变函数论的教材，例如参考文献 [6].

定理 7.2（维纳—辛钦定理） 若宽平稳过程 $\{X(t)\}$ 的自相关函数 $R_X(\tau)$ 绝对可积，则 $R_X(\tau)$ 一定能表示为

$$R_X(\tau) = \frac{1}{2\pi}\int_{-\infty}^{+\infty}S_X(\omega)\mathrm{e}^{\mathrm{j}\omega\tau}\mathrm{d}\omega,$$

其中 $S_X(\omega) \geqslant 0$ 为宽平稳过程 $\{X(t)\}$ 的功率谱密度.

证明　基本思想是构造一个函数族, 使其极限为定理中的 $S_X(\omega)$. 令

$$
\begin{aligned}
S_T(\omega) &= \frac{1}{2T} \int_{-T}^{T} \int_{-T}^{T} R_X(t-s) \mathrm{e}^{-\mathrm{j}\omega(t-s)} \mathrm{d}t\mathrm{d}s \\
&= \frac{1}{2T} E\left(\int_{-T}^{T} X(t)\mathrm{e}^{-\mathrm{j}\omega t}\mathrm{d}t \cdot \overline{\int_{-T}^{T} X(s)\mathrm{e}^{-\mathrm{j}\omega s}\mathrm{d}s} \right) \geqslant 0.
\end{aligned}
\tag{7.3}
$$

这说明以 T 为参数的函数族 $\{S_T(\omega)\}$ 非负. 令 $\tau = t - s$, 则

$$
\begin{aligned}
S_T(\omega) &= \frac{1}{2T} \int_{-2T}^{0} \int_{-\tau-T}^{T} R_X(\tau)\mathrm{e}^{-\mathrm{j}\omega\tau} \mathrm{d}s\mathrm{d}\tau + \frac{1}{2T} \int_{0}^{2T} \int_{-T}^{T-\tau} R_X(\tau)\mathrm{e}^{-\mathrm{j}\omega\tau} \mathrm{d}s\mathrm{d}\tau \\
&= \int_{-2T}^{0} R_X(\tau)\mathrm{e}^{-\mathrm{j}\omega\tau} \left(1 + \frac{\tau}{2T}\right) \mathrm{d}\tau + \int_{0}^{2T} R_X(\tau)\mathrm{e}^{-\mathrm{j}\omega\tau} \left(1 - \frac{\tau}{2T}\right) \mathrm{d}\tau \\
&= \int_{-2T}^{2T} R_X(\tau)\mathrm{e}^{-\mathrm{j}\omega\tau} \left(1 - \frac{|\tau|}{2T}\right) \mathrm{d}\tau.
\end{aligned}
$$

由控制收敛定理可知

$$
\lim_{T\to+\infty} S_T(\omega) = \int_{-\infty}^{+\infty} R_X(\tau)\mathrm{e}^{-\mathrm{j}\omega\tau}\mathrm{d}\tau \stackrel{\text{def}}{=\!=} S_X(\omega).
\tag{7.4}
$$

由傅里叶变换与傅里叶逆变换的关系, 可得到

$$
R_X(\tau) = \frac{1}{2\pi} \int_{-\infty}^{+\infty} S_X(\omega)\mathrm{e}^{\mathrm{j}\omega\tau}\mathrm{d}\omega. \qquad \blacksquare
$$

下面介绍功率谱密度 $S_X(\omega)$ 的性质和几种特殊情况的表示.

（1）功率谱密度具有非负性.

从式 (7.3) 易知功率谱密度 $S_X(\omega) = \lim\limits_{T\to+\infty} S_T(\omega) \geqslant 0$, 它表示随机过程 $\{X(t)\}$ 在不同角频率上的平均功率.

（2）宽平稳实过程的功率谱密度具有对称性.

宽平稳实过程 $\{X(t)\}$ 的自相关函数满足对称性, 即 $R_X(\tau) = R_X(-\tau)$, 由式 (7.4) 易知功率谱密度 $S_X(\omega)$ 为偶函数.

（3）对周期性宽平稳过程而言, 由于其自相关函数 $R_X(\tau)$ 是周期函数, 则可展开为傅里叶级数:

$$
R_X(\tau) = \sum_{n=-\infty}^{+\infty} b_n \mathrm{e}^{\mathrm{j}n\omega_0\tau},
$$

其中 $\omega_0 = \dfrac{2\pi}{T}$, T 为 $R_X(\tau)$ 的周期, $b_n = \dfrac{1}{T} \int_{0}^{T} R_X(\tau) \cdot \mathrm{e}^{-\mathrm{j}n\omega_0\tau}\mathrm{d}\tau$. 令

$$
c_n = \frac{1}{T} \int_{0}^{T} X(t) \cdot \mathrm{e}^{-\mathrm{j}n\omega_0 t}\mathrm{d}t,
$$

即 c_n 为 $X(t)$ 的一次样本函数和 $\mathrm{e}^{\mathrm{j}n\omega_0 t}$ 的相关系数, 则有

$$
\begin{aligned}
E\left(|c_n|^2\right) &= \frac{1}{T^2}E\left(\int_0^T X(t)\mathrm{e}^{-\mathrm{j}n\omega_0 t}\mathrm{d}t \int_0^T X^*(s)\mathrm{e}^{\mathrm{j}n\omega_0 s}\mathrm{d}s\right) \\
&= \frac{1}{T^2}\int_0^T\int_0^T R_X(t-s)\mathrm{e}^{-\mathrm{j}n\omega_0 t}\cdot\mathrm{e}^{\mathrm{j}n\omega_0 s}\mathrm{d}s\mathrm{d}t \\
&= \frac{1}{T^2}\sum_{k=-\infty}^{+\infty} b_k\int_0^T\int_0^T \mathrm{e}^{\mathrm{j}(k-n)\omega_0 t}\mathrm{e}^{-\mathrm{j}(k-n)\omega_0 s}\mathrm{d}s\mathrm{d}t \\
&= b_n.
\end{aligned}
$$

这给出了周期性宽平稳过程自相关函数的傅里叶级数展开系数的物理含义. 周期性宽平稳随机过程的功率谱密度和自相关函数依然构成傅里叶变换对, 其功率谱密度可表示为

$$
S_X(\omega) = 2\pi\sum_{n=-\infty}^{+\infty} b_n\delta(\omega-n\omega_0).
$$

(4) 对宽平稳序列 $\{X(n), n=0,\pm1,\pm2,\cdots\}$ 而言, 其自相关函数也体现为序列形式 $\{R_X(k), k=0,\pm1,\pm2,\cdots\}$. 宽平稳序列的功率谱密度和自相关序列之间的关系可表示为

$$
S_X(\omega) = \sum_{k=-\infty}^{+\infty} R_X(k)\mathrm{e}^{-\mathrm{j}\omega k}, \quad R_X(k) = \frac{1}{2\pi}\int_{-\pi}^{\pi} S_X(\omega)\mathrm{e}^{\mathrm{j}\omega k}\mathrm{d}\omega.
$$

例 7.1 (白噪声) 对于零均值宽平稳过程 $\{X(t)\}$, 若其功率谱密度为 $S_X(\omega)=N_0, -\infty<\omega<+\infty$, 则称该过程为白噪声. 该过程在各频率分量上的强度均等, 借用白光具有均匀光谱性质的概念, 该过程得名"白"噪声, 它是电子信息领域常见的噪声模型. 从功率谱密度与自相关函数的傅里叶变换对应关系可知, 白噪声的自相关函数为 $R_X(\tau)=N_0\delta(\tau)$, 即 $\forall t_1\neq t_2$, $X(t_1)$ 与 $X(t_2)$ 不相关.

需要说明的是, 白噪声是理想中的模型, 现实中 $S_X(\omega)=N_0, -\infty<\omega<+\infty$ 无法实现, 因为信号功率总是有限的. 实际应用中, 如果随机过程在接收机频带范围内的功率谱密度为常数, 常可认为它是白噪声.

从随机过程的样本数据中估计其功率谱密度, 被称为谱估计. 下面介绍一种工程中常用的谱估计方法.

例 7.2 (周期图谱估计方法) 零均值宽平稳序列 $\{X(n), n=1,2,\cdots,N\}$, 周期图谱估计表示为

$$
\hat{S}_N(\omega) = \frac{1}{N}\left|\sum_{n=1}^N X(n)\mathrm{e}^{-\mathrm{j}\omega n}\right|^2. \tag{7.5}
$$

从式 (7.5) 可见, 周期图谱估计方法的计算很简单: 对样本数据做离散傅里叶变换、再取绝对值平方的平均即可. 如此简单的谱估计方法是否足够精确呢? 显然估计值 $\hat{S}_N(\omega)$

也是一个随机变量, 要衡量它是否精准, 需要判断以下两点: (1) 估计值的均值是否等于真值, 即 $E\left(\hat{S}_N(\omega)\right) = S_X(\omega)$ 是否成立; (2) 估计值的方差, 即 $\mathrm{Var}\left(\hat{S}_N(\omega)\right)$, 是否足够小. 下面用这两个标准来判断周期图谱估计方法的准确性.

首先计算周期图谱估计的均值.

$$E\left(\hat{S}_N(\omega)\right) = \frac{1}{N}E\left(\sum_{n=1}^{N}X(n)\mathrm{e}^{-\mathrm{j}\omega n} \cdot \overline{\sum_{m=1}^{N}X(m)\mathrm{e}^{-\mathrm{j}\omega m}}\right)$$

$$= \frac{1}{N}E\left(\sum_{n=1}^{N}\sum_{m=1}^{N}X(n)X^*(m)\mathrm{e}^{-\mathrm{j}\omega(n-m)}\right),$$

令 $k = n - m$, 则

$$E\left(\hat{S}_N(\omega)\right) = \frac{1}{N}E\left(\sum_{k=-N+1}^{0}\sum_{m=1-k}^{N}X(m+k)X^*(m)\mathrm{e}^{-\mathrm{j}\omega k} + \right.$$

$$\left. \sum_{k=1}^{N-1}\sum_{m=1}^{N-k}X(m+k)X^*(m)\mathrm{e}^{-\mathrm{j}\omega k}\right)$$

$$= \sum_{k=-N+1}^{0}\left(1+\frac{k}{N}\right)R_X(k)\mathrm{e}^{-\mathrm{j}\omega k} + \sum_{l=1}^{N-1}\left(1-\frac{k}{N}\right)R_X(k)\mathrm{e}^{-\mathrm{j}\omega k}$$

$$= \sum_{k=-N+1}^{N-1}\left(1-\frac{|k|}{N}\right)R_X(k)\mathrm{e}^{-\mathrm{j}\omega k}.$$

当 $N \to \infty$ 时, 由控制收敛定理可知

$$\lim_{N\to\infty}E\left(\hat{S}_N(\omega)\right) = \lim_{N\to\infty}\sum_{k=1-N}^{N-1}\left(1-\frac{|k|}{N}\right)R_X(k)\mathrm{e}^{-\mathrm{j}\omega k}$$

$$= \lim_{N\to\infty}\sum_{k=1-N}^{N-1}R_X(k)\mathrm{e}^{-\mathrm{j}\omega k} = S_X(\omega),$$

即 $\hat{S}_N(\omega)$ 是 $S_X(\omega)$ 的渐近无偏估计. 这说明: 从均值角度来看, $\hat{S}_N(\omega)$ 是个比较好的估计, 随样本数量 N 增大, 估计结果的均值 $E\left(\hat{S}_N(\omega)\right)$ 趋近于真值 $S_X(\omega)$.

其次计算周期图谱估计结果的二阶矩.

$$E\left(\hat{S}_N(\omega_1)\hat{S}_N(\omega_2)\right)$$

$$= \frac{1}{N^2}\sum_{k=1}^{N}\sum_{l=1}^{N}\sum_{i=1}^{N}\sum_{m=1}^{N}E\left(X(k)X^*(l)X(i)X^*(m)\right)\mathrm{e}^{-\mathrm{j}\omega_1(k-l)}\mathrm{e}^{-\mathrm{j}\omega_2(i-m)}.$$

该式计算很复杂, 这里仅考虑一个计算简单的特例: 设 $\{X(n), n = 1, 2, \cdots, N\}$ 为零均值、方差为 σ^2 的实数高斯白噪声. 零均值实高斯过程的四阶矩可计算为

$$E\left(X_1 X_2 X_3 X_4\right) = E\left(X_1 X_2\right) E\left(X_3 X_4\right) + E\left(X_1 X_3\right) E\left(X_2 X_4\right) + E\left(X_1 X_4\right) E\left(X_2 X_3\right).$$

该式可由定理 8.11 计算得出.

利用此式计算周期图谱估计的二阶矩, 得到

$$E\left(\hat{S}_N\left(\omega_1\right) \hat{S}_N\left(\omega_2\right)\right)$$

$$= \left(E\left(X^2(k)\right)\right)^2 + \frac{1}{N^2}\left(E\left(X^2(k)\right)\right)^2 \sum_{k=1}^{N}\sum_{l=1}^{N} \mathrm{e}^{-\mathrm{j}(\omega_1-\omega_2)k+\mathrm{j}(\omega_1-\omega_2)l} +$$

$$\frac{1}{N^2}\left(E\left(X^2(k)\right)\right)^2 \sum_{k=1}^{N}\sum_{l=1}^{N} \mathrm{e}^{-\mathrm{j}(\omega_1+\omega_2)k+\mathrm{j}(\omega_1+\omega_2)l}$$

$$= \sigma^4 + \frac{\sigma^4}{N^2}\left|\sum_{k=1}^{N} \mathrm{e}^{-\mathrm{j}(\omega_1+\omega_2)k}\right|^2 + \frac{\sigma^4}{N^2}\left|\sum_{k=1}^{N} \mathrm{e}^{-\mathrm{j}(\omega_1-\omega_2)k}\right|^2$$

$$= \sigma^4 + \frac{\sigma^4}{N^2}\left|\frac{\sin\left(\dfrac{N}{2}\left(\omega_1+\omega_2\right)\right)}{\sin\left(\dfrac{1}{2}\left(\omega_1+\omega_2\right)\right)}\right|^2 + \frac{\sigma^4}{N^2}\left|\frac{\sin\left(\dfrac{N}{2}\left(\omega_1-\omega_2\right)\right)}{\sin\left(\dfrac{1}{2}\left(\omega_1-\omega_2\right)\right)}\right|^2.$$

令 $\omega_1 = \omega_2 = \omega$, 则

$$E\left(\left(\hat{S}_N\left(\omega\right)\right)^2\right) = 2\sigma^4 + \frac{\sigma^4}{N^2}\left|\frac{\sin N\omega}{\sin \omega}\right|^2.$$

对白噪声而言, $E\left(\hat{S}_N\left(\omega\right)\right) \approx S_X(\omega) = \sigma^2$, 则

$$\mathrm{Var}\left(\hat{S}_N\left(\omega\right)\right) = E\left(\left(\hat{S}_N\left(\omega\right)\right)^2\right) - \left(E\left(\hat{S}_N\left(\omega\right)\right)\right)^2 \approx \sigma^4 + \frac{\sigma^4}{N^2}\left|\frac{\sin N\omega}{\sin \omega}\right|^2.$$

当 $N \to \infty$ 时, $\mathrm{Var}\left(\hat{S}_N(\omega)\right) \to \sigma^4$. 可见在实数高斯白噪声情况下, 功率谱密度的估计方差并未随样本数据增多而下降. 这里以实数高斯白噪声为例, 给出了周期图谱估计的一个缺陷, 说明估计方差并不理想. 尽管如此, 凭借计算简单、估计均值具有渐近无偏特性等优势, 周期图方法在工程实践中仍然得到了广泛应用.

例 7.3 (线谱过程模型) 考虑宽平稳过程 $X(t) = \sum_{k=1}^{K} X_k \mathrm{e}^{\mathrm{j}\omega_k t}$, 其中 K 为确定的正整数, $E(X_k) = 0, \mathrm{Var}(X_k) = \sigma_k^2$, 当 $i \neq j$ 时 X_i 与 X_j 不相关.

容易计算该过程自相关函数为

$$R_X(\tau) = E\left(X(t+\tau)X^*(t)\right) = E\left(\sum_{k=1}^{K} X_k \mathrm{e}^{\mathrm{j}\omega_k(t+\tau)} \sum_{n=1}^{K} X_n \mathrm{e}^{-\mathrm{j}\omega_n t}\right) = \sum_{k=1}^{K} \sigma_k^2 \mathrm{e}^{\mathrm{j}\omega_k \tau}.$$

对自相关函数做傅里叶变换，得到其功率谱密度为

$$S_X(\omega) = 2\pi \sum_{k=1}^{K} \sigma_k^2 \delta(\omega - \omega_k).$$

由于该随机过程的功率谱密度如同树立在频率轴上的一根根线条，故此得名"线谱"过程.

举一个线谱过程的例子：$X(t) = A\cos(\omega_0 t) + B\sin(\omega_0 t)$，$A, B$ 独立同分布，均值为 0，方差为 σ^2. 容易计算得到该过程的自相关函数为 $R_X(\tau) = \sigma^2 \cos(\omega_0 \tau)$，对自相关函数做傅里叶变换得到功率谱密度为 $S_X(\omega) = \pi\sigma^2(\delta(\omega - \omega_0) + \delta(\omega + \omega_0))$，可见该过程属于线谱过程.

线谱过程模型在谱估计中得到了广泛的应用，经常作为信号的一种先验知识，而这种先验知识对雷达、通信等领域的许多信号而言是成立的. 当实际信号的特性符合这种先验知识时，基于线谱过程模型的谱估计方法往往能够获得比周期图谱估计更优的性能，例如获得更高的频率分辨率、更小的估计误差等，原因在于"线谱"这种模型对信号给出了更为精确的数学描述. 反过来，当实际信号的特性与"线谱"这种先验知识失配时，基于线谱过程模型的谱估计方法性能往往很糟糕，反而比不上周期图谱估计等不依赖于信号模型的方法.

例7.4（有理谱密度模型）　如果宽平稳过程 $\{X(t)\}$ 的功率谱密度可表示为 $S_X(\omega) = \dfrac{a_0 + a_1\omega^2 + \cdots + a_n\omega^{2n}}{b_0 + b_1\omega^2 + \cdots + b_m\omega^{2m}}$，则称该功率谱密度为有理谱密度.

有理谱密度对应的自相关函数通常可通过部分分式分解的方式实现简便求解. 例如，若宽平稳过程 $\{X(t)\}$ 的自相关函数为

$$R_X(\tau) = \sigma^2 e^{-\alpha|\tau|},$$

则其功率谱密度为

$$S_X(\omega) = \int_{-\infty}^{+\infty} R_X(\tau) e^{-j\omega\tau}\,d\tau = \frac{2\sigma^2\alpha}{\alpha^2 + \omega^2}.$$

受此启发，若宽平稳过程 $X(t)$ 的功率谱密度为

$$S_X(\omega) = \frac{\omega^2 + 4}{\omega^4 + 10\omega^2 + 9} = \frac{5/8}{\omega^2 + 9} + \frac{3/8}{\omega^2 + 1},$$

则容易计算得到其自相关函数为

$$R_X(\tau) = \frac{5}{48} e^{-3|\tau|} + \frac{3}{16} e^{-|\tau|}.$$

表 7.1 给出了一些常见的随机过程自相关函数和功率谱密度.

表 7.1　常见的随机过程自相关函数和功率谱密度对应表

自相关函数	功率谱密度
$R(\tau) = \mathrm{e}^{-\alpha|\tau|}, \alpha > 0$	$S(\omega) = \dfrac{2\alpha}{\alpha^2 + \omega^2}$
$R(\tau) = \delta(\tau)$	$S(\omega) = 1$
$R(\tau) = \cos \omega_0 \tau$	$S(\omega) = \pi \left(\delta(\omega - \omega_0) + \delta(\omega + \omega_0)\right)$
$R(\tau) = \dfrac{\sin \omega_0 \tau}{\omega_0 \tau}$	$S(\omega) = \begin{cases} \dfrac{\pi}{\omega_0}, & |\omega| \leqslant \omega_0 \\ 0, & |\omega| > \omega_0 \end{cases}$
$R(\tau) = \begin{cases} 1 - \dfrac{2|\tau|}{T}, & |\tau| \leqslant \dfrac{T}{2} \\ 0, & |\tau| > \dfrac{T}{2} \end{cases}$	$S(\omega) = \dfrac{8 \sin^2\left(\dfrac{\omega T}{4}\right)}{\omega^2 T}$
$R(\tau) = \mathrm{e}^{-\alpha|\tau|} \cos \omega_0 \tau, \alpha > 0$	$S(\omega) = \dfrac{\alpha}{\alpha^2 + (\omega - \omega_0)^2} + \dfrac{\alpha}{\alpha^2 + (\omega + \omega_0)^2}$
$R(\tau) = \mathrm{e}^{-\alpha \tau^2}, \alpha > 0$	$S(\omega) = \sqrt{\dfrac{\pi}{\alpha}} \mathrm{e}^{-\frac{\omega^2}{4\alpha}}$
$R(\tau) = \mathrm{e}^{-\alpha \tau^2} \cos \beta \tau, \alpha > 0$	$S(\omega) = \dfrac{1}{2} \sqrt{\dfrac{\pi}{\alpha}} \left(\mathrm{e}^{-\frac{(\omega - \beta)^2}{4\alpha}} + \mathrm{e}^{-\frac{(\omega + \beta)^2}{4\alpha}}\right)$
$R(\tau) = \dfrac{2 \sin\left(\dfrac{\Delta \omega}{2} \tau\right)}{\pi \tau} \cos(\omega_0 \tau)$	$S(\omega) = \begin{cases} 1, & \omega_0 - \dfrac{\Delta \omega}{2} \leqslant |\omega| \leqslant \omega_0 + \dfrac{\Delta \omega}{2} \\ 0, & \text{其他} \end{cases}$

7.3　宽平稳过程通过线性时不变系统

当宽平稳过程 $\{X(t)\}$ 输入一个冲击响应函数为 $h(t)$ 的线性时不变系统时，系统输出 $Y(t) = \displaystyle\int_{-\infty}^{+\infty} h(t - u) X(u) \,\mathrm{d}u$ 也是随机过程. 下面计算 $\{Y(t)\}$ 的自相关函数

$$
\begin{aligned}
R_Y(t_1, t_2) &= E\left(Y(t_1) Y^*(t_2)\right) \\
&= E\left(\int_{-\infty}^{+\infty} h(t_1 - u) X(u) \,\mathrm{d}u \cdot \int_{-\infty}^{+\infty} h^*(t_2 - v) X^*(v) \,\mathrm{d}v\right) \\
&= \int_{-\infty}^{+\infty} \int_{-\infty}^{+\infty} h(t_1 - u) h^*(t_2 - v) R_X(u - v) \,\mathrm{d}u \mathrm{d}v \\
&= \int_{-\infty}^{+\infty} h^*(t_2 - v) R_{YX}(t_1 - v) \,\mathrm{d}v \\
&= \int_{-\infty}^{+\infty} h^*(-x) R_{YX}(t_1 - t_2 - x) \,\mathrm{d}x,
\end{aligned} \tag{7.6}
$$

其中

$$
R_{YX}(v) = E\left(Y(s + v) X^*(s)\right)
$$

$$= E\left(\int_{-\infty}^{+\infty} h\left(s+v-u\right) X\left(u\right) \mathrm{d}u \cdot X^*\left(s\right)\right)$$

$$= \int_{-\infty}^{+\infty} h\left(s+v-u\right) R_X\left(u-s\right) \mathrm{d}u$$

$$= \int_{-\infty}^{+\infty} h\left(v-x\right) R_X\left(x\right) \mathrm{d}x. \tag{7.7}$$

从式 (7.6)、式 (7.7) 可见，当宽平稳过程输入线性时不变系统时：第一，输出过程也是宽平稳过程，且输出过程 $\{Y\left(t\right)\}$ 的自相关函数与输入过程 $\{X\left(t\right)\}$ 的自相关函数满足

$$R_Y\left(\tau\right) = R_X\left(\tau\right) * h\left(\tau\right) * h^*\left(-\tau\right). \tag{7.8}$$

对等式 (7.8) 两端同时做傅里叶变换，可知线性时不变系统输出过程 $\{Y\left(t\right)\}$ 的功率谱密度和输入过程 $\{X\left(t\right)\}$ 的功率谱密度满足

$$S_Y\left(\omega\right) = \left|H\left(\omega\right)\right|^2 S_X\left(\omega\right), \tag{7.9}$$

其中 $H\left(\omega\right)$ 为线性时不变系统的传递函数；第二，输出过程与输入过程联合宽平稳.

例 7.5 线性时不变系统的冲击响应函数 $h\left(t\right) = \alpha \mathrm{e}^{-\alpha t}, \alpha > 0, t \geqslant 0$，宽平稳过程 $\{X\left(t\right)\}$ 的均值为 0，自相关函数为 $R_X\left(\tau\right) = \sigma^2 \mathrm{e}^{-\beta|\tau|}, \beta > 0$，$\{X\left(t\right)\}$ 输入该系统后输出的随机过程定义为 $\{Y\left(t\right)\}$，求 $\{Y\left(t\right)\}$ 的均值和自相关函数.

解 首先求 $\{Y\left(t\right)\}$ 的均值

$$E\left(Y\left(t\right)\right) = E\left(\int_{-\infty}^{+\infty} h\left(t-u\right) X\left(u\right) \mathrm{d}u\right) = \int_{-\infty}^{+\infty} h\left(t-u\right) E\left(X\left(u\right)\right) \mathrm{d}u = 0.$$

下面分别用两种方法求 $\{Y\left(t\right)\}$ 的自相关函数.

方法一：时域分析. 按照式 (7.8) 直接计算 $\{Y\left(t\right)\}$ 的自相关函数，则

$$R_Y\left(\tau\right) = R_X\left(\tau\right) * h\left(\tau\right) * h^*\left(-\tau\right) = \int_0^{+\infty}\int_0^{+\infty} \alpha \mathrm{e}^{-\alpha u}\alpha \mathrm{e}^{-\alpha v}\sigma^2 \mathrm{e}^{-\beta|\tau-u+v|}\mathrm{d}u\mathrm{d}v. \tag{7.10}$$

不妨设 $\tau > 0$，可将 u 的积分域分为两个区间 $[0, \tau+v]$ 和 $(\tau+v, +\infty)$，这两个区间分别对应着 $\tau - u + v \geqslant 0$ 和 $\tau - u + v < 0$，于是式 (7.10) 可改写为

$$R_Y\left(\tau\right) = \alpha^2\sigma^2 \left(\int_0^{+\infty}\int_0^{\tau+v} \mathrm{e}^{-\alpha(u+v)}\mathrm{e}^{-\beta(\tau-u+v)}\mathrm{d}u\mathrm{d}v + \right.$$

$$\left. \int_0^{+\infty}\int_{\tau+v}^{+\infty} \mathrm{e}^{-\alpha(u+v)}\mathrm{e}^{-\beta(-\tau+u-v)}\mathrm{d}u\mathrm{d}v\right). \tag{7.11}$$

计算式 (7.11) 等号右边的第一项积分, 可得

$$\int_0^{+\infty} \int_0^{\tau+v} \mathrm{e}^{-\alpha(u+v)} \mathrm{e}^{-\beta(\tau-u+v)} \mathrm{d}u\mathrm{d}v = \frac{\mathrm{e}^{-\alpha\tau}}{2\alpha(\beta-\alpha)} - \frac{\mathrm{e}^{-\beta\tau}}{\beta^2-\alpha^2}.$$

计算式 (7.11) 等号右边的第二项积分, 可得

$$\int_0^{+\infty} \int_{\tau+v}^{+\infty} \mathrm{e}^{-\alpha(u+v)} \mathrm{e}^{-\beta(-\tau+u-v)} \mathrm{d}u\mathrm{d}v = \frac{\mathrm{e}^{-\alpha\tau}}{2\alpha(\alpha+\beta)}.$$

于是得到式 (7.11) 的计算结果为

$$R_Y(\tau) = \alpha^2\sigma^2 \left(\frac{\mathrm{e}^{-\alpha\tau}}{2\alpha(\beta-\alpha)} - \frac{\mathrm{e}^{-\beta\tau}}{\beta^2-\alpha^2} + \frac{\mathrm{e}^{-\alpha\tau}}{2\alpha(\alpha+\beta)} \right) = \frac{\alpha\sigma^2}{\alpha^2-\beta^2} \left(\alpha\mathrm{e}^{-\beta\tau} - \beta\mathrm{e}^{-\alpha\tau} \right).$$

由于 $\{Y(t)\}$ 为宽平稳实过程, 其自相关函数为偶函数, 因此可直接得到 $\tau \leqslant 0$ 时的 $R_Y(\tau)$ 计算结果. 综上得到

$$R_Y(\tau) = \frac{\alpha\sigma^2}{\alpha^2-\beta^2} \left(\alpha\mathrm{e}^{-\beta|\tau|} - \beta\mathrm{e}^{-\alpha|\tau|} \right).$$

方法二: 频域分析. 按照式 (7.9) 先计算输出过程 $\{Y(t)\}$ 的功率谱密度, 再对该功率谱密度做傅里叶逆变换得到 $\{Y(t)\}$ 的自相关函数.

输入过程 $\{X(t)\}$ 的功率谱密度为

$$S_X(\omega) = \int_{-\infty}^{+\infty} \sigma^2 \mathrm{e}^{-\beta|\tau|} \mathrm{e}^{-\mathrm{j}\omega\tau} \mathrm{d}\tau = \frac{2\sigma^2\beta}{\beta^2+\omega^2}.$$

该结果可查表 7.1 得到. 线性时不变系统的传递函数为

$$H(\omega) = \int_0^{+\infty} \alpha\mathrm{e}^{-\alpha t} \mathrm{e}^{-\mathrm{j}\omega t} \mathrm{d}t = \frac{\alpha}{\alpha+\mathrm{j}\omega}.$$

由式 (7.9) 可得输出过程 $\{Y(t)\}$ 的功率谱密度为

$$S_Y(\omega) = \left| \frac{\alpha}{\alpha+\mathrm{j}\omega} \right|^2 \frac{2\sigma^2\beta}{\beta^2+\omega^2} = \frac{2\sigma^2\alpha^2\beta}{\alpha^2-\beta^2} \left(\frac{1}{\beta^2+\omega^2} - \frac{1}{\alpha^2+\omega^2} \right). \tag{7.12}$$

对式 (7.12) 做傅里叶逆变换得到输出过程 $\{Y(t)\}$ 的自相关函数为

$$\begin{aligned}
R_Y(\tau) &= \frac{1}{2\pi} \int_{-\infty}^{+\infty} \left[\frac{2\sigma^2\alpha^2\beta}{\alpha^2-\beta^2} \left(\frac{1}{\beta^2+\omega^2} - \frac{1}{\alpha^2+\omega^2} \right) \right] \mathrm{e}^{\mathrm{j}\omega\tau} \mathrm{d}\omega \\
&= \frac{\alpha\sigma^2}{\alpha^2-\beta^2} \left(\alpha\mathrm{e}^{-\beta|\tau|} - \beta\mathrm{e}^{-\alpha|\tau|} \right).
\end{aligned} \tag{7.13}$$

该结果可查表 7.1 或者参考例 7.4 得到. ∎

综上，两种方法计算输出过程的自相关函数结果完全一致. 在本例中，显然采用频域分析的方法计算更为简便. 在其他案例中，对不同的输入随机过程和线性时不变系统而言，时域分析方法也可能比频域分析方法简单，需具体情况具体分析.

下面讨论本例两种极限情况对应的物理意义.

（1）$\alpha \gg \beta$，则式 (7.13) 可近似为 $R_Y(\tau) \approx \sigma^2 e^{-\beta|\tau|}$，即输出过程 $\{Y(t)\}$ 和输入过程 $\{X(t)\}$ 具有类似的自相关函数. 原因在于，此时线性时不变系统传递函数的通带带宽远大于输入过程的功率谱密度带宽，该系统对输入过程几乎起不到滤波作用.

（2）$\alpha \ll \beta$，则式 (7.13) 可近似为 $R_Y(\tau) \approx \dfrac{\alpha}{\beta} \sigma^2 e^{-\alpha|\tau|}$，即输出过程 $\{Y(t)\}$ 的自相关函数和功率谱密度主要由该线性时不变系统的性质决定. 原因在于，此时输入过程的功率谱密度带宽远大于线性时不变系统传递函数的通带带宽，该系统具有明显的滤波作用，保留了滤波器通带内的信号分量、抑制了通带外的信号分量.

例 7.6　分析白噪声通过理想低通滤波器后输出过程的自相关函数及功率谱密度.

解　设白噪声 $\{X(t)\}$ 的功率谱密度为 $S_X(\omega) = \dfrac{N_0}{2}$，$-\infty < \omega < +\infty$，理想低通滤波器传递函数的幅频特性为

$$|H(\omega)| = \begin{cases} K_0, & |\omega| \leqslant \Delta\omega, \\ 0, & \text{其他}. \end{cases}$$

由于 $E(X(t)) = 0$，易知 $E(Y(t)) = 0$. 由式 (7.9) 可知滤波器输出过程 $\{Y(t)\}$ 的功率谱为

$$S_Y(\omega) = |H(\omega)|^2 S_X(\omega) = \begin{cases} \dfrac{N_0 K_0^2}{2}, & |\omega| \leqslant \Delta\omega, \\ 0, & \text{其他}, \end{cases} \tag{7.14}$$

即频率通带 $[-\Delta\omega, \Delta\omega]$ 内的分量全部被无失真保留、通带外的分量全部被滤除. 对式 (7.14) 做傅里叶逆变换，得到输出过程 $\{Y(t)\}$ 的自相关函数为

$$R_Y(\tau) = \frac{1}{2\pi} \int_{-\Delta\omega}^{\Delta\omega} \frac{N_0 K_0^2}{2} e^{j\omega\tau} d\omega = \frac{N_0 K_0^2 \Delta\omega}{2\pi} \cdot \frac{\sin \Delta\omega\tau}{\Delta\omega\tau}. \tag{7.15}$$

由于 $E(Y(t)) = 0$，则 $C_Y(\tau) = R_Y(\tau)$. 由式 (7.15) 可知，对 $\{Y(t)\}$ 在相隔为 $\dfrac{\pi}{\Delta\omega}$ 非零整数倍的两个时刻采样得到两个随机变量是不相关的. ∎

进一步，可计算 $\{Y(t)\}$ 的相关系数为

$$r_Y(\tau) = \frac{C_Y(\tau)}{C_Y(0)} = \frac{\sin \Delta\omega\tau}{\Delta\omega\tau},$$

其相关时间为

$$\tau_0 = \int_0^{+\infty} \frac{\sin \Delta\omega\tau}{\Delta\omega\tau} d\tau = \frac{\pi}{2\Delta\omega}.$$

可见 $\{Y(t)\}$ 的相关时间 τ_0 与滤波器频率通带宽度 $\Delta\omega$ 成反比. 如果 $\Delta\omega$ 很大则 τ_0 很小, 意味着 $\{Y(t)\}$ 随时间起伏变化剧烈, 在极限情况 $\Delta\omega \to +\infty$ 下, $\{Y(t)\}$ 仍为白噪声; 反之, 如果 $\Delta\omega$ 很小则 τ_0 很大, 意味着 $\{Y(t)\}$ 仅包含低频分量、随时间起伏变化缓慢.

例 7.7 某线性系统的输入 $\{X(t)\}$ 与输出 $\{Y(t)\}$ 服从如下关系:

$$\frac{\mathrm{d}^2}{\mathrm{d}t^2}Y(t) + 5\frac{\mathrm{d}}{\mathrm{d}t}Y(t) + 6Y(t) = \frac{\mathrm{d}}{\mathrm{d}t}X(t) + X(t). \tag{7.16}$$

如果输入是方差为 σ^2 的白噪声, 求输出过程的均值和自相关函数.

解 线性系统的传递函数是确定不变的, 先假设系统输入为确定性信号 $X(t)$、系统输出为确定性信号 $Y(t)$, 求出系统传递函数. 对式 (7.16) 等号两边同时做傅里叶变换得到

$$(\mathrm{j}\omega)^2 Y(\omega) + 5(\mathrm{j}\omega)Y(\omega) + 6Y(\omega) = (\mathrm{j}\omega)X(\omega) + X(\omega),$$

则该线性系统的传递函数为

$$H(\omega) = \frac{Y(\omega)}{X(\omega)} = \frac{(\mathrm{j}\omega) + 1}{(\mathrm{j}\omega)^2 + 5(\mathrm{j}\omega) + 6}.$$

再考虑输入是方差为 σ^2 的白噪声 $\{X(t)\}$. 由于 $E(X(t)) = 0$, 则输出过程 $\{Y(t)\}$ 的均值 $E(Y(t)) = 0$. $\{Y(t)\}$ 的功率谱密度为

$$S_Y(\omega) = S_X(\omega)|H(\omega)|^2 = \sigma^2 \cdot \frac{\omega^2 + 1}{\omega^4 + 13\omega^2 + 36} = \sigma^2 \left(-\frac{3}{5} \cdot \frac{1}{\omega^2 + 4} + \frac{8}{5} \cdot \frac{1}{\omega^2 + 9} \right).$$

对上式做傅里叶逆变换得到输出过程 $\{Y(t)\}$ 的自相关函数为

$$R_Y(\tau) = \sigma^2 \left(-\frac{3}{20}\mathrm{e}^{-2|\tau|} + \frac{4}{15}\mathrm{e}^{-3|\tau|} \right). \qquad \blacksquare$$

7.4 互 谱 密 度

设 $\{X(t)\}$ 与 $\{Y(t)\}$ 均为宽平稳过程, 且它们满足联合宽平稳. 观察宽平稳过程 $\{Z(t) = X(t) + Y(t)\}$ 的自相关函数, 有

$$R_Z(\tau) = E\left((X(t+\tau) + Y(t+\tau))\overline{(X(t) + Y(t))} \right)$$

$$= R_X(\tau) + R_{XY}(\tau) + R_{YX}(\tau) + R_Y(\tau). \tag{7.17}$$

对式 (7.17) 做傅里叶变换, $\{Z(t)\}$ 的功率谱密度可以分解为

$$S_Z(\omega) = S_X(\omega) + S_{XY}(\omega) + S_{YX}(\omega) + S_Y(\omega),$$

其中 $S_X(\omega)$ 和 $S_Y(\omega)$ 分别为 $\{X(t)\}$ 和 $\{Y(t)\}$ 的功率谱密度, $S_{XY}(\omega)$ 和 $S_{YX}(\omega)$ 被定义为互谱密度.

定义 7.2   随机过程 $\{X(t)\}$ 与 $\{Y(t)\}$ 联合宽平稳, 它们的互相关函数 $R_{XY}(\tau)$ 的傅里叶变换 $S_{XY}(\omega) = \displaystyle\int_{-\infty}^{+\infty} R_{XY}(\tau)\mathrm{e}^{-\mathrm{j}\omega\tau}\mathrm{d}\tau$ 称为 $\{X(t)\}$ 与 $\{Y(t)\}$ 的互谱密度.

如果 $\forall t_1, t_2$ 都有 $X(t_1)$ 与 $Y(t_2)$ 不相关, 即互相关函数 $R_{XY}(\tau) = 0, \forall \tau$, 这等价为 $S_{XY}(\omega) = 0, \forall \omega$.

需要说明的是: 尽管互谱密度和互相关函数也呈现傅里叶变换对的关系, 但互谱密度不具备描述随机信号功率随频率分布的含义.

例 7.8   把零均值宽平稳过程 $\{X(t)\}$ 同时输入两个线性时不变系统, 两个系统的输出过程分别记为 $\{Y_1(t)\}$ 和 $\{Y_2(t)\}$, 如图 7.1 所示. 问如何设计两个系统的冲击响应函数或传递函数, 使得 $Y_1(t_1)$ 与 $Y_2(t_2)$ 不相关, $\forall t_1, t_2$.

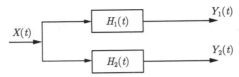

图 7.1   随机过程通过两个线性时不变系统示意图

解   两个系统输出过程的样本函数是输入过程样本函数和系统冲击响应函数的卷积, 即

$$Y_1(t) = \int_{-\infty}^{+\infty} h_1(t-\tau)X(\tau)\mathrm{d}\tau, \qquad Y_2(t) = \int_{-\infty}^{+\infty} h_2(t-\tau)X(\tau)\mathrm{d}\tau.$$

显然有 $E(Y_1(t)) = E(Y_2(t)) = 0$. $\{Y_1(t)\}$ 与 $\{Y_2(t)\}$ 的互相关函数为

$$E(Y_1(t_1)Y_2^*(t_2)) = E\left(\int_{-\infty}^{+\infty}\int_{-\infty}^{+\infty} h_1(u)h_2^*(v)X(t_1-u)X^*(t_2-v)\mathrm{d}u\mathrm{d}v\right)$$

$$= \int_{-\infty}^{+\infty}\int_{-\infty}^{+\infty} h_1(u)h_2^*(v)R_X(t_1-t_2-u+v)\mathrm{d}u\mathrm{d}v.$$

可见二者的相关只与时间差 $t_1 - t_2$ 有关. 令 $\tau = t_1 - t_2$, 则 $\{Y_1(t)\}$ 与 $\{Y_2(t)\}$ 的互相关函数为

$$R_{Y_1 Y_2}(\tau) = \int_{-\infty}^{+\infty}\int_{-\infty}^{+\infty} h_1(u)h_2^*(v)R_X(\tau-u+v)\mathrm{d}u\mathrm{d}v$$

$$= \int_{-\infty}^{+\infty}\int_{-\infty}^{+\infty} h_1(u)R_X(\tau-u+v)\mathrm{d}u h_2^*(v)\mathrm{d}v$$

$$= \int_{-\infty}^{+\infty} g(\tau+v)h_2^*(v)\mathrm{d}v$$

$$= \int_{-\infty}^{+\infty} g(s)h_2^*(-(\tau-s))\mathrm{d}s,$$

其中 $g(v) = \int_{-\infty}^{+\infty} h_1(u) R_X(v-u) \mathrm{d}u$. 上式可简写为

$$R_{Y_1 Y_2}(\tau) = R_X(\tau) * h_1(\tau) * h_2^*(-\tau). \tag{7.18}$$

对等式 (7.18) 两边同时做傅里叶变换, 得到

$$S_{Y_1 Y_2}(\omega) = S_X(\omega) H_1(\omega) H_2^*(\omega),$$

其中 $H_1(\omega)$ 和 $H_2(\omega)$ 分别是两个系统的传递函数. 由于 $R_{Y_1 Y_2}(\tau) = 0, \forall \tau \Leftrightarrow S_{Y_1 Y_2}(\omega) = 0, \forall \omega$, 如果需要 $\forall t_1, t_2$ 都有 $Y_1(t_1)$ 与 $Y_2(t_2)$ 不相关, 则应该设计两个系统的传递函数没有交叠的通频带. ∎

7.5　基带过程的采样定理

对于确定性信号, 采样定理起到了重要作用, 它提供了模拟信号数字化的理论基础. 确定性信号的采样定理可表达为如下形式.

定理 7.3 (采样定理)　设确定性信号 $s(t)$ 的频谱带宽范围为 $|f| \leqslant f_0$, 当均匀采样频率 $f_s \geqslant 2f_0$ 时, $\forall t$ 有

$$s(t) = \sum_{k=-\infty}^{+\infty} s(kT) \frac{\sin\left(\frac{\pi}{T}(t-kT)\right)}{\frac{\pi}{T}(t-kT)},$$

其中 $T = \dfrac{1}{f_s}$ 为均匀采样间隔.

该定理表明, 如果确定性模拟信号的频谱带宽有限、均匀采样的频率足够高 (不小于实信号 2 倍单边带宽或不小于复信号带宽), 则可以利用离散采样序列无损地重建模拟信号. 本节讨论随机过程的采样定理, 讨论的前提假设是随机过程的功率谱密度带宽有限.

定理 7.4　设随机过程 $\{X(t)\}$ 的功率谱密度带宽范围为 $|f| \leqslant f_0$, 当均匀采样频率 $f_s \geqslant 2f_0$ 时, 在均方意义下 $\forall t$ 有

$$X(t) = \sum_{k=-\infty}^{+\infty} X(kT) \frac{\sin\left(\frac{\pi}{T}(t-kT)\right)}{\frac{\pi}{T}(t-kT)}, \tag{7.19}$$

其中 $T = \dfrac{1}{f_s}$ 为均匀采样间隔.

证明　只需证明 $N \to \infty$ 时重建误差 $\varepsilon_N \to 0$, 即

$$\varepsilon_N = E\left(\left| X(t) - \sum_{k=-N}^{N} X(kT) \frac{\sin\left(\frac{\pi}{T}(t-kT)\right)}{\frac{\pi}{T}(t-kT)} \right|^2\right) \to 0. \tag{7.20}$$

对式 (7.20) 展开后可得到很多形如 $E\left(X\left(a\right)X^*\left(b\right)\right)$ 的自相关系数项. 利用自相关函数和功率谱密度互为傅里叶变换对的关系, 得

$$E\left(X\left(a\right)X^*\left(b\right)\right) = R_X(a-b) = \frac{1}{2\pi}\int_{-\infty}^{+\infty} \mathrm{e}^{\mathrm{j}\omega a}\mathrm{e}^{-\mathrm{j}\omega b}S_X\left(\omega\right)\mathrm{d}\omega. \tag{7.21}$$

把式 (7.21) 代入式 (7.20) 有

$$\varepsilon_N = \frac{1}{2\pi}\int_{-\infty}^{+\infty}\left|\mathrm{e}^{\mathrm{j}\omega t} - \sum_{k=-N}^{N}\mathrm{e}^{\mathrm{j}\omega kT}\frac{\sin\left(\frac{\pi}{T}\left(t-kT\right)\right)}{\frac{\pi}{T}\left(t-kT\right)}\right|^2 S_X\left(\omega\right)\mathrm{d}\omega. \tag{7.22}$$

这里 $S_X(\omega)$ 的带宽范围有限, 即 $|f| \leqslant f_0$. 由于 $f_s \geqslant 2f_0$, 因此式 (7.22) 的积分域只需覆盖区间 $\left[-\frac{1}{2}\omega_s, \frac{1}{2}\omega_s\right]$ 即可, 其中 $\omega_s = 2\pi f_s$. 此时, 如果在区间 $\left[-\frac{1}{2}\omega_s, \frac{1}{2}\omega_s\right]$ 上

$$\left|\mathrm{e}^{\mathrm{j}\omega t} - \sum_{k=-N}^{N}\mathrm{e}^{\mathrm{j}\omega kT}\frac{\sin\left(\frac{\pi}{T}\left(t-kT\right)\right)}{\frac{\pi}{T}\left(t-kT\right)}\right| \to 0,$$ 则式 (7.22) 中的 $\varepsilon_N \to 0$, 这个结论不依赖

$S_X(\omega)$ 的具体数学形式而改变.

考虑确定性函数 $\mathrm{e}^{\mathrm{j}\omega t}$ 以周期为 ω_s 做周期延拓, 则得到的周期信号可作傅里叶级数展开为

$$\mathrm{e}^{\mathrm{j}\omega t} = \sum_{k=-\infty}^{+\infty}\alpha_k\phi_k\left(\omega\right), \qquad \omega\in\left[-\frac{1}{2}\omega_s, \frac{1}{2}\omega_s\right], \tag{7.23}$$

其展开的基函数为

$$\phi_k\left(\omega\right) = \mathrm{e}^{\mathrm{j}\omega k\frac{2\pi}{\omega_s}} = \mathrm{e}^{\mathrm{j}\omega kT}, \tag{7.24}$$

其展开系数

$$\alpha_k = \frac{1}{\omega_s}\int_{-\omega_s/2}^{\omega_s/2}\mathrm{e}^{\mathrm{j}\omega t}\overline{\phi_k\left(\omega\right)}\mathrm{d}\omega = \frac{1}{\omega_s}\int_{-\omega_s/2}^{\omega_s/2}\mathrm{e}^{\mathrm{j}\omega(t-kT)}\mathrm{d}\omega = \frac{\sin\left(\frac{\omega_s}{2}\left(t-kT\right)\right)}{\frac{\omega_s}{2}\left(t-kT\right)}, \tag{7.25}$$

其中 $\frac{\omega_s}{2} = \frac{\pi}{T}$. 把式 (7.24)、式 (7.25) 代入式 (7.23) 得到

$$\mathrm{e}^{\mathrm{j}\omega t} = \sum_{k=-\infty}^{+\infty}\mathrm{e}^{\mathrm{j}\omega kT}\frac{\sin\left(\frac{\pi}{T}\left(t-kT\right)\right)}{\frac{\pi}{T}\left(t-kT\right)}, \qquad \omega\in\left[-\frac{1}{2}\omega_s, \frac{1}{2}\omega_s\right].$$

因此, 当 $N\to\infty$ 时, $\left|\mathrm{e}^{\mathrm{j}\omega t} - \sum_{k=-N}^{N}\mathrm{e}^{\mathrm{j}\omega kT}\frac{\sin\left(\frac{\pi}{T}\left(t-kT\right)\right)}{\frac{\pi}{T}\left(t-kT\right)}\right| \to 0$, 从而式 (7.22) 中的 $\varepsilon_N \to 0$.

该定理说明了当均匀采样频率足够高时，对随机信号采样得到的离散序列包含了信号全部信息，在均方意义下，随机信号任意时间点的取值可由采样离散序列无损重建.

下面对随机过程的采样定理做几点补充说明. 注意：

（1）当随机过程 $\{X(t)\}$ 的功率谱密度 $S_X(\omega)$ 带宽范围为 $|f| \leqslant f_0$、但是在 $\pm f_0$ 处有 δ 函数时，以 $f_s = 2f_0$ 采样得到的离散序列是无法重建原随机信号的.

下面举例来说明这一现象. 随机过程 $X(t) = \cos(\omega_0 t + \phi)$，其中 ϕ 为在 $[0, 2\pi]$ 均匀分布的随机变量，ω_0 为确定常数. 容易计算得到该随机过程的自相关函数和功率谱密度分别为

$$R_X(\tau) = \frac{1}{2}\cos(\omega_0\tau), \qquad S_X(\omega) = \frac{1}{2}\pi(\delta(\omega - \omega_0) + \delta(\omega + \omega_0)).$$

若取均匀采样频率为 $f_s = 2f_0 = \frac{\omega_0}{\pi}$，即采样间隔 $T = \frac{\pi}{\omega_0}$. 一方面，假设此时式 (7.19) 中所示的采样定理成立，则有

$$X(t) = \sum_{k=-\infty}^{+\infty} \cos(k\pi + \phi) \frac{\sin\left(\omega_0\left(t - k\frac{\pi}{\omega_0}\right)\right)}{\omega_0\left(t - k\frac{\pi}{\omega_0}\right)} = \sum_{k=-\infty}^{+\infty} (-1)^k X(0) \frac{\sin(\omega_0 t - k\pi)}{\omega_0 t - k\pi}.$$

当 $t = \frac{T}{2}$ 时，有

$$X\left(\frac{T}{2}\right) = X(0) \sum_{k=-\infty}^{+\infty} (-1)^k \frac{\sin\left(\frac{\pi}{2} - k\pi\right)}{\frac{\pi}{2} - k\pi},$$

即 $X\left(\frac{T}{2}\right)$ 与 $X(0)$ 相关. 然而，另一方面，由 $R_X(\tau) = \frac{1}{2}\cos(\omega_0\tau)$ 可知 $R_X\left(\frac{T}{2}\right) = 0$，即 $X\left(\frac{T}{2}\right)$ 与 $X(0)$ 不相关. 可见上述两个方面得到的结论是矛盾的. 因此，当随机过程的功率谱密度在 $\pm f_0$ 处有 δ 函数时，以 $f_s = 2f_0$ 采样是不能实现无损重建随机信号的，此时应设置 $f_s > 2f_0$.

（2）当随机过程 $\{X(t)\}$ 的功率谱密度 $S_X(\omega)$ 带宽范围为 $|f| \leqslant f_0$，而均匀采样频率 $f_s < 2f_0$ 时，这种情形被称为欠采样. 下面分析欠采样情况下强行按照式 (7.19) 等号右边形式对 $\{X(t)\}$ 做重建的误差.

令强行按照式 (7.19) 等号右边形式生成的随机变量为

$$\hat{X}(t) = \sum_{k=-\infty}^{+\infty} X(kT) \frac{\sin\left(\frac{\omega_s}{2}(t - kT)\right)}{\frac{\omega_s}{2}(t - kT)},$$

其中 $T = \dfrac{2\pi}{\omega_s} = \dfrac{1}{f_s}$，$f_s < 2f_0$，则均方意义下误差为

$$E\left(\left|X\left(t\right) - \hat{X}\left(t\right)\right|^2\right) = E\left(\left|X\left(t\right)\right|^2\right) + E\left(\left|\hat{X}\left(t\right)\right|^2\right) - 2\mathrm{Re}\left(E\left(X\left(t\right)\hat{X}^*\left(t\right)\right)\right),$$
$$(7.26)$$

其中

$$E\left(\left|X\left(t\right)\right|^2\right) = R_X\left(0\right), \qquad (7.27)$$

$$E\left(\left|\hat{X}\left(t\right)\right|^2\right) = \sum_{m=-\infty}^{+\infty}\sum_{n=-\infty}^{+\infty} \frac{\sin\left(\dfrac{\omega_s}{2}\left(t-mT\right)\right)}{\dfrac{\omega_s}{2}\left(t-mT\right)} \cdot \frac{\sin\left(\dfrac{\omega_s}{2}\left(t-nT\right)\right)}{\dfrac{\omega_s}{2}\left(t-nT\right)} \cdot R_X\left((m-n)T\right),$$
$$(7.28)$$

$$E\left(X\left(t\right)\hat{X}^*\left(t\right)\right) = \sum_{k=-\infty}^{+\infty} \frac{\sin\left(\dfrac{\omega_s}{2}\left(t-kT\right)\right)}{\dfrac{\omega_s}{2}\left(t-kT\right)} \cdot R_X\left(t-kT\right). \qquad (7.29)$$

把式 (7.27)~ 式 (7.29) 代入式 (7.26) 得到

$$E\left(\left|X\left(t\right) - \hat{X}\left(t\right)\right|^2\right)$$

$$= R_X\left(0\right) + \sum_{m=-\infty}^{+\infty}\sum_{n=-\infty}^{+\infty} \frac{\sin\left(\dfrac{\omega_s}{2}\left(t-mT\right)\right)}{\dfrac{\omega_s}{2}\left(t-mT\right)} \cdot \frac{\sin\left(\dfrac{\omega_s}{2}\left(t-nT\right)\right)}{\dfrac{\omega_s}{2}\left(t-nT\right)} \cdot R_X\left((m-n)T\right) -$$

$$2\mathrm{Re}\left(\sum_{k=-\infty}^{+\infty} \frac{\sin\left(\dfrac{\omega_s}{2}\left(t-kT\right)\right)}{\dfrac{\omega_s}{2}\left(t-kT\right)} \cdot R_X\left(t-kT\right)\right)$$

$$= \frac{1}{2\pi}\int_{-\infty}^{+\infty} \left|1 - \sum_{k=-\infty}^{+\infty} \frac{\sin\left(\dfrac{\omega_s}{2}\left(t-kT\right)\right)}{\dfrac{\omega_s}{2}\left(t-kT\right)}\mathrm{e}^{\mathrm{j}\omega(t-kT)}\right|^2 S_X(\omega)\mathrm{d}\omega$$

$$= \frac{1}{2\pi}\sum_{n=-\infty}^{+\infty}\int_{\left(n-\frac{1}{2}\right)\omega_s}^{\left(n+\frac{1}{2}\right)\omega_s} \left|1 - \sum_{k=-\infty}^{+\infty} \frac{\sin\left(\dfrac{\omega_s}{2}\left(t-kT\right)\right)}{\dfrac{\omega_s}{2}\left(t-kT\right)}\mathrm{e}^{\mathrm{j}\omega(t-kT)}\right|^2 S_X(\omega)\mathrm{d}\omega$$

$$= \frac{1}{2\pi}\int_{-\frac{1}{2}\omega_s}^{\frac{1}{2}\omega_s}\sum_{n=-\infty}^{+\infty} \left|1 - \sum_{k=-\infty}^{+\infty} \frac{\sin\left(\dfrac{\omega_s}{2}\left(t-kT\right)\right)}{\dfrac{\omega_s}{2}\left(t-kT\right)}\mathrm{e}^{\mathrm{j}(\omega+n\omega_s)(t-kT)}\right|^2 S_X(\omega+n\omega_s)\mathrm{d}\omega.$$

$$(7.30)$$

注意到 $\sum_{k=-\infty}^{+\infty} e^{-j\omega kT} \dfrac{\sin\left(\dfrac{\omega_s}{2}(t-kT)\right)}{\dfrac{\omega_s}{2}(t-kT)}$ 为 $e^{-j\omega t}$ 的傅里叶级数展开，因此式 (7.30) 变为

$$E\left(\left|X(t)-\hat{X}(t)\right|^2\right) = \frac{1}{2\pi}\int_{-\frac{1}{2}\omega_s}^{\frac{1}{2}\omega_s} \sum_{n=-\infty}^{+\infty}\left|1-e^{jn\omega_s t}\right|^2 S_X(\omega+n\omega_s)\,d\omega$$

$$= \frac{1}{2\pi}\sum_{n=-\infty}^{+\infty}(2-2\cos(n\omega_s t))\cdot\int_{-\frac{1}{2}\omega_s}^{\frac{1}{2}\omega_s} S_X(\omega+n\omega_s)\,d\omega. \qquad (7.31)$$

分别观察等式 (7.31) 右边的诸多项．先看 $n=0$ 的项，无论 $f_s \geqslant 2f_0$ 是否成立，该项计算结果都为 0．再看 $|n|>0$ 的项，只有在 $f_s \geqslant 2f_0$ 时这些项计算结果才为 0，原因在于功率谱密度 $S_X(\omega)$ 在 $|\omega| \leqslant \omega_0$ 范围之外值为 0；而当 $f_s < 2f_0$ 时这些项计算结果则可能大于 0，这就是欠采样误差的来源．

7.6 带通实过程的复表示

首先回顾一下确定性带通实信号的复表示方法．如果实信号 $g(t)$ 的频谱只分布在频率范围 $|f \pm f_c| \leqslant f_0$ 内，则称其为带通信号．在通信、雷达等应用中，为了便于无线电信号的传输，需把带宽为 $2f_0$ 的基带信号调制到一个较高的频率 f_c 上，这形成了带通信号．f_c 被称为载频，在工程应用中常见的情况是 $f_c \gg f_0$，这样的带通信号因而常被称为窄带信号．此时如果把整个带通信号视为带宽为 $[-f_c-f_0, f_c+f_0]$ 的"基带"信号进行处理，按照采样定理，则需要采样频率 f_s 满足 $f_s \geqslant 2(f_c+f_0)$．然而，实信号频谱的正频率部分和负频率部分是共轭对称的，即 $g(t)$ 的频谱满足 $G^*(f) = G(-f)$，可见该信号的信息仅集中在 $|f-f_c| \leqslant f_0$（或 $|f+f_c| \leqslant f_0$）的频率范围内，该频带宽度仅为 $2f_0$，而在 $[-f_c+f_0, f_c-f_0]$ 的广阔频率范围内并不包含该信号的信息．显然，用 $f_s \geqslant 2(f_c+f_0)$ 如此高的采样频率对包含信息频带宽度仅为 $2f_0$ 的信号进行采样，将造成资源的极大浪费．因此应该避免简单地把带通信号视为带宽为 $[-f_c-f_0, f_c+f_0]$ 的"基带"信号直接采样，有必要找到另外的带通信号表示方法，使得采样频率能够显著下降．这是确定性带通实信号的复表示被提出的动机．

确定性带通实信号的复表示，其核心思想是：建立带通实信号与基带复信号的映射关系．这一思想的实现可以通过希尔伯特（Hilbert）变换来实现．希尔伯特变换的定义为

$$H(\omega) = \begin{cases} -j, & \omega > 0, \\ 0, & \omega = 0, \\ j, & \omega < 0. \end{cases}$$

设希尔伯特变换的输入为确定性信号 $g(t)$，输出为确定性信号 $\hat{g}(t)$，记为 $H(g(t)) = \hat{g}(t)$．由 $|H(\omega)| = 1$ 可知，$g(t)$ 与 $\hat{g}(t)$ 具有相同的幅频特性．由 $H^*(\omega) = H(-\omega)$ 可知，如

果输入 $g(t)$ 为实信号, 输出 $\hat{g}(t)$ 也为实信号. 希尔伯特变换对应的滤波器冲击响应函数为

$$h(t) = \frac{1}{2\pi} \int_{-\infty}^{+\infty} H(\omega) \mathrm{e}^{\mathrm{j}\omega t} \mathrm{d}\omega = \frac{1}{\pi t}.$$

当 $g(t)$ 为确定性的带通实信号时, 将 $g(t)$ 作为实部、将 $g(t)$ 经过希尔伯特变换之后的结果 $\hat{g}(t)$ 作为虚部, 生成复信号 $z(t) = g(t) + \mathrm{j}\hat{g}(t)$, 则 $z(t)$ 的频谱 $Z(\omega)$ 满足

$$Z(\omega) = \begin{cases} 2G(\omega), & \omega \geqslant 0, \\ 0, & \omega < 0. \end{cases}$$

可见 $z(t)$ 保留了带通实信号 $g(t)$ 的正频率部分, 它包含了 $g(t)$ 的全部信息. 进一步, 可以把 $z(t)$ 的频谱搬移到零频, 从而得到基带复信号

$$g_{\mathrm{B}}(t) = z(t)\mathrm{e}^{-\mathrm{j}\omega_c t} = (g(t) + \mathrm{j}\hat{g}(t))\,\mathrm{e}^{-\mathrm{j}\omega_c t} = g_{\mathrm{I}}(t) + \mathrm{j}g_{\mathrm{Q}}(t), \tag{7.32}$$

其中基带复信号的实部 $g_{\mathrm{I}}(t)$ 被称为同相分量, 基带复信号的虚部 $g_{\mathrm{Q}}(t)$ 被称为正交分量, 它们的带宽仅为 $2f_0$. 从式 (7.32) 可知基带信号 $g_{\mathrm{I}}(t), g_{\mathrm{Q}}(t)$ 与带通信号 $g(t), \hat{g}(t)$ 的互相表示关系为

$$\begin{pmatrix} g_{\mathrm{I}}(t) \\ g_{\mathrm{Q}}(t) \end{pmatrix} = \begin{pmatrix} \cos\omega_c t & \sin\omega_c t \\ -\sin\omega_c t & \cos\omega_c t \end{pmatrix} \begin{pmatrix} g(t) \\ \hat{g}(t) \end{pmatrix}. \tag{7.33}$$

确定性带通实信号的复表示为带通信号采样提供了基础. 按照基带信号采样定理, 如果用 $f_s \geqslant 2f_0$ 的采样频率对 $g_{\mathrm{I}}(t)$ 和 $g_{\mathrm{Q}}(t)$ 均匀采样, 则可以从采样得到的离散序列中无损重建 $g_{\mathrm{I}}(t)$ 和 $g_{\mathrm{Q}}(t)$, 再按式 (7.33) 计算即可无损重建原带通实信号 $g(t)$. 这种对确定性带通实信号的处理方法被称为带通采样.

下面分析如何实现带通实过程的复表示. 设 $\{X(t)\}$ 为宽平稳带通实数随机过程, 其功率谱密度带宽范围为 $|f \pm f_c| \leqslant f_0$. 显然该过程自相关函数 $R_X(\tau)$ 与功率谱 $S_X(\omega)$ 都具有对称性, 即

$$R_X(\tau) = R_X(-\tau), \qquad S_X(\omega) = S_X(-\omega).$$

可见在 $|f - f_c| \leqslant f_0$ 范围内的功率谱已经包含了该过程的全部信息. 类似于确定性带通实信号的处理, 令 $\{X(t)\}$ 经过希尔伯特变换输出的随机过程为

$$\hat{X}(t) = \int_{-\infty}^{+\infty} X(t-\tau)\frac{1}{\pi\tau}\mathrm{d}\tau,$$

可知 $\{\hat{X}(t)\}$ 的功率谱密度为

$$S_{\hat{X}}(\omega) = S_X(\omega)\,|H(\omega)|^2 = S_X(\omega). \tag{7.34}$$

对等式 (7.34) 两端做傅里叶逆变换, 可知 $\{X(t)\}$ 与 $\{\hat{X}(t)\}$ 的自相关函数相等, 即

$$R_X(\tau) = R_{\hat{X}}(\tau). \tag{7.35}$$

构造复随机过程

$$Z(t) = X(t) + \mathrm{j}\hat{X}(t).$$

如果 $\{X(t)\}$ 均值非零, 则其自相关函数 $R_X(\tau)$ 存在与 τ 无关的常数项, 此时其功率谱 $S_X(\omega)$ 在零频处出现 δ 函数. 这里讨论的带通过程功率谱密度 $S_X(\omega)$ 的带宽范围为 $|f \pm f_c| \leqslant f_0$, 在零频处无 δ 函数, 显然有 $E(X(t)) = 0$, 于是也有 $E(Z(t)) = E\left(\hat{X}(t)\right) = 0$. $\{Z(t)\}$ 的自相关函数为

$$R_Z(\tau) = E\left(Z(t+\tau)Z^*(t)\right) = R_X(\tau) + R_{\hat{X}}(\tau) + \mathrm{j}R_{\hat{X}X}(\tau) - \mathrm{j}R_{X\hat{X}}(\tau), \tag{7.36}$$

其中 $\{\hat{X}(t)\}$ 与 $\{X(t)\}$ 的互相关函数 $R_{\hat{X}X}(\tau)$ 表示为

$$R_{\hat{X}X}(\tau) = E\left(\int_{-\infty}^{+\infty} X(t+\tau-u)\frac{1}{\pi u}\mathrm{d}u \cdot X(t)\right) = \int_{-\infty}^{+\infty} R_X(\tau-u)\frac{1}{\pi u}\mathrm{d}u.$$

可见 $R_{\hat{X}X}(\tau)$ 等效于 $R_X(\tau)$ 的希尔伯特变换, 记为

$$R_{\hat{X}X}(\tau) = \hat{R}_X(\tau). \tag{7.37}$$

类似地, $\{X(t)\}$ 与 $\{\hat{X}(t)\}$ 的互相关函数 $R_{X\hat{X}}(\tau)$ 表示为

$$R_{X\hat{X}}(\tau) = E\left(\int_{-\infty}^{+\infty} X(t-u)\frac{1}{\pi u}\mathrm{d}u \cdot X(t+\tau)\right) = -\hat{R}_X(\tau). \tag{7.38}$$

综上, 式 (7.36) 可改写为

$$R_Z(\tau) = 2R_X(\tau) + 2\mathrm{j}\hat{R}_X(\tau). \tag{7.39}$$

对等式 (7.39) 两边做傅里叶变换, 得到 $\{Z(t)\}$ 的功率谱 $S_Z(f)$ 为

$$S_Z(f) = \begin{cases} 4S_X(f), & f > 0, \\ 0, & f \leqslant 0. \end{cases}$$

可见复随机过程 $\{Z(t)\}$ 保留了原带通实过程 $\{X(t)\}$ 的正频率部分, 也就保留了 $\{X(t)\}$ 的全部信息.

如果能把 $\{Z(t)\}$ 的功率谱中心移到零频, 则可以按照基带过程的采样定理进行采样, 这和确定性带通信号采样具有相同的动机, 即, 希望采用较低的采样频率实现带通

信号的无损重建. 确定性信号在时域与 $\mathrm{e}^{-\mathrm{j}\omega_c t}$ 相乘等效于频谱平移, 那么随机过程在时域与 $\mathrm{e}^{-\mathrm{j}\omega_c t}$ 相乘有什么效果呢? 观察随机过程 $X_{\mathrm{B}}(t) = Z(t)\mathrm{e}^{-\mathrm{j}\omega_c t}$ 的自相关函数

$$R_{X_{\mathrm{B}}}(\tau) = E\left(Z(t+\tau)\mathrm{e}^{-\mathrm{j}\omega_c(t+\tau)} \cdot \overline{Z(t)\mathrm{e}^{-\mathrm{j}\omega_c t}}\right) = R_Z(\tau)\mathrm{e}^{-\mathrm{j}\omega_c\tau}.$$

由自相关函数与功率谱密度互为傅里叶变换对的关系可知, $\{X_{\mathrm{B}}(t)\}$ 的功率谱密度等于 $\{Z(t)\}$ 的功率谱密度从以 ω_c 为中心平移到以零频为中心. 因此, $\{X_{\mathrm{B}}(t)\}$ 是保留了原带通实过程 $\{X(t)\}$ 全部信息的基带复过程, 即

$$X_{\mathrm{B}}(t) = Z(t)\mathrm{e}^{-\mathrm{j}\omega_c t} = \left(X(t) + \mathrm{j}\hat{X}(t)\right)\mathrm{e}^{-\mathrm{j}\omega_c t} = X_{\mathrm{I}}(t) + \mathrm{j}X_{\mathrm{Q}}(t), \tag{7.40}$$

其中基带复过程的实部 $\{X_{\mathrm{I}}(t)\}$ 被称为同相分量, 基带复过程的虚部 $\{X_{\mathrm{Q}}(t)\}$ 被称为正交分量. 从式 (7.40) 可知实过程 $\{X_{\mathrm{I}}(t)\}$, $\{X_{\mathrm{Q}}(t)\}$ 与带通过程 $\{X(t)\}$, $\{\hat{X}(t)\}$ 的互相表示关系为

$$\begin{pmatrix} X_{\mathrm{I}}(t) \\ X_{\mathrm{Q}}(t) \end{pmatrix} = \begin{pmatrix} \cos(\omega_c t) & \sin(\omega_c t) \\ -\sin(\omega_c t) & \cos(\omega_c t) \end{pmatrix} \begin{pmatrix} X(t) \\ \hat{X}(t) \end{pmatrix}, \tag{7.41}$$

或

$$\begin{pmatrix} X(t) \\ \hat{X}(t) \end{pmatrix} = \begin{pmatrix} \cos(\omega_c t) & -\sin(\omega_c t) \\ \sin(\omega_c t) & \cos(\omega_c t) \end{pmatrix} \begin{pmatrix} X_{\mathrm{I}}(t) \\ X_{\mathrm{Q}}(t) \end{pmatrix} \tag{7.42}$$

这与式 (7.33) 中确定性带通实信号分析的情况很类似.

下面分析 $\{X_{\mathrm{I}}(t)\}$ 和 $\{X_{\mathrm{Q}}(t)\}$ 的数字特征. 由于 $E(X(t)) = E\left(\hat{X}(t)\right) = 0$, 由式 (7.41) 可知 $E(X_{\mathrm{I}}(t)) = E(X_{\mathrm{Q}}(t)) = 0$, $\{X_{\mathrm{I}}(t)\}$ 和 $\{X_{\mathrm{Q}}(t)\}$ 的自相关函数分别为

$$R_{X_{\mathrm{I}}}(\tau) = E\left\{\left[X(t+\tau)\cos\left(\omega_c(t+\tau)\right) + \hat{X}(t+\tau)\sin\left(\omega_c(t+\tau)\right)\right] \cdot \right.$$
$$\left. \left[X(t)\cos\left(\omega_c t\right) + \hat{X}(t)\sin\left(\omega_c t\right)\right]\right\},$$
$$R_{X_{\mathrm{Q}}}(\tau) = E\left\{\left[-X(t+\tau)\sin\left(\omega_c(t+\tau)\right) + \hat{X}(t+\tau)\cos\left(\omega_c(t+\tau)\right)\right] \cdot \right.$$
$$\left. \left[-X(t)\sin\left(\omega_c t\right) + \hat{X}(t)\cos\left(\omega_c t\right)\right]\right\}. \tag{7.43}$$

把式 (7.35)、式 (7.37)、式 (7.38) 代入式 (7.43), 得到

$$R_{X_{\mathrm{I}}}(\tau) = R_{X_{\mathrm{Q}}}(\tau) = R_X(\tau)\cos(\omega_c\tau) + \hat{R}_X(\tau)\sin(\omega_c\tau). \tag{7.44}$$

显然有 $R_{X_{\mathrm{Q}}}(0) = R_{X_{\mathrm{I}}}(0) = R_X(0)$, 说明 $\{X(t)\}$、$\{X_{\mathrm{I}}(t)\}$ 和 $\{X_{\mathrm{Q}}(t)\}$ 这三个随机过程的方差相同. 由式 (7.44) 容易分析得到

$$S_{X_{\mathrm{I}}}(f) = S_{X_{\mathrm{Q}}}(f) = \begin{cases} S_X(f - f_c) + S_X(f + f_c), & |f| \leqslant f_0, \\ 0, & \text{其他}. \end{cases}$$

由此可知基带实过程 $\{X_{\mathrm{I}}(t)\}$ 和 $\{X_{\mathrm{Q}}(t)\}$ 的功率谱占据带宽仅为 $2f_0$.

类似地，也可以计算 $\{X_I(t)\}$ 与 $\{X_Q(t)\}$ 的互相关函数

$$
\begin{aligned}
R_{X_I X_Q}(\tau) = E\Big\{ & \Big[X(t+\tau)\cos(\omega_c(t+\tau)) + \hat{X}(t+\tau)\sin(\omega_c(t+\tau)) \Big] \cdot \\
& \Big[-X(t)\sin(\omega_c t) + \hat{X}(t)\cos(\omega_c t) \Big] \Big\} \\
= & R_X(\tau)\sin(\omega_c\tau) - \hat{R}_X(\tau)\cos(\omega_c\tau).
\end{aligned} \tag{7.45}
$$

显然有 $R_{X_I X_Q}(0) = 0$，说明 $\forall t$ 有 $\{X_I(t)\}$ 与 $\{X_Q(t)\}$ 不相关，这和"实部"与"虚部"正交的概念相符合．由式 (7.45) 可知 $\{X_I(t)\}$ 与 $\{X_Q(t)\}$ 的互谱密度为

$$
S_{X_I X_Q}(f) = \begin{cases} \mathrm{j}S_X(f+f_c) - \mathrm{j}S_X(f-f_c), & |f| \leqslant f_0, \\ 0, & \text{其他}. \end{cases} \tag{7.46}
$$

特别地，当 $S_X(f+f_c) = S_X(f-f_c), |f| \leqslant f_0$ 成立时，由式 (7.46) 可知

$$
S_{X_I X_Q}(f) = 0, \forall f \Leftrightarrow R_{X_I X_Q}(\tau) = 0, \forall \tau.
$$

此时 $\forall t_1, t_2$ 有 $X_I(t_1)$ 与 $X_Q(t_2)$ 不相关．

7.7 带通过程的采样定理

如式 (7.41) 所示，带通实过程的复表示表明，带通过程 $\{X(t)\}, \{\hat{X}(t)\}$ 与基带过程 $\{X_I(t)\}, \{X_Q(t)\}$ 之间可以通过一个旋转矩阵相互映射．注意到 $\{X_I(t)\}, \{X_Q(t)\}$ 的功率谱密度在频率区间 $|f| \leqslant f_0$ 之外取值为 0，如果用均匀采样频率 $f_s \geqslant 2f_0$ 对 $\{X_I(t)\}$, $\{X_Q(t)\}$ 进行采样，在均方意义下，$\{X_I(t)\}, \{X_Q(t)\}$ 在任意时间点的取值可由采样离散序列无损重建，再由式 (7.41) 可知，$\{X(t)\}$ 在任意时间点的取值也可由采样离散序列无损重建．这给出了如下的带通过程采样定理．

定理 7.5（采样定理） 设实数宽平稳过程 $\{X(t)\}$ 的功率谱密度带宽范围为 $|f \pm f_c| \leqslant f_0$，当均匀采样频率 $f_s \geqslant 2f_0$ 时，在均方意义下，$\forall t$ 有

$$
X(t) = \sum_{k=-\infty}^{+\infty} (X_I(kT)\cos(\omega_c t) - X_Q(kT)\sin(\omega_c t)) \cdot \frac{\sin\left(\frac{\pi}{T}(t-kT)\right)}{\frac{\pi}{T}(t-kT)}, \tag{7.47}
$$

或等价表示为

$$
X(t) = \sum_{k=-\infty}^{+\infty} \left(X(kT)\cos(\omega_c(t-KT)) - \hat{X}(kT)\sin(\omega_c(t-KT)) \right) \cdot \frac{\sin\left(\frac{\pi}{T}(t-kT)\right)}{\frac{\pi}{T}(t-kT)}, \tag{7.48}
$$

其中 $T = \frac{1}{f_s}$ 为均匀采样间隔，$\{\hat{X}(t)\}$ 为 $\{X(t)\}$ 的希尔伯特变换，$(X_I(t), X_Q(t))$ 与 $\left(X(t), \hat{X}(t) \right)$ 的互相表示关系遵循式 (7.41)．

证明 由 7.6 节所述的带通实过程的复表示可知,$\{X_{\mathrm{I}}(t)\}$, $\{X_{\mathrm{Q}}(t)\}$ 的功率谱密度在频率区间 $|f| \leqslant f_0$ 之外取值为 0. 当均匀采样频率 $f_s \geqslant 2f_0$ 时,由定理 7.4 可知

$$X_{\mathrm{I}}(t) = \sum_{k=-\infty}^{+\infty} X_{\mathrm{I}}(kT) \frac{\sin\left(\frac{\pi}{T}(t-kT)\right)}{\frac{\pi}{T}(t-kT)},$$

$$X_{\mathrm{Q}}(t) = \sum_{k=-\infty}^{+\infty} X_{\mathrm{Q}}(kT) \frac{\sin\left(\frac{\pi}{T}(t-kT)\right)}{\frac{\pi}{T}(t-kT)}, \tag{7.49}$$

把式 (7.49) 代入式 (7.42) 中第一行 $X(t)$ 的表达式,则式 (7.47) 得证.

再由式 (7.41) 可知

$$
\begin{aligned}
X_{\mathrm{I}}(kT) &= X(kT)\cos(\omega_c kT) + \hat{X}(kT)\sin(\omega_c kT), \\
X_{\mathrm{Q}}(kT) &= -X(kT)\sin(\omega_c kT) + \hat{X}(kT)\cos(\omega_c kT),
\end{aligned}
\tag{7.50}
$$

把式 (7.50) 代入式 (7.47),化简结果直接得到式 (7.48). ∎

习 题 7

1. 设宽平稳随机过程的功率谱密度 $S(\omega)$ 分别为

$$S(\omega) = \frac{\omega^2+1}{\omega^4+5\omega^2+6}, \qquad S(\omega) = \frac{1}{\omega^4+1}.$$

求相应的自相关函数.

2. 设有 $X(n) = Y(n) + V(n)$,其中 $Y(n)$ 为宽平稳随机序列,$R_Y(m) = 2^{-|m|}$, m 为整数. $V(n)$ 为白噪声序列,其均值为零,$R_V(n) = \delta(n)$, $\{Y(n)\}$ 和 $\{V(n)\}$ 相互统计独立,求 $S_X(w)$.

3. 设有离散宽平稳随机序列 $X(n)$,其相关函数的 z 变换为:$\eta_X(z) = \sum_{m=-\infty}^{+\infty} R_X(m)z^{-m}$ $= \dfrac{5-2(z+z^{-1})}{10-3(z+z^{-1})}$,求 $R_X(n)$.

4. 设某个平稳随机过程的相关函数为 $R_\xi(\tau) = \sigma^2 \mathrm{e}^{-\alpha\tau^2}\cos(\beta\tau)$,求其功率谱密度.

5. 设有如图 7.2 所示的线性反馈系统,其中 $h(t), k(t)$ 分别为两个方块的冲激响应,$H(\mathrm{j}f), K(\mathrm{j}f)$ 为其相应的系统传输函数,$e(t)$ 代表误差信号,即输入信号与反馈信号之差. 如果在输入端送入的信号是一个平稳随机过程 $\xi(t)$,在系统中又进入一个平稳随机过程 (噪声)$n(t)$,若 $\xi(t)$ 与 $n(t)$ 间是相关的,又是联合平稳的,求:
   (1) 输出端 $\eta(t)$ 的功率谱密度 $S_\eta(f)$.
   (2) 在相减器输出端获得的误差信号 $e(t)$ 的功率谱密度 $S_e(f)$.

6. 设有一乘法器系统 $\zeta(t) = \xi(t) \times \eta(t)$,它的两个输入为 $\xi(t)$ 和 $\eta(t)$,$\{\xi(t)\}$ 和 $\{\eta(t)\}$ 为相互统计独立的平稳随机过程,$\zeta(t)$ 为其输出. 给定 $\xi(t)$ 的相关函数为 $R_\xi(\tau)$,其功率谱密度为 $S_\xi(f)$,$\eta(t)$ 的相关函数为 $R_\eta(\tau)$,相应的功率谱密度为 $S_\eta(f)$. 求 $\zeta(t)$ 的相关函数和它的功率谱密度.

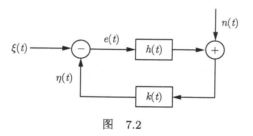

图 7.2

7. 设有微分方程组

$$
\begin{cases}
\dfrac{\mathrm{d}^2 y(t)}{\mathrm{d}t^2} + 2\dfrac{\mathrm{d}y(t)}{\mathrm{d}t} + 4y(t) + z(t) = \xi_1(t), \\[2mm]
\dfrac{\mathrm{d}z(t)}{\mathrm{d}t} + 9z(t) = \xi_2(t),
\end{cases}
$$

其中 $\xi_1(t), \xi_2(t)$ 均为平稳随机过程, 而且是联合平稳的, 已知

$$
S_{\xi_1}(f) = \frac{2\sigma_1^2}{(2\pi f)^2 + 1}, \quad S_{\xi_2}(f) = \frac{4\sigma_2^2}{(2\pi f)^2 + 4},
$$

$$
S_{\xi_1 \xi_2}(f) = \frac{2\pi a}{[(2\pi f)^2 - 2]^2 + \mathrm{j}2\pi f}.
$$

试求 $y(t), z(t)$ 的功率谱密度 $S_y(f), S_z(f)$ 及其互谱密度 $S_{yz}(f)$.

8. 设某个线性系统可以描述为 $z(t) = \displaystyle\int_{-\infty}^{t} y(u)\mathrm{d}u, y(t) = x(t) - x(t-T)$, 其中 $x(t)$ 为输入信号, $z(t)$ 为输出信号.

(1) 求系统的转移函数 $H(\mathrm{j}f)$.

(2) 如果输入端的输入信号是白噪声, 其相关函数为 $S_0\delta(\tau)$, 求输出随机过程的均方值. $\left(\text{利用}\right.$ 关系式 $\left.\displaystyle\int_0^{+\infty} \frac{\sin^2(\alpha x)}{x^2}\mathrm{d}x = |\alpha|\frac{\pi}{2}\right)$

9. 设有一调制器, 它的两个输入为 $\xi(t)$ 和 $\eta(t)$, 输出为 $\zeta(t) = \xi(t)\eta(t)$. $\xi(t)$ 为零均值的平稳随机过程, 其功率谱密度为 $S_\xi(f)$, 当 $|f| > f_c$ 时, $S_\xi(f) = 0$. $\eta(t) = \cos(2\pi f_0 t + \theta)$, 其中 f_0 为常数, θ 为均匀分布于 $[0, 2\pi]$ 上的随机变量. $\xi(t)$ 和 θ 是相互独立的. 试证明:

(1) 输出过程为平稳随机过程, 其相关函数为 $R_\zeta(\tau) = \dfrac{1}{2}R_\xi(\tau)\cos(2\pi f_0\tau)$.

(2) 输出功率谱密度为 $S_\zeta(f) = \dfrac{1}{4}(S_\xi(f - f_0) + S_\xi(f + f_0))$.

10. 设 $\xi(t) = A\cos(\lambda t + \theta)$, 其中相角 θ 为 $(-\pi, \pi)$ 内均匀分布的随机变量, λ 为与 θ 相互独立的随机变量, 概率密度函数为 $f_\lambda(x)$. A 为确定性的常数. 试证 $\xi(t)$ 的功率谱密度为

$$
S_\xi(\omega) = \frac{A^2\pi}{2}(f_\lambda(\omega) + f_\lambda(-\omega)).
$$

11. 设有基带随机过程 $\{X(t)\}$, 其信号的功率谱密度为 $S_X(\omega)$, 满足 $S_X(\omega) = 0, |\omega| > \omega_c$. $X(t)$ 通过两个传递函数分别为 $H_1(\omega)$ 和 $H_2(\omega)$ 的线性系统, 得到输出分别为 $Y_1(t)$ 和 $Y_2(t)$. 如果 $H_1(\omega) = H_1(\omega), |\omega| < \omega_c$. 试证明在均方意义下有 $Y_1(t) = Y_2(t)$.

12. 设 $\{f(t)\}$ 为实基带信号，即其频谱满足 $F(\omega) = 0$, $|\omega| \geqslant \omega_c$. 设 $f(t)$ 为实信号，其希尔伯特变换记为 $\mathcal{H}(f(t))$. 试证：

$$\mathcal{H}(f(t)\cos(\omega_c t)) = f(t)\sin(\omega_c t), \qquad \mathcal{H}(f(t)\sin(\omega_c t)) = -f(t)\cos(\omega_c t).$$

13. 设 $x(t)$ 为实带限过程，相关函数为 $R(\tau)$，功率谱密度为 $S(\omega)$. 设当 $|\omega| > \sigma$ 时，$S(\omega) = 0$. 试证

$$E\left((x(t+\tau) - x(t))^2\right) \leqslant \sigma^2 \tau^2 R(0).$$

第8章 高斯过程

高斯过程是一种典型连续状态随机过程，应用广泛，有其合理性和便利性. 首先，根据中心极限定理知道，在满足一定条件下大量随机变量和的极限服从高斯分布. 许多实际随机现象多是源自大量随机因素共同作用，高斯过程因而适合用来描述很多随机现象，特别是背景噪声. 其次，高斯过程具有独特的解析性质，容易得到闭式解，计算上的便利性使得高斯过程成为随机现象建模的常用模型.

8.1 高斯过程的定义

定义 8.1（高斯过程） 对随机过程 $\{X(t), t \in T\}$（T 为指标集），如果 $\forall n, t_1, t_2, \cdots, t_n \in T$，随机向量 $(X(t_1), X(t_2), \cdots, X(t_n))^{\mathrm{T}}$ 均服从 n 元高斯分布，则称 $\{X(t)\}$ 为高斯过程.

定义 8.2（多元高斯分布） 若 n 元随机向量 $\boldsymbol{X} = (X_1, X_2, \cdots, X_n)^{\mathrm{T}}$ 的概率密度函数可表示为

$$f_{\boldsymbol{X}}(\boldsymbol{x}) \overset{\text{def}}{=} f_{X_1, X_2, \cdots, X_n}(x_1, x_2, \cdots, x_n) = \frac{1}{(2\pi)^{\frac{n}{2}} |\boldsymbol{\Sigma}|^{\frac{1}{2}}} \mathrm{e}^{-\frac{1}{2}(\boldsymbol{x}-\boldsymbol{\mu})^{\mathrm{T}} \boldsymbol{\Sigma}^{-1}(\boldsymbol{x}-\boldsymbol{\mu})},$$

其中 $\boldsymbol{x} = (x_1, x_2, \cdots, x_n)^{\mathrm{T}}$，$\boldsymbol{\mu}$ 为 n 维实向量，$\boldsymbol{\Sigma}$ 为 $n \times n$ 对称正定矩阵，则称 $\boldsymbol{X}$ 为 n 元高斯随机变量，服从 n 元高斯分布[①]，记为 $\boldsymbol{X} \sim N(\boldsymbol{\mu}, \boldsymbol{\Sigma})$.

多元高斯分布具有以下性质：

- 非负性：$f_{\boldsymbol{X}}(\boldsymbol{x}) \geqslant 0$.
- 正则性：$\displaystyle\int_{\boldsymbol{x} \in \mathbb{R}^n} f_{\boldsymbol{X}}(\boldsymbol{x}) \mathrm{d}\boldsymbol{x} = 1$.

  其证明如下. 因为 $\boldsymbol{\Sigma}$ 为正定，则 $\boldsymbol{\Sigma}^{-1}$ 亦为正定，故存在非奇异矩阵 $\boldsymbol{L}$，使得 $\boldsymbol{\Sigma}^{-1} = \boldsymbol{L}^{\mathrm{T}} \boldsymbol{L}$，做变换 $\boldsymbol{y} = \boldsymbol{L}(\boldsymbol{x} - \boldsymbol{\mu})$，可得

$$\int_{\boldsymbol{x} \in \mathbb{R}^n} f_{\boldsymbol{X}}(\boldsymbol{x}) \mathrm{d}\boldsymbol{x} = \int_{-\infty}^{+\infty} \cdots \int_{-\infty}^{+\infty} f_{X_1, X_2, \cdots, X_n}(x_1, x_2, \cdots, x_n) \mathrm{d}x_1 \mathrm{d}x_2 \cdots \mathrm{d}x_n$$

$$= \int_{\boldsymbol{x} \in \mathbb{R}^n} \frac{1}{(2\pi)^{\frac{n}{2}} |\boldsymbol{\Sigma}|^{\frac{1}{2}}} \mathrm{e}^{-\frac{1}{2} \boldsymbol{y}^{\mathrm{T}} \boldsymbol{y}} \cdot \left\| \frac{\partial \boldsymbol{x}}{\partial \boldsymbol{y}} \right\| \mathrm{d}\boldsymbol{y}$$

$$= \int_{\boldsymbol{y} \in \mathbb{R}^n} \frac{1}{(2\pi)^{\frac{n}{2}}} \mathrm{e}^{-\frac{1}{2} \boldsymbol{y}^{\mathrm{T}} \boldsymbol{y}} \mathrm{d}\boldsymbol{y} = 1.$$

[①] 高斯分布、高斯随机变量的另一个称呼为正态分布、正态随机变量. 定义 8.2 与定义 3.6 一致.

其中用到了雅可比矩阵 $\dfrac{\partial \boldsymbol{x}}{\partial \boldsymbol{y}} = \boldsymbol{L}^{-1}$, $\left\|\dfrac{\partial \boldsymbol{x}}{\partial \boldsymbol{y}}\right\|$ 表示 $\dfrac{\partial \boldsymbol{x}}{\partial \boldsymbol{y}}$ 的行列式的绝对值, 以及 $|\boldsymbol{\Sigma}|^{-1} = |\boldsymbol{L}^{\mathrm{T}}\boldsymbol{L}| = |\boldsymbol{L}|^2$, $|\boldsymbol{\Sigma}|^{-\frac{1}{2}} = |\boldsymbol{L}|$.

- 可以通过积分证明 n 元随机向量 $\boldsymbol{X}$ 的均值向量 $E[\boldsymbol{X}] = \boldsymbol{\mu}$ 以及协方差矩阵 $\mathrm{Cov}(\boldsymbol{X}) = E[(\boldsymbol{x} - \boldsymbol{\mu})(\boldsymbol{x} - \boldsymbol{\mu})^{\mathrm{T}}] = \boldsymbol{\Sigma}$. 之后我们用符号 $N(\boldsymbol{\mu}, \boldsymbol{\Sigma})$ 表示均值向量为 $\boldsymbol{\mu}$, 协方差矩阵为 $\boldsymbol{\Sigma}$ 的 n 元高斯分布.

- 高斯概率密度函数形式的解读. 高斯概率密度函数在形式上具有鲜明的特点, 就是可以表示为指数肩膀上的一个二次型. 如果一个 n 元随机变量的概率密度函数可以表示为指数肩膀上的一个二次型, 那么这个随机变量服从 n 元高斯分布.

8.2　多元特征函数

在 4.2 节介绍的一元变量的特征函数的基础上, 我们来认识多元变量的特征函数, 它将成为我们研究多元高斯和高斯过程的有力工具.

定义 8.3（多元分布的特征函数）　令 $\boldsymbol{t} = (t_1, t_2, \cdots, t_n)^{\mathrm{T}}$, 则 n 元随机向量 $\boldsymbol{X} = (X_1, X_2, \cdots, X_n)^{\mathrm{T}}$ 的特征函数定义为

$$\phi_{\boldsymbol{X}}(\boldsymbol{t}) = E(\mathrm{e}^{\mathrm{j}\boldsymbol{t}^{\mathrm{T}}\boldsymbol{X}}) = E(\mathrm{e}^{\mathrm{j}\sum_{i=1}^{n} t_i X_i}).$$

沿用一元特征函数的认识, 特征函数是概率密度函数的傅里叶反变换, 我们记为 $\mathcal{C}[f_{\boldsymbol{X}}(\boldsymbol{x})] = \phi_{\boldsymbol{X}}(\boldsymbol{t})$, 或者 $f_{\boldsymbol{X}}(\boldsymbol{x}) \xrightarrow{\mathcal{C}} \phi_{\boldsymbol{X}}(\boldsymbol{t})$. 鉴于此, 不难理解两者相互唯一确定的对应关系.

定理 8.1（特征函数与分布的对应关系）　设 n 元随机变量 $\boldsymbol{X}$ 的概率密度函数为 $f_{\boldsymbol{X}}(\boldsymbol{x})$, 特征函数为 $\phi_{\boldsymbol{X}}(\boldsymbol{t})$, 则 $f_{\boldsymbol{X}}(\boldsymbol{x})$ 与 $\phi_{\boldsymbol{X}}(\boldsymbol{t})$ 相互唯一确定.

定理 8.2（混合矩的计算）　若 $E[X_1^{k_1} X_2^{k_2} \cdots X_n^{k_n}] < +\infty$, 则

$$E[X_1^{k_1} X_2^{k_2} \cdots X_n^{k_n}] = (-j)^{k_1 + k_2 + \cdots + k_n} \left. \frac{\partial \phi(t_1, t_2, \cdots, t_n)}{\partial t_1^{k_1} t_2^{k_2} \cdots t_n^{k_n}} \right|_{t_1 = t_2 = \cdots = t_n = 0}.$$

证明略.

定理 8.3（线性变换的特征函数）　对 n 元随机变量 $\boldsymbol{X}$, 以及 $\boldsymbol{A} \in \mathbb{R}^{l \times n}, \boldsymbol{b} \in \mathbb{R}^l$, 考虑 $\boldsymbol{A}\boldsymbol{X} + \boldsymbol{b}$ 的特征函数, 则有 $\phi_{\boldsymbol{A}\boldsymbol{X}+\boldsymbol{b}}(\boldsymbol{t}) = \phi_{\boldsymbol{X}}(\boldsymbol{A}^{\mathrm{T}}\boldsymbol{t})\mathrm{e}^{\mathrm{j}\boldsymbol{t}^{\mathrm{T}}\boldsymbol{b}}$.

证明　$\phi_{\boldsymbol{A}\boldsymbol{X}+\boldsymbol{b}}(\boldsymbol{t}) = E[\mathrm{e}^{\mathrm{j}\boldsymbol{t}^{\mathrm{T}}(\boldsymbol{A}\boldsymbol{X}+\boldsymbol{b})}] = E[\mathrm{e}^{\mathrm{j}\boldsymbol{t}^{\mathrm{T}}\boldsymbol{A}\boldsymbol{X}}]\mathrm{e}^{\mathrm{j}\boldsymbol{t}^{\mathrm{T}}\boldsymbol{b}} = \phi_{\boldsymbol{X}}(\boldsymbol{A}^{\mathrm{T}}\boldsymbol{t})\mathrm{e}^{\mathrm{j}\boldsymbol{t}^{\mathrm{T}}\boldsymbol{b}}$. ∎

下面我们通过几个特例来理解.

$$\frac{\partial \phi(t_1, t_2, \cdots, t_n)}{\partial t_1} = \frac{\partial E[\mathrm{e}^{\mathrm{j}t_1 X_1} \mathrm{e}^{\mathrm{j}t_2 X_2} \cdots \mathrm{e}^{\mathrm{j}t_n X_n}]}{\partial t_1} = E[\mathrm{e}^{\mathrm{j}t_1 X_1} \mathrm{e}^{\mathrm{j}t_2 X_2} \cdots \mathrm{e}^{\mathrm{j}t_n X_n} \cdot \mathrm{j}X_1],$$

因此

$$\left.\frac{\partial \phi(t_1, t_2, \cdots, t_n)}{\partial t_1}\right|_{t_1=t_2=\cdots=t_n=0} = \mathrm{j}E[X_1].$$

$$\frac{\partial \phi(t_1, t_2, \cdots, t_n)}{\partial t_1 \partial t_2} = \frac{\partial E[\mathrm{e}^{\mathrm{j}t_1 X_1}\mathrm{e}^{\mathrm{j}t_2 X_2}\cdots\mathrm{e}^{\mathrm{j}t_n X_n}\cdot\mathrm{j}X_1]}{\partial t_2}$$

$$= E[\mathrm{e}^{\mathrm{j}t_1 X_1}\mathrm{e}^{\mathrm{j}t_2 X_2}\cdots\mathrm{e}^{\mathrm{j}t_n X_n}\cdot\mathrm{j}X_1\cdot\mathrm{j}X_2],$$

故

$$\left.\frac{\partial \phi(t_1, t_2, \cdots, t_n)}{\partial t_1 \partial t_2}\right|_{t_1=t_2=\cdots=t_n=0} = \mathrm{j}^2 E[X_1 X_2].$$

定理 8.4（独立性与特征函数） 设 $\phi_{\boldsymbol{X}}(t_1, t_2, \cdots, t_n)$ 为 n 维随机向量 $\boldsymbol{X}$ 的特征函数，$\phi_{X_i}(t_i)$ 为 X_i 的特征函数，$i = 1, 2, \cdots, n$，则 $X_1, X_2, \cdots, X_n$ 相互独立的充要条件是

$$\phi_{\boldsymbol{X}}(t_1, t_2, \cdots, t_n) = \phi_{X_1}(t_1)\phi_{X_2}(t_2)\cdots\phi_{X_n}(t_n). \tag{8.1}$$

证明 该定理表明，随机变量的独立性可以通过它们的特征函数来刻画.

（必要性） 设 $X_1, X_2, \cdots, X_n$ 相互独立，则 $\mathrm{e}^{\mathrm{j}t_i X_i}$ 也相互独立，进一步有

$$\phi_{\boldsymbol{X}}(t_1, t_2, \cdots, t_n) = E[\mathrm{e}^{\mathrm{j}t_1 X_1}\mathrm{e}^{\mathrm{j}t_2 X_2}\cdots\mathrm{e}^{\mathrm{j}t_1 X_1}] = E[\mathrm{e}^{\mathrm{j}t_1 X_1}]E[\mathrm{e}^{\mathrm{j}t_2 X_2}]\cdots E[\mathrm{e}^{\mathrm{j}t_n X_n}]$$

$$= \phi_{X_1}(t_1)\phi_{X_2}(t_2)\cdots\phi_{X_n}(t_n).$$

（充分性） 设式 (8.1) 成立. 记 X_i 的概率密度函数为 $f_{X_i}(X_i)$，则 $\prod\limits_{i=1}^{n} f_{X_i}(x_i)$ 为 n 维概率密度函数，其特征函数为

$$\int_{x_1\in\mathbb{R}}\cdots\int_{x_n\in\mathbb{R}}\prod_{i=1}^{n} f_{X_i}(x_i)\prod_{i=1}^{n}\mathrm{e}^{\mathrm{j}t_i x_i}\mathrm{d}x_1\cdots\mathrm{d}x_n = \prod_{i=1}^{n}\int_{X_i\in\mathbb{R}} f_{X_i}(x_i)\mathrm{e}^{\mathrm{j}t_i x_i}\mathrm{d}x_i = \prod_{i=1}^{n}\phi_{X_i}(t_i).$$

式 (8.1) 成立，表明 $\prod\limits_{i=1}^{n} f_{X_i}(x_i)$ 的特征函数等于联合概率密度函数 $f_{\boldsymbol{X}}(\boldsymbol{x})$ 的特征函数. 基于定理 8.1 特征函数与分布的对应关系，可知

$$\prod_{i=1}^{n} f_{X_i}(x_i) = f_{\boldsymbol{X}}(\boldsymbol{x}).$$

此即 $X_1, X_2, \cdots, X_n$ 相互独立. ∎

定理 8.5（多元高斯的特征函数） n 元高斯分布 $f_{\boldsymbol{X}}(\boldsymbol{x}) \sim N(\boldsymbol{\mu}, \boldsymbol{\Sigma})$ 的特征函数为

$$\phi_{\boldsymbol{X}}(\boldsymbol{t}) = \mathrm{e}^{\mathrm{j}\boldsymbol{t}^{\mathrm{T}}\boldsymbol{\mu} - \frac{1}{2}\boldsymbol{t}^{\mathrm{T}}\boldsymbol{\Sigma}\boldsymbol{t}},$$

其中 $\boldsymbol{t} = (t_1, t_2, \cdots, t_n)^{\mathrm{T}}$.

证明   类似多元高斯正则性的证明，考虑正定矩阵 $\boldsymbol{\Sigma}^{-1}$，存在非奇异矩阵 $\boldsymbol{L}$，使得 $\boldsymbol{\Sigma}^{-1} = \boldsymbol{L}^{\mathrm{T}}\boldsymbol{L}$，做变换 $\boldsymbol{y} = \boldsymbol{L}(\boldsymbol{x} - \boldsymbol{\mu})$，可得

$$
\begin{aligned}
\phi_{\boldsymbol{X}}(\boldsymbol{t}) &= \int_{\boldsymbol{x}\in\mathbb{R}^n} \mathrm{e}^{\mathrm{j}\boldsymbol{t}^{\mathrm{T}}\boldsymbol{x}} f_{\boldsymbol{X}}(\boldsymbol{x})\mathrm{d}\boldsymbol{x} \\
&= \int_{\boldsymbol{y}\in\mathbb{R}^n} \mathrm{e}^{\mathrm{j}\boldsymbol{t}^{\mathrm{T}}(\boldsymbol{L}^{-1}\boldsymbol{y}+\boldsymbol{\mu})} \frac{1}{(2\pi)^{\frac{n}{2}}\boldsymbol{\Sigma}^{\frac{1}{2}}} \mathrm{e}^{-\frac{1}{2}\boldsymbol{y}^{\mathrm{T}}\boldsymbol{y}} |\boldsymbol{\Sigma}|^{\frac{1}{2}}\mathrm{d}\boldsymbol{y} \\
&= \mathrm{e}^{\mathrm{j}\boldsymbol{t}^{\mathrm{T}}\boldsymbol{\mu}} \int_{\boldsymbol{y}\in\mathbb{R}^n} \mathrm{e}^{\mathrm{j}\boldsymbol{t}^{\mathrm{T}}\boldsymbol{L}^{-1}\boldsymbol{y}} \frac{1}{(2\pi)^{\frac{n}{2}}} \mathrm{e}^{-\frac{1}{2}\boldsymbol{y}^{\mathrm{T}}\boldsymbol{y}}\mathrm{d}\boldsymbol{y}.
\end{aligned}
$$

令 $\boldsymbol{\tau}^{\mathrm{T}} = \boldsymbol{t}^{\mathrm{T}}\boldsymbol{L}^{-1}$，以及 $\boldsymbol{\tau} = (\tau_1, \tau_2, \cdots, \tau_n)^{\mathrm{T}}$，继续推导有

$$
\begin{aligned}
\phi_{\boldsymbol{X}}(\boldsymbol{t}) &= \mathrm{e}^{\mathrm{j}\boldsymbol{t}^{\mathrm{T}}\boldsymbol{\mu}} \prod_{i=1}^{n} \int_{y_i\in\mathbb{R}} \mathrm{e}^{\mathrm{j}\tau_i y_i} \frac{1}{\sqrt{2\pi}} \mathrm{e}^{-\frac{1}{2}y_i^2}\mathrm{d}y_i = \mathrm{e}^{\mathrm{j}\boldsymbol{t}^{\mathrm{T}}\boldsymbol{\mu}} \prod_{i=1}^{n} \mathrm{e}^{-\frac{1}{2}\tau_i^2} \\
&= \mathrm{e}^{\mathrm{j}\boldsymbol{t}^{\mathrm{T}}\boldsymbol{\mu}} \mathrm{e}^{-\frac{1}{2}\boldsymbol{\tau}^{\mathrm{T}}\boldsymbol{\tau}} = \mathrm{e}^{\mathrm{j}\boldsymbol{t}^{\mathrm{T}}\boldsymbol{\mu}-\frac{1}{2}\boldsymbol{t}^{\mathrm{T}}\boldsymbol{L}^{-1}\boldsymbol{L}^{-\mathrm{T}}\boldsymbol{t}} = \mathrm{e}^{\mathrm{j}\boldsymbol{t}^{\mathrm{T}}\boldsymbol{\mu}-\frac{1}{2}\boldsymbol{t}^{\mathrm{T}}\boldsymbol{\Sigma}\boldsymbol{t}}.
\end{aligned}
$$

其中用到了一元正态分布的特征函数 $\mathcal{C}[N(0,1)] = \mathrm{e}^{-\frac{1}{2}t^2}, t\in\mathbb{R}$. ∎

推论 8.1   多元高斯分布的各高阶矩由均值向量 $\boldsymbol{\mu}$ 和协方差矩阵 $\boldsymbol{\Sigma}$ 决定.

由本结论可知多元高斯分布的特征函数由 $\boldsymbol{\mu}$ 和 $\boldsymbol{\Sigma}$ 决定，结合定理 8.3 即可得证.

前面多元高斯随机变量的定义 8.2，基于均值（一阶中心矩）和协方差（二阶中心矩），常称为多元高斯变量的矩定义，其中假定协方差矩阵是正定的，使用了逆矩阵 $\boldsymbol{\Sigma}^{-1}$. 注意到多元高斯变量的特征函数中在形式上并不要求 $\boldsymbol{\Sigma}$ 是正定的，因此基于特征函数可以拓广我们对多元高斯变量的定义.

定义 8.4（多元高斯随机变量基于特征函数的定义）   随机变量 $\boldsymbol{X}\in\mathbb{R}^n$，若其特征函数可表示为 $\phi_{\boldsymbol{X}}(\boldsymbol{t}) = \mathrm{e}^{\mathrm{j}\boldsymbol{t}^{\mathrm{T}}\boldsymbol{\mu}-\frac{1}{2}\boldsymbol{t}^{\mathrm{T}}\boldsymbol{\Sigma}\boldsymbol{t}}$，其中 $\boldsymbol{\mu}\in\mathbb{R}^n$，$\boldsymbol{\Sigma}$ 非负定，则称 $\boldsymbol{X}$ 为 n 元高斯随机变量，亦记为 $\boldsymbol{X}\sim N(\boldsymbol{\mu},\boldsymbol{\Sigma})$.

该拓广定义带来了涉及高斯变量的概率演算上的两个便利. 首先，不难看出该拓广定义纳入了高斯变量协方差矩阵 $\boldsymbol{\Sigma}$ 不满秩的情况，其次是实现了高斯随机变量的极限运算的封闭性，这可从下面定理看出来.

定理 8.6（高斯随机变量序列的极限）   考虑一列（依据定义 8.4的）n 元高斯随机变量 $\{\boldsymbol{X}^{(k)}; k\geqslant 1\}$，依分布收敛到 $\boldsymbol{X}$（见定义 4.3），则 $\boldsymbol{X}$ 亦服从（依据定义 8.4的）高斯分布.

证明   设高斯随机变量 $\boldsymbol{X}^{(k)}\sim N(\boldsymbol{\mu}^{(k)}, \boldsymbol{\Sigma}^{(k)})$，若 $\boldsymbol{X}^{(k)}\xrightarrow{\mathrm{d}}\boldsymbol{X}$，则根据定理 4.10，有 $\lim_{k\to\infty}\phi_{\boldsymbol{X}^{(k)}}(\boldsymbol{t}) = \phi_{\boldsymbol{X}}(\boldsymbol{t})$，即

$$
\phi_{\boldsymbol{X}}(\boldsymbol{t}) = \lim_{k\to\infty} \mathrm{e}^{\mathrm{j}\boldsymbol{t}^{\mathrm{T}}\boldsymbol{\mu}^{(k)}-\frac{1}{2}\boldsymbol{t}^{\mathrm{T}}\boldsymbol{\Sigma}^{(k)}\boldsymbol{t}} = \mathrm{e}^{\mathrm{j}\boldsymbol{t}^{\mathrm{T}}\boldsymbol{\mu}-\frac{1}{2}\boldsymbol{t}^{\mathrm{T}}\boldsymbol{\Sigma}\boldsymbol{t}},
$$

其中 $\boldsymbol{\mu} = \lim\limits_{k\to\infty} \boldsymbol{\mu}^{(k)}$, $\boldsymbol{\Sigma} = \lim\limits_{k\to\infty} \boldsymbol{\Sigma}^{(k)}$. 从 $\boldsymbol{X}$ 的特征函数的形式可知 $\boldsymbol{X}$ 亦服从高斯分布. ∎

基于本定理, 在本章后面进一步可知 (定理 8.15, 定理 8.16), 高斯过程的微分和积分仍是高斯过程.

例 8.1 考虑一列高斯随机变量 $\{X_n, n \geqslant 1\}$, $X_n \sim N\left(a, \dfrac{1}{n}\right)$, 其中 a 为常数. 不难看出 $\phi_{X_n(t)} = \mathrm{e}^{\mathrm{j}at - \frac{1}{2}\frac{t^2}{n}}$, 以及 $\lim\limits_{n\to\infty} \phi_{X_n(t)} = \mathrm{e}^{\mathrm{j}at}$. 因此, 这一列高斯随机变量依分布收敛于一个特征函数是 $\mathrm{e}^{\mathrm{j}at}$ 的变量 X, 其服从 $P(X = a) = 1$, 这可视为一个退化为单点分布的高斯分布.

例 8.2 设随机变量 $X_1 \sim N(\mu, \sigma^2)$, $X_2 = X_1 + b$, 其中 b 为常数, 求 X_1, X_2 联合分布的特征函数.

解 首先可写出 X_1, X_2 的联合概率密度函数为

$$f_{X_1,X_2}(x_1, x_2) = f_{X_1}(x_1)f_{X_2|X_1}(x_2|x_1) = f(x_1)\delta(x_2 - x_1 - b).$$

进一步可计算其特征函数为

$$\begin{aligned}
\phi_{X_1,X_2}(t_1, t_2) &= \iint f_{X_1,X_2}(x_1, x_2)\mathrm{e}^{\mathrm{j}t_1 x_1}\mathrm{e}^{\mathrm{j}t_2 x_2}\mathrm{d}x_1\mathrm{d}x_2 \\
&= \int f_{X_1}(x_1)\left[\int \delta(x_2 - x_1 - b)\mathrm{e}^{\mathrm{j}t_2 x_2}\mathrm{d}x_2\right]\mathrm{e}^{\mathrm{j}t_1 x_1}\mathrm{d}x_1 \\
&= \int f_{X_1}(x_1)\mathrm{e}^{\mathrm{j}t_2(x_1+b)}\mathrm{e}^{\mathrm{j}t_1 x_1}\mathrm{d}x_1 = \mathrm{e}^{\mathrm{j}t_2 b}\int f_{X_1}(x_1)\mathrm{e}^{\mathrm{j}(t_1+t_2)x_1}\mathrm{d}x_1 \\
&= \mathrm{e}^{\mathrm{j}(t_1+t_2)\mu + \mathrm{j}t_2 b - \frac{1}{2}\sigma^2(t_1+t_2)^2} \\
&= \exp\left\{\mathrm{j}(t_1, t_2)\begin{pmatrix}\mu \\ \mu+b\end{pmatrix} - \frac{1}{2}(t_1+t_2)\begin{pmatrix}\sigma^2 & \sigma^2 \\ \sigma^2 & \sigma^2\end{pmatrix}\begin{pmatrix}t_1 \\ t_2\end{pmatrix}\right\}.
\end{aligned}$$

从特征函数的形式, 可知 X_1, X_2 服从高斯分布, 协方差矩阵 $\begin{pmatrix}\sigma^2 & \sigma^2 \\ \sigma^2 & \sigma^2\end{pmatrix}$ 不满秩. ∎

8.3 多元高斯分布的性质

多元高斯分布具有许多其他分布不具备的良好性质, 了解这些性质对于研究高斯过程很重要.

8.3.1 线性变换

定理 8.7 (多元高斯的线性变换) 对 n 元高斯随机变量 $\boldsymbol{X} \sim N(\boldsymbol{\mu}, \boldsymbol{\Sigma})$, 以及线性变换 $\boldsymbol{A} \in \mathbb{R}^{l\times n}, \boldsymbol{b} \in \mathbb{R}^l$, 则 $\boldsymbol{A}\boldsymbol{X} + \boldsymbol{b}$ 亦服从高斯分布, 均值为 $\boldsymbol{A}\boldsymbol{\mu} + \boldsymbol{b}$, 协方差矩阵为 $\boldsymbol{A}\boldsymbol{\Sigma}\boldsymbol{A}^{\mathrm{T}}$.

证明　根据线性变换的特征函数的性质（定理 8.3），可知 $\boldsymbol{Y} \stackrel{\text{def}}{=} \boldsymbol{A}\boldsymbol{X} + \boldsymbol{b}$ 的特征函数为

$$\phi_{\boldsymbol{Y}}(\boldsymbol{t}) = \phi_{\boldsymbol{X}}(\boldsymbol{A}^{\mathrm{T}}\boldsymbol{t})\mathrm{e}^{\mathrm{j}\boldsymbol{t}^{\mathrm{T}}\boldsymbol{b}} = \left[\mathrm{e}^{\mathrm{j}\boldsymbol{\tau}^{\mathrm{T}}\boldsymbol{\mu} - \frac{1}{2}\boldsymbol{\tau}^{\mathrm{T}}\boldsymbol{\Sigma}\boldsymbol{\tau}}\right]_{\boldsymbol{\tau} = \boldsymbol{A}^{\mathrm{T}}\boldsymbol{t}} \cdot \mathrm{e}^{\mathrm{j}\boldsymbol{t}^{\mathrm{T}}\boldsymbol{b}}$$

$$= \mathrm{e}^{\mathrm{j}\boldsymbol{t}^{\mathrm{T}}\boldsymbol{A}\boldsymbol{\mu} - \frac{1}{2}\boldsymbol{t}^{\mathrm{T}}\boldsymbol{A}\boldsymbol{\Sigma}\boldsymbol{A}^{\mathrm{T}}\boldsymbol{t}} \cdot \mathrm{e}^{\mathrm{j}\boldsymbol{t}^{\mathrm{T}}\boldsymbol{b}}$$

$$= \mathrm{e}^{\mathrm{j}\boldsymbol{t}^{\mathrm{T}}(\boldsymbol{A}\boldsymbol{\mu} + \boldsymbol{b}) - \frac{1}{2}\boldsymbol{t}^{\mathrm{T}}\boldsymbol{A}\boldsymbol{\Sigma}\boldsymbol{A}^{\mathrm{T}}\boldsymbol{t}}.$$

从 $\boldsymbol{Y}$ 的特征函数的形式可知 $\boldsymbol{Y}$ 服从高斯分布，均值为 $\boldsymbol{A}\boldsymbol{\mu} + \boldsymbol{b}$，协方差矩阵为 $\boldsymbol{A}\boldsymbol{\Sigma}\boldsymbol{A}^{\mathrm{T}}$. ∎

注 1　上述性质表明，高斯变量的线性变换仍是高斯变量，称为高斯分布的线性变换不变性. 这种不变性是高斯分布的特征性质，换句话说，可以凭借这种不变性来判断一个随机向量是否服从多元高斯分布.

注 2　本定理比例 3.20 的结论更强. 例 3.20 要求线性变换矩阵 $\boldsymbol{A}$ 是满秩的，本定理则放松了这一要求.

定理 8.8　$\boldsymbol{X} = (X_1, X_2, \cdots, X_n)^{\mathrm{T}}$ 服从 n 元高斯分布的充要条件是：任取 $\boldsymbol{c} = (c_1, c_2, \cdots, c_n)^{\mathrm{T}} \in \mathbb{R}^n$，线性组合 $\boldsymbol{c}^{\mathrm{T}}\boldsymbol{X} = \sum\limits_{i=1}^{n} c_i X_i$ 服从一元高斯分布.

证明　必要性是显然的，可以由高斯分布的线性变换不变性直接得到.

下面证明充分性. 记 $\boldsymbol{X}$ 的均值为 $\boldsymbol{\mu}_{\boldsymbol{X}}$，协方差矩阵为 $\boldsymbol{\Sigma}_{\boldsymbol{X}}$. 设 $\forall \boldsymbol{c} \in \mathbb{R}^n$，$Y = \boldsymbol{c}^{\mathrm{T}}\boldsymbol{X}$，$Y$ 服从一元高斯分布. 首先，可知 $E(Y) = \boldsymbol{c}^{\mathrm{T}}\boldsymbol{\mu}_{\boldsymbol{X}}$，$\mathrm{Var}(Y) = \boldsymbol{c}^{\mathrm{T}}\boldsymbol{\Sigma}_{\boldsymbol{X}}\boldsymbol{c}$. 因 Y 服从一元高斯分布，故有

$$\phi_Y(t) = E[\mathrm{e}^{\mathrm{j}tY}] = \mathrm{e}^{\mathrm{j}EYt - \frac{1}{2}\mathrm{Var}(Y)t^2} = \mathrm{e}^{\mathrm{j}\boldsymbol{c}^{\mathrm{T}}\boldsymbol{\mu}_{\boldsymbol{X}}t - \frac{1}{2}\boldsymbol{c}^{\mathrm{T}}\boldsymbol{\Sigma}_{\boldsymbol{X}}\boldsymbol{c}t^2}.$$

令 $t = 1$，则有

$$E[\mathrm{e}^{\mathrm{j}Y}] = E[\mathrm{e}^{\mathrm{j}\boldsymbol{c}^{\mathrm{T}}\boldsymbol{X}}] = \mathrm{e}^{\mathrm{j}\boldsymbol{c}^{\mathrm{T}}\boldsymbol{\mu}_{\boldsymbol{X}} - \frac{1}{2}\boldsymbol{c}^{\mathrm{T}}\boldsymbol{\Sigma}_{\boldsymbol{X}}\boldsymbol{c}}.$$

此即 $\boldsymbol{X}$ 的特征函数. 由 $\boldsymbol{c}$ 的任意性，可知 $\boldsymbol{X}$ 服从 n 元联合高斯分布. ∎

8.3.2　边缘分布

为方便起见，沿用概率论中边缘分布中的记法，用下标集标识变量集. 将 n 元随机向量 $(X_1, X_2, \cdots, X_n)^{\mathrm{T}}$ 记为 $\boldsymbol{X}_{1:n}$，这里下标集 $1:n$ 是 $\{1, 2, \cdots, n\}$ 的简写. 设 $A \subset \{1, 2, \cdots, n\}$，比如 $n = 5, A = \{1, 3\}$，则 $\boldsymbol{X}_A \stackrel{\text{def}}{=} (X_1, X_3)^{\mathrm{T}}$，$\boldsymbol{X}_{\bar{A}} \stackrel{\text{def}}{=} (X_2, X_4, X_5)^{\mathrm{T}}$. 对于变量取值也做类似记法，例如 $(x_1, x_2, \cdots, x_n)^{\mathrm{T}}$ 记为 $\boldsymbol{x}_{1:n}$；在 $n = 5, A = \{1, 3\}$ 时，$\boldsymbol{x}_A \stackrel{\text{def}}{=} (x_1, x_3)^{\mathrm{T}}$，$\boldsymbol{x}_{\bar{A}} \stackrel{\text{def}}{=} (x_2, x_4, x_5)^{\mathrm{T}}$.

除了如上利用下标集表示向量的子向量，还可以利用下标集去表示矩阵的子矩阵. 考虑 $n \times n$ 矩阵 $\boldsymbol{\Sigma} \in \mathbb{R}^{n \times n}$，设 $A, B \subset \{1, 2, \cdots, n\}$，则 $\boldsymbol{\Sigma}_{A,B}$ 表示由 A 标识的行和 B

标识的列交叉组成的子矩阵. 例如 $n=5, A=\{1,3\}, B=\{2\}$，则

$$\boldsymbol{\Sigma} = \begin{pmatrix} \boldsymbol{\Sigma}_{11} & \boldsymbol{\Sigma}_{12} & \cdots & \boldsymbol{\Sigma}_{15} \\ \boldsymbol{\Sigma}_{21} & \boldsymbol{\Sigma}_{22} & \cdots & \boldsymbol{\Sigma}_{25} \\ \vdots & \vdots & & \vdots \\ \boldsymbol{\Sigma}_{51} & \boldsymbol{\Sigma}_{52} & \cdots & \boldsymbol{\Sigma}_{55} \end{pmatrix}, \boldsymbol{\Sigma}_{AB} \stackrel{\text{def}}{=} \begin{pmatrix} \boldsymbol{\Sigma}_{12} \\ \boldsymbol{\Sigma}_{32} \end{pmatrix}, \boldsymbol{\Sigma}_{AA} \stackrel{\text{def}}{=} \begin{pmatrix} \boldsymbol{\Sigma}_{11} & \boldsymbol{\Sigma}_{13} \\ \boldsymbol{\Sigma}_{31} & \boldsymbol{\Sigma}_{33} \end{pmatrix}.$$

在这样的记法下，$n \times n$ 矩阵 $\boldsymbol{\Sigma}$ 也可表示为 $\boldsymbol{\Sigma}_{1:n,1:n}$，但还是常简记为 $\boldsymbol{\Sigma}$；$\boldsymbol{\Sigma}_{AA}$ 常简记为 $\boldsymbol{\Sigma}_A$.

回忆一下，n 元随机向量 $\boldsymbol{X}_{1:n} = (X_1, X_2, \cdots, X_n)^{\mathrm{T}}$ 的联合概率密度函数，可记为 $f_{\boldsymbol{X}_{1:n}}(\boldsymbol{x}_{1:n})$. $\boldsymbol{X}_{1:n}$ 的任何一个子向量 $\boldsymbol{X}_A, A \subset \{1, 2, \cdots, n\}$ 的分布 $f_{\boldsymbol{X}_A}(\boldsymbol{x}_A)$，称为边缘分布. 边缘分布与联合分布的关系如下（碰到分量为连续型时，把求和换成积分）：

$$f_{\boldsymbol{X}_A}(\boldsymbol{x}_A) = \sum_{\boldsymbol{x}_{\bar{A}}} f_{\boldsymbol{X}_{1:n}}(\boldsymbol{x}_{1:n}).$$

不难看出，从特征函数来看，边缘分布的特征函数与联合分布的特征函数的关系如下：

$$\phi_{\boldsymbol{X}_A}(\boldsymbol{t}_A) = \phi_{\boldsymbol{X}_{1:n}}(\boldsymbol{t}_{1:n})\big|_{\boldsymbol{t}_{\bar{A}}=0},$$

其中 $\boldsymbol{t}_{1:n} = (t_1, t_2, \cdots, t_n)$，$\boldsymbol{t}_A, \boldsymbol{t}_{\bar{A}}$ 分别是下标集 A 与 $\bar{A}$ 标识的 $\boldsymbol{t}_{1:n}$ 的子向量.

定理 8.9（多元高斯的边缘分布） 对 n 元高斯随机变量 $\boldsymbol{X}_{1:n} \sim N(\boldsymbol{\mu}, \boldsymbol{\Sigma})$，以及 $A \subset \{1, 2, \cdots, n\}$，则 $\boldsymbol{X}_A$ 亦服从高斯分布，均值为 $\boldsymbol{\mu}_A$，协方差矩阵为 $\boldsymbol{\Sigma}_{AA}$.

证明 考查子向量 $\boldsymbol{X}_A$ 的边缘分布的特征函数，有

$$\phi_{\boldsymbol{X}_A}(\boldsymbol{t}_A) = \left[\mathrm{e}^{\mathrm{j}\boldsymbol{t}^{\mathrm{T}}\boldsymbol{\mu} - \frac{1}{2}\boldsymbol{t}^{\mathrm{T}}\boldsymbol{\Sigma}\boldsymbol{t}} \right]_{\boldsymbol{t}_{\bar{A}}=0} = \mathrm{e}^{\mathrm{j}\boldsymbol{t}_A^{\mathrm{T}}\boldsymbol{\mu}_A - \frac{1}{2}\boldsymbol{t}_A^{\mathrm{T}}\boldsymbol{\Sigma}_{AA}\boldsymbol{t}_A}.$$

可知 $\boldsymbol{X}_A$ 亦服从高斯分布，均值为 $\boldsymbol{\mu}_A$，协方差矩阵为 $\boldsymbol{\Sigma}_A$. 也就是说，多元高斯分布的边缘分布仍然是高斯分布. ∎

8.3.3 独立性

定理 8.10（多元高斯的独立性） 设 $\boldsymbol{X} = (\boldsymbol{X}_A, \boldsymbol{X}_B)^{\mathrm{T}}$ 服从 n 元高斯分布（一般而言，$\boldsymbol{X}_A$ 与 $\boldsymbol{X}_B$ 是 $\boldsymbol{X}$ 的两个子向量），均值向量为 $\boldsymbol{\mu}_X = (\boldsymbol{\mu}_A, \boldsymbol{\mu}_B)^{\mathrm{T}}$，协方差矩阵为

$$\boldsymbol{\Sigma}_X = \begin{pmatrix} \boldsymbol{\Sigma}_A & \boldsymbol{\Sigma}_{AB} \\ \boldsymbol{\Sigma}_{BA} & \boldsymbol{\Sigma}_B \end{pmatrix},$$

则 $\boldsymbol{X}_A, \boldsymbol{X}_B$ 相互独立的充要条件是 $\boldsymbol{\Sigma}_{AB} = \boldsymbol{0}$.

证明 必要性是显然的，如果 $\boldsymbol{X}_A$ 和 $\boldsymbol{X}_B$ 相互独立，则两者的互协方差矩阵

$$\boldsymbol{\Sigma}_{AB} = E[(\boldsymbol{X}_A - \boldsymbol{\mu}_A)(\boldsymbol{X}_B - \boldsymbol{\mu}_B)^{\mathrm{T}}] = \boldsymbol{0}.$$

下面证明充分性. 当 $\boldsymbol{\Sigma}_{AB} = \boldsymbol{0}$ 时, 有 $\boldsymbol{\Sigma}_{BA} = \boldsymbol{0}$, 不难看出 $\boldsymbol{X}$ 的协方差矩阵 $\boldsymbol{\Sigma_X}$ 为分块对角矩阵

$$\boldsymbol{\Sigma_X} = \begin{pmatrix} \boldsymbol{\Sigma}_A & \boldsymbol{0} \\ \boldsymbol{0} & \boldsymbol{\Sigma}_B \end{pmatrix},$$

从而

$$f_{\boldsymbol{X}}(\boldsymbol{x}_A, \boldsymbol{x}_B)$$

$$= \frac{1}{(2\pi)^{\frac{n}{2}} \begin{vmatrix} \boldsymbol{\Sigma}_A & \boldsymbol{0} \\ \boldsymbol{0} & \boldsymbol{\Sigma}_B \end{vmatrix}^{\frac{1}{2}}} \exp\left(-\frac{1}{2}(\boldsymbol{x}_A - \boldsymbol{\mu}_A, \boldsymbol{x}_B - \boldsymbol{\mu}_B)\begin{pmatrix} \boldsymbol{\Sigma}_A & \boldsymbol{0} \\ \boldsymbol{0} & \boldsymbol{\Sigma}_B \end{pmatrix}^{-1}\begin{pmatrix} \boldsymbol{x}_A - \boldsymbol{\mu}_A \\ \boldsymbol{x}_B - \boldsymbol{\mu}_B \end{pmatrix}\right)$$

$$= \frac{1}{(2\pi)^{\frac{n_A}{2}}|\boldsymbol{\Sigma}_A|^{\frac{1}{2}}}e^{-\frac{1}{2}(\boldsymbol{x}_A - \boldsymbol{\mu}_A)^{\mathrm{T}}\boldsymbol{\Sigma}_A^{-1}(\boldsymbol{x}_A - \boldsymbol{\mu}_A)} \cdot \frac{1}{(2\pi)^{\frac{n_B}{2}}|\boldsymbol{\Sigma}_B|^{\frac{1}{2}}}e^{-\frac{1}{2}(\boldsymbol{x}_B - \boldsymbol{\mu}_B)^{\mathrm{T}}\boldsymbol{\Sigma}_B^{-1}(\boldsymbol{x}_B - \boldsymbol{\mu}_B)}$$

$$= f_{\boldsymbol{X}}(\boldsymbol{x}_A)f_{\boldsymbol{X}}(\boldsymbol{x}_B).$$

其中 n_A, n_B 分别表示 $\boldsymbol{X}_A, \boldsymbol{X}_B$ 的维数, $n_A + n_B = n$. 上式即表明 $\boldsymbol{X}_A$ 和 $\boldsymbol{X}_B$ 相互独立. ∎

我们看到, 在两个随机变量的联合分布服从高斯分布时, 两者不相关（互协方差等于 0）等价于两者相互独立, 这是多元高斯分布情形下的特殊性质. 在一般情况下, 这种等价关系并不成立; 在二阶矩存在时, 由独立性可以得到不相关性, 但反过来则不一定成立.

推论 8.2 n 元高斯随机变量 $(X_1, X_2, \cdots, X_n)$ 的各分量相互独立的充分必要条件是各分量之间的协方差为 0.

8.3.4 高阶矩

服从多元高斯分布的随机向量的分布函数仅依赖于其一阶矩和二阶矩, 所以高斯分布的高阶矩可以由其一、二阶矩完全确定. 例如, 利用定理 8.2 不难证明下面有关高斯分布的四阶混合原点矩的结论.

定理 8.11（高斯变量的高阶矩） 若 $\boldsymbol{X} = (X_1, X_2, X_3, X_4)^{\mathrm{T}}$ 服从联合高斯分布, 且各分量的均值均为 0, 则有

$$E[X_1X_2X_3X_4] = E(X_1X_2)E(X_3X_4) + E(X_1X_3)E(X_2X_4) + E(X_1X_4)E(X_2X_3).$$

8.3.5 条件分布

定理 8.12 设 n 元高斯 $\boldsymbol{X} \sim N(\boldsymbol{\mu}, \boldsymbol{\Sigma})$, 被分成了两个子向量, 维数分别为 n_A, n_B, $n_A + n_B = n$, 即设 $\boldsymbol{X} = \begin{pmatrix} \boldsymbol{X}_A \\ \boldsymbol{X}_B \end{pmatrix}, \boldsymbol{\mu} = \begin{pmatrix} \boldsymbol{\mu}_A \\ \boldsymbol{\mu}_B \end{pmatrix}, \boldsymbol{\Sigma} = \begin{pmatrix} \boldsymbol{\Sigma}_A & \boldsymbol{\Sigma}_{AB} \\ \boldsymbol{\Sigma}_{BA} & \boldsymbol{\Sigma}_B \end{pmatrix}$, 则

$$f_{\boldsymbol{X}_A|\boldsymbol{X}_B}(\boldsymbol{x}_A|\boldsymbol{x}_B) = N(\boldsymbol{\mu}_{A|B}, \boldsymbol{\Sigma}_{A|B}), \quad \boldsymbol{\mu}_{A|B} = \boldsymbol{\mu}_A + \boldsymbol{\Sigma}_{AB}\boldsymbol{\Sigma}_B^{-1}(\boldsymbol{x}_B - \boldsymbol{\mu}_B),$$

$$\boldsymbol{\Sigma}_{A|B} = \boldsymbol{\Sigma}_A - \boldsymbol{\Sigma}_{AB}\boldsymbol{\Sigma}_B^{-1}\boldsymbol{\Sigma}_{BA}.$$

条件均值 $\boldsymbol{\mu}_{A|B}$ 是条件量 $\boldsymbol{x}_B$ 的线性函数，条件协方差矩阵 $\boldsymbol{\Sigma}_{A|B}$ 是个常数矩阵.

证明 欲求 $f_{\boldsymbol{X}_A|\boldsymbol{X}_B}(\boldsymbol{x}_A|\boldsymbol{x}_B)$，若能找到矩阵 $\boldsymbol{C}$ 使得 $\mathrm{Cov}(\boldsymbol{Y},\boldsymbol{X}_B)=\boldsymbol{0}$，其中[①]

$$\begin{pmatrix}\boldsymbol{Y}\\\boldsymbol{X}_B\end{pmatrix}=\begin{pmatrix}\boldsymbol{I}&\boldsymbol{C}\\\boldsymbol{0}&\boldsymbol{I}\end{pmatrix}\begin{pmatrix}\boldsymbol{X}_A\\\boldsymbol{X}_B\end{pmatrix},\ \boldsymbol{Y}=\boldsymbol{X}_A+\boldsymbol{C}\boldsymbol{X}_B,$$

则 $\boldsymbol{Y},\boldsymbol{X}_B$ 服从多元高斯，两者不相关，意味两者独立. 因此

$$f_{\boldsymbol{X}_A,\boldsymbol{X}_B}(\boldsymbol{x}_A|\boldsymbol{x}_B)=\frac{f_{\boldsymbol{X}_A,\boldsymbol{X}_B}(\boldsymbol{x}_A,\boldsymbol{x}_B)}{f_{\boldsymbol{X}_B}(\boldsymbol{x}_B)}=\frac{f_{\boldsymbol{Y},\boldsymbol{X}_B}(\boldsymbol{y},\boldsymbol{x}_B)}{f_{\boldsymbol{X}_B}(\boldsymbol{x}_B)}=\frac{f_{\boldsymbol{Y}}(\boldsymbol{y})f_{\boldsymbol{X}_B}(\boldsymbol{x}_B)}{f_{\boldsymbol{X}_B}(\boldsymbol{x}_B)}$$

$$=f_{\boldsymbol{Y}}(\boldsymbol{y})|_{\boldsymbol{y}=\boldsymbol{x}_A+\boldsymbol{C}\boldsymbol{x}_B}. \tag{8.2}$$

不难求出

$$\mathrm{Cov}(\boldsymbol{Y},\boldsymbol{X}_B)=E\left[(\boldsymbol{Y}-E(\boldsymbol{Y}))(\boldsymbol{X}_B-E(\boldsymbol{X}_B))^{\mathrm{T}}\right]$$

$$=E\left[(\boldsymbol{X}_A+\boldsymbol{C}\boldsymbol{X}_B-\boldsymbol{\mu}_A-\boldsymbol{C}\boldsymbol{\mu}_B)(\boldsymbol{X}_B-\boldsymbol{\mu}_B)^{\mathrm{T}}\right]$$

$$=\boldsymbol{\Sigma}_{AB}+\boldsymbol{C}\boldsymbol{\Sigma}_B=\boldsymbol{0}.$$

因此可取 $\boldsymbol{C}=-\boldsymbol{\Sigma}_{AB}\boldsymbol{\Sigma}_B^{-1}$，代入式 (8.2) 可得

$$\boldsymbol{Y}=\boldsymbol{X}_A+\boldsymbol{C}\boldsymbol{X}_B,\quad E(\boldsymbol{Y})=\boldsymbol{\mu}_A+\boldsymbol{C}\boldsymbol{\mu}_B,$$

$$\mathrm{Cov}(\boldsymbol{Y})=E\left[(\boldsymbol{Y}-E(\boldsymbol{Y}))(\boldsymbol{Y}-E(\boldsymbol{Y}))^{\mathrm{T}}\right]$$

$$=E\left[(\boldsymbol{X}_A+\boldsymbol{C}\boldsymbol{X}_B-\boldsymbol{\mu}_A-\boldsymbol{C}\boldsymbol{\mu}_B)(\boldsymbol{X}_A+\boldsymbol{C}\boldsymbol{X}_B-\boldsymbol{\mu}_A-\boldsymbol{C}\boldsymbol{\mu}_B)^{\mathrm{T}}\right]$$

$$=\boldsymbol{\Sigma}_A+\boldsymbol{C}\boldsymbol{\Sigma}_B\boldsymbol{C}^{\mathrm{T}}+\boldsymbol{C}\boldsymbol{\Sigma}_{BA}+\boldsymbol{\Sigma}_{AB}\boldsymbol{C}^{\mathrm{T}}$$

$$=\boldsymbol{\Sigma}_A-\boldsymbol{\Sigma}_{AB}\boldsymbol{\Sigma}_B^{-1}\boldsymbol{\Sigma}_{BA}\overset{\mathrm{def}}{=}\boldsymbol{\Sigma}_{A|B},$$

$$f_{\boldsymbol{X}_A|\boldsymbol{X}_B}(\boldsymbol{x}_A|\boldsymbol{x}_B)=f_{\boldsymbol{Y}}(\boldsymbol{y})|_{\boldsymbol{y}=\boldsymbol{x}_A+\boldsymbol{C}\boldsymbol{x}_B}$$

$$=\frac{1}{(2\pi)^{\frac{n_1}{2}}|\boldsymbol{\Sigma}_{A|B}|^{\frac{1}{2}}}\mathrm{e}^{-\frac{1}{2}(\boldsymbol{y}-E\boldsymbol{Y})^{\mathrm{T}}\boldsymbol{\Sigma}_{A|B}^{-1}(\boldsymbol{y}-E\boldsymbol{Y})}$$

$$=\frac{1}{(2\pi)^{\frac{n_1}{2}}|\boldsymbol{\Sigma}_{A|B}|^{\frac{1}{2}}}\mathrm{e}^{-\frac{1}{2}(\boldsymbol{x}_A-\boldsymbol{\mu}_{A|B})^{\mathrm{T}}\boldsymbol{\Sigma}_{A|B}^{-1}(\boldsymbol{x}_A-\boldsymbol{\mu}_{A|B})},$$

其中，$\boldsymbol{y}-E(\boldsymbol{Y})=\boldsymbol{x}_A+\boldsymbol{C}\boldsymbol{x}_B-(\boldsymbol{\mu}_A+\boldsymbol{C}\boldsymbol{\mu}_B)=\boldsymbol{x}_A-(\boldsymbol{\mu}_A-\boldsymbol{C}(\boldsymbol{x}_B-\boldsymbol{\mu}_B))=\boldsymbol{x}_A-(\boldsymbol{\mu}_A+\boldsymbol{\Sigma}_{AB}\boldsymbol{\Sigma}_B^{-1}(\boldsymbol{x}_B-\boldsymbol{\mu}_B))\overset{\mathrm{def}}{=}\boldsymbol{x}_A-\boldsymbol{\mu}_{A|B}$.

因此，$\boldsymbol{X}_A|\boldsymbol{X}_B=\boldsymbol{x}_B$ 服从 n_A 元高斯分布，均值为 $\boldsymbol{\mu}_{A|B}$，协方差矩阵为 $\boldsymbol{\Sigma}_{A|B}$，即多元高斯的任两个分量之间的条件分布亦服从高斯分布. ∎

---

① 为简单起见，不同大小的单位阵均简记为 $\boldsymbol{I}$，通过其所处位置不难看出其阶数的大小.

8.4 实高斯过程的若干性质

注意到，随机过程的研究是通过研究有限维分布去完成的，这是一个重要思想. 研究了多元高斯分布的性质，使得我们能更方便地研究高斯过程.

定理 8.13 一个实高斯过程 $\{X(t)\}$ 完全由其均值函数 $\mu_X(t)$ 与协方差函数 $C_X(t,t')$ 确定，因此常记为 $\{X(t)\} \sim \mathcal{GP}(\mu_X(t), C_X(t,t'))$.

证明 只需说明高斯过程的有限维分布由其均值函数 $\mu_X(t)$ 与协方差函数 $C_X(t,t')$ 确定. 考虑 $\forall n, \forall t_1, t_2, \cdots, t_n$, $(X(t_1), X(t_2), \cdots, X(t_n))$ 服从 n 元高斯分布，均值向量为 $(\mu_X(t_1), \mu_X(t_2), \cdots, \mu_X(t_n))^{\mathrm{T}}$, 协方差矩阵为 $\{C_X(t_i, t_j)\}_{i,j=1,2,\cdots,n}$, 结论显然 ∎

定理 8.14 对于实高斯过程 $\{X(t)\}$, 严平稳 $\Leftrightarrow$ 宽平稳.

证明 必要性显然. 下面证明充分性. 设实高斯过程 $\{X(t)\}$ 为宽平稳，均值为 μ_X, 协方差函数 $C_X(t_1, t_2)$ 仅与时间差相关，可记为 $C_X(t_1 - t_2)$. 考虑 $\forall n, \forall t_1, t_2, \cdots, t_n$, $\forall h, (X(t_1), X(t_2), \cdots, X(t_n))$ 的分布与 $(X(t_1+h), X(t_2+h), \cdots, X(t_n+h))$ 的分布，两者是否相同.

$(X(t_1), X(t_2), \cdots, X(t_n))$ 服从 n 元高斯分布，均值向量为 $(\mu, \mu, \cdots, \mu)$, 协方差矩阵为 $\{C_X(t_i - t_j)\}_{i,j=1,2,\cdots,n}$; $(X(t_1+h), X(t_2+h), \cdots, X(t_n+h))$ 亦服从 n 元高斯分布，均值向量同样是 $(\mu, \mu, \cdots, \mu)$, 协方差矩阵为 $\{C_X(t_i+h-t_j-h)\}_{i,j=1,2,\cdots,n}$, 因此两者具有相同分布，故满足严平稳性. ∎

由定理 8.6 可知，高斯向量序列的均方极限服从高斯分布. 这样，我们可以方便地将二阶矩过程的均方微积分性质，在高斯过程情形下加以讨论.

定理 8.15 若实高斯过程 $\{X(t)\}$ 均方可导，则 $\{X'(t)\}$ 也是高斯过程.

证明 记 $Y(t) \stackrel{\text{def}}{=} X'(t)$, 从定义出发考查 $\{Y(t)\}$ 是否为高斯过程. 考虑 $\forall n, \forall t_1, t_2, \cdots, t_n, \forall h$, 则有

$$\lim_{h \to 0} \begin{pmatrix} \dfrac{X(t_1+h) - X(t_1)}{h} \\[2mm] \dfrac{X(t_2+h) - X(t_2)}{h} \\[2mm] \vdots \\[2mm] \dfrac{X(t_n+h) - X(t_n)}{h} \end{pmatrix} \stackrel{m.s.}{=\!=} \begin{pmatrix} Y(t_1) \\ Y(t_2) \\ \vdots \\ Y(t_n) \end{pmatrix}.$$

不难看出，$\forall h$, 有

$$
\boldsymbol{\xi}(h) \stackrel{\text{def}}{=} \begin{pmatrix} \dfrac{X(t_1+h)-X(t_1)}{h} \\ \dfrac{X(t_2+h)-X(t_2)}{h} \\ \vdots \\ \dfrac{X(t_n+h)-X(t_n)}{h} \end{pmatrix} = \begin{pmatrix} \dfrac{1}{h} & -\dfrac{1}{h} & 0 & 0 & \cdots & 0 & 0 \\ 0 & 0 & \dfrac{1}{h} & -\dfrac{1}{h} & \cdots & 0 & 0 \\ \vdots & \vdots & \vdots & \ddots & \ddots & \vdots & \vdots \\ 0 & 0 & 0 & 0 & \cdots & \dfrac{1}{h} & -\dfrac{1}{h} \end{pmatrix} \begin{pmatrix} X(t_1+h) \\ X(t_1) \\ \vdots \\ X(t_n+h) \\ X(t_n) \end{pmatrix}.
$$

作为多元高斯变量的线性变换，仍服从多元高斯分布. 进而可得

$$
\lim_{h\to 0}\boldsymbol{\xi}(h) \stackrel{m.s.}{=\!=\!=} \begin{pmatrix} Y(t_1) \\ Y(t_2) \\ \vdots \\ Y(t_n) \end{pmatrix}
$$

仍服从高斯分布，从而 $\{Y(t)\}$ 是高斯过程. 这里利用了定理 8.6（高斯随机变量依分布收敛的极限仍服从高斯分布），以及定理 4.4 和定理 4.2（均方收敛蕴含依分布收敛）. ∎

在很多问题中，我们需要研究向量过程，见定义 5.13. 注意在高斯过程的定义 8.1 中，每个指标处的 $X(t)$ 可以是一个向量. 结合向量过程的定义 5.13，我们不难理解定义 8.1 同样适用于定义高斯向量过程.

定理 8.16 高斯过程 $\{X(t), t \in [a,b]\}$ 通过一般线性系统 $h(t,\tau)$

$$
Y(t) = \int_a^b X(\tau)h(t,\tau)\mathrm{d}\tau
$$

得到的输出过程 $\{Y(t)\}$ 仍然是高斯过程. 一个更强的结论是，$\left\{ \begin{pmatrix} X(t) \\ Y(t) \end{pmatrix} \right\}$ 是高斯（向量）过程.

证明 $\forall m$，在指标区间上任取 $a = \tau_0 < \tau_1 < \cdots < \tau_m = b$ 以及 $v_i \in [\tau_{i-1}, \tau_i], i = 1, 2, \cdots, m$，则

$$
\lim_{m\to\infty, \max_i(t_i-t_{i-1})\to 0} \sum_{i=1}^m X(v_i)h(t,v_i)(\tau_i - \tau_{i-1}) \stackrel{m.s.}{=\!=\!=} Y(t).
$$

从定义出发考查 $\{Y(t)\}$ 是否为高斯过程. 考虑 $\forall n, \forall t_1, t_2, \cdots, t_n$，则有

$$
\lim_{\substack{m\to\infty, \\ \max_i(t_i-t_{i-1})\to 0}} \begin{pmatrix} \sum_{i=1}^m X(v_i)h(t_1,v_i)(\tau_i - \tau_{i-1}) \\ \vdots \\ \sum_{i=1}^m X(v_i)h(t_n,v_i)(\tau_i - \tau_{i-1}) \end{pmatrix} \stackrel{m.s.}{=\!=\!=} \begin{pmatrix} Y(t_1) \\ \vdots \\ Y(t_n) \end{pmatrix}.
$$

由此进一步有

$$\lim_{\substack{m\to\infty, \\ \max_i(t_i-t_{i-1})\to0}} \begin{pmatrix} 1 & \cdots & 0 & 0 & \cdots & 0 \\ \vdots & \ddots & \vdots & \vdots & & \vdots \\ 0 & \cdots & 1 & 0 & \cdots & 0 \\ 0 & \cdots & 0 & h(t_1,v_1)(\tau_1-\tau_0) & \cdots & h(t_1,v_m)(\tau_m-\tau_{m-1}) \\ \vdots & & \vdots & \vdots & & \vdots \\ 0 & \cdots & 0 & h(t_n,v_1)(\tau_1-\tau_0) & \cdots & h(t_n,v_m)(\tau_m-\tau_{m-1}) \end{pmatrix} \cdot \begin{pmatrix} X(t_1) \\ \vdots \\ X(t_n) \\ X(v_1) \\ \vdots \\ X(v_m) \end{pmatrix}$$

$$\underset{=}{\scriptstyle m.s.} \begin{pmatrix} X(t_1) \\ \vdots \\ X(t_n) \\ Y(t_1) \\ \vdots \\ Y(t_n) \end{pmatrix}.$$

作为多元高斯变量的线性变换及均方极限，仍服从多元高斯分布；从而 $\left\{ \begin{pmatrix} X(t) \\ Y(t) \end{pmatrix} \right\}$ 是高斯（向量）过程. ∎

8.5　带通高斯过程

高斯随机变量或高斯过程会参与线性变换或非线性变换以完成某种信号处理任务.

8.5.1　瑞利分布和莱斯分布

通过瑞利（Rayleigh）分布和莱斯（Rician）分布的推导，请读者熟悉对高斯向量的非线性变换的输出分布的分析.

定义 8.5（莱斯分布）　设 X,Y 相互独立，服从联合高斯分布，$E(X)=\mu_1, E(Y)=\mu_2, \mathrm{Var}(X)=\mathrm{Var}(Y)=\sigma^2$，则

$$f_{XY}(x,y)=\frac{1}{2\pi\sigma^2}\mathrm{e}^{-\frac{1}{2\sigma^2}[(x-\mu_1)^2+(y-\mu_2)^2]}.$$

设 $\mu_1=\rho\cos\phi, \mu_2=\rho\sin\phi$，则

$$f_{XY}(x,y)=\frac{1}{2\pi\sigma^2}\mathrm{e}^{-\frac{1}{2\sigma^2}(x^2+y^2+\rho^2-2\rho x\cos\phi-2\rho y\sin\phi)}.$$

令 $\begin{cases} X=V\cos\Theta, \\ Y=V\sin\Theta, \end{cases}$ 做极坐标变换（这是一个典型的非线性变换），用变量取值表达的

变换函数为 $\begin{cases} x = v\cos\theta, \\ y = v\sin\theta, \end{cases}$ 其雅可比矩阵为

$$\frac{\partial(x,y)}{\partial(v,\theta)} = \begin{pmatrix} \dfrac{\partial x}{\partial v} & \dfrac{\partial x}{\partial \theta} \\ \dfrac{\partial y}{\partial v} & \dfrac{\partial y}{\partial \theta} \end{pmatrix} = \begin{pmatrix} \cos\theta & -v\sin\theta \\ \sin\theta & v\cos\theta \end{pmatrix},$$

$$f_{V\Theta}(v,\theta) = f_{XY}(x,y)\left\|\frac{\partial(x,y)}{\partial(v,\theta)}\right\| = \frac{v}{2\pi\sigma^2}\mathrm{e}^{-\frac{1}{2\sigma^2}[v^2+\rho^2-2\rho v\cos(\theta-\phi)]}. \tag{8.3}$$

从联合分布出发，可求得幅值 V 的边缘分布为

$$f_V(v) = \frac{v}{\sigma^2}\mathrm{e}^{-\frac{v^2+\rho^2}{2\sigma^2}}\frac{1}{2\pi}\int_0^{2\pi}\mathrm{e}^{\frac{\rho v}{\sigma^2}\cos(\theta-\phi)}\mathrm{d}\theta = \frac{v}{\sigma^2}\mathrm{e}^{-\frac{v^2+\rho^2}{2\sigma^2}}\mathrm{I}_0\left(\frac{\rho v}{\sigma^2}\right), v \geqslant 0. \tag{8.4}$$

这个称为参数为 ρ,σ 的莱斯分布，其中 $\mathrm{I}_0(z)$ 是修正的零阶贝塞尔（Bessel）函数，定义如下：$\mathrm{I}_0(z) = \dfrac{1}{2\pi}\displaystyle\int_0^{2\pi}\mathrm{e}^{z\cos\theta}\mathrm{d}\theta$.

莱斯分布在 ρ,σ 取不同值时的概率密度函数曲线见图 8.1. $\rho = 0$ 时的莱斯分布变为下面即将介绍的瑞利分布；$\rho \gg 1$，莱斯分布在 ρ 附近近似高斯分布.

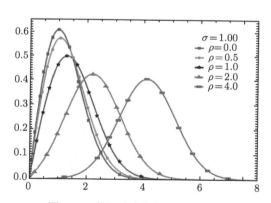

图 8.1　莱斯分布的概率密度函数

定义 8.6（瑞利分布）　特别地，如果莱斯分布的参数 $\rho = 0$，则

$$f_{V\Theta}(v,\theta) = \frac{v}{2\pi\sigma^2}\mathrm{e}^{-\frac{v^2}{2\sigma^2}}, v \geqslant 0, \theta \in [0,2\pi]. \tag{8.5}$$

对 v 积分可得 Θ 的边缘分布为

$$f_\Theta(\theta) = \frac{1}{2\pi}, \theta \in [0,2\pi].$$

对 θ 积分可得 V 的边缘分布为

$$f_V(v) = \frac{v}{\sigma^2}\mathrm{e}^{-\frac{v^2}{2\sigma^2}}, v \geqslant 0. \tag{8.6}$$

这个称为参数为 σ 的瑞利分布. 在 σ 取不同值时的瑞利分布的概率密度函数曲线见图 8.2.

由上不难看出, $\rho = 0$ 时莱斯分布的幅值 V 与相位 Θ 相互统计独立.

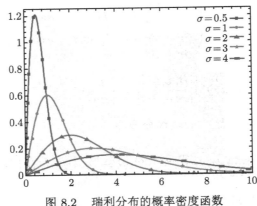

图 8.2　瑞利分布的概率密度函数

8.5.2　零均值带通高斯过程

从 7.6 节可知, 在通信、雷达等系统中常出现的调制信号可以建模为带通过程. 调制信号, 顾名思义, 就是基带信号经过调制得到的. 应用中常需要对其解调, 恢复出原基带信号. 如果带通过程是高斯过程的话（称为带通高斯过程）, 分析其解调后信号的分布特性, 是在通信、雷达等系统中的一个常见问题. 通过本小节, 请读者熟悉对高斯过程的非线性变换的输出过程的分析.

对零均值带通高斯过程 $\{X(t)\}$, 其解调后的信号是基带信号, 载有原基带信号的信息. 由 7.6 节可知, 解调的过程可以理解为以下几步. 首先, 分离出单边谱得到 $\{Z(t)\}$, 即

$$Z(t) = X(t) + \mathrm{j}\hat{X}(t).$$

其次, 把基带成分从载频（ω_c）附近搬移到零频附近得到 $\{X_B(t)\}$, $\{X_B(t)\}$ 的同相与正交分量分别记为 $\{X_{\mathrm{I}}(t)\}, \{X_{\mathrm{Q}}(t)\}$:

$$X_B(t) = Z(t)\mathrm{e}^{-\mathrm{j}\omega_c t} \overset{\text{def}}{=} X_{\mathrm{I}}(t) + \mathrm{j}X_{\mathrm{Q}}(t).$$

由此可计算出包络过程 $\{V(t)\}$ 和相位过程 $\{\Theta(t)\}$:

$$V(t) = \sqrt{X_{\mathrm{I}}(t)^2 + X_{\mathrm{Q}}(t)^2}, \qquad \Theta(t) = \arctan\frac{X_{\mathrm{Q}}(t)}{X_{\mathrm{I}}(t)}. \tag{8.7}$$

基于上述关系式, 不难看出

$$X(t) = \mathrm{Re}[V(t)\mathrm{e}^{\mathrm{j}(\omega_c t + \Theta(t))}] = V(t)\cos(\omega_c t + \Theta(t)).$$

由此更容易看出 $V(t)$ 与 $\Theta(t)$ 分别作为包络与相位的角色. $V(t)$ 与 $\Theta(t)$ 是高斯过程的非线性变换的输出. 我们关心 $\left\{\begin{pmatrix} V(t) \\ \Theta(t) \end{pmatrix}\right\}$ 的分布特性, 比如其一维分布与二维分布.

首先，注意到 $\{\hat{X}(t)\}$ 是 $\{X(t)\}$ 经过线性时不变系统的输出，因此 $\left\{\begin{pmatrix} X(t) \\ \hat{X}(t) \end{pmatrix}\right\}$ 是高斯过程，且为宽平稳[1].

其次，由

$$\begin{pmatrix} X_I(t) \\ X_Q(t) \end{pmatrix} = \begin{pmatrix} \cos(\omega_c t) & \sin(\omega_c t) \\ -\sin(\omega_c t) & \cos(\omega_c t) \end{pmatrix} \begin{pmatrix} X(t) \\ \hat{X}(t) \end{pmatrix}$$

可知 $\left\{\begin{pmatrix} X_I(t) \\ X_Q(t) \end{pmatrix}\right\}$ 是高斯过程，且由 7.6 节可知为宽平稳[2].

由 7.6 节还可知 $R_{X_I}(0) = R_{X_Q}(0) = R_X(0) = R_{\hat{X}}(0) = \sigma_X^2$，以及 $R_{X_I X_Q}(0) = 0$. 因此，同一时刻 $X_I(t), X_Q(t)$ 服从联合高斯分布且相互独立，具有零均值和相同方差 σ_X^2. 因而，幅值 $V(t)$ 和相位 $\Theta(t)$ 的联合分布如式 (8.5) 所示，特别地包络 $V(t)$ 服从参数为 σ_X 的瑞利分布. 包络服从瑞利分布是零均值带通高斯过程的一个重要特性.

对于求 $\left\{\begin{pmatrix} V(t) \\ \Theta(t) \end{pmatrix}\right\}$ 的二维分布，注意到

$$\begin{pmatrix} X_I(t) \\ X_Q(t) \\ X_I(u) \\ X_Q(u) \end{pmatrix} = \begin{pmatrix} \cos(\omega_c t) & \sin(\omega_c t) & 0 & 0 \\ -\sin(\omega_c t) & \cos(\omega_c t) & 0 & 0 \\ 0 & 0 & \cos(\omega_c u) & \sin(\omega_c u) \\ 0 & 0 & -\sin(\omega_c u) & \cos(\omega_c u) \end{pmatrix} \begin{pmatrix} X(t) \\ \hat{X}(t) \\ X(u) \\ \hat{X}(u) \end{pmatrix}.$$

由 7.6 节，读者不难求出 $(X(t), \hat{X}(t), X(u), \hat{X}(u))^T$ 服从 4 维高斯分布，进而求出 $(X_I(t), X_Q(t), X_I(u), X_Q(u))^T$ 亦服从 4 维高斯分布，经过极坐标变换可求出 $(V(t), \Theta(t), V(u), \Theta(u))$ 服从的分布.

8.5.3 随机相位正弦波信号叠加零均值带通高斯过程

设 $\{X(t)\}$ 为零均值带通高斯过程，$E[X(t)] = 0, \mathrm{Var}[X(t)] = \sigma^2$，其功率谱密度位于载频 ω_c 附近. 考虑一个角频率为 ω_c 的随机相位正弦波信号叠加上 $\{X(t)\}$，得到

$$Y(t) = A \sin(\omega_c t + \Phi) + X(t), \tag{8.8}$$

其中 A 为常数，Φ 为在 $[0, 2\pi]$ 上均匀分布的随机相位，并设 Φ 与 $\{X(t)\}$ 统计独立. 如果把零均值带通高斯过程 $\{X(t)\}$ 看作噪声，式 (8.8) 是一个典型的信号叠加噪声的模型. 我们关心带噪信号 $\{Y(t)\}$ 的分布特性.

---

[1] 即均值函数 $E\begin{pmatrix} X(t) \\ \hat{X}(t) \end{pmatrix}$ 为常数，自相关函数 $E\left[\begin{pmatrix} X(t_1) \\ \hat{X}(t_1) \end{pmatrix}(X(t_2), \hat{X}(t_2))\right]$ 仅为时间差 $t_1 - t_2$ 的函数，这等价于说 $\{X(t)\}$ 与 $\{\hat{X}(t)\}$ 联合宽平稳.

[2] 这等价于说 $\{X_I(t)\}$ 与 $\{X_Q(t)\}$ 联合宽平稳.

首先，由此不难看出 $\{Y(t)\}$ 是零均值、宽平稳随机过程，并且其功率谱密度仍为带通：

$$E[Y(t)] = E\left[A\sin\left(\omega_c t + \varPhi\right)\right] + E[X(t)] = 0,$$

$$R_Y(\tau) = \frac{A^2}{2}\cos\left(\omega_c \tau\right) + R_X(\tau).$$

代入带通实过程的表示公式 (7.42) 可知

$$Y(t) = A\sin\left(\omega_c t + \varPhi\right) + X_{\mathrm{I}}(t)\cos\left(\omega_c t\right) - X_{\mathrm{Q}}(t)\sin\left(\omega_c t\right)$$

$$= \left(X_{\mathrm{I}}(t) + A\sin\varPhi\right)\cos\left(\omega_c t\right) - \left(X_{\mathrm{Q}}(t) - A\cos\varPhi\right)\sin\left(\omega_c t\right),$$

其中 $X_{\mathrm{I}}(t)$，$X_{\mathrm{Q}}(t)$ 是独立的高斯随机变量，均值为 0，方差为 σ^2，并与 $\varPhi$ 统计独立.

接下来，将带通过程 $\{Y(t)\}$ 写为由包络 $V(t)$ 和相位 $\varTheta(t)$ 来表示：

$$Y(t) = V(t)\cos\left(\omega_c t + \varTheta(t)\right),$$

其中 $X_{\mathrm{I}}(t) + A\sin\varPhi = V(t)\cos\varTheta(t), X_{\mathrm{Q}}(t) - A\cos\varPhi = V(t)\sin\varTheta(t)$.

给定 $t, (X_{\mathrm{I}}(t), X_{\mathrm{Q}}(t), \varPhi)$ 的联合分布密度为

$$f_{X_{\mathrm{I}}(t), X_{\mathrm{Q}}(t), \varPhi}(x_{\mathrm{I}}, x_{\mathrm{Q}}, \phi)$$

$$= \frac{1}{\sqrt{2\pi\sigma^2}}\exp\left(-\frac{x_{\mathrm{I}}^2}{2\sigma^2}\right)\frac{1}{\sqrt{2\pi\sigma^2}}\exp\left(-\frac{x_{\mathrm{Q}}^2}{2\sigma^2}\right)\frac{1}{2\pi}, x_{\mathrm{I}}, x_{\mathrm{Q}} \in \mathbb{R}, \phi \in [0, 2\pi].$$

由变换

$$\begin{cases} x_{\mathrm{I}} = v\cos\theta - A\sin\phi, \\ x_{\mathrm{Q}} = v\sin\theta + A\cos\phi, \end{cases}$$

计算雅可比矩阵

$$\frac{\partial\left(x_{\mathrm{I}}, x_{\mathrm{Q}}, \phi\right)}{\partial(v, \theta, \phi)} = \begin{pmatrix} v\cos\theta & -v\sin\theta & -A\cos\phi \\ \sin\theta & v\cos\theta & -A\sin\phi \\ 0 & 0 & 1 \end{pmatrix},$$

可得

$$f_{V(t), \varTheta(t), \varPhi}(v, \theta, \phi)$$

$$= f_{X_{\mathrm{I}}(t), X_{\mathrm{Q}}(t), \varPhi}\left(x_{\mathrm{I}}, x_{\mathrm{Q}}, \phi\right)\left\|\frac{\partial\left(x_{\mathrm{I}}, x_{\mathrm{Q}}, \phi\right)}{\partial(v, \theta, \phi)}\right\|$$

$$= \frac{1}{4\pi^2\sigma^2}\exp\left(-\frac{v^2 + A^2 - 2Av\sin(\phi - \theta)}{2\sigma^2}\right)v, \quad A \geqslant 0, \quad \theta, \phi \in [0, 2\pi].$$

进一步对 ϕ 积分可得

$$
\begin{aligned}
f_{V(t),\Theta(t)}(v,\theta) &= \frac{v}{2\pi\sigma^2}\exp\left(-\frac{v^2+A^2}{2\sigma^2}\right)\frac{1}{2\pi}\int_0^{2\pi}\exp\left(\frac{Av\sin(\phi-\theta)}{\sigma^2}\right)\mathrm{d}\phi \\
&= \frac{v}{2\pi\sigma^2}\exp\left(-\frac{v^2+A^2}{2\sigma^2}\right)\mathrm{I}_0\left(\frac{Av}{\sigma^2}\right),\quad A\geqslant 0,\theta\in[0,2\pi].
\end{aligned}\tag{8.9}
$$

进一步对 θ 积分可得

$$
f_{V(t)}(v)=\frac{v}{\sigma^2}\exp\left(-\frac{v^2+A^2}{2\sigma^2}\right)\mathrm{I}_0\left(\frac{Av}{\sigma^2}\right),\quad A\geqslant 0,
$$

其中 I_0 为修正的零阶贝塞尔函数. 由此可知在任意时刻下, 带噪信号 $\{Y(t)\}$ 的包络和相位是独立的, 包络 $V(t)$ 服从莱斯分布, 相位 $\Theta(t)$ 服从 $[0,2\pi]$ 上的均匀分布.

这个结论也可以从定义 8.5 有关莱斯分布的推导来得到. 如果在定义 8.5 中令 $\mu_1 = A\sin(\tilde{\phi}), \mu_2 = -A\cos\tilde{\phi}$, 则可知给定 $\Phi = \tilde{\phi}$ 时, $(V(t),\Theta(t))$ 服从式 (8.5) 所示的联合分布密度, 其中 $\rho = A, \phi = \tilde{\phi}-\frac{\pi}{2}, \cos(\theta-\phi)=\cos\left(\theta-\tilde{\phi}+\frac{\pi}{2}\right)=\sin(\tilde{\phi}-\theta)$. 在此基础上, 利用

$$
f_{V(t),\Theta(t)}(v,\theta)=\int_0^{2\pi}f_{V(t),\Theta(t)|\Phi}(v,\theta|\tilde{\phi})f_\Phi(\tilde{\phi})\mathrm{d}\tilde{\phi}
$$

以及 $f_\Phi(\tilde{\phi})=\frac{1}{2\pi},\tilde{\phi}\in[0,2\pi]$, 亦可得到式 (8.9).

最后值得指出的是, 式 (8.8) 定义的带噪信号 $\{Y(t)\}$ 是零均值、宽平稳带通随机过程, 但上述分析表明, 在 $A\neq 0$ 时 $\{Y(t)\}$ 不再是高斯过程, 因为此时其包络 $V(t)$ 的一维分布服从莱斯分布, 而不是瑞利分布.

8.6 基于高斯过程的回归分析

基于高斯过程的回归分析 (gaussian process regression, GPR) 是近年来高斯过程在机器学习领域的一个重要应用进展, 它突破了高斯过程在通信、雷达等信号处理系统中的传统应用, 拓展了我们对高斯过程的认识.

回归分析是统计学、机器学习等多领域中的基础研究问题之一. 回归分析研究的是变量与变量间的关系, 其中一个变量称为自变量 $\boldsymbol{x}\in\mathbb{R}^d$, 另一个变量称为因变量 $y\in\mathbb{R}$. 假设两者存在如下的关系

$$
y=f(\boldsymbol{x})+e,
$$

其中, e 为表示误差的随机变量, $f(\boldsymbol{x})$ 称为回归函数（或预测函数、拟合函数）. 给定一组观测 $\mathcal{D}=\{(\boldsymbol{x}_i,y_i)|i=1,2,\cdots,n\}$（$\mathcal{D}$ 常称为训练数据）, 回归分析希望能就此找出在某个准则下最好的回归函数 $f(\cdot)$. 回归分析包括了两个层次的问题, 一是确定合适的回归函数形式; 二是在给定回归函数形式下, 依据训练数据求出具体的回归函数.

求出具体回归函数以后, 可以在一组有别于训练数据的测试数据 $\mathcal{T} = \{(\boldsymbol{x}_{*,j}, y_{*,j})|$ $j = 1, 2, \cdots, m\}$ 上, 通过计算预测值与因变量实际观测值间的差异来评价回归函数的好坏. 一般采用均方误差 (mean squared error, MSE) 来衡量, 即

$$\text{MSE} = \frac{1}{m} \sum_{j=1}^{m} (y_{*,j} - f(\boldsymbol{x}_{*,j}))^2.$$

在测试数据 $\mathcal{T}$ 上的 MSE 越小, 则表示所求的回归函数的推广能力越强, 对两变量间的关系拟合得越好.

有关回归分析的经典知识, 在参考文献 [3] 中 8.4 节, 参考文献 [4] 中第九章都有很好的入门介绍. "回归分析" 起源于 19 世纪英国生物学家兼统计学家高尔顿 (Galton) 研究父与子身高的遗传问题. 他发现子代的平均身高有向中心回归的现象, "回归" 一词由此而得名. 近年来, 基于高斯过程的回归分析 (参见参考文献 [1]), 得到了广泛的重视, 其历史发展在参考文献 [1] 中 2.8 节有介绍. 基于高斯过程的回归分析的一个突出优点是, 对于非线性回归函数的选择, 形成了一套行之有效的方法 (参见参考文献 [1] 中第 5 章).

在参考文献 [1] 中先后介绍了:

- 方法 A: 标准线性回归模型的 (非概率) 最小二乘求解;
- 方法 B: 标准线性回归模型的概率求解 (即参考文献 [1] 中 2.1.1 节的贝叶斯线性回归模型);
- 方法 C: 引入基函数构成广义线性回归模型 (实乃非线性回归模型);
- 认识上述非线性回归模型与基于高斯过程的回归分析的等价性, 从而将问题转换为用高斯过程来描述回归函数.
- 方法 D (即 GPR 方法): 选择某种协方差函数, 比如平方指数 (squared exponential) 协方差函数, 完成基于高斯过程的非线性回归分析.

下面将逐一来介绍. 为表述方便, 将训练数据记为

$$\boldsymbol{X} = (\boldsymbol{x}_1, \boldsymbol{x}_2, \cdots, \boldsymbol{x}_n) \in \mathbb{R}^{d \times n}, \qquad \boldsymbol{Y} = (y_1, y_2, \cdots, y_n)^{\mathrm{T}} \in \mathbb{R}^n.$$

方法 A　最小二乘法线性回归

考虑线性回归函数 $f(\boldsymbol{x}) = \boldsymbol{x}^{\mathrm{T}} \boldsymbol{w}$, 其中 $\boldsymbol{w} \in \mathbb{R}^d$ 为待定回归系数[①]. 通过在训练集上求解下列优化问题

$$\min_{\boldsymbol{w}} ||\boldsymbol{Y} - \boldsymbol{X}^{\mathrm{T}} \boldsymbol{w}||^2 \overset{\text{def}}{=} J(\boldsymbol{w}).$$

通过

$$\frac{\partial J(\boldsymbol{w})}{\partial \boldsymbol{w}} = \boldsymbol{X}(\boldsymbol{Y} - \boldsymbol{X}^{\mathrm{T}} \boldsymbol{w}) = \boldsymbol{0},$$

可求得对 $\boldsymbol{w}$ 的最小二乘[②]估计为

$$\hat{\boldsymbol{w}} = (\boldsymbol{X}\boldsymbol{X}^{\mathrm{T}})^{-1} \boldsymbol{X}\boldsymbol{Y}.$$

---

① 假设自变量 $\boldsymbol{x}$ 的第一维取为常数 1, 这样 $\boldsymbol{w}$ 的第一维表示了线性函数的偏置. 采取这种方式能简化数学表达.

② 最小二乘法 (又称最小平方法), 顾名思义, 是通过最小化误差的平方和来寻找最佳函数匹配.

方法 B 贝叶斯线性回归

最小二乘法只能求出回归系数的一个点估计 $\hat{\boldsymbol{w}}$，贝叶斯线性回归将回归系数建模为随机变量，同时将误差也建模为随机变量，使用后验分布来对回归系数 $\boldsymbol{w}$ 进行带不确定性的刻画.

设线性回归系数 $\boldsymbol{w}$ 先验来看服从高斯分布，$\boldsymbol{w} \sim N(\mathbf{0}, \boldsymbol{\Sigma}_p)$. 对各观测样本，假设预测值与因变量实际观测值之间的误差独立同分布，均服从高斯分布，$e_i \sim N(0, \sigma^2)$，即

$$y_i = f(\boldsymbol{x}_i) + e_i = \boldsymbol{x}_i^{\mathrm{T}} \boldsymbol{w} + e_i, i = 1, 2, \cdots, n. \tag{8.10}$$

$\boldsymbol{w}$ 与诸误差项 $e_i, i = 1, 2, \cdots, n$ 亦独立. 与 $\boldsymbol{w}$ 不同，$\boldsymbol{\Sigma}_p, \sigma^2$ 常称为超参数（hyper-parameter），可由建模者对数据观察所设，亦可从数据出发进行估计.

记 $\boldsymbol{E} = (e_1, e_2, \cdots, e_n)^{\mathrm{T}} \in \mathbb{R}^n$，其服从 $N(\mathbf{0}, \sigma^2 \boldsymbol{I})$，则式 (8.10) 可整理成

$$\boldsymbol{Y} = \boldsymbol{X}^{\mathrm{T}} \boldsymbol{w} + \boldsymbol{E}.$$

贝叶斯线性回归问题化归为，设 $\boldsymbol{w} \sim N(\mathbf{0}, \boldsymbol{\Sigma}_p), \boldsymbol{E} \sim N(\mathbf{0}, \sigma^2 \boldsymbol{I})$，给定[1]$\boldsymbol{X}$，观测到 $\boldsymbol{Y}$ 后求 $\boldsymbol{w}|\boldsymbol{X}, \boldsymbol{Y}$ 的后验分布. 这不难如下求得. 首先，我们有[2]

$$\begin{pmatrix} \boldsymbol{Y} \\ \boldsymbol{w} \end{pmatrix} = \begin{pmatrix} \boldsymbol{I} & \boldsymbol{X}^{\mathrm{T}} \\ \mathbf{0} & \boldsymbol{I} \end{pmatrix} \begin{pmatrix} \boldsymbol{E} \\ \boldsymbol{w} \end{pmatrix},$$

因此

$$\begin{pmatrix} \boldsymbol{Y} \\ \boldsymbol{w} \end{pmatrix} \sim N \left(\begin{pmatrix} \mathbf{0} \\ \mathbf{0} \end{pmatrix}, \begin{pmatrix} \boldsymbol{X}^{\mathrm{T}} \boldsymbol{\Sigma}_p \boldsymbol{X} + \sigma^2 \boldsymbol{I} & \boldsymbol{X}^{\mathrm{T}} \boldsymbol{\Sigma}_p \\ \boldsymbol{\Sigma}_p \boldsymbol{X} & \boldsymbol{\Sigma}_p \end{pmatrix} \right).$$

由 8.3.5 节有关多元高斯的条件分布的知识，可知 $\boldsymbol{w}|\boldsymbol{Y}$ 服从高斯分布，其均值向量和协方差矩阵分别为

$$E[\boldsymbol{w}|\boldsymbol{X}, \boldsymbol{Y}] = \boldsymbol{\Sigma}_p \boldsymbol{X} (\boldsymbol{X}^{\mathrm{T}} \boldsymbol{\Sigma}_p \boldsymbol{X} + \sigma^2 \boldsymbol{I})^{-1} \boldsymbol{Y} \stackrel{\mathrm{def}}{=} \bar{\boldsymbol{w}},$$

$$\mathrm{Cov}[\boldsymbol{w}|\boldsymbol{X}, \boldsymbol{Y}] = \boldsymbol{\Sigma}_p - \boldsymbol{\Sigma}_p \boldsymbol{X} (\boldsymbol{X}^{\mathrm{T}} \boldsymbol{\Sigma}_p \boldsymbol{X} + \sigma^2 \boldsymbol{I})^{-1} \boldsymbol{X}^{\mathrm{T}} \boldsymbol{\Sigma}_p.$$

给定任意测试自变量值 $\boldsymbol{x}_*$，则预测值为 $f(\boldsymbol{x}_*) = \boldsymbol{x}_*^{\mathrm{T}} \boldsymbol{w} \stackrel{\mathrm{def}}{=} f_*$，亦服从高斯分布，其均值和方差分别为

$$E[f_*|\boldsymbol{X}, \boldsymbol{Y}, \boldsymbol{x}_*] = \boldsymbol{x}_*^{\mathrm{T}} \bar{\boldsymbol{w}} = \boldsymbol{x}_* \boldsymbol{\Sigma}_p \boldsymbol{X} (\boldsymbol{X}^{\mathrm{T}} \boldsymbol{\Sigma}_p \boldsymbol{X} + \sigma^2 \boldsymbol{I})^{-1} \boldsymbol{Y},$$

$$\begin{aligned} \mathrm{Var}[f_*|\boldsymbol{X}, \boldsymbol{Y}, \boldsymbol{x}_*] &= \boldsymbol{x}_*^{\mathrm{T}} \mathrm{Cov}[\boldsymbol{w}|\boldsymbol{X}, \boldsymbol{Y}] \boldsymbol{x}_* \\ &= \boldsymbol{x}_*^{\mathrm{T}} \boldsymbol{\Sigma}_p \boldsymbol{x}_* - \boldsymbol{x}_*^{\mathrm{T}} \boldsymbol{\Sigma}_p \boldsymbol{X} (\boldsymbol{X}^{\mathrm{T}} \boldsymbol{\Sigma}_p \boldsymbol{X} + \sigma^2 \boldsymbol{I})^{-1} \boldsymbol{X}^{\mathrm{T}} \boldsymbol{\Sigma}_p \boldsymbol{x}_*. \end{aligned} \tag{8.11}$$

---

[1] 注意，无论在训练数据还是测试数据中，自变量值作为输入总是给定的.

[2] 为简单起见，不同大小的单位阵均简记为 $\boldsymbol{I}$，通过其所处位置不难得出其阶数的大小.

由此，我们不仅求出了预测值的均值，而且还知道了该预测值的方差，见图 8.3.

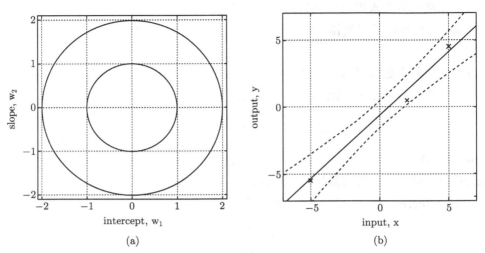

(a)　　　　　　　　　　　　(b)

图 8.3　贝叶斯线性回归示例 $(d=2)^{[1]}$，$f(x)=w_1+w_2x,\boldsymbol{w}=(w_1,w_2)^{\mathrm{T}}$

图 (a) 表示了 $\boldsymbol{w}$ 的先验分布 $\boldsymbol{w}\sim N(\mathbf{0},\boldsymbol{I})$，两个同心圆是 1 倍和 2 倍标准差时的等密度轮廓线. 图 (b) 画了三个样本点，以及穷尽 $\boldsymbol{x}_*$. 在相当大区间上的取值下，$\sigma^2=1$ 时的预测均值 $\boldsymbol{x}_*^{\mathrm{T}}\bar{\boldsymbol{w}}$ 及其围绕预测均值附近的 2 倍标准差，$2\sqrt{\mathrm{Var}(f_*|X,Y,\boldsymbol{x}_*)}$

方法 C：非线性回归（引入基函数）

上述方法 B 假定的线性回归函数有一个局限性，限制了回归函数的灵活性. 一个想法是引入一组基函数（a set of basis functions），将输入 $\boldsymbol{x}\in\mathbb{R}^d$ 投射到一个高维特征空间 $\boldsymbol{\phi}(\boldsymbol{x})\in\mathbb{R}^D,D>d$，然后可对升维后的特征运用方法 B. 这时，回归函数 $f(\boldsymbol{x})$ 仍是特征的线性函数，方法 B 可适用，但由此实现了对原输入的非线性回归分析，常称为广义线性回归分析.

假设 $d=1$，若取 $\boldsymbol{\phi}(x)=(1,x,x^2,x^3,\cdots)$ 则实现了多项式回归. 一般而言，设 $\boldsymbol{\phi}(\boldsymbol{x}):\mathbb{R}^d\to\mathbb{R}^D$，是人为引入的基函数，则式 (8.10) 变为

$$y_i=f(\boldsymbol{x}_i)+e_i=\boldsymbol{\phi}(\boldsymbol{x}_i)^{\mathrm{T}}\boldsymbol{w}+e_i,i=1,2,\cdots,n. \tag{8.12}$$

进一步可整理为

$$\boldsymbol{Y}=\boldsymbol{\Phi}^{\mathrm{T}}\boldsymbol{w}+\boldsymbol{E},$$

其中 $\boldsymbol{\Phi}\stackrel{\text{def}}{=}(\boldsymbol{\phi}(\boldsymbol{x}_1),\boldsymbol{\phi}(\boldsymbol{x}_2),\cdots,\boldsymbol{\phi}(\boldsymbol{x}_n))\in\mathbb{R}^{D\times n}$，其他符号沿用方法 B.

给定任意测试自变量值 $\boldsymbol{x}_*$，其预测值为 $f(\boldsymbol{x}_*)=\boldsymbol{\phi}(\boldsymbol{x}_*)^{\mathrm{T}}\boldsymbol{w}\stackrel{\text{def}}{=}f_*$. 若进一步记 $\boldsymbol{\phi}_*\stackrel{\text{def}}{=}\boldsymbol{\phi}(\boldsymbol{x}_*)$，则方法 B 的式 (8.11) 的结果可照搬使用如下，只是用升维后的特征 $\boldsymbol{\Phi}$ 代替之前的输入 $\boldsymbol{X}$，$\boldsymbol{\phi}_*$ 代替 $\boldsymbol{x}_*$，即

$$E(f_*|\boldsymbol{\Phi},\boldsymbol{Y},\boldsymbol{\phi}_*)=\boldsymbol{\phi}_*\boldsymbol{\Sigma}_p\boldsymbol{\Phi}(\boldsymbol{\Phi}^{\mathrm{T}}\boldsymbol{\Sigma}_p\boldsymbol{\Phi}+\sigma^2\boldsymbol{I})^{-1}\boldsymbol{Y},$$
$$\mathrm{Var}(f_*|\boldsymbol{\Phi},\boldsymbol{Y},\boldsymbol{\phi}_*)=\boldsymbol{\phi}_*^{\mathrm{T}}\boldsymbol{\Sigma}_p\boldsymbol{\phi}_*-\boldsymbol{\phi}_*^{\mathrm{T}}\boldsymbol{\Sigma}_p\boldsymbol{\Phi}(\boldsymbol{\Phi}^{\mathrm{T}}\boldsymbol{\Sigma}_p\boldsymbol{\Phi}+\sigma^2\boldsymbol{I})^{-1}\boldsymbol{\Phi}^{\mathrm{T}}\boldsymbol{\Sigma}_p\boldsymbol{\phi}_*. \tag{8.13}$$

方法 D：高斯过程回归

广义线性回归分析中，如何选择基函数 $\phi(\boldsymbol{x})$ 是一个重要问题．注意到，式 (8.13) 所示预测值的均值和方差都只取决于

$$\phi(\boldsymbol{x})^{\mathrm{T}}\boldsymbol{\Sigma}_p\phi(\boldsymbol{x}'),\ \boldsymbol{x},\boldsymbol{x}' \in \text{训练集或测试集}.$$

而这些项其实是零均值高斯过程 $\{f(\boldsymbol{x}),\boldsymbol{x}\in\mathbb{R}^d\}$ 的协方差函数，因为

$$E(f(\boldsymbol{x})) = E(\phi(\boldsymbol{x})^{\mathrm{T}}\boldsymbol{w}) = \phi(\boldsymbol{x})^{\mathrm{T}}E(\boldsymbol{w}) = 0,$$

$$\mathrm{Cov}(f(\boldsymbol{x}),f(\boldsymbol{x}')) = E(\phi(\boldsymbol{x})^{\mathrm{T}}\boldsymbol{w}\boldsymbol{w}^{\mathrm{T}}\phi(\boldsymbol{x}')) = \phi(\boldsymbol{x})^{\mathrm{T}}\boldsymbol{\Sigma}_p\phi(x') \stackrel{\mathrm{def}}{=} C_f(\boldsymbol{x},\boldsymbol{x}').$$

这个高斯过程与本章前面介绍的高斯过程不同，它的指标 $\boldsymbol{x}\in\mathbb{R}^d$ 不是时间的含义，但它显然符合随机过程的二元函数定义，$f(\boldsymbol{\omega},\boldsymbol{x}):\Omega\times\mathbb{R}^d\to\mathbb{R}$；进一步，这个过程的有限维分布服从高斯分布，因而是高斯过程．

对这个随机过程 $\{f(\boldsymbol{x}),\boldsymbol{x}\in\mathbb{R}^d\}$ 还可以有更形象的认识．所谓随机过程，其实是随机会出现的样本轨道，样本轨道是依指标变化的函数曲线，因此随机过程表示了随机会出现的函数，随机过程的分布即刻画了这些随机出现的函数的出现规律．图 8.4(a) 示意了一个高斯过程的多条随机样本轨道．事实上，我们假设线性回归系数 $\boldsymbol{w}$ 先验服从高斯分布，$\boldsymbol{w}\sim N(\boldsymbol{0},\boldsymbol{\Sigma}_p)$，等价于假设随机出现的线性函数．

既然广义线性回归的预测只取决于高斯过程 $\{f(\boldsymbol{x}),\boldsymbol{x}\in\mathbb{R}^d\}$ 的协方差函数，**那我们可以直接用高斯过程来描述回归函数并直接选择协方差函数，也能实现回归分析，这称为高斯过程回归 (GPR)**．反过来，如下所论述，这相当于选择了用协方差函数的特征函数作为基函数的广义线性回归．

设回归函数 $f(\boldsymbol{x})$，先验看来，来自零均值、协方差函数为 $C_f(\boldsymbol{x},\boldsymbol{x}')$ 的高斯过程 $\{f(\boldsymbol{x}),\boldsymbol{x}\in\mathbb{R}^d\}\sim\mathcal{GP}(\boldsymbol{0},C_X(\boldsymbol{x},\boldsymbol{x}'))$．设误差 $e(\boldsymbol{x})$ 亦为高斯过程且为独立随机过程（见定义 5.5），$\{e(\boldsymbol{x}),\boldsymbol{x}\in\mathbb{R}^d\}\sim\mathcal{GP}(\boldsymbol{0},\sigma^2\delta(\boldsymbol{x}-\boldsymbol{x}'))$，其中 $\delta(\cdot)$ 为示性函数，其变元为 0 时取 1，否则取 0；且 $\{f(\boldsymbol{x})\}$ 与 $\{e(\boldsymbol{x})\}$ 两过程独立．则观测来自随机过程

$$y(\boldsymbol{x}) = f(\boldsymbol{x}) + e(\boldsymbol{x}),\boldsymbol{x}\in\mathbb{R}^d.$$

现在回归分析问题变为：观测到过程 $\{y(\boldsymbol{x})\}$ 在 n 个指标 $\boldsymbol{x}_1,\boldsymbol{x}_2,\cdots,\boldsymbol{x}_n$ 处的观测 $y_1,y_2,\cdots,y_n$，其中 $y_i\stackrel{\mathrm{def}}{=}y(\boldsymbol{x}_i),i=1,2,\cdots,n$，求过程 $\{f(\boldsymbol{x})\}$ 的后验分布，特别地求该过程的后验一维分布，即 $f(\boldsymbol{x}_*)|\boldsymbol{X},\boldsymbol{Y},\boldsymbol{x}_*$ 的分布，就完成了在指标 $\boldsymbol{x}_*$ 的预测．直觉上，观测到的数据点会改变随机过程的后验分布，见图 8.4．

由前述建模过程，我们有

$$\begin{pmatrix}y_1\\\vdots\\y_n\\f_*\end{pmatrix} = \begin{pmatrix}f(\boldsymbol{x}_1)\\\vdots\\f(\boldsymbol{x}_n)\\f(\boldsymbol{x}_*)\end{pmatrix} + \begin{pmatrix}e_1\\\vdots\\e_n\\0\end{pmatrix},$$

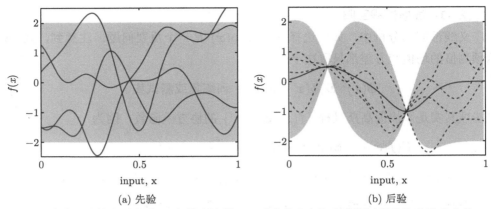

(a) 先验　　　　　　　　　　　　　　(b) 后验

图 8.4 　(a) 来自一个高斯过程的 4 条样本轨道，可看成是来自这个高斯过程作为先验分布的 4 条随机函数（random functions drawn from a GP prior）；(b) 当观测到这个过程的两个数据点后，过程的后验分布. 4 条虚线是来自这个后验分布的 4 条样本轨道（随机函数），实线是后验看来，这个过程的均值函数（相当于给了两个数据点后的预测曲线）. 对 (a)(b)，阴影区域绘制了每个指标处的 2 倍标准差的区域

其中 $e_i \overset{\text{def}}{=} e(\boldsymbol{x}_i), i = 1, 2, \cdots, n$ 是在 n 个指标处的误差，$f_* \overset{\text{def}}{=} f(\boldsymbol{x}_*)$. 由此，可求得 $\boldsymbol{Y}, f_* | \boldsymbol{X}, \boldsymbol{x}_*$ 的联合分布，服从高斯分布，其均值为 0，协方差矩阵为

$$\text{Cov}(\boldsymbol{Y}, f_* | \boldsymbol{X}, \boldsymbol{x}_*) = \begin{pmatrix} \{C_f(\boldsymbol{x}_i, \boldsymbol{x}_j)\}_{i,j=1,2,\cdots,n} & \{C_f(\boldsymbol{x}_i, \boldsymbol{x}_*)\}_{i=1,2,\cdots,n} \\ \{C_f(\boldsymbol{x}_*, \boldsymbol{x}_j)\}_{j=1,2,\cdots,n} & C_f(\boldsymbol{x}_*, \boldsymbol{x}_*) \end{pmatrix} + \begin{pmatrix} \sigma^2 \boldsymbol{I} & \boldsymbol{0} \\ \boldsymbol{0} & \boldsymbol{0} \end{pmatrix}.$$

由 8.3.5 节有关多元高斯的条件分布的知识，可知 $f_* | \boldsymbol{X}, \boldsymbol{Y}, \boldsymbol{x}_*$ 服从高斯分布，其均值向量和协方差矩阵分别为

$$E(f_* | \boldsymbol{X}, \boldsymbol{Y}, \boldsymbol{x}_*) = C_f(\boldsymbol{x}_*, \boldsymbol{x}_{1:n})(C_f(\boldsymbol{x}_{1:n}, \boldsymbol{x}_{1:n}) + \sigma^2 \boldsymbol{I})^{-1} \boldsymbol{Y},$$

$$\text{Var}(f_* | \boldsymbol{X}, \boldsymbol{Y}, \boldsymbol{x}_*) = C_f(\boldsymbol{x}_*, \boldsymbol{x}_*) - C_f(\boldsymbol{x}_*, \boldsymbol{x}_{1:n})(C_f(\boldsymbol{x}_{1:n}, \boldsymbol{x}_{1:n}) + \sigma^2 \boldsymbol{I})^{-1} C_f(\boldsymbol{x}_{1:n}, \boldsymbol{x}_*),$$

$$(8.14)$$

其中 $C_f(\boldsymbol{x}_*, \boldsymbol{x}_{1:n})$ 表示第二个变元（相当于列）遍历 $\boldsymbol{x}_1, \boldsymbol{x}_2, \cdots, \boldsymbol{x}_n$ 形成的大小为 $1 \times n$ 矩阵，$C_f(\boldsymbol{x}_{1:n}, \boldsymbol{x}_*)$ 表示第一个变元（相当于行）遍历 $\boldsymbol{x}_1, \boldsymbol{x}_2, \cdots, \boldsymbol{x}_n$ 形成的大小为 $n \times 1$ 矩阵，$C_f(\boldsymbol{x}_{1:n}, \boldsymbol{x}_{1:n})$ 表示大小为 $n \times n$ 矩阵.

不难看出：

- 若 $f(\boldsymbol{x}) = \boldsymbol{x}^{\text{T}} \boldsymbol{w}$，则式 (8.14) 等价于方法 B 的线性回归分析结果中的式 (8.11).
- 若 $f(\boldsymbol{x}) = \boldsymbol{\phi}(\boldsymbol{x})^{\text{T}} \boldsymbol{w}$，则式 (8.14) 等价于方法 C 的广义线性回归分析结果中的式 (8.13).

一般地，GPR 可以直接选择协方差函数，比如常见的有平方指数（squared exponential, SE）协方差函数

$$C_f(\boldsymbol{x}, \boldsymbol{x}') \overset{\text{def}}{=} \sigma_f^2 e^{-\frac{1}{2l^2} \|\boldsymbol{x} - \boldsymbol{x}'\|^2}.$$

选择什么样的协方差函数及其超参（比如 σ_f^2, l）反映了建模者对数据观察所设的回归函数从先验看来的分布规律. 平方指数协方差函数的 σ_f^2 反映了作为回归函数的高斯过程在每个指标处的方差（因为 $\text{Var}[f(\boldsymbol{x})] = \sigma_f^2$）. 对零均值、平方指数协方差函数的一维高斯过程, 过程在 $[0,1]$ 从下而上穿越 0 的平均次数是 $\dfrac{1}{2\pi l}$, 因此 l 越大, 则过程变化越平缓, l 越小, 则过程变化越剧烈.

当我们选择了特定协方差函数 $C_f(\boldsymbol{x}, \boldsymbol{x}')$, 根据默塞尔（Mercer）定理（见 6.7.2 节）, 我们有

$$
\begin{aligned}
C_f(\boldsymbol{x}, \boldsymbol{x}') &= \sum_k \lambda_k \phi_k(\boldsymbol{x}) \phi_k(\boldsymbol{x}') \\
&= \begin{pmatrix} \phi_1(\boldsymbol{x}) \\ \phi_2(\boldsymbol{x}) \\ \vdots \end{pmatrix}^{\mathrm{T}} \begin{pmatrix} \lambda_1 & 0 & \cdots \\ 0 & \lambda_2 & \cdots \\ \vdots & \vdots & \ddots \end{pmatrix} \begin{pmatrix} \phi_1(\boldsymbol{x}) \\ \phi_2(\boldsymbol{x}) \\ \vdots \end{pmatrix},
\end{aligned}
$$

其中 $\phi_k(\boldsymbol{x}), \lambda_k$ 为协方差函数的特征函数与相应特征值. 若取方法 C 中的基函数 $\boldsymbol{\phi}(\boldsymbol{x}) = (\phi_1(\boldsymbol{x}), \phi_2(\boldsymbol{x}), \cdots)^{\mathrm{T}}$, $\boldsymbol{\Sigma}_p$ 为特征值构成的对角矩阵, 则正好有

$$
C_f(\boldsymbol{x}, \boldsymbol{x}') = \boldsymbol{\phi}(\boldsymbol{x})^{\mathrm{T}} \boldsymbol{\Sigma}_p \boldsymbol{\phi}(\boldsymbol{x}).
$$

这表明 GPR 方法相当于选择了用协方差函数的特征函数作为基函数的广义线性回归. 相比于直接选择基函数, 选择协方差函数更利用建模者的直观使用.

习　题　8

1. 试完成如下问题:

   （1）设 X 和 Y 是相互统计独立的高斯随机变量, 均服从 $N(0, \sigma^2)$, 设 $Z = |X - Y|$, 求 $E(Z)$ 和 $E(Z^2)$.

   （2）设 $\{X_k, k = 1, 2, \cdots, 2n\}$ 为独立同分布的高斯随机变量, 均服从 $N(0, \sigma^2)$, 设

   $$
   Z = \frac{\sqrt{\pi}}{2n} \sum_{k=1}^{n} |X_{2k} - X_{2k-1}|,
   $$

   求 $E(Z)$ 和 $E(Z^2)$.

2. 设零均值高斯分布随机向量 $\boldsymbol{X} = (X_1, X_2, X_3)^{\mathrm{T}}$, 协方差阵为

$$
\boldsymbol{\Sigma} = \begin{pmatrix} \sigma^2 & \sigma_{12} & \sigma_{13} \\ \sigma_{21} & \sigma^2 & \sigma_{23} \\ \sigma_{31} & \sigma_{32} & \sigma^2 \end{pmatrix}.
$$

求 $E(X_1 X_2 X_3)$, $E(X_1^2 X_2^2 X_3^2)$ 和 $E\left((X_1^2 - \sigma^2)(X_2^2 - \sigma^2)(X_3^2 - \sigma^2)\right)$.

3. 设 (X_1, X_2) 是统计独立的高斯随机变量，均服从标准正态分布，令

$$(Y_1, Y_2) = \begin{cases} (X_1, |X_2|), & X_1 \geqslant 0, \\ (X_1, -|X_2|), & X_1 < 0. \end{cases}$$

试证 Y_1, Y_2 都服从一维高斯分布，但是 (Y_1, Y_2) 不服从二元联合高斯分布.

4. 设三维正态分布随机向量 $\boldsymbol{\xi}^{\mathrm{T}} = (\xi_1, \xi_2, \xi_3)$ 的概率密度函数为

$$f_{\boldsymbol{\xi}}(x_1, x_2, x_3) = C \exp\left(-\frac{1}{2}\left(2x_1^2 - x_1 x_2 + x_2^2 - 2x_1 x_3 + 4x_3^2\right)\right).$$

（1） 证明经过线性变换

$$\boldsymbol{\eta} = \boldsymbol{A}\boldsymbol{\xi} = \begin{pmatrix} 1 & -\dfrac{1}{4} & -\dfrac{1}{2} \\ 0 & 1 & -\dfrac{2}{7} \\ 0 & 0 & 1 \end{pmatrix} \begin{pmatrix} \xi_1 \\ \xi_2 \\ \xi_3 \end{pmatrix}$$

得到的随机向量 $\boldsymbol{\eta}^{\mathrm{T}} = (\eta_1, \eta_2, \eta_3)$，$\eta_1, \eta_2, \eta_3$ 是相互统计独立的随机变量.
（2） 求 C 值.

5. 设有二维随机向量 $\boldsymbol{\xi}^{\mathrm{T}} = (\xi_1, \xi_2)$ 服从高斯分布，其概率密度函数为

$$f_{\xi_1, \xi_2}(x_1, x_2) = \frac{1}{2\pi \sigma_1 \sigma_2 \sqrt{1-r^2}} \exp\left[-\frac{1}{2(1-r^2)}\left(\frac{(x_1-\mu_1)^2}{\sigma_1^2} - 2r\frac{(x_1-\mu_1)(x_2-\mu_2)}{\sigma_1 \sigma_2} + \frac{(x_2-\mu_2)^2}{\sigma_2^2}\right)\right],$$

在椭圆

$$\frac{(x_1-\mu_1)^2}{\sigma_1^2} - 2r\frac{(x_1-\mu_1)(x_2-\mu_2)}{\sigma_1 \sigma_2} + \frac{(x_2-\mu_2)^2}{\sigma_2^2} = \lambda^2 (\lambda \text{ 为常数})$$

上，其概率密度函数为常数，因此，该椭圆称之为等概率密度椭圆.

求：（1）随机变量 (ξ_1, ξ_2) 落在等概率密度椭圆内的概率；
（2）试证明：等概率密度椭圆的长轴方向是该二维高斯变量的第一主方向（即协方差矩阵的最大特征值对应的特征向量），短轴方向是该二维高斯变量的第二主方向（即协方差矩阵的次大特征值对应的特征向量）.

6. 设 $\boldsymbol{\Sigma}_1$ 和 $\boldsymbol{\Sigma}_2$ 均为正定协方差矩阵，定义 $\boldsymbol{\Sigma} = a_1 \boldsymbol{\Sigma}_1 + a_2 \boldsymbol{\Sigma}_2$，其中，$a_1, a_2$ 为常数，$a_2 \neq 0$. 设 $\boldsymbol{A}$ 为变换矩阵，使得

$$\boldsymbol{A}^{\mathrm{T}} \boldsymbol{\Sigma} \boldsymbol{A} = \boldsymbol{I},$$
$$\boldsymbol{A}^{\mathrm{T}} \boldsymbol{\Sigma}_1 \boldsymbol{A} = \boldsymbol{\Gamma}^{(1)} = \mathrm{diag}\left(\lambda_1^{(1)}, \lambda_2^{(1)}, \cdots, \lambda_n^{(1)}\right).$$

证明：$\boldsymbol{A}$ 矩阵同样可使得 $\boldsymbol{\Sigma}_2$ 对角化，且对角化矩阵为 $\boldsymbol{\Gamma}^{(2)} = \mathrm{diag}(\lambda_1^{(2)}, \lambda_2^{(2)}, \cdots, \lambda_n^{(2)})$，满足 $\lambda_i^{(2)} = \dfrac{1}{a_2}\left(1 - a_1 \lambda_i^{(1)}\right)$. 即 $\boldsymbol{\Sigma}_1$ 和 $\boldsymbol{\Sigma}_2$ 具有同样的特征向量，且特征值具有相反的序.

7. 考虑零均值，协方差矩阵为 $\boldsymbol{\Sigma}$ 的 n 维随机向量 $\boldsymbol{X}$. 设其第一主方向为 $\boldsymbol{e}_1$，特征值为 λ_1，$\boldsymbol{X}$ 在第一主方向的投影为 $\xi_1 \stackrel{\mathrm{def}}{=} \boldsymbol{e}_1^{\mathrm{T}} \boldsymbol{X}$，试求：一阶残差 $\boldsymbol{X} - \xi_1 \boldsymbol{e}_1$ 的协方差矩阵.

8. 设 X, Y 相互独立，均服从标准正态分布，求：
（1） $E\left((X-3Y)^3 | (2X+Y=3)\right)$；（2） $E\left((X-3Y)^4 | (2X+Y=3)\right)$.

9. 设随机过程 $\{X(t)\}$ 是高斯的, 具有自相关函数 $R_X(\tau)$. 试证遍历性:

若 $\lim\limits_{T\to+\infty}\dfrac{1}{T}\int_0^T R_X^2(\tau)\mathrm{d}\tau = 0$, 则有 $E\left(X^2(t)\right) = \lim\limits_{T\to+\infty}\dfrac{1}{2T}\int_{-T}^T X^2(t)\mathrm{d}t$.

10. 设 $\{X(t)\}$ 为零均值宽平稳均方可导高斯过程, $Y(t) = X^2(t)$, 证明 $Y(t)$ 均方可导, 且其导数为 $2X(t)X'(t)$.

11. 设有如图 8.5 所示的接收机. 接收机的输入有两种可能:

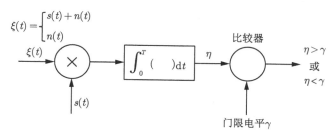

图　8.5

（1）存在信号和噪声, $\xi(t) = s(t) + n(t)$;

（2）仅有噪声存在（信号不存在）, $\xi(t) = n(t)$.

其中, $s(t)$ 代表信号, 它是一确定性信号, 在 $(0, T)$ 内它具有能量 $E_s = \int_0^T s^2(t)\mathrm{d}t$. $n(t)$ 代表噪声, 它是零均值白高斯随机过程, $E(n(t)n(u)) = \dfrac{N_0}{2}\delta(t-u)$.

接收机的输出为 η, 把 η 和门限 γ 相比较来判断输入是否含有信号, 试求:

（1）$P(\eta > \gamma | 信号存在时)$, 这是发现概率; （2）$P(\eta > \gamma | 信号不存在时)$, 这是虚警概率.

12. 设 $Z(t) = X(t) + \mathrm{j}Y(t)$ 为一复随机过程, 其中 $X(t)$ 和 $Y(t)$ 为实的零均值随机过程, 彼此独立, 且构成联合宽平稳高斯随机过程. 假设 $X(t)$ 与 $Y(t)$ 均为带限过程, 满足

$$S_X(f) = S_Y(f) = \begin{cases} N_0, & |f| \leqslant W, \\ 0, & \text{其他}. \end{cases}$$

（1）求 $E(Z(t))$ 以及 $R_Z(t+\tau, t)$, 证明 $Z(t)$ 是宽平稳的.

（2）求 $Z(t)$ 的功率谱密度.

（3）假设带限于 $[-W, W]$ 的确定性信号 $\phi_1(t), \phi_2(t), \cdots, \phi_n(t)$ 满足正交归一性, 即
$\int_{-\infty}^{+\infty}\phi_j(t)\phi_k^*(t)\mathrm{d}t = \delta_{jk}$, 将 $Z(t)$ 向 $\{\phi_j(t)\}$ 上投影, 得到

$$Z_l = \int_{-\infty}^{+\infty} Z(t)\phi_l^*(t)\mathrm{d}t, \quad l = 1, 2, \cdots, n.$$

令 $Z_l = Z_l^{(\mathrm{r})} + \mathrm{j}Z_l^{(\mathrm{i})}$, 求随机向量 $\left(Z_1^{(\mathrm{r})}, Z_1^{(\mathrm{i})}, Z_2^{(\mathrm{r})}, Z_2^{(\mathrm{i})}, \cdots, Z_n^{(\mathrm{r})}, Z_n^{(\mathrm{i})}\right)$ 的概率密度函数.

13. 设有一非线性器件, 它的输出、输入关系为

$$y(t) = a_1 x(t) + a_3 x^3(t).$$

设输入随机信号 $\xi(t)$ 为一零均值平稳实高斯过程, 它的相关函数为 $R_\xi(\tau)$, 试求输出信号 $\eta(t)$ 的均值函数和相关函数.

14. 设 $\{X(t)\}$ 为零均值、宽平稳、带通、实高斯过程，其同相分量记为 $\{X_{\mathrm{I}}(t)\}$，正交分量记为 $\{X_{\mathrm{Q}}(t)\}$，包络过程 $V(t) = \sqrt{X_{\mathrm{I}}(t)^2 + X_{\mathrm{Q}}(t)^2}$，相位过程 $\Theta(t) = \arctan\dfrac{X_{\mathrm{I}}(t)}{X_{\mathrm{Q}}(t)}$.

   （1）试问：$\{V(t)\}$ 是否宽平稳，是否严平稳？

   （2）试问：$\{\Theta(t)\}$ 是否宽平稳，是否严平稳？

   （3）试问：$\left\{\begin{pmatrix} V(t) \\ \Theta(t) \end{pmatrix}\right\}$ 是否宽平稳，是否严平稳？

15. 若零均值平稳带通高斯随机信号 $\{X(t)\}$ 的功率谱密度如图 8.6 所示.

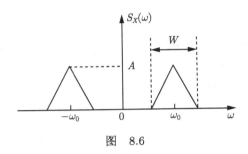

图 8.6

   （1）试写出此随机信号的一维概率密度函数.

   （2）试求 $\{X(t)\}$ 的两个分量 $X_{\mathrm{I}}(t),X_{\mathrm{Q}}(t)$ 的联合概率密度函数.

16. 设有零均值平稳实高斯随机过程 $\xi(t)$，其功率谱密度为

$$S_{\xi}(f) = \begin{cases} S_0 = \dfrac{P}{2(\Delta f)}, & |f| < \Delta f, \\ 0, & \text{其他.} \end{cases}$$

   如果对该过程每隔 $\dfrac{1}{2\Delta f}$ 秒做一次抽样，得到样本值 $\xi(0), \xi\left(\dfrac{1}{2\Delta f}\right), \xi\left(\dfrac{2}{2\Delta f}\right), \cdots$

   （1）写出 $\xi(t)$ 的前面 n 个抽样值的 n 维联合概率密度函数.

   （2）定义随机变量 $\eta_n = \dfrac{1}{n}\sum\limits_{k=0}^{n-1}\xi\left(\dfrac{k}{2\Delta f}\right)$，求概率 $P(|\eta_n| > \sqrt{\alpha P})$ 的表示式，α 为常数，$\alpha > 0$.

17. 设功率谱密度 $N_0/2$ 的白噪声通过一个物理带宽为 $\Delta W/2$ 的理想低通滤波器，在低通滤波器后接一个传输特性为 $y = x^2$ 的平方律检波器，求检波器输出随机信号的自相关函数和功率谱密度.

18. 求参数为 σ 的瑞利分布的均值与方差.

第 9 章 离散时间马尔可夫过程

9.1 马尔可夫链的定义

随机过程的研究重点之一是考虑不同时刻的各随机变量的相互联系. 马尔可夫性[①]是一类重要的相互联系, 通俗来讲, 其表示已知过程的当前和过去历史, 过程的未来仅依赖于当前, 与过去历史无关（无后效性）.

定义 9.1（马尔可夫过程的定义） 对于随机过程 $\{X(t), t \in T\}$, $\forall n \geqslant 2, \forall t_1 < t_2 < \cdots < t_{n+1} \in T$（指标集）, 若满足给定 $X(t_n)$ 时, $n-1$ 维变量 $(X(t_1), X(t_2), \cdots, X(t_{n-1}))$ 与一维变量 $X(t_{n+1})$ 条件独立, 即 $(X(t_1), X(t_2), \cdots, X(t_{n-1})) \perp X(t_{n+1}) \mid X(t_n)$, 称为马尔可夫性（简称马氏性）. 满足马尔可夫性的随机过程称为马尔可夫过程, 又称**马尔可夫链**.

显然, 马尔可夫过程可以是离散时间, 也可以是连续时间. 至今马尔可夫过程的理论已发展得较为系统和深入, 在自然科学、工程技术及经济管理各领域都有广泛的应用.

本章主要讨论满足马尔可夫性的离散时间随机过程——离散时间马尔可夫过程, 重点讨论状态离散情形. $\forall x_1, x_2, \cdots, x_{n+1} \in \mathcal{S}$（状态空间）, 这时马尔可夫表述为

$$P(X(t_{n+1}) = x_{n+1} \mid X(t_1) = x_1, X(t_2) = x_2, \cdots, X(t_n) = x_n)$$

$$= P(X(t_{n+1}) = x_{n+1} \mid X(t_n) = x_n).$$

本章讨论的状态离散、离散时间马尔可夫过程的结论, 可以类推到状态连续、离散时间马尔可夫过程, 只是需要把讨论中的离散随机变量的分布列换成连续随机变量的概率密度函数, 求和换成求积分.

定义 9.1 给出了马尔可夫过程的一般定义, 可以是离散时间, 也可以是连续时间, 需要对任意 $n \geqslant 2$ 个时刻, 验证条件独立性. 对于离散时间马尔可夫过程来说, 存在另一种等价定义, 有助于离散时间马尔可夫性的验证和研究.

对于离散时间随机过程, 可以将指标集与自然数集建立一一对应关系, 所以不妨记为 $\{X_n, n \in \mathbb{N}\}$, 或者在讨论离散时间随机过程的语境下, 可记为 $\{X_n, n \geqslant 0\}$.

定义 9.2（离散时间马尔可夫性的等价定义） 若离散时间过程 $\{X_n, n \in \mathbb{N}\}$, 满足

$$\forall n \geqslant 1, P(X_{n+1} = x_{n+1} | X_0 = x_0, X_1 = x_1, \cdots, X_n = x_n) = P(X_{n+1} = x_{n+1} | X_n = x_n)$$

---

① 最早由苏联科学家马尔可夫（Andrei Andreyevich Markov, 1856—1922）于 1906 年研究而得名.

即 $(X_0, X_1, \cdots, X_{n-1}) \perp X_{n+1} \mid X_n$，则称 $\{X_n, n \in \mathbb{N}\}$ 为马尔可夫链（满足马尔可夫性）.

下面证明对于离散时间随机过程而言，两种马尔可夫性定义是等价的.

证明 易知定义 9.1 中的性质蕴含定义 9.2 中的性质，下面只需证明定义 9.2 中的性质可以推出定义 9.1 中的性质.

首先，从定义 9.2 出发，我们首先来证明

$$\forall m > n \geqslant 1, (X_0, \cdots, X_{n-1}) \perp (X_{n+1}, \cdots, X_m) \mid X_n. \tag{9.1}$$

为记号简单，以 $P(x_{n+1}, \cdots, x_m | x_0, \cdots, x_n)$ 表示 $P(X_{n+1} = x_{n+1}, \cdots, X_m = x_m \mid X_0 = x_0 \cdots, X_n = x_n)$，待证 $P(x_{n+1}, \cdots, x_m \mid x_0, \cdots, x_{n-1}, x_n) = P(x_{n+1}, \cdots, x_m \mid x_n)$. 从定义 9.2出发，我们有

$$P(x_{n+1}, \cdots, x_m \mid x_0, \cdots, x_n)$$

$$= \prod_{i=n+1}^{m} P(x_i \mid x_0, \cdots, x_n, \cdots, x_{i-1}) \text{ (利用乘法公式)}$$

$$= \prod_{i=n+1}^{m} P(x_i \mid x_{i-1}) \text{ (据定义9.2,} (X_0, \cdots, X_{i-2}) \perp X_i \mid X_{i-1})$$

$$= \prod_{i=n+1}^{m} P(x_i \mid x_n, \cdots, x_{i-1}) \text{(由定义9.2及条件独立性性质,} (X_n, \cdots, X_{i-2}) \perp X_i \mid X_{i-1})$$

$$= P(x_{n+1}, \cdots, x_m \mid x_n) \text{ (利用乘法公式)}.$$

故式 (9.1) 得证.

然后，$\forall k \geqslant 2, \forall t_1 < t_2 < \cdots < t_{k+1} \in \mathbb{N}$，令 $n \stackrel{\text{def}}{=} t_k, m \stackrel{\text{def}}{=} t_{k+1}$，利用已证的 $(X_0, \cdots, X_{n-1}) \perp (X_{n+1}, \cdots, X_m) \mid X_n$ 及条件独立性性质，可得 $(X(t_1), \cdots, X(t_{k-1})) \perp X(t_{k+1}) \mid X(t_k)$，此即定义 9.1 中的性质. ∎

上面证明用到了如下条件独立性性质（在定义 3.10 的注 3 中有过讨论），对任意正整数 m, n,

$$\text{若 } \boldsymbol{X}_{1:m} \perp \boldsymbol{Y}_{1:n} | Z, A \subset \{1:m\}, B \subset \{1:n\}，\text{则 } \boldsymbol{X}_A \perp \boldsymbol{Y}_B | Z.$$

即给定随机变量 Z，一堆变量 $\boldsymbol{X}_{1:m}$ 与另一堆变量 $\boldsymbol{Y}_{1:m}$ 独立，则给定 Z，$\boldsymbol{X}_{1:m}$ 的任意一部分变量与 $\boldsymbol{Y}_{1:m}$ 的任意一部分变量独立.

从定义 9.2 出发，可知马尔可夫链的有限维联合分布有如下连乘积展开：

$$P(X_0 = x_1, X_1 = x_1, \cdots, X_n = x_n) = P(X_0 = x_0) \prod_{k=0}^{n-1} P(X_{k+1} = x_{k+1} \mid X_k = x_k).$$

可知, 马尔可夫链的有限维联合分布由两种类型的概率决定, 一种是状态初始分布 $P(X_0 = x_0)$, 另一种是状态转移分布 $P(X_{k+1} = x_{k+1} \mid X_k = x_k)$. ∎

定义 9.3 (状态驻留概率) 对时刻 n, 状态 $j \in \mathcal{S}$, $\pi_j^{(n)} \stackrel{\text{def}}{=} P(X_n = j)$, 称为状态驻留概率. 以 $\pi_j^{(n)}$ 组成的行向量记为 $\boldsymbol{\pi}^{(n)} \stackrel{\text{def}}{=} \{\pi_j^{(n)}\}_{j \in \mathcal{S}}$. 状态初始分布 (即马尔可夫链在时刻 0 的驻留概率分布), 可记为 $\boldsymbol{\pi}^{(0)}$.

定义 9.4 (状态转移概率) 设 $\{X_n, n \geqslant 0\}$ 为马尔可夫链, 状态空间为 $\mathcal{S}$. 对于 $k \geqslant 0, i, j \in \mathcal{S}$, 称

$$P(X_{k+1} = j \mid X_k = i) \stackrel{\text{def}}{=} P_{ij}(k, k+1)$$

为马尔可夫链从 k 时刻起的一步转移概率.

一般地, 对于转移步数 $n \geqslant 1$, 称

$$P(X_{k+n} = j \mid X_k = i) \stackrel{\text{def}}{=} P_{ij}(k, k+n),$$

为马尔可夫链从 k 时刻起的 n 步转移概率.

定义 9.5 (齐次马尔可夫链) 设 $\{X_n, n \geqslant 0\}$ 为马尔可夫链, 状态空间为 $\mathcal{S}$. 对于 $k \geqslant 0, i, j \in \mathcal{S}$, 如果一步转移概率 $P_{ij}(k, k+1)$ 与转移发生时刻 k 无关, 即 $P_{ij}(k, k+1)$ 可记为 P_{ij}, 则称马尔可夫链具有齐次性, 称为齐次马尔可夫链.

易证, 如果马尔可夫链是齐次的, 则其 n 步转移概率 $P_{ij}(k, k+n)$ 也和转移发生的时刻 k 无关, 从而可记为 $P_{ij}^{(n)}$.

除非特别说明, 本书后面均假设讨论的马尔可夫链是齐次的.

定义 9.6 (转移概率矩阵) 对齐次马尔可夫链, 称由 P_{ij} 所组成的矩阵为一步转移概率矩阵 $\boldsymbol{P} \stackrel{\text{def}}{=} \{P_{ij}\}_{i,j \in \mathcal{S}}$ (以 i 为行, 以 j 为列). 显然 $\boldsymbol{P}$ 矩阵的每个元素是非负的, 并且每行之和均为 1.

由 $P_{ij}^{(n)}$ 所组成的矩阵称为 n 步转移概率矩阵 $\boldsymbol{P}^{(n)}$. 显然 $\boldsymbol{P}^{(n)}$ 矩阵的每个元素是非负的, 并且每行之和亦均为 1. 易知, $\boldsymbol{P}^{(1)} = \boldsymbol{P}$.

推论 9.1 (驻留概率与转移概率的关系) 由全概公式, 易知 $\boldsymbol{\pi}^{(n)} = \boldsymbol{\pi}^{(0)} \boldsymbol{P}^{(n)}$.

下面给出 (齐次) 马尔可夫链的一些例子.

例 9.1 (一维无限制随机游动) 考虑质点在数轴上的整数格点上随机游动. 初始在 X_0, 右移一步的概率为 p, 左移一步的概率为 $q \stackrel{\text{def}}{=} 1 - p$, 则不难判断 $\{X_n, n \geqslant 1\}$ 是齐次马尔可夫链, 状态空间 $\mathcal{S} = \{\cdots, -1, 0, 1, \cdots\}$, 一步转移概率为

$$P_{i,j} = P(X_{k+1} = j \mid X_k = i) = \begin{cases} p, & j = i+1, \\ q, & j = i-1, \\ 0, & \text{其他}. \end{cases}$$

例 9.2（两端吸收壁的随机游动）　考虑质点在 $\{0, 1, 2, \cdots, n-1, n\}$ 随机游动，一旦到达 0 或 n，将永远停住．例如，赌徒有本金 X_0 元，每次以概率 p 赢一元，以概率 $q \overset{\text{def}}{=\!=} 1 - p$ 输一元，赌徒在赌场赢到手中有 n 元或输光停止．这一问题可以建模为两端吸收壁的随机游动．

不难判断 $\{X_n, n \geqslant 1\}$ 是齐次马尔可夫链，状态空间 $\mathcal{S}$ 为 $\{0, 1, \cdots, n\}$，一步转移概率为

$$P_{i,j} = \begin{cases} p, & j = i + 1, 1 \leqslant i \leqslant n - 1, \\ q, & j = i - 1, 1 \leqslant i \leqslant n - 1, \\ 1, & (i, j) = (n, n) \text{或} (0, 0), \\ 0, & \text{其他}. \end{cases}$$

例 9.3（谷歌网页排序）　互联网信息检索系统（俗称互联网搜索引擎）所实现的功能是，接收用户输入的关键词，返回用户想要检索的网页．互联网上会出现很多包含用户输入关键词的网页，搜索引擎必须解决的一个重要问题是，如何将检索到的网页排序提供给用户．谷歌（Google）是全球领先的互联网搜索引擎，它采用的排序策略称为 PageRank[①]，其背后的原理基于如下对网页浏览行为的马尔可夫链建模．

互联网上的网页虽然众多但数目总是有限的．考虑对网页进行编号，可得全体网页的集合为 $\mathcal{S} = \{1, 2, \cdots, N\}$．网民浏览网页的行为通常如下：网民看完一个网页后，等可能点击其中的超链接，跳到另一个网页．假设这样的访问满足马尔可夫性，即从当前网页出发通过超链接选择下一个网页与过去的网页访问记录无关．设 $L(i)$ 为网页 i 上的超链接集合（$|L(i)|$ 表示网页 i 上的超链接数目），则一步转移概率为

$$P_{ij} = \begin{cases} \dfrac{1}{|L(i)|}, & j \in L(i) \\ 0, & \text{其他}. \end{cases}$$

不难看出，网民的浏览过程 $\{X_n, n \geqslant 0\}$ 构成齐次马尔可夫链．我们感兴趣的是随着浏览不断进行，每个网页被访问的概率，以此衡量网页的重要性（热度、人气）．这归结为计算马尔可夫链状态驻留概率的极限，即

$$\lim_{n \to \infty} P(X_n = j),$$

以及初始从状态 i 出发（网民从网页 i 出发），马尔可夫链状态转移概率的极限，即

$$\lim_{n \to \infty} P_{ij}^{(n)}.$$

这样的概率极限行为的研究构成马尔可夫链研究的核心问题．通过 PageRank 的例子，不难看出马尔可夫链极限行为的研究具有的现实意义．

---

① 源于谷歌创始人拉里·佩奇（Larry Page）和谢尔盖·布林（Sergey Brin）于 1997 年完成的研究工作．

定理 9.1（查普曼-柯尔莫戈洛夫（Chapman-Kolmogorov）方程，简称 C-K 方程） 设 $\{X_n, n \geqslant 0\}$ 为马尔可夫链，状态空间为 $\mathcal{S}$，对于 $i, j \in \mathcal{S}$，$\forall n > m \geqslant 1$，有

$$P_{ij}^{(n)} = \sum_{k \in S} P_{ik}^{(m)} P_{kj}^{(n-m)}.$$

证明 利用全概率公式

$$
\begin{aligned}
P_{ij}^{(n)} &= P(X_{s+n} = j \mid X_s = i) \\
&= \sum_{k \in \mathcal{S}} P(X_{s+n} = j, X_{s+m} = k \mid X_s = i) \\
&= \sum_{k \in \mathcal{S}} P(X_{s+m} = k \mid X_s = i) P(X_{s+n} = j \mid X_s = i, X_{s+m} = k) \\
&= \sum_{k \in \mathcal{S}} P_{ik}^{(m)} P_{kj}^{(n-m)}.
\end{aligned}
$$

■

讨论:

- 由 C-K 方程，可以推出 C-K 不等式，即

$$P_{ij}^{(n)} \geqslant P_{ik}^{(m)} P_{kj}^{(n-m)}, \forall k \in \mathcal{S}.$$

  C-K 不等式在分析马尔可夫链状态性质时经常用到.

- C-K 方程可写成矩阵形式:

$$\boldsymbol{P}^{(n)} = \boldsymbol{P}^{(m)} \boldsymbol{P}^{(n-m)}.$$

  进而可知，$\boldsymbol{P}^{(n)} = \boldsymbol{P}^{(1)} \boldsymbol{P}^{(n-1)} = \cdots = (\boldsymbol{P}^{(1)})^n = \boldsymbol{P}^n$，注意 $\boldsymbol{P}^{(1)} = \boldsymbol{P}$. 这说明齐次马尔可夫链的 n 步转移概率矩阵等于一步转移概率矩阵的 n 次幂. 这样至少从理论上得到了计算任意步转移概率的方法.

- 接着推论 9.1，可知，$\boldsymbol{\pi}^{(n)} = \boldsymbol{\pi}^{(0)} \boldsymbol{P}^{(n)} = \boldsymbol{\pi}^{(0)} \boldsymbol{P}^n$，即对齐次马尔可夫链，状态初始分布和一步转移概率完全决定了马尔可夫链在任意时刻的状态驻留分布.

- 若规定 $P_{ij}^{(0)} = \delta_{ij} = \begin{cases} 1, & i = j, \\ 0, & i \neq j \end{cases}$（即 $\boldsymbol{P}^{(0)} = \boldsymbol{I}$），则 C-K 方程对 $\forall n \geqslant m \geqslant 0$

  成立.

- 对于齐次马尔可夫链，有些情况下可以通过代数方法求出 $\boldsymbol{P}^n$ 的显式表达式，进而研究马尔可夫链状态转移概率的极限. 但 $\boldsymbol{P}^n$ 的显示表达式不易求得，即使求得，代数分析结果也不易提供直觉. 前人另辟蹊径发展了一套结合状态转移图的概率分析方法来研究马尔可夫链状态转移的极限行为. 本章后面几节主要围绕这套方法展开.

定义 9.7（状态转移图）　以马尔可夫链的状态空间中的状态作为结点, 结点间的有向边及边上权重表示一步转移概率, 这样构成的图称为马尔可夫链的状态转移图. 状态 i 结点到状态 j 结点的有向边存在, 当且仅当 $P_{ij} > 0$, 且边上权重为 P_{ij}. 这意味着, 转移概率为 0, 则状态结点间不存在相应的有向边.

对两端吸收壁的随机游动, 其状态转移图如图 9.1 所示.

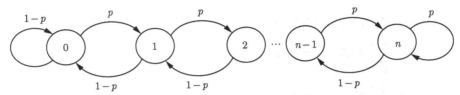

图 9.1　两端吸收壁的随机游动的状态转移图

9.2　马尔可夫链状态的分类

下面先介绍两状态马尔可夫链的例子, 让读者认识和感受一下代数方法分析马尔可夫链状态转移的极限行为, 作为我们进行结合图的概率分析方法的序曲.

例 9.4（两状态马尔可夫链的代数分析）　设一马尔可夫链有两个状态, 状态转移图如图 9.2 所示, 其状态转移矩阵为

$$\boldsymbol{P} = \begin{pmatrix} 1-\alpha & \alpha \\ \beta & 1-\beta \end{pmatrix}, 0 \leqslant \alpha, \beta \leqslant 1,$$

求马尔可夫链的极限分布 $\lim\limits_{n\to\infty} \boldsymbol{P}^n$.

解　利用特征值分解可得

$$\boldsymbol{P} = \boldsymbol{Q} \begin{pmatrix} \lambda_0 & 0 \\ 0 & \lambda_1 \end{pmatrix} \boldsymbol{Q}^{-1}, \qquad \boldsymbol{P}^n = \boldsymbol{Q} \begin{pmatrix} \lambda_0^n & 0 \\ 0 & \lambda_1^n \end{pmatrix} \boldsymbol{Q}^{-1}.$$

通过求解方程 $|\boldsymbol{P} - \lambda\boldsymbol{I}| = 0$, 可得 $\lambda_0 = 1, \lambda_1 = 1 - \alpha - \beta$, 且有

$$\boldsymbol{Q} = \begin{pmatrix} 1 & \alpha \\ 1 & -\beta \end{pmatrix}, \qquad \boldsymbol{Q}^{-1} = \frac{1}{\alpha+\beta} \begin{pmatrix} \beta & \alpha \\ 1 & -1 \end{pmatrix}.$$

故

$$\boldsymbol{P}^n = \frac{1}{\alpha+\beta} \begin{pmatrix} \beta & \alpha \\ \beta & \alpha \end{pmatrix} + \frac{(1-\alpha-\beta)^n}{\alpha+\beta} \begin{pmatrix} \alpha & -\alpha \\ -\beta & \beta \end{pmatrix}.$$

（1）若 $|1 - \alpha - \beta| < 1$，则 $\lim\limits_{n \to \infty} \boldsymbol{P}^n = \dfrac{1}{\alpha + \beta} \begin{pmatrix} \beta & \alpha \\ \beta & \alpha \end{pmatrix}$，此时马尔可夫链状态转移存在极限，且与初值无关.

（2）若 $|1 - \alpha - \beta| = 1, \alpha = \beta = 0$，则有 $\boldsymbol{P} = \begin{pmatrix} 1 & 0 \\ 0 & 1 \end{pmatrix}$，此时马尔可夫链状态转移存在极限，但与初值有关.

（3）若 $|1 - \alpha - \beta| = 1, \alpha = \beta = 1$，则有 $\boldsymbol{P} = \begin{pmatrix} 0 & 1 \\ 1 & 0 \end{pmatrix}$，此时马尔可夫链状态转移呈现周期性，不存在极限.

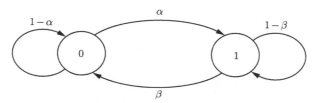

图 9.2 两状态马尔可夫链

为了讨论一般情况下马尔可夫链状态转移的极限行为，有必要先将状态空间进行分类，因为马尔可夫链的极限行为是与状态类型相关的.

定义 9.8（可达、不可达） 对状态 $i, j \in \mathcal{S}$，如果存在正整数 $n \geqslant 1$，使得 $P_{ij}^{(n)} > 0$，则称从状态 i 可达状态 j，记作 $i \to j$，否则称从状态 i 不可达状态 i，记作，$i \nrightarrow j$.

- 可达的传递性：若 $i \to j, j \to k$，则 $i \to k$.
  证明 $\exists n, P_{ij}^{(n)} > 0, \exists m, P_{jk}^{(m)} > 0$. 由 C-K 不等式得 $P_{ik}^{(n+m)} \geqslant P_{ij}^{(n)} P_{jk}^{(m)} > 0$，即 $i \to k$. ■
- 如果 $i \nrightarrow j$，则 $\forall n \geqslant 1, P_{ij}^{(n)} = 0$.

定义 9.9（互通） 对状态 $i, j \in \mathcal{S}$，如果 $i \to j$ 且 $j \to i$，则称状态 i 和状态 j 互通，记作 $i \leftrightarrow j$.

- 互通的对称性：若 $i \leftrightarrow j$，则 $j \leftrightarrow i$.
- 互通的传递性：若 $i \leftrightarrow j, j \leftrightarrow k$，则 $i \leftrightarrow k$. 利用可达的传递性，容易证明互通的传递性.
- 互通的自反性：因为 $P_{ii}^{(0)} = 1$，所以可认为互通关系具有自反性.

互通关系是满足自反性、对称性和传递性的二元关系，也就是等价关系. 因此，通过互通关系，可以将状态空间 $\mathcal{S}$ 划分为若干个互不相交的互通等价类 (简称等价类). 互通等价类中所有状态都是互通的.

定义 9.10（等价类） 对于状态空间为 $\mathcal{S}$ 的马尔可夫链，把和状态 i 互通的状态放到一起，记为集合 $C(i) = \{j \mid i \leftrightarrow j, j \in \mathcal{S}\}$，称 $C(i)$ 为包含状态 i 的等价类.

- 马尔可夫链的状态空间可划分为一个或者多个互不相交的等价类.
- 后面我们将看到一个等价类中诸状态的很多性质（如常返性、周期性）都一样，这些性质不妨视为是类性质.

定义 9.11（闭集）　对状态空间 $\mathcal{S}$ 的子集 B，即 $B \subseteq \mathcal{S}$，如果马尔可夫链不能从 B 中的状态到达 B 外的状态（即 $\mathcal{S} \backslash B$ 中的状态），则称 B 为闭集.

- 闭集 B 是"进得去，出不来"的集合. B 本身单拎出来（带着 B 中各状态间的状态转移概率）可构成一个小型马尔可夫链的状态空间，因为

$$\forall i \in B, 成立: \sum_{j \in B} P_{ij} = \sum_{j \in \mathcal{S}} P_{ij} = 1.$$

- 如果某个闭集只有一个状态 i，则称该状态为吸收态，此时有 $P_{ii} = 1$.
- 整个状态空间构成了最大的闭集，而吸收态是较小的闭集.

例 9.5（闭集与等价类的关系）　闭集与等价类不存在互相蕴含的关系. 等价类不一定闭，如图 9.3 所示例子；闭集不一定是等价类，读者不难从图 9.3 找出例子.

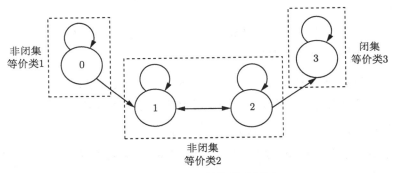

图 9.3　闭集、等价类的例子

定义 9.12（不可约集）　闭的等价类，称为不可约集.

不难看出，不可约集的任意非空真子集都不是闭的. 也就是说，一个不可约集不能再真包含一个非空的闭集.

定义 9.13（不可约链）　若一个马尔可夫链的状态空间构成一个等价类（即各状态是互通的），则称为不可约链.

理解：（1）马尔可夫链的状态空间自然构成一个闭集. 若一个马尔可夫链的各状态互通，则意味着此时状态空间是一个不可约集，故自然可称为不可约链.

（2）任意不可约集本身单拎出来构成的小型马尔可夫链，是不可约链.

（3）为什么引入不可约链的概念呢？后面我们将看到，对整个马尔可夫链的分析（如极限行为）常可划归为对其中不可约集的分析，因此，后面有些讨论仅对不可约链展开.

9.3 马尔可夫链状态的常返性

9.3.1 常返与非常返

为讨论马尔可夫链状态的常返性，先来理解无穷重伯努利实验.

例 9.6（无穷重伯努利试验） 无穷重独立重复试验，每次试验结果只有两种，称为无穷重伯努利试验. 例如，掷硬币一次的结果，

- 出现正面，概率为 $p > 0$,
- 出现反面，概率为 $q \stackrel{\text{def}}{=} 1 - p$.

考虑无限次掷一枚硬币，记"至少出现一次正面"①为事件 B，则 $P(B) = 1$. 类似这种"至少 $\cdots$"的事件概率，可用如下"首次分解法"求取（在例 1.17 中有过介绍），将 B 表示为可列个互不相容事件的并集.

记 X 表示首次正面出现在第 X 次，则 $B = \bigcup_{n=1}^{\infty} \{X = n\}$. 不难看出，$X$ 服从几何分布 $X \sim Ge(p)$. 故有

$$P(B) = \sum_{n=1}^{\infty} P(X = n) = \sum_{n=1}^{\infty} q^{n-1}p = \frac{1}{1-q}p = 1, \qquad 0 < q < 1.$$

从上例可以看出，只要一次实验正面概率 $p > 0$，则无穷重伯努利实验至少出现一次正面的概率为 1，即几乎必然出现正面.

马尔可夫链的极限行为考查从状态 i 出发，在无穷远驻留状态 j 的概率. 我们先考虑弱一点的问题——从状态 i 出发，可达状态 j 的概率.

定义 9.14（可达概率、返回概率） 马尔可夫链 $\{X_n, n \geq 0\}$，零时从状态 i 出发，可到达状态 j 的概率，称为可达概率（也可称到达概率），记为 $f_{ij} \stackrel{\text{def}}{=} P$（至少一次到 $j \mid X_0 = i$）. $1 - f_{ij}$ 表示从状态 i 出发，不到达状态 j 的概率. 特别地，当 $j = i$ 时，称 f_{ii} 为状态 i 的返回概率.

定义 9.15（首达概率）

$$f_{ij}^{(n)} \stackrel{\text{def}}{=} P\,(\text{第 } n \text{ 步首达 } j \mid X_0 = i)$$

称为马尔可夫链零时从状态 i 出发，经 n 步首达状态 j 的概率，$n \geq 1$.

不难看出，可达概率表示的是"至少 $\cdots$"的事件概率，可用首次分解法如下计算. 记事件 A_n 为 $\{$第 n 步首达 $j \mid X_0 = i\} = \{X_n = j, X_{n-1} \neq j, \cdots, X_1 \neq j \mid X_0 = i\}$，显然 $\{A_n, n \geq 1\}$ 是互不相容的一列事件. 由此可得，可达概率为首达概率的可列和，即

① 不难看出，"至少出现一次正面""出现正面""某次为正面"表达的是同一个事件，该事件的补事件是"一直是反面".

$$f_{ij} = \sum_{n=1}^{\infty} f_{ij}^{(n)}.$$

对于马尔可夫链 $\{X_n, n \geqslant 0\}$，读者不难证明下面的性质，以加深对转移概率、可达概率、首达概率之间联系与差异的理解.

(1) $\forall i, j \in \mathcal{S}, 0 \leqslant f_{ij}^{(n)} \leqslant P_{ij}^{(n)} \leqslant f_{ij} \leqslant 1$;

(2) $\forall i, j \in \mathcal{S}, f_{ij} > 0 \Leftrightarrow i \to j$;

(3) $\forall i, j \in \mathcal{S}, f_{ij} > 0$ 和 $f_{ji} > 0 \Leftrightarrow i \leftrightarrow j$.

我们将看到马尔可夫链的极限行为，视状态是常返态还是非常返态，有截然的不同.

定义 9.16（常返性）　对于状态 $i \in \mathcal{S}$，如果 $f_{ii} = 1$，则称状态 i 为常返态（recurrent）；如果 $f_{ii} < 1$，则称状态 i 为非常返态（non-recurrent）或者滑过态、暂态（transient）.

注　对常返态 i（$f_{ii} = 1$），链从状态 i 出发以概率 1 回到 i，然后再出发，以概率 1 再回到 i，$\cdots\cdots$，如此重复，因此从常返态 i 出发，链会返回 i 无穷次.

对非常返态 i（$f_{ii} < 1$），链从状态从 i 出发，以大于零的概率 $1 - f_{ii}$ 不返回 i；如果回到 i，考虑再次从 i 出发，以大于零的概率 $1 - f_{ii}$ 不返回 i，$\cdots\cdots$，如此重复，相当于进行着无穷重伯努利实验. 注意在无穷重伯努利实验中，单次发生概率大于 0 的事件，至少发生一次. 这意味着不返回 i 几乎必然发生，也就是返回 i 有限次，然后再也不回到 i.

从常返性的定义来看，常返性的判据需要 f_{ii}，而一般已知的是马尔可夫链的转移概率. 下面的关系式搭起了转移概率和可达概率之间的桥梁，进而可找到计算 f_{ii} 的办法.

定理 9.2（首达概率与转移概率的关系式）　对于马尔可夫链 $\{X_n, n \geqslant 0\}$，$\forall i, j \in \mathcal{S}$，有

$$P_{ij}^{(n)} = \sum_{k=1}^{n} f_{ij}^{(k)} P_{jj}^{(n-k)}, 1 \leqslant n < \infty. \tag{9.2}$$

证明　　$P(X_n = j | X_0 = i)$

$$= \sum_{k=1}^{n} P\left(\text{第 } k \text{ 步首达 } j, X_n = j | X_0 = i\right)$$

$$= \sum_{k=1}^{n} P\left(\text{第 } k \text{ 步首达 } j | X_0 = i\right) P(X_n = j | X_0 = i, \text{第 } k \text{ 步首达 } j)$$

$$= \sum_{k=1}^{n} f_{ij}^{(k)} P_{jj}^{(n-k)}. \qquad \blacksquare$$

注意，式 (9.2) 对 $n \geqslant 1$ 成立. 考虑到 $\boldsymbol{P}^{(0)} = \boldsymbol{I}$ 以及规定 $f_{ij}^{(0)} = 0$，则关系式可改写为

$$P_{ij}^{(n)} = \delta_{ij}\delta(n) + \sum_{k=0}^{n} f_{ij}^{(k)} P_{jj}^{(n-k)}, 0 \leqslant n < \infty. \tag{9.3}$$

上式呈现卷积的特点，故考虑用母函数进行计算. 对 $\{P_{ij}^{(n)}, n \geqslant 0\}$，$\{f_{ij}^{(n)}, n \geqslant 0\}$，分别引入母函数

$$G_{ij}(z) = \sum_{n=0}^{\infty} P_{ij}^{(n)} z^n, \qquad F_{ij}(z) = \sum_{n=0}^{\infty} f_{ij}^{(n)} z^n.$$

进一步，利用卷积性质，有

$$G_{ij}(z) = \delta_{ij} + F_{ij}(z) G_{jj}(z). \tag{9.4}$$

鉴于 $G_{ij}(z), F_{ij}(z)$ 在 $0 \leqslant z < 1$ 均是绝对收敛，利用微积分中的阿贝尔（Abel）定理，可知式 (9.4) 在边界 1 处成立，即

$$G_{ij}(1) = \delta_{ij} + F_{ij}(1) G_{jj}(1). \tag{9.5}$$

令 $j = i$，得到

$$G_{ii}(1) = \frac{1}{1 - F_{ii}(1)},$$

即

$$\sum_{n=0}^{\infty} P_{ii}^{(n)} = \frac{1}{1 - f_{ii}}. \tag{9.6}$$

由此，不难得出下面的依据 $\sum\limits_{n=0}^{\infty} P_{ii}^{(n)}$ 进行常返性判别.

定理 9.3（常返性判别） 对于齐次马尔可夫链 $\{X_n; n \geqslant 0\}$，有：

（1）状态 i 是常返的 $(f_{ii} = 1) \Leftrightarrow \sum\limits_{n=0}^{\infty} P_{ii}^{(n)} = +\infty$.

（2）状态 i 是非常返的 $(f_{ii} < 1) \Leftrightarrow \sum\limits_{n=0}^{\infty} P_{ii}^{(n)} = \dfrac{1}{1 - f_{ii}} < +\infty$.

如何直观理解式 (9.6) 呢？

考查从 i 出发，链访问状态 i 的平均次数，可以如下计算：

$$E \left(\sum_{n=0}^{\infty} I_{\{X_n = i\}} \mid X_0 = i \right) = \sum_{n=0}^{\infty} P(X_n = i \mid X_0 = i) = \sum_{n=0}^{\infty} P_{ii}^{(n)}.$$

另一个角度，设从 i 出发，链访问状态 i 的次数记为 $Y \geqslant 1$，其中初始在 i 计入一次. 从 i 出发，到达 i 的概率为 f_{ii}，不到达 i 的概率为 $1 - f_{ii}$，因此 Y 服从如下分布：

$$P(Y = n) = f_{ii}^{n-1}(1 - f_{ii}), n \geqslant 1.$$

因此，$E(Y) = \dfrac{1}{1 - f_{ii}}.$

无论是计算 f_{ii} 还是 $\sum\limits_{n=0}^{\infty} P_{ii}^{(n)}$，来判断状态 i 的常返性往往是困难的. 下面的性质有助于直观进行常返性判别.

定理 9.4（非常返态的极限行为）　如果 j 是非常返的, 则 $\forall i \in \mathcal{S}$, 有 $\lim\limits_{n \to \infty} P_{ij}^{(n)} = 0$.

证明　当 j 是非常返态, 由式 (9.5) 可知

$$\sum_{n=0}^{\infty} P_{ij}^{(n)} = \delta_{ij}\delta(n) + f_{ij}\sum_{n=0}^{\infty} P_{jj}^{(n)} < +\infty.$$

因此级数 $\sum\limits_{n=0}^{\infty} P_{ij}^{(n)}$ 收敛, 所以通项趋于零, 即 $\lim\limits_{n \to \infty} P_{ij}^{(n)} = 0$. ■

定理 9.5（常返性性质）　对于齐次马尔可夫链 $\{X_n; n \geqslant 0\}$, 有:

（1）有限状态马尔可夫链至少存在一个常返态.

（2）如果 $i \leftrightarrow j$, 则状态 i 与状态 j 必定具有相同的常返性, 即常返性是类性质.

（3）若 i 为常返态, $i \to j$, 则 $j \to i$, $f_{ij} = 1$.

（4）吸收态必定是常返态.

证明　（1）反证法. 假设均为暂态, 则由定理 9.4, $\forall i, j \in \mathcal{S}$, 有 $\lim\limits_{n \to \infty} P_{ij}^{(n)} = 0$. 由于状态数目有限, 因此

$$\lim_{n \to \infty} \sum_{j \in \mathcal{S}} P_{ij}^{(n)} = \sum_{j \in \mathcal{S}} \lim_{n \to \infty} P_{ij}^{(n)} = 0.$$

又由于: $\forall n, \sum\limits_{j \in \mathcal{S}} P_{ij}^{(n)} = 1$, 显然矛盾.

（2）当 $i \leftrightarrow j$, 则 $\exists m, n > 0$, 使得 $P_{ji}^{(m)} > 0, P_{ij}^{(n)} > 0$. 又由 C-K 不等式, 得 $P_{jj}^{(m+r+n)} \geqslant P_{ji}^{(m)} P_{ii}^{(r)} P_{ij}^{(n)}$, 故有

$$\sum_{n=0}^{\infty} P_{jj}^{(n)} \geqslant \sum_{r=0}^{\infty} P_{jj}^{(m+r+n)} \geqslant \sum_{r=0}^{\infty} P_{ji}^{(m)} P_{ii}^{(r)} P_{ij}^{(n)} = P_{ji}^{(m)} P_{ij}^{(n)} \sum_{r=0}^{\infty} P_{ii}^{(r)}.$$

由上式, 当状态 i 常返, 则不等式右边为 $+\infty$, 不等式左端自然为 $+\infty$, 即状态 j 常返. 不难看出, 若 i 非常返, 则 j 亦非常返. 综上可知, 常返性是类性质, 即一个等价类中状态要么都是常返, 要么都是非常返.

（3）$i \to j$ 说明链从 i 到达 j 的概率是正数. i 是常返的, 链每次回到 i 后都再次以相同的正概率到达 j, 且每次是否到达 j 时相互独立的, 这就等价于无穷重伯努利实验: 从 i 的每次出发视为一次独立子试验, 从 i 到达 j 称为成功. 根据伯努利实验的性质（例 9.6）, 链以概率 1 到达 j, 因此 $f_{ij} = 1$. 链到达 j 后又必须回到 i, 因而 $j \to i$.

（4）显然. ■

9.3.2　正常返与零常返

我们知道从常返态 i 出发, 链会返回 i 无穷次. 然而首达时间是多长呢? 显然, 首达时间是一个随机变量.

定义 9.17（首达时间） 对 $j \in \mathcal{S}$，设零时链从 j 出发，定义

$$\tau_j \overset{\text{def}}{=} \min\{n | X_n = j, n \geqslant 1\}$$

为从状态 j 出发首次到达状态 j 的时间（步数），简称为首达时间. 如果 $\min\{n | X_n = j, n \geqslant 1\}$ 为空集，则定义 $\tau_j = +\infty$.

显然，引入离散变量 τ_j 后，首达概率 $f_{jj}^{(n)} = P(\tau_j = n | X_0 = j)$ 表示从 j 出发的条件下，第 n 步首次回到 j 的概率，即首达时间为 n 的概率. 如果 j 是常返态，$\{f_{jj}^{(n)}\}_{n=1,2,\cdots}$ 正是首达时间 τ_j 的分布列. 因此，可以定义平均返回时间或平均回转时间.

定义 9.18（平均返回时间） 常返状态 j 的平均返回时间定义为

$$\mu_j \overset{\text{def}}{=} E\{\tau_j \mid X_0 = j\} = \sum_{n=1}^{\infty} n f_{jj}^{(n)}.$$

注 如果 j 是非常返态，则 $P(\tau_j = +\infty | X_0 = j) = P(\text{不回到 } i | X_0 = j) = 1 - f_{jj} > 0$，这时自然定义 $\mu_j = +\infty$. 利用平均返回时间可以把常返的状态作进一步细分.

定义 9.19（正常返与零常返） 对于常返态 $i \in \mathcal{S}$，如果 $\mu_i < +\infty$，则称 i 为正常返（positive recurrent）；否则，$\mu_i = +\infty$，称状态 i 为零常返（null recurrent）.

定理 9.6（正常返、零常返的性质） 对于齐次马尔可夫链 $\{X_n; n \geqslant 0\}$，有：

（1）若 i 是常返态，则 i 零常返 $\Leftrightarrow \lim\limits_{n \to \infty} P_{ii}^{(n)} = 0$.

（2）若 i 为零常返，$i \to j$，则 j 也是零常返.

（3）若 i 为正常返，$i \to j$，则 j 也是正常返.

证明 结论（1）是用数学分析方法得到的，感兴趣的读者可参阅文献 [14] 中 2.2 节的定理 2.

下面证明（2）. 首先由定理 9.5（3），可知 $i \leftrightarrow j$. 因此，$\exists m, n > 0$，使得 $P_{ij}^{(m)} P_{ji}^{(n)} > 0$，利用 C-K 不等式可得

$$P_{ii}^{(m+k+n)} \geqslant P_{ij}^{(m)} P_{jj}^{(k)} P_{ji}^{(n)},$$

因此

$$\lim_{k \to \infty} P_{jj}^{(k)} \leqslant \frac{1}{P_{ij}^{(m)} P_{ji}^{(n)}} \lim_{k \to \infty} P_{ii}^{(m+k+n)} = 0.$$

利用结论（1），可知 j 是零常返.

从结论（2），不难得出结论（3）. 再结合定理 9.5（2），不难知道互通的两个状态，必定或同为正常返，或同为零常返，或同为非常返. ∎

定义 9.18 中，平均返回时间 μ_j 由首达概率来计算，下面的弱遍历性定理则表明了平均返回时间 μ_j 与转移概率 $P_{ij}^{(n)}$ 的关系. 弱遍历性定理证明过程中需要用到以下哈代-利特尔伍德（Hardy-Littlewood）定理，其证明略去，感兴趣的读者可以参见文献 [2].

定理 9.7（哈代-利特尔伍德定理）　设 $\{a_n, n \geqslant 0\}$，记幂级数 $A(z)$ 为

$$A(z) = \sum_{n=0}^{\infty} a_n z^n, \qquad 0 \leqslant z < 1,$$

则有 $\lim\limits_{n\to\infty} \frac{1}{n} \sum_{k=0}^{n-1} a_k = \lim\limits_{z\to 1^-} (1-z)A(z)$.

此定理由哈代和利特尔伍德给出.

定理 9.8（弱遍历性定理）　对于齐次马尔可夫链 $\{X_n; n \geqslant 0\}$，任取两个状态 i, j, 有

$$\lim_{n\to\infty} \frac{1}{n} \sum_{k=0}^{n-1} P_{ij}^{(k)} = \frac{f_{ij}}{\mu_j}. \tag{9.7}$$

为直观理解，不妨设 j 为常返态且 $i = j$. 此定理的直观含义说明如下：关系式左边为转移概率的平均

$$\frac{1}{n} \sum_{k=0}^{n-1} P_{jj}^{(k)} = \frac{1}{n} \sum_{k=0}^{n-1} E(I_{\{X_k=j|X_0=j\}}) = E\left(\frac{1}{n} \sum_{k=0}^{n-1} I_{\{X_k=j|X_0=j\}}\right),$$

即从 j 出发，链访问状态 j 的频率的期望. 关系式右边为平均返回时间的倒数，其含义也是从 j 出发，链返回 j 的（平均）频率. 不难理解两者相等. 此外，关系式左边可视为沿着时间平均计算出来的频率，右边可视为统计平均计算出来的频率，两者相等表明了某种遍历性.

证明　从定理 9.2 中式 (9.4) 出发，可知

$$\begin{cases} i = j, & G_{jj}(z) = \dfrac{1}{1 - F_{jj}(z)}, \\ i \neq j, & G_{ij}(z) = \dfrac{F_{ij}(z)}{1 - F_{jj}(z)}, \end{cases}$$

其中 $G_{ij}(z)$ 是 $\{P_{ij}^{(n)}, n \geqslant 0\}$ 的母函数（幂级数）. 根据哈代-利特尔伍德定理有

$$\lim_{n\to\infty} \frac{1}{n} \sum_{k=0}^{n-1} P_{ij}^{(k)} = \lim_{z\to 1^-} (1-z)G_{ij}(z),$$

（1）先考虑 j 为常返态，并进一步分情况讨论.

当 $i = j$ 时，有

$$\lim_{n\to\infty} \frac{1}{n} \sum_{k=0}^{n-1} P_{jj}^{(k)} = \lim_{z\to 1^-} \frac{1-z}{1 - F_{jj}(z)} = \lim_{z\to 1^-} \frac{1-z}{F_{jj}(1) - F_{jj}(z)} = \lim_{z\to 1^-} \frac{1}{F_{jj}'(z)} = \frac{1}{\mu_j},$$

其中用到了 $F_{jj}(z) = \sum\limits_{n=0}^{\infty} f_{jj}^{(n)} z^n$, 在 j 为常返态时, $F_{jj}(1) = f_{jj} = 1$, 以及

$$F'_{jj}(z) = \sum_{n=1}^{\infty} n f_{jj}^{(n)} z^{n-1}, \lim_{z \to 1^-} F'_{jj}(z) = \sum_{n=1}^{\infty} n f_{jj}^{(n)} = \mu_j.$$

当 $i \neq j$ 时, 有

$$\lim_{n \to \infty} \frac{1}{n} \sum_{k=0}^{n-1} P_{ij}^{(k)} = \lim_{z \to 1^-} (1-z) \frac{F_{ij}(z)}{1 - F_{jj}(z)} = \lim_{z \to 1^-} F_{ij}(z) \lim_{z \to 1^-} \frac{1-z}{1 - F_{jj}(z)} = \frac{f_{ij}}{\mu_j},$$

其中用到了 $F_{ij}(1) = f_{ij}$.

注意到当 j 为常返态时, $i = j$ 意味着 $f_{ij} = f_{jj} = 1$, 因此对 $i = j$ 与 $i \neq j$ 两种情形, 式 (9.7) 均成立.

（2）考虑 j 为非常返 ($\mu_j = +\infty$), 根据定理 9.4, 我们有 $\lim\limits_{n \to \infty} P_{ij}^{(n)} = 0$, 不难用 (ϵ, N) 语言证明 $\lim\limits_{n \to \infty} \frac{1}{n} \sum\limits_{k=0}^{n-1} P_{ij}^{(k)} = \frac{1}{\mu_j} = 0$.

综上所述, $\forall i, j \in \mathcal{S}$, 式 (9.7) 均成立. ■

推论 9.2 有限状态的马尔可夫链中一定存在正常返态.

证明 反证法, 设所有状态都是滑过态或者零常返态. 有限状态空间不妨记为 $\mathcal{S} = \{1, 2, \cdots, N\}$. 取定 i, 有

$$\forall j, \lim_{n \to \infty} \frac{1}{n} \sum_{k=0}^{n-1} P_{ij}^{(k)} = 0.$$

对 j 求和得到

$$\sum_{j=1}^{N} \lim_{n \to \infty} \frac{1}{n} \sum_{k=0}^{n-1} P_{ij}^{(k)} = 0.$$

但左边恒为 1, 矛盾. ■

例 9.7（一维无限制随机游动） 考虑一个质点在直线的整数格点上做随机游动. 质点到达某格点后, 下次向右移动一步的概率是 $p > 0$, 向左移动一步的概率是 $q = 1 - p$. 设 X_0 表示质点的初始位置, 用 X_n 表示质点在时刻 n 的位置, 称 $\{X_n; n \geq 0\}$ 为一维无限制随机游动. 试判断各状态的常返性（是否为非常返, 正常返, 零常返）.

解 该链所有状态都互通, 故各状态具有相同的常返性. 因而只需讨论 0 状态. 从 0 状态出发, 经 n 步转移到 0 状态的概率为

$$P_{00}^{(n)} = \begin{cases} C_{2k}^{k} p^k q^k, & n = 2k, \\ 0, & n = 2k - 1. \end{cases}$$

由斯特林（Stirling）公式可得

$$\mathrm{C}_{2k}^{k} p^k q^k \approx \frac{(4pq)^k}{\sqrt{\pi k}}, \quad \text{故} \quad \sum_{k=1}^{\infty} P_{00}^{(2k)} \approx \sum_{k=1}^{\infty} \frac{(4pq)^k}{\sqrt{\pi k}}.$$

当 $p \neq \frac{1}{2}$，级数收敛，此时 0 状态为非常返态，进而可知一维无限制（非均衡）随机游动的所有状态均为非常返．当 $p = \frac{1}{2}$（此时称为均衡随机游动），级数发散，此时 0 状态是常返态，进一步它是正常返还是零常返呢？

首先计算 $P_{00}^{(n)}$ 为系数的幂级数．利用负二项式定理得

$$G_{00}(z) = \sum_{n=0}^{\infty} P_{00}^{(2k)} z^{2k} = \sum_{k=0}^{\infty} \frac{(2k)!}{k!k!} \left(\frac{z}{2}\right)^{2k} = (1-z^2)^{-\frac{1}{2}}.$$

利用哈代-利特尔伍德定理得

$$\lim_{n\to\infty} \frac{1}{n} \sum_{k=0}^{n-1} P_{00}^{(k)} = \lim_{z\to 1^-} (1-z) G_{00}(z) = \lim_{z\to 1^-} (1-z)(1-z^2)^{-\frac{1}{2}} = 0,$$

故 $\mu_0 = +\infty$，从而可知 0 状态是零常返的，进而可知一维无限制均衡随机游动的所有状态均为零常返．

在得到均衡随机游动时，0 状态为常返态之后，也可借助定理 9.6 的性质（1）进行正常返与零常返的判断．注意，$\lim\limits_{k\to\infty} P_{00}^{(2k)} = \lim\limits_{k\to\infty} \frac{1}{\sqrt{\pi k}} = 0$ 以及 $P_{00}^{(2k-1)} = 0, \forall k \geqslant 1$，可知 $\lim\limits_{n\to\infty} P_{00}^{(n)} = 0$，因此 0 状态为零常返．

9.4　马尔可夫链的极限行为

由 9.3 节对常返性的讨论，可知马尔可夫链无限运行下去时其样本轨道的一些规律．但是 9.3 节常返性的相关知识仍然没有系统给出当 $n \to \infty$ 时转移概率 $P_{ij}^{(n)}$ 有没有极限？如果有，那么极限是多少？本节对这些问题做进一步讨论．

首先注意到，由定理 9.4，对任意非常返态 j，$\lim\limits_{n\to\infty} P_{ij}^{(n)} = 0, \forall i \in \mathcal{S}$．后面讨论不妨集中关注常返状态．弱遍历定理指出转移概率的平均存在极限．一个问题是，弱遍历定理能否给出 $P_{ij}^{(n)}$ 的极限性质，即对常返态 j，是否由 $\lim\limits_{n\to\infty} \frac{1}{n} \sum_{k=0}^{n-1} P_{ij}^{(k)} = \frac{f_{ij}}{\mu_j}$ 可推出 $\lim\limits_{n\to\infty} P_{ij}^{(n)} = \frac{f_{ij}}{\mu_j}$．下面的例子表明，这一般不成立，转移概率的平均存在极限和转移概率存在极限是两回事，尽管反过来是成立的．

例 9.8 设链有两个状态 $\mathcal{S} = \{0, 1\}$，一步转移概率为

$$\begin{pmatrix} 0 & 1 \\ 1 & 0 \end{pmatrix}$$

容易看出

$$P_{00}^{(n)} = P_{11}^{(n)} = \begin{cases} 1, & n = 2k, \\ 0, & n = 2k - 1, \end{cases} \quad k \geqslant 1,$$

所以有

$$\lim_{n \to \infty} \frac{1}{n} \sum_{k=0}^{n-1} P_{00}^{(n)} = \lim_{n \to \infty} \frac{1}{n} \sum_{k=0}^{n-1} P_{11}^{(n)} = \frac{1}{2}.$$

转移概率的平均存在极限，$\dfrac{1}{\mu_1} = \dfrac{1}{\mu_2} = \dfrac{1}{2}$（两状态的平均返回时间均为 2）.

但是 $\lim\limits_{n \to \infty} P_{00}^{(n)}$, $\lim\limits_{n \to \infty} P_{11}^{(n)}$ 都不存在极限. 这说明即便是转移概率的平均存在极限，其 n 步转移概率的极限仍然可能不存在. 状态是否有周期性，对转移概率极限是否存在起着关键的作用.

9.4.1 周期性

下面我们考虑马尔可夫链的周期性.

定义 9.20（状态的周期） 对于齐次马尔可夫链 $\{X_n, n \geqslant 0\}$，定义状态 i 的周期如下：

- 如果 $\sum\limits_{n=1}^{\infty} P_{ii}^{(n)} = 0$，从 i 出发不可能再回到 i，称 i 的周期为 $+\infty$.
- 设 d 为正整数，从 i 出发，只能在 d 的整数倍上回到 i，且 d 是具有此性质的最大整数，则称 i 的周期是 d，记为 d_i 或 $d(i) \overset{\text{def}}{=} \gcd\{n : P_{ii}^{(n)} > 0\}$. ①
- 如果 i 的周期为 1，则称 i 是非周期的.

注
- 状态 i 的周期 d_i 是集合 $\{n : P_{ii}^{(n)} > 0\}$ 的最大公约数.
- 当 $d_i < +\infty$，$P_{ii}^{(nd_i)} > 0$ 不必对所有的 n 成立，但至少对某些 n 成立.
- 周期性也是类性质. 若 $i \leftrightarrow j$，则 $d_i = d_j$.

下面简要证明周期性是类性质（只要一个等价类中有一个状态满足某性质，则该等价类的其他状态均具有该性质）.

证明 设 $i \leftrightarrow j$，i 和 j 的周期分别为 d_i 和 d_j，则存在 m, n, k 使得

$$P_{ii}^{(m + kd_j + n)} > P_{ij}^{(m)} P_{jj}^{(kd_j)} P_{ji}^{(n)} > 0,$$

可知 $d_i | m + kd_j + n$. 又有

$$P_{ii}^{(m + (k+1)d_j + n)} > P_{ij}^{(m)} P_{jj}^{((k+1)d_j)} P_{ji}^{(n)} > 0,$$

---

① gcd: 最大公约数（greatest common divisor）.

可知 $d_i | m + (k+1)d_j + n$. 由上述分析可知 $d_i | d_j$. 同理可证 $d_j | d_i$, 因此 $d_i = d_j$. ■

　　例 9.9　一个具有周期性的齐次马尔可夫链的例子如图 9.4 所示, 其中各状态的周期均为 2.

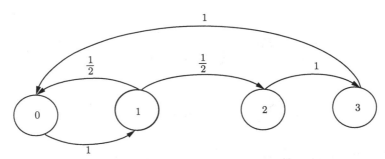

图 9.4　周期性齐次马尔可夫链状态转移图

9.4.2　转移概率的极限

　　下面不加证明给出有关马尔可夫链转移概率的极限的结论, 归纳如下.

　　定理 9.9 (转移概率的极限)　对于齐次马尔可夫链 $\{X_n, n \geqslant 0\}$, 成立:

（1）对非常返态 j, 有

$$\lim_{n \to \infty} P_{ij}^{(n)} = 0, \quad \forall i \in \mathcal{S}.$$

（2）对常返、非周期态 j, 有

$$\lim_{n \to \infty} P_{jj}^{(n)} = \frac{1}{\mu_j}.$$

一般地

$$\lim_{n \to \infty} P_{ij}^{(n)} = \frac{f_{ij}}{\mu_j}, \quad \forall i \in \mathcal{S}.$$

（3）对常返、周期态 j（d_j 为其周期）, 成立

$$\lim_{n \to \infty} P_{jj}^{(nd_j)} = \frac{d_j}{\mu_j}.$$

设 $r_{ij} = \min\{n : P_{ij}^{(n)} > 0\}$, 成立

$$\lim_{n \to \infty} P_{ij}^{(r_{ij} + nd_j)} = \frac{d_j f_{ij}}{\mu_j}.$$

一个在周期性时的直观理解是, 把 d_j 步转移看作一步转移, 从而得到 $\{P_{jj}^{(n)}\}$, $\{P_{ij}^{(n)}\}$ 的一个子列的收敛性.

上述定理说明了状态的周期性和常返性对研究转移概率极限都非常重要.

上述定理告诉我们, 对零常返、非周期态 j, $\lim\limits_{n\to\infty} P_{ij}^{(n)} = 0$. 那对于零常返、周期态 j, 转移概率 $P_{ij}^{(n)}$ 的极限是否还趋于 0 呢, 上述定理并没有回答. 由下面的定理可知答案是肯定的.

定理 9.10 (零常返的极限行为) 如果 j 是零常返的, 则 $\forall i \in \mathcal{S}$, 有 $\lim\limits_{n\to\infty} P_{ij}^{(n)} = 0$.

证明 对任何状态 i, 利用定理 9.2 得到

$$P_{ij}^{(n)} = \sum_{k=1}^{m} f_{ij}^{(k)} P_{jj}^{(n-k)} + \sum_{k=m+1}^{n} f_{ij}^{(k)} P_{jj}^{(n-k)}$$

$$\leqslant \sum_{k=1}^{m} P_{jj}^{(n-k)} + \sum_{k=m+1}^{n} f_{ij}^{(k)}.$$

令 $n \to \infty$, 右方第一项 $\sum\limits_{k=1}^{m} P_{jj}^{(n-k)} \to 0$, 因为对零常返的 j, 由定理 9.6 (1), 可知 $P_{jj}^{(n)} \to 0$. 于是得到

$$\lim_{n\to\infty} P_{ij}^{(n)} \leqslant \sum_{k=m+1}^{\infty} f_{ij}^{(k)}.$$

因为 $\sum\limits_{k=1}^{\infty} f_{ij}^{(k)} \leqslant 1$, 所以再令 $m \to \infty$, 即得证. ■

定理 9.11 (等价类的性质) 设 C 是一个等价类, 则有如下性质:

(1) 常返等价类是闭集.

(2) 零常返等价类含有无穷个状态.

(3) 非常返等价类如果是闭集, 则含有无穷个状态.

证明 (1) 如果 $i \in C, i \to j$ 但是 $j \notin C$, 由定理 9.5 (3) 知道 $i \leftrightarrow j$. 这与 $j \notin C$ 矛盾. 特别注意, 这条性质并不意味着, 非常返等价类一定是非闭的.

(2) 和 (3) 的证明: 反证法. 考虑零常返等价类或闭的非常返等价类 C, 设 C 中只有有限个状态. 任取某 $i \in C$, 因 C 为闭集, 故有

$$\sum_{j \in C} P_{ij}^{(n)} = 1.$$

根据定理 9.4 (非常返态的极限行为) 与定理 9.10 (零常返态的极限行为), 可知对零常返或非常返 C, 都有 $\lim\limits_{n\to\infty} P_{ij}^{(n)} = 0$. 上式令 $n \to \infty$, 于是得到

$$\lim_{n\to\infty} \sum_{j \in C} P_{ij}^{(n)} = \sum_{j \in C} \lim_{n\to\infty} P_{ij}^{(n)} = 0.$$

由此得到矛盾的 $0 = 1$，说明 C 不能是有限集合. ■

（2）和（3）是容易理解的：零常返等价类或闭的非常返等价类 C 是闭的，质点不能走出 C，若 C 是有限集合，就必然频繁地返回 C 中某一个状态，这个状态必然是正常返，于是 C 中所有状态都是正常返，矛盾.

不难看出，（2）表明若马尔可夫链有零常返状态，则必有无限多个零常返状态.（2）一个直接推论（逆否命题）是，如果一个常返等价类是有限集，则该常返等价类是正常返.（3）的一个直接推论（逆否命题）是，如果一个非常返等价类是有限集，则该非常返等价类不是闭的.

利用上述定理，可以对马尔可夫链状态常返性的判别，形成图 9.5 所示决策树. 判别将对各个等价类分别展开.

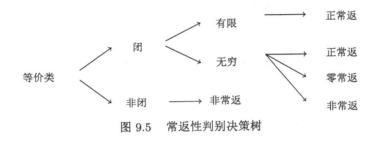

图 9.5   常返性判别决策树

利用等价类的性质，不难对状态空间进行分解. 利用互通等价关系，可以把马尔可夫链的状态空间 $\mathcal{S}$ 分解为

$$\mathcal{S} = \bigcup_{j=1}^{m} C_j + T, m \leqslant +\infty,$$

其中 C_j 是常返等价类，T 由全体非常返状态组成.

不失一般性，对状态按照 $C_1, C_2, \cdots, C_m, T$ 进行重新编号[①]，将转移矩阵写成

$$\boldsymbol{P} = \begin{pmatrix} \boldsymbol{P}_1 & \boldsymbol{0} & \cdots & \boldsymbol{0} & \boldsymbol{0} \\ \boldsymbol{0} & \boldsymbol{P}_2 & \cdots & \boldsymbol{0} & \boldsymbol{0} \\ \vdots & \vdots & \ddots & \vdots & \vdots \\ \boldsymbol{0} & \boldsymbol{0} & \cdots & \boldsymbol{P}_m & \boldsymbol{0} \\ \boldsymbol{R}_1 & \boldsymbol{R}_2 & \cdots & \boldsymbol{R}_m & \boldsymbol{Q} \end{pmatrix}.$$

由于常返等价类 C_j 是闭集，所以对应的 $P_j \triangleq (P_{kl})_{k,l \in C_j}$ 的每行之和为 1. 这相当于 C_j 本身是一个不可约马尔可夫链，链从 C_j 中的状态出发或从 T 进入 C_j 后，就永远在 C_j 中运动.

---

① 当马尔可夫链含有无穷个常返等价类时，m 视为"$\cdots$".

利用 $P^{(n)} = P^n$ 和矩阵乘法可得

$$P^{(n)} = \begin{pmatrix} P_1^n & 0 & \cdots & 0 & 0 \\ 0 & P_2^n & \cdots & 0 & 0 \\ \vdots & \vdots & \ddots & \vdots & \vdots \\ 0 & 0 & \cdots & P_m^n & 0 \\ R_1^{(n)} & R_2^{(n)} & \cdots & R_m^{(n)} & Q^n \end{pmatrix}.$$

当某个常返等价类 C_j 为零常返等价类时, 有 $\lim\limits_{n\to\infty} P_j^n = 0$. 由于 T 中状态均为非常返, 因此 $\lim\limits_{n\to\infty} Q^n = 0$.

总结一下, 我们看到马尔可夫链可以永远在 T 中游走, 也可以从 T 中转移到某个 C_j 中, 然后永远在 C_j 中运动. 详细说来就是, 当系统从某个非常返态出发, 系统可能一直在非常返集 T 中 (当 T 为闭集时), 也有可能在某个时刻离开 T 进入到某个常返态集合 C_j 中, 然后永远在 C_j 中运动. 如果 T 是有限集合, 链一定会走出 T 进入某个闭集 C_j, 然后永远在 C_j 中运动.

9.5 平 稳 分 布

虽然 9.4 节给出了马尔可夫链转移概率极限的定理, 但如何求出该极限仍然没有解决. 定理 9.9 中的极限结果与状态平均返回时间以及可达概率有关, 这两个量如何计算呢? 本节介绍的平稳分布将有助于求出极限结果. 另外, 对图 9.5 所示常返性判据决策树, 在不可约集含有无穷状态时, 如何判决也可借助平稳分布来进一步分析[1].

定义 9.21 (平稳分布) 一个定义在马尔可夫链状态空间 $\mathcal{S}$ 上的分布列 $\boldsymbol{\pi} = (\pi_1, \pi_2, \cdots)$ (写成行向量) 若满足

$$\boldsymbol{\pi} = \boldsymbol{\pi} P, \tag{9.8}$$

即 $\pi_j = \sum\limits_{k \in \mathcal{S}} \pi_k P_{kj}, \forall j \in \mathcal{S}$, 则称 $\boldsymbol{\pi}$ 为该马尔可夫链的平稳分布 (stationary distribution), 也称为不变分布. 式 (9.8) 称为平衡方程 (equilibrium equation), 是研究马尔可夫链最重要的方程之一.

注 1 对于一个平稳分布 $\boldsymbol{\pi}$, 显然有 $\boldsymbol{\pi} = \boldsymbol{\pi} P = \boldsymbol{\pi} P^2 = \cdots = \boldsymbol{\pi} P^n, \forall n \geqslant 1$.

注 2 不难证明, 如果将一个马尔可夫链的初始分布取为平稳分布 (即设 $\boldsymbol{\pi}^{(0)} = \boldsymbol{\pi}$), 则 X_n 将具有与 X_0 相同的分布 (即 $\boldsymbol{\pi}^{(n)} = \boldsymbol{\pi}, n \geqslant 1$), 并且进一步可证, 此时该马尔可夫链是严平稳的. 这是平稳分布名称的由来.

---

[1] 在讨论不可约集的常返性质时, 可以将不可约集本身视为一个不可约链来进行分析, 因为链从不可约集中的状态出发, 就不能走出该不可约集, 因此本节很多讨论都针对不可约链去展开.

注 3 应当注意即使马尔可夫链的极限概率不存在极限，平稳分布也可能存在. 因此，平稳分布的存在性和转移概率极限存在性不能混为一谈.

例如 $P = \begin{pmatrix} 0 & 1 \\ 1 & 0 \end{pmatrix}$，$\pi = \left(\dfrac{1}{2}, \dfrac{1}{2}\right)$ 是一个平稳分布，但是该链的转移概率极限不存在. 可以看到，状态的周期性是影响建立平稳分布与转移概率极限之间关系的一个要素，因此引入遍历态的概念. 把正常返状态根据周期性，区分为正常返非周期状态（称为遍历态）和正常返周期状态.

定义 9.22（遍历态） 如果状态 i 是正常返且非周期的，称 i 为遍历态.

不难看出，一个等价类有一个遍历态，则该等价类中状态都是遍历态，这时称该等价类是遍历等价类. 一个不可约链只要有一个遍历态，则均为遍历态，称这个不可约链是不可约遍历链.

为了更好地讨论马尔可夫链的极限性质，首先不加证明地引入以下关于函数项级数的性质.

定理 9.12（极限与求和交换） 对于定义在某区间 $[a,b]$ 上的函数项级数 $\sum\limits_{k=1}^{\infty} f_k(x)$，若该函数项级数在 $[a,b]$ 上一致收敛，且对 $x_0 \in [a,b]$，极限 $\lim\limits_{x \to x_0} f_k(x)$ 存在，则有

$$\lim_{x \to x_0} \sum_{k=1}^{\infty} f_k(x) = \sum_{k=1}^{\infty} \lim_{x \to x_0} f_k(x).$$

定理 9.13（控制收敛定理）[①] 区间 $[a,b]$ 上的函数项级数一致收敛的一个充分条件是：若存在收敛的数项级数 $\sum\limits_{k=1}^{\infty} c_k$ 满足

$$|f_k(x)| \leqslant c_k, \forall x \in [a,b],$$

则函数项级数 $\sum\limits_{k=1}^{\infty} f_k(x)$ 一致收敛.

上述充分条件下函数项级数一致收敛称为控制收敛定理.

一个马尔可夫链何时有平稳分布以及如何找出它呢？我们先来分析不可约正常返链的平稳分布，就非周期与周期两种情形分开来讨论，然后再来分析一般马尔可夫链的平稳分布.

定理 9.14（不可约遍历链的平稳分布） 对不可约遍历链，其转移概率的极限（与出发状态 i 无关）

$$\lim_{n \to \infty} P_{ij}^{(n)} = \frac{1}{\mu_j}, \ \forall i, j \in \mathcal{S}$$

[①] 定理 7.1 是有关函数项求积分的控制收敛定理，本定理是有关函数项求和的结论.

构成唯一的平稳分布 $\boldsymbol{\pi} = \left\{ \pi_j = \dfrac{1}{\mu_j}; j \in \mathcal{S} \right\}$.

证明 （1）先证明存在性，即证明 $\boldsymbol{\pi} = \left\{ \pi_j = \dfrac{1}{\mu_j}; j \in \mathcal{S} \right\}$ 定义的行向量具有非负性、归一性，及满足平衡方程. 由定理 9.9，正常返状态的 $\mu_j < +\infty$，因此 $\pi_j > 0, j \in \mathcal{S}$.

首先，我们证明 $\sum\limits_{j \in \mathcal{S}} \pi_j$ 是收敛的，这在下面我们运用控制收敛定理时需要用到. 由 $\pi_j = \lim\limits_{n \to \infty} P_{ij}^{(n)}$，两边对 j 从 1 到 K 求和得到

$$\sum_{j=1}^{K} \pi_j = \sum_{j=1}^{K} \lim_{n \to \infty} P_{ij}^{(n)} = \lim_{n \to \infty} \sum_{j=1}^{K} P_{ij}^{(n)} \leqslant 1.$$

注意上式对任意有限 K 都成立，可令 $K \to \infty$，得到 $\sum\limits_{j \in \mathcal{S}} \pi_j \leqslant 1$.

下面先证明 π 满足平衡方程. 由弱遍历性定理，不难得到 $\dfrac{1}{\mu_j} = \lim\limits_{n \to \infty} \dfrac{1}{n} \sum\limits_{k=0}^{n-1} P_{ij}^{(k)} = \lim\limits_{n \to \infty} \dfrac{1}{n} \sum\limits_{k=0}^{n-1} P_{ij}^{(k+1)}$. 然后

$$
\begin{aligned}
\frac{1}{\mu_j} &= \lim_{n \to \infty} \frac{1}{n} \sum_{k=0}^{n-1} P_{ij}^{(k+1)} \\
&= \lim_{n \to \infty} \frac{1}{n} \sum_{k=0}^{n-1} \sum_{l \in \mathcal{S}} P_{il}^{(k)} P_{lj} \quad (\text{由 C-K 方程}) \\
&= \lim_{n \to \infty} \sum_{l \in \mathcal{S}} \left(\frac{1}{n} \sum_{k=0}^{n-1} P_{il}^{(k)} \right) P_{lj} \quad (\text{交换求和顺序}) \\
&\geqslant \lim_{n \to \infty} \sum_{l=1}^{L} \left(\frac{1}{n} \sum_{k=0}^{n-1} P_{il}^{(k)} \right) P_{lj} \quad (\text{对有限的} L \text{成立}) \\
&= \sum_{l=1}^{L} \frac{1}{\mu_l} P_{lj}.
\end{aligned}
$$

注意上式对任意有限 L 都成立，可令 $L \to \infty$，得到

$$\pi_j \geqslant \sum_{l \in \mathcal{S}} \pi_l P_{lj}.$$

可以证明上式中的等号对所有 $j \in \mathcal{S}$ 都是成立的. 如果其中对某个 j 不成立，则有[1]

$$\sum_{j} \pi_j > \sum_{j} \sum_{l} \pi_l P_{lj} = \sum_{l} \left(\pi_l \sum_{j} P_{lj} \right) = \sum_{l} \pi_l,$$

---

[1] 请读者自行思考，此处我们需要再一次运用控制收敛定理.

显然矛盾. 所以对任意 j 均取等号, 平衡方程成立.

下面证明 $\boldsymbol{\pi}$ 满足归一性. 因 $\boldsymbol{\pi}$ 满足平衡方程 $\boldsymbol{\pi} = \boldsymbol{\pi P}$, 可得 $\boldsymbol{\pi} = \boldsymbol{\pi P}^{(n)}, \forall n \geqslant 1$. 令 $n \to \infty$, 考虑 $\lim\limits_{n \to \infty} \sum\limits_{l \in \mathcal{S}} \pi_l P_{lj}^{(n)}$. 如果我们令 $f_l(n) = \pi_l P_{lj}^{(n)}$, 则 $f_l(n) \leqslant \pi_l$, 而 $\sum\limits_{j \in \mathcal{S}} \pi_j$ 是收敛的, 因此运用控制收敛定理, 可得

$$\pi_j = \lim_{n \to \infty} \sum_{l \in \mathcal{S}} \pi_l P_{lj}^{(n)} = \sum_{l \in \mathcal{S}} \pi_l \lim_{n \to \infty} P_{lj}^{(n)} = \left(\sum_{l \in \mathcal{S}} \pi_l\right) \pi_j,$$

故 $\sum\limits_{l \in \mathcal{S}} \pi_l = 1$.

（2）下面证明平稳分布的唯一性. 若还存在另外一个平稳分布 $\boldsymbol{\nu} = \{\nu_i; i \in \mathcal{S}\}$, 则有 $\boldsymbol{\nu} = \boldsymbol{\nu P}^{(n)}, \forall n \geqslant 1$. 令 $n \to \infty$, 利用归一性证明时同样的技巧, 可得

$$\nu_j = \lim_{n \to \infty} \sum_{l \in \mathcal{S}} \nu_l P_{lj}^{(n)} = \sum_{l \in \mathcal{S}} \nu_l \lim_{n \to \infty} P_{lj}^{(n)} = \left(\sum_{l \in \mathcal{S}} \nu_l\right) \pi_j = \pi_j,$$

唯一性得证.

综上, $\left\{\pi_j = \dfrac{1}{\mu_j}; j \in \mathcal{S}\right\}$ 是方程组 (9.8) 满足非负性、归一性的唯一解. ∎

下面讨论周期的常返等价类（可单独视为周期的不可约常返链）.

定理 9.15 设常返等价类 C 有周期 $d > 1$. 对 C 中的状态 i, j, 有唯一的 $r \in \{1, 2, \cdots, d\}$, 使得只要 $P_{ij}^{(n)} > 0$, 则有 $n = r + kd$（即 n 除以 d 的余数为 r）, 且 $\sum\limits_{n=1}^{\infty} f_{ij}^{(r+nd)} = 1$.

证明 因为 i, j 位于同一等价类, 所以有 $i \leftrightarrow j$, 所以有 k 使得 $P_{ji}^{(k)} > 0$.

如果 n, m 使得 $P_{ij}^{(n)} P_{ij}^{(m)} > 0$, 则有

$$P_{ii}^{(n+k)} \geqslant P_{ij}^{(n)} P_{ji}^{(k)} > 0, \qquad P_{ii}^{(m+k)} \geqslant P_{ij}^{(m)} P_{ji}^{(k)} > 0.$$

由周期的定义知道 $n+k, m+k$ 都是周期 d 的倍数, 所以 $n - m = (n+k) - (m+k)$ 也是 d 的倍数. 说明 n, m 被 d 除后有相同的余数, 即有唯一的余数 r 使得

$$n = k_1 d + r, \qquad m = k_2 d + r.$$

由于 $f_{ij}^{(n)}$ 是质点从 i 出发在第 n 步首次到达 j 的概率, 所以 $f_{ij}^{(n)} \leqslant P_{ij}^{(n)}$. 于是只要 n 使得 $f_{ij}^{(n)} > 0$ 时, 就有 $P_{ij}^{(n)} > 0$, 从而有 $n = r + kd$. 再利用定理 9.5 (3) 知道

$$\sum_{n=1}^{\infty} f_{ij}^{(n)} = \sum_{k=1}^{\infty} f_{ij}^{(r+kd)} = 1. \qquad ∎$$

定理 9.16（不可约正常返周期链的极限行为） 对于周期为 d 的不可约正常返链，有唯一的 r（$1 \leqslant r \leqslant d$），使得当 $n \to \infty$ 时，有

$$\frac{1}{d} \sum_{s=1}^{d} P_{ij}^{(s+nd)} = \frac{1}{d} P_{ij}^{(r+nd)} \to \frac{1}{\mu_j}, \ \forall i,j \in \mathcal{S}. \tag{9.9}$$

证明 由定理 9.15，有唯一的 $r \in \{1, 2, \cdots, d\}$ 使得只要 $P_{ij}^{(m)} > 0$，必有 $m = r+nd$，所以式 (9.9) 中的等号成立.

当 $f_{ij}^{(k)} P_{jj}^{(r+nd-k)} > 0$ 时，有 $P_{ij}^{(k)} \geqslant f_{ij}^{(k)} > 0$，于是有 $k = r + ld$. 利用定理 9.2 得到

$$\begin{aligned}
P_{ij}^{(r+nd)} &= \sum_{k=1}^{r+nd} f_{ij}^{(k)} P_{jj}^{(r+nd-k)} \\
&= \sum_{l=1}^{n} f_{ij}^{(r+ld)} P_{jj}^{(nd-ld)} \\
&= \sum_{l=1}^{h} f_{ij}^{(r+ld)} P_{jj}^{(nd-ld)} + \sum_{l=h+1}^{n} f_{ij}^{(r+ld)} P_{jj}^{(nd-ld)}.
\end{aligned}$$

当 $n \to \infty$ 时，因 $P_{jj}^{(nd-ld)} \to \dfrac{d}{\mu_j}$，得到右边第一项收敛到

$$\sum_{l=1}^{h} f_{ij}^{(r+ld)} \frac{d}{\mu_j},$$

第二项的极限不超过 $b_h \overset{\text{def}}{=} \sum\limits_{l=h+1}^{\infty} f_{ij}^{(r+ld)}$，即有

$$\lim_{n \to \infty} P_{ij}^{(r+nd)} = \frac{d}{\mu_j} \sum_{l=1}^{h} f_{ij}^{(r+ld)} + O(b_h).$$

令 $h \to \infty$，由 $\sum\limits_{l=1}^{\infty} f_{ij}^{(r+ld)} = 1$ 和 $b_h \to 0$，得到式 (9.9). ∎

下面不加证明给出有关不可约正常返周期链的平稳分布的结论，其证明类似定理 9.14 的思路.

定理 9.17（不可约正常返周期链的平稳分布） 对不可约正常返周期链，周期为 d，其转移概率的周期子列的极限

$$\frac{1}{d} \lim_{n \to \infty} P_{jj}^{(nd)} = \frac{1}{\mu_j}, \ \forall j \in \mathcal{S}$$

构成唯一的平稳分布 $\boldsymbol{\pi} = \left\{ \pi_j = \dfrac{1}{\mu_j}; j \in \mathcal{S} \right\}$.

定理 9.14（非周期情形）和定理 9.17（周期情形），合在一起统称为**平稳分布定理**，由此我们知道对不可约正常返链，存在由转移概率极限决定的唯一平稳分布. 那么对于一般马尔可夫链，又有什么样的结论呢？

定理 9.18（马尔可夫链的平稳分布）　对一般马尔可夫链，有

(1) 平稳分布存在且唯一 $\iff$ 链中只含一个正常返等价类；

(2) 平稳分布存在 $\iff$ 链中存在正常返态.

证明　(1) $\Leftarrow$（充分性）先证存在性. 设马尔可夫链只含一个正常返等价类（记为 C_1），则状态转移矩阵可表示为

$$P = \begin{pmatrix} P_1 & 0 \\ R & Q \end{pmatrix}$$

其中 P_1 表示正常返类 C_1 对应的状态转移矩阵. 根据定理 9.14（非周期情形）和定理 9.17（周期情形），可知对 P_1，存在由转移概率极限计算的平稳分布 π_{C_1}，满足 $\pi_{C_1} = \pi_{C_1} P_1$. 由此可构造 $\pi = (\pi_{C_1}, 0_{\mathcal{S} \setminus C_1})^{①}$，容易验证

$$\pi = \pi P$$

及 π 是一个平稳分布. 由构造过程可知，对 $j \notin C_1, \pi_j = 0$.

下面证明平稳分布的唯一性. 设还存在另外一个平稳分布 $\nu = \{\nu_j; j \in \mathcal{S}\}$，$\nu = \nu P^{(n)}, \forall n \geqslant 1$，即

$$\nu_j = \sum_{l \in \mathcal{S}} \nu_l P_{lj}^{(n)}, \forall j \in \mathcal{S}. \tag{9.10}$$

令 $n \to \infty$，利用控制收敛定理可得

$$\nu_j = \lim_{n \to \infty} \sum_{l \in \mathcal{S}} \nu_l P_{lj}^{(n)} = \sum_{l \in \mathcal{S}} \nu_l \lim_{n \to \infty} P_{lj}^{(n)}, \forall j \in \mathcal{S}.$$

C_1 之外的状态要么是非常返，要么是零常返，因此，对 C_1 之外的状态 j，有 $\lim\limits_{n \to \infty} P_{lj}^{(n)} = 0$，故对 $j \notin C_1$，$\nu_j = 0$. 因而此时 $\nu_j = \pi_j = 0$. 因此，式 (9.10) 中对所有状态 $\mathcal{S}$ 的求和，只涉及对 C_1 的求和.

下面对任意 $j \in C_1$，分非周期和周期两种情形分别讨论，证明 $\nu_j = \pi_j$.

• 非周期情形，依据定理 9.9，有

$$\nu_j = \sum_{l \in C_1} \nu_l \lim_{n \to \infty} P_{lj}^{(n)} = \left(\sum_{l \in C_1} \nu_l \right) \frac{1}{\mu_j} = \frac{1}{\mu_j}.$$

---

① $0_{\mathcal{S} \setminus C_1}$ 表示维数与集合 $\mathcal{S} \setminus C_1$ 中状态数相等的全零行向量.

- 周期情形，设周期为 d，有

$$\nu_j = \sum_{l \in C_1} \nu_l P_{lj}^{(s+nd)}, s = 1, 2, \cdots, d.$$

两边对 s 求平均后，令 $n \to \infty$，依据定理 9.16，得到

$$\nu_j = \sum_{l \in C_1} \nu_l \frac{1}{d} \sum_{s=1}^{d} P_{lj}^{(s+nd)} \to \sum_{l \in C_1} \nu_l \frac{1}{\mu_j} = \frac{1}{\mu_j}.$$

唯一性得证.

⇒（必要性）反证法. 当平稳分布存在且唯一时，不妨设马尔可夫链含有两个正常返类 C_1，C_2，则状态转移矩阵可表示为

$$\boldsymbol{P} = \begin{pmatrix} \boldsymbol{P}_1 & \boldsymbol{0} & \boldsymbol{0} \\ \boldsymbol{0} & \boldsymbol{P}_2 & \boldsymbol{0} \\ \boldsymbol{R}_1 & \boldsymbol{R}_2 & \boldsymbol{Q} \end{pmatrix}$$

其中 $\boldsymbol{P}_1, \boldsymbol{P}_2$ 分别表示 C_1, C_2 对应的状态转移子矩阵. 根据定理 9.14（非周期情形）和定理 9.17（周期情形），可知对 C_1 和 C_2，分别存在唯一不变分布 $\boldsymbol{\pi}_{C_1}$ 和 $\boldsymbol{\pi}_{C_2}$，使得

$$\boldsymbol{\pi}_{C_1} \boldsymbol{P}_1 = \boldsymbol{\pi}_{C_1}, \qquad \boldsymbol{\pi}_{C_2} \boldsymbol{P}_2 = \boldsymbol{\pi}_{C_2}.$$

不难看出，可构造

$$\boldsymbol{\pi} = (\alpha \boldsymbol{\pi}_{C_1}, (1-\alpha) \boldsymbol{\pi}_{C_2}, \boldsymbol{0}_{\mathcal{S} \backslash (C_1 \cup C_1)}), 0 \leqslant \alpha \leqslant 1, \tag{9.11}$$

容易验证 $\boldsymbol{\pi} \boldsymbol{P} = \boldsymbol{\pi}$ 及对任意 α，$\boldsymbol{\pi}$ 是平稳分布. 这说明平稳分布不唯一，与假设矛盾，从而只存在一个正常返等价类.

（2）⇐ 充分性显然. 当存在正常返状态时，根据（1）的结论，若马尔可夫链只含一个正常返类（记为 C_1），则存在唯一平稳分布；若含有两个正常返类，则存在如式 (9.11) 所示的无限个平稳分布. 无论哪种情况，必存在平稳分布.

⇒（必要性）反证法. 当存在平稳分布 $\boldsymbol{\pi}$ 时，反设不存在正常返类. 由存在平稳分布 $\boldsymbol{\pi} = \boldsymbol{\pi} \boldsymbol{P}^{(n)}$，取 $\forall i \in \mathcal{S}, \pi_i = \sum_{j \in \mathcal{S}} \pi_j P_{ji}^{(n)}$. 令 $n \to \infty$，则有

$$\pi_i = \lim_{n \to \infty} \sum_{j \in \mathcal{S}} \pi_j P_{ji}^{(n)}.$$

注意到 $\pi_j P_{ji}^{(n)} \leqslant \pi_j$ 存在上界，根据控制收敛定理，可知

$$\pi_i = \sum_{j \in \mathcal{S}} \lim_{n \to \infty} \pi_j P_{ji}^{(n)} = \sum_{j \in \mathcal{S}} \pi_j \lim_{n \to \infty} P_{ji}^{(n)} = 0. \tag{9.12}$$

其中依反设，链中所有 i 均不是正常返，因此 $\lim_{n \to \infty} P_{ji}^{(n)} = 0$. 式 (9.12) 显然矛盾. 所以，当平稳分布存在时，一定存在常返态. ■

推论 9.3（不可约马尔可夫链的正常返判据）　不可约马尔可夫链是正常返的充要条件是存在平稳分布.

定理 9.18 提供了一个判断不可约链是否正常返的简单途径——是否存在平稳分布，即解平衡方程组 (9.8) 并观察解是否为概率分布且各个分量全为正. 不难看出，对于判断一个含无穷状态的不可约集是否正常返，也可借助该不可约集对应的状态转移子矩阵是否存在平稳分布来分析. 这相当于划归为不可约马尔可夫链的正常返判断.

然而，如果平稳分布不存在，则无法通过平衡方程判断马尔可夫链是零常返还是非常返. 此时，是否仍然存在解线性方程组来完成判断呢？答案是肯定的.

定理 9.19（非常返判据）　设马尔可夫链 $\{X_n, n \geqslant 0\}$ 不可约，一步转移矩阵为 $\boldsymbol{P}$，则该链为非常返链的充分必要条件是下列方程具有非零的有界解

$$y_j = \sum_{k=1}^{\infty} P_{jk} y_k, \quad j = 1, 2, \cdots$$

即，如果设 $\boldsymbol{P}_0$ 为 $\boldsymbol{P}$ 中去掉 0 状态所对应的行和列后得到的矩阵，那么 $\{X_n, n \geqslant 0\}$ 是非常返链的充要条件是 $\boldsymbol{P}_0 \boldsymbol{y} = \boldsymbol{y}$ 有非零的有界解.

证明　首先证必要性. 由于状态 0 是滑过态，且 j 和 0 相通，由式 $f_{ij} = \sum_{n=1}^{\infty} f_{ij}^{(n)} \leqslant 1$ 以及滑过态的定义，有

$$f_{j0} = \sum_{n=1}^{\infty} f_{j0}^{(n)} < 1.$$

由 C-K 方程不难验证

$$f_{j0} = P_{j0} + \sum_{k=1}^{\infty} P_{jk} f_{k0}.$$

令 $g_j = 1 - f_{j0}$，g_j 实际上是从 j 出发永远无法到达 0 的概率. 由于该链各状态均为非常返态，所以对所有的 j，$1 \geqslant g_j > 0$，进而有

$$g_j = \sum_{k=1}^{\infty} P_{jk} g_k, \quad j = 1, 2, \cdots.$$

所以上式有非零的有界解 $\{g_n\}_{n=1}^{\infty}$.

现在证充分性. 如果式 $y_j = \sum_{k=1}^{\infty} P_{jk} y_k, \quad j = 1, 2, \cdots$ 具有非零的有界解 $\boldsymbol{y} = (y_1, y_2, \cdots)^{\mathrm{T}}$，不妨设 $|y_j| \leqslant 1, \forall j$，那么有

$$\boldsymbol{P}_0 \boldsymbol{y} = \boldsymbol{y}, \qquad 进而 \qquad \boldsymbol{P}_0^n \boldsymbol{y} = \boldsymbol{y}.$$

也就是说

$$y_j = \sum_{k=1}^{\infty} {}_0 P_{jk}^{(n)} y_k.$$

这里的 $_0P_{jk}^{(n)} = P(X_n = k, X_i \neq 0, \{i = 1, 2, \cdots, n-1\}|X_0 = j)$ 称为禁忌概率（taboo probability）. 因此

$$|y_j| \leqslant \sum_{k=1}^{\infty} {}_0P_{jk}^{(n)} = g_j^{(n)}.$$

这里的 $g_j^{(n)}$ 是从 j 出发，在 n 步转移中从未经过 0 的概率. 很明显，$g_j^{(n+1)} \leqslant g_j^{(n)}$，所以 $g_j^{(n)}$ 单调下降且有下界 0，所以有极限. 因而可以找到 g_j，使得

$$1 - f_{j0} = g_j = \lim_{n \to \infty} g_j^{(n)} \geqslant |y_j| > 0,$$

即存在 g_j，满足 $f_{j0} < 1$，由于 j 和 0 相通，这表明 0 状态是非常返态. 由于该链是不可约的，所以为非常返链. ∎

下面通过一些例子来解释定理 9.18、定理 9.19 的运用.

例 9.10（带一个反射壁的一维随机游动） 设带一个反射壁的随机游动状态空间为 $\{0, 1, 2, \cdots\}$，0 为反射壁，其一步转移矩阵为

$$\boldsymbol{P} = \begin{pmatrix} q & p & 0 & 0 & \cdots \\ q & 0 & p & 0 & \cdots \\ 0 & q & 0 & p & \cdots \\ \vdots & \vdots & \vdots & \vdots & \ddots \end{pmatrix}.$$

很显然该链是不可约的，状态转移图如图 9.6 所示.

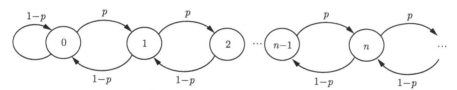

图 9.6　带一个反射壁的一维随机游动状态转移示意图

现求其平衡方程式 $\boldsymbol{\pi} = \boldsymbol{\pi}\boldsymbol{P}$ 的解 $\boldsymbol{\pi} = (\pi_0, \pi_1, \cdots)$.

$$\pi_0 = q\pi_0 + q\pi_1,$$

$$\pi_j = p\pi_{j-1} + q\pi_{j+1}, \quad j = 1, 2, \cdots.$$

由此得到

$$\pi_j = \left(\frac{p}{q}\right)^j \pi_0.$$

所以，要让 $\boldsymbol{\pi}$ 成为分布，必须满足

$$\sum_{j=0}^{\infty} \pi_j = \pi_0 \sum_{j=0}^{\infty} \left(\frac{p}{q}\right)^j = 1.$$

换句话说, 需要

$$\sum_{j=0}^{\infty} \left(\frac{p}{q}\right)^j < +\infty.$$

如果 $p < q$, 则上式显然成立, 此时根据定理 9.18, 该链正常返, 平稳分布为

$$\pi_0 = 1 - \frac{p}{q}, \quad \pi_j = \left(1 - \frac{p}{q}\right)\left(\frac{p}{q}\right)^j, \quad j \geqslant 1.$$

同时, 该链是非周期的 (0 状态的周期为 1), 不可约的, 即为不可约遍历链. 当 $p < q$ 时该极限恰为平稳分布. 而当 $p \geqslant q$ 时, 上面式中的级数不收敛, 平稳分布无法求得. 因而该马尔可夫链不是正常返, 可能是非常返, 也可能是零常返.

利用定理 9.19, 考虑

$$y_1 = py_2,$$

$$y_k = py_{k+1} + qy_{k-1}, \quad k = 2, 3, \cdots,$$

解得

$$y_n = \left(\frac{1-p}{p}\sum_{k=0}^{n-2}\left(\frac{q}{p}\right)^k + 1\right)y_1.$$

可见该方程具有非零有界解的充要条件是

$$\sum_{k=0}^{\infty}\left(\frac{q}{p}\right)^k < +\infty \Rightarrow \frac{q}{p} < 1 \Rightarrow q < p.$$

因此当 $q < p$ 时, 该链非常返.

综上所述, 可知该链为正常返的条件是 $p < \frac{1}{2}$, 零常返的条件是 $p = \frac{1}{2}$, 非常返的条件是 $p > \frac{1}{2}$.

例 9.11 (一维无限制的随机游动)   与例 9.7 中分析不同, 下面借助定理 9.19 对一维无限制的随机游动进行常返性判断.

划去 0 状态所对应的行和列, 有

$$y_1 = py_2,$$

$$y_k = py_{k+1} + qy_{k-1}, \quad k = 2, 3, \cdots,$$

$$y_{-1} = qy_{-2},$$

$$y_k = py_{k+1} + qy_{k-1}, \quad k = -2, -3, \cdots,$$

得到

$$y_n = \left(\frac{q}{p}\sum_{k=0}^{n-2}\left(\frac{q}{p}\right)^k + 1\right)y_1, \quad n = 2, 3, \cdots,$$

$$y_{-n} = \left(\frac{p}{q}\sum_{k=0}^{n-2}\left(\frac{p}{q}\right)^k + 1\right)y_{-1}, \quad n = 2, 3, \cdots.$$

不难看出，使上述方程没有非零有界解的充分必要条件是

$$\sum_{k=0}^{\infty}\left(\frac{q}{p}\right)^k = +\infty, \quad \sum_{k=0}^{\infty}\left(\frac{p}{q}\right)^k = +\infty.$$

所以只有当 $p = q$ 时（一维均衡随机游动），该链才是常返的，否则一定非常返. 这个结论和例 9.7 中的结论完全一致.

9.6 细致平衡方程及马尔可夫链蒙特卡罗方法

马尔可夫性的特点就是已知"现在"，则系统"过去"状态与"未来"的状态条件独立. 如果将时间倒转，"未来"变为"过去"，"过去"成为"未来"，此时"过去"与"未来"相对于"现在"的条件独立性不变，因此将马尔可夫链时间倒转所得到的随机过程也是马尔可夫链，称为反向马尔可夫链.

注 对于齐次马尔可夫链，其反向马尔可夫链不一定是齐次的.

定理 9.20（反向马尔可夫链的齐次性） 若齐次马尔可夫链 $\{X_n, n \geqslant 0\}$ 存在平稳分布 $\boldsymbol{\pi} > 0$，则当该马尔可夫链的初始分布为平稳分布时，其反向马尔可夫链也是齐次的，具有一步转移概率 $P(X_{n-1} = j | X_n = i) = \frac{\pi_j}{\pi_i}P_{ji}$.

证明 当马尔可夫链的初始状态 X_0 服从平稳分布时，其任意时刻状态均服从平稳分布，$P(X_n = i) = \pi_i$，进一步有

$$P(X_{n-1} = j | X_n = i) = \frac{P(X_{n-1} = j, X_n = i)}{P(X_n = i)} = P(X_n = i | X_{n-1} = j)\frac{P(X_{n-1} = j)}{P(X_n = i)}$$

$$= \frac{\pi_j}{\pi_i}P_{ji}.$$

易见上述转移概率与时刻 n 无关，此时反向马尔可夫链也是齐次的.

定义 9.23（细致平衡方程、可逆马尔可夫链） 一个定义在马尔可夫链状态空间 $\mathcal{S}$ 上的分布列 $\boldsymbol{\pi} = (\pi_1, \pi_2, \cdots)$（写成行向量）若满足

$$\pi_i P_{ij} = \pi_j P_{ji}, \forall i, j \in \mathcal{S},$$

则称该马尔可夫链满足细致平衡方程（detailed balance equation），此时也称该马尔可夫链为可逆马尔可夫链（reversible Markov chain）.

不难看出, 细致平衡方程是强于平稳方程的. 由细致平衡方程左右两边对 j 求和, 可得

$$\pi_i = \pi_i \sum_{j \in \mathcal{S}} P_{ij} = \sum_{j \in \mathcal{S}} \pi_j P_{ji},$$

即满足细致平衡方程的分布列 $\boldsymbol{\pi}$ 必定是平稳分布, 细致平稳方程是判别平稳分布的一个充分条件. 细致平衡方程的另一个用途是, 它还被用来构造具有特定平稳分布的马尔可夫链.

所谓蒙特卡罗方法[①], 也称随机模拟 (stochastic simulation) 方法, 是指通过随机抽样 (random sampling) 进行数值计算的一大类方法的统称. 体现蒙特卡罗方法的一个早期经典实验是蒲丰投针 (1777). 现代蒙特卡罗方法——马尔可夫链蒙特卡罗 (Markov chain Monte Carlo, MCMC), 是 Stanislaw Ulam, John von Neumann 在美国 Los Alamos National Laboratory 为核武器计划 (Manhattan Project) 工作时发明的, 是曼哈顿计划所需模拟计算的核心. [②].

在蒙特卡罗方法中, 一个基本问题是如何生成服从特定分布 $\boldsymbol{\pi}$[③]的大量随机样本. MCMC 方法的基本思想就是, 构造一个易于实现的遍历马尔可夫链 $\{X_n, n \geqslant 0\}$, 使其平稳分布为 $\boldsymbol{\pi}$. 这样, 该马尔可夫链的极限分布将亦服从 $\boldsymbol{\pi}$, 意味着这个马尔可夫链运行充分长时间后的样本 $X_m, X_{m+1}, \cdots$ (近似) 服从 $\boldsymbol{\pi}$.

下面介绍一种经典的 MCMC 算法——梅特罗波利斯-黑斯廷斯 (Metropolis-Hastings) (MH) 算法. MH 算法是梅特罗波利斯在 20 世纪 50 年代提出, 并由黑斯廷斯在 70 年代做出改进. 不妨假设 $\boldsymbol{\pi} > \mathbf{0}$.

定理 9.21 (MH 算法)　给定分布列 $\boldsymbol{\pi} \stackrel{\text{def}}{=} \{\pi(j)\}_{j \in \mathcal{S}}$, 任选一个 (易于实现的) 条件转移概率矩阵 $\boldsymbol{Q} \stackrel{\text{def}}{=} \{Q(i,j)\}_{i,j \in \mathcal{S}}$ (以 i 为行, 以 j 为列), 称为提议分布 (proposal distribution). 设 $Q(i,j) > 0, i,j \in \mathcal{S}$. MH 算法的运行步骤如下:

1. 随机初始化 $X_0, n = 0$;
2. 从提议分布中采样 $Y \sim Q(X_n, Y)$, 并计算

$$T(X_n, Y) = \min \left\{ 1, \frac{\pi(Y)Q(Y, X_n)}{\pi(X_n)Q(X_n, Y)} \right\},$$

称为 MH 接受率 (MH accept ratio);

3. 从 $[0,1]$ 区间进行均匀采样, 得到 U. 如果 $U \leqslant T(X_n, Y)$, 则取 $X_{n+1} = Y$; 否则取 $X_{n+1} = X_n$;

---

① https://en.wikipedia.org/wiki/Monte_Carlo_method
② 在核物理研究中, 分析中子在反应堆中的传输过程. 中子与原子核作用受到量子力学规律的制约, 人们只能知道它们相互作用发生的概率, 却无法准确获得中子与原子核作用时的位置以及裂变产生的新中子的行进速率和方向. 科学家依据其概率进行随机抽样得到裂变位置、速度和方向, 这样模拟大量中子的行为后, 经过统计就能获得中子传输的范围, 作为反应堆设计的依据.
③ 为简单起见, 下面讨论假设 $\boldsymbol{\pi}$ 为分布列. 对于连续的分布 $\boldsymbol{\pi}$, 只需类推考虑状态连续的马尔可夫链.

4. 令 $n = n + 1$, 返回步骤 2, 进行下一轮迭代.

可知, 这样迭代形成的马尔可夫链 $\{X_n, n \geqslant 0\}$ 的平稳分布是 $\boldsymbol{\pi}$.

证明 首先易看出 $\{X_n, n \geqslant 0\}$ 形成遍历链, 该马尔可夫链的状态转移概率矩阵为

$$P_{ij} = Q(i,j)T(i,j).$$

进一步, 不难看出该马尔可夫链满足细致平衡方程

$$\begin{aligned}
\pi_i P_{ij} &= \pi_i Q(i,j) T(i,j) \\
&= \pi_i Q(i,j) \min\left\{1, \frac{\pi(j)Q(j,i)}{\pi(i)Q(i,j)}\right\} \\
&= \min\{\pi(i)Q(i,j), \pi(j)Q(j,i)\} = \pi_j P_{ji},
\end{aligned}$$

故 $\boldsymbol{\pi}$ 为该马尔可夫链的平稳分布. ∎

习 题 9

1. 设随机变量序列 $\{\xi_n\}$ 各项相互独立, ξ_n 的概率密度函数为 $f_{\xi_n}(x_n) = f_n(x_n)$, $E(\xi_n) = 0$, $n = 1, 2, \cdots$. 定义 $\eta_n = \sum\limits_{i=1}^{n} \xi_i$, $n = 1, 2, \cdots$. 试证明:

   (1) 序列 $\{\eta_n\}$ 具有马尔可夫性;

   (2) $E(\eta_n | \eta_1 = y_1, \eta_2 = y_2, \cdots, \eta_{n-1} = y_{n-1}) = E(\eta_n | \eta_{n-1} = y_{n-1}) = y_{n-1}$.

2. 有 3 个黑球和 3 个白球. 把这 6 个球任意等分给甲乙两个袋中, 并把甲袋中的白球数定义为该过程的状态, 则有 4 种状态: 0、1、2、3. 现每次从甲乙两袋中各取一球, 然后互相交换, 即把从甲袋取出的球放入乙袋, 把从乙袋取出的球放入甲袋, 经过 n 次交换, 过程状态为 $\xi(n)$, $n = 1, 2, \cdots$.

   (1) 试问该过程是否为马尔可夫链.

   (2) 计算它的一步转移概率矩阵.

3. 考虑一个马尔可夫链 $X_1, X_2, \cdots$ 描述一个带有反射壁的对称随机游走过程, 其状态转移图如图 9.7 所示.

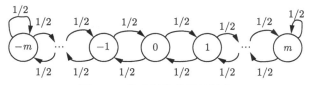

图 9.7 带反射壁的随机游走

   (1) 解释为什么 $|X_1|, |X_2|, |X_3|, \cdots$ 满足马尔可夫性, 并画出相关的状态转移图.

   (2) 假设跟踪记录最大偏移量, 即定义 t 时刻的最大偏移量 $Y_t = \max\{|X_1|, |X_2|, \cdots, |X_t|\}$, 解释为什么 $Y_1, Y_2, \cdots$ 不满足马尔可夫性, 试寻找一个满足马尔可夫性且能够记录最大偏移量的随机变量序列, 并画出其相关的状态转移图.

4. 假设存在 N 个口袋, 进行一系列独立的试验, 每一次试验将一个新的小球等概率投放入其中一个口袋, 每一个口袋能够盛放多个球. 定义状态 k 表示当前时刻 k 个口袋中有球, $k = 0, 1, \cdots, N$, 设其初始状态为 0.

(1) 试问该过程是否为马尔可夫过程，如果是，求其一步转移概率矩阵；

(2) 求证：投放 n 个小球后，m 个口袋中有球的概率为 $C_N^{N-m} \sum\limits_{k=0}^{m} (-1)^{m-k} \left(\dfrac{k}{N}\right)^n C_m^k$；

(3) 令 $\lambda = N e^{-n/N}$ 为常数，当 N 和 n 趋于无穷时，求证上一问的结果为 $\dfrac{\lambda^{N-m}}{(N-m)!} e^{-\lambda}$. 提示：$\left(1+\dfrac{1}{n}\right)^n \to e, \sum\limits_{n=0}^{\infty} \dfrac{x^n}{n!} = e^x$.

(4) 以上面的规律求 4000 人当中，生日能够包含一年中每一天的概率．

5. 设有 3 个状态 $\{0,1,2\}$ 的马尔可夫链，一步转移概率矩阵为

$$\boldsymbol{P} = \begin{pmatrix} p_1 & q_1 & 0 \\ 0 & p_2 & q_2 \\ q_3 & 0 & p_3 \end{pmatrix}.$$

试求首达概率 $f_{00}^{(1)}, f_{00}^{(2)}, f_{00}^{(3)}, f_{01}^{(1)}, f_{01}^{(2)}, f_{01}^{(3)}$.

6. 设 $\{\xi(n), n=1,2,\cdots\}$ 是伯努利过程．定义另一随机过程 $\{\eta(n), n=1,2,\cdots\}$：
- 如果 $\xi(n)=0$，则 $\eta(n)=0$；
- 如果 $\xi(n)=\xi(n-1)=\cdots=\xi(n-k+1)=1, \xi(n-k)=0$，则 $\eta(n)=k$ （$k=1,2,\cdots,n$）．

即 $\eta(n)$ 代表在 n 时和 n 时前连续出现 $\xi(m)=1$ 的次数．

(1) 试证明 $\eta(n)$ 是马尔可夫链，并求一步转移概率．

(2) 从零状态出发，经 n 步转移，求首次返回零状态的概率 $f_{00}^{(n)}$ 和 n 步转移概率 $P_{00}^{(n)}$.

(3) 该链是常返还是非常返的？

(4) 设 T 代表连续两个 $\eta=0$ 间的时间，则 T 为一随机变量．求 T 的均值和方差．

7. 设有马尔可夫链，它的状态空间为 $\mathcal{S}=\{1,2,\cdots\}$，且设当 $|i-j|>1$ 时 $P_{ij}=0$，在其他的 i,j 值时 $P_{ij}>0$，且对每个 $j>0$ 满足

$$P_{j,j-1}+P_{jj}+P_{j,j+1}=1,$$

当 $j=0$ 时，$P_{00}+P_{01}=1$. 这类过程称为离散时间的生灭过程．求使该链为正常返的充要条件．

8. 冬天是流感频发的季节，我们希望利用马尔可夫链来对流感病毒的传播过程进行建模．假设一个人群中有 n 个个体，每一个个体要么是已被感染，要么是属于易感人群．假设任意两个人 $(i,j), i\neq j$ 在白天相遇的概率为 p，且相互独立．只要一个易感者与已感染者相遇，则该易感者就会被感染．另外，假设在晚上的时候，任何一个被感染时间至少为 24h 的个体都将独立地以概率 q $(0<q<1)$ 恢复健康，变成易感者（假设一个刚刚感染的病人至少将会与病毒抗争一个晚上）．

(1) 假设某一天黎明时分共有 m 个已感染者，求这一天结束的时候新被感染者的数目的分布．

(2) 当 $n=2$ 时，请画出一条马尔可夫链对流感病毒的传播过程进行建模，要求使用尽可能少的状态数目．

(3) 请指出 (2) 中所绘制的马尔可夫链的所有常返态．

9. 设质点在 xy 平面内的 x 方向或 y 方向上作随机游动．在 xy 平面上安排整数点格，质点每次转移只能沿 x 方向往左或右移动一格，或沿 y 方向往上或往下移动一格，设这 4 种转移方式的概率均相等．若质点从 $(0,0)$ 出发游动．

(1) 求经过 $2n$ 次转移，质点回到 $(0,0)$ 点的概率．

(2) 判断这种二维随机游动的常返性（正常返、零常返或非常返），并给出理由．

10. 设顾客的购买是无记忆的，即已知顾客的现在购买情况，顾客将来购买的情况不受过去历史购买情况的影响，只与现在的购买情况有关. 现在市场上供应 A，B，C 三个厂生产的味精. $X_n = 1$，2，3 分别代表顾客第 n 次购买 A，B，C 三个厂的味精. $\{X_n, n \geqslant 1\}$ 是一个齐次马尔可夫链，其状态空间为 $\mathcal{S} = \{1, 2, 3\}$，如果已知初始的概率分布

$$\boldsymbol{\pi}^{(0)} = \left(\pi_1^{(0)} \ \pi_2^{(0)} \ \pi_3^{(0)} \right) = (0.2, 0.4, 0.4)$$

及一步概率转移矩阵

$$\boldsymbol{P} = \left(\begin{array}{ccc} 0.8 & 0.1 & 0.1 \\ 0.5 & 0.1 & 0.4 \\ 0.5 & 0.3 & 0.2 \end{array} \right).$$

试预测经过长期多次购买后，各厂家味精的市场占有率.

11. 假设 A，B 两人进行赌博游戏，共有 $N+1$ 枚硬币，其中每次游戏失败的一方给胜利的一方一枚硬币，但是当有人仅剩一枚硬币时，如果输则继续保留该硬币. 假设每次游戏 A 获胜的概率为 p，失败的概率为 q，则试求 A 所得硬币数的极限分布.

第 10 章　泊松过程

10.1　泊松过程的定义

泊松过程是以法国数学家泊松（Poisson）的名字命名的，是一种参数连续、状态离散的马尔可夫过程，通常用于对一段时间内随机事件计数及分析与此相关的问题．研究泊松过程，可以从研究一般马尔可夫过程的角度来入手，也可以从利用泊松过程本身独特性质的角度来入手，本章采用后一种研究思路．

定义 10.1（计数过程）　在 $[0, t]$ 内发生某类事件的次数记为 $\{N(t), t \geqslant 0\}$，则称 $\{N(t)\}$ 为计数过程．

计数过程的例子在生活中是很常见的．例如：（a）在 $[0, t]$ 内进入某商店的客人数，（b）在 $[0, t]$ 之内到达某站点的公交汽车数，（c）在 $[0, t]$ 之内出生的新生儿数，等等．计数过程有以下性质：

（1）$N(t)$ 取值为非负整数．

（2）对 $0 \leqslant s < t$，有 $N(s) \leqslant N(t)$．

（3）$N(t) - N(s)$ 表示时间区间 $(s, t]$ 内发生的此类事件的数量．

在第 6 章中曾经介绍增量过程的一些概念，包括正交增量过程、独立增量过程、平稳增量过程等．计数过程和增量过程的联系是很紧密的．例如：对上面提到的计数过程例（a）而言，假设它是独立增量过程是合理的，因为 $N(t_2) - N(t_1)$ 与 $N(t_4) - N(t_3)$ 相互独立，$\forall t_1 < t_2 \leqslant t_3 < t_4$，但是假设它是平稳增量过程显然不够合理，因为通常中午、傍晚的客流量比早上的客流量要大；对上面提到的计数过程例（b）而言，如果不考虑交通堵塞情况，或者把公交汽车改为地铁，假设它是独立增量过程、平稳增量过程都是合理的；对上面提到的计数过程例（c）而言，如果认为地球人口基本恒定，则假设它是平稳增量过程是合理的，但是假设它是独立增量过程显然不够合理，因为如果 $N(t) - N(t - \Delta t)$ 值较大，则意味着 t 时刻附近育龄妇女人数较多，那么 $N(t + \Delta t) - N(t)$ 也可能较大．

定义 10.2（泊松过程）　对于计数过程 $\{N(t)\}$，如果满足以下条件：

（1）在 $t = 0$ 时刻计数归零，即 $N(0) = 0$；

（2）$\{N(t)\}$ 是独立增量过程；

（3）$\{N(t)\}$ 是平稳增量过程；

（4）$P(N(t + \Delta t) - N(t) = 1) = \lambda \Delta t + o(\Delta t), P(N(t + \Delta t) - N(t) \geqslant 2) = o(\Delta t)$．

则称该过程为齐次泊松过程，或简称泊松过程，$\lambda > 0$ 为强度参数．

下面我们讨论定义 10.2 中条件（4）的含义. 关注在 $[t, t+\Delta t]$ 区间发生一件事情的概率，即 $P(N(t+\Delta t) - N(t) = 1)$. 由平稳增量过程的性质可知，$P(N(t+\Delta t) - N(t) = 1)$ 只与区间长度 Δt 有关、而与区间起始时刻 t 无关，即 $P(N(t+\Delta t) - N(t) = 1)$ 可以写成 Δt 的函数. 不妨把 $P(N(t+\Delta t) - N(t) = 1)$ 写成泰勒展开的形式，即

$$P(N(t+\Delta t) - N(t) = 1) = c_0 + \lambda\Delta t + o(\Delta t).$$

当 $\Delta t = 0$ 时，由定义 10.2 中条件（1）可知 $P(N(t+0) - N(t) = 1) = P(N(0) = 1) = 0$，因此 $c_0 = 0$. 于是，我们得到了定义 10.2 中条件（4）的第一个公式. 这说明，在很小的时间区间 Δt 上发生一件事情的概率很小，近似与 Δt 成正比. 定义 10.2 中条件（4）的第二个公式说明，在很小的时间区间 Δt 上发生两件及更多事情的概率更小，即

$$\lim_{\Delta t \to 0} \frac{P(N(t+\Delta t) - N(t) \geqslant 2)}{P(N(t+\Delta t) - N(t) = 1)} = 0.$$

从定义 10.2 中条件（4）可以直接得到 $P(N(t+\Delta t) - N(t) = 0) = 1 - \lambda\Delta t + o(\Delta t)$，这意味着，在很小的时间区间 Δt 上不发生事情的概率很大. 综上，定义 10.2 中条件（4）意味着，泊松过程计数的事件是"小概率"事件.

由泊松过程独立增量的特性可知，$\forall 0 < t_1 < t_2 < \cdots < t_m$，

$$P(N(t_m) = n_m \mid N(t_1) = n_1, N(t_2) = n_2, \cdots, N(t_{m-1}) = n_{m-1})$$
$$= P(N(t_m) - N(t_{m-1}) = n_m - n_{m-1} \mid N(t_{m-1}) = n_{m-1})$$
$$= P(N(t_m) - N(t_{m-1}) = n_m - n_{m-1}),$$

即泊松过程满足马尔可夫性.

10.2 泊松过程的概率分布和数字特征

10.2.1 泊松过程的概率分布

由定义 10.2 可以推导出泊松过程的概率分布. 令 $P_k(t) = P(N(t) = k)$.

首先关注 $P_0(t+\Delta t)$. $P_0(t+\Delta t)$ 计算的是在 $[0, t]$ 和 $[t, t+\Delta t]$ 两个区间上都发生事件 0 次的概率. 由泊松过程独立增量过程、平稳增量过程的性质，有

$$P_0(t+\Delta t) = P(N(t) = 0, N(t+\Delta t) - N(t) = 0)$$
$$= P(N(t) = 0)P(N(\Delta t) = 0)$$
$$= P_0(t)(1 - \lambda\Delta t + o(\Delta t)),$$

上式可改写为

$$\frac{P_0(t+\Delta t) - P_0(t)}{\Delta t} = -\lambda P_0(t) + \frac{o(\Delta t)}{\Delta t}.$$

当 $\Delta t \to 0$ 时,得到微分方程 $\dfrac{\mathrm{d}P_0(t)}{\mathrm{d}t} = -\lambda P_0(t)$. 该微分方程的解为 $P_0(t) = C_0 \mathrm{e}^{-\lambda t}\ (t \geqslant 0)$. 代入边界条件 $P_0(0) = P(N(0) = 0) = 1$,得到 $C_0 = 1$. 于是得到 $P_0(t) = \mathrm{e}^{-\lambda t}\ (t \geqslant 0)$.

接下来关注 $P_k(t + \Delta t)$. $P_k(t + \Delta t)$ 可以分成多个不相容事件的概率加和:(1) 在 $[0,t]$ 上发生事件 k 次,在 $[t, t + \Delta t]$ 上发生事件 0 次;(2) 在 $[0,t]$ 上发生事件 $k\text{-}1$ 次,在 $[t, t + \Delta t]$ 上发生事件 1 次;(3) 在 $[0,t]$ 上发生事件 $k\text{-}2$ 次或者更少,在 $[t, t + \Delta t]$ 上发生事件 2 次或者更多. 再利用泊松过程为独立增量过程、平稳增量过程,可得到

$$P_k(t + \Delta t) = P(N(t) = k, N(t + \Delta t) - N(t) = 0)+$$

$$P(N(t) = k - 1, N(t + \Delta t) - N(t) = 1)+$$

$$\sum_{m=2}^{k} P(N(t) = k - m, N(t + \Delta t) - N(t) = m)$$

$$= P(N(t) = k)P(N(t + \Delta t) - N(t) = 0)+$$

$$P(N(t) = k - 1)P(N(t + \Delta t) - N(t) = 1)+$$

$$\sum_{m=2}^{k} P(N(t) = k - m)P(N(t + \Delta t) - N(t) = m)$$

$$= P_k(t)(1 - \lambda \Delta t + o(\Delta t)) + P_{k-1}(t)(\lambda \Delta t + o(\Delta t)) + o(\Delta t).$$

上式可改写为

$$\frac{P_k(t + \Delta t) - P_k(t)}{\Delta t} = \lambda(P_{k-1}(t) - P_k(t)) + \frac{o(\Delta t)}{\Delta t}.$$

当 $\Delta t \to 0$ 时,得到微分方程

$$\frac{\mathrm{d}P_k(t)}{\mathrm{d}t} + \lambda P_k(t) = \lambda P_{k-1}(t),\ k = 1, 2, \cdots. \tag{10.1}$$

这给出了一系列递推的微分方程.

将 $P_0(t) = \mathrm{e}^{-\lambda t}\ (t \geqslant 0)$ 代入式 (10.1),可以解得 $P_1(t) = \mathrm{e}^{-\lambda t}(\lambda t + C_1)\ (t \geqslant 0)$. 代入边界条件 $P_1(0) = P(N(0) = 1) = 0$, 得到 $C_1 = 0$. 于是得到 $P_1(t) = \lambda t \mathrm{e}^{-\lambda t}\ (t \geqslant 0)$. 由数学归纳法可得到

$$P_n(t) = P(N(t) = n) = \frac{(\lambda t)^n}{n!}\mathrm{e}^{-\lambda t}, \qquad t \geqslant 0,\ n = 0, 1, 2, \cdots. \tag{10.2}$$

这就是强度参数为 λ 的泊松分布的表达式.

显然有 $\sum\limits_{n=0}^{\infty} P(N(t) = n) = \mathrm{e}^{-\lambda t} \sum\limits_{n=0}^{\infty} \dfrac{(\lambda t)^n}{n!} = \mathrm{e}^{-\lambda t}\mathrm{e}^{\lambda t} = 1$, 说明了式 (10.2) 中概率分布的完备性,即在 $[0,t]$ 上发生任意件事情的概率加和为 1. 由泊松过程的平稳增量特性可知, $\forall t_0$ 为时间区间起始时刻, 在 $[t_0, t_0 + t]$ 区间上有 n 件事件发生的概率为

$$P(N(t_0 + t) - N(t_0) = n) = P(N(t) = n) = \frac{(\lambda t)^n}{n!}\mathrm{e}^{-\lambda t}, \qquad t \geqslant 0,\ n = 0, 1, 2, \cdots.$$

例 10.1 假设到达某车站的公交车数服从泊松过程，经统计，平均每 10min 有 5 辆公交车到达该车站，求 20min 内至少有 10 辆公交车到达该车站的概率.

解 该泊松过程的强度参数为 $\lambda = 5/10 = 0.5$ 辆/min，则该泊松过程的分布为 $P\left(N\left(t\right)=n\right) = \dfrac{\left(0.5t\right)^{n}}{n!}\mathrm{e}^{-0.5t}$. 于是可计算得到

$$P\left(N\left(20\right) \geqslant 10\right) = 1 - P(N(20) \leqslant 9) = 1 - \sum_{n=0}^{9}\frac{\left(0.5 \times 20\right)^{n}}{n!}\mathrm{e}^{-0.5 \times 20} \approx 0.54. \quad \blacksquare$$

离散随机变量的母函数、特征函数和概率分布具有同样的重要性. 泊松过程的母函数为

$$g_{N(t)}(z) = E\left(z^{N(t)}\right) = \sum_{n=1}^{\infty} z^{n}\frac{\left(\lambda t\right)^{n}}{n!}\mathrm{e}^{-\lambda t} = \exp\left(\lambda t\left(z-1\right)\right). \tag{10.3}$$

令 $z = \mathrm{e}^{\mathrm{j}\omega}$，可得到泊松过程的特征函数

$$\phi_{N(t)}(\omega) = E(\mathrm{e}^{\mathrm{j}\omega N(t)}) = \exp\left(\lambda t\left(\mathrm{e}^{\mathrm{j}\omega}-1\right)\right). \tag{10.4}$$

10.2.2 泊松过程的数字特征

有了泊松过程的概率分布，可以进一步计算其数字特征. 泊松过程的均值为

$$E\left(N(t)\right) = \sum_{n=0}^{\infty} n \cdot \frac{\left(\lambda t\right)^{n}}{n!}\mathrm{e}^{-\lambda t} = \lambda t.$$

上式可改写为

$$\lambda = \frac{E\left(N(t)\right)}{t}.$$

因此，泊松过程中的参数 λ 代表平均意义下单位时间内事件发生的次数，即事件发生的"强度"或"速率".

设 $t_1 \leqslant t_2$，泊松过程的自相关函数为

$$\begin{aligned} R(t_1, t_2) &= E\left(N\left(t_1\right)N\left(t_2\right)\right) \\ &= E\left(N\left(t_1\right)\left(N\left(t_2\right) - N\left(t_1\right) + N\left(t_1\right)\right)\right) \\ &= E\left(\left(N\left(t_1\right)\right)^2\right) + E\left(N\left(t_1\right)\right)E\left(N\left(t_2\right) - N\left(t_1\right)\right) \\ &= \left(\lambda t_1\right)^2 + \lambda t_1 + \lambda t_1 \lambda\left(t_2 - t_1\right) \\ &= \lambda t_1 + \lambda^2 t_1 t_2 \quad \left(t_1 \leqslant t_2\right). \end{aligned}$$

当 $t_1 > t_2$ 时，可类似地得到泊松过程的自相关函数为

$$R(t_1, t_2) = \lambda t_2 + \lambda^2 t_1 t_2, \qquad t_1 > t_2.$$

综上两种情况可知，泊松过程的自相关函数为

$$R\left(t_1, t_2\right) = E(N\left(t_1\right) N\left(t_2\right)) = \lambda \min \left\{t_1, t_2\right\} + \lambda^2 t_1 t_2.$$

相应地，泊松过程的协方差函数为

$$C\left(t_1, t_2\right) = R\left(t_1, t_2\right) - E(N\left(t_1\right) N\left(t_2\right)) = \lambda \min \left\{t_1, t_2\right\}.$$

显然，泊松过程不具有宽平稳性.

　　由母函数、特征函数的性质可知，泊松过程的数字特征也可以由其母函数或特征函数求导得到，这里不再赘述.

10.3　泊松过程与二项分布

　　另一个常见的计数案例是伯努利试验统计. 设某类事件的发生概率为 p，要在多次伯努利试验中对发生该类事件的次数 N 进行统计. 在 n 次伯努利试验中，发生 k 次该类事件的概率为

$$P(N = k) = \mathrm{C}_n^k p^k \left(1 - p\right)^{n-k}, k = 0, 1, \cdots, n.$$

此时称随机变量 N 服从参数为 (n, p) 的二项分布，记为 $N \sim B\left(n, p\right)$. 既然泊松过程和二项分布都是对某类事件计数的工具，那么它们之间存在什么样的联系呢？

　　记该类事件在时间区间 $[0, t]$ 内发生的次数为 $N(t)$. 假设整个时间区间 $[0, t]$ 被均匀分成 n 个小区间. 当 n 取值很大时，一个合理的推断是：每个小区间上发生一次该类事件的概率很小，可近似认为正比于区间宽度，记为 $p = \lambda\left(t/n\right) + o\left(t/n\right)$；而在每个小区间上发生两次及更多该类事件的概率更小，记为 $o(t/n)$. 则在 $[0, t]$ 上对该类事件发生 k 次的概率为

$$\begin{aligned}
P\left(N\left(t\right) = k\right) &= \mathrm{C}_n^k p^k \left(1 - p\right)^{n-k} \\
&= \frac{n\left(n-1\right)\cdots\left(n-k+1\right)}{k!}\left(\frac{\lambda t}{n} + o\left(\frac{t}{n}\right)\right)^k \cdot \\
&\quad \left(1 - \frac{\lambda t}{n} + o\left(\frac{t}{n}\right)\right)^{-k}\left(1 - \frac{\lambda t}{n} + o\left(\frac{t}{n}\right)\right)^n.
\end{aligned}$$

固定 t，k，λ 的取值，令 $n \to \infty$，上式中各项的极限为

$$n\left(n-1\right)\cdots\left(n-k+1\right)\left(\frac{\lambda t}{n} + o\left(\frac{t}{n}\right)\right)^k \to \left(\lambda t\right)^k,$$

$$\left(1 - \frac{\lambda t}{n} + o\left(\frac{t}{n}\right)\right)^n \to \mathrm{e}^{-\lambda t},$$

$$\left(1 - \frac{\lambda t}{n} + o\left(\frac{t}{n}\right)\right)^{-k} \to 1,$$

因此

$$\lim_{n\to\infty} P\left(N\left(t\right) = k\right) = \frac{\left(\lambda t\right)^{k}}{k!}\mathrm{e}^{-\lambda t}.$$

这意味着泊松过程的概率分布是二项分布的极限. 在上述分析过程中同样可以看到, 泊松过程统计的事件是小概率事件, 它们中的每一件都是在很小的时间区间 t/n 内、以很小的概率 $p = \lambda\left(t/n\right) + o\left(t/n\right)$ 发生. 不难看出, 本节的结论与定理 2.5 是一致的.

10.4　泊松过程计数中的事件时间问题

泊松过程计数的事件的发生时刻（或称为等待时间）计为 S_n, $n = 0, 1, 2, \cdots$, 其中 $S_0 = 0$. 相邻事件发生的间隔记为 $T_n = S_n - S_{n-1}$, $n = 1, 2, \cdots$. 下面我们分析 $\{S_n\}$ 和 $\{T_n\}$ 的分布, $n = 1, 2, \cdots$.

10.4.1　发生时刻的分布

下面我们从泊松过程 $\{N\left(t\right)\}$ 的分布入手, 研究 $\{S_n\}$ 的分布. $\forall t$, $N\left(t\right)$ 是取值为非负整数的离散随机变量, S_n 是取值为非负实数的连续随机变量, 把它们二者之间联系起来的是下面的等式:

$$P\left(S_n > t\right) = P\left(N\left(t\right) \leqslant n - 1\right). \tag{10.5}$$

即第 n 个事件发生时刻大于 t, 等价于在 $[0, t]$ 区间上至多发生 $n-1$ 个事件. 因此 S_n 的累积分布函数为

$$F_{S_n}(t) = P\left(S_n \leqslant t\right) = P\left(N\left(t\right) \geqslant n\right) = \sum_{k=n}^{\infty} \frac{\left(\lambda t\right)^{k}}{k!}\mathrm{e}^{-\lambda t}, \qquad t \geqslant 0.$$

对上式求导数, 可得到 S_n 的概率密度函数为

$$\begin{aligned}
f_{S_n}(t) &= \frac{\mathrm{d}}{\mathrm{d}t} F_{S_n}(t) \\
&= \sum_{k=n}^{\infty} \frac{\lambda \left(\lambda t\right)^{k-1}}{\left(k-1\right)!}\mathrm{e}^{-\lambda t} - \sum_{k=n}^{\infty} \frac{\lambda \left(\lambda t\right)^{k}}{k!}\mathrm{e}^{-\lambda t} \\
&= \frac{\left(\lambda t\right)^{n-1}}{\left(n-1\right)!}\lambda\mathrm{e}^{-\lambda t} + \sum_{k=n+1}^{\infty} \frac{\left(\lambda t\right)^{k-1}}{\left(k-1\right)!}\lambda\mathrm{e}^{-\lambda t} - \sum_{k=n}^{\infty} \frac{\lambda \left(\lambda t\right)^{k}}{k!}\mathrm{e}^{-\lambda t} \\
&= \frac{\left(\lambda t\right)^{n-1}}{\left(n-1\right)!}\lambda\mathrm{e}^{-\lambda t} \quad \left(t \geqslant 0\right).
\end{aligned} \tag{10.6}$$

该概率密度函数被称为（n 阶）Γ 分布.

当 $n=1$ 时，$f_{S_1}(t) = \lambda \mathrm{e}^{-\lambda t}$ $(t \geqslant 0)$，即 Γ 分布退化为指数分布. 当 n 取值比较大时，Γ 分布可近似为高斯分布. 图 10.1 画出了 $\lambda = 1$ 时、不同 n 取值条件下的 Γ 分布概率密度函数，从中可以直观看出 n 从小变大时 Γ 分布概率密度函数的变化趋势.

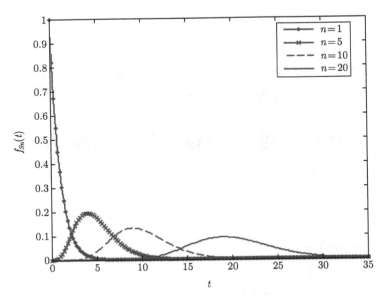

图 10.1　Γ 分布的概率密度函数示意图

接下来分析 $\{S_1, S_2, \cdots, S_n\}$ 的联合分布. 假设 S_i 取值落于 x_i 附近长度为 h_i 的 n 个小区间内，$i = 1, 2, \cdots, n$. 当 $h_i \to 0$ 时，在每个小区间上发生两件及更多事情的概率为 $o(h_i)$. 由泊松过程的平稳增量和独立增量特性，可得到

$$P(x_1 \leqslant S_1 \leqslant x_1 + h_1, x_2 \leqslant S_2 \leqslant x_2 + h_2, \cdots, x_n \leqslant S_n \leqslant x_n + h_n)$$

$$= P(N(x_1) = 0, N(x_1 + h_1) - N(x_1) = 1, N(x_2) - N(x_1 + h_1) = 0,$$

$$N(x_2 + h_2) - N(x_2) = 1, \cdots, N(x_n + h_n) - N(x_n) = 1)$$

$$= P(N(x_1 + h_1) - N(x_1) = 1) P(N(x_2 + h_2) - N(x_2) = 1) \cdots$$

$$P(N(x_n + h_n) - N(x_n) = 1) P(N(x_n - (h_1 + h_2 + \cdots + h_{n-1})) = 0)$$

$$= \lambda^n \mathrm{e}^{-\lambda(h_1 + h_2 + \cdots + h_n)} \mathrm{e}^{-\lambda(x_n - (h_1 + h_2 + \cdots + h_{n-1}))} h_1 h_2 \cdots h_n.$$

因此，$\{S_1, S_2, \cdots, S_n\}$ 的联合分布可表示为

$$f_{\{S_1, S_2, \cdots, S_n\}}(x_1, x_2, \cdots, x_n)$$

$$= \lim_{h_1, h_2, \cdots, h_n \to 0} \frac{P(x_1 \leqslant S_1 \leqslant x_1 + h_1, x_2 \leqslant S_2 \leqslant x_2 + h_2, \cdots, x_n \leqslant S_n \leqslant x_n + h_n)}{h_1 h_2 \cdots h_n}$$

$$= \lambda^n \mathrm{e}^{-\lambda x_n} \quad (0 \leqslant x_1 < x_2 < \cdots < x_n). \tag{10.7}$$

自变量取值范围的约束条件 $0 \leqslant x_1 < x_2 < \cdots < x_n$ 存在，是由于 $\{S_1, S_2, \cdots, S_n\}$ 有明确的从小到大排序关系. 上面这种通过求微元概率，进而求概率密度函数的方法常称为 "微元法"（一维情形参见定理 2.4 的注 4）.

10.4.2　事件间隔的分布

各事件间隔 $\{T_1, T_2, \cdots, T_n\}$ 与发生时刻 $\{S_1, S_2, \cdots, S_n\}$ 的线性变换关系为

$$\begin{cases} T_1 = S_1, \\ T_2 = S_2 - S_1, \\ \quad\vdots \\ T_n = S_n - S_{n-1}. \end{cases}$$

因此，$\{T_1, T_2, \cdots, T_n\}$ 的联合分布可由式 (10.7) 中 $\{S_1, S_2, \cdots, S_n\}$ 的联合分布直接计算得到，即

$$f_{\{T_1, T_2, \cdots, T_n\}}(t_1, t_2, \cdots, t_n) = \lambda^n \mathrm{e}^{-\lambda(t_1+t_2+\cdots+t_n)}, \qquad t_i \geqslant 0, \ i = 1, 2, \cdots, n. \quad (10.8)$$

对式 (10.8) 的联合分布计算边缘分布可以得到 T_i 的概率密度函数为

$$f_{T_i}(t) = \lambda \mathrm{e}^{-\lambda t}, \qquad t \geqslant 0, \quad i = 1, 2, \cdots, n. \quad (10.9)$$

由式 (10.8)、式 (10.9) 可知，$f_{\{T_1, T_2, \cdots, T_n\}}(t_1, t_2, \cdots, t_n) = f_{T_1}(t_1) f_{T_2}(t_2) \cdots f_{T_n}(t_n)$，即各相邻事件间隔 $\{T_1, T_2, \cdots, T_n\}$ 彼此独立，且它们的分布是相同的、都服从参数为 λ 的指数分布. 容易计算得到 T_i 的均值为

$$E(T_i) = \frac{1}{\lambda}$$

这意味着，平均意义下相邻事件间隔为 $1/\lambda$. 这和参数 λ 具有 "事件发生的强度或速率" 的物理意义相吻合.

得到 T_i 的概率密度函数之后，重新审视 $S_n = T_1 + T_2 + \cdots + T_n$，即：发生时刻 S_n 是 n 个独立同分布的随机变量之和. 按照中心极限定理，当 n 取值比较大时，S_n 近似为高斯分布. 这和图 10.1 画出的趋势相吻合.

泊松过程事件间隔服从的指数分布具有 "无记忆性"，下面结合等公交车的例子进行详细分析. 假设公交车进站遵循泊松过程，考虑下面两种情况：

（1）如果某人到达公交车站的时候，恰好有一辆公交车驶离，那么按照前面针对泊松过程事件间隔的分析，他等到下一辆公交车到达的候车时间应该服从指数分布.

（2）如果某人到达公交车站的时候，上一辆公交车已经驶离、车站没有公交车，实际生活中这种情况更为常见. 那么他等到下一辆公交车到达的候车时间应该服从什么分布规律？

第（2）种情况可以抽象为图 10.2（a）画出的模型. 设 t_0 为确定的时间点，t_1 为 t_0 时刻之后第一个发生的泊松过程事件时刻，t_{-1} 为 t_0 之前上一个发生的泊松过程事件时刻，泊松过程的强度参数为 λ. 在这个模型中，t_0 是确定数值，而 t_1 和 t_{-1} 是随机变量，且 $t_1 - t_{-1}$ 服从参数为 λ 的指数分布. 上述第（2）种情况等效于研究 $R = t_1 - t_0$ 的概率分布. 随机变量 R 的累积分布函数为

$$F_R(x) = P(R \leqslant x) = P\left(N(t_0 + x) - N(t_0) \geqslant 1\right) = 1 - P\left(N(x) = 0\right) = 1 - \mathrm{e}^{-\lambda x}.$$

因此，R 的概率密度函数为

$$f_R(x) = \frac{\mathrm{d}}{\mathrm{d}x} F_R(x) = \lambda \mathrm{e}^{-\lambda x}, \qquad x \geqslant 0.$$

可见它也服从参数为 λ 的指数分布. 直观看来，在上述第（2）种情况中，如果某人要计算等到下一辆公交车到达的候车时间，他可以完全不考虑他到达公交车站之前的公交车到站情况，仿佛"无记忆"的计算. 这是对指数分布具有"无记忆"性的直观描述.

对指数分布的无记忆性分析还可参见例 2.10. 事实上，指数分布是唯一满足"无记忆性"的连续分布.

类似地，在图 10.2（b）中，可以研究 $L = t_0 - t_{-1}$（即某确定时间点和前一个泊松过程事件发生时刻的间隔）的概率分布. 当 t_{-1} 取值范围为 $(-\infty, t_0)$，即公交车发车时刻可以为 $-\infty$ 时，容易计算得到 L 也服从参数为 λ 的指数分布，它的概率密度函数为

$$f_L(x) = \lambda \mathrm{e}^{-\lambda x}, \qquad x \geqslant 0.$$

当 t_{-1} 取值范围为 $[0, t_0]$，即公交车发车时刻 $\geqslant 0$ 时，$L = t_0 - t_{-1} \in [0, t_0]$，此时 L 的累积分布函数为

$$F_L(x) = P(L \leqslant x) = \begin{cases} 1 - \mathrm{e}^{-\lambda x}, & 0 \leqslant x \leqslant t_0, \\ 1, & x > t_0 \end{cases} \tag{10.10}$$

值得注意的是，式 (10.10) 给出了一个既非离散、又非连续的累积分布函数的例子.

上述分析以等公交车为例，实际应用中与年龄、剩余寿命有关的一类问题也可以用类似的模型来描述.

定义 10.3（年龄与剩余寿命问题）　设 $\{N(t)\}$ 为对零件相继报废事件计数的泊松过程，强度参数为 λ，每发生零件报废则立刻更换零件，设更换零件所需时间为 0. 称 $L(t) = t - S_{N(t)}$ 为当前零件的年龄，$R(t) = S_{N(t)+1} - t$ 为当前零件的剩余寿命.

与上面等公交车的例子类似，可知 $L(t)$ 的累积分布函数为

$$F_{L(t)}(x) = P(L(t) \leqslant x) = \begin{cases} 1 - \mathrm{e}^{-\lambda x}, & 0 \leqslant x \leqslant t \\ 1, & x > t \end{cases}$$

$R(t)$ 的累积分布函数为

$$F_{R(t)}(x) = P(R(t) \leqslant x) = 1 - \mathrm{e}^{-\lambda x}, x \geqslant 0.$$

根据指数分布的 "无记忆性" 容易分析得到：年龄 $L(t)$ 与剩余寿命 $R(t)$ 是统计独立的.

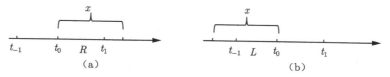

图 10.2   泊松过程事件发生时刻与确定时间点关系示意图

从事件发生间隔的分布出发，可以得到泊松过程的另外一种定义方式.

定理 10.1   某类事件相继发生，如果各事件发生间隔为彼此独立的随机变量，且这些随机变量都服从参数为 λ 的指数分布，则对这类事件计数的随机过程为泊松过程.

证明   用 $\{T_1, T_2, \cdots\}$ 表示各相邻事件间隔. 类似于式 (10.5) 可知

$$P\left(N(t) = n\right) = P\left(S_n \leqslant t,\, T_{n+1} \geqslant t - S_n\right), \tag{10.11}$$

其中 $S_n = T_1 + T_2 + \cdots + T_n$. 由 $\{T_1, T_2, \cdots\}$ 中各随机变量的独立性可知，S_n 和 T_{n+1} 是彼此独立的，因此它们的联合概率密度函数为

$$f_{S_n, T_{n+1}}\left(t_1, t_2\right) = f_{S_n}\left(t_1\right) f_{T_{n+1}}\left(t_2\right) = \lambda \mathrm{e}^{-\lambda t_1} \frac{(\lambda t_1)^{n-1}}{(n-1)!} \lambda \mathrm{e}^{-\lambda t_2}. \tag{10.12}$$

把式 (10.12) 代入式 (10.11)，可计算得到

$$
\begin{aligned}
P\left(N(t) = n\right) &= P(S_n \leqslant t, T_{n+1} \geqslant t - S_n) \\
&= \int_0^t \int_{t-t_1}^{+\infty} \lambda \mathrm{e}^{-\lambda t_1} \frac{(\lambda t_1)^{n-1}}{(n-1)!} \lambda \mathrm{e}^{-\lambda t_2} \mathrm{d}t_2 \mathrm{d}t_1 \\
&= \int_0^t \lambda \mathrm{e}^{-\lambda t_1} \frac{(\lambda t_1)^{n-1}}{(n-1)!} \mathrm{e}^{-\lambda(t-t_1)} \mathrm{d}t_1 \\
&= \frac{(\lambda t)^n}{n!} \mathrm{e}^{-\lambda t}.
\end{aligned}
$$

这正是泊松过程的概率分布表达式. 结合指数分布的无记忆性，容易分析得到 $\{N(t)\}$ 既是独立增量过程、也是平稳增量过程. 不失一般性，$N(0) = 0$ 通常作为计数过程的起始条件. 因此，按照定义 10.2 可知，$\{N(t)\}$ 是泊松过程.   ■

例 10.2   某装置振动次数 $\{N(t)\}$ 为泊松过程，平均每小时发生 5 次振动，当第 100 次振动发生时该装置停用. 求：

（1）装置寿命的分布；

(2) 平均寿命及寿命方差;

(3) 两次振动间隔的分布;

(4) 相邻两次振动的平均时间间隔.

解 由题意可知泊松过程强度为 $\lambda = 5$ 次/h. 装置寿命实际上就是发生时刻 S_{100}.

(1) S_{100} 服从 Γ 分布: $f_{S_{100}}(t) = \lambda e^{-\lambda t}\dfrac{(\lambda t)^{n-1}}{(n-1)!} = 5e^{-5t}\dfrac{(5t)^{99}}{99!}$ $(t \geqslant 0)$.

(2) 实际上是求 S_{100} 的均值和方差. S_n 的均值为

$$E(S_n) = \int_0^{+\infty} t\lambda e^{-\lambda t}\frac{(\lambda t)^{n-1}}{(n-1)!}dt = \frac{\lambda^n}{(n-1)!}\frac{n!}{\lambda^{n+1}} = \frac{n}{\lambda}.$$

这是很直观的, 原因在于 $S_n = T_1 + T_2 + \cdots + T_n$, 而 $\{T_1, T_2, \cdots, T_n\}$ 独立同分布、均值都为 $1/\lambda$. S_n 的方差为

$$D(S_n) = E(S_n^2) - (E(S_n))^2 = \int_0^{+\infty} t^2\lambda e^{-\lambda t}\frac{(\lambda t)^n}{(n-1)!}dt - \frac{n^2}{\lambda^2} = \frac{(n+1)n}{\lambda^2} - \frac{n^2}{\lambda^2} = \frac{n}{\lambda^2}.$$

对应此例题 $E(S_{100}) = \dfrac{100}{5} = 20$ (h), $\mathrm{Var}(S_{100}) = \dfrac{100}{5 \times 5} = 4$ (h²).

(3) 实际上是求 T_i 的分布, 它服从参数为 $\lambda = 5$ 的指数分布, 即

$$f_{T_i}(t) = \lambda e^{-\lambda t} = 5e^{-5t} \ (t \geqslant 0).$$

(4) 实际上是求 T_i 的均值, $E(T_i) = \dfrac{1}{\lambda} = \dfrac{1}{5}$ (h). ■

例 10.3 从统计数据中反推模型参数.

解 考虑用泊松过程对设备损坏问题建模. 假设某设备由 n 个零件组成, 遭受强度为 λ 的泊松过程的冲击, 零件在冲击下相继损坏, 记 S_n 为 n 个零件都损坏的时刻, 定义为该设备的使用寿命, 则 S_n 服从参数为 λ 和 n 的 Γ 分布.

现实统计数据表明, 该设备平均寿命为 36 年, 标准差为 18 年. 则可从统计数据中反演出该模型中 λ 和 n 的值. 由

$$\begin{cases} \dfrac{n}{\lambda} = 36, \\ \dfrac{n}{\lambda^2} = 18^2, \end{cases}$$

可计算得到 $\lambda = \dfrac{1}{9}$, $n = 4$. 即该设备可等效认为由相继损坏的 4 个零件组成, 零件损坏的强度或速率为 $\dfrac{1}{9}$ 个/年. ■

例 10.4 设 A, B 两类事件独立, 两类事件各自发生的间隔分别服从参数为 μ 和 λ 的指数分布. 要研究的是: 在相邻两次 A 类事件连续发生间隔内, 对 B 类事件计数

的过程. 生活中类似的例子很常见, 例如: 在相邻两辆公交车到站的间隔内, 对到达公交车站的乘客计数.

解 设相邻两次 A 类事件发生间隔为 T, 在 T 上发生 B 类事件 L 次, 可见随机变量 L 的随机性来自于 T 和对 B 类事件计数的泊松过程本身. 由全概率公式, 有

$$P(L=k) = \int_0^{+\infty} P(L=k|T=t) f_T(t) \, \mathrm{d}t$$

$$= \int_0^{+\infty} \frac{(\lambda t)^k}{k!} \mathrm{e}^{-\lambda t} \mu \mathrm{e}^{-\mu t} \mathrm{d}t$$

$$= \left(\frac{\mu}{\mu + \lambda} \right) \left(\frac{\lambda}{\mu + \lambda} \right)^k, \quad k = 0, 1, 2, \cdots.$$

这说明: 若两个泊松过程独立, 在一个过程相邻两个事件发生的时间间隔内, 另一个过程事件发生的次数服从几何分布. ■

10.4.3   发生时刻的条件分布

实际应用中有时关注发生时刻的条件分布, 即在已知 $[0,t]$ 上已经发生 n 个事件的前提下, 研究这 n 个事件发生时刻的分布. 例如: 已知某航班乘客有 n 人, 登机口将在时刻 t 关闭, 希望研究这些乘客登机时间的分布情况. 首先分析第 1 个乘客登机、第 2 个乘客登机 $\cdots\cdots$ 第 n 个乘客登机的时间联合分布, 即要研究 $\{S_1, S_2, \cdots, S_n\}|N(t)=n$ 的概率密度函数, 运用微元法, 有

$$P(u_1 \leqslant S_1 \leqslant u_1 + h_1, u_2 \leqslant S_2 \leqslant u_2 + h_2, \cdots, u_n \leqslant S_n \leqslant u_n + h_n | N(t) = n)$$

$$= \frac{P(u_1 \leqslant S_1 \leqslant u_1 + h_1, u_2 \leqslant S_2 \leqslant u_2 + h_2, \cdots, u_n \leqslant S_n \leqslant u_n + h_n, N(t) = n)}{P(N(t) = n)}$$

$$= \frac{\begin{aligned}&P(N(u_1) = 0, N(u_1 + h_1) - N(u_1) = 1, N(u_2) - N(u_1 + h_1) = 0, \\ &N(u_2 + h_2) - N(u_2) = 1, \cdots, N(u_n + h_n) - N(u_n) = 1, N(t) - N(u_n + h_n) = 0)\end{aligned}}{P(N(t) = n)}$$

$$= \frac{\lambda h_1 \mathrm{e}^{-\lambda h_1} \cdots \lambda h_n \mathrm{e}^{-\lambda h_n} \mathrm{e}^{-\lambda(t - h_1 - h_2 - \cdots - h_n)}}{\dfrac{(\lambda t)^n}{n!} \mathrm{e}^{-\lambda t}}$$

$$= \frac{n!}{t^n} h_1 h_2 \cdots h_n.$$

因此, 在已知 $N(t) = n$ 的条件下, $\{S_1, S_2, \cdots, S_n\}$ 的条件概率密度函数可表示为

$$f_{\{S_1, S_2, \cdots, S_n\}}(u_1, u_2, \cdots, u_n | N(t) = n)$$

$$= \lim_{h_1, h_2, \cdots, h_n \to 0} \frac{P(u_1 \leqslant S_1 \leqslant u_1 + h_1, u_2 \leqslant S_2 \leqslant u_2 + h_2, \cdots, u_n \leqslant S_n \leqslant u_n + h_n | N(t) = n)}{h_1 h_2 \cdots h_n}$$

$$= \frac{n!}{t^n}, 0 \leqslant u_1 < u_2 < \cdots < u_n \leqslant t. \tag{10.13}$$

可见，$\{S_1, S_2, \cdots, S_n\} | N(t) = n$ 服从均匀分布.

10.4.4　各客体事件发生时刻的条件分布

重新思考 10.4.3 节的例子：已知某航班乘客有 n 人，登机口将在时刻 t 关闭，希望研究这些乘客的登机时间分布情况. 10.4.3 节研究的是第 1 个乘客登机、第 2 个乘客登机$\cdots\cdots$ 第 n 个乘客登机的时间分布，即 $\{S_1, S_2, \cdots, S_n\} | N(t) = n$ 的概率密度函数；本节将讨论在 $N(t) = n$ 的条件下各个乘客客体登机时间分布情况. 这 n 个乘客按照身份证号排序被标记为 #1, #2, $\cdots$, #n，他们登机的时间被记为 $\{V_1, V_2, \cdots, V_n\} | N(t) = n$.

对 $\{V_1, V_2, \cdots, V_n\} | N(t) = n$，不失一般性，可以给出以下两个合理假设：

（1）#i 乘客的登机时刻 $V_i | N(t) = n$ 服从 $[0, t]$ 上的均匀分布，$i = 1, 2, \cdots, n$，即

$$f_{V_i}(x | N(t) = n) = \frac{1}{t}, \quad 0 \leqslant x \leqslant t.$$

这种假设一般来说是合理的，因为没有任何先验知识表明 "在 $[0, t]$ 区间上的某个时刻比其他时刻存在更大的登机概率".

（2）任意 #i 和 #j 两位乘客的登机时刻 $V_i | N(t) = n$，$V_j | N(t) = n$ 是彼此独立的. 在不考虑乘客之间相识相约等特殊情况时，这种假设一般来说也是合理的.

基于上面两个假设，可以得到 $\{V_1, V_2, \cdots, V_n\} | N(t) = n$ 的概率密度函数为

$$f_{\{V_1, V_2 \cdots V_n\}}(v_1, v_2, \cdots, v_n | N(t) = n) = \frac{1}{t^n}, \qquad 0 \leqslant v_i \leqslant t, \ i = 1, 2, \cdots, n. \tag{10.14}$$

要特别说明的是式 (10.13) 和式 (10.14) 的区别：式 (10.13) 中各变量具有明确的大小关系，即 $0 \leqslant S_1 < S_2 < \cdots < S_n \leqslant t$，而式 (10.14) 中各变量没有明确的大小关系，即 $0 \leqslant V_i \leqslant t$，$i = 1, 2, \cdots, n$.

接下来在已知 $N(t) = n$ 的条件下，对 $[0, s]$ 区间内发生的事件计数，例如上例中登机人数，其中 $s < t$.

$$P(N(s) = k | N(t) = n) = \mathrm{C}_n^k P\{k \text{ 个客体事件发生在 } [0, s] | N(t) = n\} \cdot$$

$$P\{\text{其余 } n - k \text{ 个客体事件发生在 } (s, t] | N(t) = n\}$$

$$= \mathrm{C}_n^k P(v^{(1)} \leqslant s, \cdots, v^{(k)} \leqslant s | N(t) = n) P(s < v^{(k+1)} \leqslant t, \cdots, s < v^{(n)} \leqslant t | N(t) = n)$$

$$= \mathrm{C}_n^k \left(\frac{s}{t}\right)^k \left(\frac{t - s}{t}\right)^{n - k}.$$

定义事件发生的平均强度为 $\lambda = n/t$，则上式可表示为

$$P\left(N\left(s\right)=k|N\left(t\right)=n\right)=\frac{n\left(n-1\right)\cdots\left(n-k+1\right)}{k!}\left(\frac{\lambda s}{n}\right)^{k}\left(1-\frac{\lambda s}{n}\right)^{n}\left(1-\frac{\lambda s}{n}\right)^{-k}.$$

当 $t\to+\infty$、事件发生的强度 λ 稳定时，有 $n\to\infty$. 此时上式中 $N\left(t\right)=n$ 的条件可以省略，从而上式变为

$$P\left(N\left(s\right)=k\right)\to\frac{\left(\lambda s\right)^{k}}{k!}\mathrm{e}^{-\lambda s}.$$

而这正是泊松过程的分布. 这也给出了泊松过程的另外一种理解方式：把 n 个点随机地洒在 $[0,t]$ 区间上，当 $n\propto t$，$t\to+\infty$ 时，对这些点的计数过程为泊松过程.

10.5 顺序统计量

定义 10.4（顺序统计量） 设 $X_1,X_2,\cdots,X_n$ 为 n 个随机变量，对任意一次实现 $X_1(\omega),X_2(\omega),\cdots,X_n(\omega)$ 按照从小到大排序，记为 $Y_1(\omega)\leqslant Y_2(\omega)\leqslant\cdots\leqslant Y_n(\omega)$，其中 $\omega\in\Omega$，Ω 为样本空间，则称 $Y_1,Y_2,\cdots,Y_n$ 为 $X_1,X_2,\cdots,X_n$ 的顺序统计量.

假设 $X_1,X_2,\cdots,X_n$ 独立同分布，X_i 的累积分布函数为 $F(x)$，概率密度函数为 $f(x)=\dfrac{\mathrm{d}F(x)}{\mathrm{d}x}$，$i=1,2,\cdots,n$. 研究 $Y_1,Y_2,\cdots,Y_n$ 的概率分布.

首先考虑一维分布. 计算 Y_k 落在 $[x,x+h]$ 区间内的概率，$1\leqslant k\leqslant n$. 假设 h 很小，以至于在 $[x,x+h]$ 发生两件及更多事件的概率可以忽略不计，即只有 Y_k 一件事情落在 $[x,x+h]$ 区间内，则

$$P(x\leqslant Y_k\leqslant x+h)$$

$$=P(X_1,X_2,\cdots,X_n \text{ 中有 } k-1 \text{ 个小于 } x, \text{有 } 1 \text{ 个在 } [x,x+h] \text{内，有 } n-k \text{ 个大于 } x+h)$$

$$=\mathrm{C}_n^{k-1}F(x)^{k-1}\mathrm{C}_{n-k+1}^1(F(x+h)-F(x))(1-F(x+h))^{n-k}.$$

因此可知

$$f_{Y_k}(x)=\lim_{h\to0}\frac{P\left(x\leqslant Y_k\leqslant x+h\right)}{h}=\mathrm{C}_n^{k-1}F(x)^{k-1}\mathrm{C}_{n-k+1}^1(1-F(x))^{n-k}f(x).$$

下面考虑二维分布. 计算 Y_k 落在 $[y_k,y_k+h]$ 区间内、Y_m 落在 $[y_m,y_m+r]$ 的概率，$1\leqslant k<m\leqslant n$. 假设 h，r 很小，以至于在 $[y_k,y_k+h]$，$[y_m,y_m+r]$ 中任何一个区间上发生两件及更多事件的概率可以忽略不计，且 $[y_k,y_k+h]$，$[y_m,y_m+r]$ 无交集. 则有

$$P(y_k<Y_k\leqslant y_k+h,y_m<Y_m\leqslant y_m+r)$$

$$=P\left(X_1,X_2,\cdots,X_n \text{ 中有 } k-1 \text{ 个小于} y_k, \text{有1 个在 } [y_k,y_k+h] \text{ 内,}\right.$$

有 $m-k-1$ 个在 (y_k+h, y_m) 内, 有 1 个在 $[y_m, y_m+r]$ 内,

有 $n-m$ 个大于 $y_m+r)$

$$= \mathrm{C}_n^{k-1} F\left(y_k\right)^{k-1} \mathrm{C}_{n-k+1}^1\left(F\left(y_k+h\right)-F\left(y_k\right)\right) \mathrm{C}_{n-k}^{m-1-k}\left(F\left(y_m\right)-F\left(y_k+h\right)\right)^{m-1-k} \cdot$$
$$\mathrm{C}_{n-m+1}^1\left(F\left(y_m+r\right)-F\left(y_m\right)\right)\left(1-F\left(y_m+r\right)\right)^{n-m}.$$

因此可知

$$
\begin{aligned}
f_{\{Y_k, Y_m\}}(y_k, y_m) &= \lim_{h,r \to 0} \frac{P(y_k < Y_k \leqslant y_k+h, y_m < Y_m \leqslant y_m+r)}{hr} \\
&= \mathrm{C}_n^{k-1} F\left(y_k\right)^{k-1} \mathrm{C}_{n-k+1}^1 f\left(y_k\right) \mathrm{C}_{n-k}^{m-1-k}\left(F\left(y_m\right)-F\left(y_k\right)\right)^{m-1-k} \cdot \\
&\quad \mathrm{C}_{n-m+1}^1 f\left(y_m\right)\left(1-F\left(y_m\right)\right)^{n-m}, \quad\left(y_k < y_m\right).
\end{aligned}
$$

类似地, 可以推导得到 n 维分布, 即 $Y_1, Y_2, \cdots, Y_n$ 的联合概率密度函数为

$$f_{\{Y_1, Y_2, \cdots, Y_n\}}(y_1, y_2, \cdots, y_n) = n! f(y_1) f(y_2) \cdots f(y_n). \tag{10.15}$$

基于上述顺序统计量的知识, 我们重新观察 10.4.3 节中分析的 $\{S_1, S_2, \cdots, S_n\} \mid N(t) = n$ 和 10.4.4 节中分析的 $\{V_1, V_2, \cdots, V_n\} \mid N(t) = n$, 可知 $\{S_1, S_2, \cdots, S_n\} \mid N(t) = n$ 实际上就是 $\{V_1, V_2, \cdots, V_n\} \mid N(t) = n$ 的顺序统计量, 而且它们的概率密度函数也符合式 (10.15) 所示的关系.

10.6 非齐次泊松过程

齐次泊松过程具有平稳增量的特性, 该特性主要来源于如下的假设: 事件发生的强度或速率参数 λ 为常数. 即, 齐次泊松过程假定: 当时间区间宽度 $\Delta t \to 0$ 时, $\forall t_0$, 在时间区间 $[t_0, t_0 + \Delta t]$ 上发生一件事情的概率都近似等于 $\lambda \Delta t$. 然而, 在现实生活中, 事件发生的强度或速率并非恒为常数. 例如: 白天移动网、互联网都繁忙拥堵, 而夜晚网络几乎不发生拥堵; 早上商场刚营业时顾客数不多, 而中午顾客明显增多. 这些事件的发生强度或速率都具有随时间变化的特性. 要对这些事件计数, 需要放松泊松过程对 "平稳增量" 的要求, 这引发了非齐次泊松过程概念的提出.

定义 10.5 (非齐次泊松过程) 对于计数过程 $\{N(t)\}$, 如果满足以下条件:

(1) 在 $t = 0$ 时刻计数归零, 即 $N(0) = 0$;

(2) $\{N(t)\}$ 是独立增量过程;

(3) $P(N(t+\Delta t) - N(t) = 1) = \lambda(t)\Delta t + o(\Delta t)$, $P(N(t+\Delta t) - N(t) \geqslant 2) = o(\Delta t)$.

则称该过程为非齐次泊松过程.

从该定义可见, 齐次泊松过程实际上是非齐次泊松过程在 $\lambda(t) = \lambda$ 时的特例.

定理 10.2 对非齐次泊松过程 $N(t)$ 计数，在时间区间 $[t_0, t_0 + t]$ 中发生 n 件事情的概率为

$$P(N(t_0 + t) - N(t_0) = n) = \frac{[m(t_0 + t) - m(t_0)]^n}{n!} \mathrm{e}^{-[m(t_0+t)-m(t_0)]},$$

其中 $m(t) \stackrel{\text{def}}{=} \int_0^t \lambda(u)\mathrm{d}u$.

证明 该定理的证明过程与求解泊松过程的概率分布类似，由定义显然有 $P(N(t+\Delta t) - N(t) = 0) = 1 - \lambda(t)\Delta t + o(\Delta t)$. 令 $P_n(t, t_0) = P(N(t_0 + t) - N(t_0) = n)$.

首先求 $P_0(t, t_0)$. $P_0(t + \Delta t, t_0)$ 计算的是在 $[t_0, t_0 + t]$ 和 $[t_0 + t, t_0 + t + \Delta t]$ 两个区间上都发生事件 0 次的概率. 由独立增量的特性可知

$$P_0(t + \Delta t, t_0) = P_0(t, t_0)(1 - \lambda(t_0 + t)\Delta t + o(\Delta t)),$$

则可得微分方程

$$\frac{\mathrm{d}P_0(t, t_0)}{\mathrm{d}t} = -\lambda(t_0 + t)P_0(t, t_0).$$

利用边界条件 $N(0) = 0$，该微分方程的解为

$$P_0(t, t_0) = \mathrm{e}^{-[m(t_0+t)-m(t_0)]}.$$

再求 $P_n(t + \Delta t, t_0) = P(N(t_0 + t + \Delta t) - N(t_0) = n)$. $P_n(t + \Delta t, t_0)$ 可以分成多个不相容事件的概率加和：（1）在 $[t_0, t_0 + t]$ 上发生事件 n 次，在 $[t_0 + t, t_0 + t + \Delta t]$ 上发生事件 0 次；（2）在 $[t_0, t_0 + t]$ 上发生事件 n-1 次，在 $[t_0 + t, t_0 + t + \Delta t]$ 上发生事件 1 次；（3）在 $[t_0, t_0 + t]$ 上发生事件 n-2 次或者更少，在 $[t_0 + t, t_0 + t + \Delta t]$ 上发生事件 2 次或者更多. 因此有

$$P_n(t + \Delta t, t_0) = P_n(t, t_0)(1 - \lambda(t_0 + t)\Delta t + o(\Delta t)) +$$
$$P_{n-1}(t, t_0)(\lambda(t_0 + t)\Delta t + o(\Delta t)) + P_{n-2}(t, t_0)o(\Delta t) + \cdots$$
$$= P_n(t, t_0)(1 - \lambda(t_0 + t)\Delta t) + P_{n-1}(t, t_0)\lambda(t_0 + t)\Delta t + o(\Delta t).$$

可得到微分方程

$$\frac{\mathrm{d}}{\mathrm{d}t}P_n(t, t_0) = -\lambda(t_0 + t)P_n(t, t_0) + \lambda(t_0 + t)P_{n-1}(t, t_0).$$

由归纳法可解得

$$P_n(t, t_0) = \frac{[m(t_0 + t) - m(t_0)]^n}{n!} \mathrm{e}^{-[m(t_0+t)-m(t_0)]}. \qquad \blacksquare$$

由非齐次泊松过程的分布可计算其均值和方差. 非齐次泊松过程的均值为

$$E\left(N(t_0+t)-N(t_0)\right)=\sum_{n=0}^{\infty}n\frac{[m(t_0+t)-m(t_0)]^n}{n!}e^{-[m(t_0+t)-m(t_0)]}$$

$$=m(t_0+t)-m(t_0)$$

$$=\int_{t_0}^{t_0+t}\lambda(u)\mathrm{d}u.$$

该结果很直观: 在时间区间 $[t_0,t_0+t]$ 上平均发生事件的数量等于事件发生强度/速率函数在该时间区间上的积分.

同样可求得

$$E\left(N^2(t)\right)=\sum_{n=1}^{\infty}n^2\frac{(m(t_0+t)-m(t_0))^n}{n!}e^{-(m(t_0+t)-m(t_0))}$$

$$=\sum_{n=1}^{\infty}(n-1+1)\frac{(m(t_0+t)-m(t_0))^n}{(n-1)!}e^{-(m(t_0+t)-m(t_0))}$$

$$=\sum_{n=2}^{\infty}\frac{(m(t_0+t)-m(t_0))^{n-2}}{(n-2)!}e^{-(m(t_0+t)-m(t_0))}(m(t_0+t)-m(t_0))^2+$$

$$\sum_{n=1}^{\infty}\frac{(m(t_0+t)-m(t_0))^{n-1}}{(n-1)!}e^{-(m(t_0+t)-m(t_0))}(m(t_0+t)-m(t_0))$$

$$=(m(t_0+t)-m(t_0))^2+(m(t_0+t)-m(t_0)),$$

则非齐次泊松过程的方差为

$$\mathrm{Var}\left(N^2(t)\right)=E\left(N^2(t)\right)-(E(N(t)))^2=m(t_0+t)-m(t_0).$$

非齐次泊松过程除了可以对发生强度/速率不均匀的事件计数之外, 还可解决优秀零件计数问题、风险问题等.

例 10.5 (优秀零件计数问题) 在一堆零件中选出质量优秀的零件, 对"优秀"的定义为: 如果第 n 个零件的使用寿命长于前 $n-1$ 个零件的使用寿命, 则记第 n 个零件为优秀零件, $n=1,2,\cdots$. 假设各零件寿命为独立同分布的随机变量, 其概率密度函数为 $f(t)$. 则在 $[0,t]$ 时间区间上, 优秀零件的计数过程可表示为

$$N(t)=\#\{n:X_n>\max\{X_{n-1},\cdots,X_0\},X_n\leqslant t\},$$

其中 $X_0=0$.

计算在 $(t,t+\Delta t)$ 区间内出现一个优秀零件的概率, 即

$$P(N(t+\Delta t)-N(t)=1)=\sum_{n=1}^{\infty}P(X_n\in(t,t+\Delta t),X_1\leqslant t,X_2\leqslant t,\cdots,X_{n-1}\leqslant t)$$

$$= \sum_{n=1}^{\infty} P\left(X_n \in (t, t+\Delta t)\right) \left(P(X_i \leqslant t)\right)^{n-1}$$

$$= \sum_{n=1}^{\infty} \left(f(t) \cdot \Delta t + o(\Delta t)\right) F(t)^{n-1}$$

$$= \frac{f(t)\Delta t + o(\Delta t)}{1 - F(t)}$$

$$= \lambda(t)\Delta t + o(\Delta t),$$

其中 $F(t) = \int_0^t f(x)\mathrm{d}x$ 为各零件寿命的累积分布函数,$\lambda(t) \overset{\text{def}}{=} \dfrac{f(t)}{1-F(t)}$ 为优秀零件出现的强度/速率. 可见上述对优秀零件的计数过程可以用非齐次泊松来建模描述.

例 10.6(风险问题) 设某零件的寿命用随机变量 X 表示. 该零件损坏所带来的风险可表示为 $P(t < X \leqslant t + \Delta t | X > t)$,其直观含义为:在已测得该零件寿命大于 t 的前提下,该零件在此后的一个小区间 $(t, t + \Delta t]$ 上就损坏了的概率. 由条件概率公式可得

$$P\left(\text{风险出现在 } (t, t+\Delta t] \text{ 区间}\right) = P(t < X \leqslant t + \Delta t | X > t)$$

$$= \frac{P(t < X \leqslant t + \Delta t, X > t)}{P(X > t)}$$

$$= \frac{f(t)\Delta t}{1 - F(t)}$$

$$\overset{\text{def}}{=} \lambda(t)\Delta t,$$

其中 $f(t)$ 为 X 的概率密度函数,$F(t) = \int_0^t f(x)\mathrm{d}x$ 为累积分布函数,$\lambda(t) \overset{\text{def}}{=} \dfrac{f(t)}{1-F(t)}$ 被称为风险率函数,用来描述随时间变化的风险发生强度/速率. 当 $f(t) = \lambda \mathrm{e}^{-\lambda t}$ 时,风险率函数 $\lambda(t) \equiv \lambda$,此时风险发生的强度/速率为常数.

10.7 复合泊松过程

定义 10.6(复合泊松过程) 设有泊松过程 $\{N(t), t \geqslant 0\}$ 和一族独立同分布的随机变量 $\{Y_n\}$,$n = 1, 2, \cdots$,$\{N(t)\}$ 与 $\{Y_n\}$ 是独立的,称随机过程 $X(t) = \sum_{n=1}^{N(t)} Y_n$ 为复合泊松过程.

从定义可以看出,复合泊松过程实际上等效于一种"组团"统计:对团的计数 $\{N(t)\}$ 服从泊松过程,每个团为总的统计结果贡献份额为变量 $\{Y_n\}$. 这是对泊松过程的另一种拓展. 复合泊松过程定义中的 $\{Y_n\}$ 可以是离散随机变量,也可以是连续随机变量. 例

如：到达公园的车数 $\{N(t)\}$ 服从泊松过程，每辆车上的乘客数 $\{Y_n\}$ 是一个取值为非负整数的离散随机变量，则 $[0,t]$ 内到达公园的总乘客数服从复合泊松过程. 再例如：发生交通事故的车数 $\{N(t)\}$ 服从泊松过程，每辆车保险赔付金额 $\{Y_n\}$ 是个取值为非负数的连续随机变量，则 $[0,t]$ 内保险赔付金额总数服从复合泊松过程.

根据复合泊松过程的定义，可以直接计算其均值和方差. 复合泊松过程的均值为

$$E\left(X(t)\right) = E\left(\sum_{i=1}^{N(t)} Y_i\right) = E_{N(t)} E_{\{Y_i\}|N(t)}\left(\sum_{i=1}^{N(t)} Y_i | N(t)\right) = E_{N(t)}(N(t)E\left(Y_i\right)) = \lambda t E\left(Y_i\right).$$

该结果很直观：以统计到达公园的总乘客数为例，在时间区间 $[0,t]$ 上到达公园的平均乘客数，等于到达公园的平均车数乘以每辆车上的平均乘客数.

同样可求得复合泊松过程的方差为

$$\mathrm{Var}\left(X(t)\right) = E\left(\sum_{i=1}^{N(t)} Y_i - E(X(t))\right)^2$$

$$= E_{N(t)} E_{\{Y_i\}|N(t)}\left[\left(\sum_{i=1}^{N(t)} Y_i - E(X(t))\right)^2 \middle| N(t)\right]$$

$$= E_{N(t)} E_{\{Y_i\}|N(t)}\left[\left(\sum_{i=1}^{N(t)} Y_i - \lambda t E(Y_i)\right)^2 \middle| N(t)\right]$$

$$= E_{N(t)} E_{\{Y_i\}|N(t)}\left[\left(\sum_{i=1}^{N(t)} (Y_i - E(Y_i)) + (N(t) - \lambda t)E(Y_i)\right)^2 \middle| N(t)\right]$$

$$= E_{N(t)} E_{\{Y_i\}|N(t)}\left[\left(\sum_{i=1}^{N(t)} (Y_i - E(Y_i))^2 + (N(t) - \lambda t)^2 (E(Y_i))^2\right) \middle| N(t)\right]$$

$$= E_{N(t)}\left(N(t)\mathrm{Var}(Y_i) + (N(t) - \lambda t)^2 (E(Y_i))^2\right)$$

$$= \lambda t \left[\mathrm{Var}(Y_i) + (E(Y_i))^2\right].$$

从复合泊松过程的定义可以看出：复合泊松过程是多个独立同分布的随机变量加和，且随机变量的个数也是随机变量. 对多个独立同分布的随机变量加和而言，一种方便的分析计算工具是特征函数. 复合泊松过程的特征函数为

$$E\left(\mathrm{e}^{\mathrm{j}\omega X(t)}\right) = E\left[\exp\left(\mathrm{j}\omega \sum_{n=1}^{N(t)} Y_n\right)\right]$$

$$= E_{N(t)} E_{\{Y_n\}|N(t)}\left[\exp\left(\mathrm{j}\omega \sum_{n=1}^{N(t)} Y_n\right) \middle| N(t)\right]$$

$$= E_{N(t)} \left[\left(\phi_{Y_n}(\omega) \right)^{N(t)} \right]$$

$$= \exp \left(\lambda t \left(\phi_{Y_n}(\omega) - 1 \right) \right). \tag{10.16}$$

其中最后一个等式由式 (10.3) 得到，$\phi_{Y_n}(\omega)$ 为 Y_n 的特征函数. 除了可以描述前面例子中提到的"组团"统计问题，复合泊松过程还可以用来描述增减计数问题、分类计数问题等.

例 10.7（增减计数问题） 设 $N_1(t)$ 和 $N_2(t)$ 为独立的泊松过程，其强度参数分别为 λ_1 和 λ_2. 当 $N_1(t)$ 统计的事件发生记 1 分，当 $N_2(t)$ 统计的事件发生记 -1 分，则最终的分数统计体现为随机过程 $N(t) = N_1(t) - N_2(t)$. $\{N(t)\}$ 的特征函数可如下计算得到：

$$\phi_{N(t)}(\omega) = E \left(e^{j\omega(N_1(t) - N_2(t))} \right)$$

$$= E \left(e^{j\omega N_1(t)} \right) E \left(e^{-j\omega N_2(t)} \right)$$

$$= e^{\lambda_1 t (e^{j\omega} - 1)} e^{\lambda_2 t (e^{-j\omega} - 1)}$$

$$= \exp \left[(\lambda_1 + \lambda_2) t \left(\frac{\lambda_1 e^{j\omega} + \lambda_2 e^{-j\omega}}{\lambda_1 + \lambda_2} - 1 \right) \right] \tag{10.17}$$

对比式 (10.16) 和式 (10.17)，可知 $\{N(t)\}$ 可视为如下"组团"统计的复合泊松过程 $N(t) = \sum_{n=1}^{M(t)} Y_n$：团数 $\{M(t)\}$ 服从参数为 $\lambda_1 + \lambda_2$ 的泊松过程，各团为总的统计贡献变量 $\{Y_n\}$ 服从两点分布，即

$$\begin{cases} P(Y_n = 1) = \dfrac{\lambda_1}{\lambda_1 + \lambda_2}, \\ P(Y_n = -1) = \dfrac{\lambda_2}{\lambda_1 + \lambda_2}. \end{cases}$$

而式 (10.17) 中的 $\dfrac{\lambda_1 e^{j\omega} + \lambda_2 e^{-j\omega}}{\lambda_1 + \lambda_2}$ 恰好是变量 Y_n 的特征函数.

例 10.8（分类计数问题） 设进入商店的顾客人数服从参数为 λ 的泊松过程 $\{N(t)\}$，男顾客出现的概率为 p，女顾客出现概率为 $1-p$，单独对男顾客计数的过程记为 $\{M(t)\}$. 则 $\{M(t)\}$ 可视为复合泊松过程 $M(t) = \sum_{n=1}^{N(t)} Y_n$，其中变量 Y_n 服从两点分布，即

$$\begin{cases} P(Y_n = 1) = p, \\ P(Y_n = 0) = 1 - p. \end{cases}$$

变量 Y_n 的特征函数为 $\phi_{Y_n}(\omega) = E \left(e^{j\omega Y_n} \right) = p e^{j\omega} + (1-p)$.

按照式 (10.16) 可直接得到 $\{M(t)\}$ 的特征函数为

$$E\left(\mathrm{e}^{\mathrm{j}\omega M(t)}\right) = \exp\left(\lambda t\left(\phi_{Y_n}(\omega) - 1\right)\right) = \exp\left(p\lambda t\left(\mathrm{e}^{\mathrm{j}\omega} - 1\right)\right).$$

根据式 (10.4) 的泊松过程特征函数形式可知, 单独对男顾客计数的过程 $\{M(t)\}$ 服从参数为 $p\lambda$ 的泊松过程, 这也很直观.

10.8　随机参数泊松过程

定义 10.7 (随机参数泊松过程)　设事件发生强度/速率 Λ 为非负连续的随机变量, 其概率密度函数为 $f(\lambda)$, 则对此类事件计数的过程 $\{Y(t)\}$ 称为随机参数泊松过程.

显然, 当强度/速率 Λ 取某个具体值 λ 的时候, 随机参数泊松过程退化为泊松过程. 由此可得到随机参数泊松过程的分布为

$$P(Y(t) = n) = \int_0^{+\infty} P(Y(t) = n | \Lambda = \lambda) f(\lambda)\mathrm{d}\lambda = \int_0^{+\infty} \frac{(\lambda t)^n}{n!} \mathrm{e}^{-\lambda t} f(\lambda)\mathrm{d}\lambda,$$

也可得到随机参数泊松过程的母函数为

$$G_{Y(t)}(z) = E(z^{Y(t)}) = E_\Lambda E(z^{Y(t)} | \Lambda = \lambda) = \int_0^{+\infty} \exp(\lambda t(z - 1)) f(\lambda)\mathrm{d}\lambda.$$

接下来分析随机参数泊松过程是否满足平稳增量特性和独立增量特性.

随机参数泊松过程是否满足平稳增量特性, 取决于概率 $P(Y(t_0 + t) - Y(t_0) = n)$ 是否与时间区间起始时刻 t_0 有关. 根据随机参数泊松过程的定义可得

$$\begin{aligned} P(Y(t_0 + t) - Y(t_0) = n) &= \int_0^{+\infty} P(Y(t_0 + t) - Y(t_0) = n | \Lambda = \lambda) f(\lambda)\mathrm{d}\lambda \\ &= \int_0^{+\infty} P\{Y(t) = n | \Lambda = \lambda\} f(\lambda)\mathrm{d}\lambda \\ &= \int_0^{+\infty} \frac{(\lambda t)^n}{n!} \mathrm{e}^{-\lambda t} f(\lambda)\mathrm{d}\lambda. \end{aligned}$$

可见该概率与区间起始时刻 t_0 无关. 因此, 随机参数泊松过程满足平稳增量特性.

随机参数泊松过程是否满足独立增量特性, 取决于

$$P(Y(t_0) = m, Y(t_0 + t) - Y(t_0) = n) \text{ 和 } P(Y(t_0) = m)P(Y(t_0 + t) - Y(t_0) = n)$$

是否相等. 根据随机参数泊松过程的定义有

$$P\left(Y(t_0) = m, Y(t_0 + t) - Y(t_0) = n\right) = \int_0^{+\infty} \frac{(\lambda t_0)^m}{m!} \mathrm{e}^{-\lambda t_0} \frac{(\lambda t)^n}{n!} \mathrm{e}^{-\lambda t} f(\lambda)\mathrm{d}\lambda,$$

以及

$$P\left(Y(t_0) = m\right) P\left(Y(t_0 + t) - Y(t_0) = n\right)$$
$$= \int_0^{+\infty} \frac{(\lambda t_0)^m}{m!} \mathrm{e}^{-\lambda t_0} f(\lambda) \mathrm{d}\lambda \int_0^{+\infty} \frac{(\lambda t)^n}{n!} \mathrm{e}^{-\lambda t} f(\lambda) \mathrm{d}\lambda.$$

显然，$P(Y(t_0) = m, Y(t_0 + t) - Y(t_0) = n) \neq P(Y(t_0) = m)P(Y(t_0 + t) - Y(t_0) = n)$，因此随机参数泊松过程不满足独立增量特性.

例 10.9（基于前期统计的后续事件到达时间预测） 把数据包到达某服务器的强度/速率看作随机变量，其概率密度函数为 $f(\lambda)$. 经统计，在 $[0, s]$ 时间区间内到达了 n 个数据包，求下一个数据包到达时间的分布.

解 依题意，拟分析 $P(T_{n+1} \leqslant x \,|\, Y(s) = n)$. 首先需要在 $Y(s) = n$ 条件下分析事件到达速率的概率密度函数，即条件概率密度函数. 事件到达速率的条件累积分布函数为

$$P(\Lambda \leqslant x \,|\, Y(s) = n) = \frac{P(\Lambda \leqslant x, Y(s) = n)}{P(Y(s) = n)} = \frac{\displaystyle\int_0^x \frac{(\lambda s)^n}{n!} \mathrm{e}^{-\lambda s} f(\lambda) \mathrm{d}\lambda}{\displaystyle\int_0^{+\infty} \frac{(\lambda s)^n}{n!} \mathrm{e}^{-\lambda s} f(\lambda) \mathrm{d}\lambda}$$

$$= \frac{\displaystyle\int_0^x (\lambda s)^n \mathrm{e}^{-\lambda s} f(\lambda) \mathrm{d}\lambda}{\displaystyle\int_0^{+\infty} (\lambda s)^n \mathrm{e}^{-\lambda s} f(\lambda) \mathrm{d}\lambda}.$$

再对上式中 x 求导可得到事件到达速率的条件概率密度函数为

$$f_\Lambda(x \,|\, Y(s) = n) = \frac{(xs)^n \mathrm{e}^{-xs} f(x)}{\displaystyle\int_0^{+\infty} (\lambda s)^n \mathrm{e}^{-\lambda s} f(\lambda) \mathrm{d}\lambda}.$$

可见，由于 $[0, s]$ 时间区间内的事件统计带来了新的信息，使得 Λ 的条件分布和先验分布 $f(\lambda)$ 存在明显不同.

接下来再分析 $P(T_{n+1} \leqslant x \,|\, Y(s) = n)$. 当 Λ 取某个固定值 λ 时，下一个事件到达时刻 T_{n+1} 服从指数分布. 因此有

$$P(T_{n+1} \leqslant x \,|\, Y(s) = n) = \int_0^{+\infty} \int_0^x \lambda \mathrm{e}^{-\lambda u} \mathrm{d}u f_\Lambda(\lambda \,|\, Y(s) = n) \mathrm{d}\lambda$$

$$= \frac{\displaystyle\int_0^{+\infty} (1 - \mathrm{e}^{-\lambda x})(\lambda s)^n \mathrm{e}^{-\lambda s} f(\lambda) \mathrm{d}\lambda}{\displaystyle\int_0^{+\infty} (\lambda s)^n \mathrm{e}^{-\lambda s} f(\lambda) \mathrm{d}\lambda}.$$

对上式中 x 求导，可得到下一个数据包到达时间的条件概率密度函数. 进一步也可计算下一个数据包到达时间的均值、方差等数字特征. ∎

10.9   过滤的泊松过程

给泊松过程的事件定义一种贡献，统计一段时间内贡献的总和，即

$$Y(t) = \sum_{i=1}^{N(t)} h(t - S_i, A_i),$$

其中 $[0, t]$ 表示统计贡献的时间区间长度，$\{N(t)\}$ 表示 $[0, t]$ 发生的事件数量，S_i 表示第 i 个事件的发生时刻，A_i 表示第 i 个事件的贡献权值，$h(t - S_i, A_i)$ 表示贡献函数. 贡献的总和 $\{Y(t)\}$ 被定义为过滤的泊松过程.

当 $\{A_1, A_2, \cdots\}$ 为独立同分布随机变量且 $h(t - S_i, A_i) = A_i$ 时，过滤的泊松过程退化为复合泊松过程.

过滤的泊松过程在电子信息领域的一个例子是：泊松脉冲串通过一个滤波器，如图 10.3 所示，这里 $A_i \equiv 1$ 为确定值、代表滤波器增益，滤波器响应函数为确定性函数 $h(t), t \geqslant 0$.

显然，$Y(t_0)$ 和 $Y(t_0 + t) - Y(t_0)$ 是不独立的，原因在于 $[0, t_0]$ 区间上发生的脉冲经过滤波器的输出对 $[t_0, t_0 + t]$ 区间上的函数值 $Y(t)$ 是有影响的. 因此，$\{Y(t)\}$ 不满足独立增量特性. 此外，$Y(t_0 + t) - Y(t_0)$ 显然与 t_0 的取值有关. 因此，$\{Y(t)\}$ 也不满足平稳增量特性.

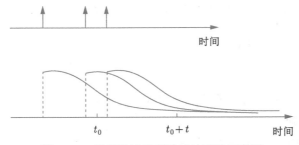

图 10.3   泊松脉冲串通过滤波器的示意图

$\{Y(t)\}$ 的随机性来自于脉冲数量 $\{N(t)\}$ 和脉冲发生时刻 $\{S_1 < S_2 < \cdots < S_{N(t)}\}$，它的特征函数为

$$\Phi_{Y(t)}(\omega) = E\left(\exp\left[\mathrm{j}\omega Y(t)\right]\right) = E\left(\exp\left[\mathrm{j}\omega \sum_{i=1}^{N(t)} h(t - S_i)\right]\right)$$

$$= E_{N(t)} E_{\{S_i\}|N(t)}\left(\exp\left(\mathrm{j}\omega \sum_{i=1}^{N(t)} h(t - S_i)\right) \middle| N(t)\right).$$

在 $N(t) = n$ 的条件下，$\sum_{i=1}^{n} h(t - S_i) = \sum_{i=1}^{n} h(t - V_i)$，其中 $\{V_i\}$ 为各客体事件发生时刻.
按照 10.4.4 节的分析，在 $N(t) = n$ 的条件下，$\{V_i\}$ 是独立同分布的随机变量，且它们
都服从均匀分布. 因此有

$$\Phi_{Y(t)}(\omega) = E_{N(t)} E_{\{V_i\}|N(t)} \left(\exp\left(j\omega \sum_{i=1}^{N(t)} h(t - V_i) \right) \middle| N(t) \right)$$

$$= E_{N(t)} \left(\int_0^t \frac{1}{t} \exp\left(j\omega h(t - v) \right) dv \right)^{N(t)}.$$

把式 (10.3) 中 $\{N(t)\}$ 的母函数形式代入，可得

$$\Phi_{Y(t)}(\omega) = \exp\left(\lambda t \left(\int_0^t \frac{1}{t} \exp\left(j\omega h(t - v) \right) dv - 1 \right) \right).$$

进一步可利用特征函数求 $\{Y(t)\}$ 的均值为

$$E(Y(t)) = \frac{1}{j} \cdot \frac{\partial \Phi_{Y(t)}(\omega)}{\partial \omega} \bigg|_{\omega = 0} = \lambda t \int_0^t \frac{1}{t} h(t - v) dv.$$

其意义很直观：λt 表示 $[0, t]$ 区间内发生的事件平均数量，$\int_0^t \frac{1}{t} h(t - v) dv$ 表示每个事
件在 t 时刻的平均贡献.

习　题　10

1. 考虑一个参数为 λ 的泊松过程. 令 N 表示在 $(0, t]$ 内的到达数，M 表示 $(0, t + s]$ 内的到达数，
其中，$t, s \geqslant 0$. 求：
   （1）已知 N 时 M 的条件概率分布，即 $f_{M|N}(m|n), m \geqslant n$.
   （2）N 和 M 的联合概率分布，即 $f_{N,M}(n, m)$.
   （3）求解已知 M 时 N 的条件概率分布，即 $f_{N|M}(n|m), n \leqslant m$.
   （4）期望值 $E(NM)$.

2. 设 T_1 和 T_2 为两个服从参数为 λ 的指数分布的随机变量，S 是服从参数为 μ 的指数分布的随机
变量，三个变量间相互独立. 试求随机变量 $\min\{T_1 + T_2, S\}$ 的均值.

3. 设有两个相互独立的泊松过程 $\{X(t)\}, \{Y(t)\}$，参数分别为 λ_X, λ_Y，设 T_k^X, T_k^Y 分别为 $X(t), Y(t)$
中第 k 次事件出现的时间，计算 $P(T_1^X < T_1^Y)$.

4. 病人随机地来到诊所就诊，病人的到达服从参数为 λ 的泊松过程. 若病人就诊的持续时间为 a，
在下列两种假定下计算：第一个病人到达后，第二个病人不需要等待直接就诊的概率，以及第二
个病人等待时间的均值.
   （1）a 为确定性常数.
   （2）a 为参数为 μ 的指数分布.

5. 考查一个泊松过程, 达到速率为 λ, 令 $N(G_i)$ 代表时间间隔 $G_i = (t_i, t_i + c_i]$ 内的到达数. 假设现有 n 个这样的时间间隔, $i = 1, 2, \cdots, n$, 并且相互之间没有任何交叠. 定义 $G = \bigcup\limits_{i=1}^{n} G_i$ 为这 n 个时间间隔的并集, 其总的时间长度为 $c = \sum\limits_{i=1}^{n} c_i$.

设 $k_i \geqslant 0$, $k = \sum\limits_{i=1}^{n} k_i$, 试求解

$$P(N(G_1) = k_1, N(G_2) = k_2, \ldots, N(G_n) = k_n | N(G) = k).$$

6. 根据你对于泊松过程的理解, 确定下面表达式中参数 a, b 的值, 并给出理由.

$$\int_t^\infty \frac{\lambda^5 \tau^4 \mathrm{e}^{-\lambda \tau}}{4!} \mathrm{d}\tau = \sum_{k=a}^{b} \frac{(\lambda t)^k \mathrm{e}^{-\lambda t}}{k!}.$$

7. （邮件过滤）设你的电子邮箱接收两种邮件, 有效邮件（valid email）与垃圾邮件（spam email）. 假设两种邮件的到达过程均为泊松过程, 且相互独立, 其中有效邮件的到达率为 $\lambda_1 = 2$（封/h）, 垃圾邮件的到达率为 $\lambda_1 = 0.2$（封/h）. 试求解:

(1)　邮件总的达到率.

(2)　收到一封邮件, 该邮件为垃圾邮件的概率.

(3)　假设你安装了一个垃圾邮件过滤软件, 该软件可以过滤掉 80% 的垃圾邮件, 但同时也会将 5% 的有效邮件错误地识别为垃圾邮件. 垃圾邮件统一丢弃在垃圾邮件箱（spam folder）中, 有效邮件则存放在收件箱（inbox）中. 如图 10.4 所示. 请问:

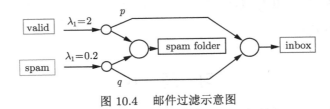

图 10.4　邮件过滤示意图

① 收件箱中的一封邮件其实是垃圾邮件的概率.

② 垃圾邮件箱中的一封邮件其实是有效邮件的概率.

③ 平均每隔多长时间你需要查看一下垃圾邮件箱, 以找回一封有效邮件?

8. 设 $\{N(t)\}$ 为非齐次泊松过程, 强度为 $\lambda(t)$, 证明其相关函数为

$$R_N(t_1, t_2) = \left(\int_0^{\min\{t_1, t_2\}} \lambda(t)\,\mathrm{d}t \right) \left(1 + \int_0^{\max\{t_1, t_2\}} \lambda(t)\,\mathrm{d}t \right).$$

9. 在某交通道路上设置了一个车辆记录器, 记录南行、北行车辆的总数. 设 $X(t)$ 代表在 $[0, t]$ 内南行的车辆数, $Y(t)$ 代表在 $[0, t]$ 内北行的车辆数, $X(t)$, $Y(t)$ 均服从泊松分布, 且相互统计独立. 设 λ 和 η 分别代表在单位时间内通过的南行、北行车辆平均数. 如果在 t 时车辆记录器记录的车辆数为 n, 试问其中 k 辆属于南行车的概率.

10. 设顾客依泊松流抵达银行. 若已知在第一个小时内有两个顾客抵达银行, 问:

（1）两顾客均在最初的 20min 抵达银行的概率如何?

（2）至少有一个顾客在最初的 20min 抵达银行的概率如何?

11. 汽车依泊松流抵达某个监测点，相邻两车的抵达时间间隔 T（单位为分钟）的概率密度函数为

$$f(t) = \begin{cases} 2e^{-2t}, & t > 0, \\ 0, & \text{其他} \end{cases}$$

连续的抵达时间间隔观测值将被记录在很小的计算机卡片上，记录时间可以忽略．假设每一张计算机卡片上面最多可记录 3 次抵达数据，一旦用完，立即换下一张卡片．试求解：

（1） 假设在开始的 4min 内没有汽车抵达，设接下来的 6min 内抵达的汽车数目为 K，求解随机变量 K 的概率分布函数．

（2） 设一打（12 张）计算机卡片被用光的时间为 D，求解 D 的概率密度函数与均值．

（3） 分别考虑以下两种情况：

① 从已经记录完成的若干张卡片中随机抽取一张，该卡片的服务时间（即其使用时间）记为 Y，计算 $E(Y)$ 和 $\mathrm{Var}(Y)$．

② 某个监管人随机地到达该监测点，监管人到达时计算机所使用的卡片对应的服务时间（即从其开始服务到结束服务的时间）记为 W，计算 $E(W)$ 和 $\mathrm{Var}(W)$．

索　引

参 考 文 献

[1] CARL EDWARD RASMUSSEN, CHRISTOPHER K. I. WILLIAMS. Gaussian Processes for Machine Learning [M]. Cambridge: MIT Press, 2006.

[2] A. E. TAYLOR, D. C. LAY. Introduction to Functional Analysis [M]. New York: Wiley, 1980.

[3] 茆诗松，程依明，濮晓龙. 概率论与数理统计教程 [M]. 北京：高等教育出版社, 2004.

[4] 陈家鼎，郑忠国. 概率与统计 [M]. 北京：北京大学出版社, 2007.

[5] HARRY L. VAN TREES, KRISTINE L. BELL, ZHI TIAN. Detection Estimation and Modulation Theory, Part I: Detection, Estimation, and Filtering Theory [M]. Second Edition. John Wiley & Sons, Inc. 2013.

[6] H. L. ROYDEN. Real Analysis [M]. New York: Macmillan Publishing, 1968.

[7] 郑君里，应启珩，杨为理. 信号与系统 [M]. 北京: 高等教育出版社, 1981.

[8] 陆大绘，张颢. 随机过程及其应用 [M]. 2 版. 北京: 清华大学出版社, 2012.

[9] SHELDOM ROSS. A First Course in Probability [M]. 9th edition. New York: Pearson, 2012.

[10] 何书元. 随机过程 [M]. 北京: 北京大学出版社, 2008.

[11] 林元烈. 应用随机过程 [M]. 北京: 清华大学出版社, 2002.

[12] 樊平毅. 随机过程理论与应用 [M]. 北京: 清华大学出版社, 2005.

[13] F. RIESZ, B. SZ-NAGY. Functional Analysis [M]. New York: Frederick Ungar Publishing, 1955.

[14] 王梓坤. 随机过程论 [M]. 北京: 科学出版社, 1978.

习 题 参 考 解 答

习 题 1

1. 样本空间及事件的表示可以有多种方式, 要点是将样本空间表示为 "集合", 将事件表示为样本空间的 "子集".

   (1) 记 (x,y) 为元素 x、y 组成的有序对.

   样本空间: $\{(x,y)\,|\,x,y \in \{1,2,3,4\}\,\}$ 包含 16 个样本点.

   事件 A: $\{(1,2)\,,(2,4)\,,(2,1)\,,(4,2)\}$ 包含 4 个样本点.

   (2) 将产品编号为 1~10, 1 号为废品, 记 $\{x,y\}$ 为元素 x、y 组成的无序对.

   样本空间: $\{\{x,y\}\,|\,x,y \in \mathbb{N}\,,\,1 \leqslant x < y \leqslant 10\}$, 包含 45 个样本点.

   事件 A: $\{\{1,x\}\,|\,x \in \mathbb{N}, 2 \leqslant x \leqslant 10\}$, 包含 9 个样本点.

2. (1) $\bigcap\limits_{i=1}^{n} A_i$.　(2) $\overline{\bigcap\limits_{i=1}^{n} A_i}$ 或者 $\bigcup\limits_{i=1}^{n} \overline{A_i}$.　(3) $\bigcup\limits_{i=1}^{n} (\overline{A_i} \cap (\bigcap\limits_{j=1,j\neq i}^{n} A_j))$.

3. 两个方向分开证.

   (1) 先证 $A \subset B \implies A \cup B = B$.

   $\forall a \in B$, 由并集定义知 $a \in A \cup B$, 从而 $B \subset A \cup B$.

   $\forall a \in A \cup B$, 分情况讨论: ① $a \in B$; ② $a \in A$, 此时由 $A \subset B$ 知 $a \in B$. 因此 $\forall a \in A \cup B$, 无论哪种情况均成立 $a \in B$, 从而 $A \cup B \subset B$.

   综上, 由集合相等的定义知 $A \cup B = B$.

   (2) 再证 $A \cup B = B \implies A \subset B$.

   $\forall a \in A$, 由并集定义知 $a \in A \cup B = B$. 因此 $A \subset B$ 成立.

   综上所述, $A \subset B \iff A \cup B = B$.

4. 将圆桌座位顺时针编号为 $1,2,\cdots,n$, 将 n 个朋友编号为 $1,2,\cdots,n$, 其中甲为 1, 乙为 2, 丙为 3, 可如下建立古典概率模型. 样本空间 Ω 中每个样本点 $(x_1,x_2,\cdots,x_n)$ 是 $\{1,2,\cdots,n\}$ 的一个全排列, 表示圆桌的第 i 个位置上坐的是第 x_i 位客人, 故 $|\Omega| = n!$.

   (1) 事件 A: 甲乙两人坐在一起, 且乙在甲的左边.

   $A = \{(x_1,x_2,\cdots,x_n) \in \Omega\,|\,x_i = 1, x_{\mathrm{mod}(i+1,n)} = 2, i = 1,2,\cdots,n\}$.

   故 $|A| = n \cdot 1 \cdot (n-2)!$. 根据概率的古典定义, $P(A) = \dfrac{|A|}{|\Omega|} = \dfrac{n\,(n-2)!}{n!} = \dfrac{1}{n-1}$.

   一种直观做法是, 甲坐好后, 乙有 $n-1$ 种选择座位的方式, 所以概率是 $\dfrac{1}{n-1}$.

(2) 事件 B：甲、乙、丙三人坐在一起.

$B = \{(x_1, x_2, \cdots, x_n) \in \Omega | x_i, x_{\mathrm{mod}(i+1,n)}, x_{\mathrm{mod}(i+2,n)} \in \{1,2,3\}, i = 1,2,\cdots,n\}$.

当 $n = 3$ 时，$|B| = 3!$；当 $n > 3$ 时，$|B| = n \cdot 3! \cdot (n-3)! = 6n \cdot (n-3)!$. 因此

$$P(B) = \frac{|B|}{|\Omega|} = \begin{cases} 1, & n = 3, \\ \dfrac{6}{(n-2)(n-1)}, & n > 3. \end{cases}$$

求解第 2 问时，需注意讨论 $n = 3$ 的情况，此时只有甲乙丙三人坐一桌，没必要选择座位的起始位置，计数时不需要再乘 n.

5. 本题考查集合的基本运算，利用韦恩图求解比较直观，如图题 1.5 所示. 记小李曾经到过的国家为集合 U，有爬山行程的国家的集合为 M，有玩水行程的国家的集合为 W，有滑雪行程的国家的集合为 S.

设 U 为样本空间，已知 $|U| = 18$, $|M| = 8$, $|W| = 10$, $|S| = 4$, 且 $|M \cap W| = 3$, $|M \cap S| = 3$, $|W \cap S| = 0$, 可知 $|M \cap W \cap S| = 0$, 以及

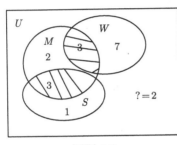

图题 1.5

$|M \cup W \cup S| = |M| + |W| + |S| - |M \cap W| -$
$\qquad |M \cap S| - |W \cap S| + |M \cap W \cap S|$,

因此，$|M \cup W \cup S| = 8 + 10 + 4 - 3 - 3 - 0 + 0 = 16$. 事件 $A = \{$ 小李去旅行但是没有安排任何爬山、玩水、或是滑雪行程的国家 $\}$，则 $A = \overline{M \cup W \cup S}$ $= U - M \cup W \cup S$ 所以，$|A| = 18 - 16 = 2$，即有两个国家小李去旅行但是没有安排任何爬山、玩水、或是滑雪行程.

6. 第一只盒子中 9 只球取 2 只，有 C_9^2 种取法，第二只盒子放入两只球后取一只，有 11 种取法，样本空间样本点数 $|\Omega| = 11 \times C_9^2 = 396$.

第一只盒子中取两只红球有 C_5^2 种取法，然后从第二只盒子取白球有 5 种取法；第一只盒子中取一只红球一只白球有 5×4 种取法，然后从第二只盒子取白球有 6 种取法；第一只盒子中取两只白球 C_4^2 种取法，然后从第二只盒子取白球有 7 种取法. 运用计数的加法原理，$|A| = C_5^2 \times 5 + 20 \times 6 + C_4^2 \times 7 = 212$，因此 $P(A) = \dfrac{|A|}{|\Omega|} = \dfrac{212}{396} = \dfrac{53}{99}$.

7. 将鞋子编号为 $1, 2, \cdots, 2n$，建立古典概率模型如下：

样本空间为 $\Omega = \{(x_1, x_2, \cdots, x_{2r}) | 1 \leqslant x_1 < x_2 < \cdots < x_{2r} \leqslant 2n\}$，其中每个样本点 $(x_1, x_2, \cdots, x_{2r})$ 是 $\{1, 2, \cdots, 2n\}$ 的一个组合，故 $|\Omega| = C_{2n}^{2r}$.

事件 A 相当于从 n 双鞋子中选择 $2r$ 双，$A' = \{(x_1, x_2, \cdots, x_{2r}) | 1 \leqslant x_1 < x_2 < \cdots < x_{2r} \leqslant n\}$，$|A'| = C_n^{2r}$，然后在这 $2r$ 双的每一双中选一只，$A'' = \{0, 1\}^{2r}$，$|A''| = 2^{2r}$，根据计数的乘法原理 $|A| = |A'| \cdot |A''| = 2^{2r} C_n^{2r}$. 因此，$P(A) = \dfrac{2^{2r} C_n^{2r}}{C_{2n}^{2r}}$.

8. 由于 10 本书的各种排列方式等可能出现，共有 10! 种情形. 可将编号为 $1 \sim 4$ 的书视为一个整体，因此满足题目条件的排列方式共有 $7! \times 4!$ 种，因此所求概率为 $\dfrac{1}{30}$.

9. 样本空间 $\Omega = \{(x,y) | x, y \in \{1,2,3,4,5,6\}\}$；事件 $A = \{(1,2),(2,4),(3,6),(2,1),(4,2),(6,3)\}$. 根据概率的古典定义，$P(A) = \dfrac{|A|}{|\Omega|} = \dfrac{6}{36} = \dfrac{1}{6}$.

10. 考查所取正整数的末位数字，建立古典概率模型如下：

样本空间 $\Omega = \{0, 1, 2, \cdots, 9\}$，其中每个样本点表示末位数字；事件 $A = \{1, 9\}$.

根据概率的古典定义，$P(A) = \dfrac{|A|}{|\Omega|} = \dfrac{2}{10} = \dfrac{1}{5}$.

11. 考查所取正整数的奇偶性，0 代表取到偶数，1 代表取到奇数，建立古典概率模型如下：

样本空间 $\Omega = \{(0,0), (0,1), (1,0), (1,1)\}$；事件 $A = \{(0,0), (1,1)\}$. 故 $P(A) = \dfrac{|A|}{|\Omega|} = \dfrac{1}{2}$.

12. 若小球可分辨，4 个小球被随机地放到 5 个盒子里，总共有 5^4 种方法. 事件 A "4 个小球被放在不同盒子" 共有 P_5^4 种方法，所以 $P(A) = \dfrac{|A|}{|\Omega|} = \dfrac{5!}{5^4} = \dfrac{24}{125}$.

若小球不可分辨，4 个小球被随机地放到 5 个盒子里，参考 1.2.2 节有关方程的非负整数解的数目的讨论，共有 $\mathrm{C}_{5+4-1}^4 = \mathrm{C}_8^4$ 种方法. 4 个小球被放入不同盒子共有 C_5^4 种方法. 所以 $P(A) = \dfrac{|A|}{|\Omega|} = \dfrac{\mathrm{C}_5^4}{\mathrm{C}_8^4} = \dfrac{1}{14}$.

13. (1) 参考例 1.13，按照前 k 次投掷的结果来定义等概率完备事件组划分样本空间，可知

$$P(A) = \dfrac{\mathrm{C}_k^2}{2^k} = \dfrac{k(k-1)}{2^{k+1}}.$$

(2) 事件 $B =$ "首次正面出现在 3 的整数倍"，可表示为 $B = \bigcup\limits_{k=1}^{\infty} B_k$，其中诸事件 B_k 表示首次正面出现在 $3k$，$k = 1, 2, \cdots$，且互不相容. 由概率的可列可加性知

$$P(B) = \sum_{k=1}^{\infty} P(B_k) = \sum_{k=1}^{\infty} \dfrac{1}{2^{3k}} = \dfrac{1}{7},$$

其中，计算事件 B_k 的概率时，参考例 1.13，按照前 $3k$ 次投掷的结果来定义等概率完备事件组划分样本空间，可知 $P(B_k) = \dfrac{1}{2^{3k}}$.

14. 事件 A "甲获胜" 可表示为 $A = \bigcup\limits_{k=1}^{\infty} A_k$，其中事件 A_k 代表甲在第 $2k-1$ 次掷出正面获胜，$k = 1, 2, \cdots$，由概率的可列可加性知

$$P(A) = \sum_{k=1}^{\infty} P(A_k) = \sum_{k=1}^{\infty} \dfrac{1}{2^{2k-1}} = \dfrac{2}{3}.$$

其中，计算事件 A_k 的概率时，可以参考例 1.13，按照前 $2k-1$ 次投掷的结果来定义等概率完备事件组划分样本空间，或者利用投掷硬币各次之间的独立性，均可知 $P(A_k) = \dfrac{1}{2^{2k-1}}$.

事件 B "乙获胜" 可表示为 $B = \bigcup\limits_{k=1}^{\infty} B_k$，其中事件 B_k 代表乙在第 $2k$ 次掷出正面获胜，$k = 1, 2, \cdots$. 由概率的可列可加性知

$$P(B) = \sum_{k=1}^{\infty} P(B_k) = \sum_{k=1}^{\infty} \dfrac{1}{2^{2k}} = \dfrac{1}{3}.$$

其中，计算事件 B_k 的概率时，可以参考例 1.13，按照前 $2k$ 次投掷的结果来定义等概率完备事件组划分样本空间，或者利用投掷硬币各次之间的独立性，均可知 $P(B_k) = \dfrac{1}{2^{2k-1}}$.

在求出甲获胜的概率后，直接用 $P(乙获胜) = 1 - P(甲获胜)$，稍显不严谨. 两事件 A，B 互不相容，但并非对立事件. 因为 $R = \Omega - (A \cup B)$ 表示两人一直掷出反面，并不是不可能事件，尽管其发生的概率为 0.

15. 令事件 $A=$"至少两人的生日在同一个月份",则 $\overline{A}=$"每个人的生日都在不同月份",而
$P(\overline{A}) = \dfrac{P_{12}^6}{12^6} = \dfrac{385}{1728}$,于是 $P(A) = 1 - P(\overline{A}) = \dfrac{1343}{1728} \approx 0.777$.

16. 样本空间 $\Omega=$"前 n 次可能抽到各种花色的所有情况",显然 $|\Omega| = 4^n$. 事件 $A=$"第 n 次恰好抽到四种花色"="前 $n-1$ 次抽到三种花色,并且第 n 次抽到第四种花色". 第 n 次抽取有 C_4^1 种可能,前 $n-1$ 次将在剩下的三种花色中抽取. 如果随意抽取,有 3^{n-1} 种可能,但其中包含了只抽到一种花色或两种花色的情况,需要从中扣除. 只抽到一种花色的情况比较简单,有 C_3^1 种. 而对于抽到两种花色的情况,首先确定哪两种花色,有 C_3^2 种,然后如法炮制,用所有的可能减去只抽到一种花色的情况,有 $2^{n-1} - C_2^1$ 种,因此 $|A| = C_4^1 \left(3^{n-1} - C_3^2(2^{n-1} - C_2^1) - C_3^1\right)$,于是
$$P(A) = \frac{|A|}{|\Omega|} = \frac{C_4^1 \left(3^{n-1} - C_3^2(2^{n-1} - C_2^1) - C_3^1\right)}{4^n} = \frac{3^{n-1} - 3 \times 2^{n-1} + 3}{4^{n-1}}.$$
最终得
$$P(n) = \begin{cases} 0, & n < 4, \\ \dfrac{3^{n-1} - 3 \times 2^{n-1} + 3}{4^{n-1}}, & n \geqslant 4. \end{cases}$$

本题本质上是一个排列计数的问题,检验结果是否正确最简单的方法,就是验证 $\displaystyle\sum_{n=1}^{\infty} P(n)$ 是否等于 1.

17. $P(AB) = P(A) - P(A - B) = 0.3$, $\qquad P(\overline{AB}) = 1 - P(AB) = 1 - 0.3 = 0.7$,
$P(B) = P(AB) + P(B - A) = 0.5$,
$P(\overline{A} \cap \overline{B}) = 1 - P(A \cup B) = 1 - [P(A) + P(B) - P(AB)] = 0.1$,
$P(A \cup \overline{B}) = P(A) + (1 - P(B)) - P(A\overline{B}) = P(A) + 1 - P(B) - [P(A) - P(AB)]$
$\qquad = 1 + P(AB) - P(B) = 0.8$.

18. $P(A) \geqslant P(A \cap (B \cup C)) = P((AB) \cup (AC)) = P(AB) + P(AC) - P(ABC)$
$\qquad \geqslant P(AB) + P(AC) - P(BC)$.

19. $P(AB) - P(A)P(B) = P(AB) - P(A)\left(P(AB) + P(\overline{A}B)\right) = P(AB)(1 - P(A)) - P(A)P(\overline{A}B)$
$\qquad\qquad = P(\overline{A})P(AB) - P(A)P(\overline{A}B) \leqslant P(\overline{A})P(AB) \leqslant (1 - P(A))P(A) \leqslant \dfrac{1}{4}$.
同时
$$P(AB) - P(A)P(B) = P(\overline{A})P(AB) - P(A)P(\overline{A}B)$$
$$\geqslant -P(A)P(\overline{A}B) \geqslant -(1 - P(\overline{A}))P(\overline{A}) \geqslant -\frac{1}{4}.$$

综上,$|P(AB) - P(A)P(B)| \leqslant \dfrac{1}{4}$.

20. (1) 比赛在第六场结束,意味着前五场中比赛结果为 3:2,且第六场 3 分的一方获得胜利.
设 A 的对手为 B,P_A^6 表示 A 在第六场获胜,则 $P_A^6 = C_5^3 \left(\dfrac{3}{5}\right)^3 \left(\dfrac{2}{5}\right)^2 \dfrac{3}{5} = \dfrac{648}{3125}$,$P_B^6$ 表示 B 在第六场获胜,则 $P_B^6 = C_5^3 \left(\dfrac{2}{5}\right)^3 \left(\dfrac{3}{5}\right)^2 \dfrac{2}{5} = \dfrac{288}{3125}$,比赛在第六场结束的概率为 $P^6 = P_A^6 + P_B^6 = \dfrac{648}{3125} + \dfrac{288}{3125} = 0.2995$.
(2) 设 P_A^k 表示 A 在第 k 场获胜,则
$$P_A^4 = C_3^3 \left(\frac{3}{5}\right)^3 \left(\frac{2}{5}\right)^0 \frac{3}{5} = \frac{81}{625} = 0.1296, \qquad P_A^5 = C_4^3 \left(\frac{3}{5}\right)^3 \left(\frac{2}{5}\right)^1 \frac{3}{5} = \frac{648}{3125} = 0.2073,$$

$$P_A^6 = C_5^3 \left(\frac{3}{5}\right)^3 \left(\frac{2}{5}\right)^2 \frac{3}{5} = \frac{648}{3125} = 0.2073, \qquad P_A^7 = C_6^3 \left(\frac{3}{5}\right)^3 \left(\frac{2}{5}\right)^3 \frac{3}{5} = \frac{2592}{15625} = 0.1659.$$

上面四个事件互不相容，由概率的可列可加性得

$$P_A = \sum_{k=4}^{7} P_A^k = 0.7101, \text{ 即 A 获胜的概率为 } 71\%.$$

(3) 把结果按照比分来划分，七场之后可能会出现 4:3, 5:2, 6:1, 7:0 这四种 A 获胜情况，分别求概率得

$$P(4:3) = C_7^4 \left(\frac{3}{5}\right)^4 \left(\frac{2}{5}\right)^3, \qquad P(5:2) = C_7^5 \left(\frac{3}{5}\right)^5 \left(\frac{2}{5}\right)^2,$$

$$P(6:1) = C_7^6 \left(\frac{3}{5}\right)^6 \left(\frac{2}{5}\right)^1, \qquad P(7:0) = C_7^7 \left(\frac{3}{5}\right)^7 \left(\frac{2}{5}\right)^0.$$

A 的获胜概率 $P_A = \sum_{k=4}^{7} P(k:(7-k)) = 0.7101.$ 因此，A 的获胜概率不变. 直观来看（不那么严谨），当 A 已经胜 4 局之后，继续比赛，并不影响 A 已经获胜的事实.

21. **解法 1** 事件 A"甲获胜" 可以分解为一列互斥事件 A_i"甲第 i 次投进，之前两人都不进"，$i = 1, 2, \cdots,$ 则 $P(A) = \sum\limits_{i=1}^{\infty} P(A_i) = \sum\limits_{i=1}^{\infty} (0.6 \times 0.4)^{i-1} \times 0.4 = \lim\limits_{i \to \infty} \frac{1 - 0.24^i}{1 - 0.24} = 0.526.$

解法 2 用迭代方法列方程求解. 设甲获胜概率为 x, 则进行任意轮（甲乙各投一次算一轮）之后两人都没进时，继续比赛甲的获胜概率仍为 x, 所以甲的胜率可以表示为

$$P(A) = P(\text{第一轮甲获胜}) + P(\text{第一轮两人均不进}) \times P(\text{继续比赛甲的胜率}),$$

即 $x = 0.4 + 0.24x,$ 解得 $x = 0.526.$

22. 事件 A_1, A_2, A_3 分别表示钥匙掉在宿舍、掉在教室、掉在路上，显然 A_1, A_2, A_3 互不相容并且 $\Omega = A_1 \bigcup A_2 \bigcup A_3.$ 用事件 B 表示钥匙被找到，由全概率公式得

$$P(B) = \sum_{i=1}^{3} P(B|A_i)P(A_i) = 0.35 \times 0.7 + 0.4 \times 0.3 + 0.25 \times 0.1 = 0.39.$$

23. 事件 $A =$ "选中的枪是已校正的"，事件 $B =$ "选中的枪是未校正的"，事件 $C =$ "用选出的枪打中靶子"，根据贝叶斯公式得

$$P(A|C) = \frac{P(C|A)P(A)}{P(C|A)P(A) + P(C|B)P(B)} = \frac{0.8 \times \frac{5}{8}}{0.8 \times \frac{5}{8} + 0.25 \times \frac{3}{8}} = \frac{16}{19} \approx 0.842 \ .$$

24. 令 p_n 表示第 n 次抽到白球的概率，q_n 表示第 n 次抽到黑球的概率，则

$$\begin{cases} p_n = \dfrac{a}{a+b} p_{n-1} + \dfrac{b}{a+b} q_{n-1}, \\ q_n = \dfrac{b}{a+b} p_{n-1} + \dfrac{a}{a+b} q_{n-1}, \end{cases}$$

于是 $p_n - q_n = \dfrac{a-b}{a+b}(p_{n-1} - q_{n-1}),$ 即 $\{p_n - q_n\}$ 是等比数列. 又 $p_1 - q_1 = \dfrac{a-b}{a+b},$ 故 $p_n - q_n = \left(\dfrac{a-b}{a+b}\right)^n.$ 联合 $p_n + q_n = 1$ 可得

$$\begin{cases} p_n = \dfrac{1}{2} + \dfrac{1}{2} \left(\dfrac{a-b}{a+b}\right)^n, \\ q_n = \dfrac{1}{2} - \dfrac{1}{2} \left(\dfrac{a-b}{a+b}\right)^n, \end{cases}$$

即第 n 次抽到白球的概率为 $\dfrac{1}{2} + \dfrac{1}{2}\left(\dfrac{a-b}{a+b}\right)^n$.

25. 设 $R_n = \{$第n次取出红球$\}$，$B_n = \{$第n次取出黑球$\}$，那么 $P(R_1) = \dfrac{r}{r+b}$，$P(B_1) = \dfrac{b}{r+b}$. 根据全概率公式，有

$$P(R_2) = P(R_1)P(R_2|R_1) + P(B_1)P(R_2|B_1) = \frac{r}{r+b}\cdot\frac{r+c}{r+b+c} + \frac{b}{r+b}\cdot\frac{r}{r+b+c} = \frac{r}{r+b},$$

$$P(B_2) = 1 - P(R_2) = \frac{b}{r+b}.$$

也就是，$P(R_2) = P(R_1)$，$P(B_2) = P(B_1)$，第二次抽取的概率跟第一次完全相同. 根据归纳法，可以得到 $P(R_n) = P(R_1)$，$P(B_n) = P(B_1)$，其中，当 $c=0$ 对应还原抽球模型（抽取后原样放回）；$c=-1$，对应不还原的抽球模型（抽取后不放回）. 根据上述计算，第 n 次抽取到红球的概率跟抽取后是否放回无关.

26. (1) 若当时是在冬季，$P(A) = 0.2$. 根据贝叶斯公式得

$$P(A|B) = \frac{P(A)P(B|A)}{P(B)} = \frac{P(A)P(B|A)}{P(A)P(B|A)+P(\overline{A})P(B|\overline{A})} = \frac{0.2\times0.8}{0.2\times0.8+0.8\times0.1} = \frac{2}{3}.$$

(2) 若当时是在夏季，$P(A) = 0.7$，同理，根据贝叶斯公式得

$$P(A|B) = \frac{P(A)P(B|A)}{P(B)} = \frac{P(A)P(B|A)}{P(A)P(B|A)+P(\overline{A})P(B|\overline{A})} = \frac{0.7\times0.8}{0.7\times0.8+0.3\times0.1} = \frac{56}{59}.$$

27. 设事件 A 表示小李搜索了光盘 1，没有找到论文，事件 $B_i(i=1,2,3,4)$ 表示论文在第 i 张光盘中. 根据贝叶斯公式，得到论文存放在第 i 张光盘中的概率为

$$P(B_i|A) = \frac{P(B_i)P(A|B_i)}{P(A)} = \frac{P(B_i)P(A|B_i)}{\sum\limits_{i=1}^{4}P(B_i)P(A|B_i)} = \frac{P(A|B_i)}{4-p} = \begin{cases} \dfrac{1-p}{4-p}, & i=1, \\ \dfrac{1}{4-p}, & i=2,3,4. \end{cases}$$

28. 记事件 A 为"两件中有一件不合格品"，事件 B 为"两件都是不合格品"，由古典概型下的条件概率公式可知 $P(B\,|\,A) = \dfrac{|AB|}{|A|}$，且 $A\supset B$，所以 $P(B\,|\,A) = \dfrac{|B|}{|A|}$，而 $|B| = C_m^2$，$|A| = |B| + C_m^1 C_{n-m}^1$（或 $|A| = |\Omega| - C_{n-m}^2 = C_n^2 - C_{n-m}^2$），化简后 $P(B\,|\,A) = \dfrac{m-1}{2n-m-1}$.

29. (1) 事件 A"通过考试"的对立事件 $\overline{A}$ 为"两次考试均不及格". 可知，$P(\overline{A}) = (1-p)\left(1-\dfrac{p}{2}\right)$，所以 $P(A) = 1 - P(\overline{A}) = \dfrac{3p}{2} - \dfrac{p^2}{2}$.

(2) 记事件 B_2 为"第二次考试及格"，C 为"两次考试都及格"，且 $B_2\supset C$，由条件概率定义 $P(C\,|\,B_2) = \dfrac{P(B_2C)}{P(B_2)} = \dfrac{P(C)}{P(B_2)}$，其中 $P(C) = p^2$. 将样本空间划分为事件 $B_1 = $"第一次考试及格" 和 $\overline{B_1} = $"第一次考试不及格"，由全概率公式 $P(B_2) = P(B_1)P(B_2|B_1) + P(\overline{B_1})P(B_2\,|\,\overline{B_1}) = \dfrac{p^2}{2} + \dfrac{p}{2}$，所以 $P(C\,|\,B_2) = \dfrac{2p}{p+1}$.

30. 记事件 A_1 为"第 1 次取出的牌黑色朝上"，A_2 为"第 2 次取出的牌黑色朝上"，按照条件概率定义 $P(A_2\,|\,A_1) = \dfrac{P(A_1A_2)}{P(A_1)}$，其中 $P(A_1) = \dfrac{1}{2}$（见例 1.22），$P(A_1A_2) = \dfrac{C_3^2}{C_3^2}\cdot\dfrac{1}{2} = \dfrac{1}{6}$（分成两步：从 3 张中取出第一张和第二张，然后第二张黑面朝上），所以 $P(A_2\,|\,A_1) = \dfrac{1}{3}$.

31. 由条件概率的定义，得 $P(\overline{B}|\overline{A}) = \dfrac{P(\overline{B}\,\overline{A})}{P(\overline{A})} = \dfrac{P(\overline{B}\,\overline{A})}{1 - P(A)}$.

根据容斥原理，$P(\overline{B}\,\overline{A}) = 1 - P(A) - P(B) + P(AB)$. 由已知条件可知，$P(AB) = P(A|B)P(B) = P(B)$，那么有 $P(\overline{B}\,\overline{A}) = 1 - P(A)$，则可得到

$$P(\overline{B}|\overline{A}) = \frac{P(\overline{B}\,\overline{A})}{1 - P(A)} = \frac{1 - P(A)}{1 - P(A)} = 1.$$

32. (1) 设 A 为零概率事件，B 为任意事件，则 $0 \leqslant P(AB) \leqslant P(A) = 0$，故 $P(AB) = 0$. 又 $P(A)P(B) = 0 \cdot P(B) = 0$，故 $P(AB) = P(A)P(B)$，从而得 A 与 B 独立.

(2) 设 $P(A) = 1$，B 为任意事件，则 $P(\bar{A}) = 1 - P(A) = 0$，进而 $P(\bar{A}B) = 0$. 因此

$$P(B) = P(AB) + P(\bar{A}B) = P(AB).$$

又 $P(A)P(B) = P(B) \cdot 1 = P(B)$，故 $P(AB) = P(A)P(B)$，所以 A 与 B 独立.

33. 假设 A 和 B 不相容，即 $A \bigcap B = \varnothing$，因此 $P(AB) = 0$.

而由于 A 和 B 独立，所以 $P(AB) = P(A)P(B) > 0$，矛盾. 故假设不成立，原命题成立.

34. 用 A_n 表示"第 n 次抽到白球"，则 $\bar{A}_n$ 表示"第 n 次抽到黑球". 根据题设，"第 n 次抽到黑球"等价于"前 $n-1$ 次都抽到白球并且第 n 次抽到黑球"，所以

$$\begin{aligned}
P(\bar{A}_n) &= P(\bar{A}_n A_{n-1} \cdots A_1) = P(\bar{A}_n | A_{n-1} \cdots A_1) P(A_{n-1} \cdots A_1) \\
&= \frac{1}{2} P(A_{n-1} \cdots A_1) = \frac{1}{2} P(A_{n-1} | A_{n-2} \cdots A_1) P(A_{n-2} \cdots A_1) \\
&= \frac{1}{2^2} P(A_{n-2} \cdots A_1) = \cdots = \frac{1}{2^{n-1}} P(A_1) = \frac{1}{2^n}.
\end{aligned}$$

其中用到了

$$P(\bar{A}_n | A_{n-1} \cdots A_1) = P(A_n | A_{n-1} \cdots A_1) = \frac{1}{2}, \forall n \geqslant 2.$$

这是因为在前 $n-1$ 次都取白球的情况下，第 n 次取到白球和黑球的概率都是 $1/2$.

因此第 n 次摸到白球的概率为 $P(A_n) = 1 - P(\bar{A}_n) = 1 - \dfrac{1}{2^n}$.

35. 考虑两次独立掷骰子实验：事件 $A =$ "第一次掷出的点数为偶数"；事件 $B =$ "第二次掷出的点数为偶数"；事件 $C =$ "两次掷出的点数之和为偶数".

可以验证 $P(A) = \dfrac{1}{2}, P(B) = \dfrac{1}{2}, P(AB) = \dfrac{1}{4} = P(A)P(B)$. 但是

$$P(A|C) = \frac{1}{2}, P(B|C) = \frac{1}{2}, P(AB|C) = \frac{1}{2} \neq P(A|C)P(B|C).$$

36. (1) $P(\bar{A}) = 0.3$, $P(B) = 0.4$, $P(A\bar{B}) = 0.5$, 于是

$$\begin{aligned}
P(B|A \cup \bar{B}) &= \frac{P(B \cap (A \cup \bar{B}))}{P(A \cup \bar{B})} = \frac{P(AB)}{P(A) + P(\bar{B}) - P(A\bar{B})} = \frac{P(A) - P(A\bar{B})}{P(A) + P(\bar{B}) - P(A\bar{B})} \\
&= \frac{1 - P(\bar{A}) - P(A\bar{B})}{1 - P(\bar{A}) + 1 - P(B) - P(A\bar{B})} = \frac{1 - 0.3 - 0.5}{1 - 0.3 + 1 - 0.4 - 0.5} = 0.25.
\end{aligned}$$

(2) $P(A\bar{B}) = 0.5 \neq P(A)P(\bar{B}) = 0.42$，因此 A 与 B 不独立.

37. $P(B|A) = \dfrac{P(AB)}{P(A)} = \dfrac{P(AB)}{0.7}$.

考虑最值：

- $P(AB) \leqslant \min\{P(A), P(B)\} = 0.5$，此时，$P(AB) = P(B)$，$B \subset A$.
- $P(AB) = P(A) + P(B) - P(A \cup B) \geqslant P(A) + P(B) - 1 = 0.2$，此时，$P(A \cup B) = 1$.

所以 $\dfrac{2}{7} \leqslant P(B|A) \leqslant \dfrac{5}{7}$.达到最小值的成立条件为 $P(A \cup B) = 1$；达到最大值的成立条件为 $P(AB) = P(B)$，$B \subset A$.

38. $P(A) = P(B) = P(C) = 1/2$.

(1) $P(AB) = P(\text{抽到 } 1) = 1/4 = P(A)P(B)$，因此 A, B 独立.

在实际问题中，常根据"直觉"（相互有无影响）来判断两个事件是否相互独立，我们需要建立正确的直觉. 有人认为 A, B 中都含有抽到 1，因此它们不独立，这样的"直觉"不对. 通过计算可知 $P(B \mid A) = P(B \mid \overline{A}) = P(B) = 0.5$，即 A 事件的发生不会影响 B 事件发生的概率.

(2) $P(AC) = P(\text{抽到 } 1) = 1/4 = P(A)P(C)$，因此 A, C 独立.

(3) $P(BC) = P(\text{抽到 } 1) = 1/4 = P(B)P(C)$，因此 B, C 独立.

(4) $P(ABC) = P(\text{抽到 } 1) = 1/4 \neq P(A)P(B)P(C)$，因此 A, B, C 不独立.

值得指出的是，本题也是一个三事件两两独立而不互相独立的例子.

39. $P(B) = P(A)P(B \mid A) + P(\overline{A})P(B \mid \overline{A}) = P(A)P(B \mid A) + P(\overline{A})P(B \mid A)$

$\qquad = (P(A) + P(\overline{A}))P(B \mid A) = P(B \mid A)$，

因此 $P(AB) = P(A)P(B \mid A) = P(A)P(B)$，所以 A, B 独立.

40. 因为船内物品足够多，因此每次抽取的物品发生损坏的概率可以看做是一定的. 因此，

$$P(D|A) = (1 - 0.02)^3, \qquad P(D|B) = (1 - 0.1)^3, \qquad P(D|C) = (1 - 0.9)^3.$$

又有 $P(A) = 0.8$，$P(B) = 0.15$，$P(C) = 0.05$. 根据贝叶斯公式计算，得

$$P(D) = P(A)P(D|A) + P(B)P(D|B) + P(C)P(D|C),$$

$$P(A|D) = P(A)P(D|A)/P(D) = 0.8731.$$

同理 $P(B|D) = P(B)P(D|B)/P(D) = 0.1268$，$P(C|D) = P(C)P(D|C)/P(D) = 0.00006$.

41. 设事件 A 为耳聋人，事件 B 为色盲人，依题意可得

$$P(B \mid A) = \frac{4}{50} = 0.08, \; P(B \mid \overline{A}) = \frac{796}{9950} = 0.08,$$

可知 $P(B \mid A) = P(B \mid \overline{A})$，由定理 1.15 可知 A, B 独立.

42. $p = C_5^2 C_3^1 (0.45)^2 \times (0.15) \times (0.4)^2 = 0.1458$.

43. 设 B_r 为"出现 r 次国徽面"，A 为"所取是正品"，根据贝叶斯公式计算，有

$$P(B_r) = P(A)P(B_r \mid A) + P(\overline{A})P(B_r \mid \overline{A}) = \frac{m}{m+n}\left(\frac{1}{2}\right)^r + \frac{n}{m+n} \cdot 1^r,$$

$$P(A \mid B_r) = \frac{P(A)P(B_r \mid A)}{P(B_r)} = \frac{\dfrac{m}{m+n}\left(\dfrac{1}{2}\right)^r}{\dfrac{m}{m+n}\left(\dfrac{1}{2}\right)^r + \dfrac{n}{m+n} \cdot 1^r} = \frac{m}{m + n \cdot 2^r}.$$

习 题 2

1. 令随机变量 X 为从 A 袋中取出 3 球，其中白球的数目；Y 为从 B 袋中取出 1 球，其中白球的数目. 求出 X 的先验概率以及给定 X 的不同取值时 $Y=1$ 的条件概率如下：

X	0	1	2	3
$P(X)$	$\dfrac{C_3^3}{C_6^3}=\dfrac{1}{20}$	$\dfrac{C_3^1 C_3^2}{C_6^3}=\dfrac{9}{20}$	$\dfrac{C_3^2 C_3^1}{C_6^3}=\dfrac{9}{20}$	$\dfrac{C_3^3}{C_6^3}=\dfrac{1}{20}$
$P(Y=1\mid X)$	0	$\dfrac{1}{3}$	$\dfrac{2}{3}$	1

根据贝叶斯公式，计算 $Y=1$ 时 $X=3$ 的后验概率如下：

$$P(X=3\mid Y=1)=\frac{P(X=3)\,P(Y=1\mid X=3)}{\sum\limits_{k=0}^{3} P(X=k)\,P(Y=1\mid X=k)}$$

$$=\frac{\dfrac{1}{20}\times 1}{0+\dfrac{9}{20}\times\dfrac{1}{3}+\dfrac{9}{20}\times\dfrac{2}{3}+\dfrac{1}{20}\times 1}=\frac{1}{10},$$

故第一次取出的 3 个球全是白球的概率为 0.1.

2. 写出 X 的概率分布如下：

X	2	3	4	5	6	7	8	9	10	11	12
$p(x)$	$\dfrac{1}{36}$	$\dfrac{2}{36}$	$\dfrac{3}{36}$	$\dfrac{4}{36}$	$\dfrac{5}{36}$	$\dfrac{6}{36}$	$\dfrac{5}{36}$	$\dfrac{4}{36}$	$\dfrac{3}{36}$	$\dfrac{2}{36}$	$\dfrac{1}{36}$

求解 $F(x)$ 如下：

x	$(-\infty,2)$	$[2,3)$	$[3,4)$	$[4,5)$	$[5,6)$	$[6,7)$	$[7,8)$	$[8,9)$	$[9,10)$	$[10,11)$	$[11,12)$	$[12,+\infty)$
$F(x)$	0	$\dfrac{1}{36}$	$\dfrac{3}{36}$	$\dfrac{6}{36}$	$\dfrac{10}{36}$	$\dfrac{15}{36}$	$\dfrac{21}{36}$	$\dfrac{26}{36}$	$\dfrac{30}{36}$	$\dfrac{33}{36}$	$\dfrac{35}{36}$	1

图略.

3.（1）甲队员投篮次数为 X_1，则 $X_1=n$, $n\geqslant 1, n\in\mathbb{N}$，分两种情况：

① 甲队员前 n 次投篮不中，乙队员前 $n-1$ 次投篮不中，第 n 次投中；

② 甲队员前 $n-1$ 次投篮不中，第 n 次投篮中了，乙队员前 $n-1$ 次投篮不中.

则 $P(X_1=n)\ =\ 0.7^n\times 0.4^{n-1}\times 0.6+0.7^{n-1}\times 0.3\times 0.4^{n-1}\ =0.72\times 0.28^{n-1}$.

同理，设乙队员投篮次数为 X_2，X_2 的可能取值为 $0,1,2,\cdots$，需要分情况讨论.

当 $X_2=n$, $n\geqslant 1, n\in\mathbb{N}$ 时，分两种情况：

① 甲队员前 n 次投篮不中，乙队员前 $n-1$ 次投篮不中，第 n 次投中；

② 甲队员前 n 次投篮不中，第 $n+1$ 次投篮中了，乙队员前 n 次投篮不中.

则 $P(X_2=n)=0.7^n\times 0.4^{n-1}\times 0.6+0.7^n\times 0.3\times 0.4^n=0.504\times 0.28^{n-1}$.

特殊情况：当 $X_2=0$ 时，仅有一种情况，即甲队员第 1 次投篮即命中，所以 $P(X_2=0)=0.3$.

综上所述，两名队员投篮次数的分布列为

$$P\left(X_1 = n\right) = 0.72 \times 0.28^{n-1}, \quad n \geqslant 1, \ n \in \mathbb{N};$$

$$P\left(X_2 = n\right) = \begin{cases} 0.3, & n = 0, \\ 0.504 \times 0.28^{n-1}, & n \geqslant 1, \ n \in \mathbb{N}. \end{cases}$$

（2）X 可能是 $1, 2, \cdots, n$，当 $X = k$ 时，前 $n-1$ 次投篮中有 $k-1$ 次投中，$n-k$ 次没有投中，因此分布列为 $P\left(X = k\right) = \mathrm{C}_{n-1}^{k-1} 0.3^{k-1} 0.7^{n-k}, \quad k = 1, 2, \cdots, n.$

4. X 可能是 $1, 2, \cdots, n$. 当 $X = k$ 时，前 $n-1$ 次射击中有 $k-1$ 次射中，$n-k$ 次没射中，分布列为 $P\left(X = k\right) = \mathrm{C}_{n-1}^{k-1} p^{k-1} (1-p)^{n-k}, \quad k = 1, 2, \cdots, n.$

5. (1) 根据定义，求出 X 的分布函数如下：

$$F\left(x\right) = P\left(X \leqslant x\right) = \int_{-\infty}^{x} f\left(y\right) \mathrm{d}y = \begin{cases} 0, & x < 0, \\ \dfrac{1}{2} x^2, & 0 \leqslant x < 1, \\ -\dfrac{1}{2} x^2 + 2x - 1, & 1 \leqslant x \leqslant 2, \\ 1, & x > 2. \end{cases}$$

图略.

根据分布函数，计算概率值如下：

$$P\left(X < 0.5\right) = F\left(0.5\right) = 0.125, \qquad P\left(X > 1.3\right) = 1 - F\left(1.3\right) = 0.245,$$

$$P\left(0.2 < X < 1.2\right) = F\left(1.2\right) - F\left(0.2\right) = 0.66.$$

6. （1）由 X 是连续型随机变量，其分布函数处处连续，故 $F(1+) = F(1-)$，因此 $A = 1$.

（2）由分布函数定义知：$P\left(0.3 < x < 0.7\right) = F\left(0.7\right) - F\left(0.3\right) = 0.4.$

（3）由概率密度函数定义知

$$f\left(x\right) = F'\left(x\right) = \begin{cases} 0, & x < 0, \\ 2x, & 0 \leqslant x < 1, \\ 0, & x \geqslant 1. \end{cases}$$

图略.

7. （1）由 $\displaystyle\int_{-\infty}^{+\infty} f(x)\mathrm{d}x = 1$ 及 $\displaystyle\int_{-\infty}^{+\infty} x^2 \mathrm{e}^{-|x|}\mathrm{d}x = 4$，可得常数 $A = 1/4$.

（2）$F\left(x\right) = \displaystyle\int_{-\infty}^{x} f(t)\mathrm{d}t$，分段积分求解，结果为

$$F\left(x\right) = \begin{cases} \dfrac{1}{4}(x^2 - 2x + 2)\mathrm{e}^x, & -\infty < x \leqslant 0, \\ 1 - \dfrac{1}{4}(x^2 + 2x + 2)\mathrm{e}^{-x}, & 0 < x < +\infty. \end{cases}$$

8. 由概率密度函数可求分布函数如下：

$$F\left(x\right) = \begin{cases} 0, & -\infty < x \leqslant 0, \\ \dfrac{x^3}{8}, & 0 < x \leqslant 2, \\ 1, & 2 < x < +\infty. \end{cases}$$

由 X 和 Y 同分布，设 $P(A) = P(B) = p$. 由事件独立性可得 $P(AB) = p^2$，则

$$P(A \cup B) = 2p - p^2 = \frac{3}{4},$$

求解得 $p = \frac{1}{2}$，进一步可得 $a = \sqrt[3]{4}$.

9. (1) 利用 $\int_{-\infty}^{+\infty} f(x)\,\mathrm{d}x = 1$，解得 $A = 1$. 进一步，可得分布函数为

$$F(x) = P(X \leqslant x) = \int_{-\infty}^{x} f(y)\,\mathrm{d}y = \begin{cases} 0, & x < -1, \\ \frac{1}{2}x^2 + x + \frac{1}{2}, & -1 \leqslant x < 0, \\ -\frac{1}{2}x^2 + x + \frac{1}{2}, & 0 \leqslant x \leqslant 1, \\ 1, & x > 1. \end{cases}$$

图略.

(2) $P(X < 0.5) = F(0.5) = \frac{7}{8}$，　　$P(X > -0.25) = 1 - F(-0.25) = \frac{23}{32}$，

$$P(0.2 < X < 0.8) = F(0.8) - F(0.2) = 0.3.$$

(3) 根据条件概率的定义，得

$$P(X > 0 \mid |X| < 0.5) = \frac{P(X > 0, |X| < 0.5)}{P(|X| < 0.5)} = \frac{P(0 < X < 0.5)}{P(-0.5 < X < 0.5)}$$

$$= \frac{F(0.5) - F(0)}{F(0.5) - F(-0.5)} = \frac{1}{2}.$$

10. 设黑桃张数为随机变量 X，可求得其分布列如下：

$$P(X = 0) = \mathrm{C}_{39}^5/\mathrm{C}_{52}^5, \qquad P(X = 1) = \mathrm{C}_{13}^1\mathrm{C}_{39}^4/\mathrm{C}_{52}^5,$$
$$P(X = 2) = \mathrm{C}_{13}^2\mathrm{C}_{39}^3/\mathrm{C}_{52}^5, \qquad P(X = 3) = \mathrm{C}_{13}^3\mathrm{C}_{39}^2/\mathrm{C}_{52}^5,$$
$$P(X = 4) = \mathrm{C}_{13}^4\mathrm{C}_{39}^1/\mathrm{C}_{52}^5, \qquad P(X = 5) = \mathrm{C}_{13}^5/\mathrm{C}_{52}^5.$$

11. 由题意知 $P(X = 1) = \lambda\mathrm{e}^{-\lambda}$，$P(X = 2) = \frac{1}{2}\lambda^2\mathrm{e}^{-\lambda}$. 由 $P(X = 1) = P(X = 2)$，解得 $\lambda = 2$. 故 $P(X = 5) = \frac{1}{5!}2^5\mathrm{e}^{-2} = 0.036$.

12. 由指数分布的分布函数可知，Y 的概率分布如下：

$$P(Y = k) = P((k-1)\Delta \leqslant X \leqslant k\Delta) = F(k\Delta) - F((k-1)\Delta) = \left(\mathrm{e}^{-\lambda\Delta}\right)^{k-1}(1 - \mathrm{e}^{-\lambda\Delta}).$$

令 $p = 1 - \mathrm{e}^{-\lambda\Delta}$，则易见，$0 < p < 1$，且有 $P(Y = k) = (1-p)^{k-1}p$，从而 Y 服从参数为 $p = 1 - \mathrm{e}^{-\lambda\Delta}$ 的几何分布 $Ge(p)$.

13. (1) 令事件 $S_i = $"序列长度为 n"，事件 $Q = $"序列中每项都是 A"，则

$$P(Q) = \sum_{n=1}^{\infty} P(S_n)P(Q|S_n) = \sum_{n=1}^{\infty} \frac{\lambda^n}{n!}\mathrm{e}^{-\lambda} \cdot \left(\frac{1}{2}\right)^n = \mathrm{e}^{-\lambda}\left[\mathrm{e}^{\frac{\lambda}{2}} - 1\right] = \mathrm{e}^{-\frac{\lambda}{2}} - \mathrm{e}^{-\lambda}.$$

(2) $P(S_2|Q) = \dfrac{P(S_2)P(Q|S_2)}{P(Q)} = \dfrac{\dfrac{\lambda^2}{2!}\mathrm{e}^{-\lambda}\left(\dfrac{1}{2}\right)^2}{\mathrm{e}^{-\frac{\lambda}{2}} - \mathrm{e}^{-\lambda}} = \dfrac{\lambda^2}{8\left(\mathrm{e}^{\frac{\lambda}{2}} - 1\right)}.$

14. 假设事件 $A_1 =$ "两枪均来自甲"，$A_2 =$ "两枪均来自乙". 令 $q = 1 - p$，则

$$P(A_1) = \sum_{k=1}^{\infty} \mathrm{C}_k^1 \cdot p \cdot q^{2k-1} \cdot p = \dfrac{p^2 q}{(1-q^2)^2}, \qquad P(A_2) = \sum_{k=1}^{\infty} \mathrm{C}_k^1 \cdot p \cdot q^{2k-1} \cdot q \cdot p = \dfrac{p^2 q^2}{(1-q^2)^2}.$$

所求概率 $P = P(A_1) + P(A_2) = \dfrac{p^2 q(1+q)}{(1-q^2)^2} = \dfrac{pq}{1-q^2} = \dfrac{1-p}{2-p}.$

15. (1) 将概率密度函数写成 $f(x) = A\sqrt{\mathrm{e}} \cdot \mathrm{e}^{-\frac{(x+1)^2}{2}}$，对应高斯分布定义式，可得 $A = \dfrac{1}{\sqrt{2\pi\mathrm{e}}}.$

(2) 利用高斯变量概率密度函数的对称性，可得

$$P(-3 < X < -2) = P(0 < X < 1) = 1 - P(X \geqslant 1) - P(X \leqslant 0) = 1 - a - b.$$

16. 令事件 A 为 "新工艺奏效"，事件 B 为 "发现次品数为 3"，则

$$P(B|A) = \dfrac{5^3}{3!}\mathrm{e}^{-5}, \qquad P(B|\overline{A}) = \dfrac{10^3}{3!}\mathrm{e}^{-10}, \qquad P(A) = 0.75, \qquad P(\overline{A}) = 0.25,$$

$$P(A|B) = \dfrac{P(B|A)P(A)}{P(B|\overline{A})P(\overline{A}) + P(B|A)P(A)} = 98.2\%.$$

17. 依题意知 $X \sim Exp\left(\dfrac{1}{5}\right)$，即其概率密度函数为

$$f(x) = \begin{cases} \dfrac{1}{5}\mathrm{e}^{-\frac{x}{5}}, & x > 0, \\ 0, & x \leqslant 0. \end{cases}$$

该顾客未等到服务而离开的概率为 $P(X > 10) = \displaystyle\int_{10}^{\infty} \dfrac{1}{5}\mathrm{e}^{-\frac{x}{5}}\mathrm{d}x = \mathrm{e}^{-2}$. 则 Y 服从二项分布，$Y \sim B(5, \mathrm{e}^{-2})$，其分布列为

$$P(Y = k) = \mathrm{C}_5^k(\mathrm{e}^{-2})^k(1 - \mathrm{e}^{-2})^{5-k}, \qquad k = 0, 1, 2, 3, 4, 5,$$

$$P(Y \geqslant 1) = 1 - P(Y = 0) = 1 - (1 - \mathrm{e}^{-2})^5 = 0.5167.$$

18. X 的概率密度函数为

$$f(x) = F'(x) = \begin{cases} \dfrac{2}{9}x, & 0 < x \leqslant 3, \\ 0, & \text{其他}. \end{cases}$$

故数学期望为 $E(X) = \displaystyle\int_0^3 xf(x)\mathrm{d}x = \int_0^3 \dfrac{2}{9}x^2\mathrm{d}x = 2$，方差为 $\mathrm{Var}(X) = E(X^2) - [E(X)]^2 = \displaystyle\int_0^3 \dfrac{2}{9}x^3\mathrm{d}x - 4 = \dfrac{1}{2}$，0.25 分位数为 $x_{0.25} = F^{-1}(0.25) = \dfrac{3}{2}$，中位数为 $x_{0.5} = F^{-1}(0.5) = \dfrac{3}{2}\sqrt{2} \approx 2.12.$

19. 设 $\alpha = \mathrm{median}(X)$，则 $\displaystyle\int_{-\infty}^{\alpha} f(x)\mathrm{d}x = \int_{\alpha}^{+\infty} f(x)\mathrm{d}x = \frac{1}{2}$.

$\forall \beta \in \mathbb{R}$，不妨设 $\beta \leqslant \alpha$，则

$$E\,|X - \beta| - E\,|X - \alpha|$$

$$= \int_{-\infty}^{+\infty} (|x - \beta| - |x - \alpha|)f(x)\mathrm{d}x$$

$$= \int_{-\infty}^{\beta} (\beta - \alpha)f(x)\mathrm{d}x + \int_{\alpha}^{+\infty} (\alpha - \beta)f(x)\mathrm{d}x + \int_{\beta}^{\alpha} (2x - \alpha - \beta)f(x)\mathrm{d}x$$

$$= -\int_{-\infty}^{\beta} (\alpha - \beta)f(x)\mathrm{d}x + \int_{-\infty}^{\alpha} (\alpha - \beta)f(x)\mathrm{d}x + \int_{\beta}^{\alpha} (2x - \alpha - \beta)f(x)\mathrm{d}x$$

$$= \int_{\beta}^{\alpha} (\alpha - \beta)f(x)\mathrm{d}x + \int_{\beta}^{\alpha} (2x - \alpha - \beta)(x)\mathrm{d}x$$

$$= \int_{\beta}^{\alpha} 2(x - \beta)f(x)\mathrm{d}x \geqslant 0$$

同理可证，当 $\beta > \alpha$ 时，$E\,|X - \beta| - E\,|X - \alpha| \geqslant 0$ 也成立. 综上，命题得证.

20. $y = f(x) = 3\ln x, x \in (0, 1)$，单调递增，其反函数为 $g(y) = \mathrm{e}^{\frac{y}{3}}, y \in (-\infty, 0)$，求导得 $g'(y) = \frac{1}{3}\mathrm{e}^{\frac{y}{3}}$，代入变量变换法的公式可得

$$f_Y(y) = \begin{cases} \dfrac{1}{3}\mathrm{e}^{\frac{y}{3}}, & y < 0, \\[2mm] 0, & y \geqslant 0. \end{cases}$$

21. $Y = |X| \in [0, +\infty)$，故当 $y < 0$ 时，$F_Y(y) = 0$；当 $y \geqslant 0$ 时

$$F_Y(y) = P(Y \leqslant y) = P(|X| \leqslant y) = P(-y \leqslant X \leqslant y) = \int_{-y}^{y} f_X(x)\mathrm{d}x,$$

$$f_Y(y) = F_Y'(y) = f_X(y) + f_X(-y)$$

$$= \begin{cases} 0, & y < 0, \\[3mm] \dfrac{1}{\sqrt{2\pi\sigma^2}} \left[\exp\left(-\dfrac{(y - \mu)^2}{2\sigma^2}\right) + \exp\left(-\dfrac{(y + \mu)^2}{2\sigma^2}\right) \right], & y \geqslant 0. \end{cases}$$

22. 由题设得 $E(1 - 2X) = 1 - 2E(X) = 3$，故方差

$$\mathrm{Var}(1 - 2X) = 4\mathrm{Var}(X) = 4\left(E(X^2) - (EX^2)\right) = 4 \times (5 - 1) = 16.$$

23. $Y = \cos X \in (-1, 1)$，故当 $y \leqslant -1$ 时，$F_Y(y) = 0$；当 $y \geqslant 1$ 时，$F_Y(y) = 1$；当 $-1 < y < 1$ 时，有

$$F_Y(y) = P(Y \leqslant y) = P(\cos X \leqslant y) = P(\arccos y \leqslant X < \pi) = \int_{\arccos y}^{\pi} \frac{2x}{\pi^2}\mathrm{d}x = 1 - \frac{1}{\pi^2} \arccos^2 y,$$

故

$$F_Y(y) = \begin{cases} 0, & y \leqslant -1, \\[2mm] 1 - \dfrac{1}{\pi^2} \arccos^2 y, & -1 < y < 1, \\[2mm] 1, & y \geqslant 1, \end{cases}$$

可得概率密度函数

$$f_Y(y) = F_Y^{'}(y) = \begin{cases} \dfrac{2\arccos y}{\pi^2\sqrt{1-y^2}}, & -1 < y < 1, \\ 0, & |y| \geqslant 1. \end{cases}$$

24. 根据定义, 有 $E(Y) = 1 \cdot P(Y=1) + 0 \cdot P(Y=0) = P(Y=1)$. 定义

$$a \overset{\text{def}}{=} P(Y=1), \qquad b \overset{\text{def}}{=} P(Y=0).$$

不失一般性, 假定 n 为奇数, 则

$$a - b = \sum_{k=0}^{(n-1)/2} P(X=2k) - \sum_{k=0}^{(n-1)/2} P(X=2k+1)$$

$$= \sum_{i=0}^{n} \mathrm{C}_n^i (-p)^i q^{n-i} = (q-p)^n = (1-2p)^n.$$

又有 $a + b = 1$. 联立解得 $a = E(Y) = [1 + (1-2p)^n]/2$.

25. 令 $X_i = \begin{cases} 1, & \text{出现正面,} \\ -1, & \text{出现反面,} \end{cases}$ 则 $X_i \sim \begin{pmatrix} -1 & 1 \\ 0.5 & 0.5 \end{pmatrix}$ 并且 $X = \sum\limits_{i=1}^{5} X_i$. 令 Y_i 服从伯努利分布, $Y_i \sim \begin{pmatrix} 0 & 1 \\ 0.5 & 0.5 \end{pmatrix}$, 则 $Y = \sum\limits_{i=1}^{5} Y_i \sim B(5, 0.5)$.

因为 $Y_i = (X_i + 1)/2, i = 0, 1, \cdots, 5$, 有 $Y = (X+5)/2$. 于是 X 的分布列为

$$P(X = 2k - 5) = P((X+5)/2 = k) = P(Y=k)$$

$$= \mathrm{C}_5^k \left(\frac{1}{2}\right)^k \left(\frac{1}{2}\right)^{5-k} = \mathrm{C}_5^k \left(\frac{1}{2}\right)^5, k = 0, 1, \cdots, 5$$

此时 X 的取值分别为 $-5, -3, -1, 1, 3, 5$.

26. 根据例 2.18, 可以选择指数分布函数的反函数作为 $h(x)$. 考虑

$$F(y) = 1 - \mathrm{e}^{-\lambda y} = x, \quad 0 < x < 1.$$

可求得反函数 $y = -\dfrac{1}{\lambda}\ln(1-x), 0 < x < 1$ 作为 $h(x)$.

27. 分情况讨论: 当 $y \in (1,3)$ 时, Y 的分布函数

$$F_Y(y) = P(Y \leqslant y) = P(2X^2 + 1 \leqslant y) = P\left(-\sqrt{\frac{y-1}{2}} \leqslant x \leqslant \sqrt{\frac{y-1}{2}}\right) = \sqrt{\frac{y-1}{2}}.$$

当 $y \leqslant 1$ 时, $F_Y(y) = 0$. 当 $y \geqslant 3$ 时, $F_Y(y) = 1$. 所以 $f_Y(y) = \begin{cases} \dfrac{\sqrt{2}}{4\sqrt{y-1}}, & y \in (1,3), \\ 0, & \text{其他}. \end{cases}$

28. 设 $y \in (0,1)$, 可分别计算 Y_1 与 Y_2 在区间 $[0,1]$ 上的累积分布函数为

$$P(Y_1 \leqslant y) = P(\mathrm{e}^{-2X} \leqslant y) = P\left(X \geqslant -\frac{\ln y}{2}\right) = \int_{-\frac{\ln y}{2}}^{+\infty} 2\mathrm{e}^{-2x}\mathrm{d}x = -\left[0 - \mathrm{e}^{-2\left(-\frac{\ln y}{2}\right)}\right] = y,$$

$$P(Y_2 \leqslant y) = P(1 - e^{-2X} \leqslant y) = P\left(X \leqslant -\frac{\ln(1-y)}{2}\right) = \int_0^{-\frac{\ln(1-y)}{2}} 2e^{-2x}dx$$

$$= -\left[e^{-2\left(-\frac{\ln(1-y)}{2}\right)} - 1\right] = y.$$

由此可知，Y_1 与 Y_2 在 $[0,1]$ 区间上均服从均匀分布.

习　题　3

1.

X	Y		
	1	3	$P(X = i)$
0	0	1/8	1/8
1	3/8	0	3/8
2	3/8	0	3/8
3	0	1/8	1/8
$P(Y = j)$	3/4	1/4	——

2. (1) $P\left(0 < X < \dfrac{1}{2}, \dfrac{1}{4} < Y < 1\right) = \displaystyle\int_0^{\frac{1}{2}} \int_{\frac{1}{4}}^1 4xy\,dy\,dx = \dfrac{15}{64}$.　(2) $P(X = Y) = 0$.

(3) $P(X < Y) = \displaystyle\int_0^1 \int_0^y 4xy\,dx\,dy = \dfrac{1}{2}$.　　　　　　(4) $P(X \leqslant Y) = P(X < Y) = \dfrac{1}{2}$.

3. (1) $P(X < Y < Z) = \displaystyle\int_0^{+\infty} \int_0^z \int_0^y e^{-(x+y+z)}\,dx\,dy\,dz = \dfrac{1}{6}$.

(2) $P(X = Y < Z) = 0$.

(3) $f(x) = \begin{cases} \displaystyle\int_0^{+\infty} \int_0^{+\infty} e^{-(x+y+z)}\,dy\,dz = e^{-x}, & x > 0, \\ 0, & x \leqslant 0. \end{cases}$

4. 设 D_1 区域为

$$P\left(a_1 \leqslant X < a_2, b_3 \leqslant Y < b_5\right) = F\left(a_2 - 0, b_5 - 0\right) - F\left(a_2 - 0, b_3 - 0\right) -$$
$$F\left(a_1 - 0, b_5 - 0\right) + F\left(a_1 - 0, b_3 - 0\right),$$

D_2 区域为

$$P\left(a_2 \leqslant X < a_5, b_1 \leqslant Y < b_5\right) = F\left(a_5 - 0, b_5 - 0\right) - F\left(a_2 - 0, b_5 - 0\right) -$$
$$F\left(a_5 - 0, b_1 - 0\right) + F\left(a_2, b_1 - 0\right),$$

D_3 区域为

$$P\left(a_3 < X \leqslant a_4, b_1 \leqslant Y < b_2\right) = F\left(a_4, b_2 - 0\right) - F\left(a_3, b_2 - 0\right) -$$
$$F\left(a_4, b_1 - 0\right) + F\left(a_3, b_1 - 0\right),$$

D_4 区域为

$$P\left(a_3 < X \leqslant a_4, b_3 < Y \leqslant b_4\right) = F\left(a_4, b_4\right) -$$

$$F(a_3, b_4) - F(a_4, b_3) + F(a_3, b_3),$$

则 $D = D_1 + D_2 - D_3 - D_4$.

本题需要注意边界的影响，$F(a-0, b-0) \overset{\text{def}}{=} \lim\limits_{\delta \to 0^+} F(a-\delta, b-\delta)$ 与 $F(a, b)$ 是不一样的.

5. (1) $P(a \leqslant X < b, Y < y) = P(X < b, Y < y) - P(X < a, Y < y)$

$$= F(b-0, y-0) - F(a-0, y-0).$$

(2) $P(X = a, Y < y) = P(X \leqslant a, Y < y) - P(X < a, Y < y)$

$$= F(a, y-0) - F(a-0, y-0).$$

(3) $P(X < x, Y < +\infty) = \lim\limits_{y \to +\infty} P(X < x, Y < y) = \lim\limits_{n \to \infty} P(X < x, Y < n) = P\left(\bigcup\limits_{n=1}^{\infty} \{X < x, Y < n\}\right) = P(X < x) = F_X(x-0).$

(4) $P(X < -\infty, Y < +\infty) = \lim\limits_{n \to \infty} P(X < -n, Y < +\infty) = P\left(\bigcap\limits_{n=1}^{\infty} \{X < -n, Y < +\infty\}\right) = P(\varnothing) = 0.$

6. 不难看出 $X_1 \sim Exp(2), X_2 \sim Exp(4)$，因此

$$E(X_1 + X_2) = E(X_1) + E(X_2) = \frac{3}{4}, \qquad E(2X_1 - 3X_2{}^2) = 2E(X_1) - 3E(X_2^2) = \frac{5}{8}.$$

7. (1) 由概率密度的归一性、$E(X) = 2$、$P\{1 < X < 3\} = 0.75$ 可得

$$\begin{cases} \displaystyle\int_0^2 ax\,\mathrm{d}x + \int_2^4 (cx+b)\,\mathrm{d}x = 1, \\[2mm] \displaystyle\int_0^2 ax^2\,\mathrm{d}x + \int_2^4 (cx+b)x\,\mathrm{d}x = 2, \\[2mm] \displaystyle\int_1^2 ax\,\mathrm{d}x + \int_2^3 (cx+b)\,\mathrm{d}x = 0.75 \end{cases} \Rightarrow \begin{cases} 2a + 6c + 2b = 1, \\[2mm] \dfrac{8}{3}a + \dfrac{56}{3}c + 6b = 2, \\[2mm] \dfrac{3}{2}a + \dfrac{5}{2}c + b = \dfrac{3}{4} \end{cases} \Rightarrow \begin{cases} a = \dfrac{1}{4}, \\[2mm] b = 1, \\[2mm] c = -\dfrac{1}{4}. \end{cases}$$

(2) $E(Y) = E(\mathrm{e}^X) = \displaystyle\int_0^2 ax\mathrm{e}^x\,\mathrm{d}x + \int_2^4 (cx+b)\mathrm{e}^x\,\mathrm{d}x = \frac{1}{4}(\mathrm{e}^2 - 1)^2,$

$$E(Y^2) = E(\mathrm{e}^{2X}) = \frac{1}{16}(\mathrm{e}^4 - 1)^2.$$

所以 $\mathrm{Var}(Y) = E(Y^2) - (E(Y))^2 = \dfrac{1}{4}\mathrm{e}^2(\mathrm{e}^2 - 1)^2.$

8. 正定矩阵为实对称矩阵，故令 $\boldsymbol{\Sigma} = \begin{pmatrix} a & b \\ b & c \end{pmatrix}.$

矩阵正定的充要条件是各阶顺序主子式大于零，$\boldsymbol{\Sigma}$ 正定等价于 $a > 0, \det(\boldsymbol{\Sigma}) = ac - b^2 > 0$，所以

$$a > 0, ac > b^2 \geqslant 0 \Rightarrow c > 0, \frac{b^2}{ac} < 1.$$

令 $\sigma_1 = \sqrt{a}, \sigma_2 = \sqrt{c}, \rho = \dfrac{b}{\sqrt{ac}}$，则 $\boldsymbol{\Sigma} = \begin{pmatrix} \sigma_1^2 & \rho\sigma_1\sigma_2 \\ \rho\sigma_1\sigma_2 & \sigma_2^2 \end{pmatrix}$，且 $|\rho| < 1$.

9. 由题意可得，随机变量 X_1 与 X_2 相互独立，且服从如下分布：

$$P\left(X_1 = x_1\right) = \left(1 - p_1\right)^{x_1} p_1, \quad x_1 = 0, 1, 2, \cdots$$

$$P\left(X_2 = x_2\right) = \left(1 - p_2\right)^{x_2} p_2, \quad x_2 = 0, 1, 2, \cdots$$

脱靶数 X_1 和 X_2 的联合分布列为

$$P\left(X_1 = x_1 \, X_2 = x_2\right) = P\left(X_1 = x_1\right) P\left(X_2 = x_2\right) = p_1 p_2 \left(1 - p_1\right)^{x_1} \left(1 - p_2\right)^{x_2},$$

$x_1, x_2 = 0, 1, 2, \cdots$.

10. X 与 Y 的联合概率密度函数为

$$f\left(x, y\right) = f_X\left(x\right) f_Y\left(y\right) = \begin{cases} \dfrac{1}{3600}, & 0 \leqslant x \leqslant 60, 0 \leqslant y \leqslant 60, \\ 0, & 其他, \end{cases}$$

联合分布函数为

$$F\left(x, y\right) = \int_{-\infty}^{x} \int_{-\infty}^{y} f\left(x, y\right) \mathrm{d}x\mathrm{d}y = \begin{cases} \dfrac{xy}{3600}, & 0 \leqslant x, y \leqslant 60, \\ \dfrac{x}{60}, & 0 \leqslant x \leqslant 60, y \geqslant 60, \\ \dfrac{y}{60}, & 0 \leqslant y \leqslant 60, x \geqslant 60, \\ 1, & x, y \geqslant 60, \\ 0, & 其他. \end{cases}$$

根据题意，两人成功碰头对应事件为 $\{|X - Y| < 15, 0 < X, Y < 60\}$，其概率为

$$P\left(成功碰头\right) = P\{|X - Y| < 15, 0 < X, Y < 60\}$$

$$= 1 - \int_{15}^{60} \int_{0}^{x-15} f\left(x, y\right) \mathrm{d}y\mathrm{d}x - \int_{15}^{60} \int_{0}^{y-15} f\left(x, y\right) \mathrm{d}x\mathrm{d}y = 1 - \frac{45^2}{3600} = \frac{7}{16}.$$

11. (1) 由概率密度归一性可求 $A = \dfrac{1}{2}$. 分情况讨论：

当 $x < 0$ 或者 $y < 0$ 时，$f(x, y) = 0$，故 $F(x, y) = 0$.

当 $0 \leqslant x < \dfrac{\pi}{2}$，$0 \leqslant y < \dfrac{\pi}{2}$ 时，有

$$F(x, y) = \int_0^y \mathrm{d}v \int_0^x \frac{\sin(u+v)}{2} \mathrm{d}u = \int_0^y \frac{\cos v - \cos(x+v)}{2} \mathrm{d}v = \frac{\sin y + \sin x - \sin(x+y)}{2}.$$

当 $0 \leqslant x < \dfrac{\pi}{2}$，$y \geqslant \dfrac{\pi}{2}$ 时，有

$$F(x, y) = \int_0^{\frac{\pi}{2}} \mathrm{d}v \int_0^x \frac{\sin(u+v)}{2} \mathrm{d}u = \int_0^{\frac{\pi}{2}} \frac{\cos v - \cos(x+v)}{2} \mathrm{d}v = \frac{1 + \sin x - \cos x}{2}.$$

当 $x \geqslant \dfrac{\pi}{2}$，$0 \leqslant y < \dfrac{\pi}{2}$ 时，有

$$F(x, y) = \int_0^{\frac{\pi}{2}} \mathrm{d}v \int_0^x \frac{\sin(u+v)}{2} \mathrm{d}u = \int_0^{\frac{\pi}{2}} \frac{\cos u - \cos(y+u)}{2} \mathrm{d}u = \frac{1 + \sin y - \cos y}{2}.$$

当 $x \geqslant \dfrac{\pi}{2}$，$y \geqslant \dfrac{\pi}{2}$ 时，$F(x, y) = 1$.

(2) 边缘概率密度函数 $f_X(x) = \displaystyle\int_{-\infty}^{+\infty} f(x,v)\mathrm{d}v$.

当 $x \notin \left(0, \dfrac{\pi}{2}\right)$ 时，$f(x,y) = 0$，故 $f_X(x) = 0$；

当 $x \in \left(0, \dfrac{\pi}{2}\right)$ 时，$f_X(x) = \displaystyle\int_{-\infty}^{+\infty} f(x,y)\mathrm{d}y = \int_0^{\frac{\pi}{2}} \dfrac{\sin(x+y)}{2}\mathrm{d}y = \dfrac{\sin x + \cos x}{2}$

故 $f_X(x) = \begin{cases} \dfrac{\sin x + \cos x}{2}, & x \in \left(0, \dfrac{\pi}{2}\right), \\[2mm] 0, & \text{其他}. \end{cases}$

同理可得

$$f_Y(y) = \begin{cases} \dfrac{\sin y + \cos y}{2}, & y \in \left(0, \dfrac{\pi}{2}\right), \\[2mm] 0, & \text{其他}. \end{cases}$$

12. (1) 利用区域面积 $S_D = 4 \times \dfrac{1}{2} \times 1 \times 1 = 2$，得到 (X, Y) 的概率密度函数为

$$f(x,y) = \begin{cases} \dfrac{1}{2}, & |x| + |y| \leqslant 1, \\[2mm] 0, & \text{其他}. \end{cases}$$

(2) X 和 Y 的边缘概率密度函数分别为

$$f_X(x) = \begin{cases} \displaystyle\int_{-1-x}^{1+x} \dfrac{1}{2}\mathrm{d}y = 1 + x, & -1 \leqslant x < 0, \\[3mm] \displaystyle\int_{-1+x}^{1-x} \dfrac{1}{2}\mathrm{d}y = 1 - x, & 0 \leqslant x < 1, \\[3mm] 0, & \text{其他}, \end{cases}$$

和

$$f_Y(y) = \begin{cases} \displaystyle\int_{-1-y}^{1+y} \dfrac{1}{2}\mathrm{d}x = 1 + y, & -1 \leqslant y < 0, \\[3mm] \displaystyle\int_{-1+y}^{1-y} \dfrac{1}{2}\mathrm{d}x = 1 - y, & 0 \leqslant y < 1, \\[3mm] 0, & \text{其他} \end{cases}$$

因为 $f(x,y) \neq f_X(x) f_Y(y)$，所以 X 与 Y 不独立.

13. （必要性） 若连续型随机变量 X, Y 相互独立，则 $f_{X,Y}(x,y) = f_X(x) f_Y(y)$.

令 $h(x) = f_X(x)$，$g(y) = f_Y(y)$，即可得 $f_{X,Y}(x,y) = h(x) g(y)$，$-\infty < x, y < +\infty$，由此可得必要性成立.

（充分性） 若随机变量 X, Y 的联合概率密度函数可以写成

$$f_{X,Y}(x,y) = h(x) g(y), \quad -\infty < x, y < +\infty,$$

则随机变量 X, Y 相互独立.

由 X, Y 的联合概率密度函数 $f_{X,Y}(x,y) = h(x)g(y)$，则 X, Y 的边缘概率密度函数为

$$f_X(x) = \int_{-\infty}^{+\infty} f_{X,Y}(x,y)\mathrm{d}y = \int_{-\infty}^{+\infty} h(x)g(y)\mathrm{d}y = h(x)\int_{-\infty}^{+\infty} g(y)\mathrm{d}y,$$

$$f_Y(y) = \int_{-\infty}^{+\infty} f_{X,Y}(x,y)\mathrm{d}x = \int_{-\infty}^{+\infty} h(x)g(y)\mathrm{d}y = g(y)\int_{-\infty}^{+\infty} h(x)\mathrm{d}x,$$

所以

$$f_X(x)f_Y(y) = h(x)\int_{-\infty}^{+\infty} g(y)\mathrm{d}y \cdot g(y)\int_{-\infty}^{+\infty} h(x)\mathrm{d}x$$

$$= h(x)g(y)\int_{-\infty}^{+\infty}\int_{-\infty}^{+\infty} h(x)g(y)\mathrm{d}x\mathrm{d}y.$$

由联合概率密度函数 $f_{X,Y}(x,y)$ 的正则性得

$$\int_{-\infty}^{+\infty} f_{X,Y}(x,y)\mathrm{d}x\mathrm{d}y = \int_{-\infty}^{+\infty}\int_{-\infty}^{+\infty} h(x)g(y)\mathrm{d}x\mathrm{d}y = 1,$$

所以，$f_X(x)f_Y(y) = h(x)g(y) = f_{X,Y}(x,y)$，可得 X, Y 相互独立，充分性成立.

该性质可推广到判断 n 元随机变量 $X_1, X_2, \cdots, X_n$ 相互独立的情形，可得：n 元连续随机变量 $X_1, X_2, \cdots, X_n$ 相互独立，当且仅当其联合概率密度函数可以写成

$$f_{X_1, X_2, \cdots X_n}(x_1, x_2, \cdots x_n) = h_1(x_1)h_2(x_2)\cdots h_n(x_n), \quad -\infty < x_1, x_2, \cdots, x_n < +\infty,$$

其中，$h_i(x_i)$ 为仅与随机变量 x_i 有关的函数.

14. (1) 是. 事实上，如果随机变量 X_1, X_2, X_3 相互独立，则联合概率密度函数

$$f_{X_1, X_2, X_3}(x_1, x_2, x_3) = f_{X_1}(x_1)f_{X_2}(x_2)f_{X_3}(x_3),$$

且

$$f_{X_1, X_2}(x_1, x_2) = f_{X_1}(x_1)f_{X_2}(x_2),$$

故 $f_{X_1, X_2, X_3}(x_1, x_2, x_3) = f_{X_1, X_2}(x_1, x_2)\cdot f_{X_3}(x_3)$，因此，$(X_1, X_2)$ 与 X_3 相互独立.

(2) X_1 与 X_3 独立性无法判断，可能独立，也可能不独立.

独立的例子：设 X_1, X_2, X_3 分别代表独立地抛掷甲乙丙 3 枚硬币的结果（正面取 0 或反面取 1），则 X_1 与 X_2 独立，X_2 与 X_3 独立，并且 X_1 与 X_3 相互独立.

不独立的例子：设随机变量 X_1, X_2 分别代表独立地抛掷甲乙两枚硬币的结果（正面取 0 或反面取 1），$X_3 = 1 - X_1$，可知此时 X_1 与 X_2 独立，X_2 与 X_3 独立，但 X_1 与 X_3 显然不独立.

15. 注意 $f(x,y)$ 的非零区域为 $x > 0, y > 0$.

(1) $Z = (X+Y)/2$. 当 $z \leqslant 0$ 时，$F(z) = 0$. 当 $z > 0$ 时，有

$$F(z) = P(X+Y \leqslant 2z) = \int_0^{2z}\int_0^{2z-x} \mathrm{e}^{-(x+y)}\mathrm{d}y\mathrm{d}x = 1 - \mathrm{e}^{-2z} - 2z\mathrm{e}^{-2z},$$

故 $f_Z(z) = F'(z) = \begin{cases} 4z\mathrm{e}^{-2z}, & z > 0, \\ 0, & z \leqslant 0. \end{cases}$

(2) $Z = Y - X$.

- 当 $z \leqslant 0$ 时，$f(x,y)$ 的非零区域与 $\{y - x \leqslant z\}$ 的交集如图题 3.15(a) 中的阴影部分，故

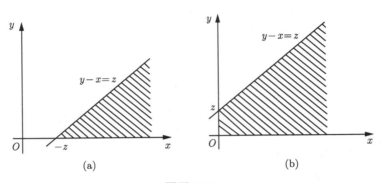

图题 3.15

$$F(z) = P(Y - X \leqslant z) = \int_0^{+\infty} \int_{y-z}^{+\infty} e^{-(x+y)} dx dy = \frac{e^z}{2}.$$

- 当 $z > 0$ 时，$f(x,y)$ 的非零区域与 $\{y - x \leqslant z\}$ 的交集如图题 3.15(b) 中的阴影部分，故

$$F(z) = P(Y - X \leqslant z) = \int_0^{+\infty} \int_0^{x+z} e^{-(x+y)} dy dx = 1 - \frac{e^{-z}}{2}.$$

综上可得，$f_Z(z) = e^{-|z|}/2, \quad -\infty < z < +\infty$.

16. 由于 $X_1, X_2, \cdots, X_n$ 是独立同分布的正值随机变量，所以

$$E\left(\frac{X_1}{X_1+X_2+\cdots+X_n}\right) = E\left(\frac{X_2}{X_1+X_2+\cdots+X_n}\right) = \cdots = E\left(\frac{X_n}{X_1+X_2+\cdots+X_n}\right).$$

又 $E\left(\frac{X_1+X_2+\cdots+X_n}{X_1+X_2+\cdots+X_n}\right) = 1$，所以

$$E\left(\frac{X_1}{X_1+X_2+\cdots+X_n}\right) = E\left(\frac{X_2}{X_1+X_2+\cdots+X_n}\right)$$
$$= \cdots = E\left(\frac{X_n}{X_1+X_2+\cdots+X_n}\right) = \frac{1}{n},$$

所以 $E\left(\frac{X_1+X_2+\cdots+X_k}{X_1+X_2+\cdots+X_n}\right) = \frac{k}{n}, k \leqslant n$.

17. 由题意可知存在如下变换关系：$\begin{pmatrix} U \\ V \end{pmatrix} = \begin{pmatrix} 1 & 1 \\ 1 & -1 \end{pmatrix} \begin{pmatrix} X \\ Y \end{pmatrix}$. 令 $\boldsymbol{A} = \begin{pmatrix} 1 & 1 \\ 1 & -1 \end{pmatrix}$, 则 $|\det(\boldsymbol{A})| = 2$. 变换的反函数为

$$\begin{cases} X = \dfrac{U+V}{2} \geqslant 0, \\ Y = \dfrac{U-V}{2} \geqslant 0. \end{cases}$$

由此确定了 (U,V) 的支集（可能取值区域）为 $U > |V|$.

由变量变换法公式，有

$$f_{UV}(u,v) = \frac{f_{XY}(x(u,v),y(u,v))}{|\det \boldsymbol{A}|} = \begin{cases} \dfrac{1}{2}\mathrm{e}^{-u}, & u > |v|, \\ 0, & \text{其他.} \end{cases}$$

其中 $x(u,v) = \dfrac{u+v}{2}, y(u,v) = \dfrac{u-v}{2}$. 积分求得边缘概率密度函数分别为

$$f(u) = \int_{-u}^{u} \frac{1}{2}\mathrm{e}^{-u}\mathrm{d}v = u\mathrm{e}^{-u}, \quad u > 0, \qquad f(v) = \int_{|v|}^{+\infty} \frac{1}{2}\mathrm{e}^{-u}\mathrm{d}u = \frac{1}{2}\mathrm{e}^{-|v|}, \quad v \in \mathbb{R}$$

18. 求 U, V 的联合分布函数：因 $F(u,v) = P(U \leqslant u, V \leqslant v) = P(U \leqslant u) - P(U \leqslant u, V > v)$. 而

$$P(U \leqslant u, V > v) = \begin{cases} P(v \leqslant X_i \leqslant u, i = 1, \cdots, N) = [F(u) - F(v)]^N, & u \geqslant v, \\ 0, & u < v, \end{cases}$$

故

$$F(u,v) = \begin{cases} [F(u)]^N - [F(u) - F(v)]^N, & u \geqslant v, \\ [F(u)]^N, & u < v. \end{cases}$$

19. 采用极坐标换元 $(X, Y) \to (Z, \Theta)$：

$$\begin{cases} Z = \sqrt{X^2 + Y^2}, \\ \Theta = \arctan\left(\dfrac{Y}{X}\right), \text{若}(X,Y)\text{在第一象限}, \\ \Theta = \pi + \arctan\left(\dfrac{Y}{X}\right), \text{若}(X,Y)\text{在第二、三象限}, \\ \Theta = 2\pi + \arctan\left(\dfrac{Y}{X}\right), \text{若}(X,Y)\text{在第四象限}. \end{cases}$$

在随机等价的意义下，不妨设 (X,Y) 的支集为 $\mathcal{J} = \mathbb{R} \times \mathbb{R} - \{0,0\} - \{x = 0\}$，这样才能建立 $(X,Y) \to (Z,\Theta)$ 的一一映射.

变换的反函数为 $(Z, \Theta) \to (X, Y)$：$\begin{cases} X = Z\cos\Theta, \\ Y = Z\sin\Theta. \end{cases}$

求变换 $(z,\theta) \to (x,y)$ 的雅可比矩阵得 $\boldsymbol{J} = \dfrac{\partial(x,y)}{\partial(z,\theta)} = \begin{pmatrix} \cos\theta & -z\sin\theta \\ \sin\theta & z\cos\theta \end{pmatrix}$ 及其行列式：$\det(\boldsymbol{J}) = z\cos^2\theta + z\sin^2\theta = z$.

容易写出 (X,Y) 的联合密度为 $f_{XY}(x,y) = \dfrac{1}{2\pi}\mathrm{e}^{-\frac{x^2+y^2}{2}}, (x,y) \in \mathcal{J}$. 从而可求出 (Z,Θ) 的联合密度为

$$f_{Z\Theta}(z,\theta) = \frac{|\det(\boldsymbol{J})|}{2\pi}\mathrm{e}^{-\frac{z^2}{2}} = \frac{z}{2\pi}\mathrm{e}^{-\frac{z^2}{2}}, z > 0, 0 \leqslant \theta < 2\pi, \quad \theta \neq \frac{\pi}{2}, \frac{3\pi}{2}.$$

积分可求 $f_Z(z)$ 为 $f_Z(z) = \displaystyle\int_0^{2\pi} \frac{z}{2\pi}\mathrm{e}^{-\frac{z^2}{2}}\,\mathrm{d}\theta = z\mathrm{e}^{-\frac{z^2}{2}}, z > 0$.

20. $P(X_i = \min\{X_1, X_2, \cdots, X_n\}) = P(X_i \leqslant \min\{X_1, \cdots, X_{i-1}, X_{i+1}, \cdots, X_n\})$.

设 $Y \stackrel{\text{def}}{=} \min\{X_1, \cdots, X_{i-1}, X_{i+1}, \cdots, X_n\}$，则 Y 服从参数 $\lambda_Y = \lambda_1 + \cdots + \lambda_{i-1} + \lambda_{i+1} + \cdots + \lambda_n = \sum_{j=1}^{n}\lambda_j - \lambda_i$ 的指数分布. 注意 X_i 与 Y 独立，故

$$P(X_i \leqslant Y) = \int_0^{+\infty} f_{X_i}(x_i)\left[\int_{x_i}^{+\infty} f_Y(y)\mathrm{d}y\right]\mathrm{d}x_i$$

$$= \int_0^{+\infty} \lambda_i \exp\left(-\lambda_i x_i\right) \left[\int_{x_i}^{+\infty} \lambda_Y \exp\left(-\lambda_Y y\right) \mathrm{d}y\right] \mathrm{d}x_i$$

$$= \int_0^{+\infty} \lambda_i \exp\left(-\lambda_i x_i\right) \exp\left(-\lambda_Y x_i\right) \mathrm{d}x_i = \frac{\lambda_i}{\lambda_1 + \lambda_2 + \cdots + \lambda_n}.$$

21. 由题意，$X_i, i = 1, 2, \cdots, n$ 服从相同的概率密度函数 $f_X(x)$ 及分布函数 $F_X(x)$. 设 $Y \stackrel{\mathrm{def}}{=}$ $\max\{X_1, X_2, \cdots, X_{n-1}\}$，则其分布函数 $F_Y(y) = \prod\limits_{i=1}^{n-1} F_X(y) = [F_X(y)]^{n-1}$.

注意 X_n 与 Y 独立，故

$$P(X_n > Y) = \int_{-\infty}^{+\infty} f_X(x) \left[\int_{-\infty}^{x} f_Y(y) \mathrm{d}y\right] \mathrm{d}x = \int_{-\infty}^{+\infty} f_X(x) F_Y(x) \mathrm{d}x$$

$$= \int_{-\infty}^{+\infty} f_X(x) [F_X(x)]^{n-1} \mathrm{d}x = \int_{-\infty}^{+\infty} [F_X(x)]^{n-1} \mathrm{d}F_X(x)$$

$$= \frac{1}{n} F_X(x)^n \Big|_{F_X(x)=0}^{F_X(x)=1} = \frac{1}{n}.$$

22. $F_Z(z) = P(X - Y \leqslant z) = \int_{-\infty}^{+\infty} \left[\int_{-\infty}^{y+z} f_{X,Y}(x, y) \mathrm{d}x\right] \mathrm{d}y$

$$= \int_{-\infty}^{+\infty} \left[\int_{-\infty}^{z} f_{X,Y}(u + y, y) \mathrm{d}u\right] \mathrm{d}y \quad (\text{变换} u = x - y)$$

$$= \int_{-\infty}^{z} \left[\int_{-\infty}^{+\infty} f_{X,Y}(u + y, y) \mathrm{d}y\right] \mathrm{d}u.$$

分布函数对 z 求导可得概率密度函数为 $f_Z(z) = \dfrac{\mathrm{d}F_Z(z)}{\mathrm{d}z} = \int_{-\infty}^{+\infty} f_{X,Y}(z + y, y) \mathrm{d}y.$

23. 根据商的公式，Z 的概率密度函数为 $f_Z(u) = \int_{-\infty}^{+\infty} f_X(uv) f_Y(v) v \mathrm{d}v.$

注意，被积函数在 $v > 1000$ 且 $uv > 1000$ 范围内非零，因此

$$f_Z(u) = \begin{cases} \displaystyle\int_{1000}^{+\infty} f_X(uv) f_Y(v) v \mathrm{d}v = \int_{1000}^{+\infty} \frac{10^6}{u^2 v^3} \mathrm{d}v = \frac{1}{2u^2}, & u > 1, \\[3mm] \displaystyle\int_{\frac{1000}{u}}^{+\infty} f_X(uv) f_Y(v) v \mathrm{d}v = \int_{\frac{1000}{u}}^{+\infty} \frac{10^6}{u^2 v^3} \mathrm{d}v = \frac{1}{2}, & 0 < u \leqslant 1, \\[3mm] 0, & \text{其他.} \end{cases}$$

24. (1) 由 $\displaystyle\int_0^1 \int_0^x Cy \mathrm{d}y \mathrm{d}x = \frac{C}{6} = 1$，得常数 $C = 6$.

(2) $Z = X - Y$.

当 $0 < z \leqslant 1$ 时，$f(x, y)$ 的非零区域与 $\{x - y < z\}$ 的交集如图题 3.24(2) 中的阴影部分，

故 $F(z) = P(X - Y \leqslant z) = \displaystyle\int_0^z \int_0^x 6y \mathrm{d}y \mathrm{d}x + \int_z^1 \int_{x-z}^x 6y \mathrm{d}y \mathrm{d}x = z^3 - 3z^2 + 3z,$

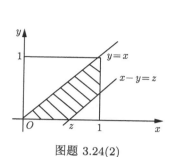

图题 3.24(2)

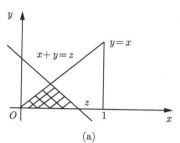

(a)

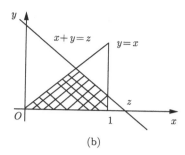

(b)

图题 3.24(3)

因此

$$f(z) = F'(z) = \begin{cases} 3z^2 - 6z + 3, & 0 < z \leqslant 1, \\ 0, & \text{其他}. \end{cases}$$

(3) $Z = X + Y$.

当 $0 < z \leqslant 1$ 时，$f(x, y)$ 的非零区域与 $\{x + y < z\}$ 的交集如图题 3.24(3)(a) 中的阴影部分，故

$$F(z) = P(X + Y \leqslant z) = \int_0^{z/2} \int_0^x 6y \mathrm{d}y \mathrm{d}x + \int_{z/2}^z \int_0^{z-x} 6y \mathrm{d}y \mathrm{d}x = \frac{z^3}{4}.$$

当 $1 < z < 2$ 时，$f(x, y)$ 的非零区域与 $\{x + y < z\}$ 的交集如图题 3.24(3)(b) 中的阴影部分，故

$$F(z) = P(X + Y \leqslant z) = \int_0^{\frac{z}{2}} \int_0^x 6y \mathrm{d}y \mathrm{d}x + \int_{\frac{z}{2}}^1 \int_0^{z-x} 6y \mathrm{d}y \mathrm{d}x = \frac{z^3}{4} + (1 - z)^3.$$

因此

$$f(z) = F'(z) = \begin{cases} \dfrac{3z^2}{4}, & 0 < z \leqslant 1, \\ -\dfrac{9z^2}{4} + 6z - 3, & 1 < z \leqslant 2, \\ 0, & \text{其他}. \end{cases}$$

25. 当 $z \leqslant 0$ 时，$F_Z(z) = 0$.

当 $z > 0$ 时，有

$$F_Z(z) = \int_0^{+\infty} \mathrm{d}x \int_0^{\frac{z}{x}} x \mathrm{e}^{-x(1+y)} \mathrm{d}y = \int_0^{+\infty} \mathrm{d}x \int_0^{\frac{z}{x}} \mathrm{e}^{-x} x \mathrm{e}^{-xy} \mathrm{d}y = \int_0^{+\infty} [-\mathrm{e}^{-x} \mathrm{e}^{-xy}]_0^{\frac{z}{x}} \mathrm{d}x$$
$$= \int_0^{+\infty} (1 - \mathrm{e}^{-z}) \mathrm{e}^{-x} \mathrm{d}x = 1 - \mathrm{e}^{-z}.$$

由 $f_Z(z) = F_Z'(z)$，得 Z 的概率密度函数为 $f_Z(z) = \begin{cases} \mathrm{e}^{-z}, & z > 0, \\ 0, & \text{其他}. \end{cases}$

26. 由题意可知，X, Y 的概率密度函数为 $f(x, y) = \begin{cases} 1, & 0 < x, y < 1, \\ 0, & \text{其他}. \end{cases}$

Z 的分布函数 $F_Z(z) = P(Z \leqslant z) = P(|X - Y| \leqslant z) = \iint\limits_{|x-y| \leqslant z} f(x, y) \mathrm{d}x \mathrm{d}y.$

当 $z < 0$ 时, $F_Z(z) = 0$. 当 $z \geqslant 1$ 时, $F_Z(z) = 1$. 当 $0 \leqslant z < 1$ 时, 有

$$\iint_{|x-y| \leqslant z} f(x,y)\mathrm{d}x\mathrm{d}y = \iint_G \mathrm{d}x\mathrm{d}y,$$

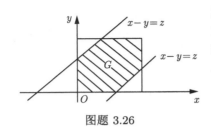

图题 3.26

其中区域 $G = \{(x,y) : |x-y| \leqslant z, 0 < x,y < 1\}$, 如图题 3.26 所示, G 的面积等于边长为 1 的正方形面积减去两个直角边为 $1-z$ 的直角三角形的面积, 所以 $F_Z(z) = 1 - (1-z)^2$, 于是

$$F_Z(z) = \begin{cases} 0, & z < 0, \\ 1 - (1-z)^2, & 0 \leqslant z < 1, \\ 1, & z \geqslant 1. \end{cases}$$

求导后可得

$$f_Z(z) = \begin{cases} 2 - 2z, & 0 \leqslant z < 1, \\ 0, & \text{其他.} \end{cases}$$

27. 求 $\max(|X|, |Y|)$ 的一阶矩和二阶矩有多种思路, 这里介绍两种常见做法.

方法 1. 求 (X, Y) 的联合分布, 然后在锥形区域上做极坐标换元积分.

采用极坐标换元 $(X, Y) \to (R, \Theta)$:

$$\begin{cases} R = \sqrt{X^2 + Y^2}, \\ \Theta = \arctan\left(\dfrac{Y}{X}\right), \end{cases}$$

则有 $(R, \Theta) \to (X, Y)$: $\begin{cases} X = R\cos\Theta, \\ Y = R\sin\Theta. \end{cases}$ 容易写出 (X, Y) 的联合概率密度函数为 $f(x,y) = \dfrac{1}{2\pi\sigma^2}\mathrm{e}^{-\frac{x^2+y^2}{2\sigma^2}}$.

参考习题 3 的第 19 题, 可知 (R, Θ) 的联合概率密度函数为

$$f_{R\Theta}(r, \theta) = \frac{r}{2\pi\sigma^2}\mathrm{e}^{-\frac{r^2}{2\sigma^2}}, \quad r > 0, \quad 0 < \theta < 2\pi.$$

由此可求 $\max\{|X|, |Y|\}$ 的一阶矩和二阶矩.

(1) 一阶矩. 对 $\max\{|X|, |Y|\}$ 分情况讨论, $E(\max\{|X|, |Y|\})$ 可以拆成 4 项积分:

$$E(\max\{|X|, |Y|\}) = \iint_{\mathbb{R}^2} \max\{|x|, |y|\} f(x,y)\mathrm{d}x\mathrm{d}y$$

$$= \iint_{-x<y<x} xf(x,y)\mathrm{d}x\mathrm{d}y + \iint_{x<y<-x} -xf(x,y)\mathrm{d}x\mathrm{d}y +$$

$$\iint_{y>|x|} yf(x,y)\mathrm{d}x\mathrm{d}y + \iint_{y<-|x|} -yf(x,y)\mathrm{d}x\mathrm{d}y.$$

由 $f(x,y)$ 的对称性, $E(\max\{|X|, |Y|\})$ 为第一项在 $90°$ 锥形区域上对 $xf(x,y)$ 积分的 4 倍, 即

$$E(\max\{|X|, |Y|\}) = 4\iint_{-x<y<x} xf(x,y)\mathrm{d}x\mathrm{d}y = 4\int_0^{+\infty}\int_{-\frac{\pi}{4}}^{\frac{\pi}{4}} r\cos\theta \cdot \frac{r}{2\pi\sigma^2}\mathrm{e}^{-\frac{r^2}{2\sigma^2}}\mathrm{d}\theta\mathrm{d}r$$

$$= 4 \int_0^{+\infty} \frac{r^2}{2\pi\sigma^2} \mathrm{e}^{-\frac{r^2}{2\sigma^2}} \int_{-\frac{\pi}{4}}^{\frac{\pi}{4}} \cos\theta \mathrm{d}\theta \mathrm{d}r = 4 \int_0^{+\infty} \frac{r}{\sqrt{2\pi}} \frac{r}{\sigma^2} \mathrm{e}^{-\frac{r^2}{2\sigma^2}} \mathrm{d}r$$

$$= -\frac{4}{\sqrt{2\pi}} \int_0^{+\infty} r \mathrm{d}(\mathrm{e}^{-\frac{r^2}{2\sigma^2}}) = -\frac{4}{\sqrt{2\pi}} \left(r\mathrm{e}^{-\frac{r^2}{2\sigma^2}} \Big|_0^{+\infty} - \int_0^{+\infty} \mathrm{e}^{-\frac{r^2}{2\sigma^2}} \mathrm{d}r \right)$$

$$= \frac{4}{\sqrt{2\pi}} \sqrt{2\pi}\sigma \int_0^{+\infty} \frac{1}{\sqrt{2\pi}\sigma} \mathrm{e}^{-\frac{r^2}{2\sigma^2}} \mathrm{d}r = \frac{4}{\sqrt{\pi}} \sigma \frac{1}{2} = \frac{2\sigma}{\sqrt{\pi}}.$$

(2) 二阶矩. 对 $\max\{|X|,|Y|\}^2$ 分情况讨论, $E(\max\{|X|,|Y|\}^2)$ 可以拆成 4 项积分:

$$E(\max\{|X|,|Y|\}^2) = \iint_{\mathbb{R}^2} \max\{|x|,|y|\}^2 f(x,y)\mathrm{d}x\mathrm{d}y$$

$$= \iint_{-x<y<x} x^2 f(x,y)\mathrm{d}x\mathrm{d}y + \iint_{x<y<-x} x^2 f(x,y)\mathrm{d}x\mathrm{d}y$$

$$+ \iint_{y>|x|} y^2 f(x,y)\mathrm{d}x\mathrm{d}y + \iint_{y<-|x|} y^2 f(x,y)\mathrm{d}x\mathrm{d}y.$$

由 $f(x,y)$ 的对称性, $E(\max\{|X|,|Y|\}^2)$ 为第一项在 90° 锥形区域上对 $x^2 f(x,y)$ 积分的 4 倍, 即

$$E\left(\max\{|X|,|Y|\}^2\right) = 4 \iint_{-x<y<x} x^2 f(x,y)\,\mathrm{d}x\mathrm{d}y$$

$$= 4 \int_0^{+\infty} \int_{-\frac{\pi}{4}}^{\frac{\pi}{4}} r^2 \cos^2\theta \frac{r}{2\pi\sigma^2} \mathrm{e}^{-\frac{r^2}{2\sigma^2}} \mathrm{d}\theta\mathrm{d}r$$

$$= 4 \int_0^{+\infty} \frac{r^3}{2\pi\sigma^2} \mathrm{e}^{-\frac{r^2}{2\sigma^2}} \int_{-\frac{\pi}{4}}^{\frac{\pi}{4}} \frac{1+\cos 2\theta}{2} \mathrm{d}\theta\mathrm{d}r$$

$$= 4 \int_0^{+\infty} \frac{r^3}{2\pi\sigma^2} \mathrm{e}^{-\frac{r^2}{2\sigma^2}} \left(\frac{1}{2} + \frac{\pi}{4} \right) \mathrm{d}r = -\frac{2+\pi}{2\pi} \int_0^{+\infty} r^2 \mathrm{d}\mathrm{e}^{-\frac{r^2}{2\sigma^2}}$$

$$= -\frac{2+\pi}{2\pi} \left(r^2 \mathrm{e}^{-\frac{r^2}{2\sigma^2}} \Big|_0^{+\infty} - \int_0^{+\infty} \mathrm{e}^{-\frac{r^2}{2\sigma^2}} \mathrm{d}r^2 \right)$$

$$= \frac{2+\pi}{2\pi} \left(-2\sigma^2 \mathrm{e}^{-\frac{r^2}{2\sigma^2}} \right) \Big|_0^{+\infty} = \left(1 + \frac{2}{\pi} \right) \sigma^2.$$

方法 2. 求 $Z = \max\{|X|,|Y|\}$ 的分布, 然后在 $[0,+\infty)$ 区间上积分.

设正态分布 $N(0,\sigma^2)$ 的概率密度函数为 $f(x)$, 累积分布函数为 $F(x)$. 首先求 Z 的分布函数.

$$F_Z(z) = \left(F_{|X|}(z) \right)^2 = (F(z) - F(-z))^2,$$

$$f_Z(z) = 4f(z)(F(z) - F(-z)), \quad z \geqslant 0.$$

然后, 推导一些积分公式.

① 一阶矩. 为了用分部积分处理 $xf(x)\mathrm{d}x$，考虑对 $f(x)$ 求导，则

$$\mathrm{d}f(x) = \frac{1}{\sqrt{2\pi\sigma^2}}\mathrm{d}\exp\left(-\frac{x^2}{2\sigma^2}\right) = -\frac{1}{\sigma^2}xf(x)\mathrm{d}x, \quad \text{从而 } xf(x)\,\mathrm{d}x = -\sigma^2\mathrm{d}f(x).$$

② 密度平方. 高斯分布的概率密度函数的平方正比于高斯分布的概率密度函数

$$\{f(x)\}^2 = \frac{1}{2\pi\sigma^2}\exp\left(-\frac{x^2}{\sigma^2}\right) = \frac{\sqrt{2\pi\sigma^2/2}}{2\pi\sigma^2}\cdot\frac{1}{\sqrt{2\pi\sigma^2/2}}\exp\left(-\frac{x^2}{2\cdot\sigma^2/2}\right) = \frac{1}{2\sqrt{\pi}\sigma}f^*(x),$$

从而 $\{f(x)\}^2 = \dfrac{1}{2\sqrt{\pi}\sigma}f^*(x)$，其中 $f^*(x) \sim N\left(0, \dfrac{\sigma^2}{2}\right)$.

③ 二阶矩. 为了用分部积分处理 $x^2f(x)\,\mathrm{d}x$，考虑对 $xf(x)$ 求导，则

$$\mathrm{d}(xf(x)) = f(x) + x\mathrm{d}f(x) = f(x) - \frac{x^2}{\sigma^2}f(x)\mathrm{d}x,$$

从而 $x^2f(x)\,\mathrm{d}x = \sigma^2\left(f(x) - \dfrac{\mathrm{d}xf(x)}{\mathrm{d}x}\right)$.

④ 半边高斯密度均值.

$$\int_0^{+\infty} xf(x)\mathrm{d}x = \int_0^{+\infty} -\sigma^2\mathrm{d}f(x) = -\sigma^2 f(x)\big|_0^{+\infty} = \frac{\sigma^2}{\sqrt{2\pi\sigma^2}} = \frac{\sigma}{\sqrt{2\pi}}.$$

下面求 Z 的一阶矩和二阶矩.

(1) 求 Z 均值如下：

$$E(Z) = \int_0^{+\infty} 4zf(z)(F(z) - F(-z))\,\mathrm{d}z = -4\sigma^2\int_0^{+\infty}(F(z) - F(-z))\,\mathrm{d}f(z)$$

$$= -4\sigma^2\left\{f(z)\left(\int_{-z}^z f(t)\mathrm{d}t\right)\Big|_{z=0}^{z\to+\infty} - \int_0^{+\infty} f(z)\mathrm{d}(F(z) - F(-z))\right\}$$

$$= 4\sigma^2\int_0^{+\infty} 2[f(z)]^2\mathrm{d}z = \frac{4\sigma^2}{2\sqrt{\pi}\sigma}\int_0^{+\infty} 2f^*(z)\,\mathrm{d}z = \frac{2\sigma}{\sqrt{\pi}}.$$

(2) 求 Z 二阶矩如下：

$$E(Z^2) = \int_0^{+\infty} 4z^2f(z)(F(z) - F(-z))\,\mathrm{d}z$$

$$= \int_0^{+\infty} 4\sigma^2\left(f(z) - \frac{\mathrm{d}zf(z)}{\mathrm{d}z}\right)(F(z) - F(-z))\,\mathrm{d}z$$

$$= \underbrace{\int_0^{+\infty} 4\sigma^2(F(z) - F(-z))f(z)\,\mathrm{d}z}_{\mathrm{I}} - \underbrace{\int_0^{+\infty} 4\sigma^2(F(z) - F(-z))\mathrm{d}(zf(z))}_{\mathrm{II}}$$

$$= \mathrm{I} - \mathrm{II}.$$

其中，第一项积分为

$$\mathrm{I} = \int_0^{+\infty} 4\sigma^2 F(z)f(z)\,\mathrm{d}z - \int_0^{+\infty} 4\sigma^2 F(-z)f(-z)\mathrm{d}z$$

$$= \int_0^{+\infty} 4\sigma^2 F(z) \, \mathrm{d}F(z) + \int_0^{+\infty} 4\sigma^2 F(-z) \, \mathrm{d}F(-z)$$

$$= 4\sigma^2 \cdot \frac{1}{2} F(z)^2 \Big|_0^{+\infty} + 4\sigma^2 \cdot \frac{1}{2} F(-z)^2 \Big|_0^{+\infty}$$

$$= 4\sigma^2 \cdot \frac{1 - \left(\frac{1}{2}\right)^2}{2} + 4\sigma^2 \cdot \frac{0 - \left(\frac{1}{2}\right)^2}{2} = \sigma^2.$$

第二项积分为

$$\mathrm{II} = 4\sigma^2 \left[(F(z) - F(-z)) z f(z) \big|_0^{+\infty} - \int_0^{+\infty} 2z [f(z)]^2 \mathrm{d}z \right]$$

$$= 4\sigma^2 \left[0 - 0 - \int_0^{+\infty} 2z \cdot \frac{1}{2\sqrt{\pi}\sigma} f^*(z) \, \mathrm{d}z \right]$$

$$= -\frac{4\sigma^2}{\sqrt{\pi}\sigma} \int_0^{+\infty} z f^*(z) \, \mathrm{d}z = -\frac{4\sigma^2}{\sqrt{\pi}\sigma} \cdot \frac{\sigma/\sqrt{2}}{\sqrt{2\pi}} = -\frac{2\sigma^2}{\pi}.$$

从而可求出 Z 的二阶矩 $E(Z^2) = \mathrm{I} - \mathrm{II} = \sigma^2 + \frac{2\sigma^2}{\pi} = \left(1 + \frac{2}{\pi}\right)\sigma^2.$

28.（1）（2）由题意，概率密度函数为 $f(x, y) = C, 0 \leqslant x < 1, x \leqslant y < x + 1$，所以有

$$\int_{-\infty}^{+\infty} \int_{-\infty}^{+\infty} f(x, y) \, \mathrm{d}y\mathrm{d}x = \int_0^1 \int_x^{x+1} C \mathrm{d}y\mathrm{d}x = C = 1.$$

于是可求得边缘概率密度函数分别为

$$f_X(x) = \int_{-\infty}^{+\infty} f(x, y) \, \mathrm{d}y = \begin{cases} \int_x^{x+1} \mathrm{d}y = 1, & 0 \leqslant x < 1, \\ 0, & \text{其他}, \end{cases}$$

$$f_Y(y) = \int_{-\infty}^{+\infty} f(x, y) \, \mathrm{d}x = \begin{cases} \int_0^y \mathrm{d}x = y, & 0 \leqslant y < 1, \\ \int_{y-1}^1 \mathrm{d}x = 2 - y, & 1 \leqslant y < 2, \\ 0, & \text{其他}. \end{cases}$$

因为 $f(0.5, 0.5) = 1 \neq f_X(0.5) f_Y(0.5)$，所以 X，Y 不独立.

（3）由边缘分布及联合分布可知

$$E(X) = \int_{-\infty}^{+\infty} x f_X(x) \mathrm{d}x = \int_0^1 x \mathrm{d}x = \frac{1}{2},$$

$$E(Y) = \int_{-\infty}^{+\infty} y f_Y(y) \mathrm{d}y = \int_0^1 y^2 \mathrm{d}y + \int_1^2 (2y - y^2) \mathrm{d}y = \frac{1}{3} + 3 - \frac{7}{3} = 1,$$

$$E(X + Y) = E(X) + E(Y) = \frac{1}{2} + 1 = \frac{3}{2},$$

$$\mathrm{Var}(X + Y) = E\left[\left(X + Y - \frac{3}{2}\right)^2\right] = \int_0^1 \int_x^{x+1} \left(x + y - \frac{3}{2}\right)^2 \mathrm{d}y\mathrm{d}x = \frac{5}{12}.$$

（4）先求方差，有

$$\mathrm{Var}(X) = \int_{-\infty}^{+\infty} \left(x - \frac{1}{2}\right)^2 f_X(x)\, \mathrm{d}x = \int_0^1 \left(x - \frac{1}{2}\right)^2 \mathrm{d}x = \frac{1}{12},$$

$$\mathrm{Var}(Y) = \int_{-\infty}^{+\infty} (y-1)^2 f_Y(y)\, \mathrm{d}y = \int_0^1 y(y-1)^2 \mathrm{d}y + \int_1^2 (2-y)(y-1)^2 \mathrm{d}y = \frac{1}{6}.$$

再求协方差，得

$$E(XY) = \int_{-\infty}^{+\infty} \int_{-\infty}^{+\infty} xy f(x,y)\, \mathrm{d}y \mathrm{d}x = \int_0^1 \int_x^{x+1} xy\, \mathrm{d}y \mathrm{d}x = \frac{7}{12},$$

$$\mathrm{Cov}(X,Y) = E(XY) - E(X)E(Y) = \frac{1}{12}.$$

进而得相关系数为

$$\rho_{XY} = \frac{\mathrm{Cov}(X,Y)}{\sqrt{\mathrm{Var}(X)\,\mathrm{Var}(Y)}} = \frac{\sqrt{2}}{2}.$$

29.

$$E(X) = \int_{-\infty}^{+\infty} \int_{-\infty}^{+\infty} x f(x,y)\, \mathrm{d}x \mathrm{d}y = \int_0^{+\infty} \int_0^{+\infty} \frac{x}{y} \mathrm{e}^{-\left(y+\frac{x}{y}\right)} \mathrm{d}x \mathrm{d}y = 1,$$

$$E(Y) = \int_{-\infty}^{+\infty} \int_{-\infty}^{+\infty} y f(x,y)\, \mathrm{d}x \mathrm{d}y = \int_0^{+\infty} \int_0^{+\infty} \mathrm{e}^{-\left(y+\frac{x}{y}\right)} \mathrm{d}x \mathrm{d}y = 1,$$

$$E(XY) = \int_{-\infty}^{+\infty} \int_{-\infty}^{+\infty} xy f(x,y)\, \mathrm{d}x \mathrm{d}y = \int_0^{+\infty} \int_0^{+\infty} x \mathrm{e}^{-\left(y+\frac{x}{y}\right)} \mathrm{d}x \mathrm{d}y = 2,$$

$$\mathrm{Cov}(X,Y) = E(XY) - E(X)E(Y) = 1.$$

30. 方法 1：先求 $Z = \min\{|X|, 1\}$ 的分布，再求期望.

设 $Z = \min\{|X|, 1\}$，则 $0 \leqslant Z \leqslant 1$. 分情况讨论. 首先，$P(Z=1) = P(|X| \geqslant 1)$. 其次，$Z$ 在区间 $[0,1)$ 内的概率密度函数如下：

$$f_Z(z) = f(z) + f(-z) = 2f(z), \quad 0 \leqslant z < 1.$$

综上，可求解 Z 的均值如下：

$$E(Z) = 1 \cdot P(Z=1) + \int_0^1 z \cdot 2f(z)\, \mathrm{d}z = 1 \cdot P(|X| \geqslant 1) + \int_0^1 \frac{2z}{\pi(1+z^2)} \mathrm{d}z$$

$$= 2 \int_1^{+\infty} \frac{1}{\pi(1+z^2)} \mathrm{d}z + \int_0^1 \frac{1}{\pi(1+z^2)} \mathrm{d}z^2 = \frac{2}{\pi}\arctan(z) \Big|_1^{+\infty} + \frac{1}{\pi}\ln(1+z^2) \Big|_0^1$$

$$= \frac{1}{2} + \frac{1}{\pi}\ln 2.$$

方法 2：求随机变量函数的期望.

$$E(\min\{|X|, 1\}) = \int_{-\infty}^{+\infty} \min\{|x|, 1\} f(x)\, \mathrm{d}x$$

$$= \int_{-\infty}^{-1} \frac{1}{\pi(1+x^2)} \mathrm{d}x + \int_1^{+\infty} \frac{1}{\pi(1+x^2)} \mathrm{d}x +$$

$$\int_{-1}^0 \frac{(-x)}{\pi(1+x^2)} \mathrm{d}x + \int_0^1 \frac{x}{\pi(1+x^2)} \mathrm{d}x$$

$$=2\int_1^{+\infty}\frac{1}{\pi\left(1+x^2\right)}\mathrm{d}x+2\int_0^1\frac{x}{\pi\left(1+x^2\right)}\mathrm{d}x$$

$$=\frac{2}{\pi}\arctan\left(x\right)\bigg|_1^{+\infty}+\frac{1}{\pi}\ln\left(1+x^2\right)\bigg|_0^1=\frac{1}{2}+\frac{1}{\pi}\ln 2.$$

31. 先求边缘概率密度函数，有

$$f\left(x\right)=\int_0^1\left(2-x-y\right)\mathrm{d}y=\frac{3}{2}-x,\quad 0<x<1,$$

$$f\left(y\right)=\int_0^1\left(2-x-y\right)\mathrm{d}x=\frac{3}{2}-y,\quad 0<y<1.$$

再求 X 的均值和方差，有

$$E\left(X\right)=\int_0^1 x\left(\frac{3}{2}-x\right)\mathrm{d}x=\frac{5}{12},\qquad \mathrm{Var}\left(X\right)=\int_0^1\left(x-\frac{5}{12}\right)^2\left(\frac{3}{2}-x\right)\mathrm{d}x=\frac{11}{144}.$$

同理可求 Y 的均值与方差分别为

$$E\left(Y\right)=\frac{5}{12},\qquad \mathrm{Var}\left(Y\right)=\frac{11}{144}.$$

求 X 与 Y 的协方差，有

$$\mathrm{Cov}\left(X,Y\right)=\int_0^1\int_0^1\left(x-\frac{5}{12}\right)\left(y-\frac{5}{12}\right)\left(2-x-y\right)\mathrm{d}x\mathrm{d}y=-\frac{1}{144}.$$

从而可求出 X 与 Y 的相关系数为 $\rho_{XY}=\dfrac{\mathrm{Cov}(X,Y)}{\sqrt{\mathrm{Var}(X)}\sqrt{\mathrm{Var}(Y)}}=-\dfrac{1}{11}.$

32. 先求边缘概率密度函数，有

$$f\left(x\right)=\int_{-\sqrt{R^2-x^2}}^{\sqrt{R^2-x^2}}\frac{1}{\pi R^2}\mathrm{d}y=\frac{2\sqrt{R^2-x^2}}{\pi R^2},\quad -R<x<R,$$

$$f\left(y\right)=\int_{-\sqrt{R^2-y^2}}^{\sqrt{R^2-y^2}}\frac{1}{\pi R^2}\mathrm{d}x=\frac{2\sqrt{R^2-y^2}}{\pi R^2},\quad -R<y<R.$$

由 $f(x)$ 的偶对称性，知 X 的均值为 0，且 $E\left(X\right)=\displaystyle\int_{-R}^R\frac{2x\sqrt{R^2-x^2}}{\pi R^2}\mathrm{d}x=0.$
同理可得，Y 的均值 $E\left(Y\right)=0.$
由对称性，X 与 Y 的协方差为 0，即 $\mathrm{Cov}\left(X,Y\right)=\displaystyle\iint_{x^2+y^2\leqslant R^2}\frac{xy}{\pi R^2}\mathrm{d}x\mathrm{d}y=0$，从而 $\rho_{XY}=0$，
即 X 与 Y 不相关.

但是，容易验证 $f\left(x,y\right)\neq f(x)f(y)$，从而 X 与 Y 不独立.

33. 先求 U，V 的均值、方差：

$$E\left(U\right)=aE\left(X\right)+b,\quad \mathrm{Var}\left(U\right)=a^2\mathrm{Var}(X),$$

$$E\left(V\right)=cE\left(Y\right)+d,\quad \mathrm{Var}\left(V\right)=c^2\mathrm{Var}(Y).$$

再求 U，V 的协方差：

$$\mathrm{Cov}\left(U,V\right)=E\left(UV\right)-E\left(U\right)E\left(V\right)$$

$$= E\left(acXY + a\mathrm{d}x + bcY + bd\right) - acE\left(X\right)E\left(Y\right) - adE\left(X\right) - bcE\left(Y\right) - bd$$

$$= acE\left(XY\right) - acE\left(X\right)E\left(Y\right) = ac\mathrm{Cov}(X, Y),$$

从而可求得 U，V 的协方差：

$$\rho_{UV} = \frac{ac\mathrm{Cov}(X,Y)}{\sqrt{a^2\mathrm{Var}(X)}\sqrt{c^2\mathrm{Var}(Y)}} = \frac{ac\mathrm{Cov}(X,Y)}{|ac|\sqrt{\mathrm{Var}(X)}\sqrt{\mathrm{Var}(Y)}} = \frac{ac}{|ac|}\rho.$$

34. $P\left(N_i = n_i\right) = \dfrac{m!}{n_i!\left(m - n_i\right)!}p_i^{n_i}(1 - p_i)^{n_i}$，符合二项分布，因此

$$E\left(N_i\right) = mp_i, \quad \mathrm{Var}\left(N_i\right) = mp_i(1 - p_i).$$

把 i 和 j（$i \neq j$）看做同一种结果，概率为 $p_i + p_j$，则

$$E\left(N_i + N_j\right) = m\left(p_i + p_j\right), \qquad \mathrm{Var}\left(N_i + N_j\right) = m\left(p_i + p_j\right)\left(1 - p_i - p_j\right).$$

由 $\mathrm{Var}\left(N_i + N_j\right) = \mathrm{Var}\left(N_i\right) + \mathrm{Var}\left(N_j\right) + 2\mathrm{Cov}(N_i, N_j)$，可得

$$\mathrm{Cov}\left(N_i, N_j\right) = \frac{m\ \left(p_i + p_j\right)\left(1 - p_i - p_j\right) - mp_i\left(1 - p_i\right) - mp_j\left(1 - p_j\right)}{2} = -mp_ip_j.$$

35. (1) 因为 $YZ = 0$，则 $E(YZ) = 0$. 因为 Y, Z 非负，则 $E(Y) \geqslant 0, E(Z) \geqslant 0$，因此

$$\mathrm{Cov}\left(Y, Z\right) = E\left(YZ\right) - E\left(Y\right)E\left(Z\right) = -E\left(Y\right)E\left(Z\right) \leqslant 0.$$

(2) $\mathrm{Var}\left(X\right) = \mathrm{Var}\left(Y\right) + \mathrm{Var}\left(Z\right) - 2\mathrm{Cov}\left(Y, Z\right) \geqslant \mathrm{Var}\left(Y\right) + \mathrm{Var}\left(Z\right).$

(3) 令 $U = \max\left\{0, X\right\}$，$V = \max\left\{0, -X\right\}$.

当 $X > 0$ 时，$U = X$，$V = 0$，此时 $UV = 0$，$U - V = X$，U, V 为非负随机变量.

当 $X \leqslant 0$ 时，$U = 0$，$V = -X$，此时 $UV = 0$，$U - V = X$，U, V 为非负随机变量.

即恒成立 $UV = 0$，$U - V = X$，U, V 为非负随机变量，满足结论（2）中的要求，因此

$$\mathrm{Var}\left(X\right) \geqslant \mathrm{Var}\left(\max\left\{0, X\right\}\right) + \mathrm{Var}\left(\max\left\{0, -X\right\}\right).$$

36. 例如：

(X, Y) 联合分布		X		
		$P\left(X = 0\right) = 1/2$	$P\left(X = 1\right) = 1/3$	$P\left(X = 2\right) = 1/6$
Y	$P\left(Y = 0\right) = 1/2$	1/4	1/4	0
	$P\left(Y = 1\right) = 1/2$	1/4	1/12	1/6

可见 $P(X = 2, Y = 0) \neq P(X = 2)P(Y = 0)$，从而 X 与 Y 不独立. 但成立 $P\left(X = 0, Y = 0\right) = P\left(X = 0\right)P(Y = 0)$，故 $\{X = 0\}$ 与 $\{Y = 0\}$ 独立.

37. (1) X 的边缘分布列如下：

$$P\left(X = 1\right) = \int_{-\infty}^{+\infty} 0.4 \cdot N\left(y \mid 1, 1.5^2\right)\mathrm{d}y = 0.4,$$

$$P\left(X = 2\right) = \int_{-\infty}^{+\infty} 0.6 \cdot N\left(y \mid 4, 1\right)\mathrm{d}y = 0.6.$$

(2) Y 的均值如下：

$$E(Y) = P(X=1) E(Y \mid X=1) + P(X=2) E(Y \mid X=2) = 0.4 \times 1 + 0.6 \times 4 = 2.8.$$

38. 方法 1：设第一位阳性反应之前的阴性反应人数为随机变量 N. 50 个人的 50! 种排队方式等概率出现，则 $P(N=n)$ 可以如下求解：

$$P(N=n) = \frac{\mathrm{P}_5^1 \mathrm{P}_{45}^n (50-n-1)!}{50!} = \frac{5 \times (46-1) \times (46-2) \times \cdots \times (46-n)}{50 \times 49 \times \cdots \times (50-n)}$$

$$= 5 \frac{(46-1) \times \cdots \times (46-(n-4)) \times (46-(n-3)) \times \cdots \times (46-n)}{(50 \times 49 \times \cdots \times 46) \times (46-1) \times \cdots \times (46-(n-4))}$$

$$= \frac{5 \times (49-n) \times \cdots \times (46-n)}{50 \times \cdots \times 46} = \frac{\dfrac{(49-n) \times \cdots \times (46-n)}{4!}}{\dfrac{50 \times \cdots \times 46}{5!}} = \frac{\mathrm{C}_{49-n}^4}{\mathrm{C}_{50}^5}.$$

上述化简尽量消去了分母中含 n 的项，便于数列求和. 这个化简结果有直观解释：选择 5 个阳性患者的位置，共有 C_{50}^5 种可能；对于符合 $N=n$ 的序列，前 n 个位置为阴性，第 $n+1$ 个位置为阳性，从后 $49-n$ 个位置中选取 4 个阳性患者的位置，有 C_{49-n}^4 种可能.

在介绍分布列求和方法前，先介绍处理组合数的两个有用技巧：

- 将 $(n+a)\mathrm{C}_n^k$ 化成组合数. 因

$$(n+1)\mathrm{C}_n^k = (n+1)\frac{n!}{(n-k)!k!} = \frac{(n+1)!}{(n+1-(k+1))!\,(k+1)!}(k+1) = (k+1)\,\mathrm{C}_{n+1}^{k+1},$$

从而 $(n+1)\mathrm{C}_n^k = (k+1)\,\mathrm{C}_{n+1}^{k+1}$. 将 $(n+a)\mathrm{C}_n^k$ 拆项即得

$$(n+a)\mathrm{C}_n^k = (n+1)\mathrm{C}_n^k + (a-1)\mathrm{C}_n^k = (k+1)\,\mathrm{C}_{n+1}^{k+1} + (a-1)\,\mathrm{C}_n^k.$$

- 将组合数 C_n^k 表示为差分形式. 首先，依据选不选第 $n+1$ 个元素 x_{n+1}，从 $n+1$ 个元素中选 $k+1$ 个元素有两种方式，得到组合数递推公式 $\mathrm{C}_n^k + \mathrm{C}_n^{k+1} = \mathrm{C}_{n+1}^{k+1}$.

  根据上述递推公式，将 C_n^k 写成差分形式，即 $\mathrm{C}_n^k = \mathrm{C}_{n+1}^{k+1} - \mathrm{C}_n^{k+1}$. 由此得到组合数求和公式

$$\sum_{n=M}^N \mathrm{C}_n^k = \sum_{n=M}^N (\mathrm{C}_{n+1}^{k+1} - \mathrm{C}_n^{k+1}) = \mathrm{C}_{N+1}^{k+1} - \mathrm{C}_M^{k+1}.$$

下面求 N 的期望，有

$$E(N) = \sum_{n=0}^{45} n \frac{\mathrm{C}_{49-n}^4}{\mathrm{C}_{50}^5} \quad (\text{变量代换 } k = 45-n)$$

$$= \sum_{k=0}^{45} (45-k) \frac{\mathrm{C}_{k+4}^4}{\mathrm{C}_{50}^5} \quad (\text{拆项，凑 } (k+5)\,\mathrm{C}_{k+4}^4)$$

$$= \sum_{k=0}^{45} (50-(k+5)) \frac{\mathrm{C}_{k+4}^4}{\mathrm{C}_{50}^5}$$

$$= \frac{50}{\mathrm{C}_{50}^5} \sum_{k=0}^{45} \mathrm{C}_{k+4}^4 - \frac{1}{\mathrm{C}_{50}^5} \sum_{k=0}^{45} (k+5)\mathrm{C}_{k+4}^4 \quad \left((n+1)\mathrm{C}_n^k = (k+1)\,\mathrm{C}_{n+1}^{k+1}\right)$$

$$= \frac{50}{C_{50}^5} \sum_{k=0}^{45} C_{k+4}^4 - \frac{5}{C_{50}^5} \sum_{k=0}^{45} C_{k+5}^5 \quad (\text{组合数求和})$$

$$= \frac{50}{C_{50}^5} C_{50}^5 - \frac{5}{C_{50}^5} C_{51}^6 \quad \left(C_{n+1}^{k+1} = \frac{n+1}{k+1} C_n^k \right)$$

$$= 50 - \frac{51}{6} \times 5 = 7.5.$$

方法 2：5 个阳性患者隔出 6 个区间，编号 1~6. 设 X_i 为第 i 个阴性患者所处区间，$X_i \in \{1,2,\cdots,6\}$ ，$i = 1,2,\cdots,45$，注意有

$$P(X_i = 1) = P(X_i = 2) = \cdots = P(X_i = 6) = \frac{1}{6}, \ i = 1,2,\cdots,45,$$

则第一个阳性患者之前的阴性反应者的人数平均值为

$$E\left[\sum_{i=1}^{45} I(X_i = 1) \right] = \sum_{i=1}^{45} E[I(X_i = 1)] = \sum_{i=1}^{45} P(X_i = 1) = \frac{45}{6},$$

其中 $I(X_i = 1)$ 表示事件 $\{X_i = 1\}$ 的示性变量.

39. 先求 (X,Y) 的联合概率密度函数，有

$$f(x,y) = \lambda^2 e^{-\lambda(x+y)}.$$

对第一象限 $y = x$ 直线上下两边分别求积分，有

$$E(Z) = \int_0^{+\infty} \int_0^x (4x+1)f(x,y)\,\mathrm{d}y\mathrm{d}x + \int_0^{+\infty} \int_0^y 5y f(x,y)\,\mathrm{d}x\mathrm{d}y$$

$$= P(X \geqslant Y) + 4\int_0^{+\infty} \int_0^x x f(x,y)\,\mathrm{d}y\mathrm{d}x + 5\int_0^{+\infty} \int_0^y y f(x,y)\,\mathrm{d}x\mathrm{d}y.$$

由 $f(x,y)$ 的对称性知 $P(X \geqslant Y) = P(X \leqslant Y)$. 又 $P(X = Y) = 0$，从而 $P(X \geqslant Y) = 0.5$. 再由 $f(x,y)$ 交换 x 与 y 形式不变，可知

$$\int_0^{+\infty} \int_0^x x f(x,y)\,\mathrm{d}y\mathrm{d}x = \int_0^{+\infty} \int_0^y y f(x,y)\,\mathrm{d}x\mathrm{d}y.$$

代入 $E(Z)$ 的积分式有

$$E(Z) = \frac{1}{2} + 9\int_0^{+\infty} \int_0^x x\lambda^2 e^{-\lambda(x+y)}\,\mathrm{d}y\mathrm{d}x = \frac{1}{2} + 9\int_0^{+\infty} \lambda x e^{-\lambda x} \int_0^x \lambda e^{-\lambda y}\,\mathrm{d}y\mathrm{d}x$$

$$= \frac{1}{2} + 9\int_0^{+\infty} \lambda x e^{-\lambda x}\left(1 - e^{-\lambda x}\right)\mathrm{d}x = \frac{1}{2} + 9\int_0^{+\infty} \lambda x e^{-\lambda x}\,\mathrm{d}x - \frac{9}{2}\int_0^{+\infty} 2\lambda x e^{-2\lambda x}\,\mathrm{d}x$$

$$= \frac{1}{2} + \frac{9}{\lambda} - \frac{9}{2 \times 2\lambda} = \frac{1}{2} + \frac{27}{4\lambda}.$$

40. 由于随机变量 A 和 θ 独立，因此，$\sin(\omega_0 + \theta)$ 和 A 也独立，从而

$$E(X) = E(A)E(\sin(\omega_0 + \theta)) = E(A)\int_{-\infty}^{+\infty} \sin(\omega_0 + \theta) f_\Theta(\theta)\,\mathrm{d}\theta.$$

由于随机变量 $\theta \sim U\left[-\pi, \pi\right]$ 和周期函数的特点，在一个周期内有 $\displaystyle\int_{-\pi}^{+\pi} \sin\left(\omega_0 + \theta\right) \mathrm{d}\theta = 0$，因此

$$E\left(X\right) = E\left(A\right) \int_{-\pi}^{+\pi} \sin\left(\omega_0 + \theta\right) \frac{1}{2\pi} \mathrm{d}\theta = 0.$$

根据方差的性质，考虑到 $E\left(X\right) = 0$，以及 A^2 和 $\sin^2\left(\omega_0 + \theta\right)$ 相互独立，有

$$\mathrm{Var}\left(X\right) = E\left(X^2\right) = E\left(A^2\right) E\left(\sin^2\left(\omega_0 + \theta\right)\right),$$

其中

$$E\left(A^2\right) = \left(-1\right)^2 \cdot p + 0^2 \cdot r + 1^2 \cdot q = p + q,$$

$$E\left(\sin^2\left(\omega_0 + \theta\right)\right) = E\left(\frac{1}{2}\left[1 - \cos\left(2\left(\omega_0 + \theta\right)\right)\right]\right) = \frac{1}{2}.$$

综上所述 $\mathrm{Var}\left(X\right) = \dfrac{p + q}{2}$.

41. 利用分布函数右连续性证明.

设 $\left(X, Y\right)$ 联合分布函数为 $F_{X,Y}\left(x, y\right) = P\left(X \leqslant x, Y \leqslant y\right)$，$Y$ 的边缘分布函数为 $F_Y\left(y\right) = P(Y \leqslant y)$. 这时

$$\lim_{\varepsilon \to 0^+} P\left(X \leqslant x \mid y \leqslant Y \leqslant y + \varepsilon\right) = \lim_{\varepsilon \to 0^+} \frac{P\left(X \leqslant x,\ y \leqslant Y \leqslant y + \varepsilon\right)}{P\left(y \leqslant Y \leqslant y + \varepsilon\right)}$$

$$= \lim_{\varepsilon \to 0^+} \frac{F_{X,Y}\left(x, y + \varepsilon\right) - F_{X,Y}\left(x, y\right) + P\left(X \leqslant x, Y = y\right)}{F_Y\left(y + \varepsilon\right) - F_Y\left(y\right) + P\left(Y = y\right)}.$$

由分布函数的右连续性，有

$$\lim_{\varepsilon \to 0^+} F_{X,Y}\left(x, y + \varepsilon\right) = F_{X,Y}\left(x, y\right), \qquad \lim_{\varepsilon \to 0^+} F_Y\left(y + \varepsilon\right) = F_Y\left(y\right).$$

代入上述极限表达式有

$$\lim_{\varepsilon \to 0^+} P\left(X \leqslant x \mid y \leqslant Y \leqslant y + \varepsilon\right) = \frac{P\left(X \leqslant x, Y = y\right)}{P\left(Y = y\right)} = P\left(X \leqslant x \mid Y = y\right).$$

42. 方法 1：　设 $Z = Y - \left(aX + b\right)$，则 $Z \sim N(z|0, c^2)$，X 与 Z 独立. 从而 $Y = Z + \left(aX + b\right)$ 仍为高斯分布，且有

均值：$\mu_Y = \mu_Z + a\mu_X + b = a\mu + b$；　　　　方差：$\sigma_Y^2 = \sigma_Z^2 + a^2 \sigma_X^2 = c^2 + a^2 \sigma^2$.

因此 $Y \sim N(a\mu + b, c^2 + a^2 \sigma^2)$，可写出其概率密度函数为

$$f(y) = \frac{1}{\sqrt{2\pi(c^2 + a^2 \sigma^2)}} \exp\left(-\frac{(y - a\mu - b)^2}{2(c^2 + a^2 \sigma^2)}\right).$$

接下来，求 $\left(X, Y\right)$ 的联合分布. 首先注意到 $\left(X, Y\right)$ 是 $\left(X, Z\right)$ 的线性变换：

$$\begin{pmatrix} X \\ Y \end{pmatrix} = \begin{pmatrix} 1 & 0 \\ a & 1 \end{pmatrix} \begin{pmatrix} X \\ Z \end{pmatrix} + \begin{pmatrix} 0 \\ b \end{pmatrix} \overset{\text{def}}{=} \boldsymbol{A} \begin{pmatrix} X \\ Z \end{pmatrix} + \boldsymbol{B},$$

其中 $\left(X, Z\right)$ 相互独立，服从联合高斯分布，其均值向量与协方差矩阵分别为

$$\boldsymbol{\mu}_{XZ} = \begin{pmatrix} \mu \\ 0 \end{pmatrix}, \qquad \boldsymbol{\Sigma}_{XZ} = \begin{pmatrix} \sigma^2 & 0 \\ 0 & c^2 \end{pmatrix}.$$

从而 (X,Y) 也服从联合高斯分布，(X,Y) 的均值、协方差矩阵可如下计算：

$$\boldsymbol{\mu}_{XY} = \boldsymbol{A}\boldsymbol{\mu}_{XZ} + \boldsymbol{B} = \begin{pmatrix} 1 & 0 \\ a & 1 \end{pmatrix}\begin{pmatrix} \mu \\ 0 \end{pmatrix} + \begin{pmatrix} 0 \\ b \end{pmatrix} = \begin{pmatrix} \mu \\ a\mu + b \end{pmatrix},$$

$$\boldsymbol{\Sigma}_{XY} = \boldsymbol{A}\boldsymbol{\Sigma}_{XZ}\boldsymbol{A}^{\mathrm{T}} = \begin{pmatrix} 1 & 0 \\ a & 1 \end{pmatrix}\begin{pmatrix} \sigma^2 & 0 \\ 0 & c^2 \end{pmatrix}\begin{pmatrix} 1 & a \\ 0 & 1 \end{pmatrix} = \begin{pmatrix} \sigma^2 & a\sigma^2 \\ a\sigma^2 & a^2\sigma^2 + c^2 \end{pmatrix}.$$

为了写出高斯分布的概率密度函数，求协方差矩阵的行列式和逆矩阵：

$$\det(\boldsymbol{\Sigma}_{XY}) = \sigma^2 c^2,$$

$$\boldsymbol{\Sigma}_{XY}^{-1} = \begin{pmatrix} \sigma^2 & a\sigma^2 \\ a\sigma^2 & a^2\sigma^2 + c^2 \end{pmatrix}^{-1} = \frac{1}{\sigma^2 c^2}\begin{pmatrix} a^2\sigma^2 + c^2 & -a\sigma^2 \\ -a\sigma^2 & \sigma^2 \end{pmatrix} = \begin{pmatrix} \frac{a^2}{c^2} + \frac{1}{\sigma^2} & -\frac{a}{c^2} \\ -\frac{a}{c^2} & \frac{1}{c^2} \end{pmatrix}.$$

从而可以写出 (X,Y) 的联合概率密度函数

$$f(x,y) = \frac{1}{2\pi\sqrt{\det(\boldsymbol{\Sigma}_{XY})}}\exp\left(-\frac{1}{2}(x-\mu, y-(a\mu+b))\boldsymbol{\Sigma}_{XY}^{-1}\begin{pmatrix} x-\mu \\ y-(a\mu+b) \end{pmatrix}\right)$$

$$= \frac{1}{2\pi\sigma c}\exp\left(-\frac{1}{2}(x-\mu)^2\left(\frac{a^2}{c^2} + \frac{1}{\sigma^2}\right) - \frac{(y-a\mu-b)^2}{2c^2} + \frac{a}{c^2}(x-\mu)(y-a\mu-b)\right).$$

方法 2：联合概率密度函数配方积分，求边缘概率密度函数.

先求联合概率密度函数如下：

$$f(x,y) = f(x)f(y\mid x)$$

$$= \frac{1}{\sqrt{2\pi\sigma^2}}\exp\left(-\frac{(x-\mu)^2}{2\sigma^2}\right)\frac{1}{\sqrt{2\pi c^2}}\exp\left(-\frac{(y-ax-b)^2}{2c^2}\right)$$

$$= \frac{1}{2\pi\sigma c}\exp\left(-\frac{c^2 + a^2\sigma^2}{2\sigma^2 c^2}\left(x + \frac{\sigma^2 a(b-y) - \mu c^2}{c^2 + a^2\sigma^2}\right)^2 - \frac{(y-a\mu-b)^2}{2(c^2 + a^2\sigma^2)}\right).$$

求 Y 的边缘概率密度函数如下：

$$f(y) = \int_{-\infty}^{+\infty} f(x,y)\,\mathrm{d}x$$

$$= \frac{1}{2\pi\sigma c}\exp\left(-\frac{(y-a\mu-b)^2}{2c^2 + a^2\sigma^2}\right)\int_{-\infty}^{+\infty}\exp\left(-\frac{c^2 + a^2\sigma^2}{2\sigma^2 c^2}\left(x + \frac{\sigma^2 a(b-y) - \mu c^2}{c^2 + a^2\sigma^2}\right)^2\right)\mathrm{d}x$$

$$= \frac{\sqrt{2\pi\frac{2\sigma^2 c^2}{c^2 + a^2\sigma^2}}}{2\pi\sigma c}\exp\left(-\frac{(y-a\mu-b)^2}{2(c^2 + a^2\sigma^2)}\right) = \frac{1}{\sqrt{2\pi(c^2 + a^2\sigma^2)}}\exp\left(-\frac{(y-a\mu-b)^2}{2(c^2 + a^2\sigma^2)}\right).$$

从而 Y 也是高斯分布，均值为 $a\mu + b$，方差为 $c^2 + a^2\sigma^2$.

43. 先求边缘概率密度函数得

$$f(y) = \int_y^1 3x\mathrm{d}x = \frac{3}{2}(1-y^2),\ 0 < y < 1, \qquad f(x) = \int_0^x 3x\mathrm{d}y = 3x^2,\ 0 < x < 1,$$

从而有条件概率密度函数

$$f_{X|Y}(x|y) = \frac{f(x,y)}{f(y)} = \begin{cases} \dfrac{2x}{1-y^2}, & y < x < 1, \\ 0, & \text{其他}, \end{cases}$$

$$f_{Y|X}(y|x) = \frac{f(x,y)}{f(x)} = \begin{cases} \dfrac{1}{x}, & 0 < y < x, \\ 0, & \text{其他}. \end{cases}$$

44. 定义随机变量 $X_k(k=1,\cdots,100)$, 当第 k 个箱子无球时为 1, 有球时为 0.
又设定随机变量 Y 表示空箱子个数, 则 $Y = X_1 + X_2 + \cdots + X_{100}$.
每个球, 放入盒子 k 的概率为 $\dfrac{1}{100}$, 不放入的概率为 $\dfrac{99}{100}$, 则

$$P(X_k = 1) = \left(\frac{99}{100}\right)^{100}, k = 1, 2, \cdots, 100,$$

因此

$$E(X_k) = \left(\frac{99}{100}\right)^{100}, \qquad E(Y) = 100E(X_k) = 100 \times \left(\frac{99}{100}\right)^{100} \approx 36.6.$$

45. $P(X_6 > X_2|X_1 = \max\{X_1, X_2, \cdots, X_5\}) = \dfrac{P(X_6 > X_2,\ X_1 = \max\{X_1, X_2, \cdots, X_5\})}{P(X_1 = \max\{X_1, X_2, \cdots, X_5\})}$. 其中, 分母见习题 3 第 21 题, 有

$$P(X_1 = \max\{X_1, X_2, \cdots, X_5\}) = P(X_1 > \max\{X_1, \cdots, X_4\}) = \frac{1}{5}.$$

$$P(X_6 > X_2,\ X_1 = \max\{X_1, X_2, \cdots, X_5\})$$
$$= P(X_6 > X_2, X_6 > X_1, X_1 = \max\{X_1, X_2, \cdots, X_5\}) +$$
$$P(X_6 > X_2, X_6 \leqslant X_1, X_1 = \max\{X_1, X_2, \cdots, X_5\}),$$

其中

$$P(X_6 > X_2, X_6 > X_1, X_1 = \max\{X_1, X_2, \cdots, X_5\})$$
$$= P(X_6 > X_1, X_1 = \max\{X_1, X_2, \cdots, X_5\}) = \frac{1}{30}, \quad (\text{例 } 3.48)$$
$$P(X_6 > X_2, X_6 \leqslant X_1, X_1 = \max\{X_1, X_2, \cdots, X_5\})$$
$$= \int_{-\infty}^{+\infty} \int_{-\infty}^{x_6} \int_{-\infty}^{x_1} \int_{-\infty}^{x_1} \int_{-\infty}^{x_1} \int_{-\infty}^{x_1} \prod_{i=1}^{6} f(x_i) \mathrm{d}x_2 \mathrm{d}x_6 \mathrm{d}x_3 \mathrm{d}x_4 \mathrm{d}x_5 \mathrm{d}x_1 = \frac{1}{12}.$$

因此, $P(X_6 > X_2|X_1 = \max\{X_1, X_2, \cdots, X_5\}) = \dfrac{1/30 + 1/12}{1/5} = \dfrac{7}{12}$.

46. 已知

$$f_X(x) = \begin{cases} 1, & 0 \leqslant x \leqslant 1, \\ 0, & \text{其他}, \end{cases} \qquad f_{Y|X}(y|x) = \begin{cases} \dfrac{1}{1-x}, & x \leqslant y \leqslant 1, 0 \leqslant x \leqslant 1, \\ 0, & \text{其他}. \end{cases}$$

因此, 联合概率密度函数为

$$f(x,y) = f_X(x) f_{Y|X}(y|x) = \begin{cases} \dfrac{1}{1-x}, & 0 \leqslant x < y \leqslant 1, \\ 0, & \text{其他}. \end{cases}$$

则随机变量 Y 的概率密度函数为

$$f(y) = \int_0^1 f(x,y)\mathrm{d}x = \int_0^y \frac{1}{1-x}\mathrm{d}x = -\ln(1-y),\, 0 < y < 1.$$

47. (X, Y) 的联合概率密度函数为

$$f_{XY}(x,y) = f_X(x)f_Y(y) = \begin{cases} \lambda^2 \mathrm{e}^{-\lambda(x+y)}, & x, y > 0, \\ \\ 0, & \text{其他.} \end{cases}$$

(1) 先考虑 $X > Y$ 条件下的 (X, Y) 的联合累积分布函数

$$F_{XY|X>Y}(x,y|X>Y) \overset{\text{def}}{=} P(X \leqslant x, Y \leqslant y|X > Y) = \frac{P(X \leqslant x, Y \leqslant y, X > Y)}{P(X > Y)}.$$

分母为 $P(X > Y) = \int_0^\infty \int_0^x f_{XY}(x,y)\mathrm{d}y\mathrm{d}x = \dfrac{1}{2}$（或由对称性直接可得），

分子为

$$P(X \leqslant x, Y \leqslant y, X > Y) = P(Y < X \leqslant x, Y \leqslant y) = \int_{-\infty}^y \int_v^x f_{XY}(u,v)\mathrm{d}u\mathrm{d}v.$$

因此，对 $x > y \geqslant 0$, 有

$$\begin{aligned} f_{XY|X>Y}(x,y|X>Y) &= \frac{\partial^2}{\partial y \partial x} F_{XY|X>Y}(x,y|X>Y) \\ &= \frac{1}{P(X>Y)} \frac{\partial^2}{\partial y \partial x} \int_{-\infty}^y \int_v^x f_{XY}(u,v)\mathrm{d}u\mathrm{d}v \\ &= \frac{1}{P(X>Y)} \frac{\partial}{\partial y} \int_{-\infty}^y \left(\frac{\partial}{\partial x} \int_v^x f_{XY}(u,v)\mathrm{d}u \right) \mathrm{d}v \\ &= \frac{1}{P(X>Y)} \frac{\partial}{\partial y} \int_{-\infty}^y f_{XY}(x,v)\mathrm{d}v \\ &= \frac{1}{P(X>Y)} f_{XY}(x,y),\ x > y \geqslant 0. \end{aligned}$$

此结论具有一般直观意义, (X, Y) 受限取值于一个区域的条件下，其联合概率密度函数正比于原联合概率密度函数，即等于原联合概率密度函数除以该区域的面积.

(2) $X > Y$ 条件下的 X 边缘概率密度函数，等于 $X > Y$ 条件下的 (X, Y) 联合概率密度函数的边缘化.

$$\begin{aligned} f_{X|X>Y}(x|X>Y) &= \int_0^x f_{XY|X>Y}(x,y|X>Y)\mathrm{d}y = \int_0^x 2\lambda^2 \mathrm{e}^{-\lambda(x+y)}\mathrm{d}y \\ &= 2\lambda \mathrm{e}^{-\lambda x}\left(1 - \mathrm{e}^{-\lambda x}\right),\ x \geqslant 0. \end{aligned}$$

48. 先求边缘概率密度函数，得

$$f(x) = \int_0^x 24(1-x)y\mathrm{d}y = 12(1-x)x^2,\ 0 < x < 1,$$

$$f(y) = \int_y^1 24(1-x)y\mathrm{d}x = 12y(y-1)^2,\ 0 < y < 1,$$

从而有条件概率密度函数

$$f_{X|Y}\left(x \mid y\right) = \frac{f(x,y)}{f(y)} = \begin{cases} \dfrac{2(1-x)}{(y-1)^2}, & 0 < y < x < 1, \\ 0, & \text{其他}, \end{cases}$$

$$f_{Y|X}(y|x) = \frac{f\left(x,y\right)}{f\left(x\right)} = \begin{cases} \dfrac{2y}{x^2}, & 0 < y < x < 1, \\ 0, & \text{其他}. \end{cases}$$

49. (1) 首先可求边缘概率密度函数为

$$f_X\left(x\right) = \int_{-\infty}^{+\infty} f_{X,Y}\left(x,y\right) \mathrm{d}y = \begin{cases} 0.4, & -1 < x < 1, \\ 0.2, & 1 < x < 2; \end{cases}$$

$$f_Y\left(y\right) = \int_{-\infty}^{+\infty} f_{X,Y}\left(x,y\right) \mathrm{d}x = \begin{cases} 0.3, & -1 < y < 1, \\ 0.2, & 1 < y < 2, \text{或} -2 < y < -1. \end{cases}$$

根据 $f_{Y|X}\left(y|x\right) = \dfrac{f_{X,Y}\left(x,y\right)}{f_X\left(x\right)}$, 可知

- 当 $-1 < x < 1$ 时, $f_{Y|X}\left(y|x\right) = \dfrac{1}{4}, -2 < y < 2$;
- 当 $1 < x < 2$ 时, $f_{Y|X}\left(y|x\right) = \dfrac{1}{2}, -1 < y < 1$.

根据 $f_{X|Y}\left(x|y\right) = \dfrac{f_{X,Y}\left(x,y\right)}{f_Y\left(y\right)}$, 可知

- 当 $-1 < y < 1$ 时, $f_{X|Y}\left(x|y\right) = \dfrac{1}{3}, -1 < x < 2$;
- 当 $1 < y < 2$ 或 $-2 < y < -1$ 时, $f_{X|Y}\left(x|y\right) = \dfrac{1}{2}, -1 < x < 1$.

(2) 根据 $E\left(X|Y=y\right) = \int_{-\infty}^{+\infty} x f_{X|Y}\left(x|y\right) \mathrm{d}x$, 可得

$$E\left(X|Y=y\right) = \begin{cases} 0.5, & -1 < y < 1, \\ 0, & 1 < y < 2, \text{或} -2 < y < -1. \end{cases}$$

根据 $\mathrm{Var}\left(X|Y=y\right) = \int_{-\infty}^{+\infty} x^2 f_{X|Y}\left(x|y\right)\mathrm{d}x - E^2\left(X|Y=y\right)$, 可得

$$\mathrm{Var}\left(X|Y=y\right) = \begin{cases} 3/4, & -1 < y < 1, \\ 1/3, & 1 < y < 2 \text{ 或} -2 < y < -1, \end{cases}$$

进一步, 可得

$$E\left(X\right) = E\left(E\left(X|Y=y\right)\right) = 0.3,$$
$$\mathrm{Var}\left(X\right) = E\left(\mathrm{Var}\left(X|Y=y\right)\right) + \mathrm{Var}\left(E\left(X|Y=y\right)\right) = 193/300.$$

注: $E\left(X\right)$, $\mathrm{Var}\left(X\right)$ 亦可直接利用 $f_X\left(x\right)$ 来求解.

(3) 同(2)的求解方法, 可得

$$E\left(Y|X=x\right) = 0, \qquad \mathrm{Var}\left(Y|X=x\right) = \begin{cases} 4/3, & -1 < x < 1, \\ 1/3, & 1 < x < 2, \end{cases}$$
$$E\left(Y\right) = 0, \qquad \mathrm{Var}\left(Y\right) = 17/15.$$

50. (1) $f_X(x) = \int_0^x 120y(x-y)(1-x)\,\mathrm{d}y = 20x^3(1-x), 0 < x < 1.$

当 $0 < x < 1$ 时，$f(y|x) = \dfrac{f(x,y)}{f_X(x)} = 6y(x-y)\Big/x^3, 0 < y < x.$

(2) 设 $T = Y\big/\sqrt{X}$ 取值为 t，先求出 $X = x$ 条件下，T 的分布函数

$$F_{T|X}(t|x) = P(T \leqslant t|X = x) = P\left(Y \leqslant t\sqrt{X}|X = x\right) = \int_0^{t\sqrt{x}} f(y|x)\,\mathrm{d}y$$

$$= \int_0^{t\sqrt{x}} \frac{6y(x-y)}{x^3}\,\mathrm{d}y = \frac{6}{x^3}\left(x\frac{y^2}{2} - \frac{y^3}{3}\right)\Big|_0^{t\sqrt{x}} = \frac{3t^2}{x} - \frac{2t^3}{x\sqrt{x}}, 0 < t < \sqrt{x}.$$

$$f_{T|X}(t|x) = \frac{\mathrm{d}}{\mathrm{d}t}F_{T|X}(t|x) = \frac{6t}{x} - \frac{6t^2}{x\sqrt{x}}, 0 < t < \sqrt{x}.$$

(3) 先求 T 与 X 的联合密度

$$f_{TX}(t,x) = f_{T|X}(t|x)f_X(x) = \frac{6t}{x\sqrt{x}}\left(\sqrt{x} - t\right) \cdot 20x^3(1-x)$$

$$= 120x^{\frac{3}{2}}(1-x)t\left(\sqrt{x} - t\right), 0 < x < 1, 0 < t < \sqrt{x}.$$

T 的边缘密度分布为

$$f_T(t) = \int_{t^2}^1 f_{TX}(t,x)\,\mathrm{d}x = 120t\int_{t^2}^1 x^{\frac{3}{2}}(1-x)\left(\sqrt{x} - t\right)\mathrm{d}x$$

$$= 120t\left[\frac{1}{12} - \frac{4}{35}t + \frac{1}{15}t^6 - \frac{1}{28}t^8\right], t > 0.$$

51. 对于第 $i\,(i = 1,2,\cdots,7)$ 个公交站，设随机变量 X_i 为

$$X_i = \begin{cases} 1, & \text{该站有人下车}, \\ 0, & \text{该站无人下车}. \end{cases}$$

显然，$E(X_i) = P(X_i = 1)$.

由于每一个乘客等可能地在任意一个站下车，且他们行动独立，因此

$$P(X_i = 1) = 1 - \left(\frac{6}{7}\right)^{25}.$$

交通车停站次数 $Y = \sum_{i=1}^7 X_i$，则

$$E(Y) = E\left(\sum_{i=1}^7 X_i\right) = \sum_{i=1}^7 E(X_i) = 7\left(1 - \left(\frac{6}{7}\right)^{25}\right) \approx 6.85.$$

52. 设 X 为囚犯走出地道获得自由所需的天数，$E(X)$ 为其所需的平均天数. 又设 Y 为囚犯所选的门，则有 $P(Y = 1) = 0.5, P(Y = 2) = 0.3, P(Y = 3) = 0.2$.

当 $Y = 1$ 时，囚犯选第一个门，走了两天又回到原地，这意味着 $E(X|Y = 1) = 2 + E(X)$.

类似地有

$$E(X|Y = 2) = 4 + E(X), \quad E(X|Y = 3) = 1.$$

根据重期望公式，有

$$E(X) = E(E(X|Y))$$

$$= E(X|Y=1)P(Y=1) + E(X|Y=2)P(Y=2) + E(X|Y=3)P(Y=3)$$
$$= [2 + E(X)] \times 0.5 + (4 + E(X)) \times 0.3 + 1 \times 0.2,$$

解得 $E(X) = 12$ 天.

53. 设截为两段后较长一段的长度为随机变量 X，再随机选一个点截为两段后其中一段的长度为随机变量 Y. 首先容易得到 $X \sim U(0.5, 1)$ 且在给定 $X = x$ 的条件下，随机变量 Y 服从均匀分布 $Y|X = x \sim U(0, x)$.

方法 1：　计算 $E(Y)$ 及 $E(Y^2)$ 如下：

$$E(Y) = E(E(Y|X)) = E\left(\frac{X}{2}\right) = \frac{3}{8}, \quad E(Y^2) = E(E(Y^2|X)) = E\left(\frac{X^2}{3}\right) = \frac{7}{36},$$

则方差 $\mathrm{Var}(Y) = E(Y^2) - E^2(Y) = \frac{31}{576}$.

方法 2：　由条件分布 $Y|X = x \sim U(0, x)$，得 $E(Y|X) = \frac{X}{2}$，$\mathrm{Var}(Y|X) = \frac{X^2}{12}$. 利用全方差公式得

$$\mathrm{Var}(Y) = \mathrm{Var}(E(Y|X)) + E(\mathrm{Var}(Y|X)) = \mathrm{Var}\left(\frac{X}{2}\right) + E\left(\frac{X^2}{12}\right)$$
$$= \frac{1}{4} \cdot \frac{(1 - 0.5)^2}{12} + \frac{1}{12} \int_{0.5}^{1} 2x^2 \mathrm{d}x = \frac{31}{576}.$$

54. (1) $E(X_1 + X_2 + \cdots + X_n | X_1 + X_2 + \cdots + X_n = c) = c$ 显然成立. 因此

$$\sum_{i=1}^{n} E(X_i | X_1 + X_2 + \cdots + X_n = c) = c.$$

基于和式中各项的对称性，各项均相等. 因此，$\forall i = 1, 2, \cdots, n$，有

$$E(X_i | X_1 + X_2 + \cdots + X_n = c) = \frac{c}{n}.$$

(2) 基于诸 X_i 之间的独立性，不难看出

$$E(X_1 | S_n = s_n, S_{n+1} = s_{n+1}, \cdots, S_{2n} = s_{2n})$$
$$= E(X_1 | S_n = s_n, X_{n+1} = s_{n+1} - s_n, X_{n+2} = s_{n+2} - s_{n+1}, \cdots, X_{2n} = s_{2n} - s_{2n-1})$$
$$= E(X_1 | S_n = s_n) = \frac{s_n}{n}$$

最后一个等式利用了（1）的结论.

55. 设收到理赔数目为 N，合理理赔的概率为 $p = 0.4$，客户理赔合理的数目为 X. 由题意可知，N 服从参数为 λ 的泊松分布，均值为 $E(N) = \lambda$；$P(X|N)$ 服从参数为 (N, p) 的二项分布，条件均值为 $E(X \mid N) = Np$. 由重期望公式知

$$E(X) = E[E(X \mid N)] = E(Np) = \lambda p = 0.4\lambda.$$

从而公司需要支付赔偿金额的平均值为 $100E(X) = 40\lambda$ 元.

56. 将牌 A 的四个花色进行编号，将黑桃 A 编号为 1，红桃 A 编号为 2，梅花 A 编号为 3，方块 A 编号为 4. 令

$$
Y_i = \begin{cases} 1, & \text{如果第 } i \text{ 张 A 被选中,} \\ 0, & \text{其他.} \end{cases}
$$

因此

$$
\begin{aligned}
E\left(X|\text{黑桃 A 被选中}\right) &= E\left(\sum_{i=1}^{4} Y_i \Big| Y_1 = 1\right) = 1 + \sum_{i=2}^{4} E\left(Y_i|Y_1 = 1\right) \\
&= 1 + \sum_{i=2}^{4} P(Y_i = 1|Y_1 = 1) = 1 + 3 \times \frac{2}{51} = \frac{19}{17}.
\end{aligned}
$$

57. $\quad P(X_1 < X_2 < X_3 < X_4 < X_5)$

$$
\begin{aligned}
&= \int_{-\infty}^{+\infty} f(x_5)\mathrm{d}x_5 \int_{-\infty}^{x_5} f(x_4)\mathrm{d}x_4 \int_{-\infty}^{x_4} f(x_3)\mathrm{d}x_3 \int_{-\infty}^{x_3} f(x_2)\mathrm{d}x_2 \int_{-\infty}^{x_2} f(x_1)\mathrm{d}x_1 \\
&= \int_{-\infty}^{+\infty} f(x_5)\mathrm{d}x_5 \int_{-\infty}^{x_5} f(x_4)\mathrm{d}x_4 \int_{-\infty}^{x_4} f(x_3)\mathrm{d}x_3 \int_{-\infty}^{x_3} F(x_2)\mathrm{d}F(x_2) \\
&= \int_{-\infty}^{+\infty} f(x_5)\mathrm{d}x_5 \int_{-\infty}^{x_5} f(x_4)\mathrm{d}x_4 \int_{-\infty}^{x_4} \frac{F^2(x_3)}{2}\mathrm{d}F(x_3) \\
&= \int_{-\infty}^{+\infty} f(x_5)\mathrm{d}x_5 \int_{-\infty}^{x_5} \frac{F^3(x_4)}{6}\mathrm{d}F(x_4) = \int_{-\infty}^{+\infty} \frac{F^4(x_5)}{24}\mathrm{d}F(x_5) = \frac{1}{24}\int_0^1 y^4\mathrm{d}y = \frac{1}{120}.
\end{aligned}
$$

58. 方法 1　(X, Z) 服从联合高斯分布，其线性变换 $(X, Y) = (X, X + Z)$ 也服从联合高斯分布. 又 X 与 Z 独立，则

$$
E(Y) = E(X) + E(Z) = \mu_1 + \mu_2, \qquad \mathrm{Var}(Y) = \mathrm{Var}(X) + \mathrm{Var}(Z) = \sigma_1^2 + \sigma_2^2.
$$

X 与 Y 的相关系数为

$$
\begin{aligned}
\rho_{XY} &= \frac{E(XY) - E(X)E(Y)}{\sqrt{\mathrm{Var}(X) \cdot \mathrm{Var}(Y)}} = \frac{E(X(X+Z)) - E(X) \cdot E(X+Z)}{\sqrt{\mathrm{Var}(X) \cdot \mathrm{Var}(Y)}} \\
&= \frac{E(X^2) + E(X) \cdot E(Z) - (E(X))^2 - E(X) \cdot E(Z)}{\sqrt{\mathrm{Var}(X) \cdot \mathrm{Var}(Y)}} = \sqrt{\frac{\mathrm{Var}(X)}{\mathrm{Var}(Y)}} = \sqrt{\frac{\sigma_1^2}{\sigma_1^2 + \sigma_2^2}},
\end{aligned}
$$

所以 $E(X|Y = y) = E(X) + \rho_{XY}\sqrt{\dfrac{\mathrm{Var}(X)}{\mathrm{Var}(Y)}}\,(y - E(Y)) = \mu_1 + \dfrac{\sigma_1^2}{\sigma_1^2 + \sigma_2^2}\,(y - \mu_1 - \mu_2).$

方法 2　令 $\boldsymbol{\xi} = (X, Y)^{\mathrm{T}}, \boldsymbol{\eta} = (X, Z)^{\mathrm{T}}$，则 $\boldsymbol{\xi} = \boldsymbol{A}\boldsymbol{\eta}$，其中

$$
\boldsymbol{A} = \begin{pmatrix} 1 & 0 \\ 1 & 1 \end{pmatrix}, \boldsymbol{\eta} \sim N\left(\begin{pmatrix} \mu_1 \\ \mu_2 \end{pmatrix}, \begin{pmatrix} \sigma_1^2 & 0 \\ 0 & \sigma_2^2, \end{pmatrix}\right)
$$

利用多元高斯随机变量的线性变换的性质，可知

$$
\boldsymbol{\xi} \sim N\left(\boldsymbol{A}\begin{pmatrix} \mu_1 \\ \mu_2 \end{pmatrix}, \boldsymbol{A}\begin{pmatrix} \sigma_1^2 & 0 \\ 0 & \sigma_2^2 \end{pmatrix}\boldsymbol{A}^{\mathrm{T}}\right) = N\left(\begin{pmatrix} \mu_1 \\ \mu_1 + \mu_2 \end{pmatrix}, \begin{pmatrix} \sigma_1^2 & \sigma_1^2 \\ \sigma_1^2 & \sigma_1^2 + \sigma_2^2 \end{pmatrix}\right),
$$

所以 $\rho_{XY} = \dfrac{\sigma_1^2}{\sqrt{\sigma_1^2(\sigma_1^2 + \sigma_2^2)}} = \sqrt{\dfrac{\sigma_1^2}{\sigma_1^2 + \sigma_2^2}}, E(X|Y = y) = \mu_1 + \dfrac{\sigma_1^2}{\sigma_1^2 + \sigma_2^2}(y - \mu_1 - \mu_2).$

59. 由 $X_1, X_2, \cdots, X_n$ 独立同分布，设 $E(X_1) = E(X_2) = \cdots = E(X_n) = \mu$, $\mathrm{Var}(X_1) = \mathrm{Var}(X_2) = \cdots = \mathrm{Var}(X_n) = \sigma^2$.

首先，可求 $X_i - \bar{X}$ 的方差为

$$\mathrm{Var}(X_i - \bar{X}) = \mathrm{Var}\left(\frac{n-1}{n}X_i - \frac{1}{n}\sum_{k=1, k\neq i}^{n} X_k\right) = \frac{(n-1)^2}{n^2}\sigma^2 + \frac{1}{n^2}(n-1)\sigma^2 = \frac{n-1}{n}\sigma^2.$$

同理可得，$\mathrm{Var}(x_j - \bar{x}) = \dfrac{n-1}{n}\sigma^2$.

然后求 $\bar{X}$ 的均值与方差，得

$$E(\bar{X}) = \frac{1}{n}\sum_{k=1}^{n} E(X_k) = \frac{n\mu}{n} = \mu, \qquad \mathrm{Var}(\bar{X}) = \frac{1}{n^2}\sum_{k=1}^{n}\mathrm{Var}(X_k) = \frac{n\sigma^2}{n^2} = \frac{\sigma^2}{n}.$$

再求 $\bar{X}$ 与 X_i 的协方差，得

$$\mathrm{Cov}(\bar{X}, X_i) = \frac{1}{n}\sum_{k=1}^{n}\mathrm{Cov}(X_k, X_i) = \frac{1}{n}\mathrm{Var}(X_i) = \frac{1}{n}\sigma^2$$

以及求 $X_i - \bar{X}$ 与 $X_j - \bar{X}$ 的协方差为

$$\mathrm{Cov}(X_i - \bar{X}, X_j - \bar{X}) = \mathrm{Cov}(X_i, X_j) - \mathrm{Cov}(X_i, \bar{X}) - \mathrm{Cov}(\bar{X}, X_j) + \mathrm{Var}(\bar{X})$$

$$= 0 - \frac{1}{n}\sigma^2 - \frac{1}{n}\sigma^2 + \frac{\sigma^2}{n} = -\frac{1}{n}\sigma^2,$$

从而可求相关系数为 $\rho = \dfrac{\mathrm{Cov}(X_i - \bar{X}, X_j - \bar{X})}{\sqrt{\mathrm{Var}(X_i - \bar{X})\mathrm{Var}(X_j - \bar{X})}} = \dfrac{-\dfrac{1}{n}\sigma^2}{\dfrac{n-1}{n}\sigma^2} = -\dfrac{1}{n-1}$.

60. (1) 按照对称性可知，该情况下甲、乙获胜概率各为 $1/2$. 因此，甲、乙应平分赌本.

(2) 甲获胜概率为 $P = \left(\dfrac{1}{2}\right)^2 + \mathrm{C}_2^1\left(\dfrac{1}{2}\right)^3 + \mathrm{C}_3^2\left(\dfrac{1}{2}\right)^4 = \dfrac{11}{16}$，其中 3 个求和项分别为甲在第 2、3、4 局赢得赌局的概率. 第 4 局如果甲还没胜两次，那么就说明乙已经胜了 3 局. 因此，甲应分得 $\dfrac{11}{16}$ 的赌本.

(3) 甲获胜概率为 $P_甲 = \displaystyle\sum_{i=m}^{m+n-1} \mathrm{C}_{i-1}^{i-m}\left(\dfrac{1}{2}\right)^i$，甲必须在 $m+n-1$ 局之前胜 m 局，否则就会失败. 因此，甲应分得 $P_甲$ 比例的赌本.

61. (1) 记 A_k 表示产生了 k 个细菌，以 B 表示产生了细菌但没有产生乙类细菌.

由于 $X \sim Po(\lambda)$, 故

$$P(A_k) = P(X = k) = \frac{\lambda^k}{k!}\mathrm{e}^{-\lambda}, k = 0, 1, 2, \cdots.$$

对于 $k \geqslant 1$，根据题意有

$$P(B|A_k) = \left(\frac{1}{2}\right)^k, \qquad P(BA_k) = P(A_k)P(B|A_k) = \frac{\lambda^k}{k!}\mathrm{e}^{-\lambda}\left(\frac{1}{2}\right)^k,$$

$$P(B) = P\left(\sum_{k=1}^{\infty} A_k B\right) = \sum_{k=1}^{\infty} P(A_k B) = \sum_{k=1}^{\infty}\frac{\lambda^k}{k!}\mathrm{e}^{-\lambda}\left(\frac{1}{2}\right)^k = \mathrm{e}^{-\lambda}\left(\mathrm{e}^{\frac{\lambda}{2}} - 1\right).$$

(2) 再记 C 表示 "产生了细菌但没有产生甲类细菌", D 表示 "产生两个乙类细菌".

由对称性, 产生了乙类细菌但没有产生甲类细菌的概率与（1）相同, 即

$$P(C) = \mathrm{e}^{-\lambda}\left(\mathrm{e}^{\frac{\lambda}{2}} - 1\right),$$

$$P(D\,|\,C) = \frac{P(CD)}{P(C)} = \frac{P(D)}{P(C)} = \frac{P(A_2 D)}{P(C)} = \frac{P(A_2)\,P(D\,|\,A_2)}{P(C)}$$

$$= \frac{\frac{\lambda}{2!}\mathrm{e}^{-\lambda}\left(\frac{1}{2}\right)^2}{\mathrm{e}^{-\lambda}\left(\mathrm{e}^{\frac{\lambda}{2}} - 1\right)} = \frac{\lambda^2}{8\left(\mathrm{e}^{\frac{\lambda}{2}} - 1\right)}.$$

62. (1) 据题意及提示, 令 $X_{(1)} = \min\{X_1, X_2\}, X_{(2)} = \max\{X_1, X_2\}$, 则 $(X_{(1)}, X_{(2)})$ 的联合概率密度函数为

$$f_{X_{(1)}, X_{(2)}}(x_1, x_2) = \begin{cases} \dfrac{2}{L^2}, & 0 \leqslant x_1 \leqslant x_2 \leqslant L, \\ 0, & \text{其他}, \end{cases}$$

所求概率为

$$P(X_{(2)} - X_{(1)} \geqslant D) = \int_0^{L-D} \mathrm{d}x_1 \int_{x_1+D}^L \frac{2}{L^2}\mathrm{d}x_2 = \frac{(L-D)^2}{L^2}.$$

(2) 当 $D \leqslant \dfrac{L}{n-1}$ 时, 所求概率为

$$P(X_{(i)} - X_{(i-1)} \geqslant D, i = 2, 3, \cdots, n)$$

$$= \underset{x_i - x_{i-1} \geqslant D, i=2,3,\cdots,n}{\iint \int \cdots \int} f_{X_{(1)}, X_{(2)}, \cdots, X_{(n)}}(x_1, x_2, \cdots, x_n)\mathrm{d}x_1\mathrm{d}x_2\cdots\mathrm{d}x_n$$

$$= \int_0^{L-(n-1)D} \mathrm{d}x_1 \int_{x_1+D}^{L-(n-2)D} \mathrm{d}x_2 \cdots \int_{x_{n-1}+D}^L \mathrm{d}x_n \frac{n!}{L^n}\mathrm{d}x_n$$

$$= \frac{n!}{L^n} \int_0^{L-(n-1)D} \mathrm{d}x_1 \int_{x_1+D}^{L-(n-2)D} \mathrm{d}x_2 \cdots \int_{x_{n-2}+D}^{L-D} (L-D-x_{n-1})\mathrm{d}x_{n-1}$$

$$= \frac{n!}{L^n} \int_0^{L-(n-1)D} \mathrm{d}x_1 \int_{x_1+D}^{L-(n-2)D} \mathrm{d}x_2 \cdots \int_0^{L-2D-x_{n-2}} y_{n-1}\mathrm{d}y_{n-1} \quad (\diamondsuit\, y_{n-1}=x_{n-1}-x_{n-2}-D)$$

$$= \cdots = \frac{n!}{L^n} \int_0^{L-(n-1)D} \mathrm{d}x_1 \int_0^{L-(n-1)D-x_1} \frac{y_2^{n-2}}{(n-2)!}\mathrm{d}y_2$$

$$= \frac{n!}{L^n} \int_0^{L-(n-1)D} \frac{1}{(n-1)!}[L-(n-1)D-x_1]^{n-1}\mathrm{d}x_1$$

$$= \frac{n!}{L^n} \int_0^{L-(n-1)D} \frac{1}{(n-1)!} y_1^{n-1}\mathrm{d}y_1 = \frac{1}{L^n}[L-(n-1)D]^n.$$

当 $D > \dfrac{L}{n-1}$ 时, 所求概率为 0.

63. 设该飞禽生蛋数为 X, 依题意有 $P(X = k) = \dfrac{\lambda^k}{k!}\mathrm{e}^{-\lambda}$.

又因从蛋能孵化为幼禽的概率为 p, 在生蛋数为 k 的条件下, 能孵化为幼禽数 Y 服从二项分布 $B(k, p)$, 即

$$P(Y = l | X = k) = \mathrm{C}_k^l p^l (1-p)^{k-l}, \quad l = 0, 1, \cdots, k,$$

于是该飞禽有 l 个后代的概率为

$$P(Y = l) = \sum_{k=0}^{\infty} P(Y = l | X = k) P(X = k) = \sum_{k=0}^{\infty} C_k^l p^l (1-p)^{k-l} \frac{\lambda^k}{k!} e^{-\lambda}$$

$$= \frac{p^l}{l!} e^{-\lambda} \sum_{k=l}^{\infty} \frac{\lambda^k}{(k-l)!} (1-p)^{k-l} \quad \left(\text{当 } k < l \text{ 时 } C_k^l = 0\right)$$

$$= \frac{(p\lambda)^l}{l!} e^{-\lambda} \sum_{k=l}^{\infty} \frac{[\lambda(1-p)]^{k-l}}{(k-l)!} = \frac{(p\lambda)^l}{l!} e^{-\lambda} e^{\lambda(1-p)} = \frac{(p\lambda)^l}{l!} e^{-\lambda p}.$$

习　题　4

1. 令 $D = \bigcup_{m=1}^{\infty} \left(\bigcap_{l=1}^{\infty} \left(\bigcup_{n=l}^{\infty} \left\{ \omega : |\xi_n(\omega)| \geqslant \frac{1}{m} \right\} \right) \right).$

对任何 $\omega \notin D$, 可知 $\lim\limits_{n \to \infty} |\xi_n(\omega)| < \frac{1}{m}.$

上式对一切 $m \geqslant 1$ 成立, 进而可得 $\lim\limits_{n \to \infty} \xi_n(\omega) \to 0.$

另一方面, 由题意可知 $\sum\limits_{n=1}^{\infty} P(|\xi_n| \geqslant \frac{1}{m})$ 收敛 (对一切 $m \geqslant 1$), 可得 $P(D) = 0$, 因此有

$$P(\lim_{n \to \infty} \xi_n = 0) = 1 - P(D) = 1, \qquad \text{所以 } n \to \infty \text{ 时}, \xi_n \xrightarrow{a.s.} 0.$$

2. 由题意可知 $E(X_n) = \frac{1}{2} n^\alpha + \frac{1}{2}(-n^\alpha) = 0, \operatorname{Var}(X_n) = E(X_n^2) = \frac{1}{2} n^{2\alpha} + \frac{1}{2} n^{2\alpha} = n^{2\alpha}.$

由于 $X_1, X_2, \cdots$ 是相互独立的随机变量序列, 故 $\frac{1}{n^2} \operatorname{Var}\left(\sum\limits_{i=1}^{n} X_i\right) = \frac{1}{n^2} \sum\limits_{i=1}^{n} \operatorname{Var}(X_i) = n^{2\alpha-1}$,

所以, 当 $\alpha < \frac{1}{2}$ 时有 $\lim\limits_{n \to \infty} \frac{1}{n^2} \operatorname{Var}\left(\sum\limits_{i=1}^{n} X_i\right) \to 0$, 所以马尔可夫条件成立, 因此序列 $\{X_n, n \geqslant 1\}$ 服从大数律.

3. 首先求 ξ_n 的分布函数

$$F(\xi_n) = P(\xi_n \leqslant y) = P(X_1 \leqslant y, X_2 \leqslant y, \cdots, X_n \leqslant y) = \begin{cases} 0, & y < 0, \\ \left(\dfrac{y}{a}\right)^n, & 0 \leqslant y \leqslant a, \\ 1, & y > a, \end{cases}$$

所以有概率密度函数

$$f(\xi_n) = F'(\xi_n) = \begin{cases} \dfrac{n y^{n-1}}{a^n}, & 0 \leqslant y \leqslant a, \\ 0, & \text{其他}, \end{cases}$$

$$\lim_{n \to \infty} P(|\xi_n - a| \geqslant \epsilon) = \lim_{n \to \infty} \int_0^{a-\epsilon} \frac{n y^{n-1}}{a^n} \mathrm{d}y = \lim_{n \to \infty} \left(1 - \frac{\epsilon}{a}\right)^n = 0,$$

所以 $\xi_n \xrightarrow{P} a (n \to \infty).$

4. 本题应用坎泰利强大数律的推论. 首先求出 $E(\rho_i)$ 和 $E(\rho_i^4)$ 分别为

$$E(\rho_i) = 1 \cdot P(\eta_i \leqslant g(\xi_i)) + 0 \cdot P(\eta_i > g(\xi_i)) = \int_0^1 \int_0^{g(\xi)} \mathrm{d}\eta \mathrm{d}\xi = \int_0^1 g(x) \mathrm{d}x,$$

$$E(\rho_i^4) = E(\rho_i) = \int_0^1 g(x)\mathrm{d}x.$$

因此 $E(\rho_i)$ 和 $E(\rho_i^4)$ 均存在且有限. 根据坎泰利强大数律的推论 4.4, 当 $n \to \infty$ 时有

$$\frac{1}{n}\sum_{i=1}^{n}\rho_i \xrightarrow{a.s.} E(\rho_i) = \int_0^1 f(x)\mathrm{d}x.$$

5. 由于几乎必然收敛蕴含依概率收敛, 因此只需证明 $\xi_n \xrightarrow{a.s.} a(n \to \infty)$, 即 $P(\lim_{n\to\infty}\xi_n = a) = 1$. 首先求 ξ_n 的分布函数和概率密度函数

$$F(\xi_n) = P(\xi_n \leqslant y) = 1 - P(X_1 \geqslant y, X_2 \geqslant y, \cdots, X_n \geqslant y) = \begin{cases} 0, & y \leqslant a, \\ 1 - \mathrm{e}^{n(a-y)}, & y > a, \end{cases}$$

$$f(\xi_n) = F'(\xi_n) = \begin{cases} 0, & y \leqslant a, \\ n\mathrm{e}^{n(a-y)}, & y > a. \end{cases}$$

所以有

$$\sum_{n=1}^{\infty} P\left(|\xi_n - a| \geqslant \varepsilon\right) = \sum_{n=1}^{\infty}\int_{a+\varepsilon}^{+\infty} n\mathrm{e}^{n(a-y)}\mathrm{d}y = \sum_{n=1}^{\infty}\mathrm{e}^{n\varepsilon} = \frac{\mathrm{e}^\varepsilon}{1-\mathrm{e}^\varepsilon} \; 收敛,$$

由习题 4 中的 1 题可得 $\xi_n \xrightarrow{a.s.} a \ (n \to \infty)$.

6. 设 T_i 表示第 i 个器件的寿命, 由题意可知 $E(T_i) = \frac{1}{\lambda} = \frac{1}{0.1} = 10, \mathrm{Var}(T_i) = \frac{1}{\lambda^2} = 100$. 共有 30 个器件, 因此 $E(T) = 300, \mathrm{Var}(T) = 3000$. 由中心极限定理可得

$$P(T > 350) \approx 1 - \Phi\left(\frac{350-300}{\sqrt{3000}}\right) = 1 - \Phi\left(\frac{5}{\sqrt{30}}\right) = 1 - \Phi(0.913) = 0.1814,$$

所以 T 超过 350h 的概率为 0.1814.

7. 设随机变量 X_i 表示第 i 个产品是否合格, 若合格则 $X_i = 1$, 否则为 0. 因此, $P(X_i = 1) = 0.99, i = 1, 2, \cdots$. 设箱中共放入 n 个产品, 则 $S_n = X_1 + X_2 + \cdots + X_n$ 表示箱中产品合格数, $E(S_n) = n \times 0.99, \mathrm{Var}(S_n) = n \times 0.99 \times 0.01$. 由中心极限定理可知

$$P(S_n \geqslant 100) = 1 - P(S_n < 100) = 1 - \Phi\left(\frac{100 - 0.99n}{\sqrt{0.99 \times 0.01n}}\right) \geqslant 0.95,$$

从而有 $\Phi\left(\dfrac{100 - 0.99n}{\sqrt{0.99 \times 0.01n}}\right) \leqslant 0.05$. 查表可知 $\dfrac{100 - 0.99n}{\sqrt{0.99 \times 0.01n}} \leqslant -1.64$, 求解可得 $n \geqslant 103$, 即需要放入 103 件产品才能以 95% 的把握保证每箱中至少有 100 件合格产品.

习 题 5

1. (1) 随机过程 $\{X(n)\}$ 的一条典型轨道如图题 5.1 所示.

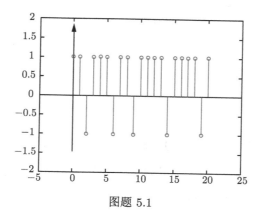

图题 5.1

(2) 当 n 为奇数时，有

$$X(n) = \begin{cases} -1, & \text{硬币正面,} \\ 1, & \text{硬币反面,} \end{cases}$$

即 $P(X(n) = 1) = P(X(n) = -1) = \dfrac{1}{2}$.

同理，当 n 为偶数时，有

$$X(n) = \begin{cases} 1, & \text{硬币正面,} \\ -1, & \text{硬币反面,} \end{cases}$$

即 $P(X(n) = 1) = P(X(n) = -1) = \dfrac{1}{2}$.

综上，$P(X(n) = 1) = P(X(n) = -1) = \dfrac{1}{2}$.

(3) 由于多次抛硬币的实验相互之间独立，则随机变量 $X(n), X(n+k)$ 也相互独立，则

$$P(X(n) = 1, X(n+k) = 1) = P(X(n) = 1)P(X(n+k) = 1) = 1/4;$$
$$P(X(n) = 1, X(n+k) = -1) = P(X(n) = 1)P(X(n+k) = -1) = 1/4;$$
$$P(X(n) = -1, X(n+k) = 1) = P(X(n) = -1)P(X(n+k) = 1) = 1/4;$$
$$P(X(n) = -1, X(n+k) = -1) = P(X(n) = -1)P(X(n+k) = -1) = 1/4;$$

其中 $n = 1, 2, \cdots, k = 1, 2, \cdots$.

2. (1) 因各次游走是相互统计独立的，则 $E(\eta(n)) = \sum\limits_{i=1}^{n} E(\xi_i) = (p-q)n$.

(2) 假设 $n_1 < n_2$，则有

$$\begin{aligned}
R_{\eta\eta}(n_1, n_2) &= E(\eta(n_1)\eta(n_2)) = E[\eta(n_1)(\eta(n_1) + \eta(n_2) - \eta(n_1))] \\
&= E(\eta(n_1))^2 + E(\eta(n_1))E(\eta(n_2) - \eta(n_1)) \\
&= [E(\eta(n_1))]^2 + \mathrm{Var}(\eta(n_1)) + (p-q)^2 n_1(n_2 - n_1) \\
&= (p-q)^2 n_1^2 + n_1 \mathrm{Var}(\xi_i) + (p-q)^2 n_1(n_2 - n_1) \\
&= (p-q)^2 n_1 n_2 + n_1(1 - (p-q)^2).
\end{aligned}$$

当 $n_1 > n_2$ 时可得到类似的结论.

(3) 对离散随机变量，概率密度函数用概率分布列来表达. 此问中，二维概率分布列如下：

$\xi(n_1)$	$\xi(n_2)$	
	1	-1
1	p^2	pq
-1	pq	q^2

$\{\xi(n)\}$ 的相关函数为 $R_{\xi\xi}(n_1, n_2) = p^2 + q^2 - 2pq$.

3. $R_\xi(t_1, t_2) = E(\eta\cos t_1 \eta\cos t_2) = E(\eta^2)\cos t_1\cos t_2$

$$= \int_0^1 \eta^2 \mathrm{d}\eta \cos t_1\cos t_2 = \frac{1}{3}\cos t_1\cos t_2,$$

$$E(\eta) = \int_0^1 \eta\mathrm{d}\eta = \frac{1}{2}, \qquad E(\xi) = E(\eta\cos t) = \int_0^1 \eta\cos t\,\mathrm{d}\eta = \frac{1}{2}\cos t,$$

$$C_\xi(t_1, t_2) = E\left[\left(\eta\cos t_1 - \frac{1}{2}\cos t_1\right)\left(\eta\cos t_2 - \frac{1}{2}\cos t_2\right)\right]$$

$$= E(\eta^2)\cos t_1\cos t_2 - E(\eta)\cos t_1\cos t_2 + \frac{1}{4}\cos t_1\cos t_2$$

$$= \frac{1}{3}\cos t_1\cos t_2 - \frac{1}{2}\cos t_1\cos t_2 + \frac{1}{4}\cos t_1\cos t_2 = \frac{1}{12}\cos t_1\cos t_2.$$

4. 考虑 t 时刻的随机变量 $\xi(t)$，设其所处的锯齿波的起始点时刻为 t_0，则随机变量 $t_0 \sim U(t-T, t)$，注意到 $\xi(t) = \dfrac{t-t_0}{T}A$，$\xi(t)$ 是 t_0 的单调函数，取值范围为 $[0, A]$，故

$$f_{\xi(t)}(x) = f(t_0)\frac{1}{\left|\dfrac{\mathrm{d}\xi(t)}{\mathrm{d}t}\right|} = \frac{1}{T}\frac{1}{\dfrac{A}{T}} = \frac{1}{A}, \qquad x \in [0, A].$$

5. $P(\xi(t_1) \leqslant x_1, \xi(t_2) \leqslant x_2, \cdots, \xi(t_n) \leqslant x_n)$

$= P(A\cos(\omega t_1 + \Theta) \leqslant x_1, A\cos(\omega t_2 + \Theta) \leqslant x_2, \cdots, A\cos(\omega t_n + \Theta) \leqslant x_n)$

由全概率公式

$$= \int_{-\pi}^{\pi} f(A\cos(\omega t_1 + \theta) \leqslant x_1, A\cos(\omega t_2 + \theta) \leqslant x_2, \cdots, A\cos(\omega t_n + \theta) \leqslant x_n)\,f_\Theta(\theta)\mathrm{d}\theta$$

$$= \frac{1}{2\pi}\int_{-\pi}^{\pi} f(A\cos(\omega t_1 + \theta) \leqslant x_1, A\cos(\omega t_2 + \theta) \leqslant x_2, \cdots, A\cos(\omega t_n + \theta) \leqslant x_n)\,\mathrm{d}\theta$$

$$= \frac{1}{2\pi}\int_{-\pi}^{\pi} g(\theta)\,\mathrm{d}\theta,$$

其中 $g(\theta) \overset{\text{def}}{=} f(A\cos(\omega t_1 + \theta) \leqslant x_1, A\cos(\omega t_2 + \theta) \leqslant x_2, \cdots, A\cos(\omega t_n + \theta) \leqslant x_n)$，是一个以 2π 为周期的函数. 进一步考虑

$$\forall h, \quad P(\xi(t_1 + h) \leqslant x_1, \xi(t_2 + h) \leqslant x_2, \cdots, \xi(t_n + h) \leqslant x_n) = \frac{1}{2\pi}\int_{-\pi}^{\pi} g(\omega h + \theta)\mathrm{d}\theta.$$

注意，周期函数 $g(\theta)$ 在任一个周期的积分都相等，所以

$$\frac{1}{2\pi}\int_{-\pi}^{\pi} g(\theta)\mathrm{d}\theta = \frac{1}{2\pi}\int_{-\pi}^{\pi} g(\omega h + \theta)\mathrm{d}\theta,$$

故 $\forall n, \forall t_1, t_2, \cdots, t_n, \forall h$ 都有

$$P\left(\xi\left(t_1\right) \leqslant x_1, \xi\left(t_2\right) \leqslant x_2, \cdots, \xi\left(t_n\right) \leqslant x_n\right)$$
$$=P\left(\xi\left(t_1+h\right) \leqslant x_1, \xi\left(t_2+h\right) \leqslant x_2, \cdots, \xi\left(t_n+h\right) \leqslant x_n\right),$$

即 $\{\xi(t)\}$ 为严平稳随机过程.

6. 样本轨道与 t 轴的交点为 $\dfrac{X}{Y}$, 则所求概率为 $P\left(0 \leqslant \dfrac{X}{Y} \leqslant T\right)$.

据题意 $f_{XY}(x, y) = \dfrac{1}{2\pi\sigma}\mathrm{e}^{-\frac{x^2+y^2}{2\sigma}}$. 令 $Z = \dfrac{X}{Y}$, 经过运算可得 $F_Z(z) = \dfrac{1}{2} + \dfrac{1}{\pi}\arctan(z)$, 故

$$P\left(0 \leqslant \frac{X}{Y} \leqslant T\right) = F_Z(T) - F_Z(0) = (\arctan T)/\pi.$$

7. (1) 当 $V = \dfrac{a}{2}$ 时, 一条样本轨道为典型的正弦曲线.

(2) $\xi(0) = 0$, $f_{\xi(0)}(x) = \delta(x)$; $\xi(\pi/2\omega) = V$, 其概率密度函数同 V 一样.

$$\xi\left(\frac{\pi}{4\omega}\right) = \frac{V}{\sqrt{2}}, \qquad f_{\xi\left(\frac{\pi}{4\omega}\right)}(x) = \begin{cases} \dfrac{\sqrt{2}}{a}, 0 < x < \dfrac{a}{\sqrt{2}}, \\[2mm] 0, \text{其他}, \end{cases}$$

$$\xi\left(\frac{5\pi}{4\omega}\right) = -\frac{V}{\sqrt{2}}, \qquad f_{\xi\left(\frac{5\pi}{4\omega}\right)}(x) = \begin{cases} \dfrac{\sqrt{2}}{a}, -\dfrac{a}{\sqrt{2}} < x < 0, \\[2mm] 0, \text{其他}. \end{cases}$$

习 题 6

1. $E(\xi_1) = \displaystyle\int_0^1 x\mathrm{d}x = \frac{1}{2}$, $\qquad E(\xi_1^2) = \displaystyle\int_0^1 x^2\mathrm{d}x = \frac{1}{3}$.

当 $t \neq 0$ 时, $E(\eta(t)) = E(\xi_1)E(\sin(\xi_2 t)) = \dfrac{1}{2}\displaystyle\int_0^1 \sin(\xi_2 t)\mathrm{d}\xi_2 = \dfrac{1-\cos t}{2t}$.

当 $t = 0$ 时, $E(\eta(t)) = 0$.

当 $t_1 \neq t_2$ 时, $E(\eta(t_1)\eta(t_2)) = E(\xi_1^2)E(\sin(\xi_2 t_1)\sin(\xi_2 t_2))$

$$= \frac{1}{6}\int_0^1 \{\cos(\xi_2(t_1-t_2)) - \cos(\xi_2(t_1+t_2))\}\mathrm{d}\xi_2$$

$$= \frac{1}{6}\left(\frac{\sin(t_1-t_2)}{t_1-t_2} - \frac{\sin(t_1+t_2)}{t_1+t_2}\right).$$

当 $t_1 = t_2$ 时, $E(\eta(t_1)\eta(t_2)) = \dfrac{1}{6}\left(1 - \dfrac{\sin(2t_1)}{2t_1}\right)$.

2. (1) $E(\xi(t)) = E[Z\sin(t+\theta)] = E(Z) \cdot E[\sin(t+\theta)]$.

因 $E(Z) = 0$, $E[\sin(t+\theta)] = \dfrac{1}{2}\sin\left(t+\dfrac{\pi}{4}\right) + \dfrac{1}{2}\sin\left(t-\dfrac{\pi}{4}\right)$, 故 $E(\xi(t)) = 0$.

$$R_\xi(t_1, t_2) = E[\xi(t_1)\xi(t_2)] = E[Z\sin(t_1+\theta)Z\sin(t_2+\theta)]$$

$$= E\left[\frac{Z^2}{2}[\cos(t_1-t_2) + \cos(t_1+t_2+2\theta)]\right]$$

$$= E\left(\frac{Z^2}{2}\right) \cdot E[\cos(t_1-t_2) + \cos(t_1+t_2+2\theta)],$$

其中 $E\left[\cos\left(t_1 - t_2\right) + \cos\left(t_1 + t_2 + 2\theta\right)\right]$

$$= E\left[\cos\left(t_1 - t_2\right)\right] + E\left[\cos\left(t_1 + t_2 + 2\theta\right)\right]$$

$$= \cos\left(t_1 - t_2\right) + \frac{1}{2}\cos\left(t_1 + t_2 + 2 \cdot \frac{\pi}{4}\right) + \frac{1}{2}\cos\left(t_1 + t_2 + 2 \cdot \frac{-\pi}{4}\right)$$

$$= \cos\left(t_1 - t_2\right).$$

所以，$R_\xi\left(t_1, t_2\right) = E\left(\dfrac{Z^2}{2}\right)\cos\left(t_1 - t_2\right) = R_\xi\left(t_1 - t_2\right)$ 仅与时间差 $t_1 - t_2$ 有关.

综上，随机过程 $\xi\left(t\right)$ 为宽平稳过程.

(2) 考查 $\{\xi(t)\}$ 的一维概率分布. 特别地，取 $t_1 = 0$, $\xi\left(t_1\right) = Z\sin\left(\theta\right)$, 取 $t_2 = \dfrac{\pi}{4}$, $\xi\left(t_2\right) = Z\sin\left(\dfrac{\pi}{4} + \theta\right)$. 由于 $Z \in [-1, 1]$, $\theta \in \left\{\dfrac{\pi}{4}, \dfrac{-\pi}{4}\right\}$, 显然，$\xi\left(t_1\right)$, $\xi\left(t_2\right)$ 的取值范围就不同, 其对应的一维概率分布必然不同, 故 $\xi\left(t\right)$ 不是严平稳过程.

3. (1) 令 $r\left(t\right) = \xi\left(t + T\right) - \xi\left(t\right)$, 则

$$E\left(r\left(t\right)\right) = E\left(\xi(t+T) - \xi(t)\right) = E\left(\xi(t+T)\right) - E\left(\xi(t)\right) = 0.$$

因为 $\xi\left(t\right)$ 为一个宽平稳过程, 则 $E\left(\xi\left(t + T\right)\right) = E\left(\xi\left(t\right)\right)$, 故 $E\left(r\left(t\right)\right) = 0$.

$$\mathrm{Var}\left(r\left(t\right)\right) = E\left(\left|\xi\left(t + T\right) - \xi\left(t\right)\right|^2\right)$$

$$= E\left(\left|\xi\left(t + T\right)\right|^2\right) - E\left(\xi\left(t + T\right)\overline{\xi\left(t\right)}\right) - E\left(\xi\left(t\right)\overline{\xi\left(t + T\right)}\right) + E\left(\left|\xi\left(t\right)\right|^2\right)$$

$$= R_\xi\left(0\right) - R_\xi\left(T\right) - R_\xi\left(-T\right) + R_\xi\left(0\right) = 2R_\xi\left(0\right) - R_\xi\left(T\right) - \overline{R_\xi\left(T\right)}.$$

由已知条件知, $R_\xi\left(T\right) = R_\xi\left(0\right)$, 而 $R_\xi\left(0\right)$ 为实数, 故 $R_\xi\left(T\right)$ 也为实数, 即 $R_\xi\left(T\right) = \overline{R_\xi\left(T\right)}$. 所以 $\mathrm{Var}\left(r\left(t\right)\right) = 2\left(R_\xi\left(0\right) - R_\xi\left(T\right)\right) = 0$.

根据定理 2.15, 可知 $P(r(t) = 0) = 1$, 即 $P\left(\xi\left(t + T\right) = \xi\left(t\right)\right) = 1$.

(2) 设 C 为事件 $\{\omega | \xi\left(t + T\right) = \xi(t)\}$, 则 $P(C) = 1$, 故有

$$R_\xi\left(t + T\right) = E\left(\xi\left(t + T\right)\overline{\xi\left(0\right)}\right)$$

$$= E\left(\xi\left(t + T\right)\overline{\xi\left(0\right)}|C\right)P\left(C\right) + E\left(\xi\left(t + T\right)\overline{\xi\left(0\right)}|\overline{C}\right)P\left(\overline{C}\right)$$

$$= E\left(\xi\left(t + T\right)\overline{\xi\left(0\right)}|C\right) = E\left(\xi\left(t\right)\overline{\xi\left(0\right)}|C\right)$$

$$= E\left(\xi\left(t\right)\overline{\xi\left(0\right)}|C\right)P\left(C\right) + E\left(\xi\left(t\right)\overline{\xi\left(0\right)}|\overline{C}\right)P\left(\overline{C}\right)$$

$$= E\left(\xi\left(t\right)\overline{\xi\left(0\right)}\right) = R_\xi\left(t\right),$$

即 $R_\xi\left(\tau + T\right) = R_\xi\left(\tau\right)$, 自相关函数为周期函数, 周期为 T.

4. $E\left(X\left(t\right)\right) = E\left(a\cos\left(\omega t\right) + b\sin\left(\omega t\right)\right) = E\left(a\right)\cos\left(\omega t\right) + E\left(b\right)\sin\left(\omega t\right) = 0$,

$$E\left(X\left(t_1\right)X\left(t_2\right)\right) = E\left\{\left[a\cos\left(\omega t_1\right) + b\sin\left(\omega t_1\right)\right]\left[a\cos\left(\omega t_2\right) + b\sin\left(\omega t_2\right)\right]\right\}$$

$$= E\left(a^2\right)\cos\left(\omega t_1\right)\cos\left(\omega t_2\right) + E\left(ab\right)\sin\left(\omega t_1 + \omega t_2\right) + E\left(b^2\right)\sin\left(\omega t_1\right)\sin\left(\omega t_2\right).$$

因 $E\left(a^2\right) = E\left(b^2\right) = 1$, $E\left(ab\right) = E\left(a\right)E\left(b\right) = 0$, 所以

$$E\left(X\left(t_1\right)X\left(t_2\right)\right) = \cos\left(\omega t_1\right)\cos\left(\omega t_2\right) + \sin\left(\omega t_1\right)\sin\left(\omega t_2\right) = \cos\left(\omega\left(t_1 - t_2\right)\right).$$

随机过程 $X\left(t\right)$ 为宽平稳过程.

5. 分两种情况讨论：

(1) 设初始条件为 $X_0 = 0$，利用迭代公式可得 $X_n = \sum\limits_{k=0}^{n-1} a^k \xi_{n-k} + a^n X_0 = \sum\limits_{k=0}^{n-1} a^k \xi_{n-k}$，于是，对 $r \geqslant 0$，自相关函数

$$
\begin{aligned}
E\left(X_{n+r} X_n\right) &= E\left(\sum_{k=0}^{n+r-1} a^k \xi_{n+r-k} \sum_{p=0}^{n-1} a^p \xi_{n-p}\right) = E\left(\sum_{k=0}^{n+r-1} \sum_{p=0}^{n-1} a^p a^k \xi_{n+r-k} \xi_{n-p}\right) \\
&= \sum_{k=0}^{n+r-1} \sum_{p=0}^{n-1} a^p a^k E\left(\xi_{n+r-k} \xi_{n-p}\right) = \sigma^2 \sum_{p=0}^{n-1} a^p a^{p+r} = \sigma^2 a^r \frac{1-a^{2n}}{1-a^2}.
\end{aligned}
$$

显然，其自相关函数是参数 n 和 r 的函数，表明 $\{X_n\}$ 不是宽平稳过程.

(2) 设初始条件为 $X_{-\infty} = 0$，利用迭代公式可得 $X_n = \sum\limits_{k=0}^{\infty} a^k \xi_{n-k}$，于是，对 $r \geqslant 0$，自相关函数

$$
\begin{aligned}
E\left(X_{n+r} X_n\right) &= E\left(\sum_{k=0}^{\infty} a^k \xi_{n+r-k} \sum_{p=0}^{\infty} a^p \xi_{n-p}\right) = E\left(\sum_{k=0}^{\infty} \sum_{p=0}^{\infty} a^p a^k \xi_{n+r-k} \xi_{n-p}\right) \\
&= \sum_{k=0}^{\infty} \sum_{p=0}^{\infty} a^p a^k E\left(\xi_{n+r-k} \xi_{n-p}\right) = \sigma^2 \sum_{p=0}^{\infty} a^p a^{p+r} = \sigma^2 a^r \frac{1}{1-a^2}.
\end{aligned}
$$

而当 $r < 0$ 时，可得 $E\left(X_{n+r} X_n\right) = \sigma^2 a^{|r|} \dfrac{1}{1-a^2}$，且均值为 $E\left(X_n\right) = 0$. 故此时 $\{x_n\}$ 为宽平稳过程.

6. 先求均值函数. 设事件 B 表示 t 时刻所在脉冲为正脉冲，则 $P(B) = P(\overline{B}) = 0.5$.

利用全概率公式，$X(t)$ 的概率密度函数 $f(x)$ 为 $f(x) = f(x|B) P(B) + f(x|\overline{B}) P(\overline{B})$.

设 t 时刻所处的脉冲的起始点的时刻为 t_0，则随机变量 $t_0 \sim U(t - T_0, t)$.

给定事件 B 下，$X(t) = A \dfrac{t - t_0}{T_0}$，因此

$$
f(x|B) = \begin{cases} \dfrac{1}{A}, & 0 \leqslant x \leqslant A, \\ 0, & \text{其他}. \end{cases}
$$

类似可得，$f(x|\overline{B}) = \begin{cases} \dfrac{1}{A}, & -A \leqslant x \leqslant 0, \\ 0, & \text{其他}. \end{cases}$

故 $f(x) = \begin{cases} \dfrac{1}{2A}, & -A \leqslant x \leqslant A, \\ 0 & \text{其他}, \end{cases}$ 即服从均匀分布 $U(-A, A)$.

故 $E(X(t)) = 0$.

再求自相关函数. 不妨设 $t_1 \leqslant t_2$，下面分情况讨论.

(1) 考虑 $t_2 - t_1 \geqslant T_0$，此时 t_1 时刻和 t_2 时刻必位于不同的脉冲周期内. 值得注意的是，$X(t_1)$ 与 $X(t_2)$ 并不独立. 下面求 $X(t_1)$ 与 $X(t_2)$ 的联合概率密度函数 $f(x_1, x_2) = f(x_1) f(x_2|x_1)$.

注意，给定 $X(t_1) = x_1$，$X(t_2)$ 的条件分布为（依据全概率公式）

$$
f(x_2|x_1) = f(x_2|x_1, B) P(B|x_1) + f(x_2|x_1, \overline{B}) P(\overline{B}|x_1)
$$

$$= f\left(x_2|x_1, B\right) P\left(B\right) + f\left(x_2|x_1, \overline{B}\right) P\left(\overline{B}\right).$$

利用了 B 与 $X(t_1)$ 独立, 其中设事件 B 表示 t_2 时刻所在脉冲为正脉冲. 在给定 $X(t_1) = x_1$ 及事件 B 条件下, $X(t_2)$ 的取值唯一确定, 有

$$f\left(x_2|x_1, B\right) = \delta\left(x_2 - A\frac{(t_2 - t_1) + \frac{|x_1|}{A}T_0 - \left\lfloor \frac{t_2 - t_1}{T_0} + \frac{|x_1|}{A}\right\rfloor T_0 - \frac{A - |x_1|}{A}T_0}{T_0}\right),$$

其中 $\left\lfloor \dfrac{t_2 - t_1}{T_0}\right\rfloor$ 表示小于等于 $\dfrac{t_2 - t_1}{T_0}$ 的最大整数. 类似有

$$f\left(x_2|x_1, \overline{B}\right) = \delta\left(x_2 + A\frac{(t_2 - t_1) + \frac{|x_1|}{A}T_0 - \left\lfloor \frac{t_2 - t_1}{T_0} + \frac{|x_1|}{A}\right\rfloor T_0 - \frac{A - |x_1|}{A}T_0}{T_0}\right).$$

因此

$$f(x_1, x_2) = \frac{1}{2A} \cdot \frac{1}{2}\left[\delta\left(x_2 - A\frac{(t_2 - t_1) + \frac{|x_1|}{A}T_0 - \left\lfloor \frac{t_2 - t_1}{T_0} + \frac{|x_1|}{A}\right\rfloor T_0 - \frac{A - |x_1|}{A}T_0}{T_0}\right) + \right.$$

$$\left. \delta\left(x_2 + A\frac{(t_2 - t_1) + \frac{|x_1|}{A}T_0 - \left\lfloor \frac{t_2 - t_1}{T_0} + \frac{|x_1|}{A}\right\rfloor T_0 - \frac{A - |x_1|}{A}T_0}{T_0}\right)\right], \quad -A \leqslant x_1 \leqslant A,$$

显然, $X(t_1)$ 与 $X(t_2)$ 不独立. 因此

$$R_X(t_1, t_2) = \int_{-\infty}^{+\infty} \int_{-\infty}^{+\infty} x_1 x_2 f(x_1, x_2)\, \mathrm{d}x_2 \mathrm{d}x_1$$

$$= \frac{1}{4A}\int_{-A}^{+A} x_1\left[A\frac{(t_2 - t_1) + \frac{|x_1|}{A}T_0 - \left\lfloor \frac{t_2 - t_1}{T_0} + \frac{|x_1|}{A}\right\rfloor T_0 - \frac{A - |x_1|}{A}T_0}{T_0} - \right.$$

$$\left. A\frac{(t_2 - t_1) + \frac{x_1}{A}T_0 - \left\lfloor \frac{t_2 - t_1}{T_0} + \frac{|x_1|}{A}\right\rfloor T_0 - \frac{A - |x_1|}{A}T_0}{T_0}\right]\mathrm{d}x_1$$

$$= 0,$$

故 $t_2 - t_1 \geqslant T_0$ 时, $R_X(t_1, t_2) = 0$.

(2) 考虑 $t_2 - t_1 < T_0$, 此时 t_1 时刻和 t_2 时刻可能位于同一周期, 也可能位于不同的脉冲周期内. 设事件 C 表示 t_1 时刻和 t_2 时刻位于同一周期, 则

$$R_X(t_1, t_2) = E\left(X(t_1) X(t_2)\right)$$

$$= P(C) E\left(X(t_1) X(t_2)|C\right) + P\left(\overline{C}\right) E\left(X(t_1) X(t_2)|\overline{C}\right), \tag{1}$$

其中, 类似于 $t_2 - t_1 \geqslant T_0$ 时的计算, 第二项 $E\left(X(t_1) X(t_2)|\overline{C}\right) = 0$. 值得注意的是, 此时 $X(t_1)$ 与 $X(t_2)$ 并不独立.

对于第一项，设 t_1 时刻所处的脉冲的起始点的时刻为 t_0，给定 C 条件下，有 $t_2 < t_0 + T$，$t_1 \geqslant t_0 > t_2 - T_0$. 进一步有，给定 C 条件，t_0 的条件分布

$$f\left(t_0|C\right) \sim U\left(t_2 - T_0, t_1\right). \tag{2}$$

设事件 B 表示 t_1 时刻所在脉冲为正脉冲，则

$$
\begin{aligned}
E\left(X\left(t_1\right)X\left(t_2\right)|C\right) &= P\left(B|C\right)E\left(X\left(t_1\right)X\left(t_2\right)|C,B\right) + P\left(\overline{B}|C\right)E\left(X\left(t_1\right)X\left(t_2\right)|C,\overline{B}\right) \\
&= P\left(B\right)E\left(X\left(t_1\right)X\left(t_2\right)|C,B\right) + P\left(\overline{B}\right)E\left(X\left(t_1\right)X\left(t_2\right)|C,\overline{B}\right).
\end{aligned}
\tag{3}
$$

这里利用了 B 与 C 独立，给定 C,B 条件下，$X\left(t_1\right)$ 与 $X\left(t_2\right)$ 视为 t_0 的函数，$X\left(t_1\right) = A\dfrac{t_1 - t_0}{T_0}, X\left(t_2\right) = A\dfrac{t_2 - t_0}{T_0}$，则

$$E\left(X\left(t_1\right)X\left(t_2\right)|C,B,t_0\right) = A\frac{t_1 - t_0}{T_0} \cdot A\frac{t_2 - t_0}{T_0},$$

$$
\begin{aligned}
E\left(X\left(t_1\right)X\left(t_2\right)|C,B\right) &= E\left(E\left[X\left(t_1\right)X\left(t_2\right)|C,B,t_0\right]|C,B\right) \\
&= E\left(A\frac{t_1 - t_0}{T_0} \cdot A\frac{t_2 - t_0}{T_0}\Big|C,B\right) \\
&= E\left(A\frac{t_1 - t_0}{T_0} \cdot A\frac{t_2 - t_0}{T_0}\Big|C\right).
\end{aligned}
\tag{4}
$$

这里利用了给定 C，B 与 t_0 条件独立.

类似地有，$E\left(X\left(t_1\right)X\left(t_2\right)|C,\overline{B}\right) = E\left(A\dfrac{t_1 - t_0}{T_0} \cdot A\dfrac{t_2 - t_0}{T_0}\Big|C\right)$.

结合 (1),(2),(3),(4) 式，可得

$$
\begin{aligned}
R_X\left(t_1,t_2\right) &= P\left(C\right)E\left(A\frac{t_1 - t_0}{T_0} \cdot A\frac{t_2 - t_0}{T_0}\Big|C\right) \\
&= \frac{T_0 - \left(t_2 - t_1\right)}{T_0} \cdot \int_{t_2 - T_0}^{t_1} f\left(t_0|C\right) A^2 \frac{t_1 - t_0}{T_0} \frac{t_2 - t_0}{T_0} \mathrm{d}t_0 \\
&= \frac{A^2}{T_0} \cdot \int_{t_2 - T_0}^{t_1} \frac{t_1 - t_0}{T_0}\frac{t_2 - t_0}{T_0} \mathrm{d}t_0 = \frac{A^2}{T_0^3} \cdot \int_{t_2 - T_0}^{t_1} \left(t_1 - t_0\right)\left(t_2 - t_0\right) \mathrm{d}t_0 \\
&= \frac{A^2}{T_0^3} \cdot \int_0^{T_0 - \left(t_2 - t_1\right)} \theta\left(t_2 - t_1 + \theta\right)\mathrm{d}\theta (\text{积分换元 } \theta = t_1 - t_0) \\
&= \frac{A^2}{T_0^3} \cdot \frac{2T_0 + \left(t_2 - t_1\right)}{6}\left[T_0 - \left(t_2 - t_1\right)\right]^2.
\end{aligned}
$$

由此可见，自关函数 $R_X\left(t_1,t_2\right)$ 仅与时间差 $t_2 - t_1$ 有关.

综上所述，可得

$$E\left(X\left(t\right)\right) = 0,$$

$$
R_X\left(\tau\right) = \begin{cases}
\dfrac{A^2}{T_0^3} \cdot \dfrac{2T_0 + |\tau|}{6}\left[T_0 - |\tau|\right]^2, & |\tau| < T_0, \\
0, & |\tau| \geqslant T_0.
\end{cases}
$$

由此可知，该过程是宽平稳.

7. 由于

$$\|X_m - X_n\|^2 = E\left(X_m^2 - 2X_m X_n + X_n^2\right)$$

$$= 1 - 2\frac{1}{m} \cdot \frac{1}{n} + 1 = 2\left(1 - \frac{1}{mn}\right) \to 2, \ m, n \to \infty,$$

根据柯西准则，序列 $\{X_n, n \in \mathbb{N}\}$ 不均方收敛.

8. (1) 考虑 $R_B(n_1, n_2)$ 的不同情形.

对 $n_1 = 0$: 考虑 $R_B(0,0) = E(B(0)B(0)) = P(B(0) = 1) = \frac{1}{3}$;

$$R_B(0,1) = E(B(0)B(1)) = P(B(0) = 1, B(1) = 1) = 0;$$

$$\forall i \geqslant 2, \ R_B(0,i) = E(B(0)B(i)) = P(B(0) = 1, B(i) = 1)$$
$$= P(B(0) = 1) \cdot P(B(i) = 1) = \frac{1}{9}.$$

对 n_1 为其他偶数时有类似的情况.

对 $n_1 = 1$: 考虑 $R_B(1,0) = E(B(1)B(1)) = P(B(0) = 1, B(1) = 1) = 0$

$$R_B(1,1) = E(B(1)B(1)) = P(B(1) = 1) = \frac{1}{3};$$

$$\forall i \geqslant 2, \ R_B(1,i) = E(B(1)B(i)) = P(B(1) = 1, B(i) = 1)$$
$$= P(B(1) = 1) \cdot P(B(i) = 1) = \frac{1}{9}.$$

对 n_1 为其他奇数时有类似情况.

$$R_B(n_1, n_2) = \begin{cases} 0, & n_1 = 2j, n_2 = 2j + 1 \text{或} n_1 = 2j + 1, n_2 = 2j, \\ \dfrac{1}{3}, & n_1 = n_2, \\ \dfrac{1}{9}, & \text{其他}, \end{cases}$$

其中 j 为整数, 且 $j \geqslant 0$.

(2) 不是宽平稳: 如 $R_B(1,2) = 0$, 而 $R_B(2,3) = \frac{1}{9}$, 尽管两者对应的时间差相同.

9. (1) $E(\xi) = E(\eta) = -1 \times \frac{2}{3} + 2 \times \frac{1}{3} = 0, \qquad E(\xi\eta) = E(\xi)E(\eta) = 0,$

$$E(\xi^2) = E(\eta^2) = (-1)^2 \times \frac{2}{3} + 2^2 \times \frac{1}{3} = 2,$$

$$E(\zeta(t)) = E(\eta\cos t + \xi\sin t) = E(\eta)\cos t + E(\xi)\sin t = 0$$

$$R_\zeta(t_1, t_2) = E((\eta\cos t_1 + \xi\sin t_1)(\eta\cos t_2 + \xi\sin t_2))$$
$$= E(\eta^2)\cos t_1 \cos t_2 + E(\xi^2)\sin t_1 \sin t_2 = 2\cos(t_1 - t_2).$$

显然它是宽平稳的.

(2) 当 $t = 0$ 时, $\zeta(t) = \eta, \zeta(t)$ 的取值为 -1 和 2.

当 $t = \pi/4$ 时, $\zeta(t) = \frac{\sqrt{2}}{2}(\eta + \xi), \zeta(t)$ 的取值有三种, $\zeta(t)$ 的一维分布与 t 有关, 故它不是严平稳的.

10. 利用平稳过程高阶导数的性质有

$$E\left(\eta(t-\tau)\overline{\eta(t)}\right) = E\left(\xi(t-\tau)\overline{\xi(t)}\right) + E\left(\xi(t-\tau)\overline{\xi^{(2)}(\tau)}\right) +$$
$$E\left(\xi^{(2)}(t-\tau)\overline{\xi(t)}\right) + E\left(\xi^{(2)}(t-\tau)\overline{\xi^{(2)}(t)}\right)$$

$$= R_\xi\left(\tau\right) + 2R_\xi^{(2)}\left(\tau\right) + R_\xi^{(4)}\left(\tau\right),$$

代入得到

$$R_\eta\left(\tau\right) = \sigma^2 \mathrm{e}^{-a|\tau|}\left[\left(1 - \frac{2}{3}a^2 + a^4\right) + a|\tau|\left(1 - \frac{2}{3}a^2 - \frac{5}{3}a^4\right) + \frac{1}{3}a^2\tau^2\left(1 + 2a^2 + a^4\right)\right].$$

11. 假设 $X(t)$ 是均方周期的，由柯西–施瓦茨不等式

$$\left|E\left(X\left(t_1\right)\overline{\left(X\left(t_2 + T\right) - X\left(t_2\right)\right)}\right)\right|^2 \leqslant E\left(|X\left(t_1\right)|^2\right)E\left(|X\left(t_2 + T\right) - X\left(t_2\right)|^2\right)$$

以及均方周期的定义 $E\left(|X\left(t_2 + T\right) - X\left(t_2\right)|^2\right) = 0$，得到

$$E\left(X\left(t_1\right)\overline{\left[X\left(t_2 + T\right) - X\left(t_2\right)\right]}\right) = 0.$$

因此

$$R\left(t_1, t_2 + T\right) - R\left(t_1, t_2\right) = 0. \qquad (*)$$

同样可由

$$\left|E\left(\left[X\left(t_1 + T\right) - X\left(t_1\right)\right]\overline{X\left(t_2\right)}\right)\right|^2 \leqslant E\left(|X\left(t_1 + T\right) - X\left(t_1\right)|^2\right)E\left(|X\left(t_2\right)|^2\right),$$

得到

$$R\left(t_1 + T, t_2\right) - R\left(t_1, t_2\right) = 0. \qquad (**)$$

综合式 $(*)$ 及式 $(**)$，可得 $R\left(t_1 + mT, t_2 + nT\right) = R\left(t_1, t_2\right)$.

反之，假设 $R\left(t_1 + mT, t_2 + nT\right) = R\left(t_1, t_2\right)$，则有

$$E\left(|X\left(t_1 + T\right) - X\left(t_1\right)|^2\right) = E\left(\left[X\left(t_1 + T\right) - X\left(t_1\right)\right]\overline{\left[X\left(t_1 + T\right) - X\left(t_1\right)\right]}\right)$$

$$= R\left(t_1 + T, t_1 + T\right) + R\left(t_1, t_2\right) - R\left(t_1, t_2 + T\right) - R\left(t_1 + T, t_2\right) = 0.$$

12. $E\left(X\left(t\right)X'\left(t\right)\right) = E\left(X\left(t\right)\lim_{h \to 0}\dfrac{X\left(t + h\right) - X\left(t\right)}{h}\right) \overset{m.s.}{=} \lim_{h \to 0}E\left(X\left(t\right)\dfrac{X\left(t + h\right) - X\left(t\right)}{h}\right)$

$$= \lim_{h \to 0}\frac{1}{h}\left(R_X\left(h\right) - R_X\left(0\right)\right) = 0.$$

其中由 $X'\left(t\right)$ 存在导出极限换序以及 $R_X\left(\tau\right)$ 连续.

13. 根据题意，有

$$R_\xi\left(\tau\right) = \begin{cases} A\mathrm{e}^{-\alpha\tau}\left(1 + \alpha\tau\right), & \tau \geqslant 0, \\ A\mathrm{e}^{\alpha\tau}\left(1 - \alpha\tau\right), & \tau < 0, \end{cases} \qquad R_\xi'\left(\tau\right) = \begin{cases} -A\alpha^2\tau\mathrm{e}^{-\alpha\tau}, & \tau \geqslant 0, \\ -A\alpha^2\tau\mathrm{e}^{\alpha\tau}, & \tau < 0, \end{cases}$$

$$R_\xi''\left(\tau\right) = \begin{cases} -A\alpha^2\mathrm{e}^{-\alpha\tau} + A\alpha^3\tau\mathrm{e}^{-\alpha\tau}, & \tau \geqslant 0, \\ -A\alpha^2\mathrm{e}^{\alpha\tau} - A\alpha^3\tau\mathrm{e}^{\alpha\tau}, & \tau < 0. \end{cases}$$

因为 $R_\eta\left(\tau\right) = -R_\xi''\left(\tau\right)$，因此有

$$R_\eta\left(\tau\right) = -R_\xi''\left(\tau\right) = A\alpha^2\mathrm{e}^{-\alpha|\tau|}(1 - \alpha|\tau|).$$

14. $\mu_X\left(t\right) = 0, \qquad R_X\left(s, t\right) = E\left(X\left(s\right)\overline{X\left(t\right)}\right) = \sigma^2\cos\alpha\left(s - t\right),$

$$\int_0^\tau\int_0^\tau R_X\left(s, t\right)\mathrm{d}t\mathrm{d}s = \int_0^\tau\int_0^\tau \sigma^2\cos\alpha\left(t - s\right)\mathrm{d}t\mathrm{d}s = \int_0^\tau\mathrm{d}s\int_0^\tau \sigma^2\cos\alpha\sigma^2\left(t - s\right)\mathrm{d}t$$

$$= \frac{\sigma^2}{\alpha^2} \int_0^\tau (\sin\alpha(\tau-s) + \sin\alpha s)\mathrm{d}t = \frac{\sigma^2}{\alpha^2}(2 - 2\cos\alpha\tau).$$

上述积分存在，所以 $Y(t) = \int_0^t X(\tau)\,\mathrm{d}\tau$ 均方可积.

均值函数：$\mu_Y(t) = E(Y(t)) = 0.$

协方差函数：

$$C_Y(s,t) = \int_0^s \int_0^t \sigma^2 \cos\alpha(u-v)\,\mathrm{d}u\mathrm{d}v = \frac{\sigma^2}{\alpha^2}[1 - \cos\alpha t - \cos\alpha s + \cos\alpha(t-s)].$$

方差函数：$\mathrm{Var}_Y(t) = C_Y(t,t) = \frac{2\sigma^2}{\alpha^2}(1 - \cos\alpha t).$

15. $R_{\eta\zeta}(t_1,t_2) = E\left(\eta(t_1)\overline{\zeta(t_2)}\right)$

$$= acE\left(\xi(t_1)\overline{\xi^{(1)}(t_2)}\right) + afE\left(\xi(t_1)\overline{\xi^{(2)}(t_2)}\right) + bcE\left(\xi^{(1)}(t_1)\overline{\xi^{(1)}(t_2)}\right) +$$

$$bfE\left(\xi^{(1)}(t_1)\overline{\xi^{(2)}(t_2)}\right)$$

$$= ac\frac{\partial}{\partial t_2}R_{\xi\xi}(t_1,t_2) + af\frac{\partial^2}{\partial t_2^2}R_{\xi\xi}(t_1,t_2) + bc\frac{\partial^2}{\partial t_1\partial t_2}R_{\xi\xi}(t_1,t_2) + bf\frac{\partial^3}{\partial t_1\partial t_2^2}R_{\xi\xi}(t_1,t_2).$$

16. $E(\eta(t)) = E\left(\int_0^t \xi(u)\,\mathrm{d}u\right) = \int_0^t E(\xi(u))\,\mathrm{d}u = 0,$

$$E(|\eta(t)|^2) = E\left(\int_0^t \xi(u)\,\mathrm{d}u \int_0^t \overline{\xi(v)}\mathrm{d}v\right) = E\left(\int_0^t\int_0^t \xi(u)\overline{\xi(v)}\mathrm{d}u\mathrm{d}v\right)$$

$$= \int_0^t\int_0^t R_\xi(u-v)\mathrm{d}u\mathrm{d}v = \int_{-t}^t (t-|x|)R_\xi(x)\mathrm{d}x,$$

从而

$$\mathrm{Var}(\eta(t)) = \int_{-t}^t (t-|x|)R_\xi(x)\mathrm{d}x,$$

$$C_\eta(t_1,t_2) = E\left[\left(\int_0^{t_1}\xi(u)\,\mathrm{d}u - 0\right)\left(\int_0^{t_2}\overline{\xi(v)}\mathrm{d}v - 0\right)\right]$$

$$= \int_0^{t_1}\int_0^{t_2} R_\xi(v-u)\mathrm{d}u\mathrm{d}v = \int_{-t_2}^{t_1}(t_2-|x|)R_\xi(x)\mathrm{d}x.$$

其中用到均方可积时可交换积分号和期望.

17. (1) $E(\xi(t)) = E(\zeta)\cos t = \frac{1}{2}\cos t,$ $\qquad R_\xi(t_1,t_2) = E(\zeta^2)\cos t_1\cos t_2 = \frac{1}{3}\cos t_1\cos t_2,$

可知输入 $\{\xi(t)\}$ 为非平稳过程.

(2) $\eta(t) = \frac{1}{T}\int_{t-T}^t \zeta\cos u\,\mathrm{d}u = \frac{1}{T}\zeta[\sin t - \sin(t-T)]$

$$= \frac{1}{T}\zeta\left[\sin\left(t - \frac{T}{2} + \frac{T}{2}\right) - \sin\left(t - \frac{T}{2} - \frac{T}{2}\right)\right]$$

$$= \zeta\frac{2}{T}\sin\frac{T}{2}\cos\left(t - \frac{T}{2}\right).$$

(3) $E(\eta(t)) = E\left(\dfrac{1}{T}\displaystyle\int_{t-T}^{t}\xi(u)\,\mathrm{d}u\right) = \dfrac{1}{T}\displaystyle\int_{t-T}^{t}E(\xi(u))\,\mathrm{d}u$, 代入 $E(\xi(u))$ 得到结论.

$$E(\eta(t_1)\eta(t_2)) = E\left[\left(\frac{1}{T}\int_{t_1-T}^{t_1}\xi(u)\,\mathrm{d}u\right)\left(\frac{1}{T}\int_{t_2-T}^{t_2}\xi(v)\,\mathrm{d}v\right)\right]$$
$$= \frac{1}{T^2}\int_{t_1-T}^{t_1}\int_{t_2-T}^{t_2}R_\xi(u,v)\,\mathrm{d}v\mathrm{d}u.$$

代入 $R_\xi(t_1,t_2)$ 得到结论. 综上可知输出 $\{\eta(t)\}$ 为非平稳过程.

18. (1) 根据题意可写出 $\eta(t) = \dfrac{1}{T}\displaystyle\int_{t-T}^{t}\sin(\omega u+\theta)\,\mathrm{d}u$, 积分可得

$$\eta(t) = \frac{\sin\dfrac{\omega T}{2}}{\dfrac{\omega T}{2}}\sin\left(\omega t - \frac{\omega T}{2} + \theta\right).$$

(2) 注意 θ 为区间 $[0,2\pi]$ 上的均匀分布, 可得

$$E(\eta(t)) = \frac{1}{2\pi}\int_0^{2\pi}\frac{\sin\dfrac{\omega T}{2}}{\dfrac{\omega T}{2}}\sin\left(\omega t - \frac{\omega T}{2} + \theta\right)\mathrm{d}\theta = 0.$$

相关函数为

$$R_{\eta\eta}(t_1,t_2) = \int_0^{2\pi}\frac{\sin\dfrac{\omega T}{2}}{\dfrac{\omega T}{2}}\sin\left(\omega t_1 - \frac{\omega T}{2} + \theta\right)\frac{\sin\dfrac{\omega T}{2}}{\dfrac{\omega T}{2}}\sin\left(\omega t_2 - \frac{\omega T}{2} + \theta\right)\mathrm{d}\theta$$
$$= \frac{1}{2}\int_0^{2\pi}\left(\frac{\sin\dfrac{\omega T}{2}}{\dfrac{\omega T}{2}}\right)^2\left(\cos(\omega(t_1-t_2)) - \cos(\omega(t_1+t_2)+\omega T + 2\theta)\right)\mathrm{d}\theta$$
$$= \frac{1}{2}\left(\frac{\sin\dfrac{\omega T}{2}}{\dfrac{\omega T}{2}}\right)^2\cos(\omega(t_1-t_2)).$$

19. (1) 证明：将系统用线性算子 L_t 表示, 下标 t 表示作用在变量 t 上, 则有 $Y(t) = L_t(X(t))$, 取共轭后（$h(t)$ 为实数）得到 $\overline{Y(t)} = L_t\left(\overline{X(t)}\right)$.

对于任意的 $X(t_1)$, 利用 L_t 的线性性可得 $X(t_1)\overline{Y(t)} = L_t\left(X(t_1)\overline{X(t)}\right)$. 进而, 将期望与积分交换顺序可得 $E\left(X(t_1)\overline{Y(t)}\right) = L_t\left(E\left(X(t_1)\overline{X(t)}\right)\right)$.

因此, 取 $t = t_2$ 可得 $R_{XY}(t_1,t_2) = \displaystyle\int_{-\infty}^{+\infty}R_{XX}(t_1, t_2-\tau)h(\tau)\,\mathrm{d}\tau$.

利用相同的方法可以由 $Y(t)\overline{Y(t_1)} = L_t\left(X(t)\overline{Y(t_1)}\right)$ 得到

$$R_{YY}(t_1,t_2) = \int_{-\infty}^{+\infty}R_{XY}(t_1-\tau,t_2)h(\tau)\,\mathrm{d}\tau.$$

(2) 设输入过程为 $X(t) = v(t)\varepsilon(t)$, 因此

$$R_{XX}(t_1,t_2) = q\delta(t_1-t_2)\varepsilon(t_1)\varepsilon(t_2).$$

由 (1) 的结果可得

$$R_{XY}(t_1, t_2) = \int_{-\infty}^{+\infty} q\delta(t_1 - t_2 + \tau)\varepsilon(t_1)\varepsilon(t_2 - \tau)h(\tau)\mathrm{d}\tau$$

$$= \int_{-\infty}^{+\infty} q\delta(t_1 - t_2 + \tau)\varepsilon(t_1)\varepsilon(t_2 - \tau)\mathrm{e}^{-c\tau}\varepsilon(\tau)\mathrm{d}\tau$$

$$= q\mathrm{e}^{-c(t_2-t_1)}\varepsilon(t_2 - t_1)\varepsilon(t_1),$$

因此

$$R_{YY}(t_1, t_2) = \int_{-\infty}^{+\infty} R_{XY}(t_1 - \tau, t_2)h(\tau)\mathrm{d}\tau$$

$$= \int_{-\infty}^{+\infty} q\mathrm{e}^{-c(t_2-t_1+\tau)}\varepsilon(t_2 - t_1 + \tau)\varepsilon(t_1 - \tau)\mathrm{e}^{-c\tau}\varepsilon(\tau)\,\mathrm{d}\tau$$

$$= \frac{q}{2c}\left(\mathrm{e}^{-c|t_1-t_2|} - \mathrm{e}^{-c(t_1+t_2)}\right).$$

20. (1) 设 t 所在周期的三角脉冲的起始时刻为 t_1。则

$$E(\xi(t)) = E(E[\xi(t)|t_1]) = \frac{1}{T}\int_{t-T}^{t} E(\xi(t)|t_1)\,\mathrm{d}t_1$$

$$= \frac{1}{T}\int_{t-T}^{t} g(t - t_1)\mathrm{d}t_1 = \frac{1}{T}\int_0^T g(\tau)\mathrm{d}\tau = \frac{A}{8}.$$

其中 $g(t)$ 的函数曲线如图题 6.20 所示. 同理，有

$$E(\xi^2(t)) = \frac{1}{T}\int_{t-T}^{t} E(\xi^2(t)|t_1)\,\mathrm{d}t_1 = \frac{1}{T}\int_0^T g(\tau)^2\mathrm{d}\tau = \frac{A^2}{12}.$$

则

$$\mathrm{Var}(\xi(t)) = E[\xi^2(t)] - (E(\xi(t)))^2 = \frac{13}{192}A^2.$$

(2) $\langle \xi(t) \rangle = \lim_{M\to\infty}\frac{1}{2M}\int_{-M}^{M}\xi(t)\mathrm{d}t = \frac{1}{T}\int_{t_0}^{t_0+T}\xi(t)\mathrm{d}t = \frac{A}{8},$

$$\langle \xi^2(t) \rangle = \lim_{M\to\infty}\frac{1}{2M}\int_{-M}^{M}\xi^2(t)\mathrm{d}t = \frac{1}{T}\int_{t_0}^{t_0+T}\xi^2(t)\mathrm{d}t = \frac{A^2}{12}.$$

从而 $\langle \xi(t) \rangle = E(\xi(t))$, 故 $\xi(t)$ 具有均值遍历性. 通过类似算法有 $\langle \xi(t+\tau)\xi(t) \rangle = E(\xi(t+\tau)\xi(t))$ 且值仅与 τ 相关. 故 $\xi(t)$ 具有自相关函数遍历性.

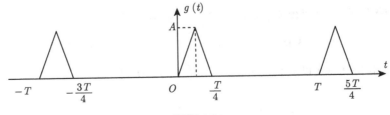

图题 6.20

21. 由过程为实平稳过程，可知

$$E|\xi(t) - 2\xi(t+\tau) + \xi(t+2\tau)|^2 = 6R_\xi(0) - 8R_\xi(\tau) + 2R_\xi(2\tau) \geqslant 0,$$

因此 $R_\xi(0) - R_\xi(\tau) \geqslant \dfrac{1}{4}[R_\xi(0) - R_\xi(2\tau)]$，利用此式进行递推，即可得

$$R_\xi(0) - R_\xi(\tau) \geqslant \dfrac{1}{4^n}(R_\xi(0) - R_\xi(2^n\tau)).$$

22. 均值函数为 $E(X_n) = \displaystyle\sum_{k=0}^{\infty} \alpha^k E(Y_{n-k}) = 0$.

下面求自相关函数. 设 Y_n 的方差为 σ^2，由于 $\{Y_n, n = \cdots, -2, -1, 0, 1, 2, \cdots\}$ 为独立同分布的随机序列，故 $E(Y_n Y_m) = \delta_{nm}\sigma^2$，其中，$\delta_{nm} = \begin{cases} 1, & n = m, \\ 0, & n \neq m. \end{cases}$

当 $r \geqslant 0$ 时，

$$E(X_{n+r}X_n) = E\left(\sum_{k=0}^{\infty}\alpha^k Y_{n+r-k}\sum_{p=0}^{\infty}\alpha^p Y_{n-p}\right) = E\left(\sum_{k=0}^{\infty}\sum_{p=0}^{\infty}\alpha^p\alpha^k Y_{n+r-k}Y_{n-p}\right)$$

$$= \sum_{k=0}^{\infty}\sum_{p=0}^{\infty}\alpha^p\alpha^k E(Y_{n+r-k}Y_{n-p}) = \sigma^2\sum_{p=0}^{\infty}\alpha^p\alpha^{p+r} = \sigma^2\alpha^r\frac{1}{1-\alpha^2}.$$

而当 $r < 0$ 时，可得 $E(X_{n+r}X_n) = \sigma^2 a^{-r}\dfrac{1}{1-\alpha^2}$. 因此，自相关函数 $E(X_{n+r}X_n) = R_X(r) = \sigma^2\alpha^{|r|}\dfrac{1}{1-\alpha^2}$. 综上，$\{X_n\}$ 满足宽平稳条件.

下面讨论均值遍历性. 由于 $E(X_n) = 0$，故 $\{X_n\}$ 的协方差函数为 $C_X(r) = R_X(r) = \sigma^2\alpha^{|r|}\dfrac{1}{1-\alpha^2}$.

上面已证得 $\{X_n\}$ 为宽平稳过程，$C_X(0) = \sigma^2\dfrac{1}{1-\alpha^2} < +\infty$，且当 $r \to +\infty$ 时，由于 $|\alpha| < 1, C_X(r) \to 0$，依据推论 6.3，均值遍历充分条件成立，所以序列 $\{X_n\}$ 具有均值遍历性.

习　题　7

1. (1) $S(\omega) = \dfrac{\omega^2 + 1}{\omega^4 + 5\omega^2 + 6} = \dfrac{\omega^2 + 1}{(\omega^2 + 2)(\omega^2 + 3)}$，利用部分分式展开得

$$S(\omega) = \frac{A}{\omega^2 + 2} + \frac{B}{\omega^2 + 3} = \frac{-1}{\omega^2 + 2} + \frac{2}{\omega^2 + 3}.$$

查表 7.1 可得 $R_X(\tau) = \dfrac{-1}{2\sqrt{2}}\mathrm{e}^{-\sqrt{2}|\tau|} + \dfrac{1}{\sqrt{3}}\mathrm{e}^{-\sqrt{3}|\tau|}$.

(2) 类似于 (1) 中，这里需要用到如下结论：

$$\mathcal{F}\{\mathrm{e}^{-z|t|}\} = \frac{2z}{z^2 + \omega^2}, \quad \mathrm{Re}\{z\} > 0.$$

由 $S(\omega) = \dfrac{\mathrm{e}^{\mathrm{j}\frac{\pi}{4}}}{4}\dfrac{2\mathrm{e}^{\mathrm{j}\frac{\pi}{4}}}{\omega^2 + (\mathrm{e}^{\mathrm{j}\frac{\pi}{4}})^2} + \dfrac{\mathrm{e}^{-\mathrm{j}\frac{\pi}{4}}}{4}\dfrac{2\mathrm{e}^{-\mathrm{j}\frac{\pi}{4}}}{\omega^2 + (\mathrm{e}^{-\mathrm{j}\frac{\pi}{4}})^2}$，从而有 $R_X(\tau) = \dfrac{\mathrm{e}^{\mathrm{j}\frac{\pi}{4}}}{4}\mathrm{e}^{-\mathrm{e}^{\mathrm{j}\frac{\pi}{4}}|\tau|} + \dfrac{\mathrm{e}^{-\mathrm{j}\frac{\pi}{4}}}{4}\mathrm{e}^{-\mathrm{e}^{-\mathrm{j}\frac{\pi}{4}}|\tau|}$

$= \dfrac{1}{2}\mathrm{e}^{-\frac{|\tau|}{\sqrt{2}}}\cos(\dfrac{|\tau|}{\sqrt{2}} - \dfrac{\pi}{4})$.

2. 首先求 $X(n)$ 的自相关函数，可得

$$R_X[n] = E[(Y(n+m) + V(n+m))\overline{(Y(m) + V(m))}]$$

$$= E(Y(n+m)\overline{Y(m)}) + E(V(n+m)\overline{V(m)})$$

$$= R_Y(n) + R_V(n) = 2^{-|n|} + \delta(n).$$

求傅里叶变换可得 $S_X(\omega) = \sum\limits_{n=-\infty}^{+\infty} R_X(n)\mathrm{e}^{-\mathrm{j}\omega n} = \dfrac{8 - 4\cos\omega}{5 - 4\cos\omega}$.

3. 求 $\eta_X(z)$ 的逆 z 变换即可得自相关函数. 首先, 注意到

$$\eta_X(z) = \frac{5 - 2\left(z + z^{-1}\right)}{10 - 3\left(z + z^{-1}\right)} = \frac{\left(1 - 2z\right)\left(1 - 2z^{-1}\right)}{\left(1 - 3z\right)\left(1 - 3z^{-1}\right)} = \frac{\left(2 - z^{-1}\right)\left(1 - 2z^{-1}\right)}{3\left(1 - \frac{1}{3}z^{-1}\right)\left(1 - 3z^{-1}\right)}$$

为一个双边 z 变换, 其定义域为 $\dfrac{1}{3} < |z| < 3$. 利用部分分式展开, 得

$$\eta_X(z) = A + \frac{B}{\left(1 - \dfrac{1}{3}z^{-1}\right)} + \frac{C}{\left(1 - 3z^{-1}\right)},$$

其中, $A = \dfrac{2}{3}$, $B = \left(1 - \dfrac{1}{3}z^{-1}\right)\eta_X(z)\Big|_{z=\frac{1}{3}} = -\dfrac{5}{24}$, $C = \left(1 - 3z^{-1}\right)\eta_X(z)\,|_{z=3} = \dfrac{5}{24}$,

根据基本 z 变换对, $\eta_X(z)$ 的逆变换为

$$R_X(n) = \frac{2}{3}\delta(n) - \frac{5}{24} \times \frac{1}{3^n}u(n) - \frac{5}{24}\times 3^n u(-n-1) = \frac{2}{3}\delta(n) - \frac{5}{24}\times 3^{-|n|}.$$

4. 首先可知 $\mathrm{e}^{-\alpha\tau^2}$ 的傅里叶变换为 $F(\omega) = \sqrt{\dfrac{\pi}{\alpha}}\mathrm{e}^{-\frac{\omega^2}{4\alpha}}$, 以及 $\cos(\beta\tau) = \dfrac{\mathrm{e}^{\mathrm{j}\beta\tau} + \mathrm{e}^{-\mathrm{j}\beta\tau}}{2}$, 因此

$$S(\omega) = \frac{\sigma^2}{2}(F(\omega + \beta) + F(\omega - \beta)) = \frac{\sigma^2}{2}\sqrt{\frac{\pi}{\alpha}}\left(\mathrm{e}^{-\frac{(\omega+\beta)^2}{4\alpha}} + \mathrm{e}^{-\frac{(\omega-\beta)^2}{4\alpha}}\right).$$

5. 根据框图写出信号关系: $e(t) = \xi(t) - \eta(t), \eta(t) = (e(t)h(t) + n(t))k(t)$.

对上式进行等价变换可得:

$$\eta(t) + \eta(t) * h(t) * k(t) = \xi(t) * h(t) * k(t) + n(t) * k(t) \qquad (***)$$

针对多个信号多重卷积的情形, 可用时域积分的方法求出对应的相关函数, 以 $\eta(t) * h(t) * k(t)$ 为例有

$$E\left[(\eta(t + \tau) * h(t + \tau) * k(t + \tau))(\eta(t) * h(t) * k(t))\right]$$

$$= E\left(\iiiint \eta(t + \tau - x - y)\eta(t - u - v)h(x)k(y)h(u)k(v)\mathrm{d}x\mathrm{d}y\mathrm{d}u\mathrm{d}v\right)$$

$$= \iiiint E[\eta(t + \tau - x - y)\eta(t - u - v)]h(x)k(y)h(u)k(v)\mathrm{d}x\mathrm{d}y\mathrm{d}u\mathrm{d}v$$

$$= \iiiint R_{\eta\eta}(\tau - x - y + u + v)h(x)k(y)h(u)k(v)\mathrm{d}x\mathrm{d}y\mathrm{d}u\mathrm{d}v$$

$$= R_{\eta\eta}(\tau) * h(\tau) * h(-\tau) * k(\tau) * k(-\tau).$$

同理有

$$E\left[(\eta(t + \tau))(\eta(t) * h(t) * k(t))\right] = R_{\eta\eta}(\tau) * h(\tau) * k(\tau),$$

$$E\left[(\eta(t) * h(t) * k(t))(\eta(t + \tau))\right] = R_{\eta\eta}(\tau) * h(-\tau) * k(-\tau),$$

$$E\left[(\xi(t + \tau) * h(t + \tau) * k(t + \tau))(\xi(t) * h(t) * k(t))\right] = R_{\xi\xi}(\tau) * h(\tau) * h(-\tau) * k(\tau) * k(-\tau),$$

$$E\left[(\xi(t + \tau) * h(t + \tau) * k(t + \tau))(n(t) * k(t))\right] = R_{\xi n}(\tau) * h(\tau) * k(\tau) * k(-\tau),$$

$$E\left[(n(t+\tau)*k(t+\tau))(\xi(t)*h(t)*k(t))\right]=R_{n\xi}(\tau)*h(-\tau)*k(-\tau)*k(\tau),$$
$$E\left[(n(t+\tau)*k(t+\tau))(n(t)*k(t))\right]=R_{nn}(\tau)*k(\tau)*k(-\tau).$$

分别计算式 $(***)$ 等号左右两侧信号的相关函数，可得

$$R_{\eta\eta}(\tau)+R_{\eta\eta}(\tau)*h(\tau)*k(\tau)+R_{\eta\eta}(\tau)*h(-\tau)*k(-\tau)+$$
$$R_{\eta\eta}(\tau)*h(\tau)*h(-\tau)*k(\tau)*k(-\tau)$$
$$=R_{\xi\xi}(\tau)*h(\tau)*h(-\tau)*k(\tau)*k(-\tau)+R_{\xi n}(\tau)*h(\tau)*k(\tau)*k(-\tau)+$$
$$R_{n\xi}(\tau)*h(-\tau)*k(-\tau)*k(\tau)+R_{nn}(\tau)*k(\tau)*k(-\tau).$$

设信号 $h(t)$ 和 $k(t)$ 的频域表示分别为 $H(f)$ 和 $K(f)$，对上式左右两端同时进行傅里叶变换可得

$$S_{\eta}(f)(1+H(f)K(f)+\overline{H(f)K(f)}+|H(f)|^2|K(f)|^2)$$
$$=S_{\xi\xi}(f)|H(f)|^2|K(f)|^2+S_{\xi n}(f)H(f)K(f)\overline{K(f)}+$$
$$S_{n\xi}(f)\overline{H(f)K(f)}K(f)+S_{nn}(f)\overline{K(f)}K(f).$$

定义

$$H_1(f)=\frac{H(f)K(f)}{1+H(f)K(f)},\qquad H_2(f)=\frac{K(f)}{1+H(f)K(f)}.$$

故有

$$S_{\eta}(f)=S_{\xi\xi}(f)H_1(f)\overline{H_1(f)}+S_{n\xi}(f)H_2(f)\overline{H_1(f)}+$$
$$S_{\xi n}(f)H_1(f)\overline{H_2(f)}+S_{nn}(f)H_2(f)\overline{H_2(f)}.$$

对于信号 $e(t)$，由于 $\eta(t)=\xi(t)-e(t)$，我们有

$$e(t)+e(t)*h(t)*k(t)=\xi(t)-n(t)*k(t).$$

同理可得

$$R_{ee}(\tau)+R_{ee}(\tau)*h(\tau)*k(\tau)+R_{ee}(\tau)*h(-\tau)*k(-\tau)+R_{ee}(\tau)*h(\tau)*h(-\tau)*k(\tau)*k(-\tau)$$
$$=R_{\xi\xi}(\tau)-R_{\xi n}(\tau)*k(-\tau)+R_{n\xi}(\tau)*k(\tau)+R_{nn}(\tau)*k(\tau)*k(-\tau).$$

将等式两边进行傅里叶变换并化简后有

$$S_e(f)=S_{\xi\xi}(f)H_3(f)\overline{H_3(f)}+S_{n\xi}(f)H_4(f)\overline{H_3(f)}+$$
$$S_{\xi n}(f)H_3(f)\overline{H_4(f)}+S_{nn}(f)H_4(f)\overline{H_4(f)}.$$

其中，$H_3(f)=\dfrac{1}{1+H(f)K(f)},H_4(f)=\dfrac{-K(f)}{1+H(f)K(f)}.$

6. 因 $\zeta(t)=\xi(t)\eta(t)$，则

$$R_{\zeta}(t_1,t_2)=E(\xi(t_1)\eta(t_1)\overline{\xi(t_2)\eta(t_2)})=E\left(\xi(t_1)\overline{\xi(t_2)}\right)E\left(\eta(t_1)\overline{\eta(t_2)}\right)$$
$$=R_{\xi}(t_1-t_2)R_{\eta}(t_1-t_2)=R_{\zeta}(\tau),$$

输出的功率谱密度为 $S_{\zeta}(f)=\displaystyle\int_{-\infty}^{+\infty}R_{\zeta}(\tau)e^{-j2\pi f\tau}d\tau=\int_{-\infty}^{+\infty}S_{\xi}(\nu)S_{\eta}(f-\nu)d\nu.$

7. 由题意有 $\{\xi_2(t)\}$ 到 $\{z(t)\}$ 的传输函数 $H_2(\mathrm{j}f) = \dfrac{1}{\mathrm{j}2\pi f + 9}$，由此得

$$S_z(f) = |H_2(\mathrm{j}f)|^2 S_{\xi_2}(f) = \frac{1}{(2\pi f)^2 + 81} \cdot \frac{4\sigma_2^2}{(2\pi f)^2 + 4}.$$

由题意有 $\{\xi_1(t) - z(t)\}$ 到 $\{y(t)\}$ 的传输函数 $H_1(\mathrm{j}f) = \dfrac{1}{(\mathrm{j}2\pi f)^2 + 2\mathrm{j}2\pi f + 4}$，因而 $S_y(f) = |H_1(\mathrm{j}f)|^2 S_{\xi_1 - z}(f)$.

设传递函数 $H_1(\mathrm{j}f)$ 和 $H_2(\mathrm{j}f)$ 的时域表示分别为 $h_1(t)$ 和 $h_2(t)$，则有

$$
\begin{aligned}
R_{\xi_1 - z}(t_1, t_2) &= E\left([\xi_1(t_1) - z(t_1)]\overline{[\xi_1(t_2) - z(t_2)]} \right) \\
&= E\left([\xi_1(t_1) - \xi_2(t_1) * h_2(t_1)]\overline{[\xi_1(t_2) - \xi_2(t_2) * h_2(t_2)]} \right) \\
&= R_{\xi_1 \xi_1}(\tau) - R_{\xi_1 \xi_2}(\tau) * h_2(-\tau) - R_{\xi_2 \xi_1}(\tau) * h_2(\tau) + R_{zz}(\tau),
\end{aligned}
$$

故 $S_{\xi_1 - z}(f) = S_{\xi_1}(f) - \overline{H_2(\mathrm{j}f)}S_{\xi_1 \xi_2}(f) - H_2(\mathrm{j}f)\overline{S_{\xi_1 \xi_2}(f)} + S_z(f)$. 代入得

$$
\begin{aligned}
S_y(f) =\ & \frac{1}{(4\pi f)^2 + [4 - (2\pi f)^2]}\left(\frac{2\sigma_1^2}{(2\pi f)^2 + 1} + \frac{1}{(2\pi f)^2 + 81} \cdot \frac{4\sigma_2^2}{(2\pi f)^2 + 4} \right) - \\
& \frac{1}{(4\pi f)^2 + [4 - (2\pi f)^2]}\left(\frac{1}{-\mathrm{j}2\pi f + 9} \frac{2\pi a}{[(2\pi f)^2 - 2]^2 + \mathrm{j}2\pi f} + \right. \\
& \left. \frac{1}{\mathrm{j}2\pi f + 9} \frac{2\pi a}{[(2\pi f)^2 - 2]^2 - \mathrm{j}2\pi f} \right).
\end{aligned}
$$

根据上述分析，可写出 $y(t)$ 和 $z(t)$ 的时域表示分别为

$$z(t) = \xi_2(t) * h_2(t),$$

$$y(t) = (\xi_1(t) - z(t)) * h_1(t) = (\xi_1(t) - \xi_2(t) * h_2(t)) * h_1(t).$$

那么可得到互相关函数的表达式为

$$
\begin{aligned}
R_{yz}(\tau) &= E[y(t + \tau)z(t)] \\
&= E\left([(\xi_1(t+\tau) - \xi_2(t+\tau) * h_2(t+\tau)) * h_1(t+\tau)][\xi_2(t) * h_2(t)] \right) \\
&= R_{\xi_1 \xi_2}(\tau) * h_1(\tau) * h_2(-\tau) - R_{\xi_2}(\tau) * h_1(\tau) * h_2(\tau) * h_2(-\tau).
\end{aligned}
$$

对上式左右两端同时进行傅里叶变换，可得联合功率谱密度为

$$S_{yz}(f) = S_{\xi_1 \xi_2}(f)H_1(\mathrm{j}f)\overline{H_2(\mathrm{j}f)} - S_{\xi_2}(f)H_1(\mathrm{j}f)H_2(\mathrm{j}f)\overline{H_2(\mathrm{j}f)},$$

代入得

$$S_{yz}(f) = \frac{1}{(\mathrm{j}2\pi f)^2 + 2\mathrm{j}2\pi f + 4} \frac{1}{9 - \mathrm{j}2\pi f}\left(\frac{2\pi a}{((2\pi f)^2 - 2)^2 + \mathrm{j}2\pi f} - \frac{1}{\mathrm{j}2\pi f + 9} \frac{4\sigma_2^2}{(2\pi f)^2 + 4} \right).$$

8. $z(t) = \displaystyle\int_{-\infty}^t y(u)\mathrm{d}u = \int_{t-T}^t x(u)\mathrm{d}u$，则等效系统的冲激响应为

$$
h(t) = \begin{cases} 1, & 0 \leqslant t \leqslant T, \\ 0, & \text{其他}, \end{cases}
$$

则 $H(f) = T\mathrm{sinc}(\pi fT)\mathrm{e}^{-\mathrm{j}\pi fT}$, $|H(f)|^2 = T^2\dfrac{\sin^2(\pi fT)}{(\pi fT)^2}$.

输入过程的功率谱密度为 $S_{xx}(f) = S_0$，则输出随机过程的均方值为

$$D = \int_{-\infty}^{+\infty} S_{zz}(f)\mathrm{d}f = \int_{-\infty}^{+\infty} S_{xx}(f)|H(f)|^2\mathrm{d}f = S_0 T.$$

9. (1) 输出的均值为 $E(\zeta(t)) = E(\xi(t)\cos(2\pi f_0 t + \theta)) = E(\xi(t))E(\cos(2\pi f_0 t + \theta)) = 0.$

输出的相关函数为

$$\begin{aligned}
E(\zeta(t_1)\zeta(t_2)) &= E(\xi(t_1)\cos(2\pi f_0 t_1 + \theta)\xi(t_2)\cos(2\pi f_0 t_2 + \theta)) \\
&= E(\xi(t_1)\xi(t_2))E(\cos(2\pi f_0 t_1 + \theta)\cos(2\pi f_0 t_2 + \theta)) \\
&= \frac{1}{2}R_\xi(\tau)\cos(2\pi f_0\tau) = R_\zeta(\tau).
\end{aligned}$$

(2) 记 $\mathcal{F}$ 表示傅里叶变换，则

$$S_\zeta(f) = \mathcal{F}\left(\frac{1}{2}R_\xi(\tau)\cos(2\pi f_0\tau)\right) = \frac{1}{4}(S_\xi(f - f_0) + S_\xi(f + f_0)).$$

10. 首先求解自相关函数，得

$$\begin{aligned}
E(\xi(t_1)\xi(t_2)) &= E[A\cos(\lambda t_1 + \theta)A\cos(\lambda t_2 + \theta)] \\
&= \frac{A^2}{2}E[\cos(\lambda t_1 + \lambda t_2 + \theta) + \cos(\lambda(t_2 - t_1))].
\end{aligned}$$

由于 λ 为与 θ 相互独立的随机变量，其联合概率密度函数为 $f_\lambda(x)f_\Theta(\theta) = \dfrac{1}{2\pi}f_\lambda(x)$，故

$$\begin{aligned}
E[\cos(\lambda t_1 + \lambda t_2 + \theta)] &= \iint f_\lambda(x)f_\Theta(\theta)\cos(xt_1 + xt_2 + \theta)\mathrm{d}x\mathrm{d}\theta \\
&= \int f_\lambda(x)\left(\int_{-\pi}^{\pi}\cos(xt_1 + xt_2 + \theta)\frac{1}{2\pi}\mathrm{d}\theta\right)\mathrm{d}x = 0.
\end{aligned}$$

所以 $R_\xi(t_1, t_2) = E(\xi(t_1)\xi(t_2)) = \dfrac{A^2}{2}E(\cos(\lambda(t_1 - t_2)))$，因此 $R_\xi(\tau) = \dfrac{A^2}{2}E[\cos(\lambda\tau)]$.

其功率谱密度为

$$\begin{aligned}
S_\xi(\omega) &= \int_{-\infty}^{+\infty} R_\xi(\tau)\mathrm{e}^{-\mathrm{j}\omega\tau}\mathrm{d}\tau = \int_{-\infty}^{+\infty}\frac{A^2}{2}E(\cos(\lambda\tau))\mathrm{e}^{-\mathrm{j}\omega\tau}\mathrm{d}\tau \\
&= \int_{-\infty}^{+\infty}\frac{A^2}{2}\left(\int_{-\infty}^{+\infty}\cos(x\tau)f_\lambda(x)\mathrm{d}x\right)\mathrm{e}^{-\mathrm{j}\omega\tau}\mathrm{d}\tau \\
&= \frac{A^2}{2}\int_{-\infty}^{+\infty}f_\lambda(x)\left(\int_{-\infty}^{+\infty}\cos(x\tau)\mathrm{e}^{-\mathrm{j}\omega\tau}\mathrm{d}\tau\right)\mathrm{d}x \\
&= \frac{A^2\pi}{2}\int_{-\infty}^{+\infty}f_\lambda(x)(\delta(\omega - x) + \delta(\omega + x))\mathrm{d}x = \frac{A^2\pi}{2}(f_\lambda(\omega) - f_\lambda(-\omega)).
\end{aligned}$$

11. 设 $h_1(t) = \mathcal{F}^{-1}(H_1(\omega))$, $h_2(t) = \mathcal{F}^{-1}(H_2(\omega))$ 分别代表线性系统的冲击响应函数，则 $Y_1(t) = X(t)h_1(t), Y_2(t) = X(t)h_2(t)$，欲证在均方意义下 $Y_1(t) = Y_2(t)$，只需证明 $E|Y_1(t) - Y_2(t)|^2 = 0$. 令 $Z(t) = Y_1(t) - Y_2(t) = X(t)(h_1(t) - h_2(t))$，则 $Z(t)$ 可视为输入为 $X(t)$，冲击响应为 $h(t) = h_1(t) - h_2(t)$ 时的系统输出，因此

$$S_Z(\omega) = S_X(\omega)|H(\omega)|^2,$$

其中，$H(\omega) = \mathcal{F}(h(t)) = H_1(\omega) - H_2(\omega)$.

如果 $H_1(\omega) = H_2(\omega)$，$|\omega| < \omega_c$，则 $H(\omega) = 0$，$|\omega| < \omega_c$. 又由于 $S_X(\omega) = 0$，$|\omega| > \omega_c$，因此

$$S_Z(\omega) = 0, \quad \forall \omega.$$

故 $E|Y_1(t) - Y_2(t)|^2 = R_Z(0) = \int_{-\infty}^{+\infty} S_Z(\omega) d\omega = 0$.

12. 由 $F(\omega) = 0$，$|\omega| \geqslant \omega_c$，可得 $F(\omega + \omega_c) = 0$ $(\omega > 0)$ 且 $F(\omega - \omega_c) = 0$ $(\omega < 0)$，则

$$
\begin{aligned}
\mathcal{F}\left(\mathcal{H}\left(f(t)\cos(\omega_c t)\right)\right) &= \mathcal{F}\left(\mathcal{H}\left(\frac{f(t)\mathrm{e}^{j\omega_c t} + f(t)\mathrm{e}^{-j\omega_c t}}{2}\right)\right) \\
&= \frac{1}{2}(-j\mathrm{sgn}(\omega)\mathcal{F}(f(t)\mathrm{e}^{j\omega_c t}) - j\mathrm{sgn}(\omega)\mathcal{F}(f(t)\mathrm{e}^{-j\omega_c t})) \\
&= \frac{1}{2}(jF(\omega + \omega_c) - jF(\omega - \omega_c)) \\
&= \frac{1}{2\pi}F(\omega)\pi(j\delta(\omega + \omega_c) - j\delta(\omega - \omega_c)) = \mathcal{F}(f(t)\sin(\omega_c t)),
\end{aligned}
$$

所以 $\mathcal{H}[f(t)\cos(\omega_c t)] = f(t)\sin(\omega_c t)$. 同理可证 $\mathcal{H}[f(t)\sin(\omega_c t)] = -f(t)\cos(\omega_c t)$.

13. 由于 $\{X(t)\}$ 为实信号，则 $R(\tau)$ 为实偶函数，$S(\omega)$ 也为实偶函数，则

$$E\left(|X(t+\tau) - X(t)|^2\right) = 2(R(0) - R(\tau)).$$

由 $X(t)$ 的带限性得 $R(\tau) = \frac{1}{2\pi}\int_{-\infty}^{+\infty} S(\omega)\mathrm{e}^{j\omega\tau}\mathrm{d}\tau = \frac{1}{2\pi}\int_{-\sigma}^{\sigma} S(\omega)\mathrm{e}^{j\omega\tau}\mathrm{d}\tau$. 因此

$$
\begin{aligned}
R(0) - R(\tau) &= \frac{1}{2\pi}\int_{-\sigma}^{\sigma} S(\omega)(1 - \cos(\omega\tau))\mathrm{d}\omega = \frac{1}{2\pi}\int_{-\sigma}^{\sigma} S(\omega)\left(2\sin^2(\frac{\omega\tau}{2})\right)\mathrm{d}\omega \\
&\leqslant \frac{1}{2\pi}\int_{-\sigma}^{\sigma} S(\omega)\left(\frac{\omega^2\tau^2}{2}\right)\mathrm{d}\omega \quad \left(因\sin(\frac{\omega\tau}{2}) \leqslant \frac{\omega\tau}{2}\right) \\
&\leqslant \frac{\sigma^2\tau^2}{4\pi}\int_{-\sigma}^{\sigma} S(\omega)\mathrm{d}\omega = \frac{\sigma^2\tau^2}{2}R(0).
\end{aligned}
$$

故 $E\left(|X(t+\tau) - X(t)|^2\right) \leqslant \sigma^2\tau^2 R(0)$. 从该题可以看出：带限过程随时间变化缓慢.

习 题 8

1. (1) $E(Z) = E(X - Y | X \geqslant Y) P(X \geqslant Y) + E(Y - X | X < Y) P(X < Y)$

令 $W = X - Y$，则 $W \sim N(0, 2\sigma^2)$，可计算得到

$$
\begin{aligned}
E(W | W \geqslant 0) &= \int_0^{+\infty} \frac{1}{\sqrt{2\pi}\sqrt{2}\sigma} w\mathrm{e}^{-\frac{w^2}{4\sigma^2}}\mathrm{d}w = \int_0^{+\infty} \frac{w}{\sigma\sqrt{\pi}}\mathrm{e}^{-\frac{w^2}{4\sigma^2}}\mathrm{d}w \\
&= \frac{2\sigma}{\sqrt{\pi}}\int_0^{+\infty} \mathrm{e}^{-\frac{w^2}{4\sigma^2}}\mathrm{d}\frac{w^2}{4\sigma^2} = \frac{2\sigma}{\sqrt{\pi}},
\end{aligned}
$$

则有

$$E(Z) = \frac{1}{2}\frac{2\sigma}{\sqrt{\pi}} + \frac{1}{2}\frac{2\sigma}{\sqrt{\pi}} = \frac{2\sigma}{\sqrt{\pi}},$$

$$E(Z^2) = E\left[(X - Y)^2\right] = E(X^2) + E(Y^2) - 2E(X)E(Y) = 2\sigma^2.$$

(2) 类似于 (1)，有 $E\left(|X_{2k}-X_{2k-1}|\right)=\dfrac{2\sigma}{\sqrt{\pi}}$，则 $E\left(Z\right)=\dfrac{\sqrt{\pi}}{2n}\sum\limits_{k=1}^{n}E\left(|X_{2k}-X_{2k-1}|\right)=\sigma$,

$$E\left(Z^2\right)=\frac{\pi}{4n^2}E\left(\left(\sum_{k=1}^{n}|X_{2k}-X_{2k-1}|\right)^2\right)$$

$$=\frac{\pi}{4n^2}\sum_{k=1}^{n}E\left(|X_{2k}-X_{2k-1}|^2\right)+$$

$$\frac{\pi}{4n^2}\cdot 2\sum_{i=1}^{n}\sum_{j=1,i\neq j}^{n}E\left(|X_{2i}-X_{2i-1}|\cdot|X_{2j}-X_{2j-1}|\right)$$

$$=\frac{\pi}{4n^2}2n\sigma^2+2\frac{\pi}{4n^2}\frac{n(n-1)}{2}\frac{4\sigma^2}{\pi}=\frac{\pi}{2n}\sigma^2+\frac{n-1}{n}\sigma^2.$$

2. 随机向量 $\boldsymbol{X}=(X_1,X_2,X_3)^{\mathrm{T}}$ 的特征函数为 $\phi_{\boldsymbol{X}}(\boldsymbol{t})=\exp\left(-\dfrac{1}{2}\boldsymbol{t}^{\mathrm{T}}\boldsymbol{\varSigma}\boldsymbol{t}\right),\boldsymbol{t}=(t_1,t_2,t_3)^{\mathrm{T}}.$

(1) $E\left(X_1X_2X_3\right)=\mathrm{j}^{-3}\dfrac{\partial^3}{\partial t_1\partial t_2\partial t_3}\phi_{\boldsymbol{X}}\left(\boldsymbol{t}\right)|_{\boldsymbol{t}=\boldsymbol{0}}=0.$

(2) $E\left(X_1^2X_2^2X_3^2\right)=\mathrm{j}^{-6}\dfrac{\partial^6}{\partial t_1^2\partial t_2^2\partial t_3^2}\phi_{\boldsymbol{X}}\left(\boldsymbol{t}\right)|_{\boldsymbol{t}=\boldsymbol{0}}=\sigma^6+2\sigma^2\left(\sigma_{12}^2+\sigma_{23}^2+\sigma_{31}^2\right)+8\sigma_{12}\sigma_{13}\sigma_{23}.$

(3) $E\left(\left(X_1^2-\sigma^2\right)\left(X_2^2-\sigma^2\right)\left(X_3^2-\sigma^2\right)\right)=E\left(X_1^2X_2^2X_3^2-\sigma^6-X_1^2X_2^2\sigma^2-\right.$
$X_2^2X_3^2\sigma^2-X_1^2X_3^2\sigma^2+X_1^2\sigma^4+X_2^2\sigma^4+X_3^2\sigma^4)=8\sigma_{12}\sigma_{23}\sigma_{31}.$

3. 因为 $Y_1=X_1$，所以 Y_1 服从 $N(0,1)$. 又

$$P\left(Y_2\leqslant y_2\right)=\frac{1}{2}\left(P\left(|X_2|\leqslant y_2\right)+P\left(-|X_2|\leqslant y_2\right)\right)$$

$$=\begin{cases}\dfrac{1}{2}P\left(-|X_2|\leqslant y_2\right),y_2<0\\[2mm]\dfrac{1}{2}+\dfrac{1}{2}P\left(|X_2|\leqslant y_2\right),y_2\geqslant 0\end{cases}$$

$$=\begin{cases}\dfrac{1}{2}-P\left(0\leqslant X_2\leqslant -y_2\right),y_2<0,\\[2mm]\dfrac{1}{2}+P\left(0\leqslant X_2\leqslant y_2\right),y_2\geqslant 0,\end{cases}$$

因此 $f_{Y_2}\left(y_2\right)=\dfrac{1}{\sqrt{2\pi}}\mathrm{e}^{-\frac{y_2^2}{2}}$，故随机变量 Y_2 服从 $N(0,1)$.

二元随机变量 (Y_1,Y_2) 的可能取值区域为第一象限和第三象限，而二元联合高斯分布的可能取值区域为 $\mathbb{R}\times\mathbb{R}$，故二元随机变量 (Y_1,Y_2) 不服从二元联合高斯分布.

4. (1) 由概率密度函数表达式可知三维高斯随机向量 $\boldsymbol{\xi}^{\mathrm{T}}=(\xi_1,\xi_2,\xi_3)$ 为零均值，且协方差矩阵的逆为 $\boldsymbol{\varSigma}_\xi^{-1}=\begin{bmatrix}2&-1/2&-1\\-1/2&1&0\\-1&0&4\end{bmatrix}$，则 $\boldsymbol{\varSigma}_\xi=\begin{bmatrix}2/3&1/3&1/6\\1/3&7/6&1/12\\1/6&1/12&7/24\end{bmatrix}$. 变换后的三维随机向量 $\boldsymbol{\eta}^{\mathrm{T}}=(\eta_1,\eta_2,\eta_3)$ 的协方差矩阵为 $\boldsymbol{\varSigma}_\eta=\boldsymbol{A}\boldsymbol{\varSigma}_\xi\boldsymbol{A}^{\mathrm{T}}=\begin{bmatrix}1/2&0&0\\0&8/7&0\\0&0&7/24\end{bmatrix}$，是对角阵，故各维不相关，在多元高斯情形下意味着各维相互独立.

(2) 因为线性变换的雅可比行列式为 1，因此

$$C = \frac{1}{(\sqrt{2\pi})^3 \sqrt{\det \boldsymbol{\Sigma}_\eta}} = \frac{1}{\pi^{\frac{3}{2}} 2\sqrt{2} \sqrt{\frac{1}{2} \times \frac{8}{7} \times \frac{7}{24}}} = \sqrt{\frac{3}{4\pi^3}}.$$

5. (1) 考虑随机变量 ξ_1, ξ_2 落在等概率密度椭圆内的概率，$\iint_R f_{\xi_1,\xi_2}(x_1, x_2)\mathrm{d}x_1\mathrm{d}x_2$，相应的积分区域是

$$R = \left\{ (x_1, x_2) \mid \frac{(x_1 - \mu_1)^2}{\sigma_1^2} - 2r\frac{(x_1 - \mu_1)(x_2 - \mu_2)}{\sigma_1\sigma_2} + \frac{(x_2 - \mu_2)^2}{\sigma_2^2} \leqslant \lambda^2 \right\}.$$

考虑椭圆 $\dfrac{(x_1 - \mu_1)^2}{\sigma_1^2} - 2r\dfrac{(x_1 - \mu_1)(x_2 - \mu_2)}{\sigma_1\sigma_2} + \dfrac{(x_2 - \mu_2)^2}{\sigma_2^2} = \lambda^2$，做以下变换

$$y_1 = \frac{x_1 - \mu_1}{\sigma_1} - r\frac{x_2 - \mu_2}{\sigma_2}, \qquad y_2 = \frac{\sqrt{1 - r^2}}{\sigma_2}(x_2 - \mu_2),$$

对应的雅可比行列式为 $|\boldsymbol{J}| = \left| \dfrac{\partial(x_1, x_2)}{\partial(y_1, y_2)} \right| = \dfrac{\sigma_1\sigma_2}{\sqrt{1 - r^2}}$. 变换后的椭圆方程变为 $y_1^2 + y_2^2 = \lambda^2$，则上述积分相应变为

$$\iint_{y_1^2 + y_2^2 \leqslant \lambda^2} \frac{1}{2\pi(1 - r^2)} \exp\left(-\frac{y_1^2 + y_2^2}{2(1 - r^2)}\right)\mathrm{d}x_1\mathrm{d}x_2.$$

通过极坐标变换计算，可得其概率为 $1 - \mathrm{e}^{-\frac{\lambda^2}{2(1-r^2)}}$.

(2) 对于中心位于原点的椭圆 $Ax^2 + Bxy + Cy^2 = 1$，则其长短轴所在直线的斜率分别为

$\dfrac{(C - A) - \sqrt{(C - A)^2 + B^2}}{B}$ 和 $\dfrac{(C - A) + \sqrt{(C - A)^2 + B^2}}{B}$. 对应于等概率密度椭圆，长短轴的斜率分别为

$$\frac{(\sigma_1^2 - \sigma_2^2) - \sqrt{(\sigma_1^2 - \sigma_2^2)^2 + 4r^2\sigma_1^2\sigma_2^2}}{-2r\sigma_1\sigma_2} \text{ 和 } \frac{(\sigma_1^2 - \sigma_2^2) + \sqrt{(\sigma_1^2 - \sigma_2^2)^2 + 4r^2\sigma_1^2\sigma_2^2}}{-2r\sigma_1\sigma_2}.$$

再由随机变量 ξ_1, ξ_2 的协方差矩阵为 $\boldsymbol{\Sigma} = \begin{pmatrix} \sigma_1^2 & r\sigma_1\sigma_2 \\ r\sigma_1\sigma_2 & \sigma_2^2 \end{pmatrix}$，不失一般性，设向量 $\boldsymbol{v} = (1, k)^{\mathrm{T}}$ 为 $\boldsymbol{\Sigma}$ 的特征向量，则联立方程组 $\boldsymbol{\Sigma v} = \lambda \boldsymbol{v}$，可求得

$$k = \frac{(\sigma_1^2 - \sigma_2^2) \pm \sqrt{(\sigma_1^2 - \sigma_2^2)^2 + 4r^2\sigma_1^2\sigma_2^2}}{-2r\sigma_1\sigma_2},$$

且对应的特征值为 $\lambda = \dfrac{(\sigma_1^2 - \sigma_2^2) \mp \sqrt{(\sigma_1^2 - \sigma_2^2)^2 + 4r^2\sigma_1^2\sigma_2^2}}{2}$，即特征向量的方向与长短轴所在直线方向吻合，且长轴方向和大特征值对应的特征向量的方向一致.

6. $\boldsymbol{A}^{\mathrm{T}}\boldsymbol{\Sigma}\boldsymbol{A} = \boldsymbol{A}^{\mathrm{T}}(a_1\boldsymbol{\Sigma}_1 + a_2\boldsymbol{\Sigma}_2)\boldsymbol{A} = a_1\boldsymbol{A}^{\mathrm{T}}\boldsymbol{\Sigma}_1\boldsymbol{A} + a_2\boldsymbol{A}^{\mathrm{T}}\boldsymbol{\Sigma}_2\boldsymbol{A}$.

又已知 $\boldsymbol{A}^{\mathrm{T}}\boldsymbol{\Sigma}_1\boldsymbol{A} = \boldsymbol{\Gamma}^{(1)} = \mathrm{diag}\left(\lambda_1^{(1)}, \cdots, \lambda_n^{(1)}\right)$，所以

$$a_2\boldsymbol{A}^{\mathrm{T}}\boldsymbol{\Sigma}_2\boldsymbol{A} = \boldsymbol{I} - a_1\mathrm{diag}\left(\lambda_1^{(1)}, \cdots, \lambda_n^{(1)}\right).$$

由 $a_2 \neq 0$，有 $\boldsymbol{A}^{\mathrm{T}}\boldsymbol{\Sigma}_2\boldsymbol{A} = \dfrac{1}{a_2}\left(\boldsymbol{I} - a_1\mathrm{diag}\left(\lambda_1^{(1)}, \cdots, \lambda_n^{(1)}\right)\right) = \mathrm{diag}\left(\lambda_1^{(2)}, \cdots, \lambda_n^{(2)}\right)$，其中，$\lambda_i^{(2)} = \dfrac{1}{a_2}\left(1 - a_1\lambda_i^{(1)}\right), i = 1, 2, \cdots, n$，即 $\boldsymbol{\Sigma}_1$ 和 $\boldsymbol{\Sigma}_2$ 具有同样的特征向量，且特征值具有相反的序.

7. 由题意，可得

$$E(\boldsymbol{X}\boldsymbol{X}^{\mathrm{T}}) = \boldsymbol{\Sigma}, \boldsymbol{\Sigma}e_1 = \lambda_1 e_1, E(\boldsymbol{X}\boldsymbol{X}^{\mathrm{T}}e_1) = \lambda_1 e_1, E(\boldsymbol{X}\xi_1) = \lambda_1 e_1, E(\boldsymbol{\xi}_1^2) = \lambda_1 e_1^{\mathrm{T}}e_1,$$

所以

$$E\left((\boldsymbol{X}-\xi_1 e_1)(\boldsymbol{X}-\xi_1 e_2)^{\mathrm{T}}\right) = \boldsymbol{\Sigma} + E(\xi_1^2)e_1 e_1^{\mathrm{T}} - E(\boldsymbol{X}\xi_1)e_1^{\mathrm{T}} - e_1 E(\xi_1 \boldsymbol{X}^{\mathrm{T}})$$
$$= \boldsymbol{\Sigma} + \lambda_1 e_1^{\mathrm{T}}e_1 e_1 e_1^{\mathrm{T}} - 2\lambda_1 e_1 e_1^{\mathrm{T}} = \boldsymbol{\Sigma} - \lambda_1 e_1 e_1^{\mathrm{T}}.$$

8. 设 $\begin{cases} U = 2X + Y, \\ V = X - 3Y, \end{cases}$ 则有 $\begin{pmatrix} U \\ V \end{pmatrix} = \begin{pmatrix} 2 & 1 \\ 1 & -3 \end{pmatrix} \begin{pmatrix} X \\ Y \end{pmatrix}.$

利用线性变换以及条件分布易得 $V|U = 3 \sim N\left(-\dfrac{3}{5}, \dfrac{49}{5}\right)$，故

$$E\left((X-3Y)^3|(2X+Y=3)\right) = E\left(V^3|U=3\right) = -\frac{2232}{125},$$
$$E\left((X-3Y)^4|(2X+Y=3)\right) = E\left(V^4|U=3\right) = \frac{193386}{625}.$$

9. 设 $Y(t) = X^2(t)$，则由定理 8.11，可得

$$R_Y(\tau) = 2R_X^2(\tau) + R_X^2(0),$$
$$\mu_Y \stackrel{\text{def}}{=} EY(t) = EX^2(t) = R_X(0), \ \mu_Y^2 = R_X^2(0).$$

$\{Y(t)\}$ 具有均值遍历性的充要条件是

$$E(Y(t)) = \lim_{T\to+\infty}\frac{1}{2T}\int_{-T}^{T}Y(t)\,\mathrm{d}t,$$

则由定理 6.9，这对应着

$$\lim_{T\to+\infty}\frac{1}{T}\int_0^{2T}\left(1-\frac{\tau}{2T}\right)\left[R_Y(\tau) - \mu_Y^2\right]\mathrm{d}\tau = 0,$$

即

$$\lim_{T\to+\infty}\frac{1}{T}\int_0^{2T}\left(1-\frac{\tau}{2T}\right)\left(2R_X^2(\tau) + R_X^2(0) - R_X^2(0)\right)\mathrm{d}\tau$$
$$= \lim_{T\to+\infty}\frac{1}{T}\int_0^{2T}2\left(1-\frac{\tau}{2T}\right)R_X^2(\tau)\mathrm{d}\tau = 0.$$

由题目中的条件知

$$0 \leqslant \lim_{T\to+\infty}\frac{1}{T}\int_0^{2T}\left(1-\frac{\tau}{2T}\right)R_X^2(\tau)\mathrm{d}\tau \leqslant 2\lim_{T\to+\infty}\frac{1}{2T}\int_0^{2T}R_X^2(\tau)\mathrm{d}\tau = 0.$$

从而 $\{Y(t)\}$ 具有均值遍历性的充要条件成立，$\{Y(t)\}$ 满足均值遍历性.

10. 由均方可导定义，考虑

$$\lim_{h\to 0}E\left(\left|\frac{X^2(t+h)-X^2(t)}{h} - 2X(t)X'(t)\right|^2\right)$$
$$= \lim_{h\to 0}E\left(\left|(X(t+h)+X(t))\frac{X(t+h)-X(t)}{h} - 2X(t)X'(t)\right|^2\right)$$
$$= E\left(\underset{h\to 0}{\text{l.i.m.}}\left|(X(t+h)+X(t))\frac{X(t+h)-X(t)}{h} - 2X(t)X'(t)\right|^2\right) = 0.$$

11. 信号存在时，接收机的输出为 $\eta = \int_0^T [s(t) + n(t)]s(t)\mathrm{d}t = E_s + \int_0^T n(t)s(t)\mathrm{d}t$. 信号不存在时，

接收机的输出为 $\eta = \int_0^T n(t)s(t)\mathrm{d}t$. 可知 $\int_0^T n(t)s(t)\mathrm{d}t$ 为零均值高斯随机变量，方差为

$$E\left(\int_0^T n(t)s(t)\mathrm{d}t\right)^2 = E\left[\left(\int_0^T n(t_1)s(t_1)\mathrm{d}t_1\right)\left(\int_0^T n(t_2)s(t_2)\mathrm{d}t_2\right)\right] = \frac{N_0 E_s}{2}.$$

所以发现概率和虚警概率分别为

$$P_d = \int_{\gamma - E_s}^{+\infty} \frac{1}{\sqrt{\pi N_0 E_s}} \mathrm{e}^{-\frac{x^2}{N_0 E_s}} \mathrm{d}x, \qquad P_f = \int_{\gamma}^{+\infty} \frac{1}{\sqrt{\pi N_0 E_s}} \mathrm{e}^{-\frac{x^2}{N_0 E_s}} \mathrm{d}x.$$

12. (1) $E(Z(t)) = E(X(t)) + \mathrm{j}E(Y(t)) = 0$,

$$R_Z(t+\tau, t) = E(Z(t+\tau)Z^*(t)) = E([X(t+\tau) + \mathrm{j}Y(t+\tau)][X(t) - \mathrm{j}Y(t)])$$
$$= R_X(\tau) + R_Y(\tau).$$

$R_Z(t+\tau, t)$ 与 t 无关，因此 $\{Z(t)\}$ 为宽平稳.

(2) $S_Z(f) = S_X(f) + S_Y(f)$, 则 $S_Z(f) = \begin{cases} 2N_0, & |f| \leqslant W, \\ 0, & \text{其他}. \end{cases}$

(3) 由高斯随机变量的线性变换性质可知随机向量 $\boldsymbol{Z} = \left(Z_1^{(r)}, Z_1^{(i)}, Z_2^{(r)}, Z_2^{(i)}, \cdots, Z_n^{(r)}, Z_n^{(i)}\right)^{\mathrm{T}}$
服从高斯分布

$$E(Z_l) = E\left(\int_{-\infty}^{+\infty} (X(t) + \mathrm{j}Y(t))\phi_l^*(t)\mathrm{d}t\right) = 0$$

$$E(Z_k Z_l^*) = E\left(\int_{-\infty}^{+\infty} Z(t)\phi_k^*(t)\mathrm{d}t \int_{-\infty}^{+\infty} Z^*(s)\phi_l(s)\mathrm{d}s\right)$$
$$= \int_{-\infty}^{+\infty}\left(\int_{-\infty}^{+\infty} R_Z(t-s)\phi_k^*(t)\mathrm{d}t\right)\phi_l(s)\mathrm{d}s.$$

设函数 $\phi_k(t)$ 的傅里叶变换为 $\Phi_k(f)$, 根据卷积定理有

$$\int_{-\infty}^{+\infty} R_Z(t-s)\phi_k^*(t)\mathrm{d}t = \int_{-\infty}^{+\infty} S_Z(f)\mathrm{e}^{-\mathrm{j}2\pi fs}\Phi_k^*(f)\mathrm{d}f.$$

可得

$$E(Z_k Z_l^*) = \int_{-\infty}^{+\infty}\left(\int_{-\infty}^{+\infty} S_Z(f)\mathrm{e}^{-\mathrm{j}2\pi fs}\Phi_k^*(f)df\right)\phi_l(s)\mathrm{d}s$$
$$= \int_{-\infty}^{+\infty}\left(\int_{-W}^{W} 2N_0\mathrm{e}^{-\mathrm{j}2\pi fs}\Phi_k^*(f)df\right)\phi_l(s)\mathrm{d}s$$

由于 $\phi_k(t)$ 也为带限信号，上式中的第二个积分限可看作是对全空间的积分，则继续有

$$E(Z_k Z_l^*) = \int_{-\infty}^{+\infty}\left(\int_{-\infty}^{+\infty} 2N_0\mathrm{e}^{-\mathrm{j}2\pi fs}\Phi_k^*(f)df\right)\phi_l(s)\mathrm{d}s$$
$$= 2N_0 \int_{-\infty}^{+\infty} \phi_k^*(s)\phi_l(s)\mathrm{d}s = 2N_0\delta_{kl}.$$

由此可知 $\{Z_k\}$ 是独立同分布的复高斯随机变量，且 $E\left(|Z_K|^2\right) = E\left(Z_K^{(r)}\right)^2 + E\left(Z_K^{(i)}\right)^2 = 2N_0$. 由于 $X(t)$ 与 $Y(t)$ 独立，因此

$$\begin{pmatrix} Z_k^{(r)} \\ Z_k^{(i)} \end{pmatrix} \sim N(\boldsymbol{0}, N_0\boldsymbol{I}).$$

由

$$\text{Im}\left(E\left(Z_k Z_l^*\right)\right) = \int_{-\infty}^{+\infty}\int_{-\infty}^{+\infty} R_Z(t-s)\text{Im}\left(\phi_k^*(t)\phi_l(s)\right)\mathrm{d}t\mathrm{d}s$$

$$= 2\int_{-\infty}^{+\infty}\int_{-\infty}^{+\infty} R_X(t-s)\left(\phi_k^{(\mathrm{r})}(t)\phi_l^{(\mathrm{i})}(s)-\phi_k^{(\mathrm{i})}(t)\phi_l^{(\mathrm{r})}(s)\right)\mathrm{d}t\mathrm{d}s = 0,$$

得到

$$E\left(Z_k^{(\mathrm{r})}Z_l^{(\mathrm{i})}\right) = E\left(\int_{-\infty}^{+\infty}\left(X(t)\phi_k^{(\mathrm{r})}(t)+Y(t)\phi_k^{(\mathrm{i})}(t)\right)\mathrm{d}t\cdot\right.$$

$$\left.\int_{-\infty}^{+\infty}\left(-X(s)\phi_l^{(\mathrm{i})}(s)+Y(s)\phi_l^{(\mathrm{r})}(s)\right)\mathrm{d}s\right)$$

$$= \int_{-\infty}^{+\infty}\int_{-\infty}^{+\infty} R_X(t-s)\left(\phi_k^{(\mathrm{i})}(t)\phi_l^{(\mathrm{r})}(s)-\phi_k^{(\mathrm{r})}(t)\phi_l^{(\mathrm{i})}(s)\right)\mathrm{d}t\mathrm{d}s = 0.$$

又

$$E\left(Z_k^{(\mathrm{i})}Z_l^{(\mathrm{i})}\right) = E\left(\int_{-\infty}^{+\infty}\left(-X(t)\phi_k^{(\mathrm{i})}(t)+Y(t)\phi_k^{(\mathrm{r})}(t)\right)\mathrm{d}t\cdot\right.$$

$$\left.\int_{-\infty}^{+\infty}\left(-X(s)\phi_l^{(\mathrm{i})}(s)+Y(s)\phi_l^{(\mathrm{r})}(s)\right)\mathrm{d}s\right)$$

$$= \int_{-\infty}^{+\infty}\int_{-\infty}^{+\infty} R_X(t-s)\left(\phi_k^{(\mathrm{i})}(t)\phi_l^{(\mathrm{i})}(s)+\phi_k^{(\mathrm{r})}(t)\phi_l^{(\mathrm{r})}(s)\right)\mathrm{d}t\mathrm{d}s.$$

同理可计算得到 $E\left(Z_k^{(\mathrm{r})}Z_l^{(\mathrm{r})}\right) = E\left(Z_k^{(\mathrm{i})}Z_l^{(\mathrm{i})}\right)$.

又因为 $\text{Re}\left(E\left(Z_k Z_l^*\right)\right) = E\left(Z_k^{(\mathrm{r})}Z_l^{(\mathrm{r})}+Z_k^{(\mathrm{i})}Z_l^{(\mathrm{i})}\right) = 2N_0\delta_{kl}$，所以

$$E\left(Z_k^{(\mathrm{i})}Z_l^{(\mathrm{i})}\right) = E\left(Z_k^{(\mathrm{r})}Z_l^{(\mathrm{r})}\right) = N_0\delta_{kl}.$$

综上 $\boldsymbol{z}\sim N\left(\boldsymbol{0}, N_0\boldsymbol{I}_{2n}\right)$.

13. (1) $E\left(\eta\left(t\right)\right) = a_1 E\left(\xi\left(t\right)\right) + a_3 E\left(\xi^3\left(t\right)\right) = 0$.

(2) $R_\eta\left(t_1, t_2\right) = a_1^2 E\left(\xi\left(t_1\right)\xi\left(t_2\right)\right) + a_1 a_3 E\left(\xi^3\left(t_1\right)\xi\left(t_2\right) + \xi\left(t_1\right)\xi^3\left(t_2\right)\right) + a_3^2 E\left(\xi^3\left(t_1\right)\xi^3\left(t_2\right)\right)$.

由于 $\{\xi\left(t\right)\}$ 为高斯平稳过程，对任意 t_1, t_2，$\left(\xi\left(t_1\right), \xi\left(t_2\right)\right)$ 为二维高斯分布，且特征函数

$\phi\left(t_1, t_2\right) = \exp\left(-\dfrac{1}{2}\left(R_\xi\left(0\right)\left(t_1^2+t_2^2\right)+2t_1 t_2 R_\xi\left(t_1-t_2\right)\right)\right)$，故有

$$E\left(\xi\left(t_1\right)\xi\left(t_2\right)\right) = R_\xi\left(t_1-t_2\right),$$

$$E\left(\xi^3\left(t_1\right)\xi\left(t_2\right)\right) = \mathrm{j}^{-4}\frac{\partial^4\phi\left(t_1, t_2\right)}{\partial t_1^3\partial t_2}\Big|_{t_1=t_2=0} = 3R_\xi\left(0\right)R_\xi\left(t_1-t_2\right),$$

$$E\left(\xi\left(t_1\right)\xi^3\left(t_2\right)\right) = \mathrm{j}^{-4}\frac{\partial^4\phi\left(t_1, t_2\right)}{\partial t_1\partial t_2^3}\Big|_{t_1=t_2=0} = 3R_\xi\left(0\right)R_\xi\left(t_1-t_2\right),$$

$$E\left(\xi^3\left(t_1\right)\xi^3\left(t_2\right)\right) = \mathrm{j}^{-6}\frac{\partial^6\phi\left(t_1, t_2\right)}{\partial t_1^3\partial t_2^3}\Big|_{t_1=t_2=0} = 9R_\xi^2\left(0\right)R_\xi\left(t_1-t_2\right)+6R_\xi^3\left(t_1-t_2\right),$$

故，$R_\eta\left(\tau\right) = a_1^2 R_\xi\left(\tau\right)+6a_1 a_3 R_\xi\left(0\right)R_\xi\left(\tau\right)+a_3^2\left(9R_\xi^2\left(0\right)R_\xi\left(\tau\right)+6R_\xi^3\left(\tau\right)\right), \tau = t_1-t_2$.

14. (1)(2)(3) 三问皆既为宽平稳也为严平稳. 以下证明 $\left\{\begin{pmatrix} V\left(t\right) \\ \Theta\left(t\right) \end{pmatrix}\right\}$ 为严平稳，则其他自

然成立. 首先，由 8.5.2 节可知 $\left\{\begin{pmatrix} X_I\left(t\right) \\ X_Q\left(t\right) \end{pmatrix}\right\}$ 为宽平稳的高斯过程，因此亦为严平稳.

考虑 $\left\{\begin{pmatrix} X_{\mathrm{I}}(t) \\ X_{\mathrm{Q}}(t) \end{pmatrix}\right\}$ 的任意 n 个时刻 $t_1 < t_2 < t_3 < \cdots < t_n$, $\forall h$

$$(X_{\mathrm{I}}(t_1), X_{\mathrm{Q}}(t_1), \cdots, X_{\mathrm{I}}(t_n), X_{\mathrm{Q}}(t_n))^{\mathrm{T}}$$

与

$$(X_{\mathrm{I}}(t_1+h), X_{\mathrm{Q}}(t_1+h), \cdots, X_{\mathrm{I}}(t_n+h), X_{\mathrm{Q}}(t_n+h))^{\mathrm{T}}$$

均服从 $2n$ 元正态分布, 且分布相同, 概率密度函数不妨记为

$$f_{X_{\mathrm{I}}, X_{\mathrm{Q}}, t_1, \cdots, t_n}(x_1, x_2, \cdots, x_{2n-1}, x_{2n}).$$

该 $2n$ 元正态分布的均值为零向量, 由式 (7.44), 式 (7.45) 可知协方差阵的各项 $E(X_{\mathrm{I}}(t_i) X_{\mathrm{Q}}(t_j)), (i, j = 1, 2, \cdots, n)$ 只与 $t_i - t_j$ 有关. 进一步可知 $(V(t_1), \Theta(t_1), \cdots, V(t_n), \Theta(t_n))^{\mathrm{T}}$ 的概率密度函数可由 $(X_{\mathrm{I}}(t_1), X_{\mathrm{Q}}(t_1), \cdots, X_{\mathrm{I}}(t_n), X_{\mathrm{Q}}(t_n))^{\mathrm{T}}$ 的概率密度函数如下确定:

$$f_{V, \Theta, t_1, \cdots, t_n}(v_1, \theta_1, \cdots, v_n, \theta_n)$$
$$= f_{X_{\mathrm{I}}, X_{\mathrm{Q}}, t_1, \cdots, t_n}(v_1 \cos\theta_1, v_1 \sin\theta_1, \cdots, v_n \cos\theta_n, v_n \sin\theta_n) \cdot |\boldsymbol{J}|,$$

其中 $|\boldsymbol{J}| = \left| \dfrac{\partial(x_1, x_2, \cdots, x_{2n-1}, x_{2n})}{\partial(v_1, \theta_1, \cdots, v_n, \theta_n)} \right| = v_1 v_2 \cdots v_n.$

综上, $f_{V, \Theta, t_1, \cdots, t_n}(v_1, \theta_1, \cdots, v_n, \theta_n)$ 分布仅与时间差, 即 $t_i - t_j (i, j = 1, 2, \cdots, n)$ 有关, 从而

$$f_{V, \Theta, t_1, \cdots, t_n}(v_1, \theta_1, \cdots, v_n, \theta_n)$$
$$= f_{V, \Theta, t_1+h, \cdots, t_n+h}(v_1, \theta_1, \cdots, v_n, \theta_n),$$

故有 $\left\{\begin{pmatrix} V(t) \\ \Theta(t) \end{pmatrix}\right\}$ 为严平稳随机过程.

15. (1) 基于功率谱计算功率得 $P = R_X(0) = \sigma_X^2 = \dfrac{1}{2\pi} \displaystyle\int_{-\infty}^{+\infty} S_X(\omega)\mathrm{d}\omega = \dfrac{AW}{2\pi}.$

$X(t) \sim N(0, \sigma_X^2)$, 故一维概率密度函数为 $f_{X(t)}(x) = \dfrac{1}{(AW)^{1/2}} \exp\left(-\dfrac{\pi x^2}{AW}\right).$

(2) 同一时刻的 $X_{\mathrm{I}}(t), X_{\mathrm{Q}}(t)$ 服从联合高斯分布, 相互独立, 且

$$E(X(t)) = E(X_{\mathrm{I}}(t)) = E(X_{\mathrm{Q}}(t)) = 0, \sigma_X^2 = \sigma_{X_{\mathrm{I}}}^2 = \sigma_{X_{\mathrm{Q}}}^2 = \dfrac{AW}{2\pi},$$

故

$$f_{X_{\mathrm{I}}(t), X_{\mathrm{Q}}(t)}(x_{\mathrm{I}}, x_{\mathrm{Q}}) = \dfrac{1}{AW} \exp\left(-\dfrac{\pi(x_{\mathrm{I}}^2 + x_{\mathrm{Q}}^2)}{AW}\right).$$

16. (1) 由功率谱密度求自相关函数, 可得

$$R_\xi\left(\dfrac{k}{2\Delta f}\right) = \dfrac{P \sin(k\pi)}{k\pi} = 0.$$

故 $\xi(0), \xi\left(\dfrac{1}{2\Delta f}\right), \xi\left(\dfrac{2}{2\Delta f}\right), \cdots$ 两两不相关. 由于 $\{\xi(t)\}$ 是高斯过程, 因此它们是独立的.

令 $\xi_k = \xi\left(\dfrac{k}{2\Delta f}\right), k = 0, 1, 2, \cdots, n-1$, 则有 $E(\xi_k) = 0, \mathrm{Var}(\xi_k) = E(\xi_k^2) = R_\xi(0) = P.$

因此 $f_{\xi_0, \xi_1, \cdots, \xi_{n-1}}(x_0, x_1, \cdots, x_{n-1}) = \dfrac{1}{(2\pi P)^{\frac{n}{2}}} \exp\left(-\dfrac{1}{2P} \displaystyle\sum_{k=0}^{n-1} x_k^2\right).$

(2) 由 (1) 可知 $\eta_n = \dfrac{1}{n}\displaystyle\sum_{k=0}^{n-1}\xi\left(\dfrac{k}{2\Delta f}\right) = \dfrac{1}{n}\displaystyle\sum_{k=0}^{n-1}\xi_k \sim N(0, P/n)$, 故有

$$P(|\eta_n| > \sqrt{\alpha P}) = 1 - P(|\eta_n| \leqslant \sqrt{\alpha P}) = 1 - \frac{1}{\sqrt{2\pi}}\int_{\sqrt{\alpha n}}^{\sqrt{\alpha n}} \mathrm{e}^{-\frac{x^2}{2}}\mathrm{d}x.$$

17. 首先，可求出理想低通滤波器输出信号的功率谱密度数为

$$S_X(\omega) = \begin{cases} \dfrac{N_0}{2}, & |\omega| < \Delta W/2, \\[2mm] 0, & \text{其他}. \end{cases}$$

以及自相关函数为

$$R_X(\tau) = \mathcal{F}^{-1}(S_X(\omega)) = \frac{1}{2\pi}\int_{-\Delta W/2}^{\Delta W/2}\frac{N_0}{2}\mathrm{e}^{\mathrm{j}\omega\tau}\mathrm{d}\omega = \frac{1}{2\pi}\int_{-\Delta W/2}^{\Delta W/2}\frac{N_0}{2}\cos(\omega\tau)\mathrm{d}\omega$$

$$= \frac{N_0}{2\pi\tau}\sin\left(\frac{\tau\Delta W}{2}\right) = \frac{\dfrac{N_0\Delta W}{4\pi}\sin\left(\dfrac{\Delta W\tau}{2}\right)}{\dfrac{\Delta W\tau}{2}}.$$

记平方律检波器输入为 $X(t)$, 输出为 $Y(t) = X^2(t)$. 由定理 8.11 可得

$$R_Y(\tau) = R_X^2(0) + 2R_X^2(\tau) = \left(\frac{N_0\Delta W}{4\pi}\right)^2 + 2\left(\frac{N_0\Delta W}{4\pi}\right)^2\left(\frac{\sin(\Delta W\tau/2)}{\Delta W\tau/2}\right)^2.$$

根据傅里叶变换性质，有

$$S_Y(\omega) = \frac{N_0^2(\Delta W)^2}{8\pi}\delta(\omega) + \frac{1}{\pi}S_X(\omega) * S_X(\omega).$$

注意宽度为 ΔW、高度为 $N_0/2$ 的矩形函数的卷积是，宽度为 $2\Delta W$、高度为 $\dfrac{N_0^2\Delta W}{4}$ 的三角函数，故

$$S_Y(\omega) = \frac{N_0^2(\Delta W)^2}{8\pi}\delta(\omega) + \frac{N_0^2\Delta W}{4\pi}\left(1 - \frac{|\omega|}{\Delta W}\right).$$

18. 设 V 服从参数为 σ 的瑞利分布，则

$$E(V) = \int_{-\infty}^{+\infty} v f_V(v)\mathrm{d}v = \int_0^{+\infty}\frac{v^2}{\sigma^2}\mathrm{e}^{-\frac{v^2}{2\sigma^2}}\mathrm{d}v$$

$$= -\int_0^{+\infty} v\mathrm{d}\left(\mathrm{e}^{-\frac{v^2}{2\sigma^2}}\right) = -\left(v\mathrm{e}^{-\frac{v^2}{2\sigma^2}}\bigg|_0^{+\infty} - \int_0^{+\infty}\mathrm{e}^{-\frac{v^2}{2\sigma^2}}\mathrm{d}v\right)$$

$$= \int_0^{+\infty}\mathrm{e}^{-\frac{v^2}{2\sigma^2}}\mathrm{d}v \xrightarrow{v=\sqrt{2}\sigma t} = \sqrt{2}\sigma\int_0^{+\infty}\mathrm{e}^{-t^2}\mathrm{d}t = \sqrt{\frac{\pi}{2}}\sigma,$$

$$E(V^2) = \int_{-\infty}^{+\infty} v^2 f_V(v)\mathrm{d}v = \int_0^{+\infty}\frac{v^3}{\sigma^2}\mathrm{e}^{-\frac{v^2}{2\sigma^2}}\mathrm{d}v = 2\sigma^2,$$

$$\mathrm{Var}(V) = E(V^2) - (E(V))^2 = \left(2 - \frac{\pi}{2}\right)\sigma^2.$$

习　题　9

1. (1) $\eta_{n+1}|\eta_n, \eta_1, \cdots, \eta_{n-1}$ 的条件概率密度函数为

$$f(\eta_{n+1} = y_{n+1}|\eta_n = y_n, \eta_1 = y_1, \cdots, \eta_{n-1} = y_{n-1}) = f_{n+1}(y_{n+1} - y_n),$$

$\eta_{n+1}|\eta_n$ 的条件概率密度函数为

$$f(\eta_{n+1}=y_{n+1}|\eta_n=y_n)=f_{n+1}(y_{n+1}-y_n).$$

由两个条件概率密度函数相等，可知

$$(\eta_1,\cdots,\eta_{n-1})\perp\eta_{n+1}|\eta_n.$$

因此，序列 $\eta_1,\eta_2,\cdots,\eta_n,\cdots$ 具有马尔可夫性.

(2) 依据 (1)，可知

$$E(\eta_n|\eta_1=y_1,\eta_2=y_2,\cdots,\eta_{n-1}=y_{n-1})=E(\eta_n|\eta_{n-1}=y_{n-1})$$
$$=E(\eta_{n-1}+\xi_n|\eta_{n-1}=y_{n-1})=y_{n-1}+E(\xi_n|\eta_{n-1}=y_{n-1})\quad(\text{因为 }\eta_{n-1}\perp\xi_n)$$
$$=y_{n-1}+E(\xi_n)=y_{n-1}$$

2. (1) 此过程是马尔可夫链，因为给定当前时刻状态后，下时刻状态的分布完全确定，与过去时刻的状态无关.

(2) 它的一步转移概率矩阵为

$$\boldsymbol{P}=\begin{pmatrix}0&1&0&0\\\dfrac{1}{9}&\dfrac{4}{9}&\dfrac{4}{9}&0\\0&\dfrac{4}{9}&\dfrac{4}{9}&\dfrac{1}{9}\\0&0&1&0\end{pmatrix}.$$

3. (1) $|X_1|,|X_2|,|X_3|,\cdots$ 满足马尔可夫性，下面证明

$$P(|X_{n+1}|=x_{n+1}|\,|X_1|=x_1,\cdots,|X_n|=x_n)=P(|X_{n+1}|=x_{n+1}|\,|X_n|=x_n).\quad(****)$$

- 当 $|X_n|=0$ 时，必有 $|X_{n+1}|=1$，因此

$$P(|X_{n+1}|=1|\,|X_1|=x_1,\cdots,|X_n|=0)=P(|X_{n+1}|=1|\,|X_n|=0)=1.$$

- 当 $|X_n|=x_n\in\{1,2,\cdots,m-1\}$ 时，$|X_{n+1}|$ 取值必为 $x_n\pm1$，因此

$$P(|X_{n+1}|=x_n+1|\,|X_1|=x_1,\cdots,|X_n|=x_n)$$
$$=P(|X_{n+1}|=x_n+1,X_n=x_n|\,|X_1|=x_1,\cdots,|X_n|=x_n)+$$
$$P(|X_{n+1}|=x_n+1,X_n=-x_n|\,|X_1|=x_1,\cdots,|X_n|=x_n)$$
$$=\frac{1}{2}P(X_n=x_n|\,|X_1|=x_1,\cdots,|X_n|=x_n)+$$
$$\frac{1}{2}P(X_n=-x_n|\,|X_1|=x_1,\cdots,|X_n|=x_n)=\frac{1}{2}.$$

类似地，可得 $P(|X_{n+1}|=x_n-1|\,|X_1|=x_1,\cdots,|X_n|=x_n)=\dfrac{1}{2}$，以及

$$P(|X_{n+1}|=x_n+1|\,|X_n|=x_n)=P(|X_{n+1}|=x_n-1|\,|X_n|=x_n)=\frac{1}{2}.$$

- 当 $|X_n| = m$ 时，必有 $|X_{n+1}| = m-1$ 或 m，类似有

$$P(|X_{n+1}| = m-1 | |X_1| = x_1, \cdots, |X_n| = m)$$
$$= P(|X_{n+1}| = m | |X_1| = x_1, \cdots, |X_n| = m) = \frac{1}{2},$$

以及

$$P(|X_{n+1}| = m-1 | |X_n| = m) = P(|X_{n+1}| = m | |X_n| = m) = \frac{1}{2}.$$

综上，式 $(****)$ 成立，即马尔可夫性成立. 上述证明也给出了 $|X_n| (n = 1, 2, \cdots)$ 的状态转移图如图题 9.3(1) 所示.

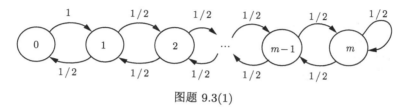

图题 9.3(1)

(2) 考虑给定 $0 < d < m$，则有

- $P(Y_{t+1} = d+1 | Y_{t-1} = d-1, Y_t = d) = \frac{1}{2}$（因为由 $Y_{t-1} = d-1, Y_t = d$ 可得 $|X(t)| = d$）；

- $P(Y_{t+1} = d+1 | Y_{t-2} = d-1, Y_{t-1} = d, Y_t = d) = 0$（因为由 $Y_{t-2} = d-1, Y_{t-1} = d, Y_t = d$ 可得 $|X(t-1)| = d$，$|X(t)| < d$，因而 Y_{t+1} 不可能取 $d+1$.）

从而 $Y_1, Y_2, \cdots$ 不满足马尔可夫性.

定义随机序列 $Z_n = (|X_n|, Y_n), n = 1, 2, \cdots$（由于 Z_n 最多 $(m+1)^2$ 种不同值，因此也可认为是离散随机变量序列），此随机序列构成马尔可夫链，其一步转移概率为

$$P(Z_{t+1} = (i_1+1, i_2+1) | Z_t = (i_1, i_2), Z_{t-1} = (x_{t-1}, y_{t-1}), \cdots, Z_1 = (x_1, y_1))$$
$$= \begin{cases} \frac{1}{2}, & 0 < i_1 = i_2 < m, \\ 1, & i_1 = i_2 = 0, \\ 0, & \text{其他}; \end{cases}$$

$$P(Z_{t+1} = (i_1-1, i_2) | Z_t = (i_1, i_2), Z_{t-1} = (x_{t-1}, y_{t-1}), \cdots, Z_1 = (x_1, y_1))$$
$$= \begin{cases} \frac{1}{2}, & 0 < i_1 = i_2 < m, \\ 0, & \text{其他}; \end{cases}$$

$$P(Z_{t+1} = (i_1, i_2) | Z_t = (i_1, i_2), Z_{t-1} = (x_{t-1}, y_{t-1}), \cdots, Z_1 = (x_1, y_1))$$
$$= \begin{cases} \frac{1}{2}, & i_1 = i_2 = m, \\ 0, & \text{其他}. \end{cases}$$

状态转移图如图题 9.3(2) 所示.

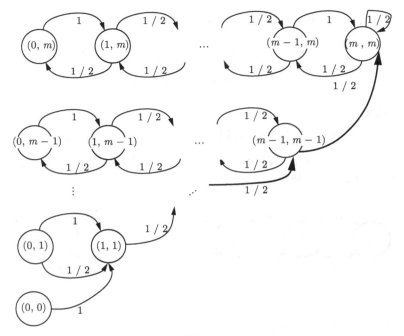

图题 9.3(2)

4. (1) 是马尔可夫过程，且

$$
P_{ij} = \begin{cases}
\dfrac{i}{N}, & j = i, \\
\dfrac{N-i}{N}, & j = i+1, \\
0, & \text{其他}.
\end{cases}
$$

(2) 采用古典概型来考虑，总共投放的情况数为 N^n 种. 在 N 个口袋中选取 m 个口袋作为最终盛放小球的口袋，情况数为 C_N^m 种. 设在选取的 m 个口袋中放置 n 个小球（最终 m 个口袋中均有球）的情况数为 $I(m,n)$，设在 m 个口袋中选取 k 个口袋放置 n 个小球的情况数为 $P(k,n)$，由容斥原理可以得到

$$
I(m,n) = P(m,n) - P(m-1,n) + P(m-2,n) + \cdots + (-1)^{m-1}P(1,n),
$$

且 $P(k,n) = \mathrm{C}_m^k k^n$. 故最终在 N 个口袋中选取 m 个口袋盛放小球的总情况数为 $\mathrm{C}_N^m \sum\limits_{k=0}^{m} (-1)^{m-k} k^n \mathrm{C}_m^k$. 则投放 n 个小球后，m 个口袋中有球的概率为

$$
\mathrm{C}_N^m \sum_{k=0}^{m} (-1)^{m-k} \left(\frac{k}{N}\right)^n \mathrm{C}_m^k.
$$

(3) 证明如下：

$$
\mathrm{C}_N^{N-m} \sum_{k=0}^{m} (-1)^{m-k} \left(\frac{k}{N}\right)^n \mathrm{C}_m^k = \mathrm{C}_N^s \sum_{k=0}^{N-s} (-1)^{N-s-k} \left(\frac{k}{N}\right)^n \mathrm{C}_{N-s}^k \qquad (\diamondsuit\, s = N-m)
$$

$$
= \mathrm{C}_N^s \sum_{\nu=0}^{N-s} (-1)^{\nu} \left(1 - \frac{s+\nu}{N}\right)^n \mathrm{C}_{N-s}^{\nu} \qquad (\diamondsuit\, \nu = N-s-k)
$$

$$= \sum_{\nu=0}^{N-s} \frac{N!}{s!(N-s)!} (-1)^\nu \frac{(N-s)!}{(N-s-\nu)!\nu!} \left(1 - \frac{s+\nu}{N}\right)^n$$

$$= \sum_{\nu=0}^{N-s} \frac{1}{s!} \frac{(-1)^\nu}{\nu!} \frac{N!}{(N-s-\nu)!} \left(1 - \frac{s+\nu}{N}\right)^n$$

$$\approx \sum_{\nu=0}^{N-s} \frac{1}{s!} \frac{(-1)^\nu}{\nu!} N^{s+\nu} \mathrm{e}^{-\frac{s+\nu}{N}n} \quad \text{（二项分布的泊松近似）}$$

$$= \frac{\left(N\mathrm{e}^{-\frac{n}{N}}\right)^s}{s!} \sum_{\nu=0}^{N-s} \frac{\left(-N\mathrm{e}^{-\frac{n}{N}}\right)^\nu}{\nu!}$$

$$\approx \frac{\lambda^s}{s!} \mathrm{e}^{-\lambda} = \frac{\lambda^{(N-m)}}{(N-m)!} \mathrm{e}^{-\lambda}.$$

(4) 将该问题转化为上面的模型，即将 $n = 4000$ 个小球投放入 $N = 365$ 个口袋，最终 $m = 365$ 个口袋中均有球的概率. $\lambda = N\mathrm{e}^{-n/N} = 365\mathrm{e}^{-4000/365} = 6.35 \times 10^{-3}$，则概率近似为 $\mathrm{e}^{-\lambda} = 99.37\%$.

5. $f_{00}^{(1)} = p_1, f_{00}^{(2)} = 0, f_{00}^{(3)} = q_1 q_2 q_3, f_{01}^{(1)} = q_1, f_{01}^{(2)} = p_1 q_1, f_{01}^{(3)} = p_1^2 q_1$.

6. (1) 题目所述过程可以表示为 $\eta(n+1) = \xi(n+1)(\eta(n)+1)$. 又 $\xi(n)$ 独立同分布，因此此过程是齐次马尔可夫链. 设 $P(\xi(n) = 1) = p$, $P(\xi(n) = 0) = 1 - p$，则其一步转移概率为

$$\forall i, j \geqslant 0, P_{ij} = (1-p)\delta(j) + p\delta(j-i-1).$$

(2) $\forall n > 0, f_{00}^{(n)} = p^{(n-1)}(1-p)$, $P_{00}^{(n)} = \sum_{i \in S} P_{0i}^{(n-1)} P_{i0} = \sum_{i \in S} P_{0i}^{(n-1)} (1-p) = 1-p$.

(3) 由 (2) 知，当 $p < 1$ 时，此链是常返的；当 $p = 1$ 时，此链是非常返的.

(4) $P(T = n) = p^{n-1}(1-p), \forall n \geqslant 1$

$$E(T) = \frac{1}{1-p}, \qquad \mathrm{Var}(T) = \sum_{n=1}^{\infty} p^{n-1}(1-p)n^2 - \frac{1}{(1-p)^2} = \frac{p}{(1-p)^2}.$$

7. 根据题意可知，此过程中所有状态都是相通的，所有状态都是非周期的. 因此，由定理 9.14，该链是正常返等价于平稳分布存在且唯一. 令 $p_i = P_{i,i+1}$, $q_i = P_{i+1,i}$ 设过程的平稳分布为 $\boldsymbol{\pi}$，根据平衡方程 $\boldsymbol{\pi}P = \boldsymbol{\pi}$ 有

$$q_0 \pi_1 = p_0 \pi_0, \qquad p_{i-1}\pi_{i-1} + q_i \pi_{i+1} = (p_i + q_{i-1})\pi_i, i \geqslant 1.$$

上式可改写为

$$q_i \pi_{i+1} - q_{i-1}\pi_i = p_i \pi_i - p_{i-1}\pi_{i-1}, i \geqslant 1.$$

对等式两边同时对 i 求和得

$$\sum_{i=1}^{n-1} (q_i \pi_{i+1} - q_{i-1}\pi_i) = \sum_{i=1}^{n-1} (p_i \pi_i - p_{i-1}\pi_{i-1}).$$

化简后得

$$q_{n-1}\pi_n - q_0 \pi_1 = p_{n-1}\pi_{n-1} - p_0 \pi_0.$$

结合公式 $q_0 \pi_1 = p_0 \pi_0$ 可得

$$q_{n-1}\pi_n = p_{n-1}\pi_{n-1}, n \geqslant 1,$$

即

$$\pi_n = \frac{p_{n-1}}{q_{n-1}}\pi_{n-1}, n \geqslant 1.$$

从而有

$$\pi_n = \prod_{r=1}^{n} \frac{p_{r-1}}{q_{r-1}}\pi_0, n \geqslant 1.$$

因为平稳分布的归一化, $\sum\limits_{n=0}^{\infty} \pi_n = 1$, 所以

$$\left(1 + \sum_{n=1}^{\infty}\prod_{r=1}^{n}\frac{p_{r-1}}{q_{r-1}}\right)\pi_0 = \left(1 + \sum_{n=1}^{\infty}\prod_{r=1}^{n}\frac{P_{r-1,r}}{P_{r,r-1}}\right)\pi_0 = 1.$$

上式中 $\sum\limits_{n=1}^{\infty}\prod\limits_{r=1}^{n}\frac{P_{r-1,r}}{P_{r,r-1}}$ 收敛时, $\pi_0 > 0$, 是正常返; 反之如它不收敛, π_0 为 0, 平稳分布不存在, 该链不是正常返.

8. (1) 如果 n 个个体中有 m 个已感染者, 则必有 $n-m$ 个易感者. 每一个易感者在白天独立地被病毒感染的概率为 $\rho = 1 - (1-p)^m$. 因此, 新被感染者的数目 I 将服从二项分布 $B(n-m, \rho)$, 即

$$f_I(k) = \mathrm{C}_{n-m}^{k}\rho^k(1-\rho)^{n-m-k},$$
$$k = 0, 1, \cdots, n-m.$$

(2) 令状态表示所有人群中被感染者的数目.
当 $n = 2$ 时, 相应的马尔可夫链如图题 9.8 所示.

(3) 常返态 $\{0\}$.

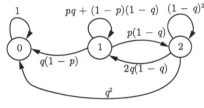

图题 9.8

9. (1) 假设在这一过程中质点在 $2n$ 次游动中向上游动了 k 次, 那么一定向下也游动了 k 次, 向左向右分别游动了 $n-k$ 次. 因此可求出 $P_{00}^{(2n)}$ 为

$$P_{00}^{(2n)} = \sum_{k=0}^{n} \mathrm{C}_{2n}^{k}\left(\frac{1}{4}\right)^k \mathrm{C}_{2n-k}^{k}\left(\frac{1}{4}\right)^k \mathrm{C}_{2n-k}^{n-k}\left(\frac{1}{4}\right)^{n-k} \mathrm{C}_{n-k}^{n-k}\left(\frac{1}{4}\right)^{n-k}$$
$$= \sum_{k=0}^{n} \frac{2n!}{k!k!(n-k)!(n-k!)}\left(\frac{1}{4}\right)^{2n}.$$

(2) 该马尔可夫链的各状态互通, 判断常返性只需判定 $(0,0)$ 点的常返性, 即判断级数 $\sum\limits_{n=0}^{\infty} P_{00}^{(2n)}$ 是否收敛 (当 n 为奇数时, $P_{00}^{(n)} = 0$)

$$\sum_{n=0}^{\infty} P_{00}^{(2n)} = \sum_{n=0}^{\infty}\sum_{k=0}^{n}\frac{2n!}{k!k!(n-k)!(n-k!)}\left(\frac{1}{4}\right)^{2n} = \sum_{n=0}^{\infty}\left(\sum_{k=0}^{n}(\mathrm{C}_n^k)^2\right)\mathrm{C}_{2n}^{n}\left(\frac{1}{4}\right)^{2n}.$$

下面首先证明 $\sum\limits_{k=0}^{n}(\mathrm{C}_n^k)^2 = \mathrm{C}_{2n}^n$.
考虑多项式 $(1+x)^{2n}$ 第 n 项的系数, 一方面由二项式定理知该系数为 C_{2n}^n. 另一方面, 由于 $(1+x)^{2n} = (1+x)^n(1+x)^n$, 第 n 项也可以写作 $\sum\limits_{k=0}^{n} \mathrm{C}_n^k x^k \mathrm{C}_n^{n-k} x^{n-k}$.

因此 $\sum_{k=0}^{n}(\mathrm{C}_n^k)^2 = \mathrm{C}_{2n}^n$ 成立. 于是, 可知

$$\sum_{n=0}^{\infty}\left(\sum_{k=0}^{n}(\mathrm{C}_n^k)^2\right)\mathrm{C}_{2n}^n\left(\frac{1}{4}\right)^{2n} = \sum_{n=0}^{\infty}(\mathrm{C}_{2n}^n)^2\left(\frac{1}{4}\right)^{2n}.$$

根据斯特林（Stirling）公式，当 n 趋于无穷时，$n! \sim \sqrt{2\pi n}\left(\frac{n}{\mathrm{e}}\right)^n$，那么上式的第 n 项在 n 趋于无穷时有 $(\mathrm{C}_{2n}^n)^2\left(\frac{1}{4}\right)^{2n} \sim \left(\frac{2^{2n}}{\sqrt{\pi n}}\right)^2\left(\frac{1}{4}\right)^{2n} = \frac{1}{\pi n}$.

由于调和级数不收敛，$\sum_{n=0}^{\infty}(\mathrm{C}_{2n}^n)^2\left(\frac{1}{4}\right)^{2n}$ 也不收敛，因此 $(0,0)$ 是常返的. 又由于 $\lim_{n\to\infty}P_{00}^{(n)} = 0$，易知二维均衡随机游动是零常返的.

10. 根据状态转移概率矩阵，可知此链是不可约遍历链，由定理 9.14，其唯一平稳分布就是极限分布，设为 $\boldsymbol{\pi}$，则由 $\boldsymbol{\pi} = \boldsymbol{\pi}\boldsymbol{P}$，结合 $\sum_{i\in\mathcal{S}}\pi_i = 1$，可以解得

$$\boldsymbol{\pi} = \left(\frac{5}{7}, \frac{11}{84}, \frac{13}{84}\right).$$

此即三个厂的产品市场占有率的极限分布.

11. 设 A 留有 i 枚硬币的状态为 i，则状态转移概率矩阵 $\boldsymbol{P} = (P_{ij})$, $i,j = 1,2,\cdots,N$ 为

$$\begin{pmatrix} q & p & & & & \\ q & 0 & p & & & \\ & q & 0 & p & & \\ & & \ddots & \ddots & \ddots & \\ & & & q & 0 & p \\ & & & & q & p \end{pmatrix}.$$

因此，该链为不可约遍历链，其平稳分布，$\boldsymbol{\pi} = (\pi_1, \pi_2, \cdots, \pi_N)$，为其极限分布. 由 $\boldsymbol{\pi} = \boldsymbol{\pi}\boldsymbol{P}$，

$$\begin{cases} \pi_k = \pi_k q + \pi_{k+1}q, & k=1 \\ \pi_k = \pi_{k-1}p + \pi_{k+1}q, & k=2,\cdots,N-1, \\ \pi_k = \pi_k p + \pi_{k-1}p, & k=N. \end{cases}$$

可求得 $\pi_k = \left(\frac{p}{q}\right)^{k-1}\pi_1$. 由 $\sum_{k=1}^{N}\pi_k = 1$ 可得 $\pi_k = \begin{cases} \dfrac{1-(p/q)}{1-(p/q)^N}\left(\dfrac{p}{q}\right)^{k-1}, & p\neq q, \\ \dfrac{1}{N}, & p=q. \end{cases}$

习 题 10

1. 记此泊松过程为 $\{N(t), t \geqslant 0\}$，则 $N(t) = N, N(t+s) = M$.

(1) $P(N(t+s) = m | N(t) = n) = P(N(t+s) - N(t) = m-n | N(t) = n)$，因此

$$f_{M|N}(m|n) = P(N(t+s) - N(t) = m-n) = \mathrm{e}^{-\lambda s}\frac{(\lambda s)^{m-n}}{(m-n)!}, m \geqslant n.$$

(2) $P(N(t)=n, N(t+s)=m)=P(N(t)=n, N(t+s)-N(t)=m-n)$. 因此

$$f_{N,M}(n,m)=\mathrm{e}^{-\lambda t}\frac{(\lambda t)^n}{n!}\mathrm{e}^{-\lambda s}\frac{(\lambda s)^{m-n}}{(m-n)!}=\mathrm{e}^{-\lambda(t+s)}\frac{\lambda^m t^n s^{m-n}}{n!(m-n)!}, n\leqslant m.$$

(3) 利用贝叶斯公式求解，得

$$f_{N|M}(n|m)=\frac{f_{N,M}(n,m)}{f_M(m)}=\frac{\dfrac{(\lambda t)^n(\lambda s)^{m-n}\mathrm{e}^{-\lambda(t+s)}}{n!(m-n)!}}{\dfrac{(\lambda(t+s))^m\mathrm{e}^{-\lambda(t+s)}}{m!}}=\mathrm{C}_m^n\left(\frac{t}{t+s}\right)^n\left(\frac{s}{t+s}\right)^{m-n}, n\leqslant m.$$

(4) 利用泊松分布的性质得

$$E(NM)=E(N(t)N(t+s))=E(N(t)^2)+E(N(t)(N(t+s)-N(t)))=\lambda t+(\lambda t)^2+\lambda^2 ts.$$

2. 首先容易给出 $T=T_1+T_2$ 的概率密度函数，得

$$f_T(t)=\int_0^t \lambda\mathrm{e}^{-\lambda\tau}\lambda\mathrm{e}^{-\lambda(t-\tau)}d\tau=\lambda^2 t\mathrm{e}^{-\lambda t}.$$

接着可知 $M=\min\{T_1+T_2,S\}=\min\{T,S\}$ 的分布函数为

$$F_M(t)=P(M\leqslant t)=1-P(M\geqslant t)=1-P(T\geqslant t,S\geqslant t)=1-P(T\geqslant t)P(S\geqslant t).$$

对上式求导可得概率密度函数为

$$\begin{aligned}f_M(t)&=f_T(t)P(S\geqslant t)+f_S(t)P(T\geqslant t)\\&=f_T(t)\int_t^{+\infty}f_S(\tau)d\tau+f_S(t)\int_t^{+\infty}f_T(\tau)\mathrm{d}\tau=(\lambda^2 t+\mu\lambda t+\mu)\mathrm{e}^{-(\mu+\lambda)t}, t\geqslant 0.\end{aligned}$$

可以求得均值为 $E(\min\{T_1+T_2,S\})=\int_0^{+\infty}tf_M(t)\mathrm{d}t=\dfrac{2\lambda+\mu}{(\lambda+\mu)^2}.$

3. 解法 1 根据泊松过程的性质，可知 T_1^X 服从参数为 λ_X 的指数分布，T_1^Y 服从参数为 λ_Y 的指数分布. 再利用 X 和 Y 之间的独立性，有

$$P(T_1^X<T_1^Y)=\int_0^{+\infty}\int_x^{+\infty}\lambda_X\lambda_Y\mathrm{e}^{-\lambda_X x-\lambda_Y y}dydx=\int_0^{+\infty}\lambda_X\mathrm{e}^{-(\lambda_X+\lambda_Y)}dx=\frac{\lambda_X}{\lambda_X+\lambda_Y}.$$

解法 2 考虑和过程 $Z(t)=X(t)+Y(t), t\geqslant 0$，则 $\{Z(t)\}$ 是速率为 $\lambda_X+\lambda_Y$ 的泊松过程. 然后，将和过程按照服从伯努利分布的二值随机变量进行分流，设呼叫以概率 $\dfrac{\lambda_X}{\lambda_X+\lambda_Y}$ 分流到 $\{X(t)\}$，以概率 $\dfrac{\lambda_Y}{\lambda_X+\lambda_Y}$ 分流到 $\{Y(t)\}$，这样就得到了 $\{X(t)\}$ 与 $\{Y(t)\}$. 事件 $\{T_1^X<T_1^Y\}$，就等价于过程 $\{Z(t)\}$ 中第一次呼叫发生时，将其分流到 $\{X(t)\}$ 中的概率，因此 $P(T_1^X<T_1^Y)=\dfrac{\lambda_X}{\lambda_X+\lambda_Y}.$

4. (1) 设第二个病人到达时刻与第一个病人的到达时刻的时间间隔为 X，则 $X\sim Exp(\lambda)$，第二个病人的等候时间为 $T=\max\{0,a-X\}$.

$$P(\text{第二个病人直接就诊})=P(X\geqslant a)=\mathrm{e}^{-\lambda a},$$
$$E(T)=\int_0^a (a-x)\lambda\mathrm{e}^{-\lambda x}dx=a+\frac{\mathrm{e}^{-\lambda a}-1}{\lambda}.$$

(2) 第一个病人到达后的就诊时间服从参数为 μ 的指数分布，第一个病人到达后第二个病人的到达时间服从参数为 λ 的指数分布，根据第 3 题的结论，前者小于后者（即第二个病人直接就诊）的概率为

$$P(\text{第二个病人直接就诊}) = \frac{\mu}{\lambda+\mu}.$$

$$E(T) = E(T \mid X \leqslant a)P(X \leqslant a) + E(T \mid X > a)P(X > a)$$
$$= E(a - X \mid a \geqslant X)P(a \geqslant X) = \frac{1}{\mu} \cdot \frac{\lambda}{\mu+\lambda},$$

其中最后一步应用了指数分布的无后效性.

5. 为方便，令 $N_i = N(G_i), i = 1, 2, \cdots, n, N_G = N(G)$，则

$$P(N_1 = k_1, N_2 = k_2, \cdots, N_n = k_n | N_G = k) = \frac{P(N_1 = k_1, N_2 = k_2, \cdots, N_n = k_n, N_G = k)}{P(N_G = k)}$$

$$= \frac{P(N_1 = k_1) \cdots P(N_n = k_n)}{P(N_G = k)} = \frac{\left(\frac{(c_1\lambda)^{k_1} e^{-c_1\lambda}}{k_1!}\right) \cdots \left(\frac{(c_n\lambda)^{k_n} e^{-c_n\lambda}}{k_n!}\right)}{\frac{(c\lambda)^k e^{-c\lambda}}{k!}}$$

$$= \frac{k!}{k_1! \cdots k_n!} \left(\frac{c_1}{c}\right)^{k_1} \cdots \left(\frac{c_n}{c}\right)^{k_n}.$$

6. 等式左边表示的是 $P(S_5 \geqslant t)$，即第 5 次到达时刻超过 t 的概率，等式右边表示的是 $[0, t]$ 区间发生次数为 $a, \cdots, b$ 的概率，即 $P(a \leqslant N(t) \leqslant b)$，两者相等，因此 $a = 0, b = 4$.

注：从纯数学等式的角度分析，利用分部积分，也可以得到结果，但不如物理含义直观.

7. (1) 邮件总的达到率为 $\lambda = \lambda_1 + \lambda_2 = 2.2$（封/h）.

(2) 收到一封邮件，该邮件为垃圾邮件的概率为 $\frac{\lambda_2}{\lambda_1+\lambda_2} = \frac{1}{11}$.

(3) 根据垃圾邮件过滤软件的特点，如图 10.4 所示，$p = 0.95, q = 0.2$.

则收件箱中的邮件达到速率为 $\lambda_{\text{inbox}} = p\lambda_1 + q\lambda_2 = 1.94$.

垃圾邮件箱中的邮件达到速率为 $\lambda_{\text{spam folder}} = \lambda - \lambda_{\text{inbox}} = 0.26$，也即 $(1-p)\lambda_1 + (1-q)\lambda_2$.

① 收件箱中的一封邮件其实是垃圾邮件的概率为 $\frac{q\lambda_2}{\lambda_{\text{inbox}}} = \frac{0.2 \times 0.2}{1.94} \approx 0.02$.

② 垃圾邮件箱中的一封邮件其实是有效邮件的概率为 $\frac{(1-p)\lambda_1}{\lambda_{\text{spam folder}}} = \frac{0.05 \times 0.2}{0.26} \approx 0.38$.

③ 设平均每隔时间间隔 τ 查看一下垃圾邮件箱，以找回一封有效邮件，即考虑每隔多长时间，平均有一份有效邮件进入垃圾邮件箱，进入垃圾邮件箱的有效邮件的泊松流 $\{N(t)\}$ 的速率为 $(1-p)\lambda_1$. 由 $E(N(\tau)) = (1-p)\lambda_1\tau = 1$，可得 $\tau = \frac{1}{(1-p)\lambda_1} = \frac{1}{0.05 \times 2} = 10\text{h}$.

8. 不妨假设 $t_1 < t_2$，则

$$R_N(t_1, t_2) = E(N(t_1)N(t_2)) = E(N(t_1)(N(t_1) + N(t_2) - N(t_1)))$$
$$= E(N^2(t_1)) + E(N(t_1))E(N(t_2) - N(t_1)).$$

由于 $N(t)$ 是强度为 $\lambda(t)$ 的非齐次泊松过程，因此

$$E(N(t_1)) = \int_0^{t_1} \lambda(t)\,dt, \qquad E(N(t_2) - N(t_1)) = \int_{t_1}^{t_2} \lambda(t)\,dt,$$

$$\mathrm{Var}\,(N\,(t_1)) = \int_0^{t_1} \lambda\,(t)\,\mathrm{d}t, \qquad E\,(N^2\,(t_1)) = \mathrm{Var}\,(N\,(t_1)) + (E\,(N\,(t_1)))^2.$$

因此

$$R_N\,(t_1, t_2) = \int_0^{t_1} \lambda\,(t)\,\mathrm{d}t + \left(\int_0^{t_1} \lambda\,(t)\,\mathrm{d}t\right)^2 + \int_0^{t_1} \lambda\,(t)\,\mathrm{d}t \int_{t_1}^{t_2} \lambda\,(t)\,\mathrm{d}t$$

$$= \int_0^{t_1} \lambda\,(t)\,\mathrm{d}t \,\left(1 + \int_0^{t_1} \lambda\,(t)\,\mathrm{d}t + \int_{t_1}^{t_2} \lambda\,(t)\,\mathrm{d}t\right)$$

$$= \int_0^{t_1} \lambda\,(t)\,\mathrm{d}t \,\left(1 + \int_0^{t_2} \lambda\,(t)\,\mathrm{d}t\right).$$

同理，当 $t_1 > t_2$ 时，可得

$$R_N\,(t_1, t_2) = \int_0^{t_2} \lambda\,(t)\,\mathrm{d}t \,\left(1 + \int_0^{t_1} \lambda\,(t)\,\mathrm{d}t\right).$$

综上，可得 $R_N\,(t_1, t_2) = \left(\int_0^{\min\{t_1, t_2\}} \lambda\,(t)\,\mathrm{d}t\right)\left(1 + \int_0^{\max\{t_1, t_2\}} \lambda\,(t)\,\mathrm{d}t\right).$

9. **解法 1** 由题意，所求概率为

$$P(X\,(t) = k | X\,(t) + Y\,(t) = n) = \frac{P\,(X\,(t) = k,\ X\,(t) + Y\,(t) = n)}{P\,(X\,(t) + Y\,(t) = n)}$$

$$= \frac{P\,(X\,(t) = k,\ Y\,(t) = n - k)}{P\,(X\,(t) + Y\,(t) = n)} = \frac{\dfrac{(\lambda t)^k \mathrm{e}^{-\lambda t}}{k!} \cdot \dfrac{(\eta t)^{n-k} \mathrm{e}^{-\eta t}}{(n-k)!}}{\dfrac{[(\lambda + \eta)\,t]^n \mathrm{e}^{-(\lambda+\eta)t}}{n!}}$$

$$= \frac{n!}{k!\,(n-k)!}\left(\frac{\lambda}{\lambda + \eta}\right)^k \left(\frac{\eta}{\lambda + \eta}\right)^{n-k}.$$

解法 2 我们需要求解 $P\,(X\,(t) = k | X\,(t) + Y\,(t) = n)$. 每一次车辆穿过，其中属于南行车辆的概率为 $\dfrac{\lambda}{\lambda + \eta}$. 因此，已知 $X\,(t) + Y\,(t) = n$ 时，$X\,(t)$ 服从二项分布 $B\left(n, \dfrac{\lambda}{\lambda + \eta}\right)$，所以

$$P(X\,(t) = k | X\,(t) + Y\,(t) = n) = \mathrm{C}_n^k \left(\frac{\lambda}{\lambda + \eta}\right)^k \left(1 - \frac{\lambda}{\lambda + \eta}\right)^{n-k}.$$

10. (1) $P(N(s) = k | N(t) = n) = P\,(N(20) = 2 | N(60) = 2) = \mathrm{C}_n^k \left(\dfrac{s}{t}\right)^k \left(1 - \dfrac{s}{t}\right)^{n-k} = 1/9.$

(2) 所求概率为 $1 - P\,(N(20) = 0 | N(60) = 2) = 5/9.$

11. (1) 在前 4 分钟内有没有汽车经过对未来不产生任何影响，因此，K 的条件分布等价于在 $\tau = 6$ 分钟内到达数量的无条件分布，服从泊松分布，即

$$P(K = k) = \frac{12^k}{k!} \mathrm{e}^{-12}, k = 0, 1, 2, \cdots.$$

(2) 由题意得，一张计算机卡片记录 3 次到达，因此一打计算机卡片将记录 36 次到达. $D = T_1 + T_2 + \cdots + T_{36}$，其中 T_i 代表第 i 次到达与第 $i-1$ 次到达的时间间隔，服从参数 $\lambda = 2$ 的指数分布. 因此，D 服从 36 阶的 Γ 分布

$$f_D(d) = \frac{2^{36} d^{35} \mathrm{e}^{-2d}}{35!}, \qquad d \geqslant 0.$$

均值为 18.

(3) 在两种情况中，由于每一张卡片在完成记录 3 次汽车到达后便结束服务，因此我们需要考虑的是 3 辆汽车经过监测点的时间总和，即 3 段时间间隔之和.

在第 ① 种情况中，Y 即为 3 次等待时间之和，$Y = T_1 + T_2 + T_3$，其中 T_i 代表第 i 次到达与第 $i-1$ 次到达的时间间隔，均服从参数 $\lambda = 2$ 的指数分布. 因此，Y 服从 3 阶的 Γ 分布.

在第 ② 种情况中，由于监管人随机地到达监测点，到达时刻一定处在 3 段时间间隔中的某一段，记该段时间间隔为 L，其余两段时间间隔记为 T_1, T_2. 监管员到达时刻对应的那一段时间间隔 L 可以分为两段：上一次汽车到达时间与监管员到达之间的间隔 L_1，监管员到达时刻与下一次汽车到达时间之间的间隔 L_2.

运用定义 10.3 年龄与剩余寿命问题的知识，可知：在监测点运行充分长时间之后，L_1 服从参数为 $\lambda = 2$ 的指数分布；L_2 服从参数为 $\lambda = 2$ 的指数分布. 因此 L 服从 2 阶的 Γ 分布，此时，总的服务时间 $W = T_1 + T_2 + L$ 服从 4 阶的 Γ 分布. 所以，对于此两种情况有：

① $E(Y) = \dfrac{3}{\lambda} = \dfrac{3}{2}, \qquad \mathrm{Var}(Y) = \dfrac{3}{\lambda^2} = \dfrac{3}{4}.$

② $E(W) = \dfrac{4}{\lambda} = 2, \qquad \mathrm{Var}(W) = \dfrac{4}{\lambda^2} = 1.$